热工测量和控制仪表的安装
（第二版）

叶江祺　编著

中国电力出版社
CHINA ELECTRIC POWER PRESS

内 容 提 要

本书紧密结合火力发电厂热工测量和控制仪表的安装实际，在系统总结施工经验的基础上，对本专业的施工规定、技术要求、安装方法、安装工艺和安装配件等方面，作了比较详细的综述；书中还扼要介绍了本专业施工管理、仪表设备、安装材料等有关知识，并汇集了施工中常用的数据及图表。因此，本书有较强的工程实用性。

本书可供电力工业和冶金、石油、化工、轻工、纺织、核工业、建筑材料等工业部门有关热工仪表的安装、设计技术人员及安装、检修工人学习参考。

图书在版编目（CIP）数据

热工测量和控制仪表的安装/叶江祺编著 . -2 版 . -北京：中国电力出版社，1998 .6（2019.8 重印）

ISBN978-7-80125-519-8

Ⅰ.热… Ⅱ.叶… Ⅲ.①热工仪表-安装 ②热力工程-自动控制-仪表-安装 Ⅳ.TK36

中国版本图书馆 CIP 数据核字（97）第 26840 号

中国电力出版社出版、发行

（北京市东城区北京站西街 19 号 100005 http://www.cepp.sgcc.com.cn）

三河市百盛印装有限公司印刷

各地新华书店经售

*

1992 年 10 月第一版

1998 年 6 月第二版 2019 年 8 月北京第十一次印刷

787 毫米×1092 毫米 16 开本 36 印张 817 千字

印数28541—29540 册 定价 **118.00** 元

第二版前言

随着火力发电厂机组容量的增大和自动化水平的提高，电厂热工自动化设备新产品不断问世，与之相适应的安装工艺亦不断发展和提高。为了反映当今热工测量和控制仪表的现状，帮助从事热工自动化专业安装工作的人员了解近期开发的仪表和新的安装工艺，本书在第一版基础上，删去了一些陈旧的或火电厂已很少应用的产品，如玻璃管温度计、热磁式氧量分析器、DDZ—Ⅱ、DDZ—Ⅲ系列等电动单元组合仪表、组件组装仪表、机械式顺序控制器等；补充了一些新颖的、使用较广的新型产品，新的施工管理方法和安装工艺，作为第二版出版。

此外，本书第一版引用的国家标准和行业标准中，有的已为新颁发或修订过的标准所取代，有关内容在第二版中亦作了相应的补充和修正。由于作者的资料来源有局限性，所以本书中凡与现行的国家标准、行业标准或最新的产品有出入者，均以现行国家标准、行业标准或仪表制造厂提供的说明书为准，敬请谅解。

本版经孙忆芝、陈祺、成良彩同志审阅，提出了宝贵意见，在此表示谢意。

由于编者经验不多，水平有限，书中难免有不足甚至错误之处，恳请读者批评指正。

编著者

1997 年 10 月

第 一 版 前 言

在火力发电厂及其他工业企业的连续生产过程中，随着自动化水平的提高，热工测量和控制仪表处于特别重要的地位，它主要用于对热力设备及系统的工况进行测量与控制。其安装的质量直接关系到工业企业的正常生产和经济运行，因此必须认真对待。根据广大安装人员的要求，笔者结合火力发电厂的安装实际，总结施工经验，并经现场核实编写了本书。编写目的是，力求为本专业施工工作提供一份比较完整的参考资料，以便进一步提高施工水平。本着理论联系实际和少而精的原则，本书所述内容，对于仪表设备以国内产品为主，仅介绍其型号、规格和外形尺寸，而对其结构和工作原理，除必须涉及的内容外，不另赘述，敬请读者参阅其他有关书籍。

本书内容以有关的现行标准、规范和定型产品为依据。由于本专业有些规范尚在修订中，各型产品和规格繁多且在不断更新，各地区安装工艺亦不尽相同，因此本书难以概全。此外，资料来源也有局限性，所以，本书凡与国家标准、规范、设计或具体产品有出入者，均以国家标准、部颁规范、设计图纸或厂供说明书为准，敬希谅解。

在本书编写过程中，得到北京电力建设公司的领导和同志们的鼓励与支持；有关制造厂提供了大量资料；孙忆芝、邱正碧、何克勤、陈祺、何伟然、李平生、李世俊等同志给本书以具体帮助；中国电力企业联合会、华北电业管理局、华北电力试验研究所、天津电力建设公司等单位的有关专业人员在审稿时提供了宝贵的修改意见，在此均致谢意。

由于编者经验不多，水平有限，书中难免有不少缺点和错误，恳请读者批评指正。

编著者

1991 年 1 月

目 录

第二篇　热工测量控制仪表的安装

绪　　论

热工测量和控制仪表（或装置）已广泛应用在电力、冶金、石油、化工、轻工、纺织、核工业、建筑材料等工业企业中，它主要用于对热力设备及其系统的工况进行测量和控制。

火力发电厂是将燃料（煤或油等）的化学能转变为热能和电能的工厂，装设有热力和电气等设备。热力设备主要是锅炉和汽轮机，两者均配有相应的辅机设备，构成了许多系统，如输煤、煤粉、燃油、风烟、除尘、除渣、除灰、蒸汽（主蒸汽、再热蒸汽、旁路、加热等）、真空、补给水、化学水处理、除氧水、给水、凝结水、循环水、排水、减温减压、热网供热、发电机冷却、汽轮机油系统等，其上均装设有大量的热工测量和控制仪表。电气设备，如发电机、电动机、变压器等，也部分装设了热工测量和控制仪表，或与热力设备进行联动。

热工测量和控制仪表遍布火力发电厂各个部位，它是保障机组安全启停、正常运行、防止误操作（引入闭锁条件）和处理故障等非常重要的技术装备，是火力发电厂安全经济运行、文明生产、提高劳动生产率、减轻运行人员劳动强度等必不可少的设施，也是反映火力发电厂自动化水平的重要标志之一。特别是高参数、大容量机组，其热力系统复杂，在运行中需要监视和操作的项目极多。如50MW机组，只有监视项目100多个、操作项目几十个；而300MW机组的监视项目就有1000多个、操作项目超过500个；600MW机组的监视项目达2000多个、操作项目1000多个。因此，高参数、大容量机组对火力发电厂自动化水平提出了更高的要求。

测量仪表是专供过程中采集信息的表计或装置。根据其功能的不同可有许多种，如检出元件、传感器、变送器、显示仪表等。根据被测变量的不同，有温度、压力、流量、物位、机械量、成分（分析）仪表等，还可进一步划分成不同类型的仪表。

测量系统一般由检出元件及取源部件、检测仪表、显示仪表、辅助件等四部分组成，以实现确定变量值为目的，构成相互关联的一组单元。

检出元件（又称检出器，有时亦称为敏感元件），是直接响应被测变量，并将它转换成适于测量形式的元件或器件。取源部件是测量工艺过程变量用的一个附件，仅指直接与工艺设备或管道相连接的安装部件和取源阀门。

检测仪表是能够确定所感受的被测变量大小的仪表。它可以是变送器、传感器或自身兼有检出元件和显示装置的仪表。传感器是接受物理或化学变量（输入变量）形式的信息，并按一定规律将其转换成同种或别种性质的输出变量的仪表。输出为标准信号的传感器，称为变送器。

显示仪表接受变送器或传感器的输出信号（有些是直接接受检出元件输出信号的），用以显示（指示、记录等）被测变量值。

辅助件主要指测量装置的传递部分（如导管、电线、电缆等），用以在检出元件（或取源部件)、检测仪表、显示仪表之间传递信息。辅助件还包括完成测量工作所必需的,具有次要、辅助和从属功能的附属装置(如热电偶冷端补偿器、转换开关、接线盒、压力隔离器等)。

热工测量的目的在于:直接反映热力过程中的运行参数值,供值班人员及时掌握整套机组的运行情况,并据此作出正确的判断和合理地进行操作,以保证设备安全可靠地运行;为企业经济核算和计算各项技术经济指标提供数据,以寻求经济、合理的运行方式;提供自动控制用的测量信号(这是实现热力过程自动化的先决条件);分析事故原因,并据此处理事故与吸取教训等。

控制仪表是自动控制被控量的仪表或装置。为了实现自动控制,除自动装置本身外,控制系统还包括向自动装置提供信息的变送器和执行自动装置控制指令的执行器。由各种不同的、相互关联的控制仪表构成的控制系统,是操纵一个或几个变量以达到预定状态的系统。

随着热工自动化水平的提高和计算机技术的发展,在火力发电厂中,测量系统的显示仪表和控制系统的控制装置的配置,对容量为300MW及以上机组选用分散控制系统,对容量为200MW及以下机组宜选用小型分散控制系统或计算机监视系统与可编程序调节器。

分散控制系统是70年代发展起来的最新的工业过程综合控制系统。它以微处理机为基础,按照系统概念进行设计,综合了控制(control)、计算机(computer)、通信(communication)、阴极射线管(cathode ray tube,CRT)显示技术等"4C"技术;它由可独立完成各种采集、控制、监视、操作和计算功能的数据采集站、过程控制站、运行监视站和计算机站等,采用通信网络连接成一个信息共享系统;实现集中监视、分散控制,提高了系统的可靠性和协调工作能力。它还具有功能分散、管理集中、结构分级(过程控制级、监控级、管理级)等的优点,可根据不同需要灵活组态,以构成不同特征的系统。

采用分散控制系统的单元制机组,以CRT和键盘为监视、控制中心,仅配以少量的必要仪表和控制设备以及报警光字牌作后备监控,实现炉、机、电统一的单元集中控制,大大缩小了盘面尺寸。例如,某电厂的600MW机组,分散控制系统总的输入/输出(I/O)点数为4352个(其中,模拟输入AI1506点、模拟输出AO60点、数字输入DI2500点、数字输出DO106点、脉冲输入PI20点、事件顺序记录SOE160点),盘面仅配有6套CRT和键盘,24套手动/自动站,6个按钮,10块指示表,数十个报警光字牌。今后,当预期运行管理水平较高时,后备监控设备可进一步减少或不设。

在火力发电厂中,分散控制系统的功能通常包括计算机监视系统(数据采集系统)和模拟量控制系统(闭环控制系统)。可将开关量控制系统(含顺序控制系统、连锁控制、选线操作和远方操作等)、热工保护(含锅炉炉膛安全监控系统、紧急停机系统、单元机组保护和辅机连锁保护等)、汽轮机和给水泵汽轮机数字电液控制系统、旁路控制系统等纳入分散控制系统(亦可单独配置)。

计算机监视系统在分散控制系统中用于数据采集,在中型火电机组中,用于安全监视。电子计算机有很强的信息处理能力,运算速度块,实时性好,且具有记忆、比较、判断等逻辑功能。如果配备合适的外部设备和过程输入/输出通道,再加上软件系统支持和配以

CRT 监视器，计算机则具有下述功能：对各种运行参数及主辅设备的运行状态进行巡回检测，并对相应数据进行必要的处理；屏幕显示，即显示各种参数、表格、曲线、棒状图、趋势图和模拟图等画面；以屏幕显示和打印方式提供完整的热工报警信息；打印制表和完成事件顺序记录，指定参数的定时制表、随机打印、事故追忆打印；在线性能计算和经济分析；提供运行操作指导等。

模拟量控制系统曾称自动调节系统，由调节对象、调节器和调节机构三大部分组成。调节器是实现闭环控制（反馈控制）中自动控制某个被控变量的仪表，这里是指起调节作用的全套控制仪表，包括变送、给定、调节、操作、执行等部件。在火电厂中，模拟量控制曾广泛使用全套的单元组合仪表和组件组装仪表。目前，除分散控制系统已包括模拟量控制功能外，多采用可编程序调节器和基地式调节仪表来实现控制功能。调节对象是指为调节器所控制的设备或系统。调节机构是由执行机构（将变化的信号变为相应运动的机构）驱动，直接改变被控变量的机构。自动调节通常是利用反馈的方法，将被控变量与给定值进行比较，再根据比较的结果进行必要的控制，最终使被控变量维持在要求值，或者克服外来干扰保持在原来的值上。

开关量控制是开环控制，是实现锅炉、汽轮机及其辅助设备启、停或开、关操作的总称，如顺序控制、选线控制、单独控制、连锁控制等。

顺序控制系统是对某一工艺系统或主要辅机按一定规律进行控制的系统，其控制对象包括厂用电动机、电动门、电磁阀和执行器等。为防止辅机不适当地投入运行，还设有保护连锁条件。顺序控制系统纳入分散控制系统的机组，有组级、子组级和执行级三级控制。组级控制对在工艺上有互相联系并具有连续不断的顺控特征的设备进行整体控制，是最高级控制功能组，一般工程不宜采用。当单元机组设有快速甩负荷功能时可采用，它可实现单元机组全过程的程序启动/停运，即从锅炉点火开始到额定负荷，汽轮机从投入润滑油系统开始，盘车、冲转、升速、并网到目标负荷的程序启动/停运。子组级控制对某一辅机及其附属设备或某一局部工艺系统进行整体控制，如汽轮机自升速、升负荷控制，锅炉燃烧器控制，送、吸风机控制，给水泵控制，高加旁路控制等。执行级即驱动级控制，是一对一的单独控制。当单独设置顺序控制系统时，利用适当的顺序控制器（如可编程序逻辑控制器等），接受人工的指令或其他控制仪表的指令开始工作，也可以在规定的外界条件出现时自动开始工作。当第一步骤的所有控制对象的动作均已结束，并且进行下一个步骤控制的条件和时限均已达到时，顺序控制器就发出指令，指挥下一个步骤的控制。每一步骤均重复上述过程，便能依次自动完成全部控制操作。如：锅炉吹灰器、锅炉定期排污、除灰除渣、凝汽器胶球清洗、凝结水精除盐、调速电动给水泵、循环水处理、补充水处理、废水废液处理、输煤等顺序控制系统。

选线操作是将同一类型或所属局部工艺系统的远方控制中的若干个控制对象先经过选线，即选择需要操作的对象，然后用公用的控制开关或按钮进行操作。其优点是既可减少控制台上的设备，又便于集中控制和监视，还可以同时选中若干个控制对象并进行成组操作。但由于多了一些中间环节，可靠性相对降低，因此，对重要的或操作较频繁的控制对象不宜采用。每组选线控制中，控制对象的数量也要适中。

远方操作就是手动远方控制，即由人直接或间接操纵终端控制元件（执行机构）的控制，一般是通过操纵一个标准信号来完成的。在自动调节系统中，操作器都能由自动位置切换至手动位置进行手动远方控制。远方控制也可以是与自动调节系统无关的独立系统，由运行人员在控制盘上操作，直接驱动执行机构，实现人工调节。在火力发电厂中，有些管道上的截止阀装有电动传动装置（称为电动阀门）或电磁线圈控制机构（称为电磁阀门），也可进行远方控制。

　　连锁控制是当某一参数到达规定值或某一设备启、停时，同时控制另一设备的控制。连锁控制有简单的，它的控制对象一般仅1～2个；也有复杂的，根据运行要求规定了多级的启停顺序，在火力发电厂中通常称为大连锁。连锁控制实际上起保护作用，热力设备的安全或自动保护常通过连锁来实现。对于备用设备的自启动、故障设备的自动停运、条件不具备时的禁止控制和条件满足时的自行动作等控制功能，均可利用连锁控制来实现。

　　保护系统的作用是保护生产设备。当生产系统的某个部分出现危险情况时，保护装置将采取极端措施，制止危险工况的发展，或自动停止某些设备的运行，以保护设备和避免事故的扩大，如：事故停炉保护、事故停机保护、汽轮机防进水保护、辅机故障自动减负荷保护、自动甩负荷保护等。保护系统采用无源开关量仪表提供跳闸信号，重要保护的输入信号应多重化，使用2～3个检测回路或检测元件，经过二取二或三取二等逻辑处理后送出可靠的信号。保护回路可以由继电器组成，也可由分散控制系统实现。重要的热工保护动作时，设置有事件顺序记录。

　　报警系统在火力发电厂中通常称为热工信号。其作用是在有关的热工参数偏离正常运行范围、热工保护与重要连锁项目动作、控制系统故障、重要电源回路故障、控制气源故障、重要对象的状态异常时，即发出声光信号，引起运行人员注意，以便及时采取相应的措施。

　　由于热工测量和控制仪表在热力过程自动化中处于特别重要的地位，除了设计时应选择合理的自动化系统和选用合适的设备外，还应重视安装和调试质量，使其投入试运后，达到准确、灵敏、可靠、系统完善、功能齐全、维护方便、整齐美观，以保证满足机组安全经济运行的要求。

第一篇 热工测量和控制仪表简介

热工测量和控制仪表包括检测仪表、显示仪表和控制仪表等，均属工业自动化仪表产品。除计算机监控系统外，其产品型号（表示产品的主要特征，作为产品名称的简化代号，供生产、订货、分配和施工等之用）的组成如下（虚线框为特殊情况下的增加部分）❶：

$$\underbrace{\boxed{A}\ \boxed{B}\ \boxed{C}\ \boxed{D}}_{\text{第一节}} - \underbrace{\boxed{1}\ \boxed{2}\ \boxed{3}\ \boxed{4}\ \boxed{E}}_{\text{第二节}}\ -\ \underbrace{\boxed{T}}_{\text{第三节}}$$

第一位 第二位 第三位 第四位　第一位 第二位 第三位 第四位 最后一位

第一节一般不超过四位，用大写汉语拼音字母表示。第一位表示该产品所属的大类（如：W—温度仪表，Y—压力仪表，C—差压仪表，L—流量仪表，U—物位仪表，S—速度仪表，H—尺度仪表，G—测力仪表，N—物性仪表，F—成分仪表，X—显示仪表，Q—气动单元组合仪表，D—电动单元组合仪表，B—基地式仪表，T—调节器和程序控制器，J—集中控制装置，V—阀，Z—执行器，K—仪表控制盘、操纵台及附属装置等）；第二位表示该产品所属的小类；以后的各位，则根据产品的不同情况表示该产品的原理、功能、用途等。

第二节一般也不超过四位，用阿拉伯数字表示。各位数字则根据产品的不同情况而定，系列产品可以分别代表产品的结构特征、规格、材料……等，非系列产品则可以是产品的序号，均由产品型号管理单位根据产品的具体情况，规定所用的代号及其代表的意义。产品设计改进时，允许在第二节的最后添加一位大写汉语拼音字母代号，以资区别。

第一节与第二节之间用一短横线隔开。

对于特殊环境中使用的仪表产品，其型号增加了第三节，用大写汉语拼音字母表示（如：T—热带用、C—船用、F—防腐、B—防爆、Z—耐震、Q—高压容器压力表等）。产品适用于数种特殊环境时，允许并列环境条件的代号。

第二节与第三节之间也用一短横线隔开。

有关工业自动化仪表的几个通用技术参数，根据现行国家（或专业）标准执行，现介绍如下：

1. 工业自动化仪表公称工作压力值系列❷

公称工作压力值是指工作压力的额定值，即仪表在正常工作时能承受的工作介质压力上限值，亦称公称压力值。工业自动化仪表公称工作压力值应符合表 0-1 的规定。

2. 工业自动化仪表公称通径值系列❸

---

❶ 选录自 ZBN10006—88《工业自动化仪表产品型号编制原则》。
❷ 摘自 ZBN10005—88《工业自动化仪表公称工作压力值系列》。
❸ 摘自 ZBN10004—88《工业自动化仪表公称通径值系列》。

表 0-1   工业自动化仪表公称工作压力值系列(MPa)

基 本 系 列									延伸系列
0.01	0.016		0.025		0.04	(0.05)	0.06		基本系列项值×10^{-n}
0.10	0.160		0.250		0.40		0.60		
1	1.6		2.5		4		6.3(6.4)		—
10	16	(20)	25	32	40	(50)	63(64)	80	基本系列项值×10^{n}

注　1. 括号内的数值为非推荐值；

　　2. n 为自然数。

工业自动化仪表公称通径值（mm）应符合下列规定：1；2；3；4；5；6；8；10；15；20；25；(32)；40；50；(65)；80；100；(125)；150；200；250；300；350；400；450；500；600；700；800；900；1000；1200；1400；1600；1800；2000（括号内数值为非推荐值）。

3. 工业自动化仪表用电源电压[1]

（1）交流电源

1）电压公称值（为有效值）：单相 220V；三相 380V。偏差极限值：1 级 ±1.0%；2 级 ±10%；3 级 $^{+10}_{-15}$%；4 级 $^{+15}_{-20}$%。

2）频率公称值：50Hz。偏差极限值：1 级 ±0.2%；2 级 ±1.0%；3 级 ±5.0%。

（2）直流电源

其电压级别为 +24V，−24V；+15V，−15V；+12V，−12V；+5V、−5V。偏差极限值：1 级 ±1%；2 级 ±5%；3 级 $^{+10}_{-15}$%；4 级 $^{+15}_{-20}$%；5 级 $^{+30}_{-20}$%。

4. 工业自动化仪表用模拟直流电流信号[2]

1）模拟直流电流信号范围：优先值用 4～20mA；非优先值（今后将被取消）用 0～10mA。

2）直流电流信号的纹波含量：不超过 3%。

3）信号公用线：应在信号电路的最低电位点。如果信号公用线与电源连接，则应接电源负端或双极电源零伏端。

4）接地：信号电路需要接地时，接地端应是信号公用线或供电电源的负端或双极电源的零伏端。

5）负载电阻：一个变送或控制仪表，应能连续地驱动 0～300Ω 之间任何负载。

5. 工业自动化仪表用模拟直流电压信号[3]

模拟直流电压信号为 1～5V（优先值，该信号能从 4～20mA 直流电流信号获得）；0～10V。

---

[1] 摘自 GB3368—82《工业自动化仪表用电源电压》和 ZBY121—83《工业自动化仪表工作条件——动力》。

[2] 摘自 GB3369—89《工业自动化仪表用模拟直流电流信号》。

[3] 摘自 GB3370—89《工业自动化仪表用模拟直流电压信号》。

6. 检测仪表和显示仪表精确度等级❶

仪表的示值与被测量（约定）真值的一致程度，称为精确度，一般由引用误差或相对误差表示。引用误差是仪表的示值误差［仪表的示值减去被测量的（约定）真值］除以规定值（常称为引用值，它可以是仪表的量程或范围上限值等），并以百分数表示；相对误差是仪表的示值误差除以被测量的（约定）真值，并以百分数表示。

精确度等级是仪表按精确度高低分成的等级。由引用误差或相对误差表示精确度的仪表，其精确度等级应自下列数系中选取：0.01，0.02，（0.03），0.05，0.1，0.2，（0.25），（0.3），（0.4），0.5，1.0，1.5，（2.0），2.5，4.0，5.0。括号内的精确度等级在必要时可采用，其中 0.4 级只适用于压力表。不宜用引用误差或相对误差表示精确度的仪表（如热电阻、热电偶等），可用拉丁字母或阿拉伯数字表示精确度等级，如 A，B，C，…或 1，2，3，…。按拉丁字母或阿拉伯数字的先后次序表示精确度等级的高低。

对于模拟式测量和控制仪表❷，若由绝对误差［测量结果减去被测量的（约定）真值］表示基本误差限（在参比条件下仪表的示值误差称基本误差，仪表基本误差的最大允许值为基本误差限），直接用基本误差限的数值表示其精确度，不划分精确度等级；当仪表需用精确度等级表示时，则基本误差限应采用引用误差。

7. 工业自动化仪表工作条件❸

工业自动化仪表工作条件是指仪表在工作期间或在安装期间，以及在贮存和运输中所经受的温度、湿度、大气压力和温度梯度条件等。根据温度和相对湿度极限值，工作场所分为 A、B、C、D 四大级，各种场所的温度和相对湿度极限值见表 0-2。

表 0-2　　　　　　　　各种工作场所的温度和相对湿度极限值

工　作　场　所	场所等级	温度（℃）	相对湿度（%）
空调场所	A1	+18～+27	35～75
	A2	+18～+27	20～80
	Ax	自定	自定
加温和（或）降温场所	B1	+15～+30	10～75
	B2	+5～+40	10～75
	B3	+5～+40	5～95
	Bx	自定	自定
掩蔽场所	C1	-25～+55	5～100
	C2	-40～+70	5～100
	Cx	自定	5～100
户外场所	D1	-25～+70	5～100
	D2	-40～+85	5～100
	Dx	自定	5～100

❶ 摘自 GB/T13283—91《工业过程测量和控制用检测仪表和显示仪表精确度等级》。
❷ 依据 GB7259—87《模拟式过程测量和控制仪表性能表示方法导则》和 GB/T13639—92《工业过程测量和控制用模拟输入数字式指示仪》编写。
❸ 摘自 ZBY120—83《工业自动化仪表工作条件——温度、湿度和大气压力》。

工业自动化仪表的工作大气压力为 86～108kPa。

仪表工作环境的温度应在各场所不同等级规定的温度范围内缓慢变化。温度范围选自 B、C 和 D 级时，应选取±5℃/h、±10℃/h、±20℃/h 的温度变化率。

8. 工业自动化仪表绝缘电阻❶

1) 具有保护接地端子或保护接地点的仪表、依靠安全特低电压（指用安全隔离变压器或具有独立绕组的变流器与供电干线隔离开的电路中，含有电子器件的仪表为导体之间或任何一个导体与地之间有效值不超过 50V 的交流电压，不含有电子器件的电测量指示和记录仪表为导体之间有效值不超过 42V 的交流电压，或三相线路中导体和中性线间不超过 24V 的交流电压）供电的仪表，在不同试验条件下进行绝缘电阻试验时，其与地绝缘的端子同外壳（或与地）之间、互相隔离的端子之间分别施加的直流试验电压（兆欧表电压）见表 0-3 的规定值，绝缘电阻不小于表 0-3 的规定值。

表 0-3   工业自动化仪表绝缘电阻（一）

额定电压或标称电路电压（直流或正弦波交流有效值）（V）	直流试验电压（V）	绝 缘 电 阻 （MΩ）	
		试 验 条 件	
		一般试验大气条件	湿热条件
≤60	100	5	1
>60～130	250	7	2
>130～650	500	10	5

2) 无保护接地端子或保护接地点的仪表，在不同试验条件下进行绝缘电阻试验时，各类端子与外壳之间分别施加的直流试验电压（兆欧表电压）见表 0-4 的规定值，绝缘电阻不小于表 0-4 的规定值；互相隔离的端子之间施加的直流试验电压见表 0-3 的规定值，绝缘电阻不小于表 0-3 的规定值。

表 0-4   工业自动化仪表绝缘电阻（二）

额定电压或标称电路电压（直流或正弦波交流有效值）（V）	直流试验电压（V）	绝 缘 电 阻 （MΩ）	
		试 验 条 件	
		一般试验大气条件	湿热条件
≤60	100	7	2
>60～130	250	10	5
>130～650	500	20	7

上述绝缘电阻的技术要求不适用于系统成套装置，其绝缘电阻的技术要求按有关标准或制造厂的规定。

本篇将重点介绍各种仪表产品的用途、型号、规格和外形尺寸等概况，以便施工时核对产品和利于安装。

---

❶ 摘自 GB/T15479—1995《工业自动化仪表绝缘电阻、绝缘强度技术要求和试验方法》。

第一章　检出元件和检测仪表

第一节　温度测量仪表

温度是表征物体冷热程度的物理量。开尔文是热力学温度的单位，符号为 K；摄氏度是摄氏温度的单位，符号为℃。

为了确定温度的数值，由两个特征温度为基准点，建立了温标。摄氏温标是在标准大气压下用一支玻璃水银温度计来定度的，把冰融点定为 0℃，水沸点定为 100℃，两点之间等分 100 格，每格为 1℃。其缺点是在使用时，会出现 0℃以下的温度，即负值温度。热力学温标是根据热力学理论，物质有一个最低温度点存在，在这个温度值下一切物质都为固体，这个温度定为 0K，把水的三相点温度（指水的固态、液态和汽态三相间平衡时所具有的温度）定为 273.16K（相当于 0.01℃），将此两温度值之间分成 273.16 等分，每一等分为 1K，这样它不会出现负温度值。

热力学温标的温度间隔与摄氏温标相同，单位"摄氏度"与单位"开尔文"相等。

摄氏温度 t 与热力学温度 T 之间的关系为

$$t = T - 273.15 \tag{1-1}$$

测量温度的仪表型号用"W"表示产品所属的大类。测量温度的常用仪表有双金属温度计、压力式温度计、热电偶和热电阻等。

一、双金属温度计

双金属温度计是利用两种热膨胀率不同的金属结合在一起制成的温度检出元件来测量温度的仪表。

双金属温度计型号组成及其代号含义如下：

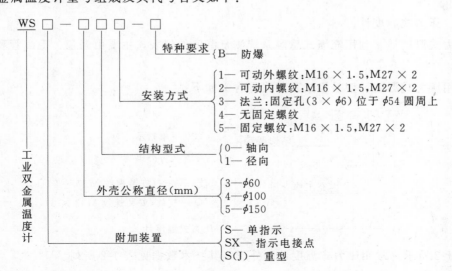

图 1-1 所示为 WSS—401 型双金属温度计的结构，其保护套管的材料有不锈钢和黄铜两种，前者公称压力 6.4MPa，后者公称压力 4.0MPa。双金属温度计的规格见表 1-1 所列。

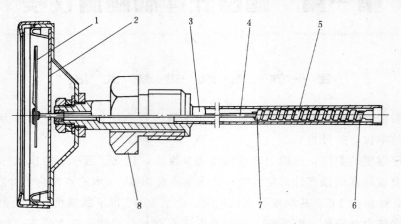

图 1-1　WSS—401 型双金属温度计的结构

1—指针；2—刻度盘；3—保护套管；4—细轴；5—感温元件；6—固定端；7—自由端；8—紧固装置

表 1-1　　　　　　　　　　　　　双金属温度计的规格

标度盘公称直径 (mm)	测量范围 (℃)	保 护 套 管			安装螺纹尺寸
		直径 (mm)	插入深度 (mm)	公称压力 (MPa)	
60	−80～40；−40～80；0～50；0～100；0～150；0～200；0～300；0～400；0～500	4；6	75；100；150；200；250；300；400；500	1；1.6；2.5；4.0；6.4	M16×1.5
100；150		8；10			M27×2

电接点双金属温度计的接点功率为 10V·A（无感负载），最大工作电流 1A，最高工作电压 220V。

二、压力式温度计

压力式温度计是利用充灌式感温系统测量温度的仪表，主要由温包、毛细管和显示仪表组成。

常用压力式温度计型号组成及其代号含义如下：

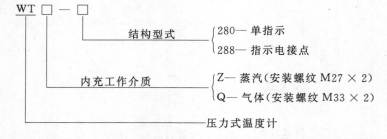

图 1-2 所示为常用压力式温度计的外形，其技术数据见表 1-2 所列。

表 1-2　　　　　　　　　　　　　　常用压力式温度计技术数据

工作介质	测量范围（℃）	毛细管长度（m）	温包长度（mm）	外壳直径（mm）	电接点参数
蒸　汽	−20～+60，0～50；0～100；20～120；60～160；100～200	0.6；1.0；1.6；2.5；4.0；6.0；10.0；16.0	100；150；200；250；300	100；150	最高工作电压：～380V，～220V；额定功率不大于：10V·A 或 10W（无感负载）
气　体	−80～+40；−60～+40；0～200；0～250；0～300；0～400；0～500；0～600	0.6；1.0；1.6；2.5；4.0；6.0；10.0；16.0；25.0			

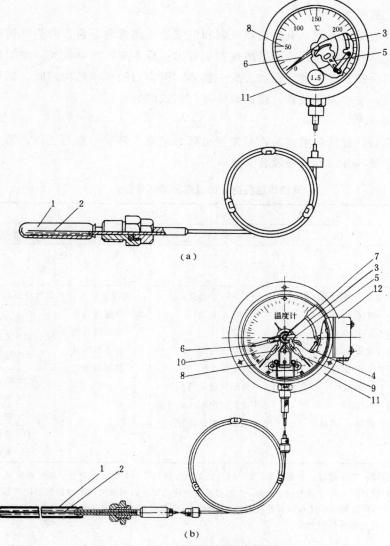

图 1-2　常用压力式温度计外形

(a) WT$\frac{Z}{Q}$—280 型；(b) WT$\frac{Z}{Q}$—288 型

1—温包；2—毛细管；3—单圈弹簧管；4—拉杆；5—齿轮传动机构；6—示值指示针；7—转轴；8—标度盘；9—上限接点指示针；10—下限接点指示针；11—表壳；12—接线盒

三、热电偶

热电偶作为温度的检测元件，通常与显示仪表配套，用于直接测量各种生产过程中液体、蒸汽和气体介质以及金属表面等的温度，也可将其毫伏信号送给巡测装置、温度变送器、自动调节器和计算机等。

热电偶由一对不同材料的导电体（热电偶丝）组成，其一端（热端、测量端）相互连接并感受被测温度；另一端（冷端参比端）则连接到测量装置中。根据热电效应，测量端和参比端的温度之差与热电偶产生的热电动势之间具有函数关系。参比端温度一定时热电偶的热电动势随着测量端温度升高而加大，其数值只与热电偶材料及两端温差有关，而与热电偶的长度、直径无关。

根据热电偶的结构不同，有普通热电偶和铠装热电偶两种。前者的热电偶丝套有耐热绝缘套管（如瓷珠）并装在瓷或金属的保护套管内；后者则将热电偶丝、绝缘材料（电熔氧化镁）和金属保护套管三者组合加工成一整体。但它们的基本结构相同，都是由热电偶元件、保护套管、安装固定装置、接线盒等部件组成的。

1. 普通热电偶❶

（1）型号编制：普通热电偶的产品型号由两节组成，每节一般为三位，第一节与第二节之间用一半字线隔开，其代号及含义见表1-3。

表 1-3 　　　　　　　普通热电偶型号的组成及其代号含义

第　一　节					第　二　节				
第一位	第二位	第三位			第一位		第二位		第三位
代号 含义	代号 含义	代号	含　义		代号	含　义	代号	含　义	代号 含　义
W 温度仪表	R 热电偶	R P N E F C M	热电偶分度号及材料： B（铂铑30-铂铑6） S（铂铑10-铂） K（镍铬-镍硅） E（镍铬-铜镍） J（铁-铜镍） T（铜-铜镍） N（镍铬硅-镍硅）		1 2 3 4 5 6	安装固定装置： 无固定装置 固定螺纹 活动法兰 固定法兰 角形活动法兰 锥形固定螺纹或焊接固定锥形保护套管	1 2 3 4	接线盒形式： 普通接线盒 防溅接线盒 防水接线盒 防爆接线盒	设计序号或保护套管： 1. 分度号B和S： 0 φ16瓷保护套管 1 φ25瓷保护套管 2. 分度号K和E： 0 φ16钢保护套管 1 φ20钢保护套管 2 φ16瓷保护套管 3 φ20瓷保护套管

注 1. 在型号的第一节字母后，下角注有"2"的为双支热电偶，即一个温度计套管内装有两支热电偶；

2. 各生产厂设计序号的含义不一。例如，上海自动化仪表三厂为区别锥形保护套管的不同产品，用0和1（改进型）分别代表端部焊接和深盲孔技术的固定螺纹锥形保护套管；用4和5（改进型）分别代表接壳式和绝缘式焊接固定锥形保护套管。

（2）技术参数：热电偶的类型、分度号、温度范围和允差等见表1-4。各种热电偶的分

---

❶ 依据ZBY300—85《工业热电偶分度表及允差》、ZBN11002—87《工业热电偶技术条件》和ZBN05004—88《镍铬硅-镍硅热电偶丝及分度表》编写。

度表见附表 1-1 至附表 1-7 所列。

表 1-4　　　　　　　　　　　热电偶的技术参数

热电偶分度号	热电偶丝材料	热电偶丝直径 (mm)	最高使用温度 (℃)		允差（参比端处于 0℃）			20℃时热电偶丝材料电阻率 (Ω·mm²/m)	
			长期	短期	允差等级	允差值适用温度范围 (℃)	允差值（±）	正极	负极
B	铂铑 30-铂铑 6	$0.5^{+0}_{-0.015}$	1600	1800	Ⅱ	600～1700	1.5℃或 0.0025$\|t\|$	电阻值 1Ω/m	电阻值 0.9Ω/m
					Ⅲ	600～1700	4℃或 0.005$\|t\|$		
S	铂铑 10-铂	$0.5^{+0}_{-0.020}$	1300	1600	Ⅰ	0～1600	1℃或 [1＋0.003 (t－1100)]℃	电阻值 1Ω/m	电阻值 0.5Ω/m
					Ⅱ	0～1600	1.5℃或 0.0025$\|t\|$		
K	镍铬-镍硅	0.3	700	800	Ⅰ	－40～1000	1.5℃或 0.004$\|t\|$	0.70±0.05	0.23±0.05
		0.5	800	900					
		0.8；1.0	900	1000	Ⅱ	－40～1200	2.5℃或 0.0075$\|t\|$		
		1.2；1.6	1000	1100					
		2.0；2.5	1100	1200	Ⅲ	－200～40	2.5℃或 0.015$\|t\|$		
		3.2	1200	1300					
E	镍铬-铜镍	0.3；0.5	350	450	Ⅰ	－40～800	1.5℃或 0.004$\|t\|$	0.70±0.05	0.49±0.01
		0.8；1.0；1.2	450	550					
		1.6；2.0	550	650	Ⅱ	－40～900	2.5℃或 0.0075$\|t\|$		
		2.5	650	750					
		3.2	750	900	Ⅲ	－200～40	2.5℃或 0.015$\|t\|$		
J	铁-铜镍	0.3；0.5	300	400	Ⅰ	－40～750	1.5℃或 0.004$\|t\|$	0.12±0.01	0.49±0.01
		0.8；1.0；1.2	400	500					
		1.6；2.0	500	600	Ⅱ	－40～750	2.5℃或 0.0075$\|t\|$		
		2.5；3.2	600	750					
T	铜-铜镍	0.2	150	200	Ⅰ	－40～350	0.5℃或 0.004$\|t\|$	0.017	0.49±0.01
		0.3；0.5	200	250	Ⅱ	－40～350	1℃或 0.0075$\|t\|$		
		1.0	250	300					
		1.6	350	400	Ⅲ	－200～40	1℃或 0.015$\|t\|$		
N	镍铬硅-镍硅	0.3	700	800	Ⅰ	－40～1100	1.5℃或 0.004$\|t\|$	1.00±0.05	0.33±0.05
		0.5	800	900					
		0.8；1.0	900	1000	Ⅱ	－40～1300	2.5℃或 0.0075$\|t\|$		
		1.2；1.6	1000	1100					
		2.0；2.5	1100	1200	Ⅲ	－200～40	2.5℃或 0.015$\|t\|$		
		3.2	1200	1300					

注　t 为被测温度（℃），在同一栏内给出的两种允差值中取绝对值较大者。

（3）绝缘电阻：热电偶在常温时的绝缘电阻值（500V 兆欧表测量），对于长度等于或不足 1m 时，应不小于 100MΩ；对于长度超过 1m 时，应不小于 100MΩ·m。

2. 铠装热电偶❶

（1）型号编制：铠装热电偶的产品型号由两节组成，第一节与第二节之间用一短横线隔开，其代号及含义见表 1-5。

（2）测温范围及允差：铠装热电偶的类型、分度号、测温范围及允差见表 1-6。

表 1-5　　　　　　　　　　铠装热电偶型号组成及其代号含义

第　一　节				第　二　节					
第一位	第二位		第三位	第四位		第一位		第二位		第三位
代号 含义	代号 含义	代号	含　义	代号 含义	代号	含　义	代号	含　义	代号	含　义
W 温度仪表	R 热电偶	N E F C M	热电偶分度号及材料：N（镍铬-镍硅）E（镍铬-铜镍）J（铁-铜镍）T（铜-铜镍）N（镍铬硅-镍硅）	K 铠装式	1 2 3 4 5	安装固定装置：无固定装置 固定卡套螺纹 可动卡套螺纹 固定卡套法兰 可动卡套法兰	0 或 1 2 3 6 8 9	接线盒形式：简易式 防溅式 防水式 插接式 手柄式或接线盒式 补偿导线式	1 2 3	测量端形式：绝缘式 接壳式 露端式

注　在型号第一节字母后，下角注有"2"的为双支铠装热电偶。

表 1-6　　　　　　铠装热电偶的类型、分度号、测温范围及允差

（参比端处于 0℃）

分度号	允　差　等　级					
	1		2		3	
	允差值	测温范围（℃）	允值差	测温范围（℃）	允值差	测温范围（℃）
K，N	±1.5℃ 或 ±0.004|t|	−40～+1000	±2.5℃ 或 ±0.0075|t|	−40～+1100	±2.5℃ 或 ±0.015|t|	−200～+40
E		−40～+800		−40～+800		
J		−40～+750		−40～+750	—	—
T	±0.5℃ 或 ±0.004|t|	−40～+350	±1℃ 或 ±0.0075|t|	−40～+350	±1℃ 或 ±0.015|t|	−200～+40

注　1. t 为被测温度（℃）。

　　2. 在同一栏给出的两种允差值中，取绝对值大者。

　　3. 对于在 −40℃ 以上的测温范围，符合 1、2 级允差的 K、N、E、J、T 分度号铠装热电偶，又要求在 −40℃ 以下符合 3 级允差时，则由用户与制造厂商定。

❶ 依据 JB/T5582—91《铠装热电偶》编写。

（3）结构形式：铠装热电偶的结构形式如图 1-3 所示，测量端形式及测量端区纵截面有关尺寸见表 1-7。

（4）热电偶丝电阻值：铠装热电偶偶丝的名义电阻值见表 1-8。

（5）绝缘电阻值：铠装热电偶在常温时的绝缘电阻值，外径为 0.25mm 时，$\geqslant$100MΩ·m（试验电压直流 50V）；外径 0.5～1.5mm 时，$\geqslant$1000MΩ·m（试验电压直流 50V）；外径大于 1.5mm 时，$\geqslant$1000MΩ·m（试验电压直流 500V）。长度小于 1m 的铠装热电偶，按 1m 计算。

3. 热电偶的型式和尺寸❶

（1）保护管形状和固定装置型式：热电偶的保护管形状和固定装置型式见表 1-9。

（2）固定装置尺寸：热电偶的固定装置尺寸见表 1-10 至表 1-12。

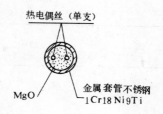

热电偶丝（单支）

MgO

金属套管不锈钢 1Cr18Ni9Ti

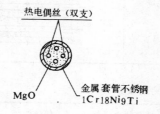

热电偶丝（双支）

MgO

金属套管不锈钢 1Cr18Ni9Ti

图 1-3 铠装热电偶的结构形式

表 1-7　　　　铠装热电偶测量端区形式及测量端区纵截面有关尺寸　　　　（mm）

型　式	结　　构	适用铠装热电偶外径 D	尺　寸
露端型		1.0～3.0	$h = (0.3 \sim 1.5)D$
		1.0～8.0	$Q = (0.5 \sim 1)D$
接壳型		0.25～8.0	$W = (0.1 \sim 0.8)D$

---

❶ 依据 JB/T5219—91《工业热电偶型式、基本参数及尺寸》编写。

型　式	结　　构	适用铠装热电偶外径 D	尺　　寸
绝缘型		0.25～8.0	$W=(0.1～0.8)D$ $B=(0.15～1.5)D$ $l_{min}=0.05D$

表 1-8　　　　　　　　　　铠装热电偶偶丝的名义电阻值

铠装热电偶外径 （mm）	偶丝线径 （mm）	在 20℃ 时的名义电阻值（Ω/m）±25％						
		铂铑	铂	镍铬	镍硅	铜镍	铜	铁
1	0.17	9.5	4.7	31.5	10.4	21.6	0.75	5.3
1.5	0.25	4.1	2.0	14.0	4.6	10.0	0.35	2.4
2	0.35	2.0	1.0	7.0	2.3	5.0	0.17	1.2
3　双　支	0.35	2.0	1.0	7.0	2.3	5.0	0.17	1.2
3　单　支	0.5	1.0	0.5	3.6	1.2	2.5	0.09	0.6
4　双　支	0.55	0.86	0.43	3.0	1.0	2.1	0.075	0.5
4　单　支	0.7	0.52	0.26	1.8	0.6	1.4	0.045	0.3
5　双　支	0.6	0.67	0.33	2.34	0.78	1.6	0.06	0.4
5　单　支	0.8	0.42	0.21	1.44	0.48	1.0	0.036	0.2
6　双　支	0.7	0.52	0.26	1.8	0.6	1.4	0.045	0.3
6　单　支	1	0.26	0.13	0.9	0.3	0.6	0.022	0.15
8	1.3			0.6	0.2	0.4	0.015	0.09

注　表列数值仅供参考。

表 1-9　　　　　　　　　　热电偶保护管形状和固定装置型式

序号	保护管形状	固定装置型式	示　　意　　图
1	直形带加固管	无固定装置	
2	直　形		

序　号	保护管形状	固定装置型式	示　　意　　图
3		固定螺纹	
4			
5	直	固定螺纹	
6		固定卡套螺纹或活动卡套螺纹	
7	形	固定法兰	
8			
9		活动法兰	

序 号	保护管形状	固定装置型式	示 意 图
10	直 形	固定卡套法兰或 活动卡套法兰	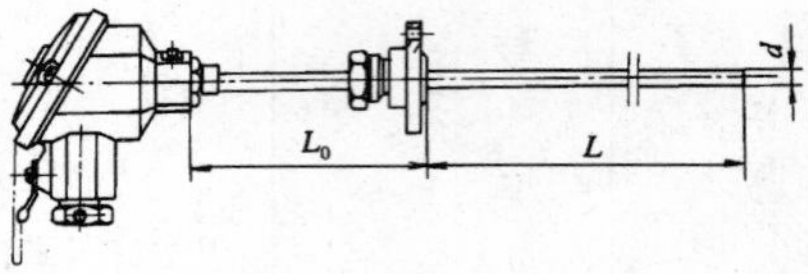
11	直 角 形	无固定装置	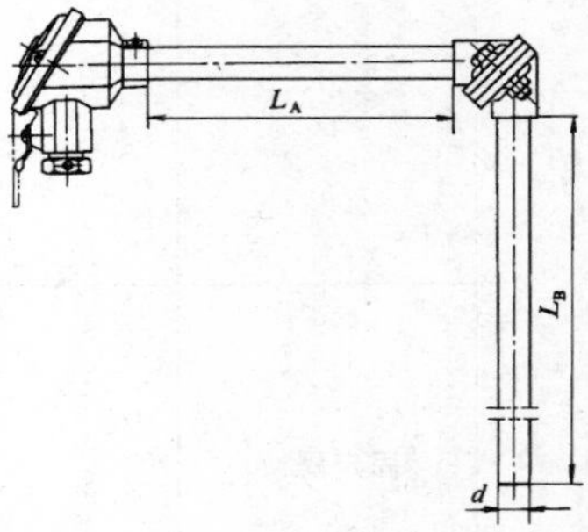
12		活动法兰	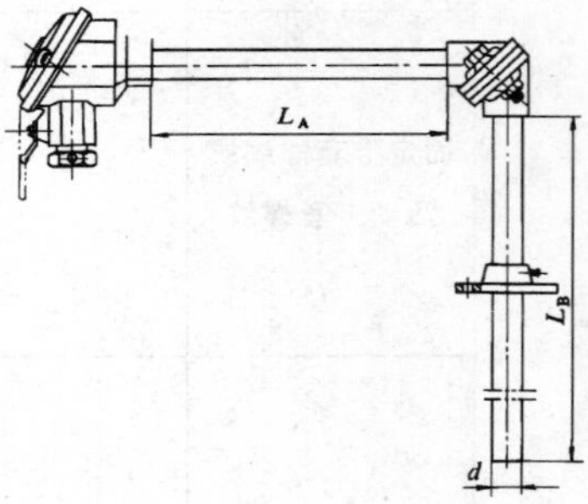
13	锥 形	固定螺纹	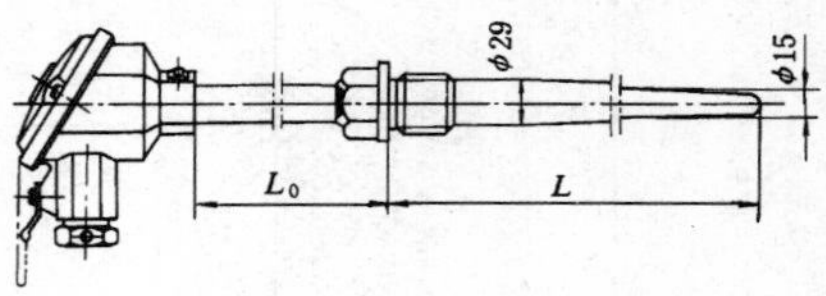
14		焊 接	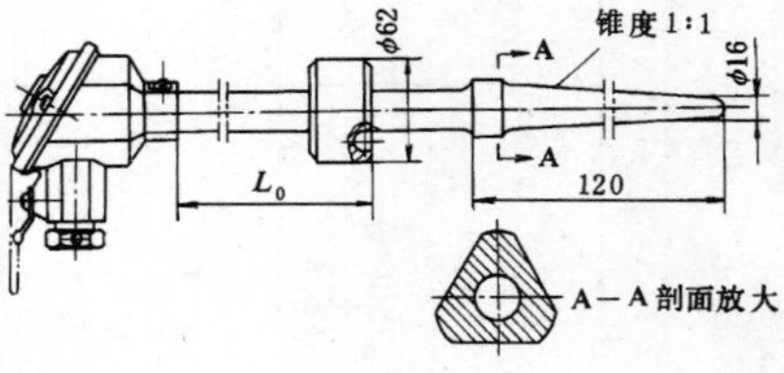

注 表中序号 5 图中 M1 尺寸为 M20×1.5。亦允许用户与生产厂协商制造其他尺寸。

表 1-10 　　　　　　　　　　**热电偶固定装置尺寸（一）** 　　　　　　　　　（mm）

固定装置型式	示意图	保护管直径 d	M	h	S	D_0	公称压力 (MPa)
直形保护管固定螺纹		8	M16×1.5	15	22	φ30	10
		10	M27×2	32	32	φ40	
		12					
		16					
		20	M33×2	35	36	φ48	
锥形保护管固定螺纹		—	M33×2	32	36	φ48	30

　　注 1. 插座接线盒的热电阻，当保护管直径为 12mm 时，可选用 M22×1.5 的连接螺纹。

　　　　2. 当特殊用途时，经用户与生产厂协商，允许生产其他尺寸的固定装置。

表 1-11 　　　　　　　　　　**热电偶固定装置尺寸（二）** 　　　　　　　　　（mm）

固定装置型式	示意图	保护管直径 d	D	D_1	D_2	d_0	H	h	公称压力 (MPa)
活动法兰		8	φ70	φ54	—	φ6	—	—	常压
		10							
		12							
		16							
		20							
		25							
固定法兰		8	φ95	φ65	φ45	φ14	16	2	2.5
		10							
		12	φ105	φ75	φ55				
		16					18		
		20	φ115	φ85	φ65				

　　（3）接线装置：热电偶的接线装置型式有：无接线盒型、简易型、防护型（防淋、防溅、防喷等）、隔爆型、插接座型等种。接线盒出线孔尺寸 A 如图 1-4 所示，A 值有 φ8、φ10、φ12、φ15 等四种。

表 1-12 　　　　热电偶固定装置尺寸（三）　　　　　　　(mm)

固定装置型式	示意图	保护管直径 d	M	H	S	公称压力 (MPa)	
卡套螺纹	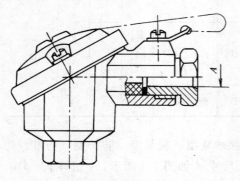	1.0	M12×1.5	15	19	固定卡套螺纹	活动卡套螺纹
		1.5					
		2.0					
		3.0					
		4.0					
		4.5					
		5.0	M16×1.5		22		
		6.0				2.5	常压
		8.0					

固定装置型式	示意图	保护管直径 d	D	D_1	D_2	d_0	H	h	S	公称压力 (MPa)	
卡套法兰		1.0							19	固定卡套法兰	活动卡套法兰
		1.5									
		2.0									
		3.0									
		4.0	$\phi95$	$\phi65$	$\phi45$	$\phi14$	16	2			
		4.5									
		5.0									
		6.0							22	2.5	常压
		8.0									

（4）保护管直径和长度：热电偶保护管由外露和置入两部分组成。外露长度（L_0）见表 1-13；置入深度（L）和直径（d）见表 1-14，直角形保护管的长度 L_A、L_B 均可为 500mm 或 750mm（参见表 1-9）。

表 1-13 　热电偶保护管外露长度　　(mm)

保护管形状	保护管直径	接线装置型式	外露长度 L_0
直形、锥形（固定装置）	≥12	插座接线盒	30, 50, 100
		其余接线盒	100,150,200,250
	<12	插座接线盒	20,30,50
		其余接线盒	50,100,150,200
锥形（焊接）	—	—	230

图 1-4 热电偶接线盒出线孔尺寸

注 表 1-9 中序号 5 图中 L_0 尺寸亦允许用户与生产厂协商制造其他尺寸。

20

表 1-14

热电偶的保护管直径 d 和置入深度 L

保护管直径 d (mm) — 置入深度 L

置入深度 L 单位：mm（40、50、75、100、150、200、250、300、400、500、750）、m（1.00、1.25、1.50、2.00、2.58、3.00、4.00、5.00、7.50、10.0、12.5、15.0、20.0、25.0、30.0、40.0）

保护管直径 d (mm)：0.25、0.5、1.0、1.5、2.0、3.0、4.0、4.5、5.0、6.0、8.0、10、12、16、20、25

保护管直径 d (mm)	置入深度 L
	mm: 40, 50, 75, 100, 150, 200, 250, 300, 400, 500, 750
	m: 1.00, 1.25, 1.50, 2.00, 2.58, 3.00, 4.00, 5.00, 7.50, 10.0, 12.5, 15.0, 20.0, 25.0, 30.0, 40.0
0.25	/////
0.5	/////
1.0	/////
1.5	/////
2.0	/////
3.0	/////
4.0	/////
4.5	/////
5.0	/////
6.0	/////
8.0	///// ▬
10.	///// ▬
12	///// ▬
16	///// ▬
20	///// ▬
25	///// ▬

注 1. ///// 为金属保护管，▬▬ 为瓷保护管。

2. 锥形保护管的置入深度 L 为 75,100,150,200,250mm。

3. 置入深度 L 经用户与生产厂协商，允许生产表内规定以外的尺寸。

4. 热电偶参比端温度补偿

在用热电偶测温时，其热电动势与热电偶两端的温度有关。为了使测量准确，应保持参比端温度不变或采取补偿措施。显示仪表一般是按附表 1-1 至 1-7 热电偶分度表分度的，即以参比端温度为 0℃ 时分度的。在实际应用中，由于热电偶较短，参比端距离测量端不远且受环境温度影响，参比端温度不可能保持在 0℃ 不变，因而引起测量误差。为此，可用如下方法加以补偿或校正：

(1) 补偿导线❶：补偿导线是在一定温度范围内（包括常温）具有与所匹配热电偶热电动势相同标称值的一对带有绝缘层的导线，用它们连接热电偶与测量装置，以补偿它们与热电偶连接处的温度变化所产生的误差。补偿导线分为延长型与补偿型两种。延长型补偿导线合金丝的名义化学成分及热电动势标称值与配用热电偶偶丝相同，它用字母"X"附加在热电偶分度号之后表示。补偿型补偿导线合金丝的名义化学成分与配用热电偶偶丝不同，但其热电动势值在 0～100℃ 或 0～200℃ 时与配用热电偶的热电动势标称值相同，它用字母"C"附加在热电偶分度号之后表示，对于不同的合金丝可用附加字母（A 或 B）予以区别。

补偿导线按热电特性的允差不同分为精密级（符号 S）和普通级（不标符号）两种，按使用温度范围分为一般用（符号 G）和耐热用（符号 H）两类。补偿导线的线心间和线心与屏蔽层间的绝缘电阻，当周围空气温度为 15～35℃、相对湿度不超过 80% 时，每 10m 不小于 5MΩ。

补偿导线的型号及其合金丝、允差、产品代号、使用温度范围、绝缘层和护套的主体材料与着色、规格及尺寸、往复电阻值等见表 1-15 至表 1-20。

表 1-15　　　　　　　　　　　　补偿导线的型号及其合金丝

配用热电偶		补偿导线 型号	补偿导线合金丝			
			正极		负极	
名称	分度号		名称	代号	名称	代号
铂铑 10-铂	S	SC	铜	SPC	铜镍 0.6	SNC
铂铑 13-铂	R	RC	铜	RPC	铜镍 0.6	RNC
镍铬-镍硅	K	KCA	铁	KPGA	铜镍 22	KNCA
		KCB	铜	KPGB	铜镍 40	KNCB
		KX	镍铬 10	KPX	镍硅 3	KNX
镍铬硅-镍硅	N	NC	铁	NPC	铜镍 18	NNC
		NX	镍铬 14 硅	NPX	镍硅 4	NNX
镍铬-铜镍	E	EX	镍铬 10	EPX	铜镍 45	ENX
铁-铜镍	J	JX	铁	JPX	铜镍 45	JNX
铜-康铜	T	TX	铜	TPX	铜镍 45	TNX

---

❶ 依据 GB/T4988—94《热电偶用补偿导线》和 GB/T4990—1995《热电偶用补偿导线合金丝》编写。

表 1-16 补偿导线的允差

型 号	导线温度范围 (℃)	使用分类	参比端温度0℃时补偿导线允差 (μV)		热电偶测量端温度 (℃)
			精密级	普通级	
SC 或 RC	0～100	G	±30 (±2.5℃)	±60 (±5.0℃)	1000
	0～200	H	—	±60 (±5.0℃)	1000
KCA	0～100	G	±60 (±1.5℃)	±100 (±2.5℃)	1000
	0～200	H	±60 (±1.5℃)	±100 (±2.5℃)	900
KCB	0～100	G	±60 (±1.5℃)	±100 (±2.5℃)	900
KX	−20～100	G	±60 (±1.5℃)	±100 (±2.5℃)	900
	−25～200	H	±60 (±1.5℃)	±100 (±2.5℃)	900
NC	0～100	G	±60 (±1.5℃)	±100 (±2.5℃)	900
	0～200	H	±60 (±1.5℃)	±100 (±2.5℃)	900
NX	−20～100	G	±60 (±1.5℃)	±100 (±2.5℃)	900
	−25～200	H	±60 (±1.5℃)	±100 (±2.5℃)	900
EX	−20～100	G	±120 (±1.5℃)	±200 (±2.5℃)	500
	−25～200	H	±120 (±1.5℃)	±200 (±2.5℃)	500
JX	−20～100	G	±85 (±1.5℃)	±140 (±2.5℃)	500
	−25～200	H	±85 (±1.5℃)	±140 (±2.5℃)	500
TX	−20～100	G	±30 (±0.5℃)	±60 (±1.0℃)	300
	−25～200	H	±48 (±0.8℃)	±90 (±1.5℃)	300

注 本表所列允差用微伏表示,用摄氏度表示的允差与热电偶测量端的温度有关,括号中的温度值是按表列热电偶测量端温度换算的。

表 1-17 补偿导线产品代号、使用温度范围、绝缘层和护套的主体材料

热电偶分度号	补偿导线型号	代 号	等 级	绝缘层材料及护套材料*	使用温度范围 (℃)
S 或 R	SC 或 RC	SC—G	一般用普通级	V.V	0～70
				V.V	0～100
		SC—H	耐热用普通级	F.B	0～200
		SC—GS	一般用精密级	V.V	0～70
				V.V	0～100
K	KCA	KCA—G	一般用普通级	V.V	0～70
				V.V	0～100
		KCA—H	耐热用普通级	F.B	0～200
		KCA—GS	一般用精密级	V.V	0～70
				V.V	0～100
		KCA—HS	耐热用精密级	F.B	0～200

热电偶分度号	补偿导线型号	代 号	等 级	绝缘层材料及护套材料*	使用温度范围（℃）
K	KCB	KCB—G	一般用普通级	V. V V. V	0～70 0～100
		KCB—GS	一般用精密级	V. V V. V	0～70 0～100
	KX	KX—G	一般用普通级	V. V V. V	−20～70 −20～70
		KX—H	耐热用普通级	F. B	−25～200
		KX—GS	一般用精密级	V. V V. V	−20～70 −20～100
		KX—HS	耐热用精密级	F. B	−25～200
N	NC	NC—G	一般用普通级	V. V V. V	0～70 0～100
		NC—H	耐热用普通级	F. B	0～200
		NC—GS	一般用精密级	V. V V. V	0～70 0～100
		NC—HS	耐热用精密级	F. B	0～200
	NX	NX—G	一般用普通级	V. V V. V	−20～70 −20～100
		NX—H	耐热用普通级	F. B	−25～200
		NX—GS	一般用精密级	V. V V. V	−20～70 −20～100
		NX—HS	耐热用精密级	F. B	−25～200
E	EX	EX—G	一般用普通级	V. V V. V	−20～70 −20～100
		EX—H	耐热用普通级	F. B	−25～200
		EX—GS	一般用精密级	V. V V. V	−20～70 −20～100
		EX—HS	耐热用精密级	F. B	−25～200
J	JX	JX—G	一般用普通级	V. V V. V	−20～70 −20～100
		JX—H	耐热用普通级	F. B	−25～200
		JX—GS	一般用精密级	V. V V. V	−20～70 −20～100
		JX—HS	耐热用精密级	F. B	−25～200
T	TX	TX—G	一般用普通级	V. V V. V	−20～70 −20～100
		TX—H	耐热用普通级	F. B	−25～200
		TX—GS	一般用精密级	V. V V. V	−20～70 −20～100
		TX—HS	耐热用精密级	F. B	−25～200

* V—聚氯乙烯材料（PVC）；F—聚四氟乙烯材料；B—无碱玻璃丝材料。

表 1-18 补偿导线的绝缘层和护套着色

按 GB/T 4989—94 标准				按 GB/T 4989—94 的附录 A（补充件）[摘自 IEC 584—3（1989）]*		
绝缘层	正 极		红	负极的绝缘层		白
	负 极	SC 或 RC	绿	正极绝缘层和护套	SC 或 RC	橙黄
		KCA 或 KCB	蓝		KC 或 KX	绿
		KX	黑			
		NC 或 NX	灰		NC 或 NX	粉红
		EX	棕		EX	紫
		JX	紫		JX	黑
		TX	白		TX	棕
护套	一般用	普通级	黑	对于本质安全电路用的补偿导线护套都采用蓝色		
		精密级	灰			
	耐热用	普通级	黑			
		精密级	黄			

* 根据用户要求，允许按 IEC 584—3 推荐着色的产品。

表 1-19 补偿导线的规格及尺寸

线 心					最大外径*（mm）	
型 式	代 号	股 数	单线直径（mm）	标称截面（mm²）	一般用	耐热用
单股线心	不表示	1	0.52	0.2	3.0×4.6	2.3×4.0
		1	0.80	0.5	3.7×6.4	2.6×4.6
		1	1.13	1.0	5.0×7.7	3.0×5.3
		1	1.37	1.5	5.2×8.3	3.2×5.8
		1	1.76	2.5	5.7×9.3	3.6×6.7
多股软线心	R	7	0.20	0.2	3.1×4.8	2.4×4.2
		7	0.30	0.5	3.9×6.6	2.8×4.8
		7	0.43	1.0	5.1×8.0	3.1×5.6
		7	0.52	1.5	5.5×8.7	3.4×6.2
		19	0.41	2.5	5.9×9.8	4.0×7.3

* 若加屏蔽层，则导线最大外径的增大值不得大于 1.6mm。

表 1-20 　　　　　　　　　　　不同标称截面补偿导线的往复电阻值

补偿导线型号	在 20℃时往复电阻值（Ω/m）				
	0.2mm²	0.5mm²	1.0mm²	1.5mm²	2.5mm²
SC 或 RC	0.25	1.10	0.05	0.03	0.02
KCA	3.50	1.40	0.70	0.47	0.28
KCB	2.60	1.04	0.52	0.35	0.21
KX	5.50	2.20	1.10	0.73	0.44
EX	6.25	2.50	1.25	0.83	0.50
JX	3.25	1.30	0.65	0.43	0.26
TX	2.60	1.04	0.52	0.35	0.21
NC	3.75	1.50	0.75	0.50	0.30
NX	7.15	2.86	1.43	0.95	0.57

注　各种型号的不同规格的补偿导线往复电阻不大于表中数值。

补偿导线产品的标记按下列格式书写：

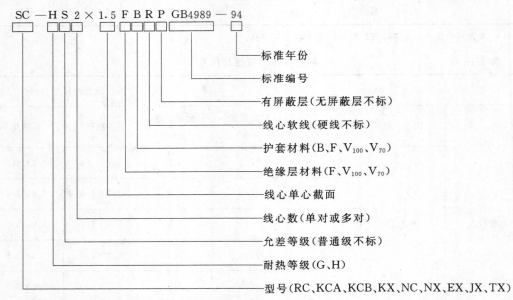

注：V_{100}、V_{70}表示聚氯乙烯材料耐温等级为100℃、70℃。

（2）参比端温度校正：如果参比端温度t_0不是0℃，而是一个不变或变化很小的数值t_0'，例如，通过补偿导线将参比端延伸到温度较稳定的地方。根据温差电动势原理，热电偶的温差电动势分别为

$$E(t, t_0) = e(t) - e(t_0) \tag{1-2}$$

$$E(t, t_0') = e(t) - e(t_0') \tag{1-3}$$

式中　　　　$E(t, t_0)$——测量端温度为t、参比端温度为t_0时热电偶的温差电动势；

　　　　　　$E(t, t_0')$——测量端温度为t、参比端温度为t_0'时热电偶的温差电动势；

$e\ (t)$, $e\ (t_0)$, $e\ (t_0')$ ——分别为该温度时热电偶的接触电动势。

两式相减，得

$$E(t,t_0) - E(t,t_0') = e(t_0') - e(t_0) = E(t_0',t_0)$$

或
$$E(t,t_0) = E(t,t_0') + E(t_0',t_0) \tag{1-4}$$

只要测得 t_0'，即可从附表 1-1 至附表 1-7 查得校正值 $E\ (t_0',t_0)$，然后再用式（1-4）计算出 $E\ (t,t_0)$ 的数值，再从表中查得测量端的实际温度 t。

【例 1-1】 用镍铬-铜镍热电偶测温时，参比端温度 $t_0' = 31℃$。在测量端温度为 t 时测得热电动势 $E\ (t,31℃) = 38.616\text{mV}$。求测量端 t 的实际温度值。

解： 由附表 1-4 查出 $E\ (31℃,0℃) = 1.862\text{mV}$。利用式（1-4）求得 $E\ (t,0℃) = 38.616 + 1.862 = 40.478\ (\text{mV})$。从附表 1-4 查出测量端实际温度 t 为 543℃。

对于仪表本身无参比点补偿且具有零位调节的显示仪表，可预先把指针调节到已知的参比端温度刻度上，即相当于把校正值直接加了进去，这样，仪表的读数就是实际温度了。

这里要特别注意的是，由于热电动势与温度的变化并不呈线性（尤其对分度号 E 热电偶），如果先将 t_0' 视为 0℃，由附表查出 $E\ (t,t_0')$ 的相应温度值或从显示仪表读出的温度值（仪表未投入时指针在机械零位），然后加上 t_0' 作为测量端温度值，误差会较大。还用上例计算，测得 $E\ (t,t_0') = 38.616\text{mV}$，将 t_0' 视为 0℃ 时的相应温度为 520℃，再加上 31℃，得 551℃，比实际温度 543℃ 高 8℃，这样的计算显然不合适。

（3）参比端温度补偿器：参比端温度补偿器是根据不平衡电桥原理设计的，其工作原理见图 1-5。R1，R2，R3 均为电阻温度系数很小的锰铜电阻，作为该电桥的固定桥臂。R4 为具有一定电阻温度系数的铜线绕制的电阻，随着周围温度的变化，该电阻值亦将按一定规律变化。参比端温度补偿器由 4V 直流电源供电，电阻 R 为串联在电源回路里的降压电阻，是配用不同分度号的热电偶时作为调整补偿电动势的电阻。

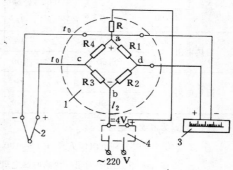

图 1-5　参比端温度补偿器工作原理
1—参比端温度补偿器；2—热电偶；3—显示仪表；4—整流电源

当参比端温度为制造厂规定值时（一般为 20℃ 或 0℃），该桥路处于平衡状态，即四个桥臂电阻值相等。因此 c，d 两端没有电位差产生。随着参比端温度的升高或降低，在测量端温度不变的情况下，热电偶的热电动势将减小或增大。同时，R4 的阻值亦将因参比端温度的变化而增大或减小，使电桥处于不平衡状态，c 点电位低于或高于 d 点，c、d 点间产生电位差，此电位差的大小和正负方向，视该型号热电偶参比端温度偏离规定值的大小和方向而异（其大小与所需补偿的热电动势值相等，参比端温度较规定值高时为正，低时为负），因而使热电偶参比端温度变化所产生的热电动势误差能自动地得到补偿，显示仪表指示值不受热电偶参比端温度变化的影响。为了使补偿器正常工作，应把它安装在环境温度为 0～40℃ 的地方。

参比端温度补偿器在热电偶线路上的附加电阻值（即桥路内阻）为 1Ω 左右。

参比端温度补偿器型号组成及其代号含义如下：

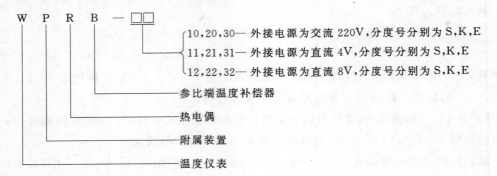

四、热电阻

热电阻是电阻值随温度变化的测温元件，其电阻值随温度上升而增大。热电阻的受热部分（感温元件）用细金属丝均匀地双绕在绝缘材料制成的骨架上。工业用的热电阻有铂热电阻和铜热电阻两大类，其"分度表"见附表 1-8 至附表 1-10。各种分度号热电阻的技术参数见表 1-21。

表 1-21　　　　　　　　　　　　热 电 阻 的 技 术 参 数

类　别	分度号	0℃时公称电阻值 （Ω）	适用温度范围 （℃）	允　　　　差
铂热电阻	Pt10	10	−200～850	A 级：±（0.15+0.002$\|t\|$）
	Pt100	100		B 级：±（0.3+0.005$\|t\|$）
铜热电阻	Cu50	50	−50～150	±（0.3+6.0×10^{-3}$|t|$）
	Cu100	100		

注　1. $\|t\|$ 为温度的绝对值，℃；

　　2. 对于 0℃时公称电阻值 R（0℃）=100.00Ω 的铂热电阻，A 级允差不适用于 $t>650$℃的温度范围；

　　3. A 级允差不适用于采用二线制的热电阻。

普通热电阻产品型号由两节组成，每节一般为三位，第一节与第二节之间用一字线隔开。第一节用 WZP 表示铂热电阻，WZC 表示铜热电阻；第二节的代号及含义与普通热电偶相似。

铠装铂热电阻型号为 WZPK。它的外壳采用坚固耐磨的不锈钢作铠套；内部充满高密度氧化物，作为绝缘体，而把感温元件紧固在铠套端部内。

热电阻在常温时，其绝缘电阻（100V 兆欧表测量），对于铂热电阻不小于 100MΩ、对于铜热电阻不小于 50MΩ。

热电阻的保护管形状和固定装置型式与表 1-9 所列基本相同，差别是无序号 1、11、12 三种，补充表 1-22 所列的两种。

热电阻的固定装置尺寸与表 1-10～1-12 所列基本相同，差别是表 1-10 中保护管的直径增加 $d=6$（其他尺寸同 $d=8$）和删除 $d=20$，表 1-11 中保护管直径增加 $d=6$ 和删除 $d=20$、$d=25$，表 1-12 中保护管直径删除 $d=1.0$、$d=1.5$、$d=2.0$。热电阻接线装置型式

与热电偶的相同，保护管外露长度同表 1-13，保护管直径和置入深度见表 1-23。

表 1-22　　　　　　　　热电阻保护管形状和固定装置型式（补充）

序　号	保护管形状	固定装置型式	示　意　图
1	直　形	无固定装置	
2		活动法兰	

注　表 1-9 中取消序号 1、11、12，加入本表所列两种型式，共 13 种即为热电阻的保护管形状和固定装置型式的全部内容。

表 1-23　　　　　　　　热电阻保护管直径 d 和置入深度 L　　　　　　　　（mm）

保护管直径 d	置　入　深　度　L														
	40	50	75	100	150	200	250	300	400	500	750	1000	1250	1500	2000
3	／	／	／	／	／	／	／	／							
4	／	／	／	／	／	／	／	／	／						
4.5		／	／	／	／	／	／	／	／	／					
5			／	／	／	／	／	／	／	／	／				
6			／	／	／	／	／	／	／	／	／	／			
8				／	／	／	／	／	／	／	／	／	／		
10					／	／	／	／	／	／	／	／	／	／	
12					／	／	／	／	／	／	／	／	／	／	／
16						／	／	／	／	／	／	／	／	／	／

注　1. 锥形保护管的置入深度 L 为 75，100，150，200，250mm。
　　2. 置入深度 L 经用户与生产厂协商，允许生产表内规定以外的尺寸。

此外，用于测量转动机械轴承温度或其他机件端面温度的尚有：

1）WZCM—001 表面铜热电阻（分度号为 Cu50），其结构如图 1-6 所示。引出线为耐油、耐温的聚四氟乙烯绝缘导线，采用三线制引出，外面套以金属屏蔽，其长度 L 有 500，1000，1500，2000，2500，3000，3500，4000，4500，5000，5500，6000（mm）等多种。

2）WZPS 陶瓷铂电阻（分度号为 Pt100），其型号及测温范围、外形尺寸分别见表 1-24

和图 1-7。

　　3）WZPM—2012 端面铂电阻（分度号为 Pt100），其测温范围为 −50∼150℃，外形尺寸见图 1-8。

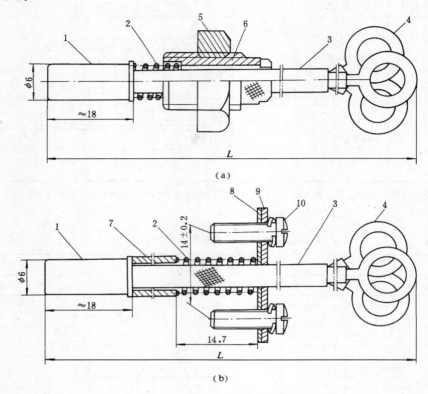

(a)

(b)

图 1-6　WZCM—001 表面铜热电阻

（a）螺丝固定结构；（b）螺钉固定结构

1—铜热电阻；2—弹簧；3—三芯屏蔽线；4—接线片；5—M8×0.75 螺母；6—M8×0.75
螺丝；7—衬套；8—垫片；9—固定板；10—M3 螺钉

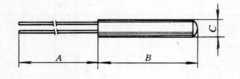

图 1-7　WZPS 陶瓷铂电阻外形

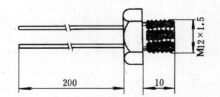

图 1-8　WZPM—2012 端面铂电阻外形

表 1-24　　　　　　　　　　　　WZPS 陶瓷铂电阻

型　号	测温范围（℃）	外形尺寸（mm）		
		A	B	C
WZPS—012	−200∼800	15	25	$\phi 1.6$
WZPS—013	−50∼150	200	32	$\phi 3$
WZPS—014	−200∼800	15	25	$\phi 3.2$
WZPS—015	−50∼150	200	32	$\phi 5$

五、电站测温专用热电偶和热电阻

上海自动化仪表三厂引进法国 CMR 公司制造技术，同时参考美国 EBASCO 公司规范，采用国外先进专用工艺装备，制造了适用于各种发电机组及辅机测温用的热电偶和热电阻。

1. 热套式热电偶

热套式热电偶采用热套保护管与热电偶可分离的结构。使用时可将热套焊接或机械固定在设备上，然后装上热电偶，即可工作。

热套式热电偶的感温元件为铠装热电偶，其型号和外形尺寸见表 1-25 和图 1-9。

表 1-25 热套式热电偶感温元件

型号	感温元件支数	分度号	长度 L （mm）
WRNT—001	单支	K	
WRET—001	单支	E	250，300，350，400，450，500，550，600，
WRNT$_2$—001	双支	K	650，700，750，800，850，900，950，1000，
WRET$_2$—001	双支	E	1050，1400，2270，2770，3200，3500

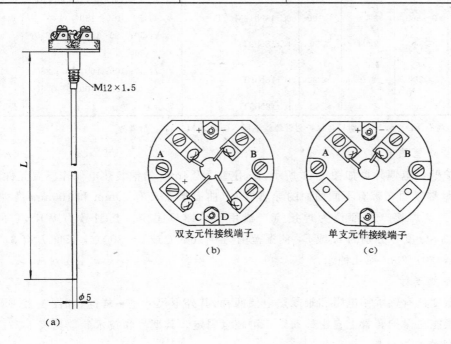

图 1-9 热套式热电偶感温元件外形
(a) 感温元件；(b) 双支元件接线端子；(c) 单支元件接线端子

根据不同用途，热套式热电偶有五种不同结构的保护套管，每种保护套管均可与表1-25所列的四种感温元件构成一支热电偶。其型号组成及其代号含义如下：

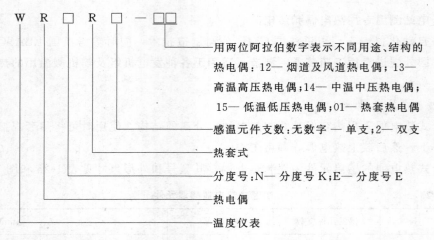

各种用途的热套式热电偶的技术数据和外形尺寸见表1-26和图1-10。

表 1-26   热套式热电偶的技术数据

型号中一字线后代号	测温范围（℃）	公称压力（MPa）	流速（m/s）	保护套管材料	长　度（mm）	安装方式
12	0～800	9.8		1Cr18Ni9Ti	$L×l$：480×230；680×430；880×630；1380×1130	螺纹固定
13	0～565	29.4	≤100	0Cr18Ni12Mo2Ti	l：50；100；150	焊　接
14	≤340	2.94	≤30	1Cr18Ni9Ti	l：50；100；150；200；250；300	焊　接
15	≤260	2.0	≤9	1Cr18Ni9Ti	l：50；100；150；200；250；300；350；400；450；500	螺纹固定
01	0～600	29.4	≤80	1Cr18Ni9Ti	见图1-10（e）	焊　接

注　15型尚有15A型，其区别只是保护套管螺纹不同，前者为M33×2，后者为ZG1″（NPT1″）。

2. 锅炉炉壁热电偶

锅炉炉壁热电偶外形如图1-11所示，采用直径为4mm的铠装热电偶作感温元件（成电缆状），测量端紧固在带有不同曲面的导热板上（曲面半径R有29mm和100mm两种），安装方式为三点焊接（A部位为焊接点）或用M8螺母固定。其型号为WRNT—11和WRET—11，分度号分别为K或E，测温范围为0～600℃或0～800℃，长度L有3，4，6，8，10，15，20，25m等几种。

3. 轴承温度计

轴承温度计有轴承铂电阻和轴承热电偶两种，其外形尺寸是一样的，如图1-12所示。弹性固定装置能在保护套管上自由移动，并可随意固定。其型号和技术参数见表1-27。

4. 电机绕组铜电阻

电机绕组铜电阻主要用于测量电机绕组、定子及其他小间隙表面温度，其感温元件压制在非金属绝缘材料的保护片中。它除具有热电阻的一般特性外，还具有抗振、耐压、绝缘等优点。其型号为WZCT—201，分度号Cu50，测温范围0～120℃，外形尺寸见图1-13。

5. 电机铁心热电偶

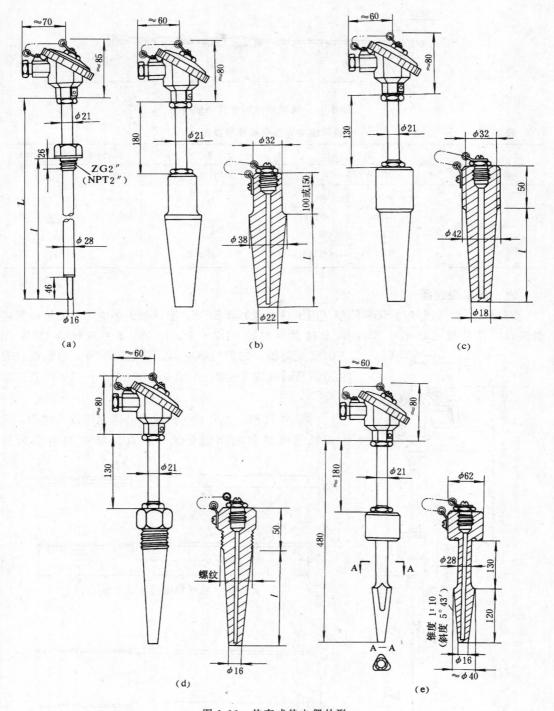

图 1-10 热套式热电偶外形

(a) 12 型；(b) 13 型；(c) 14 型；(d) 15 型；(e) 01 型

　　电机铁心热电偶主要用于测量电机的定子铁心温度,其优点与电机绕组铜电阻相同。其型号为 WRCT—01,分度号 T,测温范围 0～150℃,外形尺寸见图 1-14。

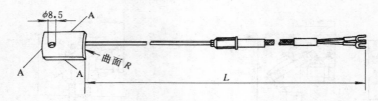

图 1-11 锅炉炉壁热电偶外形

表 1-27   轴承温度计型号和技术参数

名　　　称	型　　　号	分　度　号	保护套管长度 L（mm）
轴承铂热电阻	WZPT—31	Pt100	
轴承热电偶	WRNT—31（单支）	K	100，150，200，250，300
	WRET—31（单支）	E	
	WRNT$_2$—31（双支）	K	
	WRET$_2$—31（双支）	E	

六、温度变送器

    DDZ—S 系列仪表的 SBWR 型（用于热电偶）和 SBWZ 型（用于热电阻）温度或温差变送器（详见第三章第一节），以及过去使用的 DDZ—Ⅱ、DDZ—Ⅲ 系列仪表 DBW 型温度变送器，它们与热电偶、热电阻配合，将温度或温差信号转换成 4～20mA 或 0～10mA、1～5V 的直流信号。

    80 年代初，出现了一种新的一体化温度变送器，变送器的电路做成小型化模块，直接装在热电偶或热

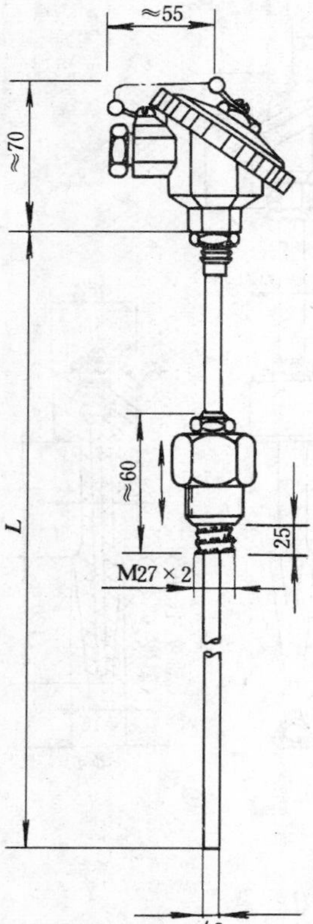

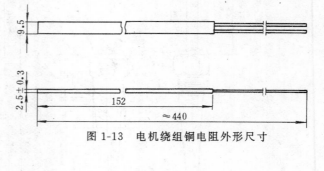

图 1-13 电机绕组铜电阻外形尺寸

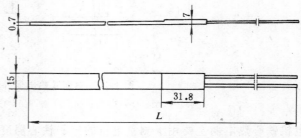

图 1-14 电机铁心热电偶外形尺寸

图 1-12 轴承温度计的外形尺寸

34

电阻接线盒内，与热电偶或热电阻组成一体化结构，如图1-15所示，安装方式同一般热电阻、热电偶。

一体化温度变送器的敏感元件感受温度后所产生的微小电压，经电路模块放大、线性校正等一系列处理后，变成恒定电流输出信号，其特点如下：

1）变送器小型化，可以直接放入通用的热电偶或热电阻接线盒内，不需另配其他配件。

2）二线制变送器直接输出4～20mA直流信号（一般电源的额定工作电压为直流24V）。

3）对于热电偶，省去了昂贵的补偿导线（模块自身有参比端温度补偿）；对于热电阻，减少了引线电阻误差的影响。

4）输出阻抗高，输出信号大，抗干扰能力强。由于是恒流输出，具有较强的远传能力。

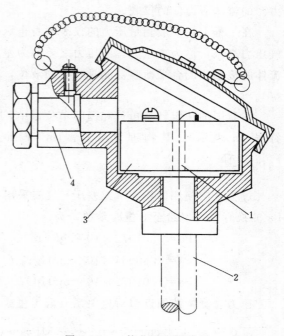

图1-15　一体化温度变送器

1—穿线孔；2—温度计护套；3—变送器模块；4—进线孔

5）变送器部件精确度高、功耗低、工作稳定可靠。变送器部件自身的基本误差一般在±0.5％以下。

一体化温度变送器的型号尚未统一，以上海自动化仪表三厂和中国科学院科学仪器厂东仪公司的产品为例，前者的一体化热电偶变送器为SBWR—4080型（有E、K分度号）、一体化热电阻变送器为SBWZ—4080型（Pt100分度号）；后者的一体化热电偶（变送器为NTT型（有K、E、S分度号）、一体化热电阻变送器为RTT型（有Pt100、Cu50等分度号）。此外，一些制造厂已将一体化温度变送器列入DDZ—S系列。

第二节　压力和差压测量仪表

垂直作用在单位面积上的力称为压力。压力测量仪表有：

压力计——用于测量气体或液体压力的仪表。最简单的形式是充有液体（水或水银）的U形管，其一端连通到被测压力处，另一端连通大气。

压力表——用弹性压力检出元件制成的、指示大于周围大气压力（环境压力）的流体压力值的仪表。

真空表——用弹性压力检出元件制成的、指示小于周围大气压力（环境压力）的流体压力值的仪表。

压力真空表——用弹性压力检出元件制成的、指示小于或大于周围大气压力（环境压力）的流体压力值的仪表。

在工程上，一般测量压力的仪表本身也承受着大气压力，因此只能测出绝对压力与大气压力之差，称为表压力。两压力之差称为差压，差压测量仪表一般是配合节流装置测量流体的流量和配合平衡容器测量容器的液位，有时也直接用来测量差压、压力或负压（真空）。

在我国的法定计量单位和国际单位制中，压力（或差压）的单位为帕斯卡（简称帕，用符号 Pa 表示）。其物理意义是：$1m^2$ 平面上均匀地垂直作用 1N 力所形成的压力 $\left(1Pa = \dfrac{1N}{1m^2}\right)$。

过去我国使用的压力（或差压）仪表采用 kgf/cm^2，mmHg，mmH_2O 等单位，它们与 Pa 的换算关系（给至 6 位有效数）为：

$$1Pa = 1.01972 \times 10^{-5} kgf/cm^2; \qquad 1kgf/cm^2 = 9.80665 \times 10^4 Pa$$

$$1Pa = 7.50064 \times 10^{-3} mmHg; \qquad 1mmHg = 0.133322 \times 10^3 Pa \text{❶}$$

$$1Pa = 1.01972 \times 10^{-1} mmH_2O; \qquad 1mmH_2O = 9.80665 Pa \text{❷}$$

压力表测量范围近似对应关系（取 1 位或 2 位有效数）为：

$$0 \sim p_{max} kgf/cm^2 \longrightarrow 0 \sim \frac{p_{max}}{10} MPa; \quad 0 \sim p_{max} MPa \longrightarrow 0 \sim 10 p_{max} kgf/cm^2$$

$$0 \sim p_{max} mmHg \longrightarrow 0 \sim \frac{p_{max}}{7.5} kPa; \quad 0 \sim p_{max} kPa \longrightarrow 0 \sim 7.5 p_{max} mmHg$$

$$0 \sim p_{max} mmH_2O \longrightarrow 0 \sim 10 p_{max} Pa; \quad 0 \sim p_{max} Pa \longrightarrow 0 \sim \frac{p_{max}}{10} mmH_2O$$

其中　p_{max}——测量上限值。

压力测量仪表的读数换算方法为：

压力表原使用以 kgf/cm^2 为压力单位时，读取标尺上的压力值后，再乘以系数 9.80665×10^4，即为以 Pa 为单位的压力值。

压力计原使用以 mmHg 为压力单位时，读取标尺上的压力值后，再乘以系数 133.322，即为以 Pa 为单位的压力值。

压力计原使用以 mmH_2O 为压力单位时，读取标尺上的压力值后，再乘以系数 9.80665，即为以 Pa 为单位的压力值。

测量压力的仪表型号用"Y"表示产品所属的大类，测量差压的仪表用"C"表示产品所属的大类。

一、液体压力计和玻璃管差压计

液体压力计和玻璃管差压计一般用玻璃管制成，用水或水银作为工作液体，利用液柱产生的重力与被测压力相平衡，从而可用液柱高度来反映被测压力或差压数值。

---

❶ 在重力加速度为 $980.665 cm/s^2$ 处，密度为 $13.595 g/cm^3$ 的汞柱每毫米高度所产生的压强 $1mmHg = 133.322 Pa$。

❷ 在重力加速度为 $980.665 cm/s^2$ 处，密度为 $1g/cm^3$ 的水柱每毫米高度所产生的压强 $1mmH_2O = 9.80665 Pa$；当水在 4℃ 的密度为 $999.972 kg/m^3$ 时，$1mmH_2O = 9.806375 Pa$。

液体压力计的型号组成及其代号的含义如下：

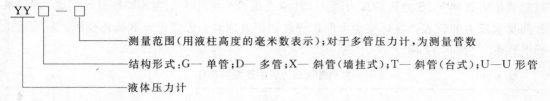

测量范围（用液柱高度的毫米数表示）；对于多管压力计，为测量管数
结构形式：G— 单管；D— 多管；X— 斜管（墙挂式）；T— 斜管（台式）；U—U 形管
液体压力计

玻璃管差压计的型号组成及其代号的含义如下：

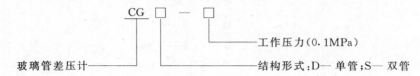

工作压力（0.1MPa）
玻璃管差压计
结构形式：D— 单管；S— 双管

二、弹性元件压力表

由弹性压力检出元件（下称弹性元件）制成的压力表，当承受压力时，弹性元件在其弹性极限内产生一个可测量的变形。此变形经传动机构放大后，使指针在度盘上指示出相应的压力值。现根据不同的弹性元件，介绍几种压力表。

1. 单圈弹簧管压力表 ❶

单圈弹簧管压力表广泛用于测量对铜合金不起腐蚀作用的液体、气体和蒸汽的压力。它的弹性元件是自由端封闭的特殊成型管。当管内和管外承受不同压力时，自由端产生一定的直线位移，再通过连杆带动扇形齿轮进行角位移转换，由指针在度盘上指示出相应的压力值。压力表的型号组成及其代号的含义如下：

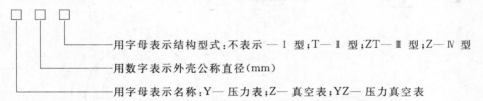

用字母表示结构型式：不表示—Ⅰ型；T—Ⅱ型；ZT—Ⅲ型；Z—Ⅳ型
用数字表示外壳公称直径(mm)
用字母表示名称：Y— 压力表；Z— 真空表；YZ— 压力真空表

压力表的测量范围见表 1-28（仪表压力部分一般使用至压力上限值的 3/4）。常用普通压力表的外形及安装尺寸见图 1-16 和表 1-29。

表 1-28 压力表测量范围

名 称	外壳公称直径 （mm）	测 量 范 围 （MPa）
压 力 表	40，60，100， 150，200，250	0～0.06；0～0.1；0～0.16；0～0.25；0～0.4；0～0.6；0～1；0～1.6；0～2.5； 0～4；0～6；0～10；0～16；0～25；0～40；0～60；0～100；0～160
真 空 表	60，100，150	−0.1～0
压力真空表	60，100，150	−0.1～0.06；−0.1～0.15；−0.1～0.3；−0.1～0.5；−0.1～0.9；−0.1～1.5； −0.1～2.4

❶ 依据 GB1226—86《一般压力表》编写。

此外，还有适于特殊介质用的压力表，如 YA 型氨用压力表、YO 型氧气压力表、YQ 型氢气压力表和 YTS 型耐酸压力表等，其承受压力的部件由相应的特殊材料制成。测量氧和测量氢压力的仪表，在标度盘上的仪表名称下分别画一天蓝色或深绿色横线，氧表还应标以红色"禁油"字样。

表 1-29　　　　　　　　　　　　　常用普通压力表主要安装尺寸

D	D_1	d_0	H_1 不大于	H_2 不大于	d	d_1	d_2	L
40	—	—	45	0	M10×1	4	—	10
60	85	72	60	18	M14×1.5	5	5	14
100	130	118	100	35	M20×1.5	6	6	20
150	180	165	120	60	M20×1.5	6	6	20
200	230	215	150	85	M20×1.5	6	6	20
250	295	272	170	115	M20×1.5	6	7	20

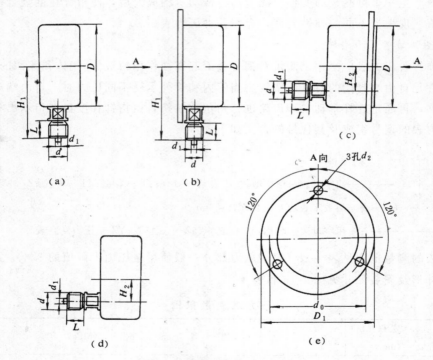

图 1-16　常用普通压力表外形
(a) Ⅰ型（直接安装式，径向）；(b) Ⅱ型（凸装式，径向）；(c) Ⅲ型（嵌装式，轴向）；(d) Ⅳ型（直接安装式，轴向）；(e) A 向视图

2. 膜片压力表

膜片压力表的弹性元件是一膜片，被测介质通过接头或法兰进入膜片室，由于压力的作用，膜片产生位移，此位移再通过传动部件（动作过程与弹簧管压力表同），使指针指示被测压力值。常用的膜片压力表型号有 YP 型普通膜片压力表和 YPF 型耐腐蚀膜片压力表

38

等,前者适用于测量对铜合金不起腐蚀作用的黏性介质压力;后者适用于测量腐蚀性较强、黏度较大的介质压力。膜片压力表有 0～0.1,0～0.16,0～0.25,0～0.4,0～0.6;0～1,0～1.6,0～2.5MPa 等测量范围的压力表和－0.1～0MPa 测量范围的真空表。表壳外径有 100mm 和 150mm 两种。图 1-17 所示为 φ100 螺纹接头的膜片压力表外形尺寸。

3. 隔膜式压力表

隔膜式压力表由膜片隔离器、连接管和普通压力表三部分组成,并且根据被测介质的要求,在其内腔填充以适当的工作液。被测介质的压力作用于隔膜片上,使之产生变形,压缩内部充填的工作液,借助于工作液的传导,压力表显示出被测压力值。它适用于测量有腐蚀性、高黏度、易结晶、含有固体状颗粒、温度较高的液体介质的压力或负压。

隔膜式压力表的型号组成及其代号含义如下:

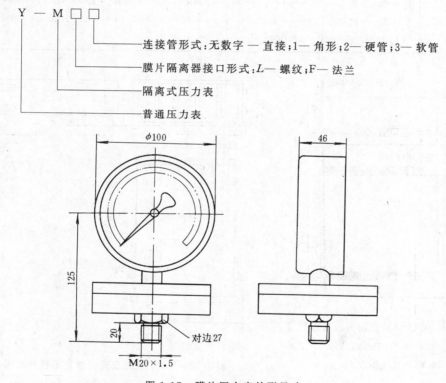

图 1-17　膜片压力表外形尺寸

隔膜式压力表的测量范围:螺纹接口的为 0～0.16MPa 至 0～60MPa;法兰接口的为 0～0.16MPa 至 0～25MPa。被测介质温度:直接型的为－40～＋60℃;其他连接管形式的为－40～＋200℃。

4. 膜盒压力表

膜盒压力表的弹性元件为膜盒,适用于测量空气或其他无腐蚀性气体的微压或负压。被测介质一般由内径为 8mm 的橡皮软管插到压力表接头上引入。常用的 YEJ—101 型矩形膜盒压力指示表用于指示;YEJ—111 型单限压力指示调节仪装有压力低于下限(或高于上限)给定值时进行开关量输出的附加装置;YEJ—121 型双限压力指示调节仪装有可在压力低于下限和高于上限给定值时进行开关量输出的附加装置；YEM—101型集装式压力指示仪，是一种可密集安装多台机心的竖式压力指示仪。膜盒压力表的测量范围见表1-30，仪表一般使用至测量上限的3/4。其外形尺寸见图1-18和图1-19及表1-31。

表 1-30　　　　　　　　　　　膜盒压力表测量范围

名　称	测　量　范　围　（Pa）
正　压	0～+160；0～+250；0～+400；0～+600；0～+1000；0～+1600；0～+2500；0～+4000；0～+6000；0～+10000；0～+16000；0～+25000；0～40000
负　压	−160～0；−250～0；−400～0；−600～0；−1000～0；−1600～0；−2500～0；−4000～0；−6000～0；−10000～0；−16000～0；−25000～0；−40000～0
正负压	−80～+80；−120～+120；−200～+200；−300～+300；−500～+500；−800～+800；−1200～+1200；−2000～+2000；−3000～+3000；−5000～+5000；−8000～+8000；−12000～+12000；−20000～+20000

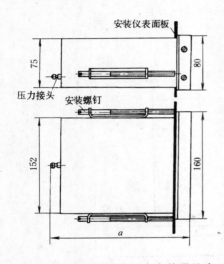

图 1-18　YEJ 型膜盒压力表外形尺寸

a—YEJ—101 型为 223mm，YEJ—111 型

和 YEJ—121 型为 304mm

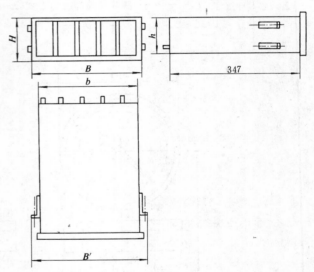

图 1-19　YEM 型集装式压力指示仪外形尺寸

表 1-31　　　　　　YEM 型集装式压力指示仪外形尺寸（mm）

测量点（集装范围）	最大高度 H	箱身高度 h	最大宽度 B'	宽度 B	箱身宽度 b
1	168	150	102	75	60
2	168	150	152	125	110
3	168	150	202	175	160
4	168	150	252	225	210
5	168	150	302	275	260
8	168	150	452	425	410

5. 电接点压力指示控制仪表

(1) 电接点压力表：电接点压力表以弹簧管为测量元件，表壳直径一般为150mm，具有指示及控制电气信号通断功能，有直接作用（型号YX—150）和磁助直接作用两种方式。仪表外形尺寸如图1-20所示，压力测量范围与单圈弹簧管压力表相同（见表1-28）。仪表接点功率：直接作用式10V·A（最高工作电压380V、最大允许电流0.7A）；磁助直接作用式30V·A（最高工作电压380V、最大允许电流1A）❶。

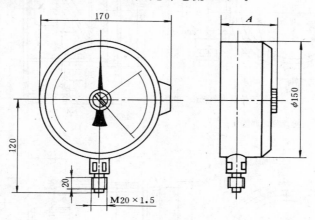

图1-20 电接点压力表外形尺寸

A—磁助式电接点压力表为84，电接点压力表为71

(2) 压力指示控制仪表：YTK—04型压力控制器是由机械式压力指示与电接点机构组合而成的电接点压力指示控制仪表，外形尺寸如图1-21所示。其触点数可为一组（上限或下限）或二组（上、下限），触点电压220V、电流3A（或380V，2A），电线出口用航空插头引接。压力测量范围同表1-28。

三、远传压力表和压力变送器

远传压力表和压力变送器作为检测仪表，接受被测压力信号，并按一定规律转变为相应的电信号输出，与配套的显示仪表组成压力测量系统，前者自身还兼有机械显示装置。根据输出电信号的不同，与之配套的显示仪表亦各异，如表1-32所示。

远传压力表和压力变送器的弹性元件根据被测压力的大小，分别采用弹簧管、膜片、膜盒或波纹管等。它们的外形各异，有圆形、方形或其他形状。其安装方式基本上是垂直安装，由引入介质的仪表接头（一般螺纹为M20×1.5）与管路连接。

四、双波纹管差压计

双波纹管差压计主要由测量和显示两部分组成，每台仪表还附有一个三阀组，有的还有附加装置，以构成各种型式的差压计。它通常用于与节流装置相配合测量流量，同时也可以用来测量差压及容器的液位。

常用双波纹管差压计为CW系列。其型号由两节组成，第一节以大写汉语拼音字母表

---

❶ 依据 ZBN11013—88《电接点压力表》编写。

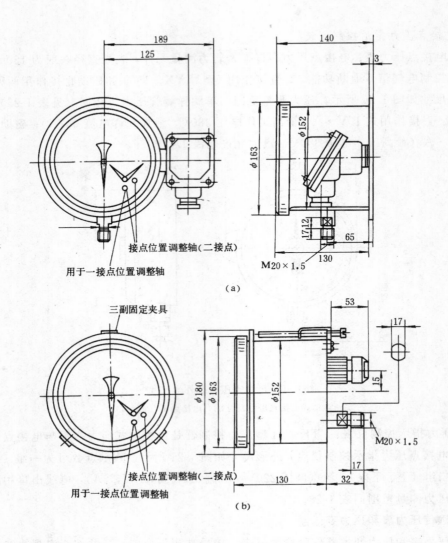

图 1-21　YTK—04 型压力控制器

(a) 径向；(b) 轴向

表 1-32　　　　　　　　　　　远传压力表和压力变送器的配套显示仪表

型 号 及 名 称	输 出 信 号	配套显示仪表举例
YTZ—150 型电阻远传压力表	电阻值	XCZ—104、XCT—124 动圈仪表；XMT—10 数字显示仪
YTT—150 型差动变压器远传压力表	0～10mA，DC	DX 系列动圈仪表
YTWA—150 型舌簧远传压力表	Ⅰ型:0～10mA,DC；Ⅲ型:4～20mA,DC	DX 系列动圈仪表
YTG—150—ibⅡBT4 本安型远传压力表	4～20mA，DC	DXZ—1010S 指示仪
YSZ—100 型两线制压力变送器（带指示）	4～20mA，DC	DXZ—1010S 指示仪
YSH—½ 型霍尔压力变送器	0～20mV，DC	XCZ—103、XCT—123 动圈仪表
YST—½ 型差动变压器压力变送器	0～50mV，DC	XCZ—103、XCT—123 动圈仪表
YSM—2 型数字编码压力变送器	11 位循环二进码	JXJ 巡回检测仪；数字电子计算机

42

示，第二节以三位阿拉伯数字表示。相邻两节之间以一字线分开，其组成形式及代号含义如下：

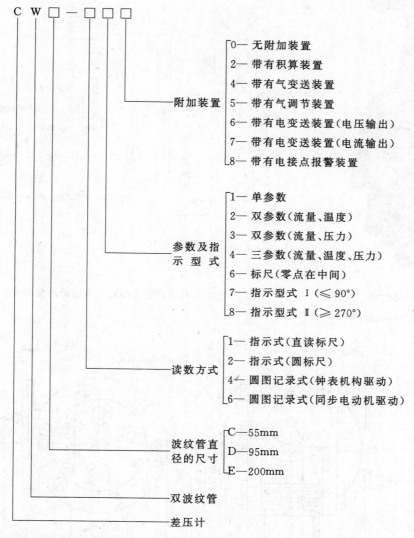

双波纹管差压计的差压上限值见表 1-33。

双波纹管差压计的测量部分和阀的外形如图 1-22 所示，它们的外形尺寸见图 1-23 和图 1-24。

表 1-33 双波纹管差压计的上限值

型号	差 压 上 限 值 (Pa)	工作压力 (MPa)
CWC	600；1000；1600；2500；4000；6000；10000；16000；25000；40000	1.6；6.4；16；32；40
CWD	6000；10000；16000；25000；40000；60000	
CWE	1000；1600；2500；4000；6000	

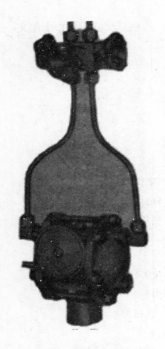

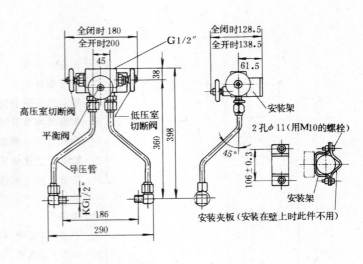

图 1-22　双波纹管差压计
　　　测量部分和阀的外形

图 1-23　双波纹管差压计三阀组的外形尺寸

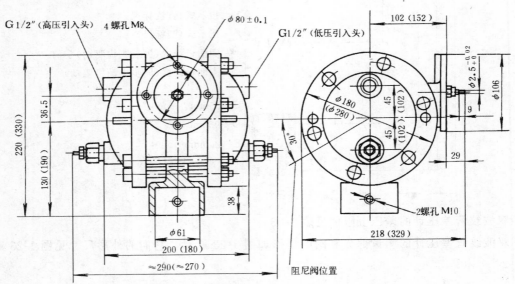

图 1-24　双波纹管差压计测量部分的外形尺寸

（括号内尺寸为 CWE 型尺寸）

五、膜盒差压变送器

　　膜盒差压变送器由差压测量容室（弹性元件为膜盒）、三通导压阀、差动变压器及电信号转换放大电路等部分组成，将差压信号转变成标准电信号。变送器的型号组成及其代号含义如下：

44

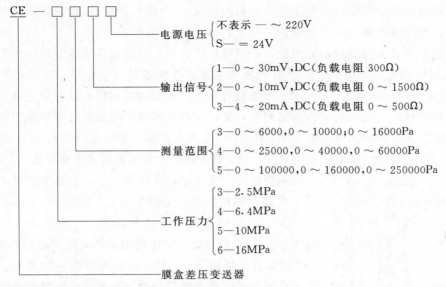

$$CE - \square\square\square\square$$

电源电压 $\begin{cases} \text{不表示} - \sim 220V \\ S- = 24V \end{cases}$

输出信号 $\begin{cases} 1-0 \sim 30mV, DC(\text{负载电阻 } 300\Omega) \\ 2-0 \sim 10mV, DC(\text{负载电阻 } 0 \sim 1500\Omega) \\ 3-4 \sim 20mA, DC(\text{负载电阻 } 0 \sim 500\Omega) \end{cases}$

测量范围 $\begin{cases} 3-0 \sim 6000, 0 \sim 10000; 0 \sim 16000Pa \\ 4-0 \sim 25000, 0 \sim 40000, 0 \sim 60000Pa \\ 5-0 \sim 100000, 0 \sim 160000, 0 \sim 250000Pa \end{cases}$

工作压力 $\begin{cases} 3-2.5MPa \\ 4-6.4MPa \\ 5-10MPa \\ 6-16MPa \end{cases}$

膜盒差压变送器

膜盒差压变送器的外形尺寸及安装如图 1-25 所示。

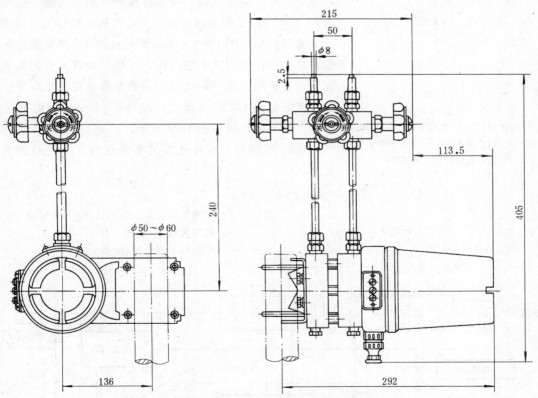

图 1-25 膜盒差压变送器外形尺寸及安装

六、微位移平衡式模拟变送器

模拟变送器在国外大致经历了三个发展阶段，第一阶段从 40 年代后期开始，采用位移平衡式原理（如双波纹管差压变送器）；50 年代起进入第二阶段，出现了力平衡式变送器

（如 DDZ 系列中的压力和差压变送器）；第三阶段从 70 年代初开始，以微位移检测和转换技术为基础，称为微位移平衡式变送器。

微位移平衡式模拟变送器的测量元件（膜片或膜盒）在被测压力或差压作用下，产生微小位移（一般在 0.1mm 以下），从而改变电子器件的参数（如电容、振动频率、电阻等），再经电子电路转换为 4～20mA 模拟信号输出。它们的共同特点是精确度高，稳定可靠，体积和质量小，结构简单，装配调整方便，并具有零位迁移和阻尼可调等功能。我国引进和生产此类变送器的单位有：西安仪表厂，引进生产美国罗斯蒙特公司 1151 系列电容式变送器；中美合资上海福克斯波罗有限公司，生产 820 系列振弦式变送器；大连仪表厂，引进生产日本日立公司 E 系列扩散硅变送器等。

1. 1151 系列电容式变送器

1151 系列电容式变送器采用全密封电容感测元件 δ室，直接感测压力。其工作原理如图 1-26 所示。被测介质压力通过隔离膜片，由灌充液体传送到 δ室中心的测量膜片；另一侧可以是大气基准压力（用于测量计示压力）、真空（用于测量绝对压力）或其他比较压力（用于测量差压），以同样的方式传递到测量膜片。测量膜片的位移正比于作用在其上的差压，此位移由其两侧的电容固定极板检测出来，由此而产生的电容量变化被电子线路（框图见图 1-27）转换成二线制 4～20mA，DC 输出信号。其外部接线如图 1-28 所示。

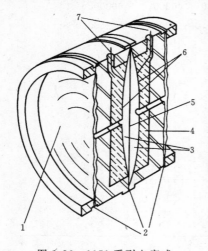

图 1-26　1151 系列电容式变送器的 δ室

1—隔离膜片；2—焊接密封；3—灌充液体；4—刚性绝缘体；5—测量膜片；6—电容固定极板；7—引线

1151 系列电容式变送器的型号组成及其代号的含义为：

```
        1151 □ □ □ □ □ □
                          防爆等级：Da— 隔爆型；Fa— 本安型
                          选用件代号：见表 1-35
见表 1-34  变送器名称代号   结构和材料代号：见表 1-36
           测量范围代号
           输出代号
```

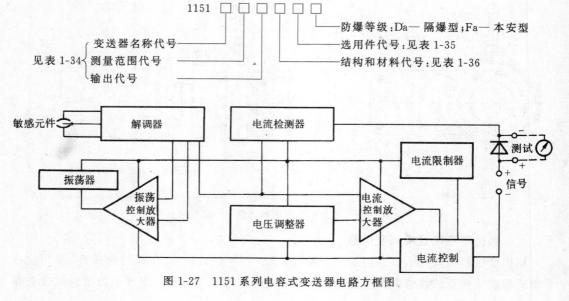

图 1-27　1151 系列电容式变送器电路方框图

46

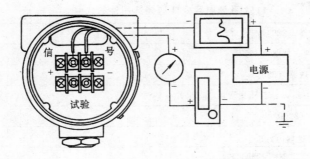

图 1-28　1151 系列电容式变送器外部接线图

注：信号回路可在任意点接地或不接地。

表 1-34　1151 系列电容式变送器名称、测量范围和输出的代号

变送器名称代号：

序	变送器名称
1	1151GP 压力变送器
2	1151AP 绝对压力变送器
3	1151DR 微差压变送器
4	1151DP 小、中、大差压变送器
5	1151DP 大差压变送器
6	1151HP 高静压差压变送器
7	1151DP $\sqrt{\Delta p}$ 流量变送器
8	1151LLT 法兰液位变送器
9	1151GP/DP 远传法兰压力/差压变送器

代号	测量范围 (kPa)	1	2	3	4	5	6	7	8	9
2	0~0.25~1.5								·	
3	0~1.3~7.5						·		·	·
4	0~6.2~37.4	·	·	·	·	·	·		·	·
5	0~31.1~186.8	·	·	·	·	·	·		·	·
6	0~117~690	·	·	·	·	·	·		·	·
7	0~345~2068	·	·		·	·	·		·	·
8	0~1170~6890	·				·	·			·
9	0~3480~20680									·
0	0~6890~41370									·

代号	输出 (mA, DC)	1	2	3	4	5	6	7	8	9
E	4~20，带可调阻尼	·	·	·	·	·	·		·	·
F	4~20								·	
J	4~20，输出为 $\sqrt{\Delta p}$，带可调阻尼							·		

注　表中"·"为可选用。

47

表 1-35　　　　　　　1151 系列电容式变送器选用件的代号

变送器型号及代号		1151DP 小、中、大差压变送器 (2256)	1151DP 大差压变送器 (2257)	1151HP 高静压差压变送器 (2258)	1151DP $\sqrt{\Delta p}$ 流量变送器 (2259)	1151GP 压力变送器 (2260)	1151GP/DP 远传法兰压力、差压变送器 (2255)	1151AP 绝对压力变送器 (2261)	1151LLT 法兰液位变送器 (2262)	1151DR 微差压变送器 (2294)
代号	安装支架									
B1	管装弯支架（2″管子）	•	•	•	•	•	•	•	×	•
B2	板装弯支架	•	•	•	•	•	•	•	×	•
B3	管装平支架（2″管子）	•	•	•	•	•	•	•	×	•
B4	带有 300 不锈钢系列螺栓的管装弯支架（2″管子）	•	•	•	•	•	•	•	×	•
B5	带有 300 不锈钢系列螺栓的板装弯支架	•	•	•	•	•	•	•	×	•
B6	带有 300 不锈钢系列螺栓的管装平支架（2″管子）	•	•	•	•	•	•	•	×	•
代号	指示表（不适用输出型号 V2、V3）									
M1	线性指示表 0%～100% 刻度	•	•	•	•	•	•	•	•	•
M2	平方根指示表 0～10 刻度	•	•	•	×	×	×	×	×	•
代号	用于法兰和接头的连接螺栓材料									
L1	奥氏 300 不锈钢系列	•	•	•	•	•	•	•	•	•
L2	17-4 不锈钢	•	•	•	•	•	•	•	•	•
L3	ANSI/ASTM-A-193-B7（美国国家标准协会）	•	•	•	•	•	•	•	•	•
代号	引压连接									
D1	法兰侧面上部排气/排液阀 ⎱ 材料同法兰	•	•	•	•	•	×	•	•	•
D2	法兰侧面下部排气/排液阀 ⎰	•	•	•	•	•	×	•	•	•
D3	1/4NPT 连接	•	•	•	•	•	×	•	•	•
代号	与介质接触的"O"形环									
W2	丁氰橡胶	•	•	•	•	•	•	•	•	•
W3	乙烯-丙烯	•	•	•	•	•	•	•	•	•
代号	输出									
V1	反向输出	+	+	+	×	•	•	×	×	+
V2	1Ω 试验电阻① ⎱ 不适用选择指示表 M1 或 M2	•	•	•	•	•	•	•	•	•
V3	5Ω 试验电阻② ⎰	•	•	•	•	•	•	•	•	•

注　1. 如选用上表中的型号，可将其代号按顺序加在变送器基本型号之后即可。例如：变送器基本型号：
　　　1151DP4E22 选用型号代号：B1M1D2。

　　2. 表中 "•" 可选用；"×" 不可选用；"+" 反向输出，高压输入接低压侧。

　　3. ①②精密电阻器跨接在试验端子上，1Ω 提供 4～20mV 输出；5Ω 提供 20～100mV 输出。

　　4. 表中 """ 为英寸（in）符号，1in=25.4mm。

表 1-36　　　　　　　　　　　　　1151 系列电容式变送器结构和材料的代号

代　号	结　构　材　料			
	法兰接头	排气/排液阀	隔离膜片	灌充液体
12	碳钢镀镉	316 不锈钢	316 不锈钢	
13	碳钢镀镉	哈氏合金	哈氏合金 C	硅　油
14	碳钢镀镉	蒙乃尔合金	蒙乃尔合金	
15	碳钢镀镉	316 不锈钢	钽	
22	316 不锈钢	316 不锈钢	316 不锈钢	
23	316 不锈钢	316 不锈钢	哈氏合金 C	
24	316 不锈钢	316 不锈钢	蒙乃尔合金	
25	316 不锈钢	316 不锈钢	钽	
33	哈氏合金 C	哈氏合金 C	哈氏合金 C	
35	哈氏合金 C	哈氏合金 C	钽	
44	蒙乃尔合金	蒙乃尔合金	蒙乃尔合金	
1A	碳钢镀镉	316 不锈钢	316 不锈钢	
2A	316 不锈钢	316 不锈钢	316 不锈钢	
1B	碳钢镀镉	哈氏合金 C	哈氏合金 C	氟　油
2B	316 不锈钢	316 不锈钢	哈氏合金 C	
3B	哈氏合金 C	哈氏合金 C	哈氏合金 C	
1D	碳钢镀镉	316 不锈钢	钽	
2D	316 不锈钢	316 不锈钢	钽	
3D	哈氏合金 C	哈氏合金 C	钽	

从表 1-34 可知，1151 系列电容式变送器共有九个品种，现以差压变送器为例简述如下：

变送器的供电电源电压为 24V，DC，无负载时变送器可工作在 12V，DC，最大为 45V，DC。其电源电压与负载电阻的关系如图 1-29 所示。

差压变送器的精确度：对于低、中、高差压变送器为 0.2 级；对于高差压、高静压差压变送器为 0.25 级；对于微差压变送器为 0.5 级。

静压和超压极限：对于微差压变送器可工作在静压为 3.3kPa（绝对压力）～6.9MPa 之间，输入 0（绝对压力）～6.9MPa 压力到变送器任一侧，变送器不会损坏；对于低、中、高差压变送器可工作在静压为 3.4kPa（绝对压力）～13.7MPa 之间，输入 0（绝对压力）～13.7MPa 压力到变送器任一侧，变送器不会损坏；对于高静压差压变送器，最大工作静压和单向最大压力为 30.9MPa，最大安全静压为 46.1MPa。

变送器具有正、负迁移功能，最大正迁移为最小调校量程的 500%；最大负迁移为最小调校量程的 600%。不管输出如何，正负迁移后，其量程上下限均不得超过量程的极限。

1151 系列电容式差压变送器的外形尺寸如图 1-30 所示。

2. 820 系列振弦式变送器

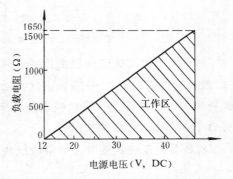

图 1-29　1151 系列电容式差压变送器
电源电压与负载电阻的关系

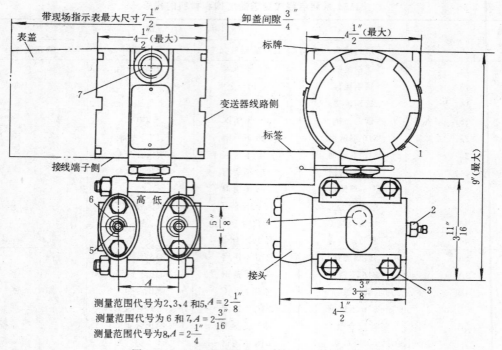

测量范围代号为2、3、4和5，$A = 2\frac{1}{8}''$

测量范围代号为6和7，$A = 2\frac{3}{16}''$

测量范围代号为8，$A = 2\frac{1}{4}''$

图1-30　1151系列电容式差压变送器外形尺寸

1—铭牌（调整量程零点时卸下）；2—排气/排液阀；3—法兰；4—侧面排气/排液阀；

5—接头上引压连接孔，为$\frac{1}{2}''$-14NPT螺纹（接头可翻转180°，两引压孔中心距可为2''，

$2\frac{1}{8}''$或$2\frac{1}{4}''$）；6—不用接头时，容室上有$\frac{1}{4}''$-18NPT螺纹孔供引压用；7—$\frac{1}{2}''$-14NPT

螺纹用于电线管连接（两处）；''—英寸（in）符号，1in＝25.4mm

820系列振弦式变送器由传感部件和电子器件两部分组成，其工作原理如图1-31所示（以差压变送器为例）。传感器膜盒感受的压力通过液体传递通道，传递到内部张紧的弦上，改变其张力，可使张弦的机械谐振频率发生变化。弦的谐振频率量经电子器件转换成二线制的4～20mA，DC输出。

820系列振弦式变送器的型号组成如下：

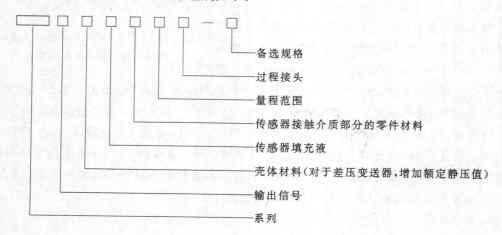

备选规格

过程接头

量程范围

传感器接触介质部分的零件材料

传感器填充液

壳体材料（对于差压变送器，增加额定静压值）

输出信号

系列

50

各系列变送器的量程范围见表 1-37，各规格代号的含义见表 1-38。

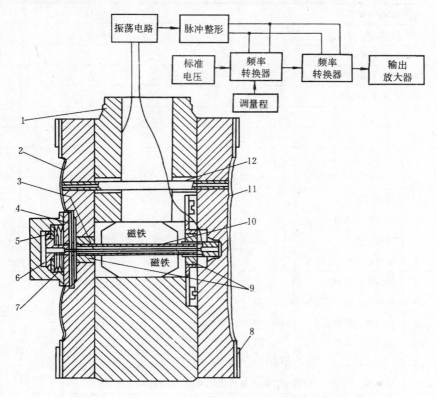

图 1-31　820 系列振弦式差压变送器工作原理

1—基体；2—低压侧膜盒；3—振弦丝；4—预加张力弹簧；5—垫圈；6—振弦丝夹头；

7—过量程保护弹簧；8—密封垫；9—绝缘体；10—金属管；11—高压侧膜盒；

12—液体传递通道

表 1-37　　　　　　　　　　　　820 系列变送器的量程范围

系　　列	变送器名称	代　　　号		
		L（低量程）	M（中量程）	H（高量程）
821GM	压力变送器	0.07，0.35MPa	0.20，1.0MPa	0.80，4.2MPa
821GH	压力变送器	—	3.5，14MPa	10.5，42MPa
821AL	绝对压力变送器	1.2，7.2kPa	6.0，36kPa	30，180kPa
821AM	绝对压力变送器	70，340kPa	210，1030kPa	830，4120kPa
823DP	差压变送器	1.2，7.2kPa*	6，36kPa	30，180kPa

*　只适用于静压规格值为 20MPa 的。

820 系列变送器的电源电压与负载电阻的关系如图 1-32 所示。

820 系列变送器的精确度为标定量程的 ±0.2%。

820 系列变送器的零位正、负迁移：压力变送器零位可正迁移传感器最小量程的 300%（对于 821GH 型，为 250%），零位正迁移值加上已标定量程不能超过传感器量程的上限值；

表 1-38　　　　　　　　　　　**820 系列变送器规格代号的含义**

变送器型号：
- 821GM 压力变送器
- 821GH 压力变送器
- 821AL 绝对压力变送器
- 821AM 绝对压力变送器
- 823DP 差压变送器

规格名称	代号	含义	821GM	821GH	821AL	821AM	823DP
输出信号	I	4～20mA，DC	•	•	•	•	•
	H	10～50mA，DC	•	•	•	•	•
壳体材料	K	镀镉碳钢	•	•	•	•	
	S	316SS 不锈钢	•	•	•	•	
	C	哈氏合金 C	•	•	•	•	
	M	蒙乃尔合金	•	•	•	•	
额定静压值和壳体材料	3K	20MPa，碳钢（CS）					•
	3S	20MPa，316SS 不锈钢					•
	3C	20MPa，哈氏合金 C（只配过程接头规格 2，4，0）					•
	3M	20MPa，蒙乃尔合金					•
	6K	40MPa，碳钢（只限于量程代号为 M 和 H 的）					•
	6S	40MPa，316SS 不锈钢（只限于量程代号为 M 和 H 的）					•
传感器填充液	1	硅油			•	•	•
	2	氟油			•	•	•
传感器接触介质部分的材料	N	钴-镍-铬合金（标准传感器）	•	•	•	•	•
	S	316SS 不锈钢	•	•	•	•	•
	C	哈氏合金 C	•	•	•	•	•
	M	蒙乃尔合金	•	•	•	•	•
过程接头	1	配 1/4″管螺纹（美国标准 NPT）	•	•	•	•	•
	2	配 1/2″管螺纹（美国标准 NPT）	•	•	•	•	•
	3	配 R1/4（英国标准）	•	•	•	•	•
	4	配 R1/2（英国标准）	•	•	•	•	•
	5	无，膜盒盖按美国仪器公司 9/16-18 安装要求配做	•	•	•	•	•
	6	颈部焊接，配 14×21mm 管（只适用于静压值规格 3K，3S，3M 的）					•
	0	无（标准膜盒差配 1/4″管螺纹）					•
备选规格	A	带均匀刻度（0%～100%）指示表	•	•	•	•	•
	B	带平方根刻度（0%～100%）指示表					•
	C	指示表刻度按用户要求分度	•	•	•	•	•
	D	带平方根刻度（0～10）指示表					•
	Y	无安装托架	•	•	•	•	•
	S	带开方模块（输出信号直接与被测流量成正比）					•

注　表中"•"为可选用。

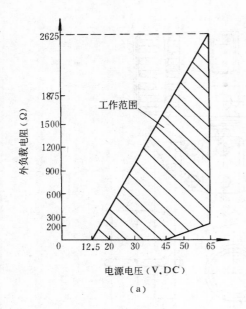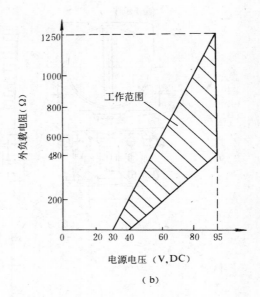

图 1-32　820 系列变送器的电源电压与负载电阻的关系

(a) 输出为 4～20mA，DC；(b) 输出为 0～50mA，DC

零位可负迁移到低量程限值（全真空）。绝对压力变送器零位可正迁移到已标定量程的 150%，其上限测量值不能超出传感器的测量范围限值；下限值为 0。差压变送器零位正迁移范围对应于最小输出的测量值，可高达已标定的量程的 150%，其零位正迁移量加上已标定的量程值，不能超过所用传感器的测量范围上限值；零位负迁移范围对于过零位的测量范围（混合测量范围），低于零位的最大值，可为输入量程的 20%。

820 系列变送器现场安装固定比较简单，以 823DP 差压变送器为例，如图 1-33 所示。变送器通过托架 9，固定在垂直或水平安装的 ϕ60 钢管 8 上。过程接头 7 可以翻转 180°，以分别获得高、低压力连接处中心距 A 的尺寸为 51、54、57mm。

3．E 系列扩散硅变送器

E 系列扩散硅变送器，采用了无机械可动部件的扩散硅半导体传感器，其工作原理如图 1-34 所示（以压力变送器为例）。被测压力和大气压力分别加在两个密封膜片上，通过封入液（硅油）把压力变化传递给半导体传感器。由于压阻效应，硅半导体扩散应变电阻的阻值变化，再由电桥把变化的信号取出，通过放大器得到二线制 4～20mA，DC 的输出。

E 系列扩散硅变送器的放大器原理框图见图 1-35。

E 系列扩散硅变送器共有 8 个品种、28 种规格，其型号及测量范围见表 1-39 所列。每个品种根据其结构不同，又分为 2W（防水型）、2B（防水隔爆型）和 2H（防水本质安全型）三类，其代号以一字线隔开，列于型号代号之后。

E 系列扩散硅变送器的电源电压，对于 2W 和 2B 类为 12～50.4V，DC；对于 2H 类为 12～30V，DC。电源电压和负载电阻的关系如图 1-36 所示。

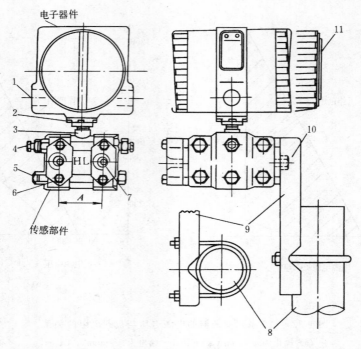

图 1-33　823DP 差压变送器外形尺寸及安装固定方式

1—外部接线管接口；2—锁紧螺母；3—连接管；4—排气塞；5—泄液塞；6—测量容室接头；

7—过程接头；8—垂直或水平安装管；9—安装托架；10—测量容室接头塞；

11—选配指示仪表

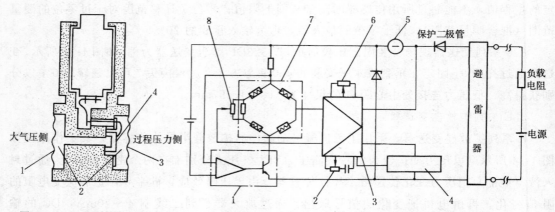

图 1-34　E 系列扩散硅压力
变送器工作原理

1—隔离膜片；2—封入液；
3—隔离膜片；4—半导体
传感器

图 1-35　E 系列扩散硅变送器的放大器原理框图

1—恒流供电回路；2—阻尼调整；3—$\Delta U/I$ 转换放
大器；4—输出电流限制电路；5—恒流电路；6—量程调
整；7—半导体敏感元件；8—零点调整

七、智能变送器

国外从 80 年代中期开始，随着微处理器技术和数字通信技术的发展，陆续推出了智能变送器，即采用数字处理方式、具有数字通信能力的新型变送器。国内电站从 90 年代开始

表 1-39 　　　　　　　　　　　E 系列扩散硅变送器的型号及测量范围

名　　称	型　　号	精确度等级	测　量　范　围	工作压力
压力变送器	EPR—75	0.2 0.2 0.2 0.2 0.2	0～0.016-0～0.16MPa 0～0.05-0～0.5MPa 0～0.25-0～2.5MPa 0～1-0～10MPa 0～5-0～50MPa	
绝对压力变送器	EDR—75A	0.5 0.2 0.2 0.2	0～1.2-0～6kPa 0～2.5-0～25kPa 0～16-0～160kPa 0～60-0～600kPa	
远传法兰压力变送器	EPR—75S	0.25 0.25	0～0.1-0～0.5MPa 0～0.25-0～2.5MPa	
差压变送器	EDR—75	0.5 0.2 0.2 0.2 0.2	0～0.6-0～3kPa 0～1.6-0～8kPa 0～4-0～40kPa 0～12-0～120kPa 0～40-0～400kPa	5MPa 5MPa 15MPa 15MPa 15MPa
微差压变送器	EDR—75M	0.5 0.5	0～0.1-0～0.25kPa 0～0.4-0～0.6kPa	60kPa 60kPa
高静压差压变送器	EDR—75H	0.2 0.2 0.2	0～4-0～40kPa 0～12-0～120kPa 0～40-0～400kPa	45MPa 45MPa 45MPa
远传法兰差压变送器	EDR—75S	0.5 0.5 0.25 0.25 0.25	0～0.6-0～3kPa 0～1.6-0～8kPa 0～4-0～40kPa 0～12-0～120kPa 0～40-0～400kPa	2.5MPa 2.5MPa 2.5MPa 2.5MPa 2.5MPa
液位变送器	EDR—75F	0.25 0.25 0.25	0～4-0～40kPa 0～12-0～120kPa 0～40-0～400kPa	2.5MPa 2.5MPa 2.5MPa

应用，目前在市场上已有近十家厂商的十余个系列品种，现将其中部分系列品种的技术数据列于表 1-40。

智能化（smart）变送器的检测原理主要有电容式、扩散硅式和电感式三种，以前两种型式为主，它们的输出信号有模拟（4～20mA）的和数字的两种，模拟信号除线性和平方根输出信号外，有的产品还可以有 PID 运算输出信号，因此也称为智能变送控制器。

智能变送器的技术条件和性能指标与常规模拟变送器相比，具有下列优点：

1）测量精确度较常规变送器的高，大部分为±0.1％或更高。

2）具有更大的量程比（量程比＝最大量程/使用量程；最大量程比＝最大量程/最小可使用量程），因此可减少变送器的规格品种。例如，ST3000 压力变送器仅用三种规格，即可覆盖 35kPa～42MPa 测量范围，而普通压力变送器需六种规格。

3）一般都有可靠的温度补偿和静压补偿，使用稳定性好。

智能变送器主要技术数据

表 1-40

制造厂商	费希尔-罗斯蒙特 (FISHER-ROSEMOUNT)		霍尼威尔 (山武-霍尼威尔) HONEYWELL (YAMATAKE-HONEYWELL)	莫　尔 (MOORE)	福克斯波罗 (FOXBORO)	哈特曼-布劳恩 (HARTMANN& BRAUN)	肯特-泰勒 (KENT-TAYLOR)
系列型号	1151 Smart	3051C	ST3000 100,200,900 系列	XTC340 XTC341	860 系列	AS800 系列	K 系列
检测原理	电容式	差压、表压 电容式 绝对压力扩散硅式	扩散硅式	双电容式	扩散硅式	电容式(差压) 扩散硅式(高压) 电感式(微差压)	电感式
最大量程比	15:1	100:1	200 系列 100:1(压力) 400:1(差压) 900 系列 100:1(压力) 40:1(差压)	45:1	20:1	30:1	30:1
过载能力	DP,AP:1.378MPa HP:31MPa GP:51.675MPa	GP:25MPa DP:25MPa AP:41.34MPa	压变:额定压力1.5倍 差压:单向达静压值	340D:27.56MPa 340G:68.9MPa 341D:13.78MPa 341G:20.67MPa	测量范围上限 值的1.5倍	压变: 10倍量程(中低压) 2倍量程(高压) 差变:单向达静压值	压变:高达42MPa 差变:单项达静压值
精确度　模拟方式	0.1%	0.075%	0.075%	340 0.1% 341 0.2%	0.2%	0.1%	0.1%
精确度　数字方式	0.075%	0.0625%	0.075%	340 0.035% 341 0.2%	0.17%	0.1%	0.1%

制造厂商	费希尔-罗斯蒙特 (FISHER-ROSEMOUNT)		霍尼威尔 (山武-霍尼威尔) HONEYWELL (YAMATAKE-HONEYWELL)	莫尔 (MOORE)	福克斯波罗 (FOXBORO)	哈特曼-布劳恩 (HARTMANN&BRAUN)	肯特-泰勒 (KENT-TAYLOR)
温度变化对零点和量程的综合影响	0.38%/50℃	GP,DP：±(0.025%最高量程+0.125%量程)/28℃ AP：±(0.025%最高量程+0.075%量程)/28℃	100系列：±0.1%/55℃ 900系列：±0.4%/55℃	340系列：±(0.025%最高量程+0.3%量程)/28℃ 341系列：最大为25℃时的±0.75%	±0.4%/55℃	±0.5%/10K	±($0.05 \times \dfrac{\text{最大量程}}{\text{使用量程}}$ + 0.2%/55℃)
静压变化对零点和量程的综合影响（差压式）	±0.375%/1000PSI	±0.3%/1000psi	100系列：±0.15%/7MPa 900系列：±0.4%/7MPa	340,341系列：±0.2%/1000psi①	±0.5%/1000psi	零点：最大±0.2% 量程：最大±0.1%	±0.2%/1000psi
输出信号 模拟方式	线性,平方根	线性,平方根	线性,平方根	线性,平方根 (340系列PID)	线性,平方根	线性,平方根 PID运算	线性,平方根
输出信号 数字方式	双向通信	双向通信	双向通信	双向通信	双向通信	双向通信	双向通信
输出信号 通信协议	HART	HART	DE	HART	HART	HART	HART
输出信号 手持式通信终端	268	260	STS102	XTC	HHT	IBIS(台式)	K-HT

制造厂商	费希尔-罗斯蒙特 (FISHER-ROSEMOUNT)	霍尼威尔 (山武-霍尼威尔) HONEYWELL (YAMATAKE-HONEYWELL)	莫尔 (MOORE)	福克斯波罗 (FOXBORO)	哈特曼-布劳恩 (HARTMANN&BRAUN)	肯特-泰勒 (KENT-TAYLOR)
和DCS联网能力 (通信方式)	能和使用HART通信协议的DCS进行直接的双向通信。例如：WDPF,MAX1000,I/A,TELEPERM-ME等	能和使用DE通信协议的DCS进行直接的双向通信例如：TDC—3000	能和使用HART通信协议的DCS进行直接的双向通信。例如：WDPF,I/A等			
环境条件　温度	−40~85℃	−40~85℃	−40~85℃	−40~85℃	−40~80℃	−25~85℃
环境条件　湿度	0~100%	0~100%	0~100%	0~100%	0~95%	0~100%
环境条件　耐震	±0.196%/g 15~2000Hz		340系列 0~6Hz ±0.05%/g 341系列 ±0.1%/g 15~200Hz	±0.1%/g 8~500Hz		0~500Hz 耐2g
防护等级	IP65	IP65 或 IP67	IP65	IP65	IP65	IP67
现场表头	数字式	模拟指针式	数字式	模拟指针式	模拟指针式	模拟指针式
国内销售单位	费希尔-罗斯蒙特中国公司，上海自动化仪表一厂，西安仪表厂	霍尼威尔国内办事处，上海帕尔弗实业总公司，上海调节器厂，四川仪表七厂	镇江光明仪表有限公司，上海工业自动化仪表研究所	上海福克斯波罗有限公司	广东仪表厂	天津市自动化仪表厂K系列分厂

① 1psi=6.9kPa。

4）具有双向通信能力，可以通过手持式智能终端（现场通信器），或者采用现场总线和 DCS 以通信方式联网，通过运行员站，对变送器进行远距离诊断、标定和组态。

5）具有自诊断能力，当有故障时可以正确清晰地在智能终端或 DCS 屏幕上显示故障信息，方便维修人员迅速地排除故障，提高系统的可靠性和可用率。

6）使用带 PID 功能的智能变送控制器，可直接完成现场简单调节回路的控制（电动基地调节）。

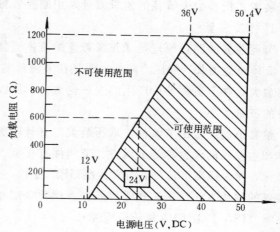

图 1-36　E 系列扩散硅变送器电源电压和负载电阻关系

第三节　流量测量仪表

单位时间内通过管道中某一截面的流体数量称为瞬时流量，简称流量。在某一段时间内所流过的流体量的总和称为累积流量或称流体总量。

测量单位时间内流过管道的流体的质量或体积的仪表称为流量测量仪表。其中，能实现流量测量和流量指示双重功能的仪表称为"流量计"；仅输出标准信号的称为"流量变送器"；输出信号不是标准信号的，称为"流量传感器"。

在火力发电厂中，常用的质量流量单位为吨每小时（t/h），质量总量单位为吨（t）；体积流量单位为立方米每小时（m³/h），体积总量单位为立方米（m³）。

火力发电厂最常用的是差压流量测量，它由产生差压的流量检出元件、差压信号管路和差压仪表等组成。由于流量与差压的平方根成正比，若差压仪表选用双波纹管差压计，则其刻度盘的分度为平方根刻度；若选用差压变送器，其输出应设有开平方装置；也可以选用差压流量变送器（其电路设有开方器），如 LE 型膜盒差压流量变送器，输出信号有 0～10mA，DC 或 4～20mA，DC 两种，外形尺寸及安装方法与图 1-25 相同。此外，还有转子流量计、涡轮流量测量仪表、涡街流量测量仪表、电磁流量传感器等。

流量测量仪表的流量测量范围上限值的数系为 $A = a \times 10^n$，a 为 1.0，(1.2)，1.25，1.6，2.0，2.5，(3.0)，3.2，4.0，5.0，(6.0)，6.3，8.0 中任一数值，括号内数值不优先选用；n 为任一整数或零。差压测量范围上限值的数系为 $B = b \times 10^n$，b 为 1.0，1.6，2.5，4.0，6.0 中任一数值；h 为任一整数或零。

测量流量的仪表型号中，用"L"表示产品所属的大类。

一、差压流量测量的检出元件

差压流量测量是通过差压仪表测量流体流经节流装置时所产生的静压力差，或测速装置所产生的全压力与静压力之差。火力发电厂中蒸汽、液体等的流量测量，绝大部分采用节流装置；低参数大管径的流量测量采用测速装置。

1. 节流装置

节流装置的测量原理是：充满管道的流体流经管道内的节流装置，流束在节流件处收缩，流体流速增加，静压力降低，于是在节流件前后产生了静压力差（或称差压）。流体的流速愈大，在节流件前后产生的差压也愈大，所以可通过测量差压来测量流体流过节流装置时的流量大小。

整套节流装置由节流件、取压装置、直管段所组成。节流装置中，造成流体收缩并使流体产生差压的元件称为节流件。节流件有孔板、喷嘴和文丘里管等，其外形、尺寸已经标准化，称为标准节流件，国家标准 GB/T 2624—93 规定了其结构形式、技术要求以及节流装置的使用方法、安装和工作条件、检验规则和检验方法。电厂常用的是标准孔板和标准喷嘴（ISA 1932 喷嘴和长径喷嘴）。

（1）标准孔板：孔板是由机械加工获得的一块圆形有中心孔（节流孔）的薄板，节流孔的圆筒形柱面与孔板上游端面垂直，孔的边缘是锐利的，孔板厚与孔板直径相比是比较小的。标准孔板的轴向截面如图 1-37 所示，孔板的节流孔的直径 d 与上游的测量管道内径 D 之比称为直径比 β。标准孔板型号为 LGB，用于管径 D 为 50～1000mm 和直径比 β 为 0.20～0.75 的范围内。

标准孔板的每个取压装置，至少应有一个上游取压口和一个下游取压口，取压口的位置表征了标准孔板的取压方式。取压口有：

1）D 和 $D/2$ 取压口和法兰取压口，如图 1-38 所示。取压口的间距：对 D 和 $D/2$ 取压口，上游 l_1 名义上等于 D，下游 l_2 名义上等于 $0.5D$；对法兰取压口，l_1 和 l_2 名义等于 25.4mm。取压口的轴线与管道轴线相交，并与其成直角。取压口直径应小于 $0.13D$，同时小于 13mm，其最小直径不加限制，在实际应用中，考虑偶然阻塞的可能性及良好的动态特性来决定最小直径值，上游和下游取压口应具有相同的直径。

2）角接取压口，如图 1-39 所示，取压口可以是单独钻孔取压口（见图 1-39 中的下半部）或者是环隙取压口（见图 1-39 中的上半部）。这两种型式的取压口可位于管道上或位于管道法兰上，亦可如图 1-39 所示位于夹持环上。取压口轴线与孔板各相应端面之间的间距等于取压口直径之半或取压口环隙宽度之半。单独钻孔取压口的直径 a 或环隙宽度 a 一般为 1mm$\leqslant a \leqslant$10mm（用单独钻孔取压口测量蒸汽和液化气体时为 4mm$\leqslant a \leqslant$10mm）。如采用单独钻孔取压口，则取压口的轴线应尽可能以 90°角度与管道轴线相交。夹持环的内径 b 必须等于或大于管道直径 D，以保证

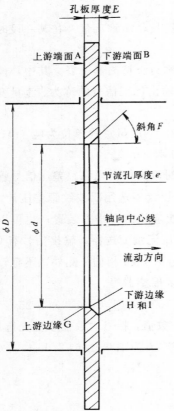

图 1-37　标准孔板

上游端面 A　　下游端面 B
孔板厚度 E
斜角 F
节流孔厚度 e
轴向中心线
流动方向
下游边缘 H 和 I
上游边缘 G
ϕD　ϕd

它不致突入管道内。

（2）ISA 1932 喷嘴：喷嘴是由圆弧形的收缩部分和圆筒形喉部组成的，其轴向截面如图 1-40 所示。喷嘴的型号为 LGP，用于管径 D 为 50～500mm，直径比 β 为 0.30～0.80 的范围内。

ISA 1932 喷嘴的取压口采用角接取压口，技术要求与标准孔板的相同。

（3）长径喷嘴：长径喷嘴是由形状为 1/4 椭圆的入口收缩部分和圆筒形喉部组成的，其轴向截面如图 1-41 所示。有高比值和低比值两种结构形式，当 β 值

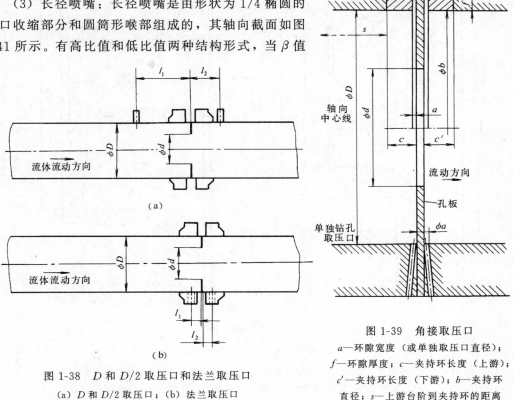

图 1-38　D 和 $D/2$ 取压口和法兰取压口

（a）D 和 $D/2$ 取压口；（b）法兰取压口

图 1-39　角接取压口

a—环隙宽度（或单独取压口直径）；
f—环隙厚度；c—夹持环长度（上游）；
c'—夹持环长度（下游）；b—夹持环
直径；s—上游台阶到夹持环的距离

介于 0.25 和 0.50 之间时，可采用任意一种。长径喷嘴用于管径 D 为 50～630mm、直径比 β 为 0.20～0.80 的范围内。

长径喷嘴的型号有企业标准（辽 Q1749—84）[1]，型号组成及其代号含义如下：

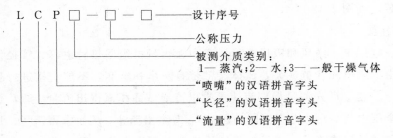

[1] 此标准由阜新电力高压管件厂提出，辽宁省标准局发布。

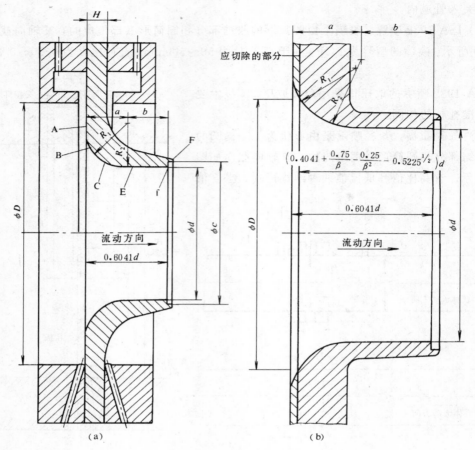

图 1-40 ISA 1932 喷嘴

(a) $d < \frac{2}{3}D$；(b) $d > \frac{2}{3}D$

A—入口平面部分；B 和 C—由两段圆弧面构成的入口收缩部分（圆弧半径分别为 R_1 和 R_2）；E—圆筒形喉部；F—保护槽；H—厚度（不得大于 $0.1D$）；a—圆弧 C 的圆心与平面 A 的距离（$0.3041d$）；b—喉部长度（$0.3d$）；ϕc—保护槽直径（至少等于 $1.06d$）；f—出口边缘

图中公式：$\left(0.4041 + \dfrac{0.75}{\beta} - \dfrac{0.25}{\beta^2} - 0.5225^{1/2}\right)d$ ； $0.6041d$

长径喷嘴的取压口采用 D 和 $D/2$ 取压方式，上游和下游取压口的轴线应与管道轴线相交，并与其成直角，在取压口的贯穿处其边缘应与管道内壁平齐。LCP 型长径喷嘴用短管焊接方式组装，如图 1-42 所示。

2. 测速装置

在火力发电厂中，送风和吸风矩形风道和大容量机组回热管道等大管径低参数流体的流量测量，由于风道和管道庞大，流体又常带有灰尘和烟雾，不能直接进行测量，只好采用"流速-面积"法，即先测量局部流速再乘以流通截面积来得出流量。通常是测量流体流通截面上的全压力与静压力之差（即动压力），即测出流速，从而求得流量。常用的测速装置有均速管和翼形测速管等，由于它们结构简单、制造方便，所以在工业上得到了广泛应用。但由于缺乏与管径相应的校验设备，这些测速装置的试验数据还不够完善，精确度较

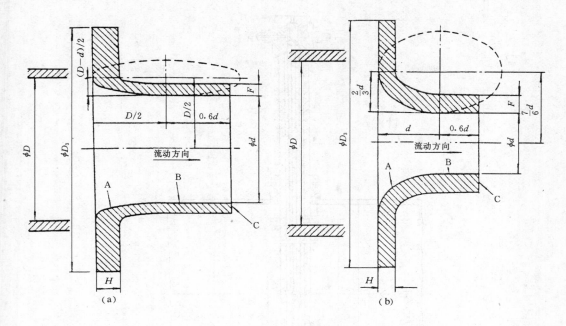

图 1-41　长径喷嘴

(a) 高比值 (0.25≤β≤0.80)；(b) 低比值 (0.20≤β≤0.50)

A—入口收缩部分；B—圆筒形喉部；C—下游平面；F—喉部壁厚 (3～13mm)；

H—厚度 (大于或等于 3mm，并小于或等于 0.15D)

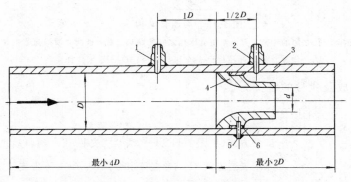

图 1-42　组合式径距取压长径喷嘴

1—正压取压管座；2—负压取压管座；3—短管；4—长径喷嘴；5—销钉；6—定位支撑环

低，因此目前尚未达到标准化的程度。

(1) 均速管：均速管又称阿牛巴 (Annubar) 管，其结构如图 1-43 所示。均速管管体垂直插入被测管道中，其迎流面上一般配对开有全压孔，以取得反映平均流速的全压头；在背流面上开有静压孔，以取得静压头；然后取它们之差，即得代表平均流速的差压。因此，均速管的测量原理是：流过管道某一截面的连续流体，其体积流量与在此截面上测得的动压力（即全压力与静压力之差）的平方根成正比。均速管与孔板相比较，其对流体产生的阻力很小，是一种新型的节能计量仪表。

目前我国生产的均速管尚无统一标准，现以广东省南海石化仪表厂生产的阿牛巴流量

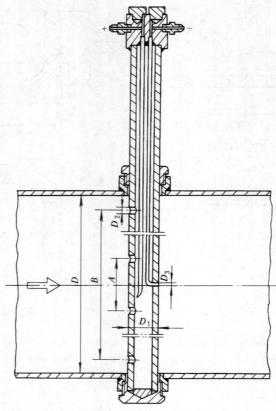

图 1-43　均速管结构

A—内侧全压孔之间的距离；B—外侧全压孔之间的距离；D—被测介质通流管内径；
D_1—均速管管体外径；D_2—全压孔直径；D_3—静压孔直径

计为例，其型号组成及代号的含义为：

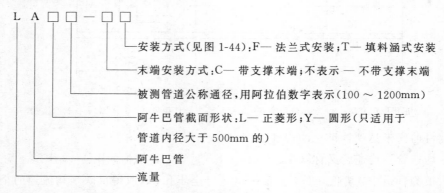

该型阿牛巴管适用于各种气体、蒸汽、水等的流体，压力范围为 0～1MPa 和 0～4MPa；温度范围为 0～400℃；测量范围，对于液体 1～6m/s，对气体 10～60m/s。

（2）翼形测速管：翼形测速管适用于测量大管径流量，在火力发电厂中已广泛应用于矩形（或方形）风道中的风量测量。图 1-45 所示为东北电力学院实验工厂生产的 YP—I 型翼形风量测量装置。在风道中（长×宽×高＝$L×B×H$），当气流流经翼形叶片时产生绕流，

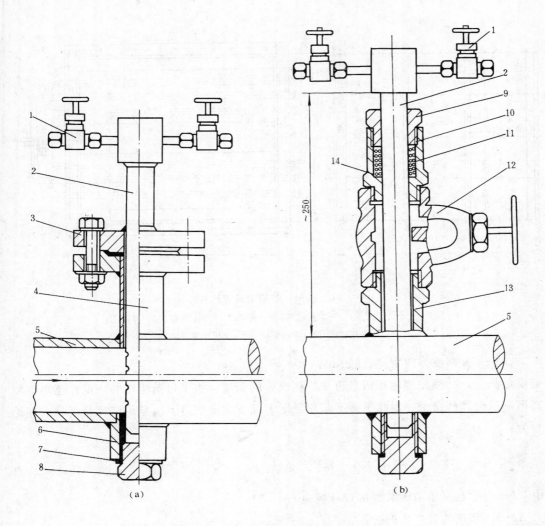

图 1-44 阿牛巴管的安装方式

（a）法兰式安装；（b）填料涵式安装

1—截止阀；2—阿牛巴管；3—凹凸法兰；4—短接管；5—被测管道；6—支撑突台；

7—垫片；8—支撑螺塞；9—填料压盖；10—填料涵；11—填料；12—内螺纹截止阀；

13—焊接短管；14—紧定环

在翼形叶片逆流方向的顶端（全压孔）测得全压 p_+，在翼形叶片最大厚度（静压孔）处测得静压 p_-，差压信号 $\Delta p = p_+ - p_-$ 与流速（即流量）呈抛物线状曲线的函数关系。

二、流量的温度、压力补偿装置

差压式流量测量，从原理上看是测量体积流量，而在实际生产中却需要测量质量流量。两者之间的关系为：

$$q_{\mathrm{m}} = q_{\mathrm{V}} \rho \tag{1-5}$$

式中　q_{m}——质量流量，kg/h 或 kg/s；

　　　q_{V}——体积流量，m³/h 或 m³/s；

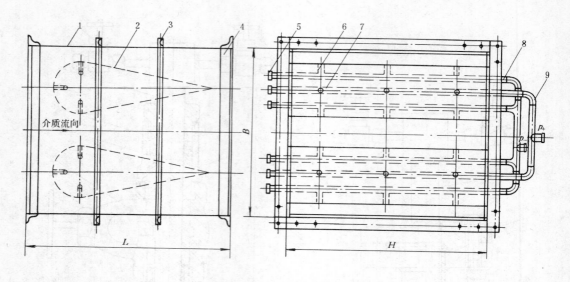

图 1-45　翼形风量测量装置结构

1—风道；2—翼形叶片；3—加固槽钢；4—法兰；5—排尘管帽；6—静压孔；

7—全压孔；8—静压取压管路；9—全压取压管路

ρ——被测流体的密度，kg/m^3。

测量质量流量，必须先测体积流量再乘被测流体的密度。由于目前生产的密度计还不能测量高温高压流体的密度，因此不得不采用额定工况下的密度值 ρ_0。差压法测量流量的理论方程为：

$$q_m = k \sqrt{\Delta p \rho_0}$$

(1-6)

式中　k——常数（由节流装置的设计确定）；

Δp——节流装置产生的差压；

ρ_0——额定工况下的介质密度。

当运行参数偏离额定值时，介质密度的变化将引起附加误差。由于密度 ρ 是压力 p 和温度 t 的函数，因此一般用 p，t 构成的函数代替 ρ，来补偿 ρ 的变化量。

若采用电动单元组合仪表测量差压，则可用图 1-46 所示的温度、压力补偿系统。若采用组装仪表时，可根据不同的补偿经验公式，由运算组件组成带温度、压力补偿的流量测

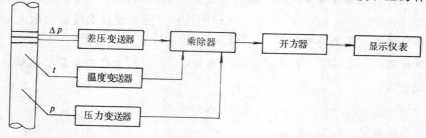

图 1-46　电动单元组合仪表流量测量温度、压力补偿系统

量回路来实现温度、压力的补偿。

目前已生产带补偿的流量仪表，如北京自动化仪表厂生产的 ZLJ 型智能补偿流量积算器、广东省南海石化仪表厂生产的 LXB 型自动补偿流量计、苏州科普仪器厂生产的 LJS—Ⅱ 型智能流量计、无锡电站仪表厂生产的 WC—83 型智能流量计、江苏省江都电子仪器厂生产的 ZRL 型流量显示积算仪等，均能够在差压、压力、温度变送器配合下，对流量进行压力和温度变化的自动补偿。

三、转子流量计

转子流量计本体的原理结构如图 1-47 所示。转子（或称浮子）在具有向上扩大的圆锥形内孔的垂直管子内，其自重力与自下而上的流体所产生的力平衡，可用转子的位置（高度 h）来表示流量值。转子在流体中产生旋转运动，以减小摩擦造成的滞留。转子流量计适用于不带颗粒悬浮物的液体和气体介质，其中玻璃管转子流量计用于低压、常温介质；金属管转子流量计可用于高温、高压介质。

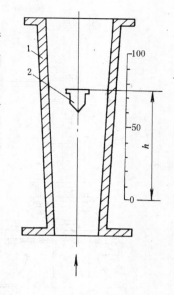

图 1-47　转子流量计本体
原理结构示意
1—锥形管；2—转子

转子流量计型号组成及其代号含义如下：

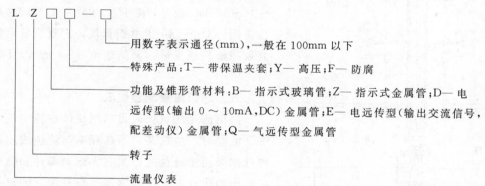

用数字表示通径（mm），一般在 100mm 以下

特殊产品：T— 带保温夹套；Y— 高压；F— 防腐

功能及锥形管材料：B— 指示式玻璃管；Z— 指示式金属管；D— 电远传型（输出 0～10mA，DC）金属管；E— 电远传型（输出交流信号，配差动仪）金属管；Q— 气远传型金属管

转子

流量仪表

四、涡轮流量测量仪表

涡轮流量测量仪表由传感器及与其配套的显示仪表组成，其工作原理如图 1-48 所示。传感器的涡轮置于被测流体中，流体流动时推动涡轮叶片旋转，其旋转速度与流体流速成正比。叶片是由磁性材料制成的，叶片转动时，固定在壳体上的永久磁钢外部线圈感生出交流电脉冲信号，该信号的频率与涡轮的转速成正比。电脉冲信号经前置放大器送至频率仪，测量出

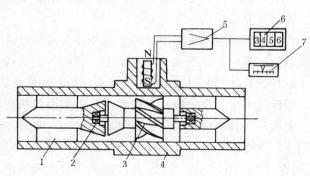

图 1-48　涡轮流量测量仪表工作原理示意
1—导流管；2—轴承；3—涡轮；4—壳体；5—前置
放大器；6—累积流量计数器；7—瞬时流量指示表

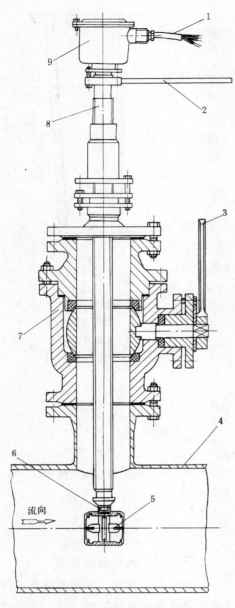

图 1-49 LWCB 型涡轮流量传感器结构
1—信号传输线；2—定位杆；3—阀柄；
4—导管；5—涡轮；6—检测线圈；7—
球阀；8—插入杆；9—放大器

单位时间内的电脉冲数（频率），便可得出瞬时流量值；测量电脉冲总数，即可求得流体总量。

涡轮流量测量仪表具有测量准确度高、测量范围广、压力损失小、惰性小、重量轻、测量重复性好，耐高压、温度范围广及数字信号输出等优点，因此，在工业上得到广泛应用。

涡轮流量传感器用于小管径（一般 $\phi200$ 以下）、小流量的测量时，传感器的壳体制成两端带螺纹或法兰的导管型式，用以与被测管路相连接。对于大、中管径（$\phi100 \sim \phi5000$）的流量测量，可采用插入式涡轮流量传感器。此种传感器又分为不需断流即可安装拆卸的 LWCB 型和必须断流才可安装拆卸的 LWC 型两种。图 1-49 所示为 LWCB 型传感器的结构图。

与涡轮流量传感器配套的显示仪表有：XSJ—411 型积算频率仪，它可显示瞬时流量和累积总流量；DZP—02 型频率-电流转换器，输出 0 ～10mA，DC 信号，便于和 DDZ—Ⅱ型调节器配合使用；XSF—40 指示积算仪，它既能显示瞬时流量和累积总流量，又能输出 0～10mA，DC 信号。

五、涡街流量测量仪表

涡街流量测量仪表是利用流体在特定流道条件下流动时产生振荡，振荡频率与流速成比例这种规律来测量流量的，兼有无运动部件和脉冲数字输出的优点。它由传感器及与其配套的显示仪表两部分组成。

传感器包括旋涡发生体、感测器及信号处理系统三部分。旋涡发生体是核心，它是一非流线形柱状物体（圆柱或三角柱等），垂直插入流体中，当流速大于一定值时，在柱状物体下游两侧将产生两排旋转方向相反、交替出现的涡列，如图 1-50 所示。这两排平行的涡列称为卡门涡街。一般情况下，柱状物后面产生的涡街是不稳定的，只有当涡街的距离 h 和旋涡间隔 l 之比为 0.281 时才是稳定的，此时旋涡的分离频率正比于流量值，在一定的雷诺数范围内，几乎不受流体参数（压力、温度、黏度和密度等）变化的影响。旋涡频率由感测器检出，经放大、滤波整形等处理后，得到代表涡街频率的数字脉冲并送至配套的显示仪表，显示出瞬时流量或累积流量。

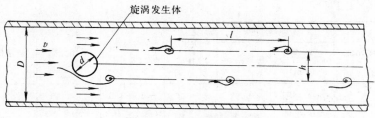

图 1-50　卡门涡街形成原理

涡街流量传感器型号组成及其代号的含义为❶：

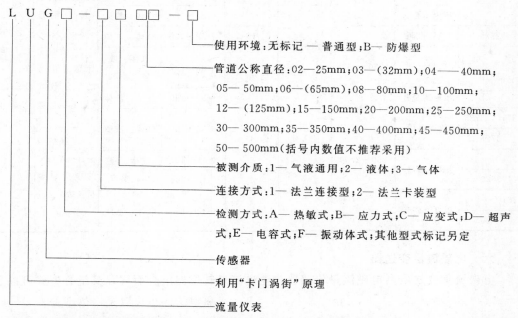

使用环境：无标记—普通型；B—防爆型

管道公称直径：02—25mm；03—（32mm）；04—40mm；

05—50mm；06—（65mm）；08—80mm；10—100mm；

12—（125mm）；15—150mm；20—200mm；25—250mm；

30—300mm；35—350mm；40—400mm；45—450mm；

50—500mm（括号内数值不推荐采用）

被测介质：1—气液通用；2—液体；3—气体

连接方式：1—法兰连接型；2—法兰卡装型

检测方式：A—热敏式；B—应力式；C—应变式；D—超声式；E—电容式；F—振动体式；其他型式标记另定

传感器

利用"卡门涡街"原理

流量仪表

此外，目前还生产用于测量大直径管道流量的插入式涡街流量传感器和引进国外技术生产的涡街流量传感器，其型号如表 1-41 所列。

常用涡街流量测量仪表的主要技术数据见表 1-41。

表 1-41　　　　　　　　常用涡街流量测量仪表的主要技术数据

传感器型号	检测元件	被测管道		介质压力（MPa）	介质温度（℃）	适用介质	显示仪表	生产厂
		公称直径（mm）	安装方式					
LUGB	压电晶体	25～300	法兰式	2.5，4	−40～300	气体、液体、蒸汽	LXL 或 LXB	广东省南海石化仪表厂
		250～1000	插入式	2.5				
LUCE	扩散硅压敏元件	200～1400	插入式	1.6	−20～120	液体	XLUY—11	天津自动化仪表十四厂

❶　选录自 ZBN12008—89《涡街流量传感器》。

传感器型号	检测元件	被测管道		介质压力（MPa）	介质温度（℃）	适用介质	显示仪表	生产厂
		公称直径（mm）	安装方式					
2350	热敏电阻	25~40	法兰夹装式	10	−50~150（测水<40）	气体、液体	1. 接收基本频率信号的显示仪表（脉冲幅度＋6.5V）；2. 接收定标脉冲信号的显示仪表（如电磁计数器）；3. 接收4～20mA，DC的模拟量显示仪表	银河仪表厂引进美国EASTECH公司生产技术
2150		50~200				气体、液体		
3050	磁检测器	50~200		20	−48~427	气体、液体、蒸汽		
	压电陶瓷片				−32~180	气体、液体		
2525	热敏电阻	250~450	管法兰式	10	−50~150	气体、液体		
3010	磁检测器			20	−48~427	气体、液体、蒸汽		
	压电陶瓷片				−32~180	气体、液体		
3715，3735 3725	热敏电阻	250~2700	插入式	6 / 4	−50~150	气体、液体		
3610，3630 3620	磁检测器			6	−48~427	气体、液体、蒸汽		
				4	−48~204	气体、液体、蒸汽		
3610，3630 3620	压电陶瓷片			2.5	−32~180	气体、液体		

六、电磁流量变送器

电磁流量变送器由电磁流量传感器与电磁流量转换器组合而成，其组合型式可以是分离型的，也可以是一体型的。

电磁流量传感器是在非磁性管道中测量导电流体的平均流速，其工作原理如图1-51所示。在导管上装有一套励磁绕组，当通入交流电后，产生一个与导管相垂直的交变磁场 B，若液体在导管内流过，便切割了磁力线，因此液体中产生了与流体平均流速 v 成比例的电动势 E，这个电动势由装在导管壁上的一对电极输出。

转换器将传感器检测到的电压信号加以放大，并转换成0～10mA，DC 或4～20mA，DC 的标准信号，可供显示、记录、积算及调节控制仪表用。

电磁流量传感器具有以下独特优

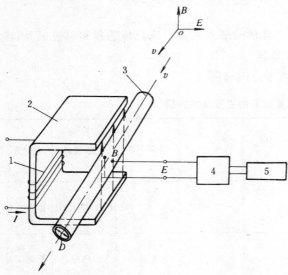

图1-51　电磁流量传感器工作原理

1—励磁绕组；2—铁心；3—导管；4—转换器；5—显示仪表

点：不受流体的温度、压力、密度、黏度等参数的影响，不需进行参数补偿；与被测液体接触部分为内衬，可测腐蚀性液体并耐磨损；内部无阻力元件，几乎无压力损失；可测管道直径在 2.5～2400mm 范围内。目前它已广泛应用于各种电导率大于 10^{-5}S/cm 的导电流体的流量测量上。

电磁流量传感器的型号为 LDG，转换器型号为 LDZ，变送器型号为 LDB。

第四节　物位测量仪表

在容器或设备中储积的物料（液体或固体）高度称为物位。在火力发电厂中，测量液位（如水位、油位等）较多，亦有测量料位的，如煤位、灰位等。物位测量的单位为长度单位（一般是 mm、m）。

测量液位一般具有两种不同的目的。一是计量，即借测量液位来确定容器中液体的质量或体积，如水箱水位的测量等。其测量范围取决于整个容器的几何尺寸，刻度标尺的零点设在刻度的起点上，可以按长度单位（一般是 mm、m）刻度。另一种是监视生产情况，即借液位来反映连续生产过程是否正常，以便控制液位，如汽包水位等。其测量范围取决于液位允许的波动值，它的刻度标尺的零点一般设在标尺中部，对应于所需维持的正常液位位置，零点上下有正负刻度，以便直观地测知液位偏差。测量料位多系前者。

测量物位的仪表种类很多，最常用的是差压水位测量，它是利用水位-差压转换原理，通过差压仪表来测量水位的。此外，还有玻璃液位计、浮球液位计、浮筒液位计、电接点液位计、浮标和绳索式物位计、电容物位计和超声物位计等。物位测量仪表型号用"U"表示产品所属大类。

一、直读液位计

直读液位计是一种使用最早和最简单的液位计，常用的有玻玻管式和玻璃板式两种，如图 1-52 和图 1-53 所示，它们的型号分别为 ULG 和 ULB。根据连通管的原理，玻璃管（或板）中的液面与容器中的液面高度一样（假设它们的温度是相同的），因此，从玻璃管液位便能知道容器液面的高度。

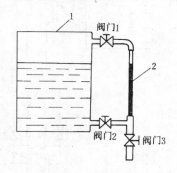

图 1-52　管式液位计示意图

1—储液容器；2—玻璃管

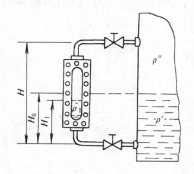

图 1-53　板式液位计示意图

对于高温的液面测量，如汽包水位，有用云母板代替玻璃板的，称为云母水位计。但在测量温度较高的液体液位时，由于容器中和玻璃管（或云母板）中介质的温度相差很大，所以液位计的读数比真实液位低，必须加以修正。对蒸汽锅炉的汽包而言，按连通管的原理（见图 1-53），平衡关系如下：

由
$$(H - H_0)\rho'' + H_0\rho' = (H - H_1)\rho'' + H_1\rho_1$$

得
$$H_0(\rho' - \rho'') = H_1(\rho_1 - \rho'')$$

$$H_0 = \frac{H_1(\rho_1 - \rho'')}{\rho' - \rho''}$$

$$H_0 - H_1 = H_1\left(\frac{\rho_1 - \rho''}{\rho' - \rho''} - 1\right) \tag{1-7}$$

式中　　　H_0——汽包的真实水位，m；

　　　　　H_1——水位计的指示水位，m；

　　　ρ'，ρ''，ρ_1——分别为运行压力下的饱和水、饱和蒸汽和水位表中水的密度，kg/m^3；

　　　　　H——水位计的汽、水取样管间的距离，m。

因为 ρ'' 比 ρ' 和 ρ_1 小得多，故忽略 ρ'' 后，式（1-7）可以简化为

$$H_0 - H_1 = H_1\left(\frac{\rho_1}{\rho'} - 1\right) \tag{1-8}$$

$H_0 - H_1$ 为水位计的指示误差。

二、差压式水位计

1. 平衡容器

差压式水位计的原理是，在容器上安装平衡容器，利用液体静力学原理使水位转换成差压，用导压管将差压信号传至差压计，差压计指示出容器的水位。这里着重介绍平衡容器及导压管的连接方式。

开口容器的水位测量比较简单，其原理如图 1-54 所示。差压计的负压侧通大气，正压头随容器水位变化而变化，最低水位（零水位）时，差压指示为零。随着容器水位升高，正压头增大，差压计指示出相应的水位值。放水阀门 3 用来定期冲洗导压管，以保持测量系统畅通。

受压容器的水位测量，根据测量准确度的要求不同，可选用下列几种平衡容器：

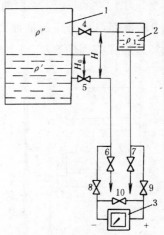

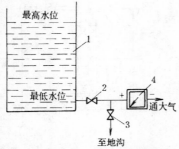

图 1-54　开口容器水位测量示意

1—开口容器；2—仪表阀门；3—放水
阀门；4—差压计

图 1-55　单室平衡容器液位测量

1—被测受压容器；2—单室平衡容器；
3—差压计；4～10—阀门

（1）单室平衡容器：单室平衡容器测量水位的原理如图 1-55 所示。

差压计的正压头由于平衡容器有恒定水柱而维持不变（受压容器内的蒸汽经阀门 4 注入平衡容器内凝结成水，利用溢流原理将多余的水流回受压容器），负压头则随容器水位变化而变化。差压计的差压值，也就随着容器水位的变化而变化。

此时，差压可按下式计算：

$$\Delta p = \rho_1 gH - [\rho' gH_0 + \rho'' g(H - H_0)]$$
$$= (\rho_1 - \rho'')gH - (\rho' - \rho'')gH_0 \tag{1-9}$$

式中　　　Δp——容器水位的差压，Pa；

　　　　　　H——容器水位最大测量范围，m；

　　　　　　H_0——以最低水位为基准的容器水位高度，m；

ρ'，ρ''，ρ_1——分别为容器内饱和水、饱和蒸汽和平衡容器内水的密度，kg/m^3；

　　　　　　g——重力加速度，m/s^2。

单室平衡容器的结构简单，但测量误差较大。当介质参数偏离额定值运行时，ρ' 和 ρ'' 发生变化。此时，即使水位不变，其差压也会发生变化。

此外，由于受压容器内的饱和水与平衡容器内的凝结水的温度不同，密度也不同，造成仪表示值误差。为了减少此误差，通常使平衡容器的安装标高（正、负取压管的垂直距离）与显示仪表刻度全量程相一致，并在差压计校验时，按运行额定参数和环境平均温度考虑密度影响的修正值。

单室平衡容器一般应用于低温低压的贮水容器。

（2）双室平衡容器：双室平衡容器的结构如图 1-56 所示。差压计的正压管与单室平衡容器一样，维持恒定水柱。负压管置于平衡容器内，上部比水平正取压管下缘高 10mm 左右，下部与容器水侧相连通，其水柱随着容器水位而变化。

双室平衡容器的优点是正负两根管内水的温度比较接近，减小了采用单室平衡容器时正、负压头水的密度不相等所引起的测量误差。但是，由于平衡容器的温度远远低于被测受压容器的温度，故负压管的水面比受压容器的水面低，因而产生测量误差［参考式(1-8)］。当运行参数或平衡容器环境温度变化时，此误差是个变数。

双室平衡容器中正、负取压管间的距离为显示仪表刻度的全量程。

（3）蒸汽罩补偿式平衡容器：针对上述各型平衡容器的缺点，目前测量中、小型锅炉汽包水位时，广泛采用蒸汽罩补偿式平衡容器，其结构如图 1-57 所示（亦可采用双室结构，参见图 1-59）。用蒸汽罩 2 对正压恒位水槽 1 加热，使槽内的水在任何情况下都接近为汽包压力下的饱和水，其密度不受环境温度的影响。蒸汽罩的加热蒸汽取自蒸汽空间，凝结水经疏水管 4 流至锅炉下降管。

为了使疏水管内的水在汽包任何压力下都不倒注入平衡容器，要适当选择疏水管的长度，并且不加保温，以使其中的水能充分冷却。一般疏水管长度在 10m 以上即可满足要求。

为了使平衡容器能迅速地达到正常工作状态，在汽包与平衡容器的连接管之间装有汽侧阀门（正取压阀门）。锅炉开始升压时，要关闭该阀门，使较高压力的锅（炉）水由疏水管注入平衡容器，并迅速充满正压恒位水槽。这样，待仪表管路冲洗后，打开该阀门，水位表即可投入。

在锅炉运行参数变化过程中，为了保证汽包在某一水位下，其水位差压为水位的单值函数（理想的水位-差压关系），密度补偿长度 l 必须选用合适。l 值的计算是在水位为运行正常水位 H_0 时求取的，因此只有在水位为 H_0 时才能进行良好的密度补偿。

2. 差压水位测量的压力校正

如上所述，上述几种平衡容器测量水位都会产生附加误差，特别是测量高参数锅炉的汽包水位，已不能满足要求。所以，目前已广泛采用电气压力校正方法，其校正公式与平衡容器的结构直接相关，常用的有以下几种（以汽包水位测量为例）：

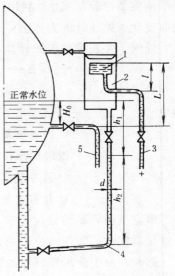

图 1-57 蒸汽罩补偿式平衡容器
1—正压恒位水槽；2—蒸汽罩；
3—正压取压管；4—疏水管；
5—负压取压管

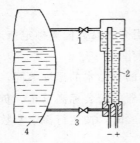

图 1-56 双室平衡容器水位测量
1—正取压阀门；2—双室平衡容器；3—负取压阀门；4—被测受压容器

（1）单室平衡容器的压力校正：水位测量系统参照图 1-55。将式（1-9）改写成汽包水位的表达式：

$$H_0 = \frac{(\rho_1 - \rho'')gH - \Delta p}{(\rho' - \rho'')g} \tag{1-10}$$

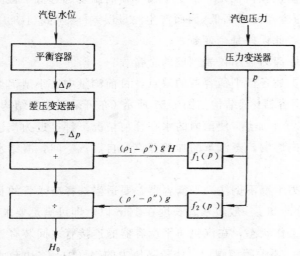

图 1-58 单室平衡容器汽包水位测量压力校正系统

从式（1-10）可知，如果将差压信号（$-\Delta p$）与反映密度变化的信号（$\rho_1 - \rho''$）gH 代数相加，再除以密度变化信号（$\rho' - \rho''$）g，则测量系统的输出为 H_0。常用的汽包水位压力自动校正系统方框图见图 1-58。图中 $f_1(p)$ 和 $f_2(p)$ 为函数转换器，其输出量分别为（$\rho_1 - \rho''$）gH 和（$\rho' - \rho''$）g，二者能自动地跟随汽包压力变化而变化，达到校正的目的。

由于采用单室平衡容器，ρ_1 仍随环境温度而变化，为一变值，因此，测量上仍有一定的误差。

（2）蒸汽罩双室平衡容器的压力校正：蒸汽罩双室平衡容器的水位测量系统如图1-59所示。由于蒸汽罩的作用，平衡容器内凝结水的密度与汽包饱和水的密度相同均为 ρ'，不受环境温度的影响。此时，汽包水位的差压为：

$$\Delta p = \rho'gH - [\rho'gH_0 + \rho''g(H - H_0)] = (H - H_0)(\rho' - \rho'')g \qquad (1-11)$$

将式（1-11）改写成水位的表达式：

$$H_0 = H - \frac{\Delta p}{(\rho' - \rho'')g} \qquad (1-12)$$

根据式（1-12）组成的压力校正系统框图见图1-60。函数转换器 $f(p)$ 接受汽包压力

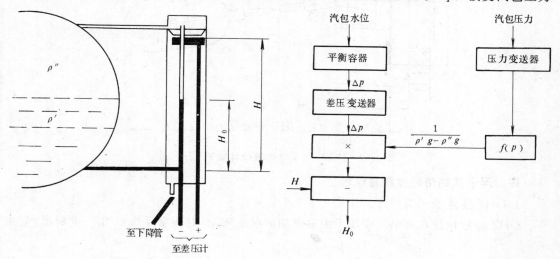

图 1-59　蒸汽罩双室平衡容器的
水位测量系统

图 1-60　蒸汽罩双室平衡容器水位
测量的压力校正系统

信号，输出为 $\dfrac{1}{(\rho' - \rho'')g}$，经乘法器与差压信号相乘，再送入加法器与代表 H 的定值电压相减，便得到 $H - \dfrac{\Delta p}{(\rho' - \rho'')g}$，即为汽包水位 H_0。

三、浮球液位计

浮球液位计是通过检测浮球位置来测量液位的仪表。其型号组成及其代号含义如下：

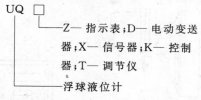

Z— 指示表；D— 电动变送器；X— 信号器；K— 控制器；T— 调节仪

浮球液位计

常用的 UQZ—2 型浮球液位计（指示表）的工作原理如图1-61所示。当容器内被测液位升降时，浮球1随之升降，通过连杆2带动一对简化齿轮3动作，从而使与齿轮同轴的一块

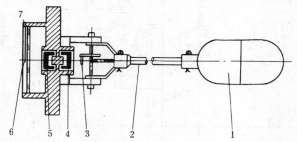

图 1-61　UQZ—2 型浮球液位计结构和工作原理

1—浮筒；2—连杆；3—简化齿轮；4，5—Π形磁钢；6—指针；7—刻度板

75

Ⅱ形磁钢 4 转动,再通过磁力的作用带动位于表头内的另一块Ⅱ形磁钢 5 作相应的转动,与 5 同轴的指针 6 便在刻度板 7 上指示出一定的液位值。浮球安装部分的外形尺寸见图 1-62。

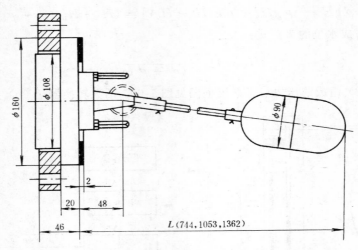

图 1-62 UQZ—2 型浮球液位计安装外形尺寸

四、浮子式钢带液位测量仪表

1. UHZ 型浮子式钢带液位计

UHZ 型液位计在火电厂中用于测量燃油贮罐的液位,其测量系统如图 1-63 所示。它由

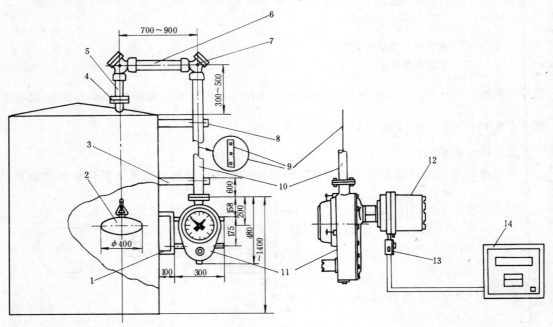

图 1-63 UHZ 型液位计测量系统

1—仪表固定支座;2—浮子;3—护管支撑;4—法兰;5,6,10—护管;7—90°导轮;8—卡箍;
9—测量钢带;11—液位计;12—液位变送器;13—隔爆接线盒;14—显示仪表

浮子式钢带液位计和配套的变送器、数字显示仪表等部件组成。

浮子式钢带液位计是根据力平衡原理设计的，如图 1-64 所示。当液面上升时，浮子上升，钢带因张力减小而松弛，破坏了整个系统的平衡，这时起力平衡作用的盘簧轮受到的力矩减小而收卷，使钢带张紧，系统重新平衡。当液面下降时，钢带的张力增大而引起盘簧轮反卷。由于测量钢带上有孔距非常均匀的孔，当钢带上下运动时，钢带上的孔正好与链轮上的齿啮合，从而带动齿轮系统并通过指示盘上的指针进行指示。此外，通过齿轮机构把液位值以转角量送到与其配套的变送器中（防爆型），经运算、转换，变成电流调制脉冲信号。该信号送到带微机的数字显示仪表，实现了液位的远传。

UHZ 型浮子式钢带液位计的测量范围有 2.5，5，10，16，26，30m 多种。

2. UZG 型浮子式钢带液位计

UZG 型液位计用于各种容器的液位就地指示，其结构原理如图 1-65 所示。浮子在平衡位置时，浮力 F、重力 W 和仪表恒力装置提供的拉力 P 三个力的矢量和等于零，浮子静止。当液位变化，浮子随之浮动，破坏了在原位置上的力平衡，使弹簧轮 6 转动收进或放出钢带，液位变化停止时，浮子在新的位置上平衡。由于钢带上冲有等距的、精度高的孔，它精确地带动链轮 4 按位移量转动，驱动计数器 3 计数，显示新的液位。若在传输轴 8 上连接 UBD—200，210，220 型防爆液位变送器，可将液位信号远传至 DM—86A 数字显示仪。

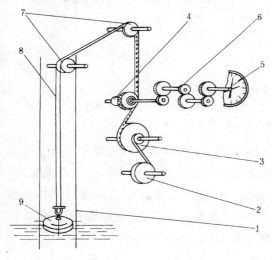

图 1-64　浮子式钢带液位计测量原理

1—导向钢管；2—盘簧轮；3—钢带轮；4—链轮；5—指示盘；6—齿轮；7—导轮；8—钢带；9—浮子

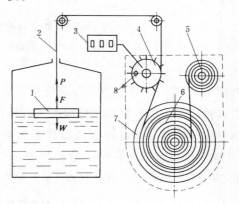

图 1-65　UZG 液位计结构原理

1—浮子；2—钢带；3—计数器；4—链轮；5—平衡弹簧；6—弹簧轮；7—钢带轮；8—传输轴

UZG 型液位计有五种型号，分别适用于不同结构的容器，并有不同的安装方式：100型，适用于一般圆柱形锥顶或拱顶容器的标准型容器；101 型，适用于浮顶容器；103 型，适用于在容器顶部直接安装；104 型，用于液体需密封的情况；106 型，适用于现场不许焊接而用螺栓连接之处。

UZG 型液位计的测量范围有 0～6m、0～12m、0～18m、0～20m 四档。

五、浮筒式液位仪表❶

浮筒式液位仪表是以浮筒为检测元件（浮筒所受到的浮力与其浸入液体深度成线性关系）来测量液面或液-液界面位置的装置，其型号的组成及其代号含义如下：

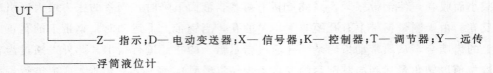

浮筒式液位仪表按现场安装及连接方式分为外浮筒式和内浮筒式两大类，外浮筒式有侧侧法兰、顶底法兰、顶侧法兰、侧底法兰四种安装方式；内浮筒式有顶置法兰和侧置法兰两种安装方式。安装连接示意如图1-66所示。

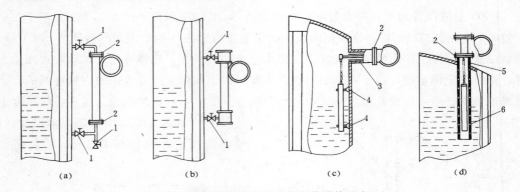

图 1-66　浮筒式液位变送器的安装连接示意
(a) 外浮筒、顶底式；(b) 外浮筒、侧侧式；(c) 内浮筒、侧置式；(d) 内浮筒、顶置式
1—阀门；2—法兰；3—接管；4—导向板；5—导向管；6—流通孔

常用的 UTD—C 系列电动浮筒液位（界面）变送器，用特殊涡流式差动变压器直接检测扭管转角，将角位移变成伏特级电压，经直流放大成为二线制 4～20mA 直流电流输出，并装有特殊滤波器，可以抑制液面快速波动的影响。UTD—C 系列变送器型号规格见表1-42，其他主要技术指标有：环境温度—25～70℃；相对湿度≤95%；负载电阻 0～400Ω；供电电源 24±5%V，DC；消耗功率 1V·A；防爆等级 iaIICT5 本质安全型。

表 1-42　　　　　　　　　　　　UTD—C 系列浮筒液位变送器型号规格

类别	型　　号	结构型式	测量范围 (mm)	介质温度 (℃)	介质压力 (MPa)	密度或密度差范围 (g/cm³)	仪表精确度等级
液位	UTD—01C—iaIICT5	顶底法兰，外浮筒	300，500，800，1200，1600，2000	150	6.4	0.5～1.5	1级
	UTD—51C—iaIICT5	顶置法兰，内浮筒			16		
	UTD—61C—iaIICT5	侧置法兰，内浮筒			4.0		
	UTD—13C—iaIICT5	侧侧法兰，外浮筒	300，500，800		32		1.5级

---

❶　依据 GB/T 13969—92《浮筒式液位仪表》编写。

类别	型　　号	结构型式	测量范围 （mm）	介质温度 （℃）	介质压力 （MPa）	密度或密 度差范围 （g/cm³）	仪表精确 度 等 级
液位	UTD—05C—iaⅡCT5	顶底法兰，外浮筒	300，500， 800，1200， 1600，2000	350	6.4，16	0.5～1.5	1.5级
界面	UTD—02C—iaⅡCT5	顶底法兰，外浮筒	500，80	150	6.4	0.1～0.5	1.5级
	UTD—52C—iaⅡCT5	顶置法兰，内浮筒	300，500，800				
	UTD—62c—iaⅡCT5	侧置法兰，内浮筒			4.0	0.05～0.2	

六、电接点水位计

电接点水位计的型号尚未统一，其基本工作原理如图 1-67 所示。它利用与受压容器相连通的测量筒上的电接点浸没在水中与裸露在蒸汽中的导电率的差异，通过显示仪表显示液位。常用电接点水位计见表 1-43 所列。

表 1-43　　　　　　　　　　　常用电接点水位计

型　　号	接点数 （个）	测量范围 （mm）	测 量 筒 工作压力 （MPa）	工作温度 （℃）	显 示 仪 表 显示方式	输出触点	用于主要容器或说明
GDR—1	19	±300	18.24	358	电致发光屏 （DFS—2型）	报　警	汽包（测量筒带恒温套）
DYS—19	19	±300	15.2	350	数　字	报警、保护	汽包
SWJ—4	19	±300	14.7	340	双色发光	报警、保护	汽包
（B&W公司）	17	±250	11.2	320	二极管		
DJS—15A	15	±250	15.2	350	荧光色带加数字	报警、保护	汽包
UDZ—02—19Q	19	±300	15.7	350	发光二极管	报警、保护	汽包
UDZ—01—17Q	19	±300	4.4	250			汽包
UDZ—02—17G	17	0～1000	15.7	350			高压加热器
UDZ—01—17Y	17	0～1700	4.4	250			除氧器
UDX—12	5	620	9.4	360	灯　光	报　警	压力容器

七、电容物位计

电容物位计是通过检测物料所处的两电极间的电容（其中一个电极也可以是容器壁）来测量物位（液体或粉状固体）的仪表。其型号组成及其代号含义如下：

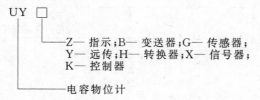

UY □
Z— 指示；B— 变送器；G— 传感器；
Y— 远传；H— 转换器；X— 信号器；
K— 控制器
电容物位计

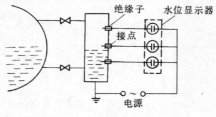

图 1-67　电接点水位计的工作原理

常用的 UYZ—50 系列电容物位计由传感器和配套显示仪表组成。传感器的电极置于被测介质中,当物位变化时,传感器的电容量发生相应的变化,再传送到显示仪表内放大并显示。显示仪表还设有上、下限报警及 0～10mA,DC 信号输出。

UYZ—50 系列电容物位计的型号组成及其代号含义如下:

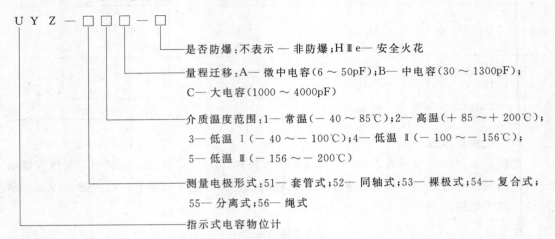

是否防爆:不表示 — 非防爆;HⅢe— 安全火花

量程迁移:A— 微中电容(6 ～ 50pF);B— 中电容(30 ～ 1300pF);
C— 大电容(1000 ～ 4000pF)

介质温度范围:1— 常温(— 40 ～ 85℃);2— 高温(+ 85 ～ + 200℃);
3— 低温 Ⅰ(— 40 ～ — 100℃);4— 低温 Ⅱ(— 100 ～ — 156℃);
5— 低温 Ⅲ(— 156 ～ — 200℃)

测量电极形式:51— 套管式;52— 同轴式;53— 裸极式;54— 复合式;
55— 分离式;56— 绳式

指示式电容物位计

各型号品种规格及适用范围见表 1-44。传感器的外形及安装尺寸如图 1-68 所示。显示仪表外形尺寸为:宽×高×长＝80mm×160mm×440mm;安装开孔尺寸为:宽×高＝76mm×152mm。

表 1-44 　　　　　　　　　UYZ—50 系列电容物位计的规格和适用范围

型 号	测量电极材料	测量范围 (mm)	工作压力 (MPa)	被测电容估算值 (pF/m)	适 用 范 围
UYZ—51□B	内极:1Cr18Ni9Ti 棒 ϕ5.5 外极:聚四氟乙烯套管 ϕ10 ×2	500, 1000, 1500, 2000, 2500, 3000	2.5	200	不黏滞的导电介质, 如水、某些酸类及盐溶液
UYZ—52□B	内极:1Cr18Ni9Ti 棒 ϕ8 外极:1Cr18Ni9Ti 管 ϕ20× 1	500, 1000, 1500, 2000	2.5	70 (设 $\varepsilon_r=2$) ε_r 为相对介电常数	较稀的绝缘介质,如煤油、轻油及某些有机溶液
UYZ—53□B	电极:1Cr18Ni9Ti 棒 ϕ8	500, 1000, 1500, 2000, 2500, 3000	2.5	28 (设 ε_r = 2.5, $D_2/D_1=20$, D_2 为圆形容器内径;D_1 为电极直径)	高黏度的绝缘介质, 干燥的非导电小颗粒料位,如重油、沥青、干燥水泥、干燥粮食等
UYZ—54□B	内极:1Cr18Ni9Ti 棒 ϕ5.5, 外套聚四氟乙烯管 ϕ10×2 外极:1Cr18Ni9Ti 管 ϕ20× 1	500, 1000, 1500, 2000	2.5	130 (设 $\varepsilon_{r2}\gg\varepsilon_{r1}$ $\varepsilon_{r1}=2.1$)	导电性能不良的导电介质或有一定漏电的非导电介质
UYZ—551A	用户自制	—	—	—	用于料位测量,电极与传感器分离安装
UYZ—56□B	电极用二聚四氟乙烯电线下吊悬锤	3000, 4000, 6000, 10000	2.5	160(导电介质) 35($\varepsilon_r=2.5$ $D_2/D_1=20$)	

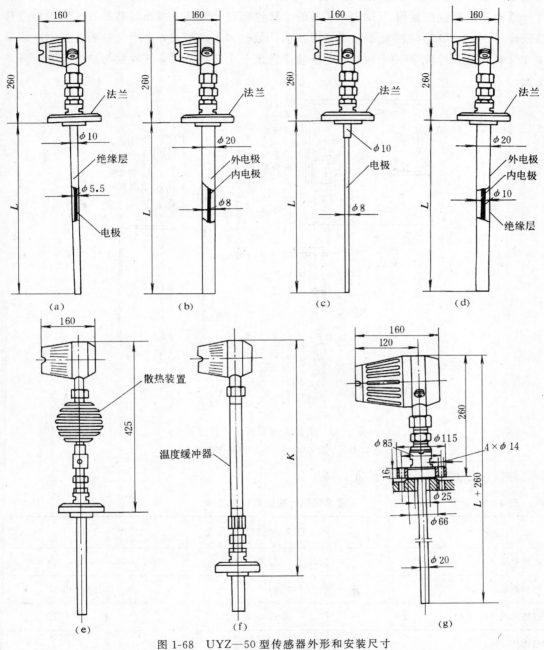

图 1-68　UYZ—50 型传感器外形和安装尺寸

(a) UYZ—511B 型；(b) UYZ—521B 型；(c) UYZ—531B 型；(d) UYZ—541B 型；(e) 高温型；

(f) 低温型（低温 I：$K=660$；低温 II：$K=860$；低温 III：$K=1160$）；(g) 法兰安装尺寸

注：L=测量范围+110mm。

八、重锤式探测料位计

UZZ—02 型重锤料位计和 YO—YO 型探测料位计在火电厂中，用于测量粉状和小颗粒固体物料的料位，由传感器和控制显示器组成。传感器如图 1-69 所示，料位计对料位的测量是断续进行的，由电动机正、反转带动重锤周期性向下、向上运动，在向下运动时，通过计数轮获得料位测量值。UZZ—02型的计数轮通过计数开关发出计数脉冲，测得钢带移动距离；YO—YO型的测量带靠磨擦力带动计数轮和光盘转动，由于光盘嵌在光电断续器中（图中未表示），每转一个齿，光电断续器发出一个计数脉冲，脉冲数与重锤下降距离成正比。

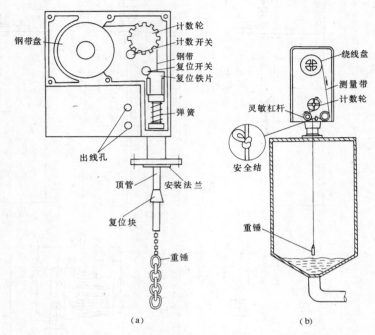

图 1-69　重锤式探测料位计传感器

(a) UZZ—02 型；(b) YO—YO 型

料位计的主要技术性能见表 1-45。

表 1-45　　　　　　　　　重锤料位计的主要技术性能

技　术　性　能	UZZ—02 型	YO—YO 型
测量范围（m）	0～10，20，30，40，50，60	0～10，20，30，40，50，60
模拟量输出（mA，DC）	4～20 或 0～10	4～20 或 0～10
探测速度（m/min）	6～8	10～17
精确度（％）	±1 或 ±1.5	±1.5
传感器电源电压（V，AC）	380/220	115
定时范围	0.5min～83.3h	3～60min
探测带	弹性不锈钢带	编织尼龙绳或不锈钢丝绳
重锤质量（kg）	2	0.625

九、超声波料位计

超声波料位计在火力发电厂中用于测量煤仓和煤粉仓煤位,其测量原理与回声测距原理相同。

1. KG1004 型超声料位计

KG1004 型超声料位计由探测器、控制器、显示箱等组成。探测器的安装及测量原理如图 1-70 所示,探测器安装在煤仓顶部的合适位置。探测器不断发射出的、有固定频率的超声波,经被测物料表面反射,其可测定的回波部分由探测器接收,根据超声波往返时间,由控制器换算出反射物料表面与探测器之间的距离,即可测出料仓料位。

2. DLM 和 ILM 型超声波料位计

该型仪表通过八位单片微机控制电路,将检测信号根据需要变换成料位高度显示值或转换成各种模拟量的标准信号或继电器触点信号输出。料位计的主要技术参数见表 1-46。

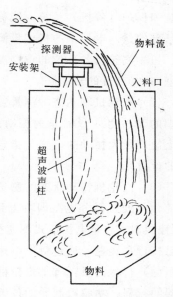

图 1-70 超声波料位计探测器安装示意

表 1-46   **DLM 和 ILM 型超声波料位计主要技术参数**

型 号	量 程 (m)	误差(全量程)		分辨力(全量程)		数字显示方式
		数字显示	模拟输出	数字显示	模拟输出	
DLM50	15	±0.5%	±1%	±0.25%	±0.5%	四位 LED
ILM232	30、60	±1%	±1.5%	±0.5%	±0.75%	

型 号	模 拟 输 出 (直流)	数字量输出	报警输出	环境温度(℃)	
				传感器	控制器
DLM50	4～20mA(非隔离型,最大负载 750Ω) 0～5V 0～1mA	无	2A 220V,AC	−30～70	0～45
ILM232	4～20mA(隔离型,最大负载 600Ω)	ASCII 码 RC—232C 300B/S	5A 220V,AC 24V,DC		0～60

第五节 汽轮机监视仪表

为确保火电厂汽轮机的安全运行,在汽轮机上均装设了各种汽轮机监视仪表,简称 TSI (turbine supervisorg instrument),除提供监视各项机械量外,还可提供超限信号送到报警系统和保护（停机）系统，统称为汽轮机安全监视保护装置。所谓机械量指的是以位移量为基础的量。电厂中的机械量测量项目有以下一些：

（1）汽轮机各部位的位移测量：测量①转子轴向位移；②转子与汽缸的相对膨胀（膨胀差）；③汽缸的热膨胀。

（2）汽轮机轴状态的测量：测量①轴的挠度（通常是测量高压转子轴伸出前轴承外自由端的偏心度）；②轴承的振动；③转子轴的振动；④振动的相位角（通常是测量在轴的圆周上出现最大振动的位置与指定参比点之间的角度，以确定产生振动的不平衡点在转子轴上的位置）。

（3）汽轮机转动状态的测量：测量①转速；②加速度（速度的导数，将测得的模拟量转速信号通过微分电路即可得到，用以在汽轮机升速过程中控制速度变化率）；③零转速（在停机时，测量电涡流式测速探头输出脉冲的周期，当周期增大到一定值时，即可认为转速已接近零转速，通过触发电路送出零转速开关量信号）。

（4）行程测量：有①汽轮机调速系统的行程指示，如调速汽门开度、油动机行程、同步器的行程、功率限制器的位置指示等；②汽轮机汽缸的热膨胀也采用行程指示。

一、电感式位移测量保护装置

电感式位移测量保护装置用于监视汽轮机转子轴向位移，以及转子和汽缸的相对膨胀量等。虽然其型式有多种，但它们都是利用电磁感应原理工作的，结构上基本一样，只是电气回路上有所不同而已。以 ZQZ—11 型轴向位移装置为例，其构成方框图见图 1-71，一般由磁饱和稳压器、传感器、控制器（包括测量部分和保护部分）、显示仪表等四部分组成。传感器将转子位移机械量的变量转变为感应电压的变量，一方面通过控制器的测量部分供给显示仪表，指示出轴向位移值；另一方面当轴向位移值大于规定值时，通过保护部分的继电器去驱动控制电路，发出预告信号或停机信号，从而起到对轴向位移的监视和对汽轮机的保护作用。

轴向位移传感器由"Ш"形硅钢片叠成的铁心和绕组所构成，其结构如图 1-72 所示。汽轮机转子凸缘位于铁心中。传感器铁心中间柱上绕一个初级绕组 W0，由稳压器供给稳定的交流电源（36V）时，绕组产生的主磁通分左右两部分。当汽轮机转子位移时，转子凸缘和传感器左、右两侧铁心的气隙发生变化而使磁阻变化，于是传感器左右铁心柱上的次级绕组中感应出大小不同的电动势。这样，就能使机械位移量转换成电压变化量。次级绕组 W1、

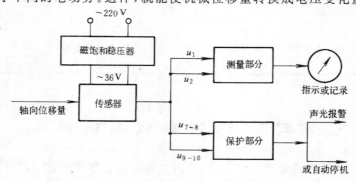

图 1-71　ZQZ—11 型轴向位移装置方框图

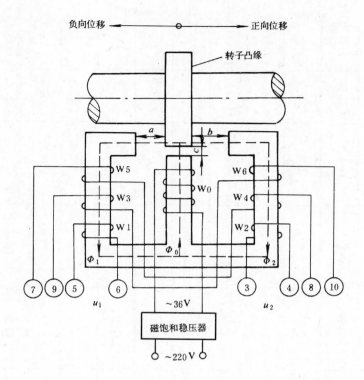

图 1-72 ZQZ—11 型轴向位移传感器结构

W2 的感应电压由输出端子⑤—⑥和③—④分别接控制器测量部分的两个整流电桥,整流后进行比较,然后送到指示表(毫安表)上,指示出相应的轴向位移值。传感器的次级绕组 W4 与 W5、W3 与 W6 的差电压由端子⑦—⑧、⑨—⑩输出,送到控制器的保护部分。

常用电感式位移测量保护装置见表 1-47。

二、FFD—12 型测振仪

FFD—12 型测振仪适用于汽轮发电机组或辅机轴承盖的振动测量,全套仪表由拾振器、积分放大器和显示仪表组成,指示仪表刻度为双倍振幅(峰-峰值)。

拾振器是采用发电型的磁电式传感器,其结构如图 1-73 所示。它是根据电磁感应原理工作的。在外壳内装有一永久磁体 5 与纯铁导磁体心杆 8,形成一个恒定磁场的气隙环。在气隙内装有紫铜线圈架 4 及线圈 10。心杆 8 和线圈架等被上、下弹簧片悬挂在空间。当轴承盖振动时,这个线圈就在恒定磁场的气隙中作往复运动,切割磁力线,于是在线圈两端感应出相应的交变电动势,再经积分放大器转换成 0~10mA,DC 信号。将两个拾振器分别按垂直和水平方向放置并组装在一起,就成为双向拾振器,可分别测量垂直和水平方向的振动。止动螺钉 1 是运输时防震用,使用前拧掉,用 M4×6 螺钉加垫圈封上,以免灰尘落入。

FFD—12 型测振仪的测量范围为 0~0.1mm,拾振器灵敏度是 100mV/(50Hz·100μ)(双幅)。

三、脉冲数字测速装置

脉冲数字测速装置用于汽轮机和其他旋转机械的转速测量。它主要由测速齿轮、磁阻

表 1-47　　　　　　　　电感式位移测量保护装置

名 称	型 号	测量范围和保护定值 (mm)			安装间隙 (mm)			W0励磁电压 (V)	指示表输入信号 (mA)
		测量范围	报 警	停 机	a	b	c		
轴向位移	ZQZ—11	−1~+2	+1	+1.3,−0.6	2±0.05	3	1.2	30~38	0~1
	ZQZ—12	−1~+2	+1,−0.3	+1.2,−0.6	2.5	4	1.2	20	±1
	ZQZ—301	−2~+3	+1,−0.5	+1.3,−0.6	9.5±0.1	9.5±0.1	1.2	16	0~1
	JZX—2	−1.5~+1.5	有	有	a=b		0.8±0.05	24	±0.15
	ZQX—11	−3~+5	—	—	4.5±0.05	6.5	1.2	34~38	0~1
相对膨胀	ZQX~12A	−3~+5	+3,−1	—	17.5	17.5	3	22~26	±1
	ZQX—13A	−5~+8	+4,−3	—	17.5	17.5	3	22~26	±1
	ZQX—14	−3~+5	+3,−1	—	4	4.5	1.2	20	±1
	ZQX—201	−4~+6 −8~+8	高压缸:+4,−1 中压缸:+3,−1 低压缸:+4,−3	—	14.5 17.5	14.5 17.5	3±0.2	16	0~10

注　1. ZQZ—12、ZQZ—301、JZX—2、ZQX—12A、ZQX—13A、ZQX—14、ZQX—201 型的传感器为 Ⅲ字形（平头型），其 a、b 尺寸为转子凸缘至传感器外缘距离。
　　2. ZQZ—12 型表中所列数据为 CG—4 型传感器，CG 系列传感器还有 5、6、7、8、9 型。
　　3. ZQX—14 型表中所列数据为 CG—1 型传感器，CG 系列传感器还有 2、3 型。

转速传感器、显示仪表（包括脉冲转换等）组成。

磁阻转速传感器用以输出相应频率的信号。如图 1-74 所示，在被测轴上置一导磁材料制作的齿轮（正、斜齿轮或带槽的圆盘都可以），对着齿顶方向或齿侧安装磁性转速传感器（测速头），调整测速头与齿轮顶的间隙 δ 为 1mm 左右。当轴旋转时，齿轮被带动旋转，齿轮上的齿经过测速头处，使测速头内磁钢的磁路分布发生变化，即通过线圈的磁通量发生变化，在线圈两端便输出一个电压脉冲信号。轴转动一圈，线圈便输出 z 个电压脉冲信号。若 z 为齿轮齿数，n 为被测轴转速（r/min），则频率 $f = \dfrac{n}{60}z$。当齿轮齿数为 60 时，轴转速 n 便转化成频率 f 信号。此信号经转换后，可进行模拟或数字显示以及报警等。数字显示仪表可通过切换键显示转速或发电频率数值。

常用脉冲数字测速装置的主要技术数据见表 1-48。

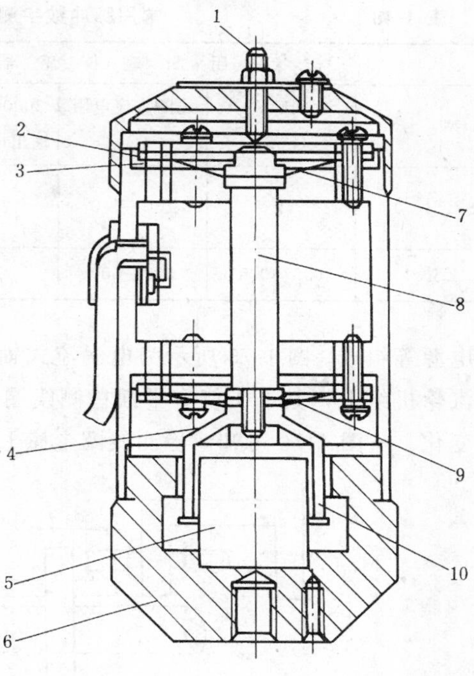

四、电涡流式监测保护装置

电涡流式监测保护装置用于监视汽轮机转子的轴向位移、转子和汽缸的相对膨胀量、主轴偏心度、转速、轴振动和轴瓦振动等。它是利用高频电磁场与被测导体间的涡流效应原理而制成的，由探头、前置器、监视器和稳

图 1-73 FFD—12 型拾振器结构

1—止动螺钉；2，3—绝缘片；4—线圈架；

5—永磁体；6—导磁体；7—上簧片；

8—心杆；9—下簧片；10—线圈

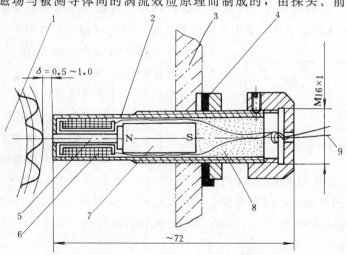

图 1-74 磁阻转速传感器的结构和安装

1—测速齿；2—传感器；3—测速架；4—紧固垫片；5—导磁铁心；

6—线圈；7—磁铁；8—充填物；9—引出线

表 1-48　　　　　　　　常用脉冲数字测速装置的主要技术数据

磁 阻 测 速 传 感 器					频率转换器及显示仪表
型　号	间隙 δ (mm)	线圈直流电阻 (Ω)	3000r/min 时 输出电压（V）	工作温度 （°C）	
SZCB—01	1	130～140	7～10	−20～120	SZC—01 SZC—02（带报警）
ZS—1	0.5～0.8	300～500	＞15	−20～120	FV—1转换器模拟表或数字表

压电源等组成。图 1-75 所示为电涡流式轴向位移测量装置的组成示意。探头通过支架固定在汽轮机组上，其端头绕有平面检测线圈。当转子位移时，转子凸缘与探头间的距离 d 发生变化。从图 1-76 可知，检测线圈电感 L 与电容 C 组成 LC 并联谐振回路，此 LC 回路由

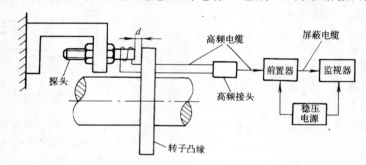

图 1-75　电涡流式轴向位移测量装置的组成

前置器内的石英高频振荡器（频率为 1MHz）通过耦合电阻 R 提供一个稳定的高频电流。当检测线圈附近无金属物时（$d = \infty$），LC 回路处于谐振状态，输出电压 U 为最大。当检测线圈附近有金属物时，检测线圈产生的高频磁通就会在金属物表面感应出涡流，从而改变线圈的电感量，LC 并联回路失谐，输出电压降低。检测距离 d 愈小，输出电压愈低，这样就

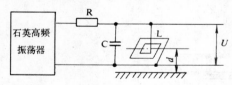

图 1-76　电涡流式仪表工作原理

可以得到检测距离 d 与输出电压 U 的转换特性曲线。此电压经前置器放大和检波处理后，在前置器输出端输出与间隙变化成正比的电压信号，并输入监视器，进行指示与报警等。若用这种传感器测量振幅，则测量反映间隙动态变化的交流电压；若用来测量位置变化，则测量平均直流电压。

目前，我国火电机组采用的电涡流式监测保护装置多为进口美国本特利公司的 BN7200 和 3300 系列产品和德国菲利浦公司的 RMS700 系列产品，以及国内研制与之相同结构、尺寸和性能指标的替代产品，亦采用国内自行研制的产品。

1．HZ—8500 系列监测仪表

HZ—8500 系列仪表由北京测振仪器厂生产，可直接替换或取代 BN—7200 系列，该系列仪表由传感器和监视单元两大部分组成。传感器大部分为电涡流式，由探头、延长电缆和前置器组成，其型号和主要技术数据见表 1-49。电磁式速度传感器利用线圈在永久磁场

表 1-49 电涡流传感器型号和主要技术参数

名 称		HZ—8500 系列	BN—7200 系列	延长电缆长度(m)	量 程(mm)	灵敏度(mV/μm)	分辨率(μm)	线性度(%)	温 漂(%/℃)	频 率(Hz)
φ8	探 头	85811—01	22810							
	前置器	85745—01	18745—03	4	1.5	8	1	1.5	0.1	0~5000
	探 头	85811—01A	22811							
	前置器	85745—01A	18745—04	8						
φ11	探 头	85811—02	26179							
	前置器	85745—02	19049—01	4	3	4	3	2	0.2	0~5000
	探 头	85811—02A	26180							
	前置器	85745—02A	19049—02	8						
φ25	探 头	85811—03	27891							
	前置器	85745—03	24654—01	4	10	0.8	10	1.5	0.2	0~5000
	探 头	85811—03A	27891							
	前置器	85745—03A	24654—02	8						

表 1-50 电磁式速度传感器型号和主要技术参数

HZ—8500 系列	BN—7200 系列	灵敏度 [mV·(cm/s)$^{-1}$]	频率范围(Hz)	最大可测位移(mm)	最大承受冲击加速度(m/s²)	线 性 度(%)
CD—21	16699	400	10~1000	±1	500	5

90

表 1-51

监视单元型号和主要技术参数

监视仪名称	HZ—8500 系列	BN—7200 系列	测 量 范 围	基 本 误 差 限		其 他
				显 示	输 出	
轴向位移	85300	72300	±0.6,±0.8,±1.0mm	±2.5%	±1%	
双位移	85350	72350	±1.0,±2.0,0~2.5mm	±2.5%	±1%	
差 胀	86710	72710	±6mm	±2.5%	±1	
机壳膨胀	85940	72940	0~25,50mm	±2.5%	±1.5%	
径向振动	85200	72200	0~100,200,400μm	±2.5%	±1%	频率范围 4~6000Hz
XY径向振动	85100	72100	0~100,200,400μm	±2.5%	±1%	频率范围 4~4000Hz
轴绝对振动	85564	72564	0~100,200,400μm	±2.5%	±1.5%	频率范围 4~4000Hz
偏 心	85975	72975	0~250μm	±2.5%	—	转速范围 1~60r/min
转 速	85700 85790	72700 72790	300~99000r/min	±0.01%(F·S) ±1r/min	— ±1%	每转键相数 1~1000个
零转速	85950	72950	周期范围1°~99°间隔1s			信号幅值 0.5V(峰值)/每脉冲
向量滤波器	85730	72730	转速 300~20000r/min 幅值 0~500μm 相位 0~360°	±0.01%(F·S) ±1.2% ±4°	±1% ±1% ±1%	
双通道温度	85634	72634	0~200℃	±2.5%	±1.5%	

注：F·S—输出量程。

中作相对运动、切割磁力线、产生与振动速度成正比的电压信号，其型号和主要技术数据见表1-50。差动变压器传感器用于监测热膨胀量，探头型号为85765—25（BN7200系列为24265—02）。

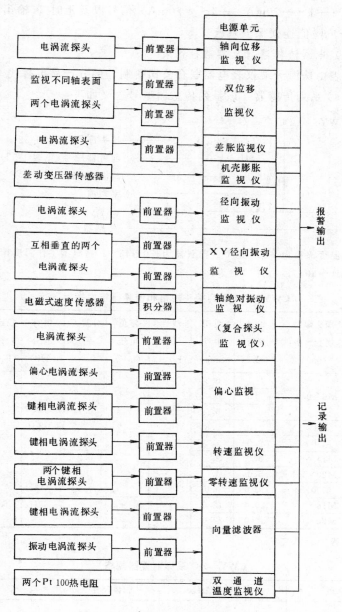

图 1-77　HZ—8500 监测系统方框图

　　监视单元型号和主要技术参数见表1-51。监视单元安装在抽屉式框架内，根据单元数量的多少，可选用3、5、7、9表位的框架，暂时闲置的表位可安装一块"备用前面板"。在框架最左侧（占两个表位）安装85050型电源单元，为装在同一表架内的所有监视单元提供稳压电源。监视单元中，除85700型转速和85730型向量滤波器各占两个表位外，其余均占一个表位。

HZ—8500 监测系统方框图如图 1-77 所示（也可任选其中数个单元组成）。监视单元接收传感器的信号，并连续显示被测量和输出外接记录表的直流电压（0～－10V、0～+10V、0～+5V）或电流（－1～－20mA、+4～+20mA）信号以及延时 3s 输出接点信号，供外接超限报警装置和危险值连锁保护系统。

2. RT（天瑞）电涡流传感器及其监控仪表

RT 各系列仪表由珠海天瑞仪表电器联合公司研制，部分产品可替代本特利产品。

（1）CWY—DO 系列传感器：该系列传感器型号含义如下：

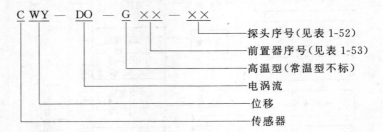

注：常温型工作温度探头为－30～80℃、前置器为－0～45℃；高温型工作温度探头为－30～120℃、前置器为－10～80℃。

表 1-52　　　　　　　　　CWY—DO 系列探头规格和传感器技术指标

序号	探头直径(mm)	探头长度(mm)	探头螺纹规格(mm)	线性量程(mm)	线性中点(mm)	非线性度%(F·S)	零值电压(mV)	分辨力(μm)	频响范围(3dB)	稳定度%(F·S)	温飘%/℃(F·S)	电缆长度(m)
01	2			0.1	0.3							
02	3	40	M6×0.75	0.3	0.4							2
03	4			0.5	0.5			0.1				
04	5	50	M8×1	1.0	0.8	1	10		0 (DC)～10kHz	0.05	0.1	
05	8		M10×1	2.0	1.5							
06	11		M14×1.5	3.0	2.5			0.2				
07	18	60	M20×1.5	5.0	4.0			0.5				3
08	25		M30×2	10.0	6.0	2			0 (DC)～5kHz			
09	35	80	M16×1.5	20.0	12.0							
10	60	100	M20×1.5	50.0	27.0	5						

注　F·S—输出量程。

表 1-53　　　　　　　　　CWY—DO 系列前置器规格

序号	输出特性	输出特性曲线	壳体尺寸（mm）	供电电源（V）
01	单向正比例电压位移特性		80×60×45	+18～+24
02	单向正比例电压限幅特性		152×55×40	±15～±18

序号	输 出 特 性	输出特性曲线	壳体尺寸（mm）	供电电源（V）
03	单向负比例电压位移特性		80×60×45	−18～−24
04	双向比例电压限幅特性		152×55×40	±15～±18
05	单向正比例电流限幅特性		152×55×40	±15～±18

（2）TR8100 系列传感器：该系列产品是在 CWY—DO—03 系列基础上经改进推出的，可替换 BN7200 系列产品，其型号对照见表 1-54。

表 1-54   **TR8100 系列与 BN7200 系列型号对照**

探头直径 （mm）	线性量程 （mm）	探 头 型 号		前置器型号		延伸电缆型号	
		TR8100	BN7200	TR8100	BN7200	TR8100	BN7200
8	2	810801 810802 810803 810804 810805—02—12	21504 21505 22810 22811 51508—02—12	810800	18745	810811	21747
11	4	811101 811102 811103 811104 811105	19048 14798 26179 26180 29776	811100	19049	811111	24710
25	12.5	812501 812502 812503	27890 27891 24653	812500	24654	812511	24710
50	25	815001 815002	28480 24583	815000	24583	815011	24710

注 延长电缆只有在探头所带电缆不足 5m 时才必需。

（3）WB—8100 系列监控系统：WB—8100 系列监控系统采用 CWY—DO—03—××型（探头任选）涡流传感器，监控器为盘装、抽屉式组合仪表，一台机箱最多容纳 12 个表位（2 个电源通道、10 个功能监测通道）。各监控系统功能通道见表 1-55，系统精确度为 ±2%。

（4）WB—9100 测控仪表：WB—9100 仪表系统以 8098 单片机为核心，其功能、外形尺寸与 BN3300 相同，功能通道与表 1-55 相同，系统精确度为 ±2%。

表 1-55　　　　　　　　　　WB—8100 系列监控系统功能通道

功 能 通 道	WB—8100C	WB—8100D	WB—8100E
单点轴向位移监测器	WB—8101C	WB—8101D	
双通道轴向位移监测器		WB—8102D	
单点振动监测器		WB—8111D	
双通道振动监测器	WB—8112C	WB—8112D	
速度式振动监测器		WB—8161D	
偏心监测器		WB—8171D	
单通道胀差监测器（涡流式）		WB—8121D	
双探头补偿式胀差监测器		WB—8122D	与 D 型系统功能
机壳膨胀监测器（配 LVDE 线性传感器）		WB—8131D	基本相同，面板用
胀差监测器（平头式）		WB—8124D	LED 数字显示取代
数字转速表	WB—8181C	WB—8181D	模拟表指示
零转速表		WB—8182D	
六通道热电偶式温度监测器		WB—8156D	
三通道热电阻式温度监测器		WB—8153D	
阀位指示器（配 LVDE 线性传感器）		WB—8141D	
矢量监测器		WB—8191C	
大值/差值鉴别器		WB—8172D	

注　WB8100C 与 BN7200 系统功能、外形尺寸相同。

3. RMS700 系列监测保护装置

RMS700 系列转动机械监控设备是德国菲利浦公司生产的，我国引进其中部分，现以装配在国产 200MW 汽轮发电机组上的监测保护装置为例，该装置有 22 个监测通道，各通道的配置见表 1-56。

各个监测放大器输出统一的信号：0～10V 直流电压供给指示表；4～20mA 直流电流供给记录表；轴承振动监测系统输出的 4～20mA 信号供给数字显示表。另外，还输出"电路故障"、"报警"、"危险"开关量信号，通过继电器发出报警和停机信号。

RMS700 系列汽轮机监测保护装置组装在一个机柜内，柜内最上面一层为直流电源，由 SPS 720/125 提供±15V；PSM 124 提供＋24V。下面三排是各种监测放大器通道和模拟信号指示表。18 个（其中两个为系统电源用）继电器装在柜内的后侧。

4. SPI 系列电涡流传感器

SPI 系列是我国自行研制的电涡流传感器，其主要技术数据见表 1-57。

五、行程测量

汽轮机的调速系统由很多部件组成，为了使运行人员能了解调速系统的运行情况，有

表1-56

RMS700 系列在 200MW 汽轮发电机组上的配置

机械量	通道数	测量范围	传 感 器	信号转换器	放 大 器	模拟信号指示表	记 录 表	继 电 器
轴承振动(BV)	7	0~125μm	1×PR9266/02 6×PR9268/20	—	7×VBM030	1×378—144 数显 1×ASI020	KS3870 (用3点)	2×REL010
轴振动(SV)	6	0~250μm	4×PR6423/32 2×PR6423/01	6×CON010	6×VBM010		KS3590	3×REL010
轴向位移(SP)	1	±2mm	1×PR6424/01	1×CON010	1×SDM010		KS3590	3×REL010
偏心度(SB)	1	0~200μm	1×PR6423/01	1×CON010	1×SDM010		<600r/min 记录	3×REL010
转速＋键相器(F)	2	0~4500r/min	2×PR9376/20	—	1×RSM020 1×RSM010	1×ASI020	>600r/min 记录	2×REL010
相对膨胀(DE)	3	$^{-3}_{+5}$ mm	4×PR6426	4×CDN010	3×SDM010 1×OPM010 1×CHC010 电源 UEM		KS3870 (与轴承振动 共表,用3点)	3×REL010
热膨胀(AE)	2	0~50mm	2×LD5004M	—	2×MAI010		1×PCS	—
数 量	22	—	23	12	25	2	4	16

注 1. 模拟信号指示表上通过切换开关显示各量值。
 2. KS3870 为 6 点记录表;KS3590 为 3 点记录表。

表 1-57 　　　　　　　　　　SPI 系列电涡流监测保护装置的主要技术数据

名　　称	型　　号	测量范围 （mm）	探头直径 （mm）	灵敏度 （mV/0.01mm）	指示误差 （%）
轴位移	SPI—D	−1.5～+1.5 或 −0.5～+2.5	18	～15	＜±2
轴偏心	SPI—E	0.1	13 18	～50 ～200	＜±5
振　动	SPI—V	0～0.25	13	−50	＜±2

些部件装有行程指示器，如调速汽门的开度、油动机的行程、同步器的行程、功率限制器的位置等指示器，还装有汽轮机汽缸绝对膨胀行程指示器。

行程指示器由发送器、指示表和电源三部分组成。根据发送原理不同，一般有以下几种形式。

1. 电位器式行程指示器

电位器式行程指示器的电气工作原理如图 1-78 所示。电位器 R1 为电阻发送器，其滑动接点转轴与被测部件连接，适用于测量角位移的行程。电源经降压变压器 1、整流器 2 和串联电位器 R2 给电位器 R1 的两固定端供电压。指示表 3 为直流电压表，电位器 R1 滑动点位于最低位置时，指示为零；滑动点位于最高位置（行程最大）时，仪表指示值最大值，此值可通过 R2 来调节。

2. 自整角机式行程指示器

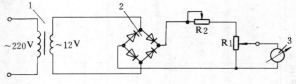

图 1-78　电位器式行程指示器电气工作原理图
1—降压变压器；2—整流器；3—指示表

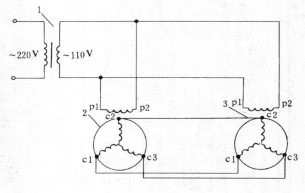

图 1-79　自整角机式行程指示器电气工作原理
1—降压变压器；2—自整角机发送器；3—自整角机接收指示

自整角机式行程指示器的电气工作原理如图 1-79 所示。自整角机系感应电机。发送器和接收器各为一只自整角机（常用发送器为 BD—404A，接收器为 BS—404A）。发送器和接收器的激磁绕组额定电压为交流 110V，并联后由～220/～110V 降压变压器供电。若无降压变压器，亦可将两激磁绕组串联后接交流 220V 电源。

发送器转轴与被测部件作机械连接，适用于测量角位移的行程。发送器转子绕组和接收器转子绕组如图示连接，通过电的联系，形成一套同步联络系统，传递角位移。接收器设有机械阻尼器，用来消除工作状态时的振动，其转轴装有指针，指示盘按被测部件行程刻度。

3. 电感式行程指示器

电感式行程指示器由发送头、电源和指示表组成，其工作原理如图1-80所示。发送头是一个长度比横截面圆周长度大很多的密绕空心螺线管，在线圈中置入可移动的衔铁，其电感值与衔铁的插入深度有关。常用的发送头型号为 TD3—□，横线后用阿拉伯数字代表行程，有 25，50，100，150，200，300，400，500mm 几种，外形直径为 φ27 （mm）。

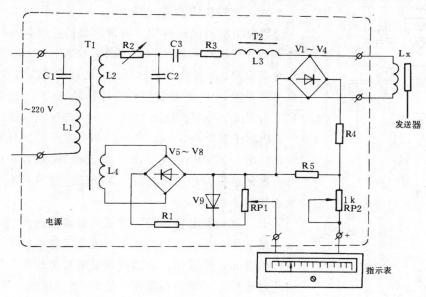

图 1-80　电感式行程指示器工作原理

在图1-80所示线路中，用固定电感 L3、电阻 R3、电容 C3 与可变电感 Lx 组成串联谐振回路，在 Lx 两端可得到与衔铁位移成正比的输出电量。由于需要零点迁移，且发送头不可能在衔铁完全移出时为零输出，因此需要有一个可变的直流分量去抵消发送头的部分输出值。L4 的电压经由 V5～V8，V9，RP1，R1 组成的可变稳压源，即为此目的而设计的。RP1 为调零电位器，RP2 为调满度电位器。本装置输出能力为 5V、负载 1kΩ，输出信号为 0～5mA。

4. 差动变压器式行程测量

差动变压器用于测量直线位移的行程，以汽轮机汽缸热膨胀测量装置为例，其电气工作原理如图1-81所示，差动变压器由铁心和绕组构成。绕组分成两段，初级绕组 W1 和 W2 绕在各段的内层，同名端同向相连接，由经稳压和降压后的交流20V供电。次级绕组 W3 和 W4 绕在初级绕组的外层，同名端反向连接后接至调整装置的整流器。绕组内所装铁心（纯铁）接受汽缸热膨胀产生的推力。

在正常运行下，铁心位于初级绕组 W1 的一边，穿过次级绕组 W4 的磁通大，而穿过次级绕组 W3 的磁通小。由于 W4 的匝数比 W3 的匝数少，因而该两绕组中的感应电动势相等。由于 W3 和 W4 是反向连接的，所以输出到整流器的电压为零。

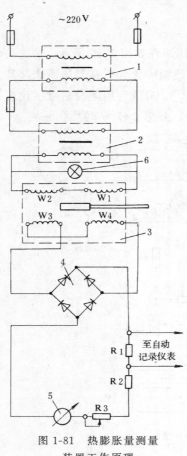

图 1-81 热膨胀量测量
装置工作原理

1—稳压器；2—降压变压器；3—差
动变压器；4—整流器；5—指示表；
6—指示灯

当汽轮机启动时，汽缸受热膨胀，铁心向左移动，W3 的感应电动势增加，W4 的感应电动势减小，这样便有输出电动势，这交流电动势经整流器整流成直流后，送至指示表，指示出汽缸的热膨胀数值。仪表指示值应与铁心位移值一致，不符时可用电位器 R3 调节。根据需要，可在电阻 R1 上接自动记录表进行记录。

六、汽轮机安全监视装置

PQAJ 系列汽轮机安全监视装置的全套设备由各单元传感器、监视屏和指示（或记录）仪表三大部分组成。在汽轮机启动、运行和停机过程中，通过该装置可获得 12 种热工测量参数、8 种报警信号和 4 种停机信号。监视屏外形尺寸为 2100mm×600mm×650mm（高×宽×深）。

PQAJ 系列有 Ⅰ 型、Ⅱ 型、Ⅲ 型等产品，分别适用于 50，100，200MW 汽轮机组。以 200MW 机组为例，Ⅲ 型可实现的监视保护项目见表 1-58 所列，各信号测点的位置示意如图 1-82 所示。

七、汽轮发电机组振动监测和故障诊断系统

振动是在各种监测参数中，既快又能准确地代表设备运行状况的综合指标。为在汽轮发电机组故障早期阶段就能及时地预告故障的存在和发展，避免灾难性的事故发生，选择最佳的停修时间，保证设备安全运行，建立振动监测和诊断系统是十分必要的。

电力工业部热工研究院研制的 ZJZ—2 型汽轮发电机组振动监测和故障诊断系统，是固定在现场的在线式系统，硬件由信号预处理器、快速数据采集器、快速数据信号处理器和计算机组成。图 1-83 虚线框内为无汽轮机监测保护系统的 ZJZ—2 系统组成示意，若机组已安装了电涡流式监测保护系统（如 BN7200 和 BN3300 系列或 RMS700 系列等产品），则可不用另安装振动传感器，只需将汽轮机监测保护系统中的振动交流输出信号接入该系统的信号预处理器即可。

ZJZ—2 型系统具有以下功能：实时在线采样和 FFT 谱分析；机组启停数据采集、分析、存储；报警、危急识别和事故追忆；日常运行数据采集、分析和存储；查阅历史资料；例行报告、报表输出；振动特征分析及绘制波特图、振动频谱图、振型圆图、三维频谱图、波形图、轴心轨迹图和振动趋势图；转子平衡重量计算；振动故障诊断，可诊断不平衡、初始弯曲、热弯曲、对中度不好、轴瓦不稳定、油膜涡动、油膜振荡、汽流激振、电磁激振、参数激振、摩擦、轴瓦松动、共振或高次谐波共振等；系统硬件故障检查。

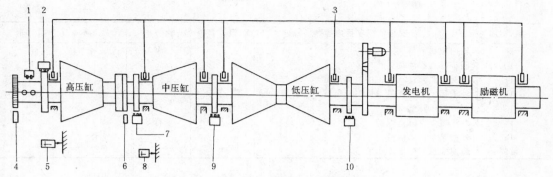

图 1-82　PQAJ—Ⅲ型汽轮机安全监视装置信号测点位置示意

1—危急遮断器动作传感器；2—高压缸相对膨胀传感器 ZQX—201 型；3—轴承盖振动拾振器 9 个；4—转速测量
传感器 3 个 ZS—1 型；5—高压缸绝对膨胀传感器 TD 型；6—偏心度传感器及前置器 SPI—E 型；7—轴向位移
传感器 ZQZ—301 型；8—中压缸绝对膨胀传感器 TD 型；9—中压缸相对膨胀传感器 ZQX—201 型；
10—低压缸相对膨胀传感器 ZQX—201 型

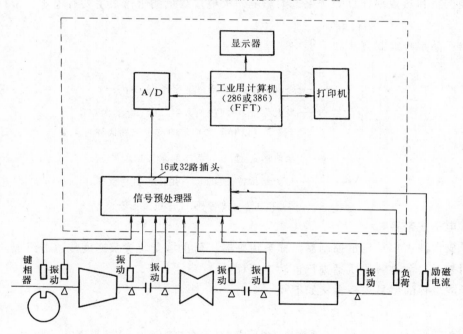

图 1-83　ZJZ—2 型汽轮发电机组振动监测和故障诊断系统组成

表 1-58　　　　　　　　　**PQAJ—Ⅲ型装置监视保护项目**

序　号	安全监视项目内容	报　警	保　护	显　示	指　示
1	转速测量	有	有	有	有
2	升速率测量				有
3	偏心率测量	有			有
4	高压油动机行程测量（左，右）				有
5	中压油动机行程测量				有
6	油箱油位测量	有			有
7	高压缸绝对膨胀测量				有
8	中压缸绝对膨胀测量				有

序 号	安全监视项目内容	报 警	保 护	显 示	指 示
9	轴向位移测量	有	有		有
10	同步器行程测量				有
11	相对膨胀测量（高、中、低压缸）	有			有
12	轴承瓦盖振动测量（最多9个瓦）	有			有
13	润滑油压降低保护	有	有		
14	凝汽器真空降低保护	有	有		
15	自动盘车投入信号			有	
16	超速危急遮断器动作信号			有	

第六节　煤量测量仪表

煤是火电厂的主要燃料，煤量计量的实时性和准确性直接关系到发电经济成本，并对锅炉燃烧调整和热效率计算等产生重大影响。火电厂煤量测量仪表主要有电子皮带秤和轨道衡。

衡器产品型号编制方法如下[1]：

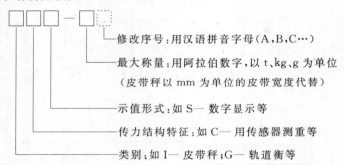

修改序号：用汉语拼音字母（A，B，C…）

最大称量：用阿拉伯数字，以 t、kg、g 为单位
（皮带秤以 mm 为单位的皮带宽度代替）

示值形式：如 S— 数字显示等

传力结构特征：如 C— 用传感器测重等

类别：如 I— 皮带秤；G— 轨道衡等

一、电子皮带秤

电子皮带秤由称重显示控制器、称重传感器、荷重承受装置及速度传感器组成，根据重力作用来对松散物料的质量进行自动连续称量。

电子皮带秤的型号规格含义如下[2]：

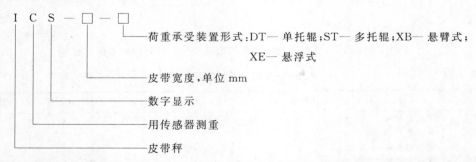

ICS — □ — □

荷重承受装置形式：DT— 单托辊；ST— 多托辊；XB— 悬臂式；
XE— 悬浮式

皮带宽度，单位 mm

数字显示

用传感器测重

皮带秤

电子皮带秤的工作原理如图 1-84 所示，物料通过皮带称量段时，物料重力和称量段皮

---

❶ 摘自 GB3052—82《衡器产品型号编制方法》。
❷ 摘自 GB7721—87《电子皮带秤》。

带的重力作用于该段托辊上，与计量托辊相联的杠杆将此作用力传给称重传感器，以检测单位长度称量段上荷重的大小（kg/m），同时用测速传感器测得皮带的运行速度（m/min），将上述两个信号输入演算器中相乘（即 kg/m×m/min＝kg/min＝Kt/h，K 为置换常数），可得到物料的瞬时质量和累计通过量。

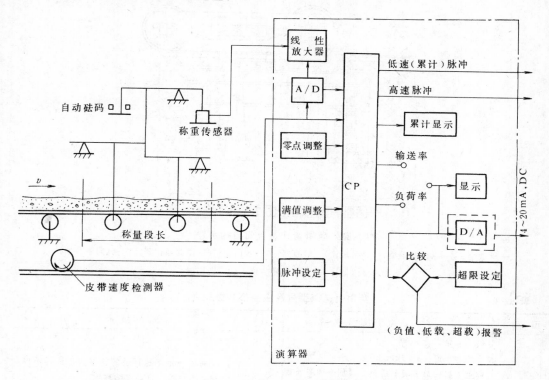

图 1-84　电子皮带秤工作原理

常用电子皮带秤的型号及规格见表 1-59。

表 1-59　　　　　　　　　　　**常用电子皮带秤的型号及规格**

系列型号	皮带宽度 （mm）	皮带速度 （m/s）	皮带机倾角 （°）	称重范围 （t/h）	精确度 （%）	仪表显示特点
465A	500～1800	0.05～5	0～20	2～5000	0.25～0.5	微机数据处理，触摸式键盘，可进行所有参数的调节和操作
ICS—ST	500～1400	0.5～4	0～20	200～3000	0.25～0.5	8031 单片微机数据处理，8 位数字显示，具有积算、打印功能
CS—EC	1400 以下	5 以下	0～16	7650 以下	0.25～0.5	EH—775 积算器，数码显示，MC—6800 微机数据处理及程控

二、电子轨道衡

电子轨道衡是对铁路货车（煤车）进行称量的衡器设备，其基本原理是，货车重力作用在荷重传感器上，传感器产生输出信号，此信号经数据处理后作为称重测量结果。轨道衡有动态轨道衡和静态轨道衡两种，前者用于自动按预定程序对铁路货车进行称重并能自动指示和打印称重值，后者用于在轨道台面上处于静止状态下的车辆称重。

轨道衡一般是安装在称量轨内（与引轨分开），并有单独的基础支撑，这一基础称为计量台面，其结构示意见图 1-85。常用轨道衡型号及主要技术数据见表 1-60。

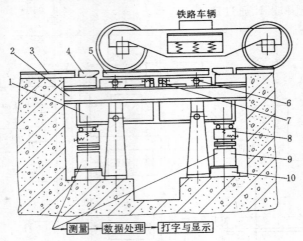

图 1-85　轨道衡计量台面结构示意

1—承重梁；2—纵向基础梁；3—引轨；4—过渡器；5—台面轨；6—横向限位器；7—纵向限位器；
8—传感器；9—台面升降装置；10—支撑座

表 1-60　　　　　　　常用轨道衡型号及主要技术数据

型　号	主 要 技 术 数 据	适 用 范 围
GGG—30	最大称重：150t/节 称重时车速：3～7km/h 称重项目：每节货车质量、累加全列车质量 显示形式：数字显示和自动记录打印 精确度：<0.4%	对以一定车速行进的铁路货车进行不停车、不摘钩、自动连续称重
FCH—1	最大称重：85t 称重项目：毛重、皮重、净重及其累计值等 显示形式：通过微机由 CRT 屏幕显示及打印机打印 精确度：0.3%～0.5%	用于转子式翻车机上

第七节　成分分析仪表

在火力发电厂中，为了保证安全、经济运行，需对某些气体（如烟气、氢气等）和液体（如除盐水、锅水、蒸汽等）的成分进行连续的测定。

一、烟气含氧量分析器

锅炉燃烧的好坏，通常用氧化锆氧量分析器测量的烟气含氧量（或称氧浓度）来判断。

氧化锆氧量分析器由氧化锆探头、控制器、显示仪表等部分组成。氧化锆是一种金属氧化物的陶瓷制成的管子，其内外侧熔烧上铂电极，内侧通入参比空气，外侧与被测烟气接触。在一定的温度下（一般为 600～850℃），当两侧氧分压（即氧浓度）不同时，在两电极间产生浓差电动势,测得此电动势即可测定烟气中的含氧量。根据被测烟气温度不同,探头有直接插入和定温插入两种安装方式。前者测点处温度在 $600 \sim 850℃$ 范围内,并要求有补偿装置消除温度对测量结果的影响,如图 1-86 所示;后者用于被测烟气温度低于 $600℃$ 的场合,并有电加热装置和温度控制器使氧化锆处在一恒定的温度下,有直插定温式和旁路定温式两种,后者如图 1-87 所示。

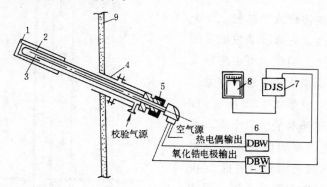

图 1-86　直插补偿式氧化锆氧量分析器测量系统
1—过滤器;2—氧化锆管;3—热电偶;4—法兰;5—活接头;6—毫伏变送器;7—乘除器;
8—显示仪表;9—炉墙

常用氧化锆氧量分析器见表 1-61。

表 1-61　　　　　　　　　　常用氧化锆氧量分析器

型　号	测量范围 (%)	被测气体温度 (℃)	探头恒定温度 (℃)	输出信号 (直流)	成套仪表组成	安装方式
DH—6	0~10	20~600 (最佳温度 300~400)	700	0~10mA 或 4~20mA	探头、控制器、电源变压器、气泵、XWD102 电位差计	直插定温式
GYB—01	0.1~10	600~850	—	0~10mA	探头、变送器及温度补偿装置等装于墙挂式箱内	直插补偿式
GYB—02	0.1~10	600 以下	700	0~10mA	探头、变送器及控温设备(晶闸管调压和 XBT 仪表)装于立式柜内	直插定温式
DWY—202	0.5~10	400 以下	750	0~10mA 或 0~10mV	探头、温度控制器和转换器等装于墙挂式箱内	旁路定温式
YL—2	0.5~10	600~850	—	0~10mA	探头、转换器为墙挂式	直插补偿式
ZO—12	0~20	600 以下 (最佳温度 200~500)	780	0~10mA 或 4~20mA	探头、变送器(包括氧量运算、数字显示、恒温控制)	直插定温或 旁路定温式
CY—2D A 型	0~20.6	600 以下	750	0~10mA 或 4~20mA	探头、转换器(包括单片微机数据处理、数字显示、恒温控制)	直插定温式

二、锅炉飞灰含碳量监测

采用 WCT—2 型微波测碳系统来测量燃烧煤粉的锅炉飞灰含碳量,以指导锅炉燃烧调整。锅炉内未被燃烧的煤粉在高温条件下转化为石墨微粒,而石墨粉是吸收微波的良好材料。在微波电磁场中,石墨感生了微波电流,此电流流过石墨体积电阻而产生焦耳热,从而把微波电磁场的能量转化成了热能,飞灰中的石墨微粒浓度越高,它吸收微波能量的作用就越强,反之亦然。因此,可由测量飞灰吸收微波能量的多少来测量煤粉含碳量。

微波测碳系统的组成如图 1-88 所示。仪器安装在除尘器前的尾部水平烟道下面。该系统由飞灰采集装置和测碳仪两大部分组成,灰经取样管 1 进入微波测碳仪主机 2,由排灰机 4 排出的飞灰利用烟道的负压,经抽灰管 10 吸回烟道内。

WCT—2 型微波测碳仪的输出信号为与飞灰含碳量成正比的模拟电压 0~5V 或电流 4~20mA,供显示仪表指示。飞灰含碳量的测量范围有 15%、30% 和 45% 三种,均方根相对误差不大于测量范围的 2.5%。

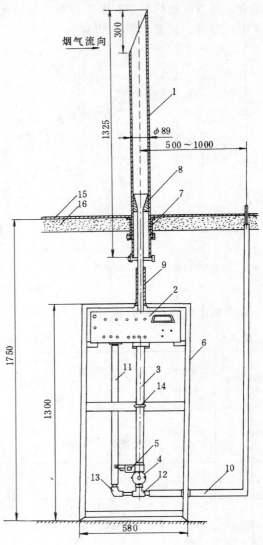

图 1-88　微波测碳仪安装示意

1—取样管;2—主机;3—封灰管;4—排灰机;5—振打器;6—机柜;7—烟道固定法兰;8—漏斗;9—连接管;10—抽灰管;11—风冷管;12—三通;13—弯头;14—卡环;15—烟道下壁;16—保温层

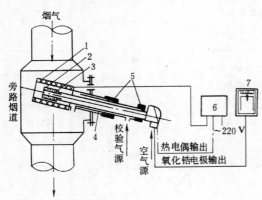

图 1-87　旁路定温式氧化锆
氧量分析器测量系统

1—定温电炉;2—过滤器;3—氧化锆管;4—氧化铝管;5—活接头;6—温度控制器;7—显示仪表

三、热导式氢分析器

氢冷发电机的氢气(H$_2$)纯度要求很高,所以需连续分析氢气的含量,以防止爆炸事故。由于氢的热导率在一般工业气体中是最高的,因此,混合气体的热导率基本上取决于含氢量的多少，测量出混合气体的热导率，就可测出所含氢量的多少。

电厂常用的 QRD—1102 型热导式氢分析器的测量范围是 80%～100%H₂。被测气体从具有一定压力的氢气管道中取出，经调节器组进入氢量发送器，发送器内通电加热的铂丝作为敏感元件，用以测量被测气体热导率的变化。当被测气体的含氢量变化时，热导率随之变化，铂丝电阻值即发生变化，其所在电桥便产生不平衡电压，此电压通过显示仪表指示出含氢量。经过氢量发送器后的被测气体应引入压力较低的氢气管道中，严格禁止氢气排到空气中。

分析器的测量原理如图 1-89 所示，仪器采用双桥补偿线路。敏感元件 R2、R4、R6、R8 所在小室充以测量下限气体；R5、R7 所在小室充以测量上限气体；R1、R3 所在小室通被测气体。当被测气体氢含量变化时，工作电桥对角线上的电压变化信号输入放大器 A，经放大后驱动伺服电动机 SM，带动 Rx 滑点移动，直到工作电桥上的输出电压和滑线电阻 Rx 相应部分上的电压平衡为止，此时刻度盘上指示出相对应的氢气含量。

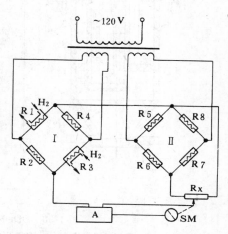

图 1-89　热导式氢分析器测量原理
I —工作电桥；Ⅱ —比较电桥；Rx—滑线
变阻器；A—放大器；SM—伺服电动机

四、工业电导仪

电厂中常用的 DDD—32B 型工业电导仪，用于测量锅水、水冷发电机冷却水、汽轮机凝结水、化学除盐水等的电导率。它由发送器、转换器、显示仪表三部分组成。

与 DDD—32B 型电导仪配套使用的发送器是流通式 DDDF—22 型，其内部结构和外形尺寸如图 1-90 所示，主要由电极和铂电阻温度计组成。发送器内部的电极多用不锈钢制作，它与被测介质接触，感应介质的电导率变化。两电极的面积和距离决定电极常数，根据被测介质浓度不同，电极常数分别为 0.01，0.1，1 三种。电极用屏蔽电缆与转换器连接，其线心接到内电极接线片上，屏蔽层接到外电极接线片上。铂电阻温度计用以补偿被测溶液的温度变化，用三线制与转换器连接。

DDD—32B 型电导仪转换器把发送器电极所感受到电导率变化，转换为 0～10mA 直流电流输出。电导仪的量程有三档，可由转换器的切换开关切换。转换器与不同电极常数的发送器配套时，测量范围如表 1-62 所示。

表 1-62　　　　　　　　　DDD—32B 电导仪测量范围

发送器的电极常数	0.01	0.1	1
切换开关的测量范围（μS）	0～0.1；0～1；0～10	0～1；0～10；0～100	0～10；0～100；0～1000

转换器输出为 0～10mA，除可用于接动圈指示仪表和记录表外，还可以串接 10mA 控制单元等设备，设备的最大负荷电阻不超过 470Ω。

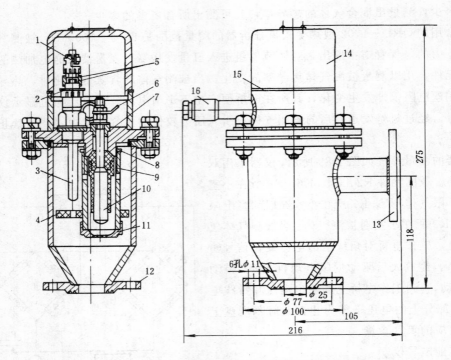

图 1-90 DDDF—22 型发送器结构和外形尺寸

1—温度计引线插头；2—插头固定螺母；3—温度计；4—挡板；5—温度计接线柱；
6—内电极接线片；7—外电极接线片；8—外电极固定螺圈；9—外电极固定套管；
10—内电极；11—外电极；12—进水法兰；13—出水法兰；14—出线防护罩；
15—橡皮圈；16—出线套管

显示仪表的标尺直接刻以 $10^{-6}S$（即 μS）的数值，其测量范围同表 1-62。

五、其他化学分析仪表

在火力发电厂中，除了上述分析仪表外，其他常用的化学分析仪表见表 1-63 所列。

表 1-63 其他常用化学分析仪表

名　称	型　号	配套组件	规格和主要技术数据	主要用途
酸浓度计	DDG—55A	DDF—24 型电导发送器	示值范围：0%～8%HCl 输出信号：0～10mA，DC；0～10mV，DC 精确度：±5% 被测介质温度：20±10℃ 被测介质压力：≤1.0MPa	用于水处理对离子交换树脂还原的酸浓度监视
音频电磁酸浓度计	CYN—1A CYN—1B	CYN—1F 发送器、转换器（带数字显示）、数字显示报警表	测量范围：1A 型 0%～5%H₂SO₄； 　　　　　1B 型 0%～10%HCl 输出信号：0～10mA，DC 或 4～20mA，DC 精确度：信号通道 2.5 级；函数复制 5.0 级； 　　　　　整机系统 10 级 发送器最高工作压力：1MPa 温度补偿范围：5～45℃	测量化学除盐水处理再生液（硫酸、盐酸）的质量/容积百分比浓度

名　称	型　号	配套组件	规格和主要技术数据	主要用途
碱浓度计	DDG—55B	DDF—24 型电导发送器	示值范围：0%～8%NaOH 输出信号：0～10mA，DC；0～10mV，DC 精确度：+5% 被测介质温度：20±10℃ 被测介质压力：≤1.0MPa	用于水处理对离子交换树脂还原的碱浓度监视
音频电磁碱浓度计	CYN—1C	CYN—1F 发送器、转换器（带数字显示）、数字显示报警表	测量范围：0%～5%NaOH 输出信号：0～10mA，DC 或 4～20mA，DC 精确度等级：信号通道 2.5 级；函数复制 5.0级；整机系统 10 级 发送器最高工作压力：1MPa 温度补偿范围：5～45℃	测量化学除盐水处理再生液（氢氧化钠）的质量/容积百分比浓度
氢离子交换器失效监督仪	DD—03	测量组件包括传送器、参比发送器、交换柱和调节阀等	水电导率范围：200～300μS/cm（35℃） 示值范围：0%～2%，0%～4%，0%～8% 三档， 即 $\dfrac{参比水电导率-测量水电导率}{参比水电导率}\times100\%$ 被测水温度：+5～+45℃ 被测水压力：0.1～0.4MPa 被测水流量：0.5L/min	监督水处理设备中氢离子交换器的工作情况（能连续自动记录）
阴离子交换器失效监督仪	DD—03A	测量组件包括传送器、参比发送器、交换柱和调节阀等	水电导率范围：0.5～20μS/cm（35℃） 示值范围：0%～8%，0%～16%，0%～32% 三档 被测水温度：+5～+45℃ 被测水压力：0.1～0.4MPa 被测水流量：0.5L/min	监督水处理设备中阴离子交换器的工作情况（能连续自动记录）
工业酸度计	pHG—21B	PHCF 型发送器、高阻转换器（自身带指示）	示值范围：双量程 pH7～0，pH7～14 单量程 pH2～10 精确度：0.2pH 输出信号：0～10mA，DC；0～10mV，DC	连续测量水溶液的酸碱度（即 pH 值）
工业钠度计	DWG—205	钠度发送器（测量电极）、电子单元（高阻转换器，自身带指示）	测量范围：4～7pNa（Na$^+$含量 2.3～2300μg/L） 输出信号：0～10mA，DC 和 0～10V，DC	连续测量蒸汽、高纯水钠离子含量（即 pNa 值）
微钠监测仪	奥里龙1811LL	整体结构，微机数据处理，数字显示	测量范围：0.1～1000μg/L 被测水样温度 5～40℃ 压力 0.5$\times$10^5～7.2$\times$10^{5}Pa 流速 25mL/min 碱度不大于 50mg/L	连续测量高纯水中微量钠离子含量
电化学式水中氧分析器	DH—52G	发送器、预处理组件、控制器、电子电位差计	测量范围：0～15μg/L，0～60μg/L（双量程） 精确度：±10%	连续分析除氧器和锅炉给水中溶解氧含量

名　称	型　号	配套组件	规格和主要技术数据	主要用途
水中溶解氧分析器	DJ—101	冷却器、加热器、发送器、温度控制器、放大器、电子电位差计	测量范围：0～20μg/L，0～200μg/L 输出信号：0～10mV，DC 精确度：±10% 被测水压力：0.1～0.4MPa 被测水流量：≥350mL/min	连续测量水中溶解氧量的变化
水中溶解氧分析仪	SYY—Ⅱ	冷却器、恒流过滤器、温度控制器、校正电解池、传感器、转换器（自身带指示）	测量范围：0～25μg/L，0～50μg/L，0～100μg/L，0～10mg/L 精确度：±4% 输出信号：0～10mA，DC	连续测量水中溶解氧含量
热化学式氧分析器	RH—21G	发送器、电源控制器、预处理器、显示仪表	测量范围：0～1%O₂ 精确度：±5%	连续分析电解氢中氧的含量
硅酸根监测仪	BF—8061 BF—9401	监测仪由进样装置（包括样品及试剂传感器、多通道蠕动泵、切换阀和三级混合单元）光学系统（包括光源、比色池、滤光片和硅光电池）电气单元和显示部件等组成。辅助设备有试剂箱和多流路切换单元等 仪器采用单片机控制，大屏幕液晶显示，触摸式键盘，配打印机	测量范围与精确度：0～50、0～100μg/L，±2μg/L；0～200、0～500，0～1000μg/L，±2%；0～2000μg/L，±3% 重现性：满量程的±1% 反应周期：15min；监测周期：1min 输出信号及最大负载：0～1mA，DC，9kΩ；0～10mA，DC，900Ω；0～20mA，DC，450Ω；4～20mA，DC，450Ω；0～−10V，DC，10kΩ；报警接点：220V，AC，2A 样品条件：温度5～40℃；压力10～140kPa；流量6～250mL/min 试剂耗量：0.3mol/L硫酸每月10L；钼酸铵溶液每月10L；1.5mol/L硫酸-柠檬酸每月10L；抗坏血酸-甲酸每月10L	测量除盐水和凝结水中的硅酸根（SiO₂）含量
磷酸根监测仪	BF—8063 BF—9402	同BF—8061 同BF—9401	测量范围：0～2、0～10mg/L 精确度：±2.5% 重现性：满量程的±1% 反应周期：12min；监测周期：1min 输出信号及最大负载：同BF—8061 样品条件：同BF—8061 试剂耗量：1.3mol/L硫酸每月10L；钼酸铵溶液每月10L；酒石酸锑钾-抗坏血酸每月10L	测量化学水中的磷酸根（PO₄⁻³）含量

名　称	型　号	配套组件	规格和主要技术数据	主要用途
联氨分析仪	LA—1	水路系统、电路系统（自身带指示表、记录仪）	测量范围：0～100μg/L 精确度：±5% 输出信号：0～10mA，DC，0～10mV，DC 被测水样：温度 20～40℃ 　　　　　压力 98～294kPa 　　　　　流量 10～30L/h 　　　　　pH 不小于 8.5	测量水中联氨含量

六、水、汽取样装置❶

目前，火电厂已广泛采用水、汽取样装置，将锅炉、汽轮发电机组、除氧给水系统等水、汽样品采集到一起，经过自动、手动采样，由配套仪表进行连续分析和记录、显示其品质。装置型号由装置代号和设计分类号两部分组成，书写格式如下：

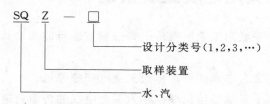

　　　　　　　　　　　　设计分类号(1,2,3,…)

　　　　　　　　　　取样装置

　　　　　　　水、汽

水、汽取样装置的结构分为综合屏（取样调节台架、化学仪表屏、指示记录仪表屏整体布置）和分屏（各部分分体布置）两种型式，框架为型钢焊接结构。

取样装置系统的测点和回路数以及被测内容视机组容量和需要而异，测量回路基本形式如图 1-91 所示，样品水（或汽）经冷却器冷却和调压阀减压至分析仪所需的温度、压力后，一路可通过手取样阀作手工取样，另一路经流量计至分析仪、转换仪，所测结果可分别送指示、记录和报警装置或输出。装置除安装分析仪表应满足其规定外，对重要零部件的要求如下：

（1）取样冷却器：样管材质为 1Cr18Ni9Ti 不锈钢无缝钢管；样管长度应满足冷却面积的要求；冷却水温不超过 33℃，水压 200～700kPa，流量不小于 25t/h（200MW 机组）。

（2）高压阀门：阀体和阀杆材质为 1Cr18Ni9Ti；阀门所承受的温度和压力应满足取样

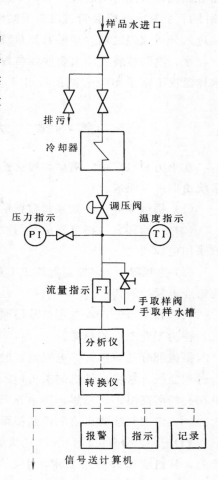

图 1-91　水、汽取样装置系统测量回路基本形式

---

❶　依据 DL/T457—91《水、汽取样装置》编写。

点参数要求。

（3）减压器（调压阀）：材质为1Cr18Ni9Ti；减压器安装在样品管路系统中冷却器之后；压力调整范围为1～25MPa。

（4）恒温装置：当用于提高样品测量值精确度时加装；样品进口温度10～45℃、出口温度25±1℃、流量不小于300mL/min。

（5）样品管路系统：样品管路应尽量短，以易于清洗和减少时滞；样品管采用材质为1Cr18Ni9Ti不锈钢无缝钢管，用于连接样品管的管件和接头亦应选用同一种材质；低压样品管路允许使用有机玻璃、聚四氟乙烯、聚氯乙烯等不污染样品的材料（测溶解氧的管路除外）；所有水平样品管道应向下倾斜10°，以防管内滞留沉淀物或析出固体物；样品管路在进入分析仪表之前，应装有流量温度指示表。

水、汽取样装置的主要性能参数为：高压管路系统最高工作压力25MPa；冷却器出口水样温度不高于40℃；减压器出口水样额定流量1.5L/min。

第八节　炉膛火焰电视监视系统

在火力发电厂中，锅炉炉膛火焰信号一般用工业电视传送到控制室进行监视，其传输系统由四部分组成：

（1）摄像部分：将景像和数据信息转变为电视信号，称为工业电视摄像机。

（2）传输部分：将电视信号与控制信号转输到监视端，称为工业电视的传输通道。一般采用电缆通道。

（3）控制部分：它控制着整个工业电视系统的工作，并对信号进行加工处理与切换，称为工业电视控制器。

（4）显示部分：将电视信号还原为图像与数据信息，它实际上是一个专用的电视接收机，称为工业电视监视器。

摄像部分是炉膛火焰电视监视的关键部件。为了实现从锅炉点火至正常运行及灭火的全过程监视，常将摄像机的探头伸入炉膛壁内，即安装位置为内窥式，这就需要解决摄像机探头的耐高温、防结焦、防尘等问题和自身的保护措施。

一、内窥气冷式火焰电视监视系统

YD—NQ型高温内窥气冷式锅炉火焰电视监视系统是安徽大学特种电视研究中心生产的，其组成如图1-92所示，主要部件的功能和特点如下：

（1）防护罩和炉壁连接体：两者为一整体结构，安装在炉壁的观察孔内。防护罩内有门封（摄像探头退出后关闭）、隔热套等，由气泵供给大于0.01MPa压力的冷却风，以吸收炉壁传至外部的辐射热。

（2）摄像探头：它是系统的主要部件，工作温度≥1500℃，由以下部件组成：

1）图像传感器：彩色，采用固体摄像器件，将光学镜头成像面分解成几十万个像素，经光电电荷转换后，转移输出，最后形成视频信号。分辨力≥350TVL，使用温度-10～+50℃。

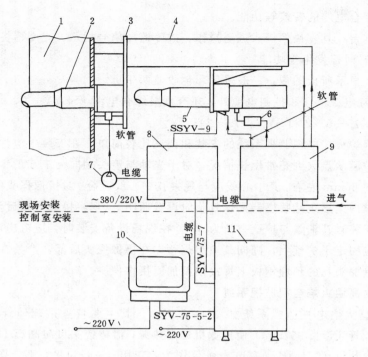

图 1-92　YD—NQ 型电视系统的组成

1—炉壁；2—防护罩；3—炉壁连接体；4—气动推进器；5—摄像探头；6—制冷器；
7—气泵；8—电气控制箱；9—气动控制箱；10—监视器；11—集中控制台

2）高温镜头：是一种高温针孔式潜望镜，光轴与镜头轴的夹角为 110°（亦可直视），它采用中继物镜两次成像系统，使成像在远离观察孔的摄像机上，减少进入摄像机的热辐射。镜头视场角 90°（小锅炉可选 70°），分辨力 12 线对/mm，工作温度 −40～180℃，光圈可遥控。

3）冷却保护套：用来保护镜头和图像传感器、由不锈钢制成的双层结构的圆形壳体，外层风冷（由气动控制箱直接供给压缩空气），内层由制冷器输出的冷却气体冷却并吹扫镜头。保护套内装有温度传感器，温度 45℃时探头退出。

（3）制冷器：制冷器内为一螺旋体，压缩空气的高速旋转使冷、热分子分离，输出冷气（当进气压力为 0.6MPa 时，其温度比进气温度低 30℃）进入探头，热气排空。

（4）气动推进器：气动推进器由无杆气缸和传动导轨组成，它将固定在其上的探头送入或退出防护罩（在现场或控制室操作）。

（5）气泵：采用双联气泵定时自动切换工作方式，系统装有压力传感器。当压力低于 0.01MPa 时，探头自动退出。此泵亦可省略，用经减压后的压缩空气供气。

（6）气动控制箱：对输入的无油压缩空气（压力 0.4～0.7MPa、流量 20～40m³/h、温度≤35℃）进行过滤、调压，通过电磁阀和单向节流阀等对气缸进退具有控制作用。箱内有压力传感器，当气压低于 0.4MPa 时，探头自动退出。此外，还有贮气罐，当气源中断，它能驱使气缸工作，将探头退出。

（7）电气控制箱：具有摄像探头进退的控制和保护，气泵的开启和切换控制，图像传感器信号传递，综合电缆的转接等功能。

（8）集中控制台：具有摄像探头进退操作、故障监测信号指示、光圈遥控、多台摄像机视频切换、字符-时标发生等功能。

（9）监视器：显示所摄图像，一般采用彩色收监两用机。

（10）电缆：除电源电缆和控制电缆外，还有视频综合电缆（SSYV—9，9 芯）和视频同轴电缆（SYV—75—5—2 和 SYV—75—7）。

高温内窥式锅炉火焰电视监视系统的安装和调试比较简单，在安装中应注意：为使摄像探头能监视全炉膛从点火到正常燃烧情况，对于光轴与镜头轴向为 110°的镜头，防护罩前端应伸出炉壁内 60mm 左右，其中心线应与观察孔中心线重合。对摄像探头的安装倾角，应在安装前于炉膛内上层边缘喷燃器火焰处临时设置照明灯、观察摄像效果后予以确定。对于直视式镜头，安装时其轴线与炉壁夹角为 30°。在现场设备安装时，应考虑炉膛热膨胀，为此，安装平台应固定于炉壁上，随同其一起位移，在摄像探头后部，严禁在刚性部件上装吊杆，可从炉壁探头孔的预埋钢板上焊接槽钢加固摄像探头。

二、内窥式耐高温火焰电视监视系统

FTV—1300 型火焰电视监视系统如图 1-93 所示。其主要特点是延伸管（外延长度 750mm）和潜望镜管（管长 957mm）使摄像机远离热源，潜望镜头可耐高温 1300℃。摄像机内所用的少量冷却风（0.1MPa、15m³/h）仅作为吹灰用，一旦风停，不会烧坏镜头。此外，还配有手动除焦装置和电动除焦装置，两者兼容。

该系统镜头的光轴转角可为 0°（直视）或 45°或 90°，视场角 90°，分辨力：中心 75 线/mm、边缘 65 线/mm。

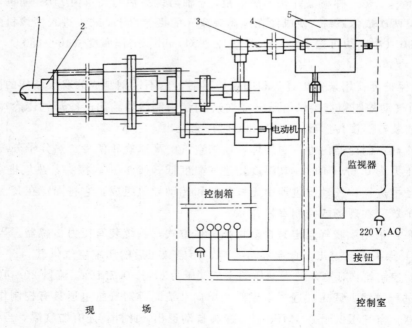

图 1-93 FTV—1300 型电视监视系统

1—镜管；2—除焦装置；3—外延管；4—摄像机；5—保护罩

112

第二章 显 示 仪 表

显示仪表一般安装在仪表盘上,与检出元件或变送器、传感器配套,用以显示温度、压力、流量、液位等被测值,有些还兼作调节仪。

显示仪表的测量范围,除温度显示仪表测量范围见表 2-1 外,其他参数的测量范围与变送器相匹配。

表 2-1 温度显示仪表测量范围

测温元件		分度号	测 量 范 围 (℃)
热电偶	铂铑 10-铂	S	0～1400; 0～1600; 600～1600
	铂铑 30-铂铑 6	B	0～1600; 0～1800
	镍铬-镍硅	K	0～600; 0～800; 0～1000; 0～1300; 400～800; 500～1000; 600～1200
	铜-康铜	T	0～200; 0～300; −200～300
	镍铬-康铜	E	0～300; 0～400; 0～600; 0～800; 200～600; 400～800
	铁-康铜	J	0～300; 0～400; 0～600; 300～600
热电阻	铂	Pt100	0～50; 0～100; 0～150; 0～200; 0～300; 0～400; 0～500; 200～400; 200～500; −50～50; −50～100; −100～50; −100～100; −150～150; −200～50; −200～500
		Pt10	0～500; 0～600; 0～800
	铜	Cu100 Cu50	0～30; 0～50; 0～100; 0～150; −50～50; −50～100

注 本表摘自 ZBY282—84《显示仪表温度测量范围》。

显示仪表按所显示信息的类别可分为模拟式和数字式两大类;按显示方式分为指示仪表、记录仪表、积算仪表、报警装置和屏幕显示等。

为节省篇幅,本章所介绍的盘装方形或矩形仪表的外形和安装孔尺寸,以图 2-1 和下述方式表达(矩形仪表可竖装或横装)。

正面尺寸:宽×高,即 $B×H$(方形仪表用 □B 表示);

外壳尺寸:宽×高×长,即 $b×h×d$(方形仪表用 □$b×d$ 表示);

安装孔尺寸:宽×高,即 $b'×h'$(方形仪表用 □b' 表示)。

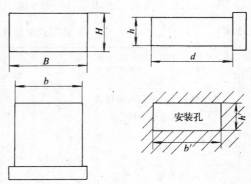

图 2-1 盘装仪表外形和安装孔尺寸

第一节 动圈式显示仪表

动圈式显示仪表主要由测量机构（核心部件是一个磁电式毫安表）和相应的测量电路组成。常用的有 XC 系列和 XF 系列。

一、XC 系列动圈式显示仪表

（1）型号命名：XC 系列动圈式显示仪表型号组成及其代号的含义见表 2-2。

表 2-2　　　　　　　　　　　XC 系列动圈式显示仪表型号组成及其代号含义

第　一　节					第　二　节				
第一位		第二位		第三位		第　一　位		第　二　位		第　三　位
代号	意义	代号	意义	代号	意义	代号	意　义	代号	意　义	代号	意　义
X	显示	C	动圈式磁电系列	Z	指示仪	1	单标尺	0	—	1	配接热电偶
				T	指示调节仪		表示设计序列或种类：	0	二位调节	2	配接热电阻
						1	高频振荡式（固定参数）	1	三位调节（狭中间带）	3	毫伏输入式（霍尔变送器等）
						2	高频振荡式（可变参数）	2	三位调节（宽中间带）	4	电阻输入式（如压力变送器等）
						3	带时间程序高频振荡式（固定参数）	3	时间比例调节（脉冲式）		
								4	时间比例加二位调节		
								5	时间比例加时间比例		
								6	电流 PID 加二位调节		
								8	电流比例调节		
								9	电流 PID 调节		

（2）接线端子：XC 动圈式显示仪表的端子接线图见表 2-3。

（3）指示方式：具有位式作用仪表的指示灯指示方式见表 2-4。

表 2-3　　　　　　　　　　　XC 动圈式显示仪表的端子接线

动　圈　式　显　示　仪　表			端　子　接　线　图
系列	输入信号	控制方式	
动圈式指示仪	接受模拟直流电信号的仪表（以热电偶为例）	—	Re　热电偶　＋　－　短　短
	与产生电阻变化的传感器配用的仪表（以热电阻为例）	—	Re　热电阻　短　短　地　中　相

114

动 圈 式 显 示 仪 表			端 子 接 线 图
系列	输入信号	控制方式	
动圈式指示调节仪	接受模拟直流电信号的仪表 （以热电偶为例）	具有二位、三位（宽中间带）位式作用或时间比例（脉冲式）作用的仪表	
		具有三位（狭中间带）位式作用的仪表	
		具有比例、积分、微分（直流电流连续输出式）作用的仪表	
	与产生电阻变化的传感器配用的仪表 （以热电阻为例）	具有二位、三位（宽中间带）位式作用或时间比例（脉冲式）作用的仪表	
		具有三位（狭中间带）位式作用的仪表	
		具有比例、积分、微分（直流电流连续输出式）作用的仪表	

注 1. 仪表应由公称值为 220V、50Hz 的交流电源供电；

2. 热电偶配用的仪表外接电阻 Re 的公称值为 15Ω 或 25Ω；

3. 热电阻配用的仪表外接电阻 Re 的公称值为 5Ω。

表 2-4　　　　　　　　　　　　　　具有位式作用的仪表的指示灯指示方式

控制方式	指示针和给定针位置	输出端子	仪表输出	指示灯指示方式
具有二位位式作用的仪表	指示　给定　上限	高　总　低	总-低，通	绿灯亮、红灯暗
	上限	高　总　低	总-高，通	绿灯暗、红灯亮
具有三位（狭中间带）位式作用的仪表	上限　　上上限	高中区低　总	总-低，通	绿灯亮、红灯暗
	上限　　上上限	高中区低　总	总-中（区），通	绿灯暗、红灯暗
	上限　　上上限	高中区低　总	总-高，通	绿灯暗、红灯亮
具有三位（宽中间带）位式作用的仪表	下限　　上限	高　总　低　高　总　低	下限总-低，通 上限总-低，通	绿灯亮、红灯暗
	下限　　上限	高　总　低　高　总　低	下限总-高，通 上限总-低，通	绿灯暗、红灯暗
	下限　　上限	高　总　低　高　总　低	下限总-高，通 上限总-高，通	绿灯暗、红灯亮

注　仪表输出继电器接点容量为交流电压 220V、无感负载 3A。

116

（4）外形尺寸：外形尺寸见表 2-5。

表 2-5　　　　　　　　　动圈式显示仪表的外形尺寸（mm）

系　列	正面尺寸	外壳尺寸	安装开孔尺寸
	宽×高 （$B \times H$）	宽×高×长 （$b \times h \times d$）	宽×高（$b' \times h'$）
动圈式指示仪	160×80	150×75×160	$152^{+1}_{\ 0} \times 76^{+1}_{\ 0}$
动圈式指示调节仪	160×80	150×75×250	$152^{+1}_{\ 0} \times 76^{+1}_{\ 0}$

二、XF 系列动圈式显示仪表

XF 系列动圈式显示仪表是在 XC 系列动圈式显示仪表之后出现的一种新颖动圈式仪表，除了以下几点外，其余与 XC 系列动圈式显示仪表基本相同。

（1）测量电路：XF 系列动圈式显示仪表中，首先由放大装置对输入信号进行线性放大，然后推动强力矩内磁结构的动圈表头，达到全量程指示的目的。它具有信号转换能力强、输入阻抗大（除电阻信号输入的仪表需配 $3 \times 5\Omega$ 的外线电阻外，其他信号输入的仪表，其外线电阻小于 40Ω 时可不配线路调整电阻）、抗震性能好、工作稳定等特点。输入信号形式除表 2-2 所列外，尚有代号为"5"的仪表，其输入信号为 0～10mA，DC 或 4～20mA，DC。

（2）指示调节仪设定值的设定方式：XCT 仪表是利用面板下方调节螺钉，将给定针调到标尺上指示的设定值，XFT 仪表是在通电后，按动面板下方的按钮开关（此时仪表指针指示为设定值），调整仪表内设定电位器的旋钮，就可以任意改变设定值，放开按钮后，指针指示为测量值。

（3）仪表安装方式：安装方式分直式和横式两种。

（4）仪表外形尺寸：除外壳长度 XFZ 型为 300mm、XFT 型为 400mm 外，其余尺寸与 XC 系列动圈表相同。

第二节　自动平衡式显示仪表

自动平衡式显示仪表一般是由测量系统、放大器、伺服电动机、指示或记录机构以及附加装置等构成的。测量系统接受来自检测仪表的信号，根据平衡原理，按信号的大小发出不平衡信号，并送入放大器。放大后的信号即可驱动伺服电动机。电动机一方面带动测量系统中的平衡机构，使之重新平衡；另一方面带动指示和记录机构进行显示。有些仪表还带有调节、报警等附加装置。记录纸由同步电动机带动。

一、电子电位差计和电子平衡电桥

按仪表测量电路的不同，自动平衡式显示仪表有电子电位差计和电子平衡电桥两种。电子电位差计是测量毫伏级电动势（电压）的显示仪表，可与热电偶配套测量温度，也可以与产生直流电压或电流等的变送器配合使用，测量与之相对应的量（如压力、流量、液位等）。电子平衡电桥是测量电阻变化的显示仪表，可与热电阻配套，亦可与电阻变送器配套，测量与之对应的量。

自动平衡显示仪表的型号组成及其代号含义如下：❶

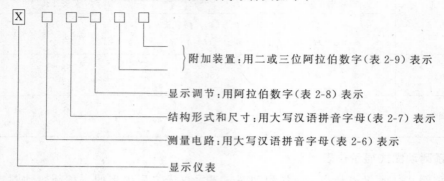

附加装置：用二或三位阿拉伯数字（表 2-9）表示

显示调节：用阿拉伯数字（表 2-8）表示

结构形式和尺寸：用大写汉语拼音字母（表 2-7）表示

测量电路：用大写汉语拼音字母（表 2-6）表示

显示仪表

表 2-6　　　　　　　　　自动平衡式显示仪表测量电路代号

代　号	测　量　电　路	代　号	测　量　电　路
W	直流电位差计	L	差动变压器
Q	直流平衡电桥	U	自整角机
D	交流平衡电桥	Z	旋转变压器

表 2-7　　　　　　　　　自动平衡式显示仪表结构形式和尺寸代号

代号	名　　称	标尺尺寸（mm）			外形尺寸（mm）	安装开孔尺寸（mm）
		直标尺	圆标尺		宽×高×长	宽×高
		长　度	直　径	展开长度	$(B×H×d)$	$(b'×h')$
A	条形指示仪	300	—	—	400×130×320	$380^{+1}_{0}×112^{+1}_{0}$
B	大型圆标尺指示仪 大型圆图记录仪	—	270	≈742	400×400×250	$380^{+1}_{0}×380^{+1}_{0}$
C	大型长图记录仪	250	—	—	400×400×360	$380^{+1}_{0}×380^{+1}_{0}$
D	小型长图记录仪	120	—	—	160×160×450	$152^{+1}_{0}×152^{+1}_{0}$
	小型长图记录仪 （附 PID 调节器）	120	—	—	240×160×450	$228^{+1}_{0}×152×^{+1}_{0}$
E	小型圆标尺指示仪	—	110	≈300	160×160×d	$152^{+1}_{0}×152^{+1}_{0}$
F	中型长图记录仪	180	—	—	280×280×250	$263^{+1}_{0}×263^{+1}_{0}$

❶ 依据 JB/Z 126—78《自动平衡显示仪系列型谱》编写。

代号	名 称	标尺尺寸（mm）			外形尺寸（mm） 宽×高×长 $(B\times H\times d)$	安装开孔尺寸（mm） 宽×高 $(b'\times h')$
		直标尺 长度	圆标尺 直径	展开长度		
G	中型圆标尺指示仪	—	200	≈548	280×280×250	$263^{+1}_{0}\times263^{+1}_{0}$
	中型圆图记录仪					
J	色带指示仪	100	—	—	80×160×d	$76^{+1}_{0}\times152^{+1}_{0}$
	小条形指示仪					
	小条形长图记录仪				160×80×d	$152^{+1}_{0}\times76^{+1}_{0}$

表 2-8 自动平衡式显示仪表显示调节代号

代 号	显 示 调 节	代 号	显 示 调 节
1	单针、单笔	4	单针、单笔、电动调节
2	双针、双笔	5	单针、单笔、气动调节
3	多点指示记录		

表 2-9 自动平衡式显示仪表附加装置代号

代 号	附 加 装 置	代 号	附 加 装 置
00	无附加装置	081	程序控制（多点同一定值）
01	表面定值电接点	09	积算装置
02	表内定值电接点	10	计数器
03	报警器	11	计算单元
031	报警器（分组定值）	12	模/数转换
032	报警器（手动/自动切换）	13	传送器
04	多测量范围	14	多点各自定值
041	多测量范围（自动切换）	15	0～10mV 偏差信号传送器
042	多测量范围（手动切换）	21	时间比例
05	扩大标尺	51	表面定值电接点加偏差信号传送器
06	辅助记录	52	表内定值电接点加偏差信号传送器
07	自动变速和自动启停	54	表内定值电接点加电阻传送器
08	程序控制	63	跟踪记录笔

自动平衡式显示仪表的主要技术数据见表 2-10 所列。

表 2-10　　　　　　　　　　　　　　自动平衡式显示仪表的主要技术数据

系列　　　　项目	XA	XB	XC	XD	XE	XF	XG	XJ
精确度等级				0.5				1
允许指示基本误差（%）				±0.5				±1.0
允许记录基本误差（%）				±0.1				±1.5
允许指示不灵敏区（%）				0.25				0.5
允许记录不灵敏区（%）				0.25；0.5				1.0
全行程时间（s）　普通型	5	5；2.5			5			5；2.5
快速型（A）	—	1		—		1		—
电量程（mV）　普通型				≥10				
小信号型（B）	—	≤1		—		≤1		—
工作环境条件　温度（C）	0～50		0～45		0～50		0～45	
相对湿度（%）				30～85				
电源　电压（V）				220±22				
频率（Hz）				50±2.5				
电动PID调节器　比例范围（%）				2～200				
积分时间（min）				0.1～30				
微分时间（min）				0～10				
输出信号（mA，DC）				0～10				
气动PID调节器　比例范围（%）				2～150				
积分时间（min）				0.5～20				
微分时间（min）				0.1～10				
输出信号（MPa）				0.02～0.1				

大部分自动平衡式显示仪表都是记录仪。记录纸分为圆图记录纸和长图记录纸两种，长图记录纸又分为卷筒记录纸和折叠记录纸。记录纸的进给方式，对于圆图记录纸，按顺时针方向进给；对于长图记录纸，按纵向由上向下（圆孔在左方）或横向由右至左（圆孔在下方）进给。

圆图记录纸的基本尺寸如图 2-2 和表 2-11 所示❶。

长图记录纸的基本尺寸如图 2-3 和表 2-12 所示❷。

---

❶❷摘自 JB2276—78《工业自动化仪表记录纸型式及基本尺寸》

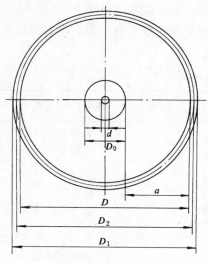

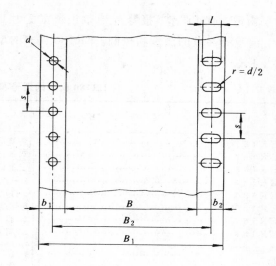

图 2-2 圆图记录纸尺寸　　　　　　　　　　　　图 2-3 长图记录纸尺寸

表 2-11　　　　　　　　　　　　　　圆图记录纸的基本尺寸（mm）

序　　号	记录宽度 a	记录纸直径 D_1	外　径 D	内　径 D_0	轴　径 d
Y_1	120	310	290	50	12
Y_2	110	290	270	50	12（18）
Y_3	100	260	240	40	12
Y_4	87.5	216	210	35	12（15）
Y_5	70	190	175	35	12
Y_6	50	140	130	30	6

注　括号内的轴径只限于统一设计的自动平衡记录仪。

表 2-12　　　　　　　　　　　　　　长图记录纸的基本尺寸（mm）

序号	记录宽度 B	纸　宽 B_1	孔中心距 B_2	边　宽 左 b_1	边　宽 右 b_2	孔间距 s	圆孔径 d	长圆孔 孔长 l	卷筒记录纸的卷筒内径	折叠记录纸的折叠页宽
C_1	250	270	260	10	10	10	2.5	5	18	60
C_2	180	200	190	10	10	10	2.5	5		
C_3	120	132	126	5	7	5	1.6	3.2	12	
C_4	100	112	106	5	7	5	1.6	3.2		40
C_5	100	106	—	4	2	5	1.6	—		

注　C_5 仅左侧（b_1）有圆孔，右侧（b_2）无长圆孔，纸边宽为 2mm。

二、引进国外技术生产的记录仪表

1. ER180 记录（调节、报警）仪

ER180 仪表是四川仪表四厂引进日本横河北辰电机技术生产的，是一种工业用的电子自动平衡记录仪（调节、报警），有效记录宽度为 180mm（记录纸宽 200mm），可用于温度、压力、流量等参数的测量和控制。ER180 仪表的型号和规格代号见表 2-13，附加功能代号见表 2-14。

表 2-13　　　　　　　　　　　　　　**ER180 仪表的型号和规格代号**

型　　号	规　格　代　号			内　　　容
ER181	……………			单笔记录仪
ER182	……………			双笔记录仪
ER183	……………			三笔记录仪
ER184	……………			2 打点记录仪
ER185	……………			3 打点记录仪
ER186	……………			6 打点记录仪
ER187	……………			12 打点记录仪
ER188	……………			24 打点记录仪
结　　构	—G ……………			一般型
	—S ……………			本质安全防爆型
记录纸走纸速度	1 ……………			1 种走纸速度（25mm/h）
	2 ……………			2 种走纸速度（25mm/h；25mm/min）
	3 ……………			3 种走纸速度（25，50，100mm/h）
	6 ……………			6 种走纸速度（25，50，100mm/h；25，50，100mm/min）
电源电压及频率	3 ……………			50Hz；200，220，230，240V，AC
	4 ……………			60Hz；200，220，230，240V，AC
	5 ……………			50Hz；100V，AC
	6 ……………			60Hz；100V，AC
	7 ……………			50Hz；110，115，120V，AC
	8 ……………			60Hz；110，115，120V，AC
ER181 ER182 ER183 的第一记录笔以及 ER184 ER185 ER186 ER187 ER188	第一记录笔打点输入	MS ……………		直流电位差输入（0～10mV，DC）
		MV ……………		直流电位差输入（测量范围 3mV～最大 25V，DC）
		MA ……………		直流电流输入（不包括 4～20mA，10～50mA）
		SV ……………		统一信号输入（1～5V，DC）
		SA ……………		统一信号输入（4～20mA）
		HA ……………		统一信号输入（10～50mA）
		CA ……………		热电偶输入（JIS CA 或 ANSI K）
		IC ……………		热电偶输入（JIS IC 或 ANSI J）
		CC ……………		热电偶输入（JIS CC 或 ANSI T）
		TR ……………		热电偶输入（ANSI R）
		TS ……………		热电偶输入（ANSI S）
		PR ……………		热电偶输入（JIS PR 13）
		CR ……………		热电偶输入（JIS 或 ANSI E）
		PA ……………		测温电阻器输入（JIS Pt 100Ω）
		PB ……………		测温电阻器输入（JIS Pt 50Ω）
		PC ……………		测温电阻器输入（SAMA Pt 100Ω）
		PD ……………		测温电阻器输入（DIN Pt 100Ω）
		DW ……………		露点计（6131 型）
	第一记录笔、打点记录仪微动开关报警	—N ……………		无报警装置
		—M1 H ……………		上限报警
		—M1 L ……………		下限报警
		—M1 W ……………		上下限报警
	仅适用于打点记录仪信号接续单元	—MCH ……………		上限报警
		—MCL ……………		下限报警
		—MCW ……………		上下限报警

型　号	规　格　代　号	内　　容
ER182 ER183 的第二记 录笔	第二记录笔输入 MS ………… MV ………… MA ………… SV ………… SA ………… HA ………… CA ………… IC ………… CC ………… TR ………… TS ………… PR ………… CR ………… PA ………… PB ………… PC ………… PD ………… DW …………	直流电位差输入（0～10mV，DC） 直流电位差输入（测量范围 3mV～最大 25V，DC） 直流电流输入（不包括 4～20mA，10～50mA） 统一信号输入（1～5V，DC） 统一信号输入（4～20mA，DC） 统一信号输入（10～50mA，DC） 热电偶输入　K 热电偶输入　J 热电偶输入　T 热电偶输入　R 热电偶输入　S 热电偶输入　JIS PR 热电偶输入　E 测温电阻器输入　　　（JIS Pt 100Ω） 测温电阻器输入　　　（JIS Pt 50Ω） 测温电阻器输入　　　（S AMA Pt 100Ω） 测温电阻器输入　　　（DIN Pt 100Ω） 露点计输入（6131 型）
ER182 的 第二记录笔微动开关报警	—M2H ………… —M2L ………… —M2W …………	上限报警 下限报警 上下限报警
型　式　标　记	＊B	B 型
附加功能代号	/□	见表 2-14

注　ER183 型在型号标记 ＊B 前增加第三记录笔输入，其代号同第一记录笔输入。

表 2-14　　　　　　　　　　　ER180 仪表的附加功能代号

/F1 ………………	发信滑线电阻器（单笔记录仪和双笔、三笔记录仪的第一记录笔。打点记录仪）
/F1—2 …………	发信滑线电阻器（双笔记录仪的第二记录笔）
/BU ………………	断偶保护，指针走向刻度上限（单笔、双笔、三笔记录仪的第一笔。打点记录仪）
/BU—2 …………	断偶保护，指针走向刻度上限（双笔、三笔的第二笔）
/BU—3 …………	断偶保护，指针走向刻度上限（三笔的第三笔）
/BD ………………	断偶保护，指针走向刻度下限（单笔、双笔、三笔的第一笔。打点记录仪）
/BD—2 …………	断偶保护，指针走向刻度下限（双笔，三笔的第二笔）
/BD—3 …………	断偶保护，指针走向刻度下限（三笔的第三笔）
/BAL1 …………	响应速度 1s（单笔和双笔的第一笔）
/BAL 1—2 ……	响应速度 1s（双笔记录仪的第二笔）
/BAL30 ………	响应速度 30s（单笔记录仪和双笔，三笔记录仪的第一笔）
/BAL30—2 ……	响应速度 30s（双笔、三笔记录仪的第二笔）
/BAL30—3 ……	响应速度 30s（三笔记录仪的第三笔）
/PC2 ……………	打点间隔 2.1/2.5s（60/50Hz）
/PC8 ……………	打点间隔 8.3/10s（60/50Hz）
/SCF—G□M ……	改变涂色（仅限于仪表门框）
/APC ……………	带空气管接头
/DFP ……………	ER181 采用纤维笔
/DFP/DFP—2 …………	ER182 采用纤维笔

　　在 ER180 笔式记录仪中，内装调节单元即可组成记录调节仪。调节单元的型号及技术数据见表 2-15 所列。

　　ER180 仪表的报警装置除了微动开关报警装置外，还可加装内藏式报警单元（装于记录仪内）和外箱式报警单元，其组合见表 2-16。

表 2-15　　ER180 仪表调节单元型号及技术数据

调节单元种类		ON/OFF	三位置	比例位置	脉冲 PL	电流 PID	空气 PID
说明	型号	C1PS	C3PS	C4PP	C4PW	C5SA	C5MP
调节功能	调节动作	ON/OFF 二位置动作（滞环幅度可变）	H-N-L 三位置动作（中间带可变）	比例位置动作（比例带死区可变，带手动复位）	脉冲幅度调制 PI 动作（PI，ON/OFF 周期可变）	PID 动作（带 PID 手动可变调节输出）	
调节功能	给定范围	记录仪刻度长 0～100%	0～100%	0～100%	0～100%	0～100%	0～100%
调节功能	调节输出	继电器接点输出	继电器接点输出			4～20mA	0.02～0.1MPa
性能特性	给定精确度	记录仪刻度长的±0.3%	记录仪刻度长的±0.3%				±0.1%（空气）
性能特性	各调节模式规格、精确度	滞后幅度 0.3%～10%连续可变	中间带 0.3%～10%连续可变 滞后幅度约为记录仪刻度的 0.5%	比例带 0.3%～100%连续可变 中间带 0.3%～10%连续可变 手动复位 0～100%	比例带 0.2%～20%连续可变 积分时间 0.1～20min 连续可变 ON，OFF 周期 10～100s 连续可变	比例带 1%～300%连续可变 积分时间 0.2～20min 连续可变 微分时间 0.1～20min 连续可变	
性能特性		各给定量的给定精确度：不超过最大刻度的±30%					

注　本表不适用于 ER183 和本质安全防爆结构。

表 2-16　ER180 仪表报警单元

项目	代号	内　容	ER181 单笔记录仪	ER182 双笔记录仪	ER184 2点式记录仪	ER185 3点式记录仪	ER186 6点式记录仪	ER187 12点式记录仪	适　用　范　围
	—AL3B	笔式记录仪用3点给定	○	○*1					*1仅适用双笔记录仪第一笔
	—AL6B	笔式记录仪用6点给定	○	○					
内装型报警单元	—A3HB	3点式记录仪用，上限分别设置给定值，各报警点可识别（3点输出）			○*2		○*3	○*3	*2 2点用，2点输出　*3适用于 No.1～No.3
	—A3LB	3点式记录仪用，下限分别设置给定值，各报警点可识别（3点输出）			○	○	○	○	
	—A3WB	3点式记录仪用，上下限设置给定值，各报警点可识别（6点输出）			○	○	○	○	
	—A6HB	6点式记录仪用，上限分别设置给定值，各报警点可识别（6点输出）					○	○*4	*4适用 No.1～No.6
	—A6LB	6点式记录仪用，下限分别设置给定值，各报警点可识别（6点输出）					○	○	
外装型报警单元	—EA6W	6点式记录仪用，上下限分别设置给定值，各报警点可识别（12点输出）						○	
	—EK7H	12点式记录仪用，上限共同设置给定值，各报警点可识别（12点输出）						○	
	—EK7L	12点式记录仪用，下限共同设置给定值，各报警点可识别（12点输出）						○	
	—EA7H	12点式记录仪用，上限分别设置给定值，各报警点可识别（12点输出）						○	
	—EA7L	12点式记录仪用，下限分别设置给定值，各报警点可识别（12点输出）						○	
	—EA7W	12点式记录仪用，上下限分别设置给定值，各报警点可识别（24点输出）						○*5	*5采用两个机箱，每个机箱体积为记录仪体积的1/3

ER180 仪表一般只有固定的单一量程。如果希望在同一记录纸上记录测量范围不同的信号，可以使用量程切换单元。量程切换单元装在记录仪内，其代号见表 2-17。

表 2-17　　　　　　　　　　　　　　ER180 仪表的量程切换单元代号

		手动量程切换单元	
适　用记录仪		可附加在所有的笔式或打点记录仪上，不可附加在 ER182 的第二笔上，也不可附加在 ER183、ER188 记录仪上	
功　能		用记录仪面板上的手动切换开关同时切换所有测量点	
	代号	内　　　　　容	
种类	M2	mV 计二量程切换	
	M3	mV 计三量程切换	
	M4	mV 计四量程切换	
	M5	mV 计五量程切换	
	M6	mV 计六量程切换	
	MT	同类 TC 二量程切换	
	MM	TC/mV 二量程切换	
	MD	不同类 TC 二量程切换	
	MP	同类 RTD 二量程切换	
	MB	同类 TC 三量程切换	mV：直流电位差计
	MC	不同类 TC 三量程切换	TC：热电偶
	ME	同类 RTD 三量程切换	RTD：测温电阻
		不同测量点自动切换量程	
适　用记录仪		仅可装在打点记录仪上（ER188 不能带）	
功　能		各测量点被分为二组或三组测量量程，自动切换各测量点和各自的测量量程	
	代号	内　　　　　容	
种类	W2	mV 计二量程切换	
	W3	mV 计三量程切换	
	WT	同种 TC 二量程切换	
	WM	TC/mV 二量程切换	
	WD	不同 TC 二量程切换	
	WP	同种 RTD 二量程切换	
	TB	同种 TC 三量程切换	
	TC	不同 TC 三量程切换	
	TE	同种 RTD 三量程切换	

　　注　1. 直流电位差计输入测量范围 3mV 至最大范围 500mV，DC；
　　　　2. 功率消耗 ER181 约 12V·A，ER182 约 20V·A，打点记录仪约 12V·A。

ER180 记录（调节、报警）仪的正面尺寸为 $\square B=288$mm；外壳尺寸为 $\square b\times d=280$mm $\times 350$mm；安装开孔尺寸为 $\square b'=281\,^{+2}_{\ 0}$mm。此外，EI180 指示仪和外箱式报警单元的正面尺寸为 $B\times H=288$mm$\times 96$mm；外壳尺寸为 $b\times h\times d=280$mm$\times 88$mm$\times 350$mm；安装

开孔尺寸为 $b' \times h' = 281\,^{+2}_{\ 0} \times 89\,^{+2}_{\ 0}$ mm。

济南自动化仪表厂参考日本 ER 系列仪表的优点，推出 XF Ⅲ 系列自动平衡（调节）指示记录仪，全部实现国产化，其产品型号及替代 ER180 仪表型号对照见表 2-18。

表 2-18   **XF Ⅲ 系列替代 ER180 仪表的型号对照**

产品型号	类 别	附加装置	替代进口产品型号
$X^W_Q F Ⅲ$ —100	单针指示，记录	无	ER181—N
$X^W_Q F Ⅲ$ —200	单针指示，双笔记录	无	ER182—N
$X^W_Q F Ⅲ$ —300	单针指示，多点记录	无	ER185—N ER186—N ER187—N
$X^W_Q F Ⅲ$ —101	单针指示，记录	带上下限报警	ER181—M1 L ER181—M1 H ER181—M1 W
$X^W_Q F Ⅲ$ —201	单针指示，双笔记录	带上下限报警	ER182—M1 L, M2 L ER182—M1 H, M2 H ER182—M1 W, M2 W
$X^W_Q F Ⅲ$ —301	单针指示，多点记录	带上下限报警	ER185—M1 W ER186—M1 W ER187—M1 W
$X^W_Q F Ⅲ$ —400*	单针指示，记录带电 PID	无	ER180—C5SA

* 待开发产品。

2. EH180 电子式中型记录仪

EH 仪表是大华仪表厂引进日本千野制作所技术生产的，采用 180mm 宽的折叠式记录纸的电子式记录仪。记录方式有单笔、双笔、三笔和 1～24 点打印。除记录仪外，尚有记录报警仪和记录调节仪，可组合成几百种规格供选用，其品种见表 2-19～表 2-21。

表 2-19   **EH 系列单笔和打点记录（调节、报警）仪品种**

记录方式	机 种	调节（报警） （方式）	输 入 信 号			备 注
			mV	热电偶	热电阻	
单 笔 式	记 录 仪		EH800—01	EH100—01	EH200—01	
	记 录 报 警 仪	上限（下限）式	EH826—01	EH126—01	EH226—01	
		上下限式	EH836—01	EH136—01	EH236—01	
	记录调节仪	2 位置式	EH821—01	EH121—01	EH221—01	
		3 位置式	EH832—01	EH132—01	EH232—01	
		PID式 开关脉冲型	EH861—01	EH161—01	EH261—01	
		开关伺服型	EH862—01	EH162—01	EH262—01	
		电流输出型	EH863—01	EH163—01	EH263—01	

记录方式	机种		调节(报警)(方式)	输入信号			备注
				mV	热电偶	热电阻	
打点式	记录仪			EH800—□	EH100—□	EH200—□	□:02,03,04,06,12,24 点 6 种
	带点选择开关记录仪			EH800—□S	EH100—□S	EH200—□S	□:06,12,24 点 3 种
	记录报警仪	多点同一设定同一报警	上限(下限)式	EH826—□	EH126—□	EH226—□	□:02,03,04,06,12,24 点 6 种
			上下限式	EH836—□	EH136—□	EH236—□	□:02,03,04,06,12,24 点 6 种
		多点同一设定同一报警带点选择开关记录	上限(下限)式	EH826—□S	EH126—□S	EH226—□S	□:06,12,24 点 3 种
			上下限式	EH836—□S	EH136—□S	EH236—□S	□:06,12,24 点 3 种
		多点分别设定分别报警	上限(下限)式	EH828—□	EH128—□	EH228—□	□:03,06*,12* 点 3 种
			上下限式	EH838—□	EH138—□	EH238—□	□:03,06*,12* 点 3 种
	记录调节仪	多点同一设定	2 位置式	EH821—□	EH121—□	EH221—□	□:03,06*,12* 点 3 种
		多点分别设定	2 位置式	EH827—□	EH127—□	EH227—□	□:03,06*,12* 点 3 种
			3 位置式	EH837—□	EH137—□	EH237—□	□:03,06* 点 2 种

* 外附报警单元或调节单元

表 2-20　　　　　EH 系列双笔和打点记录（调节、报警）仪品种

记录方式	机种	第二笔功能	第一笔功能			FH □□□□
			记录	上限(下限)报警	上下限报警	
双笔式	记录仪	记录	FH□□00	—	—	第二笔输入信号
	记录报警仪	上限(下限)式	FH□□06	FH□□66	—	第一笔输入信号
		上下限式	FH□□07	—	FH□□77	8:mV 信号
	记录调节仪	2 位置式	FH□□04	FH□□64	FH□□74	1:热电偶信号
		3 位置式	FH□□05	FH□□63	FH□□75	2:热电阻信号
	记录调节报警仪	PID式 开关脉冲型	FH□□01	FH□□61	FH□□71	
		开关伺服型	FH□□02	FH□□62	FH□□72	
		电流输出型	FH□□03	FH□□63	FH□□73	

表 2-21　　　　　EH 系列三笔和打点记录（调节、报警）仪品种

记录方式	机种	第三笔功能	第二笔功能			第一笔	GH □□□□□
			记录	上限(下限)报警	上下限报警		
三笔式	记录仪	记录	GH□□000	—	—	记录	第三笔输入信号
	记录报警仪	上限(下限)式	GH□□006	GH□□□066	—	记录	第二笔输入信号
		上下限式	GH□□007		GH□□□007	记录	第一笔输入信号

8:mV 信号

1:热电偶信号

2:热电阻信号

EH 系列仪表的正面尺寸为 $\square B=288$mm；外壳尺寸为 $\square b\times d=278$mm$\times 300$mm（带点选开关的 24 点记录仪 $d=310$mm）；安装开孔尺寸为 $\square b'=281\pm 1$mm。外附报警单元和调节单元的正面尺寸为 $B\times H=288$mm$\times 144$mm；外壳尺寸为 $b\times h\times d=278$mm$\times 134$mm$\times 350$mm；安装开孔尺寸为 $b'\times h'=281$mm$\times 137$mm。

第三节 数 字 显 示 仪 表

数字显示仪表是一种包含模/数转换器，并以十进制数码形式显示被测量值的仪表，它可直接接受热电偶或热电阻信号，以实现温度测量值的数字显示；它也可以输入不同变送器的 $0\sim 10$mA，DC 或 $4\sim 20$mA，DC 统一信号，以实现相应的压力、流量、液位等测量值的数字显示。它与动圈式模拟仪表相比，具有读数直观、显示清晰、分辨力高、无视差、抗震性强、输入阻抗大和安装角度不受限制等优点。

当数字显示仪表与热电偶配用、外接电阻从 $0\sim 100\Omega$ 变化时，与热电阻配用、外接电阻从 $0\sim 5\Omega$（或 $0\sim 2.5\Omega$）变化时，与其他变送器或传感器及电信号仪表配用、外阻（或源阻抗）在规定的范围内变化时，其基本误差仍应不超过允许的基本误差限[1]。

一、单点数字显示仪表

火力发电厂常用的数字显示仪表见表 2-22 所示。

表 2-22　　　　　　　　　常 用 数 字 显 示 仪 表

系列	型　号	输入信号	信号源内阻（Ω）	分 辨 力	备　　注
XM	XMZ—101	热电偶	≤100	1℃	分度号：K，S，B，T
	XMZ—102	热电阻	每根线小于 5Ω，三线电阻相同	Cu：0.1℃，Pt：1℃	分度号：Cu50，Cu100，Pt10，Pt100
	XMZ—104	0～10mA，DC	＜100	误差：±0.5%±1 字	
	XMZ—105	4～20mA，DC 1～5V，DC	＜100 250	误差：±0.5%±1 字	
	XMT—101	热电偶	≤100	1℃	第二位调节
	XMT—121	热电偶	≤100	1℃	带三位调节
	XMT—102	热电阻	每根线小于 5Ω，三线电阻相同	Cu：0.1℃，Pt：1℃	第二位调节
	XMT—122	热电阻	每根线小于 5Ω，三线电阻相同	Cu：0.1℃，Pt：1℃	带三位调节
JS	JSW	热电偶、热电阻	500kΩ	1℃	用于温度测量
	JSY	0～10mA，DC 4～20mA，DC	＜150	0.01MPa	用于压力测量
	JSL	0～10mA，DC	＜150	1t/h	用于流量测量
	JSLJ	0～10mA，DC	＜500	误差：±0.5%	用于流量积算

注　上列仪表外形尺寸及开孔尺寸（mm）：$B\times H=160\times 80$；$b\times h\times d=150\times 75\times 250$；$b'\times h'=152^{+1}_{\ 0}\times 76^{+1}_{\ 0}$。

---

[1] 摘自 GB/T 13639—92《工业过程测量和控制系统用模拟输入数字式指示仪》。

表 2-23

火力发电厂常用数字巡回检测仪表

型号	输入信号	检测点数	采样时间(s/点)				显示数字位数				外形及开孔尺寸(mm)		
			快速	慢速	试验	打印	点序	正负号	参数值	单位	$B×H$	$b×h×d$	$b'×h'$
SXB—40	热电阻	38	2	5	1/3	无	2	无	3	无	370×160	364×154×500	$366^{+1}_{0}×156^{+1}_{0}$
20	热电阻	18	2	4	1/3	无	2	1	3	无	300×160	294×154×440	$296^{+1}_{0}×156^{+1}_{0}$
SRX—40		38									370×160	364×154×400	$366^{+1}_{0}×156^{+1}_{0}$
60		58									370×160	364×154×440	$366^{+1}_{0}×156^{+1}_{0}$
SEX—40	热电偶	38	2	4	1/3	无	2	无	3	无	370×160	364×154×600	$366^{+1}_{0}×156^{+1}_{0}$
JXJ—60	热电阻,热电偶 0~50mV,DC 0~5V,DC 0~10mA,DC 4~20mA,DC	58	1	4	1/5	1	2	1	3	1	425×180	400×158×560	$398^{+1}_{0}×156^{+1}_{0}$
JXC—01 02	热电偶 热电阻	60	1/10	1	无	1.5或 1/5	2	1	3	1	480×220	450×218×400	$448^{+1}_{0}×217^{+1}_{0}$
SW—12A	热电偶	12	1	2	无	无	2	无	3	无	160×80	150×70×255	$152^{+1}_{0}×71^{+1}_{0}$
JBD—213H 215H	热电阻 热电偶	主机: 40或20 扩展: 100	0.5或1	4	无	0.5或1	2	无	4	无	主机: 320×160 采样扩展盒 80×160	主机: 308×152×480 采样扩展盒 74×152×480	主机: $310^{+1}_{0}×154^{+1}_{0}$ 采样扩展盒 $76^{+1}_{0}×154^{+1}_{0}$
MPS—60	热电阻,热电偶 0~50mV,DC 0~10mA,DC 4~20mA,DC	60	1/10	1	数据显示速率 1点/s,1点/4s (任选)		2	1	4	1	主机: 380×170 打印机 □160	主机: 366×156×440 打印机 □150×440	主机: 365×155 打印机 □149

表 2-24

常用智能巡回检测仪表

型号	输入信号	检测点数	测量速率	显示数字位数 点序	数值	单位	其他	精确度	微处理器	尺寸(mm) 外形	开孔	附加功能
XMD-16R	热电阻	15										
XMD-16E	热电偶	14	1/1.6s	2	4	1	1	±0.5% 温差≤1℃	8031 单片机	160×80×300	152×76	报警 外接打印机
XMD-16RE	热电阻 热电偶（温度和温差）	15										
WXC-62	热电偶	62(31 对温差)	10 点/s 每点显示时间：3s 或 1s 任选	2	4	无	2	≤0.5%	Z-80	324×164×450	314×154	报警、带打印
WXC-R-96	热电阻	96(48 对温差)		2	4	无						
XMD 系列	热电偶 热电阻 毫伏 0～10mA 4～20mA	20 40 60 100	采样速度： 10 次/s 巡检速度： 2～99s，任选 2s	2	4	无	1	±0.2% ±0.5%	8032 单片机	巡测仪： 160×160×450 打印机： 160×80×250	巡测仪： 150×150 打印机： 150×76	报警、打印
WT-1B-60	热电偶	60(30 对温差)	采样速率： 5 点/s 每点显示时间： 1s 或 4s	2	4	无	无	0.2%±1 个字	8031 单片机	160×160×300	153×153	报警、外接打印机
SRE 系列	热电阻 热电偶	16 32 48 64 96	采样速率：5 点/s 每点显示时间： 1s 或 4s	2	4	1	无	±0.5%	8032 单片机	SRE-32,48,64 96 型： 160×160×310 SRE-16,32A 型 160×80×230	152×152 152×76	报警、外接打印机
JXC-61A	热电偶 热电阻 0～10mA 4～20mA	40 （温度和温差）	巡测速度 模拟采样： 0.5s/点 显示：2s/点	2	4	无	无	±0.5%	MCS-51 单片机	主机： 144×144×205 模拟箱： 270×210×190	主机： 138×138 模拟箱： 装在盘内	报警、外接打印机

二、数字巡回检测仪表

随着机组容量增大和需要检测参数的增多，而大型机组采用分散控制系统（DCS）后，常规显示仪表的设置量减小，但锅炉、汽轮机的金属温度，发电机绕组、铁心、冷却水的温度，辅机轴承的温度等，除少部分进入DCS外，一般可采用小型巡回检测装置。

巡回检测仪表能以很短的测量周期测量几十甚至一百多个测点的被测参数，可巡回显示，亦可定点显示，有的还具有越限报警、自动打印、断电数据保存等功能。

巡回检测仪表按工作原理分，有不带微处理器和带微处理器（常称智能仪表）两种，常用巡回检测仪表见表2-23和表2-24。

第四节　热工信号报警装置

热工信号报警装置（或系统）输入开关量信号（常开或常闭触点），用于机组运行中热工参数偏离正常范围、热工保护及重要连锁项目动作、自动调节系统故障、顺序控制系统故障、计算机系统故障、重要电源回路故障、控制气源故障等异常状态时输出灯光（异常状态用精炼的文字写在光字牌上，显示闪光、平光等）和声响（电铃或蜂鸣器等）信号，以引起运行人员注意。在采用数据采集系统（DAS）对机组监视时，报警信号的状态在CRT屏幕上进行显示。

国内生产的热工信号报警装置种类很多，其技术性能、特点、功能各不相同。过去生产的ZC—11A型等冲击继电器报警装置和XXS—01型等晶体管闪光报警装置在火电厂已很少采用。目前，报警装置的逻辑元件和电路组成多采用集成电路（CMOS、PMOS）或微机，从结构看，有集装组合型（光字牌与逻辑机箱组装在一起）、表计型（外形尺寸与一般动圈表同）、光字牌与公用单元分离型、机柜型等。光字牌一般采用白炽灯作光源，逐步由发光二极管或固体发光器件取代白炽灯泡，以延长使用寿命和降低功耗。

报警装置设有"确认"、"消音"、"试验"和"复位"按钮，或有其中部分按钮。一般来说，确认按钮是为了判断信号的真假而设置的。当偶然出现短时干扰信号时，铃响、光字牌可能闪光，按下确认按钮后，如为干扰信号，声响消失、光字牌灯灭；如为报警信号，光字牌灯平光。消声按钮按后，声响即停止；如仍有报警信号，该点光字牌灯变为平光。试验按钮用于试验整机音响及光字牌灯是否损坏或出现故障。复位按钮用于将整机恢复至初始状态。

有些报警装置还具有报警程序方式选择功能；用不同声光区分首出报警（指第一个报警信号）和后续报警（指后面出现的报警信号），紧急报警和非紧急报警，有接点或电平输出的再传输等功能。

一、单点集装组合式闪光报警器

此类报警器采用光字牌和报警电路组合在一起的积木式设计，单个或任意多个拼装，安装于控制盘面，为前抽结构。一般采用CMOS集成电路，配一个公用电源装置，如XZS—10A型、XZS—10B型（光字牌为发光二极管）、XZS—11系列（以快闪慢闪区分首出报警，有接点输出和6V电平输出）等，与其配套的电源装置为XDY—02A、05A、10A型（型号后缀数字为输出电流值，分别用于报警回路数为 20 路以下、20～50 路、50～100 路），输出直流电压 24V。XZS—10A 和 10B 多台报警器的外部接线如图 2-4 所示。

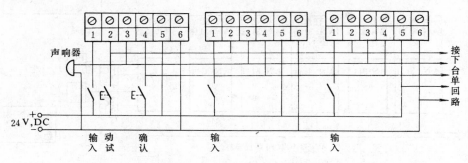

图 2-4　XZS—10A、10B 多台报警器的外部接线

二、八点表计式闪光报警器

此类报警器的报警回路数为 8 点，由于其外形尺寸为 160mm×80mm（宽×高），适合盘装，故广泛应用于小型电厂和电厂的辅助车间。常用的有：XXS—01、02 型为晶体管电路；XXS—01B、02B 型、XXS—10A、11A、11B、11C、12A 型等为集成电路；XXS—12 为微机电路。

三、带公用单元的闪光报警装置

此类报警装置是由一个公用单元（一般采用 CMOS 集成电路）管数拾个报警点，且可扩展，也可并联运行，光字牌可任意组合，适用于中、小型火电厂。常用的有：XXS—97A（10～150 点），XBB—100（100 点、机柜式），XBH—30（30 点），XBH—100（100 点），XBS—2（50 点），BJG—A（50 点、100 点），SX—3（150 点），SXB—1（50 点），SXB—100（100 点、机柜式），FC—100（100 点、PLC 可编程序控制器组成程序选择电路），XXS—2A（500 点、微机电路、光字牌为固体发光器件）等。

四、AN 系列报警器

上海自动化仪表一厂引进美国罗切斯特仪器系统公司技术，生产带微处理机的 AN 系列报警器，共有四个品种，其主要技术规格见表 2-25 所列。它们可构成各种大小和用途的报警系统，其输入接点由装置供～24V 电源，接点型式（常开或常闭）可以现场选择。

表 2-25　　　　　　　　　　　AN 系 列 报 警 器

型　号	AN—3100	AN—4100	AN—5100	AN—3196
结构	模块式	机　柜	机　架	固定式
安装方式	盘装式	逻辑显示分开	逻辑显示分开	就地式
报警点数	400	250～3000	64～384	12/台
适用场合	中小系统	大机组	中系统	现场

以 AN—3100 为例，其工作原理如图 2-5 所示。基本的 AN—3100 系统包括一个或多个（最多 100 个）程序控制组件 AN—3111（4 点输入）或 AN—3121（2 点输入）以及与之对应的 AN—3118 重复继电器组件（提供输出接点，可任选）、一个 AN—3125 公用组件（报

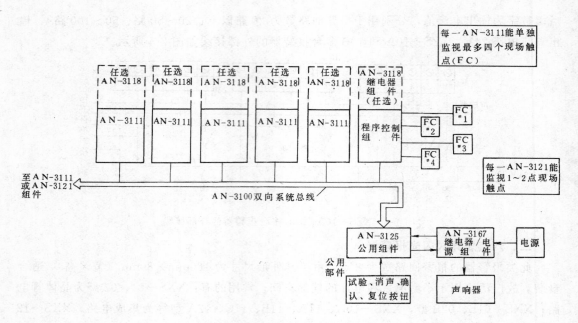

每一 ＡＮ—3111能单独监视最多四个现场触点（ＦＣ）

每一 ＡＮ—3121能监视1～2点现场触点

图 2-5　AN—3100 报警器系统框图

警器的接口）、一个 AN—3167 声响继电器驱动器和电源部件等。光字牌（显示窗）与程序控制组件组合在一起形成各个单元，一个单元有 1～4 个显示窗之分（每个单元的光字牌数），即每套系统可监视 1～400 个现场触点信号。每块组件用一只微机（单板机）能独立编制动作程序，通过矩阵可选择几个 ISA 标准程序（美国仪表标准协会 ISA S18.1—1978）中的一个，报警程序方式见表 2-26。

表 2-26　　　　　　　　　　　　ISA 标准报警程序方式

ISA标准	报警装置	正常	报警		确认		恢复正常		确认前恢复正常		确认		复位	首出复位
			首出	后续	首出	后续	首出	后续	首出	后续	首出	后续		
A	灯光	灯灭	闪光		灯亮		灯灭		闪光		灯灭		灯灭	
	声响	无声	发声		无声		无声		发声		无声		无声	
M	灯光	灯灭	闪光		灯亮		灯灭		闪光		灯亮		灯灭	
	声响	无声	发声		无声		无声		发声		无声		无声	
R—12	灯光	灯灭	快闪		灯亮		慢闪		慢闪		慢闪		灯灭	
	声响	无声	发声		无声		发声①		发声①		发声①		无声	
F2M—1	灯光	灯灭	闪光	灯亮	灯亮	灯亮	灯亮	灯亮	闪光	灯亮	灯亮	灯亮		灯灭
	声响	无声	发声	发声	无声	无声	无声	无声	发声	发声	无声	无声		无声
FFAM2	灯光	灯灭	闪光	灯亮	闪光	灯亮	闪光	灯亮	闪光	灯亮	闪光	灯亮	灯灭	
	声响	无声	发声	发声	无声	无声	无声	无声	发声	发声	无声	无声	无声	
F3A	灯光	继续快闪	慢闪	快闪	灯亮	快闪	灯亮	灯灭	断续快闪	慢闪	快闪	灯灭		灯灭
	声响	无声	发声	发声	无声	无声	无声	无声	发声	发声	无声	无声		无声

① 在大部分场合应装上有明显区别的回铃声响器。

134

此外，AN—3100 系列还有 Z 型、P 型和 F 型。前两种与 AN—3100 基本相似；后一种有独立机柜，即程序控制组件与显示窗分开安装，每只机柜可报警 200 点（无再输出）或 160 点（有再输出 125 点），机柜内有发光二极管报警点指示。

五、XXS—87 型微机报警装置

上海市长春仪表厂生产的 XXS—87 微机报警系统，采用 INTEL8031 单片微机为控制核心，组成多微处理机的组件化系统，报警程序方式可通过选择开关进行四种选择。

该微机信号报警装置的整机结构有四种类型：小型 8 点仪表式；12 点和 24 点台式为整机结构；12 点和 24 点墙挂式为光字牌与报警单元分开结构；160 点（单柜）和 512 点（双柜）为机柜式结构。

单柜式机柜外形尺寸如图 2-6 所示，机柜中间为两层微机报警插件板框架，每层框架有 8 块微机报警插件板，每块插件板为控制 16 个报警接点进行报警；第二层框架内有 6 块备用插件板，可与其他插件板互相代替使用。每块报警插件板上有 4 个发光二极管指示灯，作为正常工作指示用。输入信号（常开或常闭）触点可混合选择，由报警单元插件板上的拨动开关选取。该装置的光字牌与机柜分离，尺寸为 96mm×48mm，可分组安装在控制盘上，每组以矩阵方式排列，有 6×6＝36 个、7×5＝35 个和 6×4＝24 个三种排列方式供选择。每组光字牌通过配有两个 19 心航空插头的电缆接至报警插件板框架的背面，与报警插件相连。

六、自动记录式报警装置

对于大容量汽轮发电机组来说，控制、监视信号越限或多个连锁动作，运行人员难以迅速辨认各个信号或动作的先后次序和时间，尤其是难辨事故的首发点。为此，采用以微处理机为核心的智能化自动顺序记录报警信号状态变化的装置，通常称为事件顺序记录仪。它记录每一输入状态变化的顺序和精确时间，可区别时间间隔大于 1ms 的两个信号的先后次序，适用于记录较重要的报警信号，如能引起机组跳闸的异常状态信号等，作为分析机组

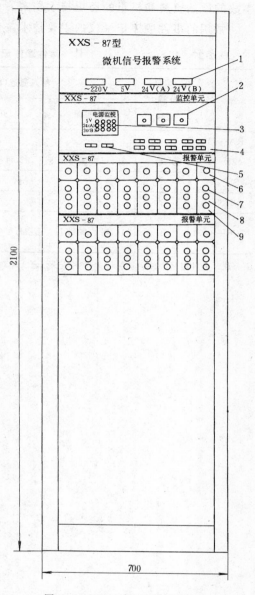

图 2-6 XXS—87 型单柜式机柜
1—电源指示表；2—正常工作指示；
3—电源监视；4—报警控制按钮；
5—电源监控按钮；6—闪光报警；
7—微处理工作指示；8—信号指示；
9—灯光指示

135

事故的原始资料和机组的历史技术档案。

常用的事件顺序记录仪的主要技术条件见表 2-27。

表 2-27　　　　　　　　　　事件顺序记录仪主要技术条件

型　　号	事件分辨力(ms)	输入通道(路)			输入信号	数据显示
		模拟量	开关量	频率量		
RA—3800	1	—	1536	—	常开或常闭接点	8 位字符
ZD—Ⅲ	1	32,可扩展到 128	32,可扩展到 128	—	电平或常开、常闭接点	语音报警
SUN—2	1	—	32	—	常开或常闭接点	有
SUN—3	1	24	32	1	电平或常开、常闭接点	有
CCC—4750	1	16,可扩展到 112	24,可扩展到 168	8,可扩展到 56	电平或常开、常闭接点	6 位数码管

注　各种型号事件记录仪均有:顺序记录、记录时刻(年、月、日、时、分、秒、毫秒)、数据保护、数据刷新、断电保护。

第三章 控制仪表和控制系统

控制仪表是自动控制被控变量的仪表，由各种不同的、相互关联的控制仪表构成的控制系统，是操纵一个或几个变量达到预定状态的系统。为了实现自动控制，除自动装置本身外，控制系统还包括向自动装置提供信息的变送器和开关部件，以及执行自动控制装置控制指令的执行器等。

第一节 调 节 仪 表

一、气动基地式调节仪表

气动基地式调节仪表的特点是结构简单，将变送、放大、指示、调节、反馈操作、定值等集中于一个箱体上；操作容易，维护方便；防电磁、辐射干扰能力强；防火，防爆、对环境的适应性好；可就地直接控制气动薄膜阀，不占控制盘的位置等。因此，火电厂辅助系统参数控制（一般为单参数调节）大多采用气动基地式调节仪表，如主厂房的重油压力、吹灰蒸汽压力、轴封蒸汽压力、冷却油温或水温、加热器水位等调节系统，以及辅助生产车间的单参数调节系统。

气动基地式仪表与气动调节阀（包括气动执行机构和调节阀）以及配套部件（包括阀门定位器、气动保位阀、空气过滤减压阀、二通阀）等组成气动基地式调节系统，其典型系统如图 3-1 所示。其中，气动基地式仪表是个关键环节，由它检测温度、压力、差压、液位等参数，并以一定的调节规律输出信号。

1.B 系列气动基地式仪表[1]

B 系列气动基地式仪表采用功能件组合化结构。因被测参数的不同，它有 18 种不同的检测元件（见表 3-1 中所列的检测元件形式）和 13 个通用的功能件（调节器、变送器、手操表、放大器、差动机构、积分阀、微分阀、平衡器、

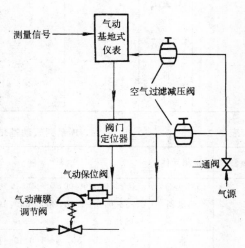

图 3-1 典型的气动基地式调节系统

气开关、报警器、限幅器、气给定器和积算器），可根据不同的需要，适当组合成各种不同的品种和规格。

B 系列气动基地式仪表是基于位移平衡原理工作的，特别适用于单参数的检测、显示和

---

[1] 依据 GB11282.1～5—89《B 系列气动基地式仪表》编写。

单回路自动调节。其工作气源为 0.14MPa 的已经过除油和除尘的、干燥的压缩空气，输出标准气压为 20～100kPa，最大耗气量为：调节仪或变送器：0.6m³/h；调节仪带变送器或报警器；1.1m³/h；调节仪带手操表：1.1m³/h；调节仪带手操表、变送器或报警器：1.5m³/h。

B 系列气动基地式仪表的型号组成及其代号含义见表 3-1，其测量范围见表 3-2。

表 3-1　　　　　　　　　　　B 系列气动基地式仪表的型号组成及其代号的含义

型号组成	A	B	C—	1	2	3	D
表示方法	大写汉语拼音字母			阿拉伯数字			字　母
代号含义	A—系列代号	B—检测参数	C—显示参数及特征	1—调节作用	2—附加机构	3—检测元件形式及设计序号	D—特殊要求
举例	B	W 温度	小型表： Z—针指示 J—笔记录 大型表： JY——笔记录 JE—二笔记录 JS—三笔记录	0—无 1—两位 2—小比例 3—比例 4—比例积分 5—比例积分微分 6—比例积分（带手操表） 7—比例积分微分（带手操表）	0—无 1—报警器 2—变送器 3—气给定器 4—限幅器 5—积算器	1—热电偶 2—热电阻 6—充液式温包	
		Y 压力				1—膜盒 2—波纹管 3—螺簧管 4—弹簧管 5—双波纹管	
		C 差压				1—微差压膜片 2—低差压膜片 3—中差压膜片 4—高差压膜片 5—双波纹管	
		U 液位				1—外浮筒侧侧式 2—外浮筒顶底式 3—外浮筒底侧式 4—外浮筒顶侧式 5—内浮筒	W—高温 Y—高静压 S—高温、高压

表 3-2　　　　　　　　　　　B 系列气动基地式仪表测量范围

检测参数	检测元件	测　量　范　围	备　注
温　度	热电偶	0～300，0～400，0～600，0～800，0～1100，0～1350，0～1600，0～1800，200～600，400～900，600～1100，600～1600℃	
	热电阻	0～30，0～50，0～100，0～150，0～200，0～300，0～400，0～500，－50～50，－50～100，－80～120，－100～50，－100～100，－100～0，－120～30，－100～50，－100～150，－200～50，－200～70，－200～100，－200～500，200～500℃	
	充液式温包	－20～100，－20～150，－20～200，－20～300，0～50，0～100，0～150，0～200，0～300℃	
	充气式温包	0～100，0～200，0～300，100～400℃	

检测参数	检测元件	测 量 范 围	备 注
压 力	膜盒波纹管	0～1，0～1.6，0～2.5，0～4，0～6，0～10，0～16，0～25，0～40，0～60kPa	
		20～100kPa	
		0～0.06，0～0.1，0～0.16，0～0.25，0～0.4，0～0.6MPa	
	螺簧管	0～0.6，0～1，0～1.6，0～2.5，0～4，0～6，0～10，0～16，0～25，0～40，0～60，0～100MPa	
	弹簧管	压力部分：0～0.06，0～0.15，0～0.3，0～0.5，0～0.9，0～1.5MPa	
		真空部分：−0.1～0MPa	
		−0.1～0MPa	
	双波纹管	0～10,0～16,0～25,0～40,0～60,0～100,0～160kPa	绝对压力
差 压	微差压膜片	0～100，0～160，0～250，0～400，0～600，0～1000Pa	静压：0.1MPa
	低差压膜片	0～1，0～1.6，0～2.5，0～4，0～6kPa	静压：0.4MPa
	中差压膜片	0～6，0～10，0～16，0～25，0～40kPa	静压：4MPa
	高差压膜片	0～40，0～60，0～100，0～160kPa	静压：4MPa
	双波纹管	0～6，0～10，0～16，0～25，0～40，0～60kPa	静压：4，16，13MPa
		0～0.06，0～0.1，0～0.16，0～0.25，0～0.4MPa	
液 面（界面）	浮 筒	0～300，0～500，0～800，0～1200，0～1600，0～2000mm	静压：1.6，6.4，16，32MPa；介质密度：0.5～1.5g/cm³；介质密度差：0.1～0.5g/cm³；介质温度：170，450℃

B 系列气动基地式仪表可屏装或柱装，其箱身尺寸和安装尺寸见表 3-3。其连接方式及连接尺寸为：检测部件——压力为 M20×1.5 阳螺纹；差压为 M18×1.5 阴螺纹；液位为标准法兰。气源和输出——M10×1 卡套式接头，配管为 $\phi6\times1$。

表 3-3　　　　　　　　　　　B 系列气动基地式仪表箱身尺寸和安装尺寸　　　　　　　　（mm）

类 型	名义尺寸		箱身尺寸		屏装开孔尺寸		柱装安装管尺寸
	宽	高	宽	高	宽	高	管外径
小型表	240	320	$225^{\ 0}_{-1}$	$300^{\ 0}_{-1}$	$228^{+1}_{\ 0}$	$304^{+1}_{\ 0}$	50～60
大型表	320	400	$300^{\ 0}_{-1}$	$375^{\ 0}_{-1}$	$304^{+1}_{\ 0}$	$380^{+1}_{\ 0}$	50～60

2. KF 系列仪表

KF 系列仪表是现场气动指示调节仪，产品型号由基本型号、选择规格和附件三部分构成。基本型号包括三部分，其代号及含义见表 3-4。选择规格包括测量元件、测量范围、有关零部件材料、法兰、安装螺纹规格、毛细管长度、法兰插入部分长度、气接头、信号源以及安装方式等，对各种仪表，其内容有所不同（代号略）。附件为选配部件，包括带外给定旋钮（代号 K）、表内手操器（代号 M）、带活接头（代号 U）、带三阀组（代号 V）、正迁移（代号 5）、负迁移（代号 6）、空气过滤减压阀（代号 7）等。

表 3-4   KF 系列仪表的基本型号

项目	代号	含　义	项目	代号	含　义
仪表类型	KFP	压力指示调节仪（固定范围）	调节作用	0	无
	KFK	压力指示调节仪（可调范围）		1	P＋手动积分
	KFT	温度指示调节仪		2	PI
	KFD	差压指示调节仪		3	PID
	KFL	液位指示调节仪		4	PD＋手动积分
性能	B0（A0）	指示变送器		5	PI＋积分限幅
	B1（A1）	指示调节仪（本机给定）		6	开-关
	B2（A2）	指示变送调节仪（本机给定）		7	差隙
	B3（A3）	指示调节仪（气给定）		8	P＋外积分
	B4（A4）	指示变送调节仪（气给定）		9	PD＋外积分

注　性能代号中"B"适用于 KFK、KFD、KFL；"A"适用于 KFP、KFT。

KF 系列仪表的测量范围见表 3-5。气源压力为 140 ± 14kPa，输出为 $20\sim100$kPa。耗气量（输出 50% 平衡时）见表 3-6。仪表的安装方式除液位表为法兰固定外，有盘装（代号

表 3-5   KF 系列仪表的测量范围

测量参数	测量单元结构型式		测　量　范　围	
压力 (kPa)	固定范围	波纹管式	$-100\sim0$ 至 $0\sim200$	
		盘簧管式	$0\sim300$ 至 $0\sim35000$	
		标准信号接收波纹管式	$20\sim100$	
	可调范围	波纹管式	$0\sim1.33$ 至 $0\sim700$	
		波登管式	$0\sim350$ 至 $0\sim70000$	
		远程密封膜片式	$0\sim350$ 至 $0\sim70000$	
温度(℃)	温包*		$-50\sim50$ 至 $0\sim500$	
差压 (kPa)	标准型		微差压	$0\sim0.1$ 至 $0\sim1.2$
	法兰型		低差压	$0\sim0.5$ 至 $0\sim6$
	远程密封膜片型		中差压	$0\sim2.5$ 至 $0\sim55$
	高静压型		高差压	$0\sim25$ 至 $0\sim500$
液位(mm)			$0\sim300$ 至 $0\sim3000$	

*   300℃ 以下者封入液体（煤油）介质、300℃ 以上者封入气体（N_2）介质。

140

表 3-6		KF 系列仪表耗气量				(L/min)
仪表类型	指示变送器	指示调节仪	指示变送调节仪	纯指示	手动调节
KFP、KFT	4	4	8	0	3
KFK、KFD、KFL	9	9	9	5	3

P)、架装（代号 S）和管装（代号 T）三种。气接头有 PT 1/4 日制锥管内螺纹（代号 A）和 1/4 NPT 美制锥管内螺纹（代号 B）两种。

3. YWL、YLL、WTL 型仪表

YWL、YLL、WTL 型气动压力、温度指示调节（变送）仪的型号含义如下：

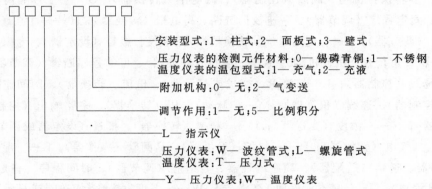

安装型式：1— 柱式；2— 面板式；3— 壁式
压力仪表的检测元件材料：0— 锡磷青铜；1— 不锈钢
温度仪表的温包型式：1— 充气；2— 充液
附加机构：0— 无；2— 气变送
调节作用：1— 无；5— 比例积分
L— 指示仪
压力仪表：W— 波纹管式；L— 螺旋管式
温度仪表：T— 压力式
Y— 压力仪表；W— 温度仪表

YWL 和 YLL 压力气动调节仪的测量范围有：0.02～0.1MPa；0～0.06、0.1、0.16、0.25、0.4、0.6、1.0、1.6、2.5、4.0、6.0、10、16MPa。WTL 型温度气动调节仪的测量范围有：0～25、50、100、150、200、250、500℃。仪表的供气气源：柱式安装（带过滤减压阀）为 300～700kPa；面板式和壁式安装为 140kPa。仪表耗气量（标准状态）500L/h。仪表输入、输出和气源接头为 M10×1 卡套式接头，配管尺寸为 $\phi6×1$。

二、电动单元组合（DDZ—S 系列）仪表[1]

DDZ—S 系列仪表是在总结 DDZ—Ⅱ、Ⅲ型电动单元组合仪表经验的基础上，吸取国外 80 年代先进技术而设计的，即在模拟技术基础上，引进了计算机技术、数据通信和网格技术、图像显示技术、算法软件模块化及系统组态，系统生成技术、现代控制理论、可靠性设计技术、新型传感技术等，采取模拟技术与数字技术相结合并以数字技术为主的方式，是具有数字化、智能化、微位移或固态化的新型自动化仪表。用户根据不同的需要可以构成数据采集系统，单回路控制系统，多回路控制系统，中小规模两级控制分散控制系统等应用系统。

（一）型号编制

DDZ—S 系列仪表型号由四节代号组成，结构如下：

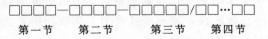

第一节　　第二节　　　第三节　　第四节

---

[1] 依据 JB/T6806.1～3—93《DDZ—S 系列仪表》编写。

（1）型号第一节：用于表示产品分类号。一般由三位汉语拼音大写字母组成，少数品种可用四位。

第一位：规定取 S，表示 DDZ—S 系列仪表。

第二位：表示单元类别。B——变送单元；Z——转换单元；X——显示单元；S——设定单元；T——调节控制；C——操作监控；L——数据链路；K——执行机构；F——辅助单元。

第三位：表示产品类型。A——恒值（设定器）、安全栅、系统监视（显示器）；B——报警仪、可编程序（调节器）、平衡（操作器）；C——差压（变送器）、电流脉冲（转换器）、数据采集器、彩色 CRT 操作站、操作器、参数（设定器）；D——D 型操作器、低速数据链路、多转执行机构、断续（控制器）、低电平（转换器）；G——信号隔离器、光柱（指示仪）、固定程序（调节器）、高速数据链路、高电平（转换器）；H——直流毫伏（转换器）、混合（调节器）；J——交流毫伏（转换器）、记录仪、报警（设定器）、专家式（调节器）、监控机、角行程（执行机构）；K——阻抗（转换器）、可编程序断续（调节器）、通信控制器、位式（控制器）；L——流量（变送或显示器）、电流（转换器）、网间连接器、可编程顺序控制器、连续（积算器）；M——脉冲/电压（转换器）、多路输出（控制器）、脉冲（积算器）；N——浓度（变送器）；P——频率（转换器）、批量（设定器或调节器）、配电器；Q——气电（转换器）；R——斜坡（发生器）、晶闸管（操作器）；S——湿度（变送器）、积算器、通信（适配器）、顺序编程器、自适应（调节器）、时间程序（设定器）、参数监视（显示器）；U——液位、界面（变送器）；W——温度、温差（变送器或显示）；X——校验信号（发生器）、逻辑（控制器）；Y——压力（变送器）、复合运算器、打印机、电源箱；Z——指示仪、自整定（调节器）、直行程（执行机构）、组态器。

第四位：一般不用，在特殊情况下用以作为对第三位的补充。J——作为简易型 DDZ—S 系列仪表的特征号。对于流量变送器：B——靶式、C——电磁、J——均速管、U——涡街；对于差压和压力变送器：C——电容式、E——压电式、L——电感式、R——电阻式；对于液位变送器：M——浮筒界面、T——浮筒液位；对于温度变送器：B——半导体、R——热电偶、Z——热电阻。

（2）型号第二节：用于表示品种、规格等产品主要特征，用四位阿拉伯数字表示（少数品种可用五位）。

（3）型号第三节：表示产品特殊应用环境特征。一般工作条件下工作的不设，特殊应用环境取多位汉语拼音字母组成。对于防爆产品，第一位用汉语拼音小写字母表示：i——本质安全型；d——隔爆型；e——增安型。属于防爆产品的关联设备，在字母上加括号"（ ）"。以后几位用汉语拼音大写字母表示：B——防尘；C——船用；D——低温；F——防腐；G——高温；S——防水；T——热带用；Z——耐震。

（4）型号第四节：用于表示企业代号及制造厂认为有必要表达的产品未尽特征。前二位（可以是一位，最多不超过三位）表示企业代号，用汉语拼音大写字母；其后各位用阿拉伯数字或汉语拼音字母表示产品其他特征。

（二）工作信号

DDZ—S 系列仪表各单元之间传输信息用的模拟信号，数字量开关信号，仪表与操作站、各种通信设备进行通信的信号见表 3-7 至表 3-9。

表 3-7   DDZ—S 系列仪表的模拟量工作信号

参 数 名 称		D1 系列	D2 系列*
控制室内传输信号		1～5V，DC 4～20mA，DC＊＊	0～10mA，DC（主信号） 0～5V，DC（辅助信号）
现场传输信号		4～20mA，DC	0～10mA，DC
交流分量	有效值	不大于信号量程的 1.0%	
	纹 波	不大于信号量程的 3.0%	
输入阻抗	电压输入端	≥1MΩ	≥1MΩ
	电流输入端	250Ω 100Ω＊＊	200Ω （100Ω、250Ω、400Ω 或 500Ω）＊＊
允许负载 电阻范围	电压输出端	≥250kΩ	≥500kΩ
	电流输入端	250～600Ω	100Ω～1kΩ
	二线制传输	250～350Ω＊＊＊	—
辅助输入信号		各种热电偶、热电阻、10mV 与 100mV 低电平信号	

＊　　该参数系列为允许采用，但不推荐；

＊＊　特殊情况下可选用；

＊＊＊　在安全场所工作时，某些二线制变送器可用增大电源电压方法来扩大允许负载电阻范围的上限值。

表 3-8   DDZ—S 系列仪表的数字量开关信号

信号类型	代 号	定 义	参 数
HTL 电平型	"ON" 或 "1"	低电平	幅值：0～4V，偏置电流：≤3mA
	"OFF" 或 "0"	高电平	幅值：10～30V，偏置电流：≤10μA
TTL 电平型*	"ON" 或 "1"	低电平	幅值：0～1V
	"OFF" 或 "0"	高电平	幅值：2.4～5.5V
晶体管 接点型	"ON" 或 "1"	闭合	接点容量（一般取值）：直流：30V，100mA
	"OFF" 或 "0"	断开	
继电器 接点型	"ON" 或 "1"	闭合	接点容量（一般取值）：直流：30V，100mA
	"OFF" 或 "0"	断开	交流：220V，1.5A（仅适用于输出接点）

＊　TTL 电平信号仅作为控制室内传输之用。

（三）结构型式与安装尺寸

1. 盘装式

S 系列仪表盘装式结构的外形尺寸与盘面开孔尺寸符合 JB/T1402—91《盘装测量和控制仪表尺寸及开孔尺寸》和下列补充规定：

1）以 10 为模的尺寸系列取：$B \times H$，mm：80×80、80×160、160×160，优先选用 80×160；对显示单元类中的非密集安装仪表，允许采用 160×80。

2）以 12 为模的尺寸系列取：$B \times H$，mm：72×72，72×144，144×144，优先选用 72×144；对非密集安装仪表，允许采用 144×72。

3）表壳长度数系：250（360 或 400），500，630mm，优先选用 500mm，括号内数值仅供非密集安装仪表选用。

表 3-9   **DDZ—S 系列仪表的数据通信**

参 数 名 称	参 数 或 规 定	
	高速数据链路	低速数据链路
通信规程	按 GB7496 与 GB7575 规定	按 GB3453 规定
网络拓扑	总线型	总线型或星形
通信距离	≥500m	≥200m
连机数	≥32 台	≥16 台
传输信道	屏蔽双绞导线或同轴电缆	屏蔽双绞导线
通信方式	串行同步、半双工	主从方式、串行起止式或字符串同步、半双工
传输速率	≥48k bps	19.2k bps 可分档
24h 平均信道误码率（不加任何软硬件纠错）	现场：≤10^{-6} 试验室：≤10^{-7}	
隔离	信道与设备隔离（非必备功能）	
接口信道功能	可冗余，可手动设定和自动故障切换（非必备功能）	
通信接口	符合 RS422 要求或符合 RS485 要求	符合 GB6107（RS232）要求或符合 RS422 要求或符合 RS485 要求

注 1. 表中所指国家标准：GB3453—94（代替 GB3453—82）《数据通信基本型控制规程》；GB6107—85《使用串行二进制数据交换的数据终端设备和数据电路终端设备之间的接口》；GB 7496—87《信息处理系统 数据通信—高级数据链路控制规程—帧结构》；GB 7575—87《数据通信—高级数据链路控制规程—规程要素汇编》。

     2. RS232、RS422、RS485 系指美国电子工程师协会（EIA）制订的串行接口标准。

2. 架装式

S 系列仪表架装式结构外形尺寸与安装尺寸见表 3-10。

表 3-10   **DDZ—S 系列仪表架装式尺寸参数**（mm）

参 数 名 称	参 数	优先参数
面板尺寸系列 $B \times H$	44×175、89×175、400×175	44×175
箱身尺寸系列 $B \times H$		44×142
上下安装孔距	165±0.25	
左右安装孔距	45×n，n=1、2、3、4、5……	
箱身长度	220（或 200）、360	360
安装螺孔	M5	

3. 现场安装式

（1）变送单元类：除能安装在检测元件上的模块式温度变送器外，一般均采用夹持在垂直或水平方向、直径为 $\phi50\sim\phi60$ 的圆管上的安装方式，也可直接安装在流体管道或装置上。

现场安装式变送器的连接法兰尺寸采用 GB9112—88《钢制管法兰类型》有关规定。

压力、差压变送器配线的连接螺纹采用 M18×1.5（或 G1/2″管螺纹），深度为 16mm 的内螺纹，电缆线与变送器连接处有密封件密封。

测量管接头符合下列要求：差压变送器腰形法兰安装孔中心距为 41.3 ± 0.2mm，腰形法兰具有 M18×1.5（或 2G1/2″圆锥管螺纹）的内螺纹；差压变送器正、负压容室引压口连接螺纹为 M12×1、M10×1（或 ZG1/4″圆锥管螺纹）的内螺纹，中心距为 54 ± 0.2mm。转动腰形法兰，均可使中心距改变为 51 或 57mm（对高静压差压变送器，当不安装腰形法兰时例外）；单平、单插法兰式差压变送器的负压容室引压口连接螺纹为 M12×1、M10×1（或 ZG1/4″圆锥管螺纹）的内螺纹，负压容室上的腰形法兰上有 M18×1.5（或 ZG1/2″圆锥管螺纹）的内螺纹；压力变送器引压口连接螺纹为 M18×1.5（或 ZG1/2″圆锥管螺纹）的内螺纹，也可采用 M20×1.5 外螺纹，但不推荐。

（2）执行机构：角行程执行机构的部分安装尺寸见图 3-2 和表 3-11；直行程执行机构的部分安装尺寸见图 3-3 和表 3-12。

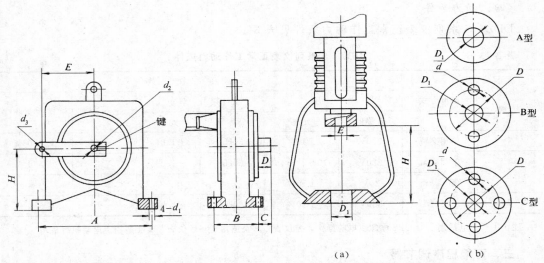

图 3-2　DDZ—S 系列角行程执行机构外形示意

图 3-3　DDZ—S 系列直行程执行机构外形示意
（a）局部外形示意；（b）连接法兰型式及安装尺寸

表 3-11　　　　　　　　DDZ—S 系列角行程执行机构安装尺寸

出轴力矩 （N·m）	外形尺寸与安装尺寸（mm）									
	A	B	C	D	E	H	d_1	d_2	d_3	键
40	180±0.2	180±0.2	50	30	70±0.2	90	$\phi10$	$\phi16$	$\phi14$	6×6
100	220±0.2	130±0.2	86	35	100±0.2	125	$\phi12$	$\phi25$	$\phi14$	8×7
250	260±0.2	100±0.2	115	50	120±0.2	135	$\phi13$	$\phi35$	$\phi16$	10×8
600	320±0.2	130±0.2	142	60	150±0.2	170	$\phi14$	$\phi40$	$\phi18$	12×8
1000	320±0.2	130±0.2	142	60	150±0.2	170	$\phi14$	$\phi40$	$\phi18$	12×8
1600	390±0.2	180±0.2	121	80	170±0.2	196	$\phi14$	$\phi58$	$\phi20$	18×11

表 3-12　　　　　　　　　　　DDZ—S 系列直行程执行机构安装尺寸

推力 (N)	行程 (mm)	法兰型式	外形尺寸与安装尺寸（mm）				
			H	D_1	D	d	E
400 1000 2500	6	A 型	49	$\phi24H9$	—	螺母压紧式	M5
	10		90	$\phi34H9$			M8×1
400 1000 2500	10	B 型	96	$\phi60H9$	$\phi80$	2×$\phi10$	M8
	15		106				
	25						
6400	25	C 型	153	$\phi80H9$	$\phi105$	4×$\phi12$	M12×1.25
	40		175	$\phi95H9$	$\phi118$		M16×1.5
	60						
16000	40	C 型	175	$\phi95H9$	$\phi118$	4×$\phi12$	M16×1.5
	60						
	100		255	$\phi100H9$	$\phi130$	4×$\phi18$	M20×1.5

（四）动力条件

DDZ—S 系列仪表正常工作动力条件见表 3-13。

表 3-13　　　　　　　　　　　DDZ—S 系列仪表正常工作动力条件

供电类别	供电方式	动力参数					
		电压		频率		纹波	谐波含量
		公称值	允差	公称值	允差		
I	单相交流	220V	±10%	50Hz	±1.0%	—	≤5.0%
II	单相交流	220V	+10%、−15%	50Hz	±1.0%	—	≤5.0%
	直流	24V	±10%	—		≤1.0%	—
III	三相交流	380V	±10%	50Hz	±1.0%	—	≤5.0%

注　I 类供电适用于由 UPS 电源供电的操作监控仪表；II 类适用于一般仪表；III 类适用于电动执行机构。

三、可编程序调节器

可编程序调节器是数字式单回路调节器（以下简称单回路调节器）的一种类型。单回路调节器是一个在分散型控制系统中，其分散度达到一个回路的小型数字式控制仪表，外形结构尺寸和电动单元组合仪表的调节器相同。它以微处理器为核心，通过编程实现单回路控制所必需的全部运算功能，PID 调节功能以及系统切换、手动操作、参数显示、报警、自诊断等功能，也常具有与上位计算机或操作控制站进行通信的功能。由于各种运算、控制功能以及控制系统的组态等均是通过软件实现的，因此，可很容易地编制适用于各种控制对象的运算与控制程序，生成功能各异的控制系统或改变系统的构成。单回路调节器最初是因一台微机只控制一个回路而得名，经过国内外对单回路调节器的应用表明，有些被控对象的实际工艺流程需要 2～4 个控制回路共同完成调节任务（如汽包水位调节、主蒸汽温度调节等），因此，出现了双回路、四回路等调节器。"单回路"并不意味着只有一个 PID

控制功能或一个输出通道，事实上，这类调节器几乎都具有两个PID功能和多个输入、输出通道。为了能进行高级控制，它可以接受几路输入信号，通过内藏微处理器实现运算控制功能，具有一个输出操作回路，输出只能控制一个执行机构。

单回路调节器于1980年前后最早在美国和日本出现，开发工作以日本最为突出。我国通过引进国外技术生产的单回路调节器已有多个系列品种，如：Digitronik系列（山武-霍尼威尔公司开发、上海调节器厂和四川仪表十八厂生产）的KMS型、KMM型；YS—80系列（横河公司开发、西安仪表厂生产）的SLCD型、SLPC型；Teleperm FC系列（富士电机公司开发、天津中环自动化仪表公司生产）的PMA型、PMK型；VI系列（日立公司开发、大连仪表厂生产）的$VI_{87}MA—E$型等。单回路调节器的分类情况如下所示：

$$数字式单回路调节器\begin{cases} 固定程序的（如KMS、SLCD、PMA）\\ 可编程序的\begin{cases} 自带编程器的（如PMK）\\ 外配编程器的\begin{cases} 共用CPU的（如SLPC）\\ 单独CPU的（如KMM、VI_{87}MA—E） \end{cases} \end{cases} \end{cases}$$

固定程序的调节器是把基本的控制功能及其选择固化装在仪表中，不需要用户再编程。由于不能灵活组态，功能也较少，应用上受到一定局限。

可编程序调节器则是根据过程控制要求，由用户自行编制程序，还可以修改或重编。调节器的功能模块很多，充分体现出功能丰富、组态灵活的特点，已广泛应用于200MW及以下机组的模拟量控制系统中。

由于可编程序调节器开发的时间不同，故设计思想和所完成的功能也不尽相同，其构成方案虽各有特点，但原理基本相同。图3-4是一种可编程序调节器的硬件系统原理图，此种调节器属于外配编程器（有编程器插座），编程器与调节器共用CPU的类型。

由图3-4可见，模拟量输入信号由多路采样开关进入，经A/D转换（图中无A/D转换器，其功能由比较器、CPU、D/A转换器完成）变成数字量，再由CPU存入RAM中。开关量输入信号通过变压器隔离，经输入接口和CPU也存入RAM中。CPU读取所有数据，按照存储在用户ROM中的程序进行PID等运算、判断和处理。然后，经D/A转换器得到的模拟量通过多路通道选择以电流和电压两种形式输出；经输出接口和隔离变压器输出开关量。

可编程序调节器的CPU一般采用8位微处理器，它与ROM、RAM及其他接口芯片通过总线连在一起，构成整机的核心，完成数据传送、输入输出、运算处理、判断等功能。

为了在断电时保护RAM中的内容不消失，有断电保护措施（图中所示采用备用电源）。另外，还设有复电后自启动电路（图中未表示）。

为了实现调节器的自诊断功能，有软件编制的定时监视器WDT随时监视CPU的工作状况，故障时发出故障报警信号，并进行相应处理。

调节器有经光电隔离的数字通信接口，以便与操作台或上位计算机联系，组成分散控制系统。

仪表的显示、设定、调整、操作等人-机联系部分，如指示表、指示灯、按钮、开关、操作杆、数字显示器、键盘等，分设在正面板和侧面板上。

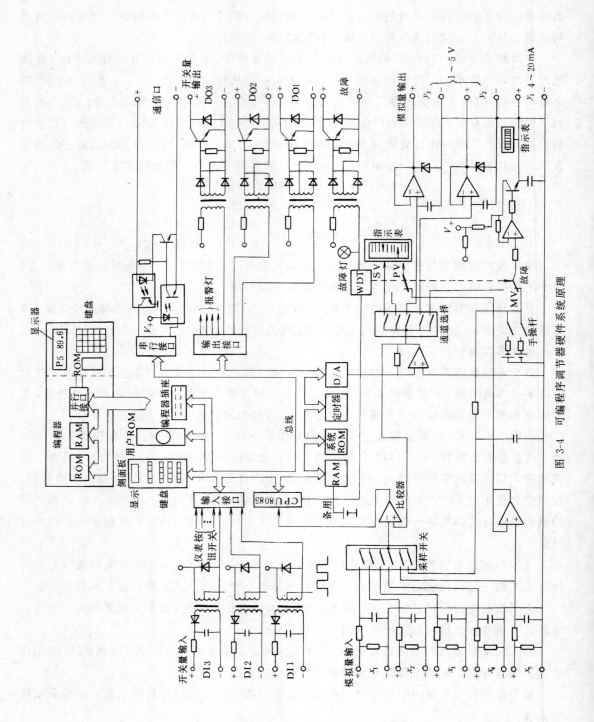

图 3-4 可编程序调节器硬件系统原理

表 3-14 列出了四种可编程序调节器的主要技术特性，它们是分属四个系列的产品，与之配套的其他品种型号见表 3-15。

表 3-14 四种可编程序调节器的主要技术特性

主要仪表内容项目	KMM	VI₈₇MA—E	PMK	SLPC
模拟输入	5 点/(1～5V)	5 点/(1～5V)	7 点/(1～5V)	5 点/(1～5V)
模拟输出 电压输出 电流输出	3 点/(1～5V) 1 点/(4～20mA)	1 点/(1～5V) 1 点/(4～20mA)	4 点/(1～5V) 1 点/(4～20mA)	2 点/(1～5V) 1 点/(4～20mA)
数字输入	5 点	2 点	10 点	3 点
数字输出	4 点	3 点	16 点	3 点
输入指示 (指示精确度)	PV，±1.0% SP，±1.0%	PV，±1.5% SP，±1.5% （另有数字显示）	PV，SP， 分辨力 0.5%	PV，SP， 动圈式，±0.5%； 荧光柱图形，分辨力1%
输出指示 (指示精确度)	±3%	±25% （仪表侧面数字表可显示运算、控制等参量共 48 点）	分辨力 2.5%	动圈式，±2.5%
报警显示 (灯光)	过程报警； 设备异常； 通信指示	过程报警； 设备异常	过程报警； 设备异常	过程报警； 设备异常
给定方式	本机、远程给定	本机、远程给定	本机、远程给定	本机、远程给定
运算公式（模块）数	45 种	24 种 （可扩展功能 8 种）	运算模块 49 种；控制模块 15 种；输入模块 30 种；输出模块 5 种	运算模块约 25 种；PID 算法 3 种
控制算法及控制类型	微分先行 PID，常规 PID 0 型、1 型、2 型、3 型	PID，非线性 PID，带前馈 PID，积分分离及输出切换 PID，另加比例控制	偏差平方型 PID，可变增益、前馈、纯滞后补偿、选择等算法；基本、比率、串级、程序等控制类型	连续 PID，批量控制开关 PID，采样保持式 PID；PID 基本控制，串级控制，选择控制
运算公式调用限制	PID 最多两次，MAN、MOD 只能一次，其余不限	五种控制功能，八种控制运算要素及两种函数发生器各限用一次；其余不限		控制功能任（只）选一种；基本运算、逻辑运算不限，部分算法受不同程度限制
运算单元数或程序步数	运算单元 30 个	(63～96) 步	控制模块、运算模块可用 24 个（在使用两线性化模块时，可用 16 个)	99 步
组态 编程方法	根据控制框图，选运算公式填入运算单元，并按要求软连接；根据组态图及控制要求，填七个控制数据表,用程序装入器写入用户 PROM	由控制框图及设计要求，得到功能接线图；根据后者编制用户连接程序（仅用三条指令），并用编程器写入 ROM	根据控制框图选择运算控制模块，按要求软连接；用仪表自带的设定组件进行编程及各种常数、参数设定	根据控制框图，选择算法，用 POL 语言（四条指令），按混合连接组态；填写标准表格，用编程器编程，经试运无误后写入用户 ROM

项目 \ 主要内容 \ 仪表	KMM	VI₈₇MA—E	PMK	SLPC
运算周期	100～500ms，分五档选用	330ms 或 500ms	200ms（基本）；控制周期 0.2～3276.6s 可变	200ms
工作方式（控制状态）	四种调节方式：手动（M）、自动（A）、串级（C）、跟踪（F）；两种故障方式：连锁手动（IM）、备用（S）	四个切换开关，切换五种控制状态：计算机设定，串级自动、手动，预置手动	远程（R）、自动（A）、手动（M）状态	串级（C）、自动（A）、手动（M）状态
自诊断功能（每周期检查）	各种异常，显示诊断码、灯光报警；系统异常切换到"IM"；仪表异常切换到"S"	对 AI、AO、存储器等检出异常，有灯光报警对前两者，还显示诊断码；输出保位，切到"M"	检出异常，显示诊断码，灯光报警；输出保位，切到"M"	检出异常，显示诊断码，灯光报警；输出保位，切到"M"
数据传递	通过附加通信接口可与上位机连接	光电耦合器隔离。最大距离 200m，传递速度 19.2kB/s	能与通信线连接	经通信总线与操作台连接
供电电源	24V,DC $^{+15\%}_{-10\%}$	24V,DC±10%	24V,DC（20～30V,DC）	交、直流两用
环境条件	0～50℃；10%～90%RH	0～50℃；10%～90%RH	0～50℃；<90%RH	0～50℃；5%～90%RH

表 3-15　　　　　　　　四个系列可编程序调节器的主要配套品种型号

名　　称	D—K 系列 KMM	VI 系列 VI₈₇MA—E	FC 系列 PMK	YS—80 系列 SLPC	主　要　用　途
可编程序运算器	KMP	VC—67MF	—	SPLR	除 PID 功能外，具有可编程序调节器的全部运算功能
手动操作器	KMH	DFQ—2200	PMB	SMLD	与调节器配套进行远方操作
设定器	KME	—	PMF	SBSD	外部设定调节器的设定值
比率设定器	—	—	PMG	SMRT	向调节器提供比率设定信号
编程器	KMK	X—EPG	内部自带	SPRG	对调节器进行编程
指示仪	KMF	VIA88—2	PMJ	SIHK	过程控制中对信号的显示及报警
记录仪	KMR	—	—	SRVD	过程控制中对信号的显示及记录

第二节　开关量仪表

在热工信号、自动保护、联动和顺序控制等系统中，检测和控制用的信息全部是仅仅具有"有"和"无"两种状态的信息，即开关量信息，所以这类控制又称为开关控制。

提供开关量信息的检测变送器是开关控制系统的基础部件。其工作过程是，当被测物理量在某一范围内变化时，变送器输出一种状态的信息；当被测物理量达到某一值并继续变化时，变送器输出另一种状态的信息。开关量变送器是具有继电特性的非线性部件，有时也把它称为继电器，并在继电器前冠以被测物理量（即输入量）的名称，如温度继电器等。又因这种变送器可以直接配合执行器组成简单的位式自动调节系统，也可以称为调节器或控制器。但是，最常用的名称还是开关，并在开关前面冠以被测物理量的名称，如温度开关、压力开关等。

开关量仪表一般是以触点闭合和断开的形式输出开关量信息的。它有两种转换方式：一种是被测物理量较小时触点闭合，被测物理量升高后触点断开；另一种是被测物理量较小时触点断开，被测物理量升高后触点闭合。通常前者称为低值（或低限）触点；后者称为高值（或高限）触点。

切换差是开关量仪表的一项重要参数指标，是指上切换值与下切换值之差，俗称"死区"。切换值是使输出变量改变的任一输入变量。输入变量增大时，使输出变量（开关量）改变的输入变量值为上切换值；输入变量减小时，使输出变量（开关量）改变的输入变量值为下切换值。在大部分控制系统中，不但不要求切换差值为零，相反还要求它有足够大的数值，并且还有调节的范围，因为热工参数一般是在一定范围内不断波动的。如果切换差为零，则当热工参数接近切换值时，会多次反复地超越和低于切换值，造成触点频繁动作。因此，必须采用有切换差的开关量仪表。

在第一、二章中介绍的某些带接点的检测仪表和带报警（或调节）装置的显示仪表，也可以提供开关量信息，而且其动作值是可以任意整定的。但是，由于它们经过的中间转换环节较多，因此可靠性差，有时还会产生错误信息。所以，保护用的接点信号应取自专用的开关量仪表，否则应增加必要的连锁条件，以免发生错误信息的危害。

一、温度开关

目前生产的温度开关仅适用于压力和温度较低的介质。对于较高的温度，只能采用热电阻或热电偶输出信号，经测量变送器转换为模拟量电信息，再通过电量转换开关转换为开关量信息。

1. 固体膨胀温度开关

利用金属受热膨胀、冷却收缩的原理制成温度开关，常用的是 WK 系列温度开关，其型号编制办法如下：

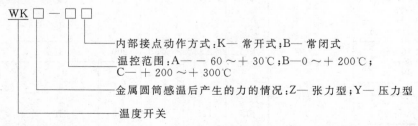

```
WK□—□□
        └─内部接点动作方式:K— 常开式;B— 常闭式
      └──温控范围:A— — 60 ～ + 30℃;B— 0 ～ + 200℃;
          C— + 200 ～ + 300℃
    └──金属圆筒感温后产生的力的情况:Z— 张力型;Y— 压力型
 └──温度开关
```

这种温度开关的动作原理如图 3-5 所示。它具有一个感温金属圆筒（用线膨胀系数大的材料制成），在圆筒内装有由线膨胀系数小的材料组成的接点组。对于张力型（适用于温控

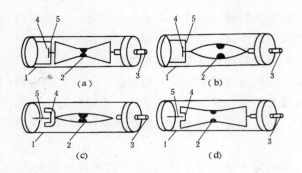

图 3-5　WK 系列温度开关动作原理

(a)张力型(常闭式);(b)张力型(常开式);(c)压力型(常闭式);

(d)压力型(常开式)

1—金属圆筒;2—接点组;3—调整螺丝;4—基准面;5—传动杆

范围为 −60～+30℃),温度升高,金属圆筒伸长;对于压力型(适用于温控范围为 0～+300℃),温度降低,金属圆筒收缩。当被测温度达到设定值时,随金属圆筒一起动作的传动杆端面与可动接点组基准面相接触,即可改变接点状态。当温度恢复并偏离设定值时,传动杆与基准面脱开,依靠可动接点组的弹性使接点复原。旋动调整螺丝,可以改变温度设定值。

WK 系列温度开关,最长可达 500mm,最短为 50mm。安装时,浸入被测介质的长度一般应不小于全长的 3/4。安装方式有直插式、外螺纹式（M27×2）和法兰式三种。电接点容量为交流 220V,5A。

2. 压力式温度控制器

压力式温度控制器的检出元件与压力式温度计相同,温度变化经由温包通过密封在毛细管内的饱和蒸汽转换成压力的变化,使控制器内的波纹管伸长或缩短,带动杠杆动作,通过拨臂拨动微动开关,将触点闭合或断开。接点容量为交流 380V,3A;直流 220V,2.5A。

常用的压力式温度控制器有 WTZK—50 型(普通型,酚醛压塑粉壳体)和 WTZK—50—C 型(防水型,铸铝壳体)。毛细管长度分为 1,3,5,8,10,12m 六档。它具有一定的温度控制的调节范围(拧开锁紧螺母,可旋动调节杆进行整定),并附有切换差调节装置(动作值与复位值之差)。其产品有 10 个序号,基本参数和温包尺寸见表 3-16,外形尺寸见图 3-6。此外,上海远东仪表厂引进生产的压力式温度控制器见表 3-19。

表 3-16　　　　　　　　压力式温度控制器的基本参数及温包尺寸

序号	温度控制范围 (℃)	切换差可调范围 (℃)	温包尺寸(mm)				安装螺母	
			WTZK—50		WTZK—50—C		WTZK—50	WTZK—50—C
			d	l	d	l		
1	−60～−30		φ11	120	φ15	125	无	有
2	−40～−10							
3	−25～0							
4	−15～+15							
5	10～40	3～5	φ15	200	φ15	200	有	
6	40～80							
7	60～100		φ15	125	φ15	125	有	
8	80～120							
9	110～150							
10	130～170							

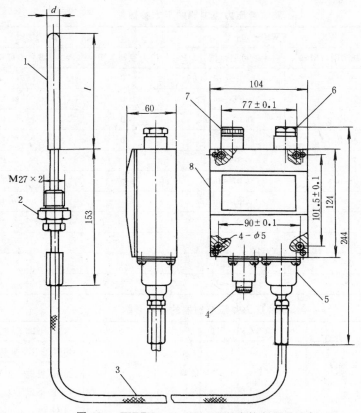

图 3-6　WTZK—50（C）型温度控制器外形尺寸

1—温包；2—安装螺母；3—毛细管；4—切换差调节旋钮；5—波纹管室；6—出线套；
7—锁紧螺母；8—壳体

二、压力、差压开关

压力、差压开关习惯上称为压力、差压控
制器，一般采用弹性元件作为测量元件，利用
杠杆原理使微动开关动作。根据不同的控制
范围，弹性元件有波纹管和膜片等。前者压力
控制器型号有 YWK—50 和 YWK—50—C；
后者压力控制器型号有 YPK—50。它们的结
构，除测量室及其与导管的连接形式外（见图
3-7），壳体部分与 WTZK 型温度控制器相
似。此外，还有 YWK—52 型防爆压力控制器
和 CPK—11 型（工作压力 0.05MPa）、
CPK—20 型（工作压力 10MPa）膜片差压控
制器。上述各型压力、差压控制器的基本参数
见表 3-17 和表 3-18。

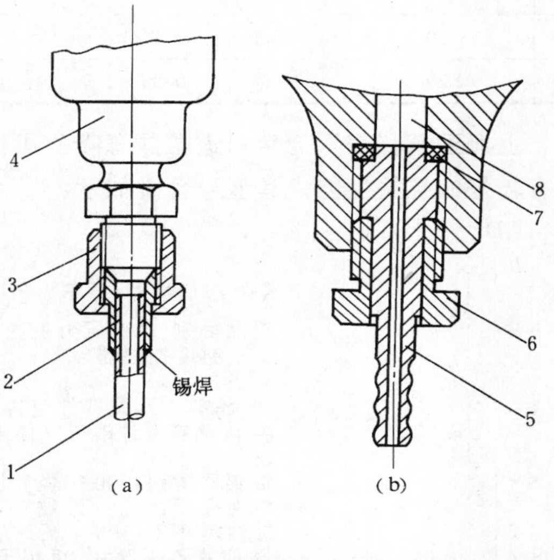

图 3-7　压力控制器的测量室及其与导管的连接形式

（a）YWK—50 型；（b）YPK—50 型

1—φ6 导压管；2—套筒；3—接头；4—波纹管室；5—橡皮
管接嘴；6—螺纹套；7—密封垫圈；8—膜片室

锡焊

（a）　　　　（b）

153

表 3-17 波纹管压力控制器的基本参数

序号	YWK—50，YWK—50—C		YWK—52	
	压力控制范围（MPa）	切换差可调范围（MPa）	压力控制范围（MPa）	切换差可调范围（MPa）
1	−0.1～0	−0.026～0.0065	0～0.2	0.01～0.08
2	0～0.1	0.006～0.028	0～0.3	0.025～0.1
3	0～0.2	0.01～0.08	0～0.5	0.03～0.1
4	0～0.3	0.025～0.1	0～0.8	0.07～0.25
5	0～0.5	0.03～0.1	0～1	0.07～0.25
6	0～0.8	0.07～0.25	0～1.5	0.1～0.28
7	0～1	0.07～0.25	0～2	0.12～0.3
8	0～1.5	0.1～0.28	0～3	0.15～0.5
9	0～2	0.12～0.3	0～4	0.25～0.6
10	0～3	0.15～0.5		
11	0～4	0.25～0.6		

表 3-18 膜片压力差压控制器的基本参数

序号	YPK—50		CPK—11		CPK—20		
	压力控制范围（kPa）	切换差可调范围（kPa）	差压设定值范围（kPa）	切换差（%）	差压设定值范围（kPa）	切换差（不可调）（不大于）	
						差压设定范围下限（kPa）	差压设定范围上限（kPa）
1	0～2.5	0.5～1	0.06～0.6	10	2～25	1.1	2.5
2	0～5	0.8～2	0.1～1	10	8～50	1.5	2.6
3	0～10	1.1～3.5	0.16～1.6	10	20～100	2.5	5.0
4	0～20	1.6～6	0.25～2.5	10			

上海远东仪表厂近年引进德国海隆公司技术生产的压力、差压控制器包括温度控制器，具有较好的抗振性能。其型号含义如下：

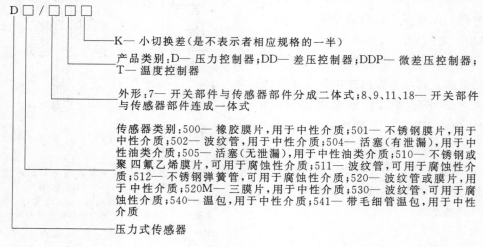

K— 小切换差（是不表示者相应规格的一半）

产品类别：D— 压力控制器；DD— 差压控制器；DDP— 微差压控制器；T— 温度控制器

外形：7— 开关部件与传感器部件分成二体式；8、9、11、18— 开关部件与传感器部件连成一体式

传感器类别：500— 橡胶膜片，用于中性介质；501— 不锈钢膜片，用于中性介质；502— 波纹管，用于中性介质；504— 活塞（有泄漏），用于中性油类介质；505— 活塞（无泄漏），用于中性油类介质；510— 不锈钢或聚四氟乙烯膜片，可用于腐蚀性介质；511— 波纹管，可用于腐蚀性介质；512— 不锈钢弹簧管，可用于腐蚀性介质；520— 波纹管或膜片，用于中性介质；520M— 三膜片，用于中性介质；530— 波纹管，可用于腐蚀性介质；540— 温包，用于中性介质；541— 带毛细管温包，用于中性介质

压力式传感器

该类产品采用远东-海隆（EE-HERIDN）联合商标，主要技术参数见表 3-19。介质接口螺纹 D511/7D、D512/9D、D530/7DD、D541/7T 是 G 1/2″外螺纹，其余均是 G 1/4″内螺纹（备有外螺纹转换接头），螺纹按 GB 7307—87 制造。

表 3-19　　　　　　远东-海隆压力、差压、温度控制器的主要技术参数

类别	型号		设定值控制范围(MPa)	被测介质温度(℃)	抗震性能(m/s²)	防爆规格	切换差情况	触点容量220V,AC(A)	最大允许压力(MPa)
	外形	传感器							
压力	7D	D500	0～0.0025 至 0.1～2.5	0～+90	40	有	2	6	0.05～5
		D501	0～0.01 至 0.05～1	0～+120	20	有	2	6	0.1～10
		D510	0.05～0.4 至 0.05～1	0～+120	40	有	2	6	10
		D510	0.005～0.16 至 0.05～1	0～+50	20	有	1	6	0.6～2
		D502	−0.1～0 至 0～0.1 至 0.05～2.5	0～+120	40	有	2	6	1～5
		D511	−0.1～0 至 0～0.1 至 0.3～6.3	0～+120	40	有	2	6	1～8.5
		D505	0.3～4 至 1～23	0～+100	40	有	2	6	30
		D504	0.3～4 至 1～40	0～+100	40	有	2	6	16～80
	8D	D500	0.02～1.2 至 0.05～3	0～+90	100	无	1	6	5
		D505	0.5～7 至 5～25	0～+90	100	无	1	6	25～34
	9D	D512	2～34	0～+80	40	无	1	2	45
	11D	D500	0～0.002 至 0.0002～0.025	0～+80	10	无	1	2	0.06
	18D	D500	−0.1～0 至 0.02～0.2 至 0.1～1.6	−25～+80	150	无	1	2	8
		D505	0.5～7 至 4～40	−25～+80	150	无	1	3	40～60
差压	7DD	D520	0.02～0.1 至 0.05～1.6	0～+120	40	有	2	6	2～3
		D530	0.02～0.1 至 0.1～0.3	0～+120	40	有	1	6	2～7
	7DDP	D520M	0.0002～0.0025 至 0.0025～0.025	0～+90	10	无	1	6	0.16
	11DD	D520	0～0.002 至 0.0002～0.025	0～+80	10	无	1	2	0.06
温度	7T	D540	−20～+30℃ 至 +20～+70℃	−20～+70	40	有	2	6	—
		D541	−30～+40℃ 至 +160～+280℃	−30～+280	40	有	2	6	0.6（无保护套）

注　1. 产品全型表示方法为，传感器类别列于分子，型号列于分母。如 D500/7D。

　　2. "切换差情况"一栏中，1 为只有固定切换差；2 为兼有固定和可调切换差。

　　3. D541/7T 备有敞开式和密封式温包保护套，材质为黄铜或不锈钢，插入深度 178mm。

三、流量开关

当对流量的开关量信息要求较准确时，一般可利用差压开关接收节流装置的差压值而获得。在许多场合，只需反映断流信息，如给煤机的断煤信息、水管中的断水信息等，因此这些流量的开关量信息就可以采用更直接的方法取得。

断煤开关的工作原理如图 3-8 所示，其检测部分是一个可以沿轴摆动的挡板。挡板通过轴带动压板，在断煤时按压行程开关，送出断煤信息。

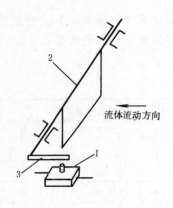

图 3-8　断煤开关的工作原理
1—行程开关；2—挡板；3—压板

管道内水的断流信息,可以采用浮子流量控制器、差压流量控制器、靶式流量控制器等获得。

浮子流量控制器采用"磁钢-干簧接点"式结构。当管道内有液体流动时,推动带有永磁铁的浮子上升,使干簧接点改变状态;断流时,浮子下降,干簧接点复位。常用的浮子流量控制器有:LKZ系列流量控制器,其技术数据见表3-20;LKF—25,40,50流量控制器,分别用于管径为25,40,50mm的水或油管路中,工作压力为0.6MPa,介质温度0~60℃,干簧管触点容量12V,AC、0.05A;LLK—F32、F50流量开关用于管径为25~32mm和40~50mm的水或油管道中,报警流量为0.3~3m³/h和0.5~6m³/h,工作压力为1.6MPa,介质温度为150℃,微动开关触点容量为220V、5A。

对于差压流量控制器,当水通过节流调整螺杆或节流孔板后,节流件两侧会产生差压,该差压作用在膜片上,使膜片位移,进而使触点动作。常用的节流调整螺杆式差压流量控制器有LKC—2—25和LKC—2—40流量控制器,它们分别用于管径为25,40mm的水管道中,工作压力为0.35MPa,触点容量为127V、2.5A。孔板式差压流量控制器有LKC—4型流量控制器,其安装连接螺纹为M24×1.5,工作压力为0.25MPa,微动开关触点容量为127V、10A。

表 3-20　　　　　　　　　　LKZ 系列浮子流量控制器技术数据

| 型　号 | 管道通径 (mm) | 连　接　方　式 | 外形尺寸（mm） | | 工作介质 | | 触点容量 |
			高	直径	温度 (℃)	压力 (MPa)	
LKZ—1	8	M16×1.5	55	52			24V，0.1A
LKZ—2	15	G$\frac{1}{2}$″管螺纹	110	100			
LKZ—3	25	G1″管螺纹	120	120	≤60	0.1~0.2	
LKZ—4	40	G1$\frac{1}{2}$″管螺纹	125	140			220V，0.3A
LKZ—5	50	法兰4孔 ϕ13/ϕ110	160	220			
LKZ—6	75	法兰4孔 ϕ17/ϕ150	190	250			

靶式流量控制器是利用水流对靶板的作用力,再通过杠杆使微动开关动作的。常用的有LKB—01型和LKB—02型,其外形尺寸如图3-9所示,技术数据见表3-21。此外,还有LLK—B20、B80、B200型,适用于管径为15~20mm、65~80mm、85~200mm的水和油管道,报警流量为0.25~0.5m³/h、3~20m³/h、8~250m³/h,工作压力≤1.6MPa,介质温度≤150℃,触点容量为220V、5A。

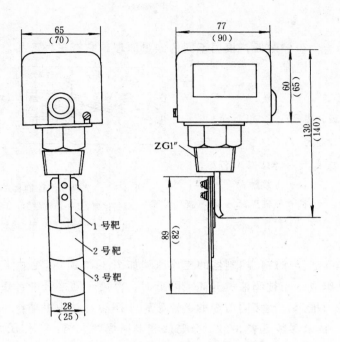

图 3-9　LKB 型靶式流量控制器外形尺寸

（括号内数字为 LKB—02 型的尺寸）

表 3-21　　　　　　　　LKB 型靶式流量控制器的技术数据

管道与靶配用关系		流量调节范围（L/min）		切换差	耐压	触点容量
管道通径（mm）	靶　号	下　限	上　限	（L/min）	（MPa）	
25	1 号	20	48	5		
32	1 号	34	100	6		
40	1 号	65	160	8		
50	1 号	120	280	15		
64	1 号	210	550	18		
75	1 号	380	750	20		
50	2 号	40	140	10	1（2）	交流 250V、3A
64	2 号	110	340	15		
75	2 号	180	470	18		
100	2 号	350	920	20		
75	3 号	115	220	20		
100	3 号	210	590	20		
125	3 号	380	1200	40		
150	3 号	550	1800	80		

注　括号内数字为 LKB—02 型数据。

157

四、物位开关

物位开关通常称为物位控制器，根据不同的测量原理，它有多种产品。其型号组成及代号含义如下：

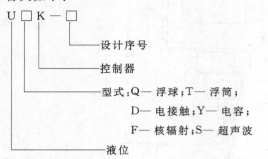

- 设计序号
- 控制器
- 型式：Q—浮球；T—浮筒；
  D—电接触；Y—电容；
  F—核辐射；S—超声波
- 液位

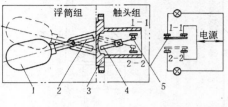

图 3-10　浮球液位控制器的工作原理
1—浮筒；2—动作磁钢；3—外壳；
4—接点磁钢；5—动触头

1. 浮球液位控制器

UQK—01、02、03 型浮球液位控制器的工作原理如图 3-10 所示，它由互相隔离的浮筒组和触头组两大部分组成。当被测液位升高或降低时，浮筒 1 随之升降，使其端部的动作磁钢 2 摆动，通过磁力推斥，使相同磁极的接点磁钢 4 摆动，触头组动作。其外形和安装尺寸如图 3-11 所示，技术参数见表 3-22。分防爆和非防爆两大类，工作压力 1MPa。

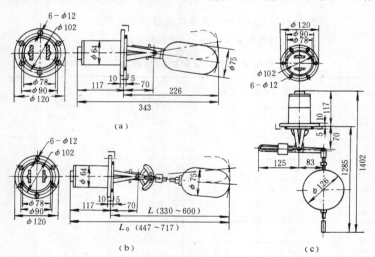

(a)

(b)

(c)

图 3-11　UQK 型浮球液位控制器的外形和安装尺寸
(a) UQK—01 型；(b) UQK—02 型；(c) UQK—03 型

表 3-22　　　　　　　　　　UQK 型浮球液位控制器技术数据

型　　号	动作界限（mm）	整　定　方　式	安　装　位　置	接　点　容　量
UQK—01	8	不可调	水　平	交流：220V，
UQK—02	25～550	有级可调	水　平	220V·A 直流：100V，
UQK—03	8～1000	无级可调	垂　直	150V·A

UQK—66 系列浮球液位控制器是利用磁钢带动水银开关或微动开关动作、使触点闭合或开启的。其外形和安装尺寸如图 3-12 所示，技术参数见表 3-23，分防爆和非防爆两大类，工作压力 2.5～6.4MPa。此外，UQK—66D 型为高温高压浮球液位控制器，介质压力可达 20MPa、介质温度 375℃，触点用水银开关。

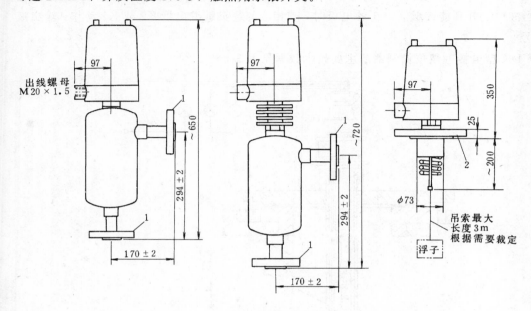

图 3-12　UQK—66 系列浮球液位控制器外形和安装尺寸

(a) UQK—66A 型；(b) UQK—66B 型；(c) UQK—66C 型

1—PN64、DN20 凸面法兰；2—PN40、DN80 凸面法兰

表 3-23　　　　　　　　　　UQK—66 系列浮球液位控制器技术数据

型　　号	测量范围 (mm)	工作压力 (MPa)	介质温度 (℃)	切换差 (mm)	开关种类	开关布置	安装型式
UQK—66A—1	随 检 测 点 安 装	6.4	250	5～35	微动开关	单层单开关	外浮子式 侧底法兰
UQK—66A—2						单层双开关	
UQK—66B—1			400		水银开关	单层单开关	
UQK—66B—2						单层双开关	
UQK—66C—1	200～3000	2.5～4	200	无级调整	微动开关	单层单开关	内浮子式 顶置法兰
UQK—66C—2				5～35			
UQK—66C—3				无级调整		双层单开关	
UQK—66C—4							

注　1. 单开关为单刀双掷，双开关为双刀双掷。

　　2. 触点容量：微动开关：380V，1A（阻性），0.5A（感性）；水银开关：250V，3A（阻性），1.5A（感性）。

2. 浮筒液位控制器

浮筒液位控制器如图 3-13 所示。浮筒随液位变化而上下升降时，其内的永磁体使舌簧管接点动作。

3. 电接触液位控制器

电接触液位控制器又称电极式液位控制器,它是利用被测液体的电导来测量液位的,工作原理如图 3-14 所示。电极装在盛被测液体的容器内,并与容器壁绝缘。图中 3 为公用电极,当液位上升到能接触 2 或 1 的电极时,其相应的高灵敏继电器 K2 或 K1 动作,输出液位信号。

UDK 型电接触液位控制器的主要技术数据见表 3-24。

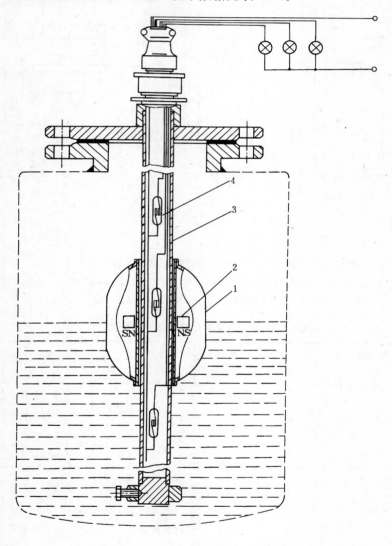

图 3-13　舌簧管浮筒液位控制器

1—浮筒；2—永磁体；3—不锈钢导管；4—舌簧管

4. 电容物位控制器

电容物位控制器适用于液体、粉末或颗粒状物质的料位控制。它利用电极探测料位的高低，从而改变电极对地（当容器是非导体时，须在容器内加入一个金属棒状的辅助电极）的电容量，经控制器检测放大后，输出开关量信息。

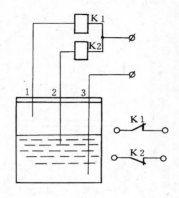

图 3-14 电接触液位控制器工作原理

表 3-24　　UDK 型电接触液位控制器的主要技术数据

型　　号	UDK—101	UDK—102	UDK—103	UDK—104
控制位限	双位	单位	双位	单位
工作压力（MPa）	常压	常压	0.4	0.4
介质温度（℃）	5～40	5～40	5～70	5～70
安装方式	焊接	焊接	法兰	法兰
介质电导率（S/cm）	>10⁻⁴			
电极长度（m）	0.125～2			
电极材料	耐酸钢 1Cr18Ni9Ti 或蒙乃尔合金			

电容物位控制器的型号为 UYK。

5. 核辐射料位控制器

核辐射料位控制器为不接触式测量，其检测原理如图 3-15 所示。存放在防护铅罐内的放射源（Co-60 或 Cs-137）和探测单元分别安装在被测对象两侧，射线穿透被测对象到达探测单元的计数管内。探测单元接收到的 γ 射线的强度随容器料位高度而变化。计数管上所产生的脉冲信号，通过电子线路处理后，显示单元则相应动作，发出指示及控制信号。

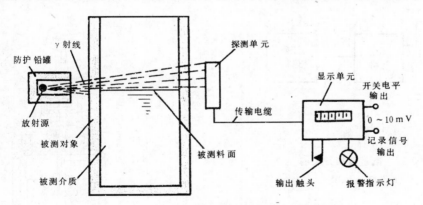

图 3-15　核辐射料位控制器检测原理

核辐射物位控制器的型号为 UFK。

6. 超声波物位控制器

超声波物位控制器也采用非接触式测量，适用于大型料仓的料位控制。检测部分主要由发射换能器和接收换能器组成，其安装如图 3-16 所示。发射换能器发出一定频率的超声波束，在无物料阻隔时，声波通过空气（或经反射）传播给接收换能器；当有物料阻隔时，声波被隔阻。接收换能器即利用这两种状态来检测物料位置的变化，从而使控制器的继电器吸合或释放并输出电平变化信号。

超声液位控制器的型号为 USK。

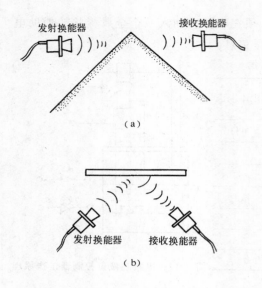

（a）

（b）

图 3-16 超声波物位控制器的换能器安装示意
（a）水平形式；（b）反射形式

五、电量转换开关

电量转换开关用来将直流电流或电压的模拟量信息转换为开关量信息，其工作原理框图如图 3-17 所示。输入信息与定值电路的电压一起被送入比较电路并进行比较。当输入电压小于定值电压时，比较电路输出一种工况，反之为另一种工况，从而达到将模拟量信息转换成开关量信息的目的。只要改变定值电路输出的电压值，就可以改变电量转换开关的动作值。通常用集成运算放大器来构成比较电路，其输出使继电器吸合或释放。

六、火焰转换开关

火焰转换开关通常称为火焰检测器，用来监视锅炉燃烧火焰。任何燃烧过程都辐射出大量的热和光，按光谱范围划分，可分为红外光线、可见光线和紫外光线三种。这三种光线都可被应用来检测锅炉的燃烧情况。如图 3-18 所示，在检测器内放置一个光敏元件，炉膛燃烧辐射的光线射到光敏元件时，光敏元件随即产生微小的电流或发生阻值变化，再经过一

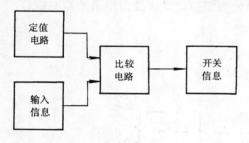

图 3-17 电量转换开关的
工作原理框图

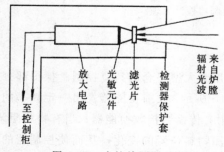

图 3-18 火焰检测器示意

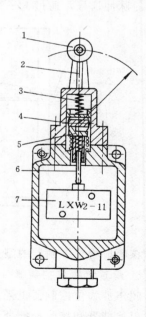

图 3-19 行程开关结构
1—滚轮；2—传动杆；3—复位弹簧；4—传动轴；5—撞块；6—推动杆；7—微动开关

162

个特定的电路检测和放大后，转化为开关量输出（反映火焰存在与否），或通过灯光、表计显示火焰的强弱。

在大型锅炉中，火焰检测器与炉膛灭火保护装置配合，组成锅炉燃烧安全监测系统，保护锅炉安全运行。有关这方面的内容在本章第四节中介绍。

七、行程开关

行程开关用直接接触的方法检测物体的机械位移，以获得行程信息。较常见的行程开关的结构如图3-19所示，其核心部件是微动开关。微动开关的触头（常开或常闭）和触头容量随不同型号规格而异。

行程开关的型号表示方法如下：

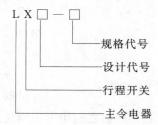

第三节　分散控制系统及装置

一、分散控制系统功能及基本结构

随着计算机技术和通信技术等高新技术的发展，70年代国外推出了分散控制系统（distributed control system，DCS），陆续应用于火电厂。分散控制系统以微型计算机为基础，采用通信网络连接，具有能独立完成采集、控制、监视、操作和计算功能的数据采集站、过程控制站、运行监视站和计算机站等，它们组成一个信息共享系统。通过分级控制系统（包括直接对过程进行控制的过程级、进行中间协调的监控级和处于上位的系统管理级），实现控制功能分散、操作管理集中，提高了系统的可靠性和协调工作能力。它不仅可取代常规模拟仪表控制系统，还可实现许多由常规模拟仪表系统难以实现的高级优化控制和管理功能，已成为现代工业生产，特别是高参数、大容量设备运行管理的基础。

分散控制系统由硬件系统和软件系统组成。硬件系统包括一系列单元设备以及模件；软件系统包括操作系统、数据库系统、模块化算法功能软件、工具软件包等。

分散控制系统按分级、分散式的体系结构组成，如图3-20所示。纵向分为若干级，每级又可以在横向分为若干个子系统。每个子系统是一个独立的自主单元，它执行整个控制系统总任务中的一项独立任务。各个子系统分工协作并行工作，可以利用系统的通信网络进行数据交换，共享系统的资源，使控制系统形成一个整体。采用分散控制系统后，全部数据采集和控制任务分别由以微型计算机为核心的多个基本控制单元（又称基本控制器或基本控制站，核心部分是模件）来实现，并采用冗余配置方式。当工作部分出现故障时，能自动切换到后备部分工作；对象的工况监视及人工控制功能（人机联系），由装有屏幕显示器及键盘的操作站完成，或通过功能很强的上位计算机来集中管理。

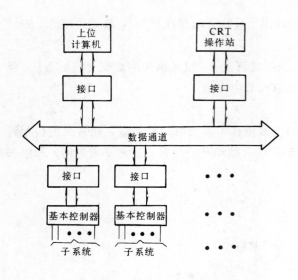

图 3-20　分散控制系统的基本组成

目前，分散控制系统大致有两种结构形式：一种由主站和从站组成，所谓主站，就是上位计算机，在系统中能对其他站发出请求和响应请求，所谓从站，就是在系统中不能对其他站发出请求，而只能响应主站的请求；另一种是不需要上位计算机的，即将上位计算机要执行的功能分散到各个站中，各个站的数据库是整个系统公用的，构成系统公用的数据库，每个站都能透明地访问公用数据库，这个系统无主站、从站之分，成为一个彻底的分散控制系统。

分散控制系统的通信网络结构主要有星形、环形和总线三种形式。星形结构的结点分为中心结点和普通结点，它们之间用专用通信线以辐射方式相连。环形结构是将分散的结点连成一个封闭的环，信息沿环路单向或环向传递，各结点有存储和转发的功能。总线结构是树形只有主干的特例，可看作一个开环，它将网络结点全部连接到一根共享的总线上。对于不同型号的分散控制系统或同一型号的分散控制系统的不同层次，制造厂以达到最好的效果来选用合适的通信网络系统。

美国贝利控制公司 1980 年推出的 NETWORK—90（简称 N—90，亦称网络 90）分散控制系统的构成如图 3-21 所示，现介绍如下（该公司已于 1987 年推出与 N—90 兼容的 IN-FI—90 系统，其概况见后述）。

1. 总体构成

N—90 是一种分级的过程控制系统，上层采用环网通信方式。超级回路通信系统可以是一个环，也可以是由多个环互相连接而成的。当有多个环存在时，其中一个环被指定为中央环，其他为子环，它们连接起来组成一个全厂范围的系统网。一个中央环可带 250 个子环；子环为超级回路时，可带 250 个节点；子环为厂区回路时，可带 63 个节点。

厂区环网挂有过程控制单元（PCU），数量根据控制系统大小而定。此外，可挂操作员接口单元（OIU）、命令管理系统（MCS），通过计算机接口单元（CIU）连接工程师工作站（EWS）或计算机等。每个单元通过环路接口模件（LIM）与环路连接。

过程控制单元为箱柜结构，包括有电源、主模件、子模件、输入和输出信号端子等。

2. 控制器功能

过程控制单元是 N—90 系统的现场控制装置，内部通过模件总线通信，可接入 32 个编有地址的主模件（智能模件）。主模件主要有 MFC、AMM、CTM、COM、LMM、MPC 等六种，通过扩展总线与子模件通信。子模件促使控制模件的 I/O 能力增加，有控制 I/O、模拟 I/O、数字 I/O、远程 I/O 四大类，共十几种。

MFC（多功能控制器）：目前使用的有三种，即 MFC03，04，05。其 CPU 为 M68020，

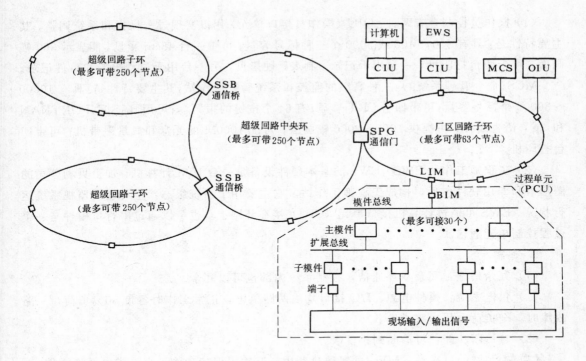

图 3-21　N—90 系统构成简图

存储器容量很大，存有 150 种以上运算、回路调节、顺序控制的软件模块（功能码），可用于回路调节和顺序控制。它可带 64 个子模件，最多能执行 128 个控制回路或处理 1024 个数字 I/O，可冗余。

AMM（模拟主模件）：主要用于接收处理热电偶、热电阻等小信号，可带 8 个子模件，最多处理 64 个小信号，可冗余。

CTM（组态调整模件）：用于现场组态、调整及现场故障诊断。

COM（控制器）：有三种型号，分别具有 40～90 个用户可定义的功能块，每种都有调节和顺序控制两个回路，并有 4 个 AI、2 个 AO、3 个 DI、4 个 DO，不带子模件。

LMM（逻辑主模件）：用于执行复杂的顺序逻辑控制，可带 64 个子模件，最多可控制 1024 个 I/O 点。

MPC（可编程控制器模件）：主要用于顺序控制，其存储量比 LMM 大，可冗余，通过 64 个子模件最多处理 1024 个数字 I/O。

3. 网络通信

N—90 系统是分层分布网络结构。超级环网传输速率为 10Mbps 或 2Mbps，传输介质是同轴电缆或双绞线，站与站之间最大距离为 2000m。厂区环网通信为点对点式通信，最大距离 2000m，通信方式为存储转发式，用屏蔽双绞线传输速率为 0.5Mbps。模件之间的模件总线是令牌传送方式，采用以太协议，传输速率为 85～100kbps。模件级以下的扩展总线为并行通信。

4. 人机联系

（1）操作员控制台有两种：OIU（操作员接口单元）用以实现过程操作和系统调整，其主要特性是：具有 500，1400 或 5000 个三种标号容量；可带一台 48cm 彩显，能显示 360 幅画面；可带两台打印机，一台用于记录、制表、硬拷贝，另一台用于过程报警和事件记录。

MCS（命令管理系统）是一种高级的监控和系统管理操作站，其主要特性是：具有 10000～30000 个标号容量；可带四台 CRT 彩显；有 64 个按键的报警盘；可用 BASIC、FORTRAN 和"C"语言编程；可提供 1000～2000 幅画面；可配 1000M 的光盘和海量磁带机；可带四台打印机。

（2）工程师工作站 EWS：EWS 的基本硬件设备是一台 IBM 计算机，加上贝利公司的图形卡和专用软件包后，构成工程师工作站。它主要用于系统组态，也可在线监视系统运行状况。EWS 可通过计算机接口单元（CIU）接在环网上，也可以通过串行口模件与一个过程控制单元通信。

5. 可靠性

（1）冗余措施：冗余双环通信，控制系统内部也可以冗余。

（2）供电系统：模件电源、I/O 接口均由两路供电，正常工作时各带 50％负荷，一路故障时，全负荷由另一路供给。

（3）自诊断功能：可诊断到模件级。

（4）控制站的可靠性：MFC 可实现热备用，有输出保持功能，允许带电更换插件。

（5）手操方式：有直接后备手操。

我国对容量为 300MW 及以上的单元机组，一般采用以 CRT 和键盘为监视、控制中心的分散控制系统。其功能应包括数据采集系统（data acquisition system，DAS）和机组主要模拟量控制系统（modulating control system，MCS），在技术经济比较合理时，也可将单元机组的辅机顺序控制系统（sequential control station，SCS）、锅炉炉膛安全监控系统（furnace saftyguard supervisory system，FSSS）、数字式电液控制系统（digital electro-hy-draulic control system，DEH）等纳入其中。分散控制系统作为控制装置，亦可用于"一功能"的系统（如仅用于 FSSS 或 DEH）。各类机组分散控制系统的功能范围和外部硬件配置见表 3-25。

表 3-25　　　　　各类机组分散控制系统的功能范围和外部硬件配置

机 组 容 量	300MW（Ⅰ）	300MW（Ⅱ）	600MW
功 能 范 围	DAS MCS	DAS MCS SCS	DAS MCS SCS
CRT	3 台	4 台	4 台
记录打印机	3 台	4 台	4 台
彩色图形打印机	1 台	1 台	1 台
工程师站	1 台	1 台	1 台
输入/输出（I/O）通道（点数）	2100	3100	4000

注　1. 本表摘自能源部电力规划设计管理局颁发的《分散控制系统设计若干技术问题规定》，电规发（1993）103 号文。
　　2. 当 FSSS 功能纳入 DCS 系统时，300MW 机组 I/O 可增加 900 点，600MW 机组 I/O 可增加 1000 点。
　　3. 当 FSSS 纳入 DCS 系统或与之联网通信时，CRT 增加一台。
　　4. 机组宜具有汽轮机自动升速和升负荷控制功能，但不设置汽轮机、锅炉或单元机组全自动启停的机组级顺序控制；单元机组辅助顺序控制宜以子组级控制为主。

二、300MW 及以上机组常用的分散控制系统

根据《分散控制系统设计若干技术问题的规定》，分散控制系统应满足下列性能指标：

（1）系统可用率：99.9.％。

（2）系统精度：输入信号：±0.1％（高电平），±0.2％（低电平）；输出信号：±0.25％。

（3）事件顺序记录（sequence of events，SOE）分辨力：1～2ms；

（4）抗干扰能力：共模电压为 250V，共模抑制比为 90dB；差模电压为 60V，差模抑制比为 60dB。

（5）系统实时性和响应速度：数据库刷新周期为，模拟量不大于采样周期，开关量一般不大于 1s；CRT 画面对键盘操作指令的响应时间为，一般画面不大于 1s，复杂的模拟图画面不大于 2s；CRT 画面上数据的刷新周期 1s；从键盘发出操作指令到通道板输出和返回信号、从通道板输入至 CRT 上显示的总时间为 2.5～3s（不包括执行器动作时间）；控制器的工作周期为，模拟量控制不大于 0.25s，开关量控制不大于 0.1s。

目前，国内尚无定型的分散控制系统产品。自 1975 年美国霍尼威尔（Honeywell）公司首次向市场推出分散控制系统 TDC2000 以来，国外各工业发达国家竞相推出了各种分散控制系统，供各种生产过程的用户使用。我国许多部门和企业通过合资经营 技术引进或技术代理等形式，也与许多国外公司建立联系。表 3-26 列举了常用于 300MW 及以上机组的分散控制系统的国外公司和国内技术合作单位。现对其中八个系统简述如下。❶

表 3-26　　　　　　　　　　国外几家主要仪表公司的分散控制系统

国别	系统名称	推出年代	公司名称	国内合作单位
美国	N—90	1980 年	贝利（Bailey）控制公司	北京贝利控制有限公司
	INFI—90	1987 年		
	WDPF	1981 年	西屋（Westinghouse）电气公司	新华控制工程有限公司、上海西屋控制系统有限公司
	WDPF Ⅱ	90 年代		
	MAX—1	1980 年	利兹-诺斯拉普（Leeds & Northrup）公司，（现为 MCS 公司）	上海自动化仪表股份有限公司 DCS 分公司、龙源电力技术工程有限责任公司
	MAX1000	1992 年		
	SPECTRUM	1979 年	福克斯波罗（Foxboro）公司	上海福克斯波罗有限公司
	I/A SERIES	1987 年		
日本	HIACS—3000	1985 年	日立（Hitachi）制作所	北京日立华胜控制系统有限公司
	HIACS—5000	90 年代		
德国	T—C、T—M	1979 年	西门子（Siemens）公司	西门子电站自动化有限公司、大连中德控制系统有限公司
	TELEPERM—ME	1983 年		
	TELEPERM—XP	90 年代		

---

❶ 根据中国电机工程学会过程自动化技术交流中心 1993 年 9 月《火电厂六种分散控制系统技术性能汇编》和制造厂说明书编写。

国别	系统名称	推出年代	公司名称	国内合作单位
德国	CONTRONIC—3	1978 年用于电厂投运	哈特曼-布劳恩（Hartmann-&Bran）公司，简称 H&B 公司	重庆川仪股份有限公司
	CONTRONIC—E	1987 年用于电厂投运		
瑞士德国	PROCONTROL—P	1979 年 BBC 公司推出	阿西亚勃朗勃威力（Asea Brown Boveri）公司，简称 ABB 公司	北京中能奥特曼电站自动化工程有限责任公司

注 各公司推出年代在后的系统，可取代先推出的系统。

（一）INFI—90

1. 构成系统的主要设备

（1）过程控制级基本设备：过程控制单元（PCU），每个 PCU 通过内部控制通道总线可挂多功能处理器（MFP）32 个，CPU32 位。每个 MFP 通过扩展总线（12 条并行高速总线）可挂 64 个 I/O 子模块。

（2）操作管理级基本设备：操作员接口站（OIS），有 10、20、30 三种系列，其中 30 系列有 3 台 32 位 CPU、4 台 CRT、触摸屏幕、球标仪、键盘等。过程控制观察站（PCV 小型操作管理站），相当于一台个人计算机。工程师工作站（EWS），由一台通用计算机配以相应的内存、外存和外设与贝利专用软件包构成。

（3）通信网络：把 CPU、OIS 或 PCV 等设备（节点）连接成一个完整控制系统的通信网络，称为 INFI-NET 环网，传输介质为双绞电缆或同轴电缆。大规模使用时，可通过网络与网络间接口（NIU）把多个 INFI-NET 连为一个系统。

（4）与其他设备的接口：计算机接口单元（CIU），用于与其他计算机或可编程逻辑控制器接口。

2. 系统规模

系统最大可由 62500 个节点组成。每个 INFI-NET 的节点容量为 250 个节点（INFI-厂环为 63 个节点），节点间最大距离 2km（厂环为 4km），通信速率 10Mbps（位/s）（厂环为 0.5Mbps）。

3. 通信方式

（1）INFI-NET（或厂环）：接力棒式存储转发协议，环网上每个节点相当于一个信息转发器。所有转发器有监听、传送、旁通（故障时）三种工作状态。

（2）PCU 内部控制通道：自由竞争式广播式协议。

（3）扩展总线：MFP 管理下的并行传输。

（二）WDPF

1. 构成系统的主要设备

（1）过程控制级基本设备：分散式处理单元（DPU）为基本局部控制器，完成数据采集和控制，并和过程接口。每个 DPU 能支持最多 96 个 Q-Line 卡件。

（2）操作管理级基本设备：操作员/报警站，CRT 分辨力 640×480 像素，采用 Westation 时可达 1152×768 像素，采用薄膜敏感键盘。此外，还有工程师站、历史存储与检索（HSR）、计算器站等。

（3）通信网络：总线型网络结构，由一系列具有不同功能的单元（站）集合而成，各站之间通过 WDPF 高速数据通道（Westnet）进行数据通信。与数据高速公路往来的通信由数据高速公路控制器（DHC）子系统来提供，DHC 对全部站都是通用的。通信介质为同轴电缆或光纤电缆。

（4）与其他设备的接口：站接口单元（SIU）用作 WDPF 和其他计算机、设备和网络的接口。此外，还有通用可编程控制器接口（UPCT）、上网个人计算机接口（PCH）、VAX 计算机接口（VXI）等。

2. 系统规模

2Mbps 的高速数据通道，每秒广播 16000 个离散点（模拟和/或数字）。同轴电缆高速公路可达 6km，可以支撑 254 个站；光纤高速公路可达 40km，可以支撑 254 个站。

3. 通信方式

通信方式为令牌式，由通信控制器按各 DPU 顺序发送通行标记，接到标记者用广播方式发送信息，广播周期为 100ms，暂停 100ms 之后又开始第二个广播周期。

（三）MAX1000

1. 构成系统的主要设备

（1）过程控制级基本设备：远程处理单元（RPU），一个 RPU 可接装多个分散处理单元（DPU），其智能中心数字信号处理器（DSP）有 32 位 CPU，一个 DPU 可处理 45 块 I/O 模板和最多 239 个地址，每个地址支撑一个模拟量或 16 个开关量信号。

（2）操作管理级基本设备：操作员站和工程师站（信息管理站），为 32 位 CPU，有触摸屏幕、鼠标器、球标器、键盘等。

（3）通信网络：用环形光纤数据高速公路及电缆数据高速公路分支把 RPU 和工作站等设备连接成一个完整控制系统。大规模使用时，通过工作站接口，把四个光纤数据公路连为一个系统。通信介质为光纤电缆。

（4）与其他设备的接口：RPU 中的 I/O 处理器支持两个独立的串行通信口，用于连接外部设备（如特殊的传感器或 PLC）。工作站中的应用处理器还提供标准网络接口，和其他计算机互连。

2. 系统规模

最多有 10000 个逻辑单元以及 3800 调节回路。系统可挂 128 个 RPU 和 64 个工作站，I/O 点数达 25000。每个光纤数据公路节点容量为 10 对 OEI，节点间最大距离为 2km、环周长为 6km，通信速率 500kbps。

3. 通信方式

（1）光纤数据公路环：符合 IEEE802.4 标准的 HDLC 方式，用令牌传送方式中的询问/应答方式。

（2）电缆数据公路：类似 EIA（RS485）、HDLC、IEEE802.4 的通信方式。

（四）I/A SERIES

1. 构成系统的主要设备

（1）过程控制级基本设备：控制处理机（CP）与现场总线组件（FBM）相连。CP种类有三种，CP10最多可带48块FBM、CP30和CP40最多可带64块FBM。FBM包括模拟和数字类型，每个模拟组件的点数为8、数字组件为16。

（2）操作管理级基本设备：操作站处理机（WP）有WP30和WP51两种型号，其中WP51的CPU32位，可连接两台CRT，分辨力为1152×900，有触摸屏幕、鼠标（或球标）、工程师键盘和组合键盘。此外，还有用于在线组态的个人工作站（PW）、用于离线组态的个人工作站（PW-C）、用于现场总线接口的个人工作站（PW-FB）、用于SINGLE STATION MICRO控制器接口的个人工作站（PW-SSI）、用于小型节点总线控制系统的个人工作站（PW-NB）等。

（3）通信网络：主干是现代化的局部网络——I/A系列宽带网络和载波带网络。通信介质为19mmCATV或具有多孔塑料绝缘的RG—11电缆。载波带网络上的节点通过节点总线集中各种处理器组件和外围设备，节点总线通信介质为同轴电缆，现场总线通信介质为双绞电缆或光纤电缆。

（4）与其他设备的接口：信息网络接口使非I/A系列计算机与I/A系列网络连接；通信处理器用于提供四个RS—232接口，与打印机和其他终端连接；仪表网间连接器用来将Foxboro760和761系列微机化单回路控制器与I/A系列网络相连；Modicon网间连接器支持I/A系列处理器和Modicon可编程控制器（PLC）之间的数据传输；Allen-Bradley数据公路网间连接器支持可编程逻辑控制器PLC—2、PLC—3、PLC—5。

2. 系统规模

系统最大可由6400个节点组成。每个I/A系列载波带网络接点容量为100个节点（宽带网络容量为64个载波带网络），通信速率5Mbps（宽带网络10Mbps），支持电缆长度为2km（宽带网络长15km）。节点总线最大容量32个（包括节点总线扩展组件），最大距离30m（不用扩展组件）或690m（用扩展组件），通信速率10Mbps。现场总线最大容量24个（就地总线接口），通信速率268.75kbps，采用光缆后，每根光缆长4km，光缆总长可达20km。

3. 通信方式

（1）宽带网络：IEEE802.4令牌传递标准。

（2）载波带网络：IEEE802.4令牌传递标准。

（3）节点总线：IEEE802.3的CSMA/CD载波监听多功能访问/碰撞检测。

（4）现场总线：EIA RS—455数据交接由主站启动，相连的现场总线组件都是从站。

（五）HIACS—3000

1. 构成系统的主要设备

（1）过程控制级基本设备：高功能控制器（HISEC04—M/L和M/F），16位CPU（HIACS—5000升级为32位）。H04—M/L完成单元功能系统的协调控制，I/O能力为2048个地址，基本智能化模块为BPU、μNCP以及CVNET.CE。H04—M/F完成各种具体子系统的控制，I/O能力为256个地址，基本模块为DCM可与过程直接构成控制回路，实现对过程的直接驱动控制。

（2）操作管理级基本设备：操作员控制台（CPU16bit 微处理器）和工程师控制台（CPU32bit 微处理器），配置有 CRT、键盘和打印机等。

（3）通信网络：系统级之间及机器群之间的各控制器分别通过双重化设置的 $\mu\Sigma$ 网和 CV 网进行信息交换。$\mu\Sigma$ 网为环形网，通信介质双绞电线，也可使用光纤电缆；CV 网为总线网，通信介质双绞电缆。

（4）其他设备：HIDIC—V90 计算机在系统中用来完成集中管理等功能。

2．系统规模

上层环形网最多可挂 32 个站，最大距离 3200m，传送速率 1Mbps（采用光纤网时，站间通信距离可到 20km，通信速率可到 100Mbps）。下层总线网可挂 32 个站，站间传送距离最大为 50m，传送速率为 0.5Mbps。H04—M/F 控制周期为 100ms，每秒钟可运行 2000 条以上的宏指令。

3．通信方式

上层环网采用令牌传送、集中控制方式。下层总线网采用时间广播式传送、无主次的多地址控制方式。

（六）TELEPERM—ME

1．构成系统的主要设备

（1）过程控制级基本设备：自动子系统（AS）有 AS220E、AS220EK、AS220EA、AS220EHF 等型号。其中 AS220EA 的 CPU 为 16 位，一个 AS220EA 由一个 GE 基本单元（冗余时为两个）和最多六个 EE 扩展单元组成，功能模件和信号模件安装在 GE 和 EE 中。双标准机柜系统最多可容纳 104 个功能模件和信号模件（冗余 GE 系统）。

（2）操作管理级基本设备：操作监视系统（OS265—6）的 CPU 为 16 位，可带三台 DS078 过程终端，输入/输出设备有光笔、触屏、键盘、打印机和拷贝等。此外，还有工程师站（WS30—610）、便携式编程器（PG—750）、手动/自动操作器等。

（3）通信网络：上层网为 CS275 远程总线，可经过总线耦合器延伸，传输介质为同轴电缆。中间层网为 CS275 近程总线，实现功能区内信号的传输，传输介质为标准电缆（12×2×0.22）。下层为并行 I/O 总线。

2．系统规模

远程总线最多可挂接 32 个总线转换器（UI），总线距离为 4km，采用总线耦合器（最多可接七个）可与另一条远程总线连接，最长可达 12km，挂站能力最多为 100 个用户，通信速率为 250kbps。近程总线最多可挂九个用户（站），其中包括一个 UI 总线转换器，总线距离为 20m，通信速率为 250kbps。

3．通信方式

CS275 总线采用广播式通信协议，属于令牌传递原理下的时间分槽式，每个节点有一段时间拥有总线控制权（主功能），还具有到时控制主权传递、请求控制主权传递（近程总线）和指令控制主权传递三种补充协议方式。

（七）CONTRONIC—E

1．构成系统的主要设备

(1) 过程控制级基本设备：自动化站之中央单元（CMX），32 位 CPU，容量为 8000 个标志号。通过外围总线（P—BUS）连接若干外围单元（输入单元和输出单元），如 CEA 模拟输入单元、CET 温度信号专用输入单元、CEB 数字输入单元、CAR 控制器（适用于与执行器有关的信号和输出命令信号）、CAB 数字输出单元等。

(2) 操作管理级基本设备：操作站之中央单元（OS），有 64 位 CPU，四台 CRT（分辨力 1280×1024）及鼠标器、薄膜键盘等。小型操作站用于小型电站，最多有两个操作部件、三台 CRT。服务站由一台个人计算机组成。

(3) 通信网络：总线网络按分级结构（站、区域、系统）和功能（自动化、操作）进行分类。在同一过程区域内，各站之间的信号传递通过相应的自动化总线（A-BUS）和操作总线（L-BUS）完成，不同过程区域之间是通过系统自动化总线（SA-BUS）和系统操作总线（SL-BUS）相连接，与区域有关的各总线与全厂系统总线之间通过 CL 和 CA 耦合站连接。由于各种总线只传输各自类型的数据，故所有的数据均可在实时状态下进行编排。传输介质为双绞电缆或光纤电缆。

2．系统规模

SL-BUS 总线的用户数最多为 127 个，传输速率为 1Mbps，最大总线长度 12km，亦可由以太网络来提供。A-BUS、L-BUS、SA-BUS 总线的用户数最多为 2×126 个（包括冗余），传输速率 1Mbps，最大总线长度 4km。P-BUS 总线的用户数最多为 2×126 个（包括冗余），传输速率为 375kbps，最大总线长度 4km。

3．通信方式

SL-BUS 总线的传输规程：PDV，总线控制为中央总线控制单元。A-BUS、L-BUS、SA-BUS 总线的传输规程：SDLC；总线控制为令牌传递。

（八）PROCONTROL-P

1．构成系统的主要设备

(1) 过程控制级基本设备：信号处理单元包括输入模件（81EU01），可接受各种类型输入信号（每个模件输入 16 路信号）；驱动控制模件（83SR04），可以输入受控设备的有关信号和输出控制信号到受控设备。

(2) 操作管理级基本设备：运行员站（POS）采用 DEC 公司的 Vax 系列工作站，操作手段为鼠标或跟踪球，每个站可带两台 CRT。工程师站除具有一般系统组态、参数修改等功能外，还具有强大的诊断功能，可对变送器、各种模件、各种站及数据传输系统进行诊断并给出相应操作指导。

(3) 通信网络：通信采用总线结构形式。站内通信通过站总线（Station BUS）实现，站间通信通过远程总线（Remote BUS）实现，运行员站间的通信通过以太网来实现。

2．系统规模（根据 BBC 公司资料）

每路站间总线可接入 64 个站，可扩至三路总线。传输最大距离 2km（不加放大器为 1km），传输介质为同轴电缆。

3．通信方式

数据传输方式为广播式。数据的编码方式为由六部分组成的72位电传码。采用周期性和事件触发相结合的传递方式。总线响应时间为10ms。

三、中小型分散控制系统

为满足200MW及以下火力发电机组采用分散控制系统的需要，国内一些公司和研究单位相继开发研制了各种中小型规模的分散控制系统。结构一般是以总线网络为基础，由多个站组成的，如控制站（或数据采集站和控制器站）、操作员站、工程师站以及系统接口站等。一般具有DAS、MCS、SCS、SOE等功能。常用的中小型分散控制系统型号见表3-27。

表 3-27　　　　　　　　　　常用中小型分散控制系统

型　　号	开 发 研 制 单 位	型　　号	开 发 研 制 单 位
DJK/F—1000	上海调节器厂	HS—2000	和利时自动化工程有限责任公司
EMDC—88	中能电站自动化工程有限公司	TJDDAS—3000	太极计算机公司
EDPF—2000	电力科学研究院电厂自动化所	PMC—900	大连中德控制系统有限公司
XDPS—400	新华控制工程有限公司		

第四节　其他监控系统及装置

一、计算机监视系统

随着机组容量增大和热力系统的复杂化，在运行中必须监视的信息量和操作指令不断增加。如果仍然采用传统的常规仪表，则难以胜任。从70年代初国外就开始将电子计算机技术在火电厂中应用，并开发了计算机监视系统（computer monitoring system，CMS），用于分散控制系统，称数据采集系统（DAS）。它主要实现数据采集与处理，CRT屏幕显示，制表打印及事故追忆，性能计算等。对于有成熟运行经验的机组，可根据要求设置机组启停操作指导、最佳运行操作指导、预防或处理事故操作指导等。此系统的优点是灵活、安全，以及计算机给出的信息可供运行人员参考分析；缺点是需要人工操作。

计算机监视系统如图3-22所示，它基本上由硬件和软件两大系统组成。硬件有主机（以中央处理器CPU为主体，包括内存、外存及选件）、外部设备（包括打印机、程序员站、CRT显示和功能键盘等）、过程通道（包括模入、模出、开入、开出及脉冲输入等）、预制电缆和中间端子箱、电源装置等，它是组成计算机监视系统的基础。为了提高计算机系统供电的可靠性，一般采用不间断电源装置（UPS）供电，它是由整流器、逆变器、蓄电池、开关等组合而成的一种电源设备，能在交流输入电源发生故障时保证向负载供电的连续性。

软件系统是指各种程序和有关信息的总集合，分为系统软件（包括程序设计系统、诊断程序和操作系统等）、支撑软件（包括服务程序等）和应用软件（包括过程监视程序、过程控制计算程序和公共应用程序等）。软件在设计和调试完成后，存入主机的内存和外存中，以供系统运行使用。

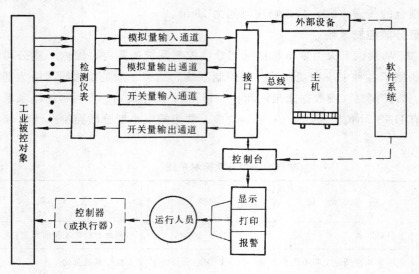

图 3-22　计算机监视系统框图

表 3-28　　　计算机监视系统的硬件配置

序 号	硬　　　件		数据采集与处理系统	
			200MW 机组	
1	主　机	字长 内存 外存	8 或 16 位 ＞256KB ＞2×2.5MB	1套
2	过程通道 模拟量输入 开关量输入 脉冲量输入 模拟量输出 开关量输出		256 点 200 点 8 点 8 点 8 点	1套
3	外部设备 值班员操作站（汉字） 程序员站 制表打印机（汉字） 随机打印机（汉字）		2套 1套 1台 1台	

注　本表摘自能源部电力规划设计管理局颁发的 NDGJ91—89《火力发电厂电子计算机监视系统设计技术规定》。

目前，200MW 及以下机组，一般采用以 CRT 为监视中心的计算机监视系统，用于数据采集和处理，其硬件配置见表 3-28。现以 EDPF—1000 型分布微机监视系统为例，简述其在 200MW 机组的应用情况。

EDPF—1000 分布式微机监视系统是电力科学研究院电厂自动化研究所开发的，是一种由高速数据通信公路（通信速率为 500kbps）连接起来的多微机系统。每台微机通过通信控制器和通信网络相连，称为一个"工作站"。各站之间只有数据信息的沟通，而没有程序方面的联系。各站均能独立工作，但彼此分工，协同完成各种监视功能。本系统最多可连接 32 个站。

用于 200MW 机组监视的典型系统（EDPF—1000）结构如图 3-23 所示，共 5 个站，分属三种类型：

（1）数据采集站两台：由 Z80A（8 位）微机及输入、输出通道组成。它通过与现场的过程接口，对机组的运行数据进行采集和处理。其信息通过通信网络送到系统的其他各站。

（2）运行员站两台：由 PC9801FC（16 位）微机系统（包括 CRT、键盘、打印机）及控制台、盘组成。它是主要的人机接口，是集中监视管理整个发电机组运行的中心。它通过通信网络由数据采集站获得信息，进行二次处理及机组性能计算、偏差损失计算，为运

174

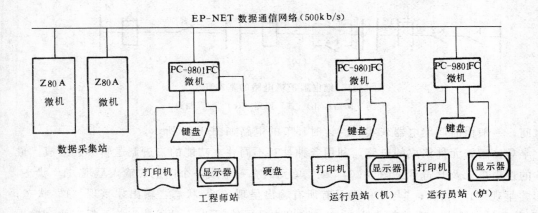

图 3-23 EDPF—1000 系统结构

行人员提出报警、打印、制表、趋势显示、启动曲线显示、模拟图显示、事故追忆、事件顺序记录、效率监视等。

（3）工程师站一台：由 PC9801FC 微机系统构成，可用来设置和修改运行参数，进行画面和各种表格的生成及修改，彩色画面拷贝，必要时也可投入实时运行。

用于 200MW 机组的系统共有五台微机，内存 2MB，外存硬盘 10MB，六台软盘驱动器，三台彩色显示器，三台彩色打印机，三个键盘。I/O 点，计有模拟量输入 256（采样速度为 100 点/s）点，开关量输入 192（其中中断型 64）点，脉冲量输入、模拟量输出和开关量输出各 8 点。

系统中工作站的数量及其功能的划分是灵活的，经过重新组态和组合，可以适应不同容量机组的需要。

二、顺序控制系统

火电机组采用分散控制系统时，一般已具有顺序控制系统（SCS）功能。若需独立设置顺序控制系统，则要用顺序控制器来实现。

顺序控制器是实现顺序控制功能的专用自动装置。它可以接受人工指令或其他上一级自动装置的指令而开始工作，也可以在规定的外界条件满足时自动开始工作，然后根据预定的顺序逐步进行各阶段的控制。它与检测元件、执行机构配合，实现顺序控制任务。按应用范围划分，顺序控制器有固定接线式和通用式（可变式）两种。

1. 固定式顺序控制器

固定式顺序控制器根据预定的控制功能和控制对象的运行规律进行接线，整个电路形成后要改变接线是比较困难的，因此仅适用于运行规律固定不变的简单顺序控制系统。构成固定式顺序控制器的电路元件有继电器和半导体逻辑元件。

继电器电路的输入信息由开关或继电器的触点组成，输出信息则由继电器的触点以及触点所驱动的负荷组成。继电器逻辑电路的基本环节如图 3-24 所示，图（a）为"与"回路，由输入触点串联再与继电器绕组联接构成；图（b）为"或"回路，由输入触点并联构成；图（c）为"非"回路，逻辑"非"通常用常闭触点表示。计时环节可以用来改变信息的出

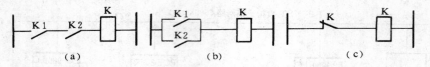

图 3-24　继电器逻辑电路的基本环节

(a)“与”回路；(b)“或”回路；(c)“非”回路

现时间，一般由时间继电器来实现。计时环节的电路如图 3-25 所示。

半导体逻辑元件组成的电路，利用各种具有不同独立功能的二进制逻辑单元组成。最基本的逻辑单元及其符号见图 3-26，“或”单元只有一个或一个以上的输入呈现“1”状态，输出才呈现“1”状态；“与”单元只有所有输出呈现“1”状态，输出才呈现“1”状态；“非”单元只有输入呈现外部“1”状态，输出才呈现外部“0”；“异或”单元只有两个输入之一呈现“1”状态，输出才呈现“1”状态；“逻辑恒等”单元只有所有输入呈现相同的状态，输出才呈现“1”状态；“延迟”单元输出端发生从内部“0”状态到内部“1”状态的转换相对输入端发生同样的转换延迟 t_1，输出端发生从内部“1”状态到内部“0”状态的转换相对输入端发生同样的转换延迟 t_2。

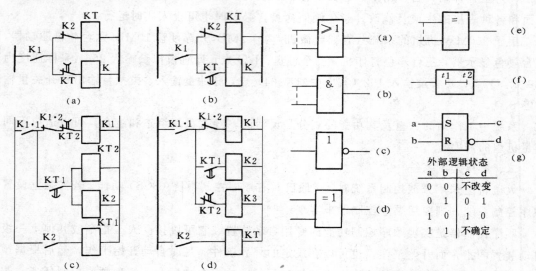

图 3-25　计时环节

(a) 定时输出；(b) 延时输出；(c) 延时输出，延时返回；(d) 定时切换

外部逻辑状态

a	b	c	d
0	0	不改变	
0	1	0	1
1	0	1	0
1	1	不确定	

图 3-26　基本逻辑单元及其符号

(a)“或”单元；(b)“与”单元；(c)“非”单元，反相器；(d)“异或”单元；(e)“逻辑恒等”单元；(f)延迟单元；(g)双稳触发元件及说明

2. 可变式顺序控制器

可变式顺序控制器的控制规律和顺序，可以根据被控对象的运行规律在一定范围内任意改变，因此灵活性较大，通用性较强。目前，一般采用可编程序逻辑控制器（PLC）和可编程序控制器（PC），它们是利用微处理技术将硬接线的逻辑关系软件化，它具有继电器逻辑、顺序、计时、计数等功能。某些中、高档机还增加了模拟量输入/输出、数据运算（加、减、乘、除、比较）、计算机接口、通信系统、PID 控制等功能（PLC 无此功能）。外设可

配备录音机、打印机、CRT。可编程序控制器既可以与上位机连接作分级控制用，也可以单独用在生产系统或作单机自动化。

可编程序控制器的程序是可以按控制要求重新编写的。因此，对于不同的控制系统和控制对象，只要更改可编程序控制器的程序即可使用。修改程序只需改软件，无需改二次线。

可编程序控制器的系统组成如图 3-27 所示，它由 PC 侧和编程器侧两部分组成，它们分别由一台风格不同的微型机构成。

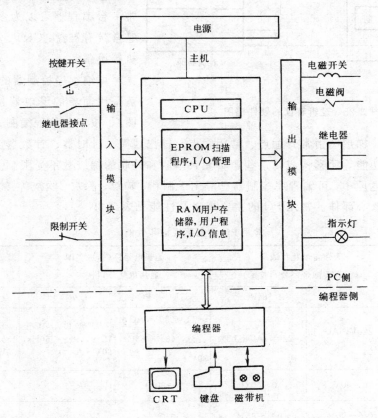

图 3-27　可编程序控制器的系统组成

PC 侧由电源，主机和输入、输出模块组成。主机包括中央处理器（CPU）及控制电路。可改写只读存储器（EPROM）内存放着扫描程序及输入/输出（I/O）管理程序，读写存储器（RAM）内存放着用户程序。顺序扫描程序基本分三段执行：输入信号（按钮、限制开关、继电器接点等）读入活动存储器内，一直保持到下一次该信号输入时为止（即一个扫描周期）；根据读入的输入状态进行逻辑解读，按用户程序得出正确的输出；把逻辑解读的结果通过输出模块，输出给外设的继电器或现场的电磁开关、电磁阀等执行机构。执行一次扫描程序的时间称为一个扫描周期，全部输入、输出状态的更新时间也为一个扫描周期。

逻辑解读可用图 3-28 所示的硬件框图来说明：①地址记数器顺序地读出用户程序地址。②地址记数器所决定的用户程序读入译码器，读入内容为程序中的一个指令（包括元

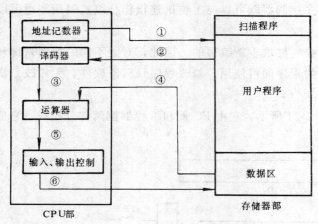

图中文字：

CPU部 — 地址记数器、译码器、运算器、输入、输出控制，①②③④⑤⑥

存储器部 — 扫描程序、用户程序、数据区

件类型、编号、符号三部分）。③指令的符号部分送入运算器。④该元件的输入状态已存储在数据区，把它送进运算器。⑤、⑥把结果通过输入、输出控制部分送到数据区。

编程器的主要作用是为 PC 编程，也可以监控 PC 的工作状态。通常一台编程器可以为多台 PC 编程，它常带有键盘、CRT、磁带机、打字机等设备。

可编程序控制器的编程方法，一般采用简单的继电器接点图（梯形图），按工艺流程编制，其程序是用编程器输入的。梯形图由常开触点、常闭触点、输出线圈、计时器、计数器、移位寄存器以及算术运算功能等元素构成，这些逻辑元素串联和并联的梯级数不受限制。

图 3-28　逻辑解读的硬件框图

在火力发电厂中，可编程序控制器已应用于制粉、输煤、除灰、吹灰等热力系统中，作为顺序控制的核心部件。常用 PC 的主要规格及性能见表 3-29。

表 3-29　　　　　　　　　　　常用 PC 的主要规格和性能

项　　目	天津自动化仪表厂（引进美国哥德公司技术）		无锡电器厂（引进美国通用电气公司技术）		北京椿树电子仪表厂
	484PC	584PC	GE—ⅠPC	GE—ⅢPC	BCM—PIC
供电电源	220V，AC±15%	220V，AC±15%	115/230V，AC±10～15%，48～63Hz，30V·A	115/230V，AC±15%，48～60Hz，60V·A	220V，AC±15%，47～62Hz，60W
工作环境温度	0～60℃	0～60℃	0～60℃	0～60℃	0～45℃
工作环境湿度	0%～95%	0%～95%	<95%	5%～95%	20%～90%
CPU	N8×300Ⅰ	AM2901×4	Z80(8位)微处理器	Z80(8位)微处理器	8085AHC(8位)微处理器
用户程序存储器	8K(8位)RAM	8～32K(16位)RAM	0.7kW（16位）CMOS 或 1.7kW（16位）CMOS 或 EPROM	4K(16位)CMOS RAM 或 EPROM	COMS6264×2
内存保持电池	2 节 1.5V 电池,寿命 18 个月	寿命 9 个月	锂电池 MB—4,带负荷寿命 2～5a	锂电池,带负荷寿命 2a	2 节 5 号普通电池,记忆程序时间 6 个月

项　目	天津自动化仪表厂（引进美国哥德公司技术）		无锡电器厂（引进美国通用电气公司技术）		北京椿树电子仪表厂
	484PC	584PC	GE—ⅠPC	GE—ⅢPC	BCM—PIC
扫描时间	扫描周期：20～30ms	扫描周期：20～40ms	典型处理速度：20,40,60ms	典型扫描频率：12,20,35ms	基本指令执行时间：9.8μs
I/O点数	输入、输出各256点	输入、输出各4096点（有的为1024点）	8～112点（每个模板8点）	400点（输入、输出任意配置）	从40点可扩展到352点
内部功能	继电器、计时器、计数器、四则运算、序列器、数据传递等功能	继电器、计时器、计数器、四则运算、数据传递、矩阵功能PID跳步等功能	继电器、移位寄存器、计时、计数等基本控制功能	继电器、寄存器、计时、计数、BCD码、四则运算、比较器、数据移位、子程序功能	控制器指令具有取、"与"、"或"、"非"、写、量、"异"、转移、子程序调用、定时、计数、步进、移位等功能
内部参数	内部线圈256个、输入、输出寄存器各32个，保持寄存器254个，序列器32步	输入寄存器256个，输出寄存器9999个	内部继电器116个（其中28个可自保持），计时计数器64个，移位寄存器128个	内部继电器368个（其中64个可自保持），计时计数器128个，移位寄存器128个	内部线圈672个，定时/计数/步进器84个，编程容量2048步
编程器　型　号	P180	P190	GE—Ⅰ配套	GE—Ⅲ配套	BCM—PIC配套
编程器　操作键数	44个	39个	20个	32个	53个
编程器　显示器	12cm黑白CRT字符	23cm黑白CRT字符	数码管和发光二极管	数码管和发光二极管	数码管和发光二极管
外围设备	可配磁带	带有磁带机，可配打字机	盒式磁带录音机，用户程序打印机，PROM写入机	盒式磁带录音机，用户程序打印机，PROM写入机	打印机

三、锅炉炉膛安全监控系统

锅炉炉膛安全监控系统（FSSS）的主要功能是保护锅炉炉膛、避免产生爆炸事故，一般具有以下功能：

（1）炉膛吹扫：锅炉熄火后和点火前，用加强通风的方式将炉膛内残留的可燃混合物排尽。

（2）单个油燃烧器的控制：根据投入或切除油燃烧器的指令，按预定顺序控制点火器、风门挡板、油燃烧器和油阀等对象，投入或切除单个油燃烧器。

（3）油燃烧器的调度：根据锅炉负荷的需要自动增、减投入运行的油燃烧器的数量。

（4）单套制粉系统的控制：根据投入和切除制粉系统的指令，按预定顺序控制给煤机、磨煤机、一次风机和风门挡板等对象，投入或切除单套制粉系统。

（5）制粉系统的调度：根据锅炉负荷的需要自动增、减投入运行的制粉系统的套数，通常将这一功能与油燃烧器的功能合并称为燃烧器管理功能。

（6）风机的控制：根据投入或切除锅炉通风系统的指令，按预定顺序启动吸风机、送风机、一次风机和它们的辅机等，并按需要控制有关风门挡板。

（7）火焰检测：包括对每个油燃器和煤燃器的火焰进行单独检测，并提供单个燃烧器、每层燃烧器、每角燃烧器和全炉膛的火焰信息。

（8）燃油泄漏试验：根据燃油系统截断后的油压变化，提供油系统泄漏的信息。

（9）锅炉循环泵的控制：根据指令启动或停止相应的锅（炉）水循环泵（对强制循环汽包锅炉）。

（10）总燃料跳闸（master fuel trip，MFT）：在跳闸条件的控制下，送出停炉信息给送风机、引风机、磨煤机、燃油快关阀等控制对象，使锅炉退出运行并同时启动炉膛清扫功能。总燃料跳闸功能的跳闸条件有：送风机全停、引风机全停、回转空气预热器全停、炉膛正压过大、炉膛负压过大、汽包水位过高、汽包水位过低、燃料全停、火焰检测冷却风机全停、全炉膛熄火、丧失角火焰（对于切向燃烧式锅炉）、不稳定临界火焰（简称临界火焰）。

采用分散控制系统的机组，FSSS可纳入分散控制系统，亦可单独设置。单独设置时，锅炉炉膛安全监控装置一般采用可编程序逻辑控制器或微机控制器。现以AFS—1000—PLC控制系统为例，简述其应用。

AFS—1000—PLC控制系统是北京远东仪表有限公司在引进美国科尼（FORNEY）工程公司技术的基础上设计的，具有各种逻辑、连锁、顺序和连续控制等功能。

该系统的火焰检测为IDD—II型红外线动态火焰检测器，用以检测燃烧器初始燃烧区的红外光强度和闪烁频率等综合特性。检测器由传感器和放大器组成。传感器前接有一组光导纤维软管，以适应高温和有些锅炉喷燃器在工作中的上下摆动。红外敏感元件为硫化铅（PbS）光敏电阻，其输出信号经前置放大器转换和放大后以交变信号馈至放大器。放大器内设计有滤波、背景电平比较电路，逻辑电路和自检电路，输出的逻辑信号，可适应任何计算机管理系统。检测器的工作波长为 $700\sim3200$mm，动态信号频率低位为 $15\sim4000$Hz、高位为 $55\sim7500$Hz，输出响应时间 $0.2\sim8$s（连续可调），视野角度 $90°$，自检周期 120s，自检时间 2s。

AFS—1000—PLC控制系统结构如图 3-29 所示。主系统由逻辑柜、CRT操作站或操作面板组成，主机采用PLC（梯形图形式编程）双CPU冗余方式，CPU与I/O卡架之间通过专用电缆连接，通过扩展I/O，系统可选 2000 个I/O点。辅助系统用于不同场合，可灵活配置。当用于锅炉安全保护系统时，要配火检柜、就地火检部分和冷却风部分等。

四、汽轮机电液控制系统

早期的汽轮机控制系统是由离心飞锤和杠杆、凸轮等机械部件和错油门、油动机等液压部件构成的，称为机械液压式控制（mechanical hydraulic control，MHC），通常只具有额定转速 $\pm6\%$ 范围内的闭环转速调节功能和超速跳闸功能。随着再热机组的出现，机组单机容量的增大，单元制运行方式和滑压运行方式的采用，机组的启停次数增加以及电网集中调度等问题的出现，MHC已不能完全适应。因而，产生了电气液压式控制系统（electro-hydraulic control，EHC），其运算部件由电气元件组成，而执行部件仍保留了油动机-液压执行机构，并保留MHC作为后备。随着电气元件可靠性的提高、电液转换器性能的提高以

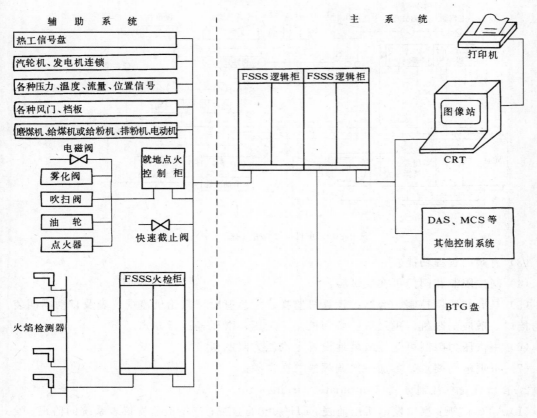

图 3-29 AFS—1000—PLC 控制系统结构

及采用了独立的控制油源（高油压和抗燃油），电调系统的可靠性大为提高，出现了不依靠 MHC 作后备的"纯电调"系统。开始采用的纯电调系统是以模拟量电路组成的，称为模拟式电液控制（analog electro-hydraulic control，AEH），以后发展为以计算机为基础的数字式电液控制系统（digital electro-hydraulic control system，DEH）。近年来，由于分散控制系统（DCS）的发展，汽轮机控制系统也正朝着采用 DCS 的方面发展。

当 DEH 单独配置时，可采用专用的数字式电液控制系统，现以 DEH—Ⅲ型数字式电液控制系统为例，简述其应用。

DEH—Ⅲ型数字式电液控制系统是新华控制工程有限公司在西屋公司产品的基础上进行优化设计的，转速控制范围为 0～3500r/min，转速控制精确度为 ±1.5r/min，负荷控制精确度为 ±1.5MW，阀切换转速波动小于 30r/min，甩负荷超调量小于 7%。该系统由微机控制系统和 EH 油系统两大部分组成，系统构成如图 3-30 所示，系统功能如下。

（一）DEH 微机控制部分

1．运行人员自动控制方式

（1）转速控制适应冷态、温态、热态启动，可采用主汽门冲转或中压缸冲转，由自动阀切换。

（2）负荷控制和负荷限制具有第一级汽压反馈和电功率反馈，可选择投切。

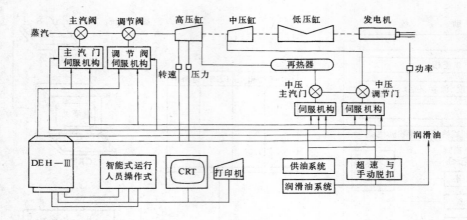

图 3-30　DEH—Ⅲ型的系统构成

（3）有阀门管理功能。

（4）阀位限制和阀门可在线试验。

（5）具有与协调控制、旁路、计算机监视、危急遮断、汽轮机监视仪表及自动同期装置的接口，适应炉跟机、机跟炉、协调控制、定压、滑压等运行方式。

（6）主汽压力限制可遥控或就地设置主汽压力限制值。

（7）根据电网要求，参加一次调频或二次调频。

2. 自动汽轮机控制方式（automatic turbine control，ATC）

（1）ATC 监视：汽轮发电机组监视；EH 系统的监视；汽轮机监视仪表系统的监视；发电机辅机的监视。

（2）ATC 启动：根据转子热应力，设定升速率控制机组从冲转到全速，全程自启动；根据转子热应力，设定升负荷率加负荷。

3. 基本保护功能

（1）甩全负荷，维持空转。

（2）甩部分负荷，快关阀门，维持正常运行。

（3）103％和 110％超速保护。

（4）103％和 110％超速试验及其在危急遮断试验时的闭锁。

4. 手动控制功能

（1）主汽门手动控制。

（2）调节汽门手动控制。

（3）手动控制时转速、负荷及阀位的显示。

5. 运行人员自动和手动控制的无扰动切换

6. 数据处理功能

（1）CRT 提供 16 幅彩色画面，显示参数、数据、曲线、图表及报警信息。

（2）打印功能有事故追忆打印、报警信息打印、画面拷贝（黑白或彩色）。

7. 通信接口

能与 WDPF、N—90、H—3000 等 DCS 系统通信。

（二）EH 部分

1．供油系统

由抗燃油供油装置、再生装置及油管路上的部套组成，提供 13.73MPa 高压抗燃油来驱动伺服执行机构。

2．执行机构

300MW（600MW）引进型机组有 10 套电液伺服机构，分别控制两个高压主汽门，六个（四个）高压调节门，两个（四个）再热调节门的阀门开度，另有两套电磁阀控制的执行机构控制两个中压再热主汽门的启、闭。

3．危急遮断电磁阀组

当机组发生紧急情况时，危急遮断器发出信号，其电磁阀动作，关闭全部蒸汽阀门，机组自动停机。当机组转速超过一定范围时，超速保护装置发出信号，其电磁阀动作，关闭全部调节阀。

五、远程智能 I/O 和现场总线

1．893 远程智能 I/O 网络

远程智能 I/O（输入/输出）是微机技术和网络通信技术发展并结合的产物。80 年代中期，以英国施伦伯杰仪器公司（Sehlumberger）为代表推出了以解决现场测量和实现简单控制调节为目的的 IMP3595 系列分散式数据转换器，1986 年开始引入我国。总参南京工程兵工程学院 1989 年 3 月开始自行研制，1991 年初正式投产推出"893 远程智能 I/O 网络"。

远程智能 I/O 设计采用 DCS 的网络通信技术及 PLC 和单回路控制器的现场处理控制技术，可应用于计算机监视和分散控制等系统，实现了计算机系统在功能上、特别是地理位置上的高度分散。其结构如图 3-31 所示，一般由智能前端机、现场总线和计算机适配器组成，每台前端机和适配器上都有单片机。安装在现场的采集前端机将现场信号就近采集，并将参数进行预定处理，然后用数字通信方式将数据经现场总线和适配器送入计算机用于显示、分析和控制；计算机处理后的数据再通过总线传送给现场控制前端机，按预定方式向现场设备发出调节信号，由此实现数据采集与控制。

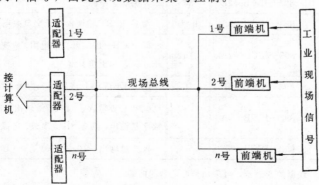

图 3-31　远程智能 I/O 网络结构

远程智能I/O用于工业测控系统，有较高的性能价格比。其突出优点是：前端机采用金属密封外壳封装，环境适应能力强；前端机就近处理现场信号、可节省大量信号电缆，安装、调试、维护方便；采用隔离浮空的串行网络总线结构，具有较强的抗干扰能力，处理精确度和可靠性得以提高；主机负荷率大为减小，提高了主机从事高级运算处理能力等。

893远程智能I/O的硬件品种及功能见表3-30，在软件编程方面，为用户设计了多条可被高级语言调用的机器语言子程序，凡具有高级语言（如BASIC等）基础者，均可操作使用并开发应用软件。网络通信电缆为屏蔽双绞线，采用串行异步半双工通信方式。

表 3-30 893 远程智能 I/O 硬件品种及功能

名　称		型　号	通道数	功　能
适配器	单主机网络通信卡	893—IDCB—0A		网络中只能有一个卡（对应一台主机），可工作在"被动方式"和"自动查询方式"
	接口网络通信卡	893—IDCB—0B		与IEEE—488、RS—232C标准的接口
	多主机网络通信卡	893—IDCB—0C		网络中最多可有31个卡，除具有0A卡的功能外，还具有前端事件发生、参数越限时中断主机的功能，31台主机可共享系统资源
	网络中继器/分支器	893—IDCB—0D		基本传输距离1200m，可挂前端50台
	异型网络适配器	893—IDCB—0E		与BITBUS总线网络接口
采集前端机	直流模拟量	893—IDCB—1A	24	直流电压、直流电流、热电偶输入，多路开关为电子开关
		893—IDCB—1B	20	同IDCB—1A，多路开关为干簧继电器
	数字量	893—IDCB—2A	19	事件、状态、计数输入，1～16为低频通道，17～19为高频脉冲计数或测频输入
		893—IDCB—2B	20	同IDCB—2A，18～20为高频通道
		893—IDCB—2C	28	同IDCB—2B，另增加8路继电器接点输出
		893—IDCB—2D	26	20路继电器输出，6路开关量输入
		893—IDCB—2E	30	开关状态检测
	工频交流量	893—IDCB—3A	8组	与CT、PT相连，用于交流大电压、电流检测
	电阻量	893—IDCB—4A	15	同IDCB—1A，另有热电阻、应变输入，多路开关为电子开关，用于实验室
		893—IDCB—4B	15	同IDCB—4A，多路开关为干簧继电器，用于现场
控制前端机		893—IDCB—5A	18	6路A/D输入、4路D/A输出、4路数字量输入、4路数字量输出，具有PID、串级、选择、自整定等控制功能
直流模拟量输出前端		893—IDCB—6A	6	模拟量输出−10～+10V、0～10mA或4～20mA

注 对于一次元件采用二线制的变送器，可采用带配电器的前端。

893远程智能I/O的主要技术数据如下：

（1）网络技术数据：①通信速率：187.5kbps；②通信距离：＞1200m（可扩展）；③系

统精确度：模拟量 0.1 级、数字量分辨力 1ms；④可挂前端数：≥50 台（可扩展，每个前端 20 通道）；⑤可挂主机数：≤31 台；⑥适用环境：温度−20℃～+60℃、相对湿度＜95％。

（2）模拟量前端技术数据：①多路开关为固态电子开关、干簧继电器；②输入范围为 0～±20mV、0～±80mV、0～±320mV、0～±1280mV、0～±5120mV，量程可自动转换；③A/D 分辨力为 16bit；④基本测量误差＜±0.1％；⑤共模抑制比≥120dB；⑥可测热电偶分度号为 E、J、K、R、S、T、EA—2；⑦可测热电阻分度号为 Pt100、Pt50、Cu100、Cu50、BA1、BA2、G；⑧电阻测量范围为 0～25kΩ；⑨应变测量方式为全桥；⑩存储容量为 32KB；⑪主要智能功能有，工程单位变换、越限报警、量程自动转换、零点增益自校正、历史数据存储、滤波周期可调、参比端温度补偿、工作方式在线改写与固化、硬件自诊断、掉电保护和自复位。

（3）数字量 I/O 前端技术数据：①输入方式为有源/无源；②隔离度≥600V；③可记录事件为 3400 个；④测频范围为 0.125～93.5kHz；⑤最大计数速率为 999 个/s；⑥最大事件捕获率为 999 个/s；⑦事件分辨力为 1ms；⑧开关动作记录带时标可用作事件顺序记录；⑨继电器输出的分断电流≤500mA、隔离电压≤250V、闭合时间≤0.6ms、断开时间≤0.15ms。

2. 现场总线

远程智能 I/O 的应用推动了现场总线（field bus）技术的发展，加速了现场装置的数字化和智能化进程，现场总线型仪表，如智能变送器（见第一章第二节）、智能执行机构等现场智能装置已获得长足发展。

现场总线是现场智能装置与控制系统之间采用双向数字通信技术、相互进行信息交换的通信总线，可采用双绞线、同轴电缆或光纤，目前多采用双绞线或屏蔽双绞线。在通信方式上，可采用同步传输，也可采用异步传输，可采用双工或半双工方式，现多采用异步半双工方式，但在具体的通信协议上还存在较大差异。目前各厂家的现场总线通信规约仍不统一，从 80 年代中期起，国际标准化组织协同主要制造厂制订统一的现场仪表的通信规程，但是进展不大。对于远程智能 I/O 网络，几乎各生产厂都有各自的协议而与其他产品不相兼容。由于都可处理现场模拟信号，对整个系统运行影响不大。对于智能变送器，目前主要是 HART 和 DE 两种协议，互不兼容，只能分别与采用相同协议接口的计算机或 DCS 进行通信。

HART 协议是 80 年代中期由罗斯蒙特公司开发的一种可寻址的远程传感器数据公路（highway addressable remote transducer）通信协议，在 Bell202 标准基础上采用移频键控制（FSK）方式，使用 1.2kHz 和 2.2kHz 载波（分别代表 1 和 2）在 4～20mA 模拟信号上完成数字信号传送。进行单点数字通信时，4～20mA 直流信号仍表示被测信号的模拟值；采用多点方式通信时，模拟信号无意义。为减小供电功率，可只向变送器供 4mA 电流。HART 协议采用串行异步半双工方式通信，主从方式工作，以支持点对点和点对多点通信，总线上最多允许有两个主控设备，即计算机和手持式终端。现场装置作为从站，最多允许 15 只智能变送器同时挂在总线上运行，总线要求单点接地。HART 协议采用三种信息约定，即一般命令、通用命令和特别命令，对现场变送器进行操作、诊断、标定和组态。遵守 HART 协议的成员目前约有 90 家公司。

DE 协议是由霍尼威尔公司开发的一种数字增强型（digit enhanced）通信协议，采用波特率为 220Hz 低频电流脉冲，使用 4mA 及 20mA 电流分别代表 1 和 2，数据用浮点串行方式送入双绞线进行数字通信。进行数字通信时，回路中的模拟电流不再代表信号测量值。采用 DE 协议的成员已达 150 多家公司。

1994 年 9 月 23 日，ISP 组织（采用 HART 协议）和北美 Worldfip 组织（采用 DE 协议）宣布合并成立国际性的现场总线组织（fieldbus foundation），共同开发和制定现场总线标准，并解决产品间的兼容性问题。这样，任何不同厂家的产品都能挂在同一总线上与计算机或控制系统相连，实现信息交换和资源共享，将给用户带来巨大的收益。不久将来，采用统一通信标准的现场智能仪表将出现，并给工业自动化带来一场深刻的革命。

第五节 执 行 器

执行器在控制系统中又称为终端控制元件，它是正向通路中直接改变操纵变量的仪表，由执行机构和调节机构组成。执行机构响应调节器来的信号或人工控制信号，并将信号转换成位移，以驱动调节机构。

常用的执行机构有电动和气动两大类；调节机构一般为阀门（调节阀、截止阀、闸阀、蝶阀等）和风门挡板。

执行机构与调节机构的连接有两种方式：

1）直接连接：执行机构一般安装在调节机构（如阀门）的上部，直接驱动调节机构。这类执行机构有：直行程电动执行机构、电磁阀的线圈控制机构、电动阀门的电动装置、气动薄膜执行机构和气动活塞执行机构等。

2）间接连接：执行机构与调节机构分开安装，它们之间通过转臂及连杆连接，转臂作回转运动。这类执行机构有角行程电动执行机构、气动长行程执行机构等。

本节主要介绍执行机构，必要时也将有关的调节机构一并介绍。

一、电动执行机构

电动执行机构按输出位移的型式分为角行程、直行程和多转电动执行机构三类，各类的输出额定值数系见表 3-31。[1]

表 3-31 　　　　　　　　　　电动执行机构输出额定值数系

执行机构型式	额 定 负 载 值	额 定 行 程 值	额 定 行 程 时 间
角行程	6，16，40，100，250，600，1000，1600，2500，4000，6000，10000，16000N·m	50，70，90，120，270（°）	2，5，4，6，(8)，10，(12.5)，(15)，16，(20)，25，(32)，40，(50)，60，(80)，100，(125)，160，250s
直行程	250，400，600，1000，1600，2500，4000，6000，10000，16000，25000，40000，60000N	6，10，16，25，40，60，100，160，250，400，600，1000mm	
多转	16，40，100，160，250，400，600，1000，1600，2500N·m	5，7，10，15，20，40，80，120r	

注　括号中数值不推荐使用。

---

[1]　依据 GB11922—89《工业过程测量和控制系统用电动执行机构》编写。

DDZ—S 系列的电动执行机构的外形尺寸已于本章第一节叙述。其他电动单元组合仪表的电动执行机构系统框图如图 3-32 所示，包括伺服放大器和执行机构等两个独立部件，带伺服放大器的称比例式电动执行机构，不带伺服放大器的称积分式电动执行机构。执行机构由两相伺服电动机、减速器及位置发送器等部分组成。当使用于自动调节系统时，接受变送单元或调节单元发来的直流电流信号（变化范围 0～10mA 或 4～20mA），并转换成相应的角位移或线位移，去推动调节机构。与电动操作器配合使用时，可无扰动地由自动调节切换成手动调节，或由手动调节切换成自动调节。电动执行机构（不装伺服放大器）还可与控制开关（转换开关）配合，用于远方控制。

伺服放大器一般为墙挂式结构，其外形尺寸如图 3-33 所示。

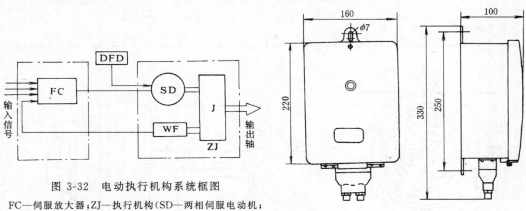

图 3-32　电动执行机构系统框图
FC—伺服放大器；ZJ—执行机构（SD—两相伺服电动机；
J—减速器；WF—位置发送器）；DFD—电动操作器

图 3-33　伺服放大器的外形尺寸

直行程和角行程电动执行机构的型号、规格和外形尺寸见图 3-34、表 3-32 和图 3-35、

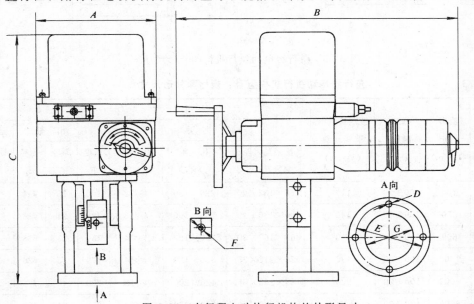

图 3-34　直行程电动执行机构的外形尺寸

表 3-33。多转电动执行机构一般已安装在调节阀上部，在电动阀门的电动装置内加装了位置发送装置。

表 3-32 　　　　　　　　　　直行程电动执行机构型号、规格、外形尺寸及质量

型　号	推力 (N)	行程 (mm)	全行程时间 (s)	外形尺寸 (mm) A	B	C	阀杆连接螺孔 F	法兰连接孔距 E	法兰连接螺孔 D	法兰吻合内径 G	阀门公称通径 (mm)	质量 (kg)
DKZ—310	4000	16 25	1.25 20	230	460	490	M8	φ80	2 孔 M10	φ60	25，32 40，50	45
DKZ—410	6400	40 60	32 48	230 230	530 550	540 570	M12×1.25 M16×1.5	φ105 φ118	4 孔 M10 4 孔 M10.5	φ80 φ95	65，80，100 120，150	50
DKZ—510	16000	60 100	37 62	260 260	630 630	625 645	M16×1.5 M20×2	φ118 φ170	4 孔 M10.5 4 孔 M17	φ95 φ100	200 250，300	65

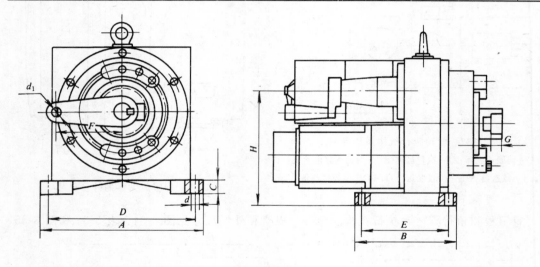

图 3-35　角行程电动执行机构的外形尺寸

表 3-33 　　　　　　　　　角行程电动执行机构型号、规格和外形尺寸

型　号	输出力矩 (N·m)	每转时间 (s)	额定负载时消耗功率 (V·A)	尺　寸　(mm) 底　座 长×宽×厚 A×B×C	孔距 D×E	孔径 d	输　出　轴 长度 F	厚度 G	孔径 d_1	手轮标高 H
DKJ—210	100	100±20	110	245×152×20	220×130	4-φ12	100	15	φ14	～188
DKJ—310	250	100±20	140	290×130×20	260×100	4-φ13	120	21	φ16	～198
DKJ—410	600	100±20	270	365×162×30	320×130	4-φ14	150	23	φ18	～258
DKJ—510	1600	100±20	490	424×212×35	390×180	4-φ14	170	25	φ20	～305
DKJ—610	4000	100±20	900	480×260×35	420×200	4-φ18	200	40	φ35	～300
DKJ—710	6000	100±20	1800	560×320×50	510×270	4-φ22	215	34	φ30	～446

目前电动执行机构向结构简单,伺服放大器与执行机构并为一体,质量和体积小,采用多种保护装置,位置发送采用导电塑料电位器等方面发展。下面列举几例:

天津自动化仪表七厂1987年开始引进法国伯纳德公司的制造技术,生产 SD 系列角行程、直行程、多转执行机构。该系列产品最大输出为:角行程力矩 100～6000N·m;直行程推力 6400～40000N,多转转矩 40～600N·m。SD 系列角行程执行机构的结构特点是体积和质量小。它由位置定位器和执行机构两部件组成,二者可组装在一起,亦可分开安装(但距离不得大于 5m)。位置定位器接受 4～20mA,DC 或 0～10mA,DC 输入信号(输入电阻为 250Ω 或 200Ω)。它主要由运算放大器、两个继电器组成的可逆交流开关、印刷板电路和变压器等组成。执行机构主要由减速器、电动机(三相或单相)、开关控制箱(内有力矩限制机构、行程控制机构、位置发送器、机械位置指示等)、手轮等组成。减速器采用行星齿轮和蜗杆-蜗轮两级减速;电动机带有热敏开关,作过热保护;位置发送器采用高精确度、长寿命(达 5000 万次)的导电塑料电位器(1kΩ、4W)作为位置传感元件。每一规格产品都有两种安装方式,即法兰安装式(执行机构与调节机构用法兰方式连接,执行机构的输出轴和阀杆直接相连)和底座安装式(执行机构的输出臂通过球形铰链及连杆与调节机构转臂相连)。

吴忠仪表厂1987年引进日本山武霍尼韦尔公司 CV3000 系列调节阀的设计制造技术,开发了 HLS、HTS、HCB 等电动调节阀,配用 EA2 型执行机构。EA2 的主要参数和性能为:输入信号 4～20mA,DC 或 0～10mA,DC(输入阻抗 250Ω),1～5V,DC 或 0～10V,DC(输入阻抗 500kΩ);单相电容电动机内装连续额定热控开关,装有输出力限制、限位、断信号(可选择调节阀自锁、打开或关闭)等保护装置;反馈机构采用导电塑料电位器为传感元件,附设齿隙补偿装置;阀的作用型式可为正作用(开时出轴上升,关时出轴下降)或反作用(开时出轴下降,关时出轴上升)。

鞍山热工仪表厂与日本工业服务株式会社合资,从 1989 年开始生产与调节阀配套的3610L 系列(直行程)和 3610R 系列(角行程)全电子式执行机构。其主要参数和性能为:3610L 输出力 800～10000N,3610R 输出力矩 20～600N·m;输入信号 4～20mA,DC 或1～5V,DC 任选;单相可逆电动机有电子扭矩限制器作过载保护;采用齿形皮带传动;带有行程限位装置;开度检测采用导电塑料电位器,装有间隙补偿机构,具有正反作用选择,断信号时位置自锁,打开或关闭选择;可实现断电源位置自锁。

上海自动化仪表十一厂1992年从英国罗托克(ROTORK)控制有限公司引进了“M”和“A”两大系列电动执行机构的生产技术,有角行程、直行程和多转等形式。A 系列电动执行机构能满足启动频率 60～600 次/h、1h 内连续工作时间不超过 15min,其工作特性与阀门电动装置相似。M 系列电动执行机构适用于连续频繁调节的场合,它的调节频率可达1200 次/h。该系列产品的最大输出为:角行程力矩 150～76000N·m;直行程推力 6000～25000N;多转转矩 16～3000N·m。执行机构中的比例控制器(定位控制器)具有一般电动执行机构伺服放大器的作用,可以接受 4～20mA,DC、0～10mA,DC、1～5V,DC、24V脉冲信号(≥300ms)或 DCS 控制信号。电动机可以为三相或单相。保护功能有:手动、电动操作(通电时自动从手动进入电动);有行程限制、过力矩限制(上、下行程限制,开阀、

图 3-36　电动阀门外形示意

1—阀门电动装置；2—阀门

关阀力矩限制，且有四副干触点）；现场机械式阀位开度指示（带照明）、现场操作按钮；断信号保护（保护时，对阀门保持原位置、开或关三种位置可就地设定）；断相保护；三相电源的相序自动校正，确保执行机构转向正确；防止阀心与阀座间撞击的功能；阀门卡轧后，短时间内自动切断电源；电动机过热保护；执行机构运行状态的监视和异常状况报警（行程不到位、遥控失败、断相、断熔丝等）。

二、电动阀门

电动阀门[1] 是由阀门电动装置（自动化部件）和阀体（管道部件）共同组成的统一体，外形如图 3-36 所示。它可以接受运行人员或自动装置的命令，通断或调节管道中介质的流量。

阀门电动装置一般由电动机、传动机构（减速器）、"手动-电动"切换机构、手轮、行程控制机构、转矩限制机构、开度指示器、阀位远传装置、安装机架等部件组成。

阀门电动装置的型号组成及其代号的含义为

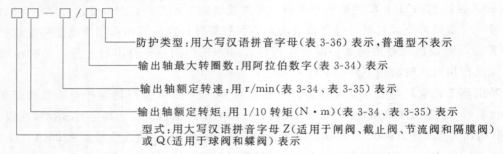

防护类型：用大写汉语拼音字母（表3-36）表示，普通型不表示

输出轴最大转圈数：用阿拉伯数字（表3-34）表示

输出轴额定转速：用 r/min（表3-34、表3-35）表示

输出轴额定转矩：用 1/10 转矩（N·m）（表3-34、表3-35）表示

型式：用大写汉语拼音字母 Z（适用于闸阀、截止阀、节流阀和隔膜阀）或 Q（适用于球阀和蝶阀）表示

表 3-34　　　　闸阀、截止阀、节流阀和隔膜阀用阀门电动装置的基本参数

机座号	输出轴额定转矩 M_r（N·m）	输出轴额定转速 n_r（r/min）	输出轴最大转圈数 n	阀杆最大行程 H（mm）	阀杆最大直径和螺矩 $T \times S$（mm）
1	25		8，15	60	T18×4
2	50	12，18，24，36	15，40，80	220	T28×5
	100				
2 I	100 I		8	24	T24×5
3	200		15，40，80	370	T40×6
	300				

---

[1]　依据 JB2920—81《阀门电动装置型式、基本参数和连接尺寸》编写。

机座号	输出轴额定转矩 M_r（N·m）	输出轴额定转速 n_r（r/min）	输出轴最大转圈数 n	阀杆最大行程 H（mm）	阀杆最大直径和螺矩 $T \times S$（mm）
3I	300I		15，40	135	T28×5
4	450		40，80	480	T44×8
	600				
5	900		40，80，120	750	T55×8
	1200				
5I	1200I	12，18，24，36	15，40	240	T44×8
6	900Ⅱ		40，80	1480	T80×10
	1200Ⅱ				
7	1800		80，160	540	T60×8
	2500				
8	3500		40，80	750	T75×10
	5000				
9	6500		80，120	850	T80×10
	8000	12，18			
10	10000		80，120	1280	T100×12
	12000				

注 表中的 I 只适用于电站阀门，Ⅱ 只适用于公称压力 PN≤0.1MPa 的低压阀门。

表 3-35 球阀和蝶阀用阀门电动装置的基本参数

机 座 号	1	2	3	4	5	6	7	8	9	10
输出轴额定转矩 M_r（N·m）	100	300	600	1200	2500	5000	10000	20000	40000	80000
输出轴额定转速 n_r（r/min）			1，2				0.5，1		0.25	

表 3-36 防护类型代号

代 号	B	R	BWF
防护类型	防爆型	耐热型	户外、防腐、隔爆型

阀门电动装置的连接尺寸见图 3-37 和表 3-37、表 3-38。

表 3-37 Z 型阀门电动装置的连接尺寸（mm）

机座号	1	2	2I	3	3I	4	5	5I	6	7	8	9	10
D	115	145	115	185	145	225	275	230	350	330	380	430	510
D_1	95	120	95	160	120	195	235	195	295	285	340	380	450
D_2	75	90	75	125	90	150	180	150	230	220	280	300	360
h_1				2							3		

机座号	1	2	2I	3	3I	4	5	5I	6	7	8	9	10
f_{min}	3	4				5			6		8		
h	6	8	6	10	8	12	14	12	16	16	20	25	30
b	10	12	10	15	12	20	25	20	30	30	35	40	45
d_1	20	30	26	42	30	46	58	46	85	65	80	85	105
d_2	28	45	39	58	45	72	82	72	108	98	118	128	158
d	M8	M10	M8	M12	M10	$\phi18$	$\phi22$	$\phi18$	$\phi26$	$\phi26$	$\phi22$	$\phi26$	$\phi33$
螺栓数量	4										8		

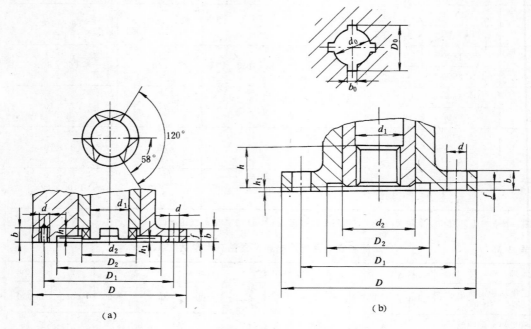

图 3-37　阀门电动装置的连接形式和尺寸

（a）Z 型电动装置；（b）Q 型电动装置

表 3-38　　　　　　　　**Q 型阀门电动装置的连接尺寸（mm）**

机座号	1	2	3	4	5	6	7	8	9	10
D	125	150	170	200	280	350		450	550	650
D_1	105	125	140	165	230	300		390	490	590
D_2	85	105	110	135	180	250		310	390	490
$Z-D_0 \times d_0 \times b_0$	$6-20 \times 16 \times 4$	$6-28 \times 23 \times 6$	$6-32 \times 26 \times 6$	$8-42 \times 36 \times 7$	$8-48 \times 42 \times 8$	$8-60 \times 52 \times 10$	$10-82 \times 72 \times 12$	$10-120 \times 112 \times 18$	$10-140 \times 125 \times 20$	$10-160 \times 145 \times 22$

机 座 号	1	2	3	4	5	6	7	8	9	10
f					5					
h_{min}	40	40	45	55	60	100		170	240	310
h_1					2					
b	15		20		25		30	40	45	50
d_1	22	30	35	45	55	70	90	130	150	170
d_2	35	45	52	65	90	110	145	210	240	270
d	10	12	16	18	22	26		30	33	30
螺栓数量	4					8				12

阀门与电动装置连接安装示例见图 3-38。

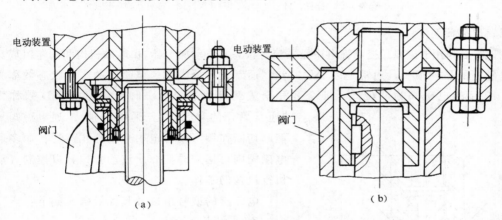

图 3-38　阀门与电动装置连接安装示例

(a) Z 型电动装置；(b) Q 型电动装置

三、电动推杆

电动推杆是一种往复运动的电动执行机构，推和拉作用相同。一般用于燃煤系统中的煤流控制切换挡板，其型号组成及其代号含义如下：

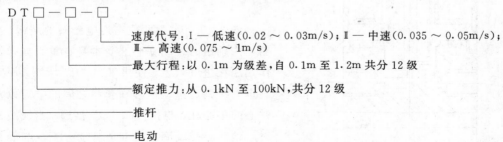

速度代号：I — 低速(0.02 ~ 0.03m/s)；II — 中速(0.035 ~ 0.05m/s)；III — 高速(0.075 ~ 1m/s)

最大行程：以 0.1m 为级差，自 0.1m 至 1.2m 共分 12 级

额定推力：从 0.1kN 至 100kN，共分 12 级

推杆

电动

DT 型电动推杆的结构如图 3-39 所示。电动机通过一对齿轮减速后带动一对丝杠螺母，把电动机的旋转运动变为直线运动，这样就可利用电动机的正反转运动来完成推拉动作。如果通过各种杠杆、摇杆或连杆等机构，则可完成转动、摇动等复杂动作。推杆机体内设有过载自动保护装置，当推杆行程达到极限位移值或超过额定推力一定数值时，安全开关动

作，切断控制电路，推杆停止运动。但不得以此作为正常运行时的行程开关使用，因此，在实际使用时还需另加限位开关。

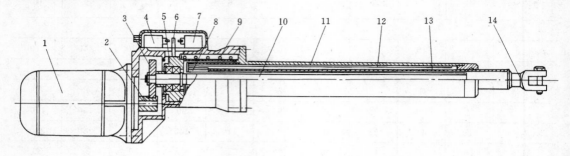

图 3-39　DT 型电动推杆结构

1—电动机；2—小齿轮；3—大齿轮；4—左安全开关；5—滑座；6—拨杆；7—右安全开关；
8—螺母；9—弹簧；10—螺杆；11—导套；12—导轨；13—推杆；14—接头

四、电磁阀

电磁阀是利用电磁原理控制管道中介质流动状态的电动执行器，由电磁机构和阀体组成。

电磁阀的品种很多，通常是以"位"和"通"进行分类的。电磁阀的工作状态数称为"位"，常用的电磁阀为两位式，即全开和全关两种状态。电磁阀与管路的接口数称为"通"，常用的有二通、三通和五通。二通电磁阀只能起切断作用，使管道中介质停止流通；而多通电磁阀则可用来改变介质流动方向，以控制气动执行机构的工作。

电磁阀的型号组成及其代号含义如下：

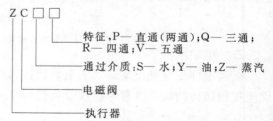

图 3-40 所示为两位三通电磁阀的结构。当线圈 4 未励磁时，动铁心 8 受本身自重力或弹簧力作用压在进气口上，使进气口"P"堵塞，而工作气口"A"则通过动铁心和套筒之间的空隙以及静铁心的中心孔，与排气口"O"接通。当线圈励磁时，动铁心受线圈吸力向上移动，直至与静铁心接触为止。这时动铁心的上端将排气口堵塞，使"O"气口关闭，而动铁心的下端将进气口"P"开放，使工作气口与进气口接通。

二通电磁阀与三通电磁阀结构上的区别，只

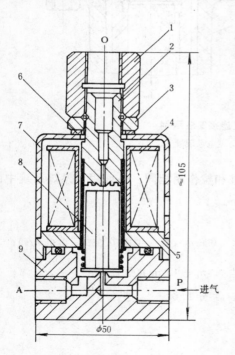

图 3-40　三通电磁阀结构

1—排气口；2—静铁心；3—螺母；4—线圈；5—阀盖；6—垫圈；7—外壳；8—动铁心；9—工作气口

在于前者没有排气口"O"。四通电磁阀与五通电磁阀功能相当，后者有两个排气口，而前者只有一个，它们各有一个气源接管口"P"和两个工作气口"A"、"B"，其工作状态为P－A通、B－O通或P－B通、A－O通两种情况。

电磁阀一般设有手动螺钉，当试验或故障时，可以利用它强制压迫电磁阀的动铁心，使阀门的工作状态改变。

五、给煤和给粉量控制设备

给煤和给粉设备是燃煤电厂制粉系统供给锅炉燃料的主要辅机。给煤机将原煤连续、均匀地送往磨煤机，需要通过一定调节手段控制其给煤量。当火电厂采用直吹式制粉系统时，煤粉从磨煤机直接喷入锅炉炉膛燃烧，且此给煤量应适应锅炉各种负荷的需要。若火电厂采用贮仓式制粉系统，则给煤量作为磨煤机负荷调节的调节变量，而贮粉仓的煤粉经给粉机供给一次风管，并送往锅炉，给粉量成为锅炉负荷调节的调节变量。

常用的给煤机有电磁振动式、圆盘式、皮带式、刮板式等类型。除电磁振动式给煤机是通过改变线圈的脉动电压值来调节给煤量外，其余的给煤机均利用调节挡板的不同位置来改变煤层厚度，或调节给煤机转速来达到调节给煤量。前者一般用角行程执行机构，后者通常用电磁调速电动机。给粉机的转速调节通常也是采用电磁调速电动机。

1. 电磁振动给煤机

振动给煤机具有结构简单，造价和运行费用低，给煤均匀，可用自动或手动控制达到无级调量的优点。其技术规范见表 3-39。振动给煤机与 DDZ 型调节器或操作器配套的方框图见图 3-41。

图 3-41　振动给煤机与 DDZ 型调节器或操作器配套的方框图

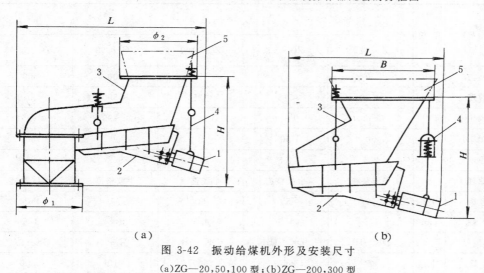

（a）　　　　　　　　　　　　　　　　　　　（b）

图 3-42　振动给煤机外形及安装尺寸

(a)ZG—20,50,100 型;(b)ZG—200,300 型

1—振动器;2—给煤槽;3—进煤斗;4—减振器;5—落煤管

振动给煤机外形及安装尺寸如图 3-42 及表 3-40 所示，它由振动器、进煤斗、给煤槽、减振器（吊勾、拉杆、压缩圆弹簧等）和落煤管等部分组成。

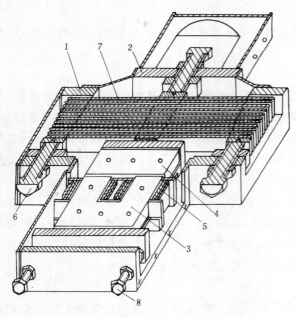

图 3-43　振动器结构

1—壳体；2—连接器；3—电磁铁；4—衔铁；
5—线圈；6—压紧螺钉；7—板弹簧组；8—调整螺钉

振动器是给煤机的主要部件，其结构如图 3-43 所示。电磁铁 3 靠调整螺钉 8 固定在振动器壳体 1 上，板弹簧组 7 的两端靠压紧螺钉 6 固定在壳体上，构成了双质点振动的相对固定端。衔铁 4 和连接器 2 是靠中间压紧螺钉固定在板弹簧组的中间部分，再加上给煤槽（见图 3-42）就构成了双质点振动的相对振动端。

电磁铁线圈由工频半波整流的直流电源供电。在正半周时，电磁铁线圈内流过电流，线圈产生的脉冲力使给煤槽上的衔铁和电磁铁相互吸引，而给煤槽后移；在负半周时，电磁铁线圈内无电流通过，衔铁即与电磁铁分开，而给煤槽前移。这样反复动作，给煤槽即以工频振动。

给煤量的调节可通过调节供电电源的电压幅值来完成，当电压高时，给煤机振幅加大；反之，则减小。

表 3-39　　　　　　　　　　　　　　振动给煤机技术规范

参　数	单位	型　　　　号				
		ZG—20	ZG—50	ZG—100	ZG—200	ZG—300
给煤能力	t/h	20	50	100	200	300
入煤粒度	mm	<80	<150	<250	<300	<350
线圈电压	V	0～90	0～90	0～90	0～90	0～170
电源频率	Hz	50	50	50	50	50
最大工作电流	A	2.5	4.5	6.6	9.8	25
控制原理		半波整流	半波整流	半波整流	半波整流	半波整流
振动频率	Hz	50	50	50	50	50
振　幅	mm	1.5	1.5	1.5	1.5	1.5
控制器型号		DK—1B	DK—1B	DK—1B	DK—1B	DK—2A
总质量	kg	174	356.7	600	910	2300

表 3-40 **振动给煤机外形尺寸**

型　　号	长 L (mm)	宽 B (mm)	高 H (mm)	ϕ_1 (mm)	ϕ_2 (mm)	备　注
ZG—20	1430	480	900	427	479	
ZG—50	1930	620	1100	525	595	图 3-42 (a)
ZG—100	2266	950	1415	745	845	
ZG—200	1950	1280	1160			图 3-42 (b)
ZG—300	2585	1620	1370			

2. 电磁调速电动机及其控制装置

电磁调速的原理框图如图 3-44 所示。

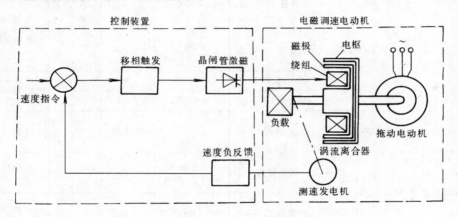

图 3-44　电磁调速原理框图

电磁调速电动机由拖动电动机（三相交流异步电动机）、涡流离合器和测速发电机组成。其中涡流离合器是主要部分，它由电枢、磁极、励磁绕组、输出轴等部件构成。拖动电动机把电网的电能转变为转动的机械能，并输出一个旋转力矩，带动电枢旋转。当励磁绕组通以直流电时，经过气隙、磁极和电枢形成一个闭合磁路，电枢在磁场中作切割磁力线运动而产生涡流，电枢表面则出现极性，与磁极的极性相互作用产生电磁力矩，磁极以比电枢小的旋转速度跟着电枢沿一方向旋转，并通过输出轴将力矩和功率传递到负载机械上。在恒定输出转矩情况下，只要改变励磁绕组中的电流（由控制装置供给），磁极的转速就会随之改变，从而达到无级调速的目的。测速发电机的作用是测量转速，将产生的电压信号送给控制装置，作为速度反馈信号，使转速能保持稳定，并排除各种干扰，保证一定的调速精确度和提高调速电动机的机械特性硬度。

电磁调速控制装置品种繁多，按其功能有单台手动操作控制器、手操/自动切换控制器（可以手操，也可以接受不同的自动信号）和同操器（可实现对多台调速电动机的同速运行或转速按一定比例的运行）等。

常用的电磁调速电动机及其配套的控制装置见表 3-41。

表 3-41   常用的电磁调速电动机及其配套的控制装置

电磁调速电动机			控制装置					
型号	测速发电机	电动机功率	系列	名称和型号	输入直流信号	输出直流信号	手操输出跟踪信号	主要功能
JZTY YCT YCT2	永磁式三相交流发电机	0.55～90kW		控制器 JD1A		0～90V		单台手操
		40kW 以下	TKZ—1	操作器 ZC—1A	0～10mA 或 0～15V	0～10mA 0～15V	0～10V 及一对短路接点	手操/自动并切换
				同操器 TC—1A	0～10mA 或 0～15V	0～15V		可接 8 台控制器
				控制器 DK—1B	0～15V 或 0～10mA	0～90V		直接与调速电动机连接
			TKZ—2	同操器 TC—2A、2B	0～10mA 或 0～5V	0～10V	0～10V 及一对短路接点	可接 8 台控制器，可手操/自动并无扰动切换
				同操器 TC—2C	4～20mA 或 1～5V	0～10V	0～5V，0～10V，及一对短路接点	
				控制器 DK—2	0～10V	0～90V		直接与调速电动机连接，可手操/自动并无扰动切换
				控制器 DK—2A	0～10V	0～90V*		
JZT2 JZTT	中频三相	0.6～30kW	ZLK	控制器 ZLK—1		0～90V		手操
	脉冲测速	0.6～160kW		同操器 ZLT	0～±5mA 或 0～10mA	0～10mA		可串接 16 台控制器
				控制器 ZLK—5	0～10mA	0～160V		手操/自动并切换

*   可输出反映转速的频率信号：对应 120～1200r/min 为 16～160Hz（±5V 交流方波）。

六、气动调节阀

气动调节阀由气动执行机构和调节阀两部分组成。气动执行机构以无油压缩空气为动力，接受气信号（20～100kPa）并转换成位移，驱动调节阀以调节流体流量。为了改善阀门位置的线性度，克服阀杆的摩擦力和消除被调介质压力变化等的影响，提高动作速度，使用了气动阀门定位器并与调节阀配套，从而使阀门位置能按调节信号实现正确的定位。

气源质量应无明显的油蒸汽、油和其他液体，无明显的腐蚀性气体、蒸汽和熔剂。带定位器的调节阀气源中所含固体微粒数量应小于 $0.1g/m^3$，且微粒直径应小于 $60\mu m$，含油量应小于 $10mg/m^3$❶。

气动执行机构与信号传送管连接的螺纹尺寸为 M10×1 或 M16×1.5。

常用的气动调节阀有气动薄膜调节阀和气动活塞调节阀。

1. 气动薄膜调节阀

---

❶ 依据 GB/T 4213—92《气动调节阀》编写。

气动薄膜调节阀的型号组成及其代号含义如下：

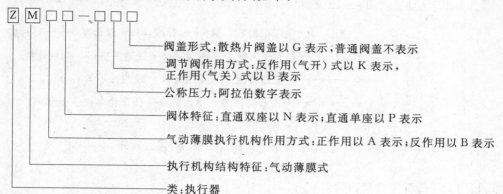

气动薄膜执行机构气源压力的最大值为 500kPa。执行机构分正作用和反作用两种型式，如图 3-45 所示。正作用时，信号压力增大，调节阀即关小，因此又称气关式；反作用时，信号压力增大，调节阀亦开大，因此又称气开式。

吴忠仪表厂 1980 年引进日本山武霍尼韦尔公司制造技术生产的 VDC 笼式双座调节阀，其气动薄膜执行机构的型号组成及代号含义为：

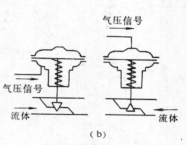

图 3-45 气动薄膜执行机构的两种作用方式
(a)正作用(气关式)；(b)反作用(气开式)
1—膜片；2—弹簧；3—阀座；4—阀心

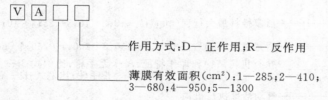

1987 年该厂又引进 CV3000 系列调节阀制造技术，生产了 HLS 小口径单座、HTS 单座、HCB 笼式双座、HPC 高压笼式等气动调节阀，其配套的多弹簧式薄膜执行机构型号和代号含义为：

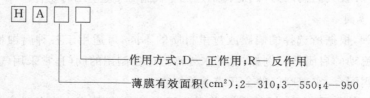

上海自动化仪表七厂于 1989 年引进美国梅索尼兰(Masoneilam)公司技术，生产高温高压调节阀，其中 21000 系列单座阀和 41000 系列套筒阀有压力 1.6～42MPa 六个等级，温度范围为 -195～566℃。执行机构和调节阀型号的组成和代号含义如下：

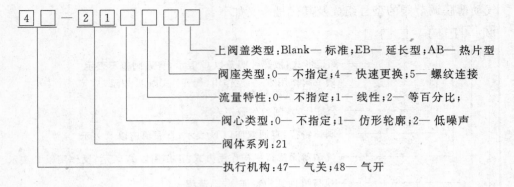

上阀盖类型：Blank— 标准；EB— 延长型；AB— 热片型

阀座类型：0— 不指定；4— 快速更换；5— 螺纹连接

流量特性：0— 不指定；1— 线性；2— 等百分比；

阀心类型：0— 不指定；1— 仿形轮廓；2— 低噪声

阀体系列：21

执行机构：47— 气关；48— 气开

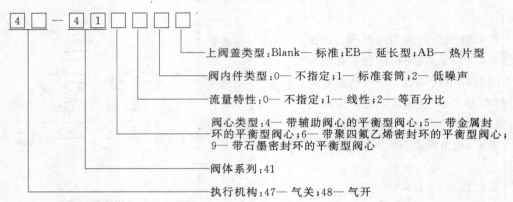

上阀盖类型：Blank— 标准；EB— 延长型；AB— 热片型

阀内件类型：0— 不指定；1— 标准套筒；2— 低噪声

流量特性：0— 不指定；1— 线性；2— 等百分比

阀心类型：4— 带辅助阀心的平衡型阀心；5— 带金属封环的平衡型阀心；6— 带聚四氟乙烯密封环的平衡型阀心；9— 带石墨密封环的平衡型阀心

阀体系列：41

执行机构：47— 气关；48— 气开

2. 气动活塞调节阀

气动活塞调节阀的型号组成及其代号含义如下：

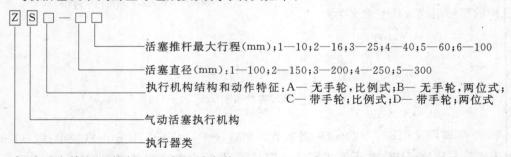

活塞推杆最大行程(mm)：1—10；2—16；3—25；4—40；5—60；6—100

活塞直径(mm)：1—100；2—150；3—200；4—250；5—300

执行机构结构和动作特征：A— 无手轮，比例式；B— 无手轮，两位式；C— 带手轮，比例式；D— 带手轮，两位式

气动活塞执行机构

执行器类

气动活塞执行机构气源压力的最大值为700kPa。与气动薄膜执行机构相比，在同样行程条件下，它具有较大的输出力，因此特别适用于高静压、高差压的场合。

3. 气动隔膜阀

气动隔膜阀，根据所选择的隔膜或衬里材质的不同，可适用于各种腐蚀性介质管路上，作为控制介质流动的启闭阀。例如，化学水处理程序控制用的阀门，常采用气动隔膜阀执行机构并与电磁阀配合，实现阀门的全开或全关控制。

气动隔膜阀的作用方式也分正作用与反作用两类，从结构上亦有薄膜式和活塞式两种。上海阀门五厂引进英国桑德斯阀门公司技术生产的 6K41W—XA 型（常开式）和 6B41W—XA 型（常闭式）气动衬胶隔膜阀的执行机构为薄膜式，气源压力小于 0.4MPa。国产的 ZSPT 型（气闭式）和 ZSQT 型（气开式）气动塑料隔膜阀的执行机构为活塞式，气源压力前者为 0.15MPa，后者为 0.35MPa。

七、电信号气动长行程执行机构

电信号气动长行程执行机构以无油压缩空气为动力，接受电信号（0～10mA,DC 或 4～20mA,DC）输入，输出角位移，并以一定的转矩驱动调节机构。目前火力发电厂使用的该类执行机构均具有三断自锁保位装置，即在断电源、断气源和断电信号时，执行机构输出轴能锁定在原来的位置上。

天津市仪表专用设备厂引进日本富士电机制造株式会社技术生产的 ZJM 型气动执行机构，其全型号代号见表 3-42，规格和外型尺寸见表 3-43 和图 3-46。

表 3-42　　　　　　　　　　　ZJM 型气动执行机构全型号代号

Z	J	M					内　　容
							额定输出力矩（N·m）
		0					150
		1					250
		2					400
		3					600
		4					1000
		5					1600
		6					2500
		7					4000
		8					6000
		9					8000
							输入信号
			Y				没有定位器（带四通电磁阀）
			Q				0.02～0.1MPa 气信号
			D				4～20mA,DC 电信号
							三断保位装置
				Y			不带三断保位装置
				B			带三断保位装置
							开度发信器（位置反馈）
				Y			不带开度发信器
				K			带开度发信器
							限位开关
					Y		没有限位开关
					1		上、下限限位开关各一个（220V,AC;5A,AC）
					2		上、下限限位开关各两个（220V,AC;5A,AC）（仅 ZJM7～9 用）
							加热器
						Y	没有加热器
						G	带加热器 220V,AC（ZJM0～6,500W;ZJM7～9,1kW）

201

表 3-43　　　　　　　　　　ZJM 型气动执行机构规格和外形尺寸

型　号	公称力矩 (N·m)	气缸内径 (mm)	活塞行程 (mm)	额定负荷全行程时间 (s)	尺　寸　(mm)							
					底　　座			输　出　臂				
					长×宽×厚 $A\times B\times C$	孔　距 $D\times E$	孔径 d	长　度 F	厚　度 G	孔　径 d	孔距 f
ZJM0	150	100	153	3.5	384×284×46	320×190	4－ϕ18	250	20	4－ϕ22	50
ZJM1	250	115	153	4							
ZJM2	400	120	300	6	546×347×46	435×240	4－ϕ22	250	30	4－ϕ22	50
ZJM3	600	125	300	8							
ZJM4	1000	145	340	13	666×435×46	500×330	4－ϕ28	250	40	4－ϕ24	50
ZJM5	1600	200	340	19							
ZJM6	2500	226	340	35							
ZJM7	4000	305	273	40	880×610×75	780×420	4－ϕ28	260	59	3－ϕ40	80

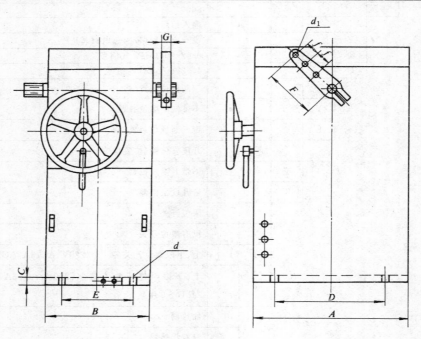

图 3-46　ZJM 型气动执行机构外形

　　浙江瑞安仪表三厂生产的 ZSJD 型气动执行机构的型号及其代号含义如下：

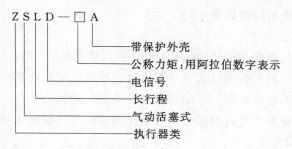

```
Z S L D — □ A
                  ├──── 带保护外壳
                  ├──── 公称力矩:用阿拉伯数字表示
                  ├──── 电信号
                  ├──── 长行程
                  ├──── 气动活塞式
                  └──── 执行器类
```

ZSLD 型气动执行机构的规格和外形尺寸见表 3-44 和图 3-47。

表 3-44 ZSLD 型气动执行机构规格和外形尺寸

型　号	公称力矩 (N·m)	气缸内径 (mm)	活塞行程 (mm)	空载全行程时间 (s)	尺　寸　(mm) 底　座 长×宽×厚 A×B×C	孔距 D×E	孔径 d	输　出　臂 长度 F	厚度 G	孔径 d₁	孔距 f
ZSLD—25A	250	100	160	<8							
ZSLD—40A	400	130	160	<8	515×400×10	290×360	4—φ16	141.5	18	3—φ18	30
ZSLD—60A	600	130	250	<10							
ZSLD—100A	1000	160	250	<10	600×465×15	410×420	4—φ18	177	25	3—φ28	40
ZSLD—160A	1600	200	250	<14							
ZSLD—250A	2500	200	400	<14	780×592×20	440×525	4—φ26	247	34	3—φ30	50
ZSLD—400A	4000	250	400	<16							
ZSLD—600A	6000	300	400	<16	900×700×25	560×625	4—φ30	283	60	3—φ39	60

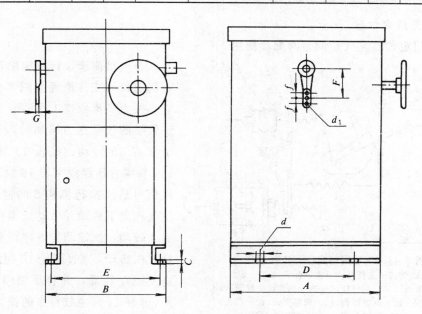

图 3-47 ZSLD 型气动执行机构外形

八、气动执行机构的辅助设备

1. 空气过滤、减压设备

气动执行机构的气源应是清洁的、压力稳定的压缩空气，一般由无油压缩空气机供给，经储气罐和总的过滤、减压设备后送至空气母管，每台气动执行机构从母管接取气源。

若母管气源的清洁程度或压力不能满足各种类型气动执行机构的要求时，亦可在每台执行机构的空气管前加装空气过滤器、空气减压器或空气过滤减压器等。常用的空气过滤器和减压设备见表 3-45。

表 3-45　　　　　　　　　　　常用的空气过滤器和减压设备

名　　称	型　　号	气源压力 （MPa）	最大输出压力 （MPa）	最大输出流量 （m³/h）	耗气量 （L/h）	接管螺纹 尺　　寸
空气过滤减压器	QFH—111	0.3～0.7	0.16	3	150	M10×1
	QFH—211	0.3～0.7	0.16	3	150	M10×1
	QFH—213	0.3～0.7	0.16	30	300	G¾″
	QFH—221	0.4～0.7	0.25	3	250	M10×1
	QFH—223	0.4～0.7	0.25	30	450	G¾″
	QFH—261	0.7～1	0.6	3	500	M10×1
空气减压器	QFY—103	0.4～0.7	0.16	3	350	M10×1
	QFY—203	0.4～0.7	0.25	3	450	M10×1
	QFY—603	0.7～1	0.6	3	700	M10×1
空气过滤器	QFG—1005	1		5		M10×1

注　最大输出流量和耗气量指标准状态下的体积每小时。

2. 气动阀门定位器

气动阀门定位器与气动调节阀配套使用。

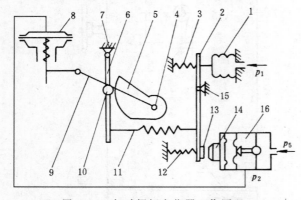

图 3-48　气动阀门定位器工作原理
1—波纹管；2—主杠杆；3—支承弹簧；4,7—支点；
5—反馈凸轮；6—副杠杆；8—执行机构；9—反馈杆；
10—滚轮；11—反馈弹簧；12—调零弹簧；13—挡板；
14—喷嘴；15—支点；16—气压放大器

与气动薄膜执行机构配套的气动阀门定位器工作原理如图 3-48 所示，它是按力平衡原理工作的。当通入波纹管 1 的信号压力增加时，主杠杆 2 绕支点 15 转动，挡板 13 靠近喷嘴 14，喷嘴背压经放大器 16 放大后，输出信号进入执行机构 8 的薄膜气室，使气杆向下移动并带动反馈杆 9 绕支点 4 转动，反馈凸轮 5 也跟着作逆时针方向转动，通过滚轮 10 使副杠杆 6 绕支点 7 转动，并将反馈弹簧 11 拉伸，弹簧 11 对主杠杆 2 的拉力与信号压力作用在波纹管 1 上的力达到力矩平衡时，仪表达到平衡状态，此时一定的信号压力就对应于一定的阀门位置。弹簧12是作调整零位用的。以上是指正作用时的情况；反作用时，波纹管在主杠杆的左侧，输入信号减小时，输出信号增大。

与气动活塞式执行机构配套的定位器，其气压放大器输出信号通过两根管分别引接至活塞执行机构的上下缸。

常用的气动阀门定位器型号及规格见表3-46所列。

阀门定位器还有电-气阀门定位器，可将0～10mA，DC或4～20mA，DC电信号转换成驱动调节阀的标准气信号，例如与ZM系列气动薄膜调节阀配套的ZPD—01，与ZS系列气动活塞调节阀配套的ZPD—02，与CV3000系列调节阀配套的HEP等电-气阀门定位器。

表 3-46　　　　　　　　　　常用的气动阀门定位器型号及规格

型　号	气源压力（MPa）	输入信号范围（MPa）		配套的执行机构	
		标　准	分　程	型　式	行程（mm）
ZPQ—01	0.14（最大0.25）	0.02～0.1	0.02～0.06；0.06～0.1	气动薄膜式	10～100
ZPQ—02	0.5（不小于3）	0.02～0.1	0.02～0.06；0.06～0.1	气动活塞式	10～100
HTP	0.14（最大0.35）	0.02～0.1	0.02～0.06；0.06～0.1	VA型气动薄膜式	6～100
P/P700	0.14～0.7	0.02～0.1	0.02～0.06；0.06～0.1	各种气动执行机构	10～100

阀门定位器的气源压力大小与执行机构的型式及其压力信号范围（或弹簧压力范围）有关。例如，ZPQ—01定位器与ZM系列气动薄膜执行机构配套时，若执行机构压力信号范围为0.02～0.1MPa，则气源压力为0.14MPa；若压力信号范围为0.04～0.2MPa，则气源压力为0.25MPa。又例如，ZPQ—02定位器与ZS系列活塞式执行机构配套时，压力信号范围为0.02～0.1MPa，气源压力为0.5MPa。

3. 气动保位阀

气动保位阀用于重要的气动控制系统中（参见图3-1）作为安全保护装置。当仪表气源系统发生故障时，它能自动切断调节器与阀门的通路，使阀门保持在原来位置上。气动保位阀型号为ZPB—201，给定压力调整范围为0.08～0.25MPa，通道压力为0.02～0.2MPa，通道流量≥1.5m³/h，接管尺寸为M10×1。

第四章 结构装置和辅助装置

用于安装测量、控制和监视仪表及装置的机械结构或其组合,称为结构装置,例如盘、柜、箱、架等。辅助装置是指具有次要、辅助和从属功能的装置,例如切换装置和常用的电气设备等。

第一节 结 构 装 置

一、工业自动化仪表盘

仪表(控制)盘、台、柜为集中监视和控制生产过程的设备❶。其型号的组成及代号含义如下:

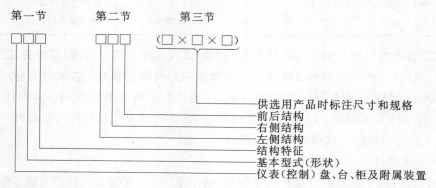

仪表(控制)盘、台、柜型号的组成及其代号的含义见表4-1。

盘面宽2000～6000mm 的仪表盘和控制台为超宽型,简称超宽盘(系列代号为KB),其型号的组成及代号含义如下:❷

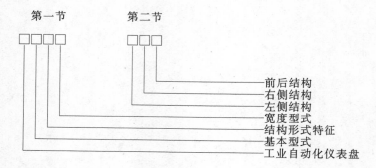

---

❶ 依据 GB 7353—87《工业自动化仪表盘型式及基本尺寸》、ZBN 1006—88《工业自动化仪表产品型号编制原则》和 ZBN 04010—88《工业自动化仪表控制台、柜基本尺寸及型式》编写。

❷ 依据 JB/T6845—93《超宽型工业自动化仪表盘和控制台》编写。

表 4-1　　　　　　　　　　仪表（控制）盘、台、柜型号组成及其代号含义

第一节						第二节					
第一位		第二位		第三位		第一位		第二位		第三位	
代号	意义	代号	意义	代号	意义	代号	意义	代号	意义	代号	意义
K	仪表盘、操纵台及附属装置	G	柜式仪表盘	—	无附加装置	1	左侧开门(带门)	1	右侧开门(带门)	1	后侧开门(带门)
		K	框架式仪表盘	F	带附接式操纵台及外照明	2	左侧封闭(带壁)	2	右侧封闭(带壁)	2	前面开门(带门)
		P	屏式仪表盘	T	带附接式操纵台	3	左侧敞开	3	右侧敞开	3	前后开门(带门)
		A	通道式仪表盘	D	带外照明	4	左侧带边框	4	右侧带边框		
		X	仪表箱	G	挂式						
		N	半模拟仪表盘	L	立式						
		J	角接板	G	柜式	30	角接角度30°				
				P	屏式	45	角接角度45°				
						60	角接角度60°				
						90	角接角度90°				
		M	屏门	Z	左门						
				Y	右门						
	工业自动化仪表盘、控制台	Z	桌式控制台	C	直立面型	2	左侧封闭	2	右侧封闭	1	后开门
		T	柜式控制台	X	斜立面型	3	左侧敞开	3	右侧敞开	2	前开门
		S	显示式控制台	W	无立面型	5	左侧带桌柜	5	右侧带桌柜	3	前后开门
		H	柜式弧形控制台			6	左侧带脚	6	右侧带脚	6	后敞开
		Y	控制柜							7	前敞开
		E	桌柜								
		W	柜式弯连控制台	C	直立面型	015	角度15°				
		L	显示式弯连控制台	X	斜立面型	030	角度30°				
				W	无立面型	045	角度45°				
						060	角度60°				

超宽盘型号代号的意义见表 4-2。

表 4-2　　　　　　　　　　超宽盘型号代号的意义

第一节								第二节					
第一位		第二位		第三位		第四位		第一位		第二位		第三位	
代号	意义	代号	意义	代号	意义	代号	意义	代号	意义	代号	意义	代号	意义
K	工业自动化仪表盘	G	柜式仪表盘	T	带附接控制台	B	超宽型	1	左侧开门	1	右侧开门		另订
		K	框架仪表盘	J	带斜面			2	左侧封闭	2	右侧封闭		
		A	通道仪表盘	H	带斜面及控制台			3	左侧敞开	3	右侧敞开		
				Q	不带斜面及控制台			4	左侧带边框	4	右侧带边框		
		Y	仪表柜										
		X	仪表箱	A	带一个安装面								
				B	带二个安装面								
		T	控制台	S	带三个安装面								
		N	半模拟盘										

二、抽屉式配电柜

抽屉式配电柜专供阀门电动装置和自动化设备作为配电和控制之用。

1. PZC 型配电柜

PZC 型配电柜是秦川电站仪表厂生产，为单门结构，每台柜共有八个抽屉，其外形及安装尺寸如图 4-1 所示。其中①供电源进线用（不用作电源进线时，亦可用于其他控制回路），内装三相双投隔离开关。其余七个抽屉单元各供一台阀门电动装置的控制回路或其他供电用，控制设备及接线可根据典型设计配制，也可根据用户提供的图纸生产。柜内主母线（横向布置）额定电流 300A，分支母线（竖向布置）额定电流 250A，单元抽屉所控制的负荷最大功率为 30kW。

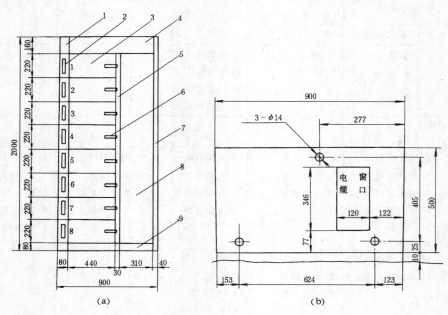

图 4-1 PZC 型抽屉柜外形

(a) 外形尺寸；(b) 安装尺寸（底部）

1—左边柜；2—操作板；3—抽屉单元；4—上框盖板（横母线室）；

5—中柱；6—隔离开关；7—右边框；8—竖母线室；9—下框盖板

2. GCR 电动门抽屉式配电箱

GCR 电动门抽屉式配电箱是锡山市第二电器厂生产，共五个品种。其中，GCR—1 型电源变压器箱适用于厂用电源中性点不接地系统，采用 35kV·A 干式变压器提供～380/220V 电源；GCR—2 型为带一个电源（～380/220V 中性点接地系统）进线抽屉和八个电动门抽屉；GCR—3 型为带 10 个电动门抽屉；GCR—4 和 GCR—5 型分别在 GCR—2 和 GCR—3 上加装钢化玻璃门。配电箱外形尺寸为，高×宽×深＝2200mm×800mm×600mm。电动门抽屉箱体分为母线室、电缆室、电器室三个区域，每个区域都用金属封板隔开，形成封闭结构。母线室设置水平母线和垂直母线，分别布置于箱的上部和电器室后面，工作电流均为200A。电动门抽屉有三位置固定点，即工作、试验（主电源断开，控制电源仍接通）、备用（电源全部断开）三个位置，定型产品控制电动机的最大功率为10kW。

三、保护箱和保温箱

变送器的安装趋向为大分散、小集中，不设变送器小室的方式，将变送器安装在保护箱或保温箱内，以用于需防尘或防冻的场所。常用的KXF保护箱和KXW保温箱规格见表4-3。

表 4-3　　　　　　　　　　　常用保护箱和保温箱的规格

型号	规格（高×宽×深）（mm）	导压管进箱方位	电缆进箱方位	安装压力、差压变送器台数	
				DDZ 型	电容式
KX $\frac{F}{W}$—11	1200×600×600	左、后	左底部	1	2
KX $\frac{F}{W}$—12	1200×1000×600	左、右、后	左右底部	2	3
KX $\frac{F}{W}$—13	1800×600×600	左、后	左底部	2	4
KX $\frac{F}{W}$—14	1800×1000×600	左、右、后	左右底部	4	6

四、接线盒

接线盒用以连接导线或电缆，适用于将就地安装的测温元件、变送器、执行机构等的连接导线或电缆聚合后，与引至仪表盘的电缆线心相连接。

常用的WPX型接线盒的外形如图4-2所示，为防溅式结构，适于安装在室内或室外。WPX接线盒用钢板弯制而成，盒盖借四个特制的六角螺栓与盒底连接。六角螺栓上

图 4-2　WPX 型接线盒外形

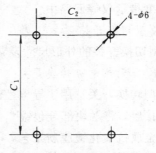

图 4-3　WPX 型接线盒安装孔尺寸

209

装有横销，可防止开启盒盖时螺栓落下。在盖四周的方形槽内垫有密封胶皮条，在拧紧盖上的六角螺栓时，胶皮条被紧贴在盒底边缘上，达到防尘防湿的目的。盒内装有交流250V50Hz（直流110V）、10A的接线端子，有的还装有热电偶参比端温度补偿器。在接线盒的外壳四周装有一定数量的密封接头，以供引入来自各路的导线或电缆。

WPX型接线盒的规格和安装尺寸见表4-4和图4-3。

表 4-4 　　　　　　　　　　WPX 型接线盒的规格和安装尺寸

型　　号		结　构　特　征	热电偶分度号	外形尺寸（mm）	安装孔间距（mm）	
标　准	企　业				C_1	C_2
WPX—12	FJX—12	12 个接线端子	—	310×210×100	320	140
WPX—121	FJX—12W	12 个接线端子，带热电偶参比端温度补偿器	S	460×210×100	470	140
WPX—122			K			
WPX—123			E			
WPX—24	FJX—24	24 个接线端子	—	310×260×100	320	190
WPX—241	FJX—24W	24 个接线端子，带热电偶参比端温度补偿器	S	460×260×100	470	190
WPX—242			K			
WPX—243			E			
WPX—36	FJX—36	36 个接线端子	—	310×360×100	320	290
WPX—361	FJX—36W	36 个接线端子，带热电偶冷端温度补偿器	S	460×360×100	470	290
WPX—362			K			
WPX—363			E			

接线端子较多的场所，可使用小仪表箱或汇线槽钢盒改制成的接线盒。

第二节　切　换　装　置

一、温度切换开关

温度切换开关使用在多点温度测量电路中，分别将各路的热电阻或热电偶温度计切换到动圈温度指示仪等回路中。

1. FK 型切换开关

FK 型切换开关的外形尺寸及背面接线柱排列见图4-4，技术数据见表4-5。

2. WK 型无热电势转换开关

WK 型转换开关选用了导电性能好、耐磨性能强的合金材料做开关的触块和刷片。为保证良好的接触，将触块部分包银 0.3mm，将以往强力接触结构改为轻力接触，并在滑动部分采用了金属抗氧化镀膜新工艺，于是日常无需加凡士林等润滑剂。该开关的外形尺寸及引线柱排列见图4-5，技术数据见表4-6。

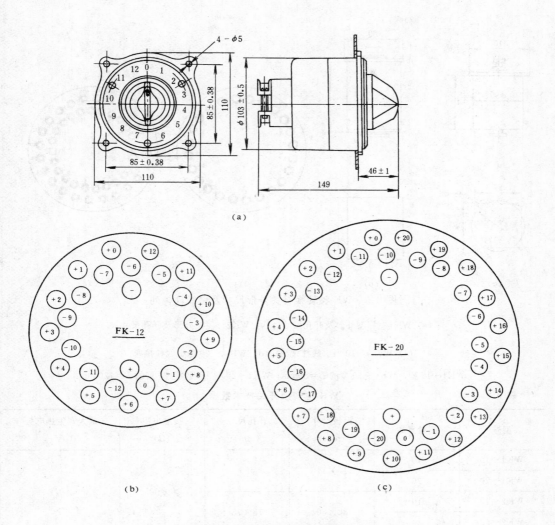

图 4-4 FK 型切换开关外形及背面接线柱排列图

（a）FK—12 型外形尺寸；（b）FK—12 型背面接线柱排列；（c）FK—20 型背面接线柱排列

表 4-5   FK 型切换开关技术数据

型号	接点数	额定电压 （V）	额定电流 （A）	接触电阻 （Ω）
FK—4	4			
FK—6	6			
FK—8	8	24	0.5	≯0.015
FK—12	12			
FK—20	20			

211

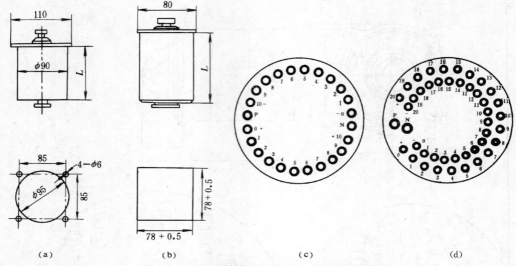

图 4-5　WK 型转换开关外形尺寸及引线柱排列

(a) WK1—$\frac{10}{20}$型外形及开孔尺寸；(b) WK2—$\frac{10}{20}$型外形及开孔尺寸；

(c) WK$\frac{1}{2}$—10 型引线柱排列；(d) WK$\frac{1}{2}$—20 型引线柱排列

WK1—10 型、WK1—10 型的 L=80mm；WK1—20 型、WK1—20 型的 L=120mm

表 4-6　　　　　　　　　WK 型转换开关技术数据

型号	测量点数	面板尺寸 (mm)	开孔尺寸 (mm)	接触电阻 (Ω)	最大寄生热电势 (μV)
WK1—10	10	110×110	ϕ95	≯0.005	≯0.2
WK1—20	20				
WK2—10	10	80×80	78×78		
WK2—20	20				

3. WKR、WKZ 型油浸式切换开关

油浸式切换开关外形和开孔尺寸如图 4-6 和表 4-7。

表 4-7　　　　　　　　油浸式切换开关外形和开孔尺寸

型　号	配用元件	测量点数	外形尺寸 (mm)	开孔尺寸 (mm)
WKR—61	热电偶	6	216×40×170	172×34
WKZ—61	热电阻			
WKR—122	热电偶	12	240×144×170	210×112
WKZ—122	热电阻			
WKR—242	热电偶	24	240×204×170	210×172
WKZ—242	热电阻			
WKR—362	热电偶	36	240×264×170	210×232
WKZ—362	热电阻			

4.SW 系列电子转换开关

SW 系列电子转换开关是采用集成电路、单片微机制造的智能巡测开关,转换路数有 6,12,20 路,每路有两个触点,触点电阻小于 $50m\Omega$,容量 0.5A/125V,AC。外形和尺寸与图 4-4(a)同。

转换开关与一块单点动圈表或数字表配合,构成一个具有自动巡测、点选、自检功能的测量系统。使用时,只要按下巡测范围的起始数字键和终点数字键,开关将自动循环往复运行在这个范围内;在巡测时,只要按下任一数字键,即可退出巡测,转为点选;转换开关的 0 通道产生一个标准信号,可将其调整在仪表常用点的数值上,作为仪表自检信号使用,亦可作为一般通道使用。转换序号显示有光点和数字两种结构形式。

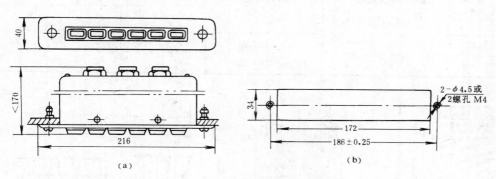

图 4-6 WKR—61 型油浸式切换开关外形和开孔尺寸

(a) 外形图;(b) 开孔图

二、切换阀

切换阀是测量微压力和负压的辅助设备,常与膜盒式压力表配合使用,实现一个微压计与多根脉冲管路的轮换连接,以测量多点微压力或负压。

常用的切换阀有 QH—$\frac{3}{6}$型和 QF—$\frac{3}{6}$型。

QH—6 型的外形尺寸如图 4-7。

切换阀安装于仪表盘、台上,用橡皮管将阀与脉冲管路、压力表相连接。当用手轮将阀的指针指到某刻度标线时,就有一根脉冲管路与压力表相通。

被测压力或负压由侧面导压管进入切换阀,经阀体通道,再经空心塞侧面的小孔(图中未表示)进入阀体下部通道,与压力表相通。

在将阀的指针指到"0"标线时,内腔与大气相通,压力表即指零。

当阀的指针指到"关闭"标线时,所有脉冲管完全关闭。

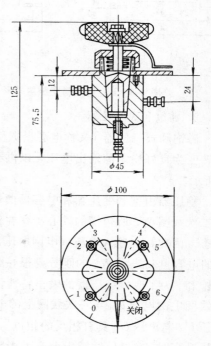

图 4-7 QH—6 型切换阀外形尺寸

213

第三节　常用电气设备

一、电源设备

1. 控制变压器

控制变压器用以将 50Hz、500V 以下的交流电源降压后，供电给低压电气设备。

常用的 BK 型控制变压器的外形尺寸和技术数据见图 4-8 和表 4-8。

表 4-8　　　　　　　　　　BK 型控制变压器的技术数据和外形尺寸

型号	容量 (V·A)	初级额定电压 (V)	次级额定电压 (V)	外形尺寸（mm）				
				A	B	A'	B'	C
BK—50	50	110，220，380，420，	6.3，12，24，	86	72	79	65	92
BK—100	100		36，110，127	98	82	90	76	106

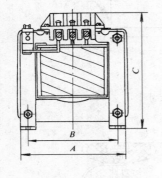 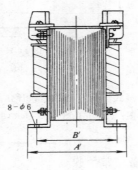

图 4-8　BK 型控制变压器外形

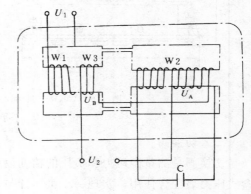

图 4-9　磁饱和式稳压器工作原理

2. 磁饱和式稳压器

磁饱和式稳压器（又称电源谐振稳压器）的作用，是将电压在一定范围内波动的输入电压转变为良好稳定的输出电压，以供给对电压稳定性要求较高的仪表。其工作原理如图 4-9 所示。

稳压器由饱和变压器和电容器两部分组成。饱和变压器的铁心用"田"字形冲片叠成。被二次线圈 W2 所包围的铁心工作在饱和状态，而一次线圈所包围的铁心则工作于非饱和状态。因此，当输入电压（电网电压）U_1 发生波动时，W2 中的电压仍保持稳定。电容器 C 的电容量和线圈 W2 的匝数要很好配合，使得在工作电压下发生谐振，以保证该部分铁心的饱和。为了改善稳压器的输出特性，在一次线圈的同一铁心上绕有一个补偿线圈 W3。补偿线圈上的电压 U_B 与一次线圈上的电压 U_1 成正比。补偿线圈与二次线圈的联接必须使得电压 U_A 与电压 U_B 具有相反的相位。如此，稳压器的输出电压 U_2 即等于 $U_A - U_B$。当外部电压升高时，在补偿线圈中会产生相反的电势，以抵消 W2 中电压的升高，使输出电压保持稳定。

常用的磁饱和稳压器有：

RFW—1型：电源电压220V；输出电压120V。

WC—1型：电源电压220V；输出电压24V。

3. 变压整流器

变压整流器是将交流220V电源转变成6V或4V的直流电源，以供给比率计、温度补偿器等仪表和设备使用。

变压整流器的电路工作原理如图4-10所示，它是利用降压变压器将220V交流电压降低，加接在桥式硒整流器上，经过整流后得到6V或4V的脉动直流电压。为保证直流输出电压在一定程度上不受变压器输入网络电压变化的影响，变压器初级回路中串联了一个电容器。

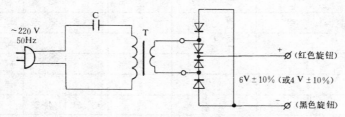

图4-10 变压整流器工作原理

二、低压电器

低压电器是用来对低压供电系统或控制电路起开关、控制、保护和调节作用的设备，其产品的型号组成及其代号含义如下❶：

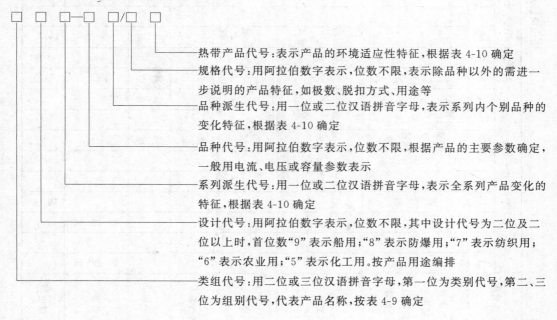

热带产品代号:表示产品的环境适应性特征,根据表4-10确定

规格代号:用阿拉伯数字表示,位数不限,表示除品种以外的需进一步说明的产品特征,如极数、脱扣方式、用途等

品种派生代号:用一位或二位汉语拼音字母,表示系列内个别品种的变化特征,根据表4-10确定

品种代号:用阿拉伯数字表示,位数不限,根据产品的主要参数确定,一般用电流、电压或容量参数表示

系列派生代号:用一位或二位汉语拼音字母,表示全系列产品变化的特征,根据表4-10确定

设计代号:用阿拉伯数字表示,位数不限,其中设计代号为二位及二位以上时,首位数"9"表示船用;"8"表示防爆用;"7"表示纺织用;"6"表示农业用;"5"表示化工用。按产品用途编排

类组代号:用二位或三位汉语拼音字母,第一位为类别代号,第二、三位为组别代号,代表产品名称,按表4-9确定

---

❶ 摘自 JB2930—91《低压电器产品型号编制办法》。

215

表 4-9

低压电器产品型号类组代号

类别代号及名称	第一位组别代号及名称																							第二位组别代号及名称								
	A	B	C	D	E	F	G	H	J	K	L	M	N	P	Q	R	S	T	U	W	X	Y	Z	D	G	J	L	R	S	T	X	Z
H 空气式开关、隔离器及熔断器组合电器				隔离器			熔断器式隔离器	负荷开关(封闭式)		负荷开关(开启式)						熔断器式开关	转换隔离开关					其他	组合开关									
R 熔断器			插入式					汇流排式			螺旋式	密闭管式					半导体有填料保护(快速)	半导体有填料封闭管式			熔断信号器	其他	自复						半导体元件保护(快速)			
D 断路器																				万能式		其他	塑料外壳式		高压		漏电				限流	直流
K 控制器							鼓形							平面				凸轮				其他				交流						
C 接触器							高压		交流			灭磁		中频				通用	油浸			其他	直流		高压	交流						
Q 启动器	按钮式	电磁式							减压								手动	通用		无触点	星三角	其他	综合			交流						
J 控制继电器											电流			频率	热		时间	通用		温度		其他	中间									

续表

第一位组别代号及名称 ／ 第二位组别代号及名称

类别代号及名称	第一位组别代号及名称																							第二位组别代号及名称								
	A	B	C	D	E	F	G	H	J	K	L	M	N	P	Q	R	S	T	U	W	X	Y	Z	D	G	J	L	R	S	T	X	Z
L 主令电器	按钮								接近开关	主令控制器							主令开关	足踏开关	旋钮	万能转换开关	行程开关	越速开关										
Z 电阻器			板形冲片元件	铁铬铝带形元件		管形元件		锯齿形电阻元件								非线性电力电阻	烧结元件	铸铁元件			硅碳阻电阻器	其他										
B 变阻器			旋臂式	电压											启动		石墨	调速启动	启动油浸液体	滑线式		其他										
T 调整器											励磁			频敏																		
M 电磁铁															牵引					起重	液压		制动							推动器		直流
P 组合电器																										节电器		热				
A 其他		保护器	插销	信号灯			接线盒				电铃													多功能电子式								

注:
1. 本表系按目前已有的低压电器产品编制的,随着新产品的开发,表内所列双语拼音大写字母将相应增加。
2. 表中第二位组别代号一般不使用,仅在第一位组别代号不能充分表达时才使用。
例:CJ—交流接触器;RLS—螺旋式快速熔断器。

表 4-10　　　　　　　　　　　　　　　派 生 代 号

派生代号	代 表 意 义
A、B、C、D、E…	结构设计稍有改进或变化
C	插入式、抽屉式
D	达标验证攻关
E	电子式
J	交流、防溅式、较高通断能力型、节电型
Z	直流、防震、正向、重任务、自动复位、组合式、中性接线柱式
W	失压、无极性、外销用、无灭弧装置
N	可逆、逆向
S	三相、双线圈、防水式、手动复位、三个电源、有锁住机构、塑料熔管式、保持式
P	单相、电压的、防滴式、电磁复位、两个电源、电动机操作
K	开启式
H	保护式、带缓冲装置
M	灭磁、母线式、密封式
Q	防尘式、手车式、柜式
L	电流的、摺板式、漏电保护、单独安装式
F	高返回、带分励脱扣、多纵缝灭弧结构式、防护盖式。
X	限流
G	高电感、高通断能力型
TH	湿热带产品代号
TA	干热带产品代号

三、万能转换开关

1.LW2 系列万能转换开关

LW2 系列万能转换开关用在 250V 以下的电气回路中，作远距离控制操作。经常闭合的接点，允许长期通过的电流为 10A。

LW2 系列万能转换开关型号组成及其含义为：

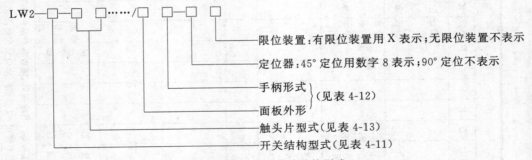

表 4-11　　　　　　　　　LW2 系列万能转换开关的结构型式

开 关 代 号	表 示 意 义
LW2—YZ	带定位及自动复归，有信号灯（有保持接点）
LW2—Y	带定位及信号灯
LW2—Z	带定位及自动复归（有保持接点）
LW2—W	带自动复归
LW2—H	带定位及可取出手柄
LW2	带定位

表 4-12　　　　　　　　LW2 系列万能转换开关面板和手柄型式

手柄型式	面板外形	开关型式	正视及侧视图	手柄型式	面板外形	开关型式	正视及侧视图
1	F 方形	LW2-YZ		3	O 圆形	LW2-Y	
2	O 圆形			2			
	F 方形			4	F 方形	LW2	
8	F 方形	LW2-Z		7	F 方形	LW2-H	
9	O 圆形			5	F 方形	LW2-W	
				6	F 方形		

LW2 系列万能转换开关的接触片随手柄转动位置见表 4-14。

LW2 系列万能转换开关的外形尺寸见图 4-11 和表 4-15，其安装面板开孔尺寸见图 4-12。

表 4-13　　　　　　　　LW2 系列万能转换开关的触头片型式

开关型式	手柄位置	接触片型号	灯 1 1a	2	4	5	6	6a	7	8	10	20	30	40	50

（表中各栏为触头片接线图形）

开关型式：LW2-Z、LW2-YZ、LW2-H、LW2、LW2-Y、LW2-W

注　1. 上表中的图形都是由面板方向正视的，其接点编号为逆时针自面板右上方至尾部依次顺序排列（表 4-14 亦同）；

　　2. 当核对接线时，应注意改为背视（接点编号为顺时针自左上方至尾部依次顺序排列）。

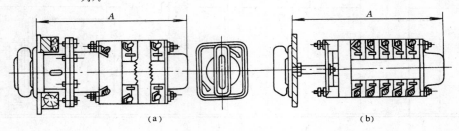

(a)　　　　　　　　　　　　　　　(b)

图 4-11　LW2 系列万能转换开关外形

（a）LW2—YZ 和 LW2—Y；（b）LW2—W、LW2—Z、LW2 和 LW2—H

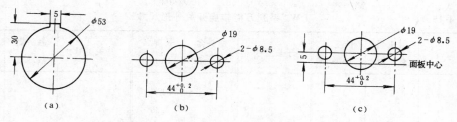

图 4-12　LW2 系列万能转换开关安装面板开孔尺寸

(a) LW2—YZ 和 LW2—Y；(b) LW2—Z；(c) LW2、LW2—H 和 LW2—W

表 4-14　　　LW2 系列万能转换开关接触片随手柄转动位置

型式	线路图的符号	触头片型式及原始位置	附加说明	型式	线路图的符号	触头片型式及原始位置	附加说明
1			与 2 型相同仅原始位置不同	7			可使三个接点同时接通 与 8 型相同仅原始位置不同
1a				8			可使三个接点接通 与 7 型相同仅原始位置不同
2			与 1 型相同仅原始位置不同	10			有 45° 自由行程
4			与 5 型相同仅原始位置不同	20			有 90° 自由行程
5			与 4 型相同仅原始位置不同	30			有 135° 自由行程
6				40			有 45° 自由行程
6a				50			有 45° 自由行程

注　触头片的原始位置，是指面板正视方向，手柄在水平且箭头指向左侧时触头片的位置。手柄在其他位置时，触头片的相应位置如表 4-13 所示。

表 4-15　　　　　　　　　　　　　　LW2 系列万能转换开关外形尺寸

开关型号	触头盒数量	长度A (mm)	开关型号	触头盒数量	长度A (mm)	开关型号	触头盒数量	长度A (mm)
LW2—YZ 和 LW2—Y	1	172	LW2—W	1	117	LW2—Z、LW2 和 LW2—H	1	133
	2	190		2	135		2	151
	3	208		3	153		3	169
	4	226		4	171		4	187
	5	244		5	189		5	205
	6	262		6	207		6	203
	7	280		7	225		7	231
	8	298		8	243		8	249

2. LW5 系列万能转换开关

LW5 系列万能转换开关用于 500V 以下的电气回路中，作远距离控制操作，接点长期允许通过电流为 15A。

LW5 系列万能转换开关型号组成及其代号含义为：

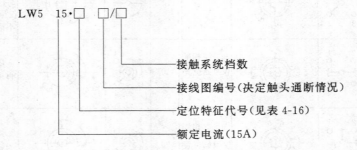

表 4-16　　　　　　　　　　　　　　LW5 系列开关定位特征代号

操作方式	代号	操作手柄位置											
自复式	A						0°	45°					
	B					45°	0°	45°					
定位式	C						0°	45°					
	D					45°	0°	45°					
	E					45°	0°	45°	90°				
	F				90°	45°	0°	45°	90°				
	G				90°	45°	0°	45°	90°	135°			
	H			135°	90°	45°	0°	45°	90°	135°			
	I			135°	90°	45°	0°	45°	90°	135°	150°		
	J		120°	90°	60°	30°	0°	45°	60°	90°	120°		
	K		120°	90°	60°	30°	0°	45°	60°	90°	120°	150°	
	L	150°	120°	90°	60°	30°	0°	45°	60°	90°	120°	150°	
	M	150°	120°	90°	60°	30°	0°	45°	60°	90°	120°	150°	180°

LW5 系列万能转换开关外形及安装尺寸见图 4-13。

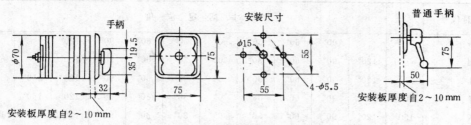

图 4-13　LW5 系列万能转换开关外形及安装尺寸

3. LW6 系列万能转换开关

LW6 系列万能转换开关用于交流电压至 380V 或直流电压至 220V、电流至 5A 的交直流电路，主要作电气控制线路的转换以及配电设备的控制，亦可用于 380V、2.2kW 不频繁控制的小容量三相异步电动机。

LW6 系列万能转换开关的型号组成及其代号含义为：

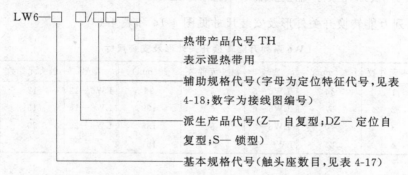

表 4-17　　　　　　　　LW6 系列万能转换开关基本规格代号

型　号	触头座层数	触头座排列型式	触头对数	型　号	触头座层数	触头座排列型式	触头对数
LW6—1	1	单列式	3	LW6—5	5	单列式	15
LW6—2	2	单列式	6	LW6—6	6	单列式	18
LW6—3	3	单列式	9	LW6—8	8	单列式	24
LW6—4	4	单列式	12	LW6—10	10	单列式	30

注　当触头座大于 10 层时，采用双列装配，列与列之间以齿轮啮合，用公共手柄操作。

表 4-18　　　　　　　　LW6 系列万能转换开关手柄定位

定位特征代号	手柄定位角度						
A				0°	30°		
B			30°	0°	30°		
C			30°	0°	30°	60°	
D		60°	30°	0°	30°	60°	
E		60°	30°	0°	30°	60°	90°
F	90°	60°	30°	0°	30°	60°	90°

定位特征代号	手　柄　定　位　角　度											
G			90°	60°	30°	0°	30°	60°	90°	120°		
H		120°	90°	60°	30°	0°	30°	60°	90°	120°		
I		120°	90°	60°	30°	0°	30°	60°	90°	120°	150°	
J	150°	120°	90°	60°	30°	0°	30°	60°	90°	120°	150°	
K	150°	120°	90°	60°	30°	0°	30°	60°	90°	120°	150°	180°
L						0°	60°					
M					60°	0°	60°					
N					60°	0°	60°	120°				
O				120°	60°	0°		120°				
P				120°	60°	0°	60°	120°	180°			

注　1. 自复位式在定位特征代号之后用并列一个字母 Z 来表示，如 AZ、BZ 等；

　　2. K 型的开关无限位机构，能够连续旋转 360°（顺转或逆转）。

LW6 系列万能转换开关外形及安装尺寸见图 4-14 和表 4-19。

表 4-19　　　　　　　　　　　LW6 系列万能转换开关外形及安装尺寸

型号	触头元件数	l（mm）	型号	触头元件数	l（mm）	型号	触头元件数	l（mm）
LW6—1	1	44	LW6—5	5	96	LW6—12	12	129
LW6—2	2	57	LW6—6	6	109	LW6—16	16	155
LW6—3	3	70	LW6—8	8	135	LW6—20	20	181
LW6—4	4	83	LW6—10	10	161			

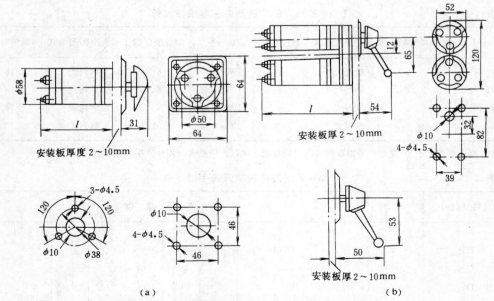

图 4-14　LW6 系列万能转换开关外形及安装尺寸

（a）单列式转换开关；（b）双列式转换开关

四、接线端子排

接线端子排是电气回路的导线或电缆心线转线或分线用的连接元件。

1.B1 系列接线端子排

B1 系列接线端子排的额定电压为 250V，额定电流为 20A。其分类和外形尺寸见图 4-15 和表 4-20，固定支架的外形尺寸见表 4-21。

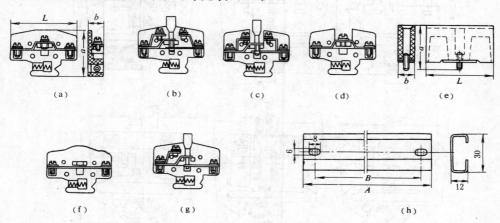

图 4-15 B1 系列接线端子排外形尺寸

(a) B1—1；(b) B1—2；(c) B1—3；(d) B1—4；(e) B1—5；(f) B1—6；(g) B1—7；(h) 固定支架

表 4-20 　　　　　　　　　　　　 **B1 系列接线端子排分类和外形尺寸**

型号	名称	用　　　途	外形尺寸（mm）		
			L	a	b
B1—1	普通型	连接导线，且可与 B1—4 配合使用	57	38	13
B1—2	试验型	试验时，可接入试验仪表	57	51	13
B1—3	隔离型	同 B1—2 型，但为需抽头分线的接线项目	57	51	13
B1—4	连接型	用于需要抽头分线的接线上	57	38	13
B1—5	标记型	固定在终端或中间位置作组别标记用	57	38	13
B1—6	标准型	连接导线	57	38	13
B1—7	特殊型	可在不松动或断开已接好的导线情况下断开回路	57	51	13

表 4-21 　　　　　　　　　　　　 **B1 系列接线端子排固定支架的外形尺寸**

档　　数	尺　　寸　　（mm）	
	A	B
15	200	184
25	300	284
30	400	384

2.D 系列接线端子排

D 系列接线端子排的额定电压为 500V，额定电流为 10A，压接导线截面不大于

2.5mm²，其分类和外形尺寸见图 4-16 和表 4-22。

3. D1 系列接线端子排

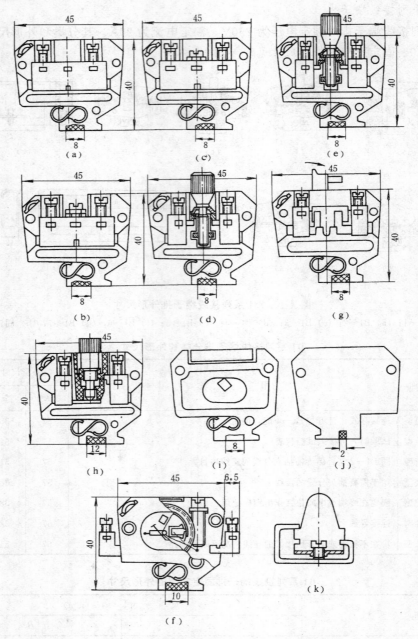

图 4-16 D 系列接线端子排外形尺寸

(a) D—1；(b) D—2；(c) D—3；(d) D—4；(e) D—5；(f) D—6；
(g) D—7；(h) D—8；(i) D—9；(j) D—10；(k) 附件（固定支架）

D1 系列接线端子排的额定电压为 500V，额定电流为 10A 或 20A，其分类和外形尺寸见图 4-17 和表 4-23、表 4-24。

表 4-22　　　　　　　　　　　　　　　　　　D 系列接线端子排分类

型　号	名　称	用　　　　途	厚度 (mm)
D—1	一般型	连接导线	8
D—2	连接型	用于需要抽头分线的接线始端（绝缘件有缺口）	8
D—3	连接型	用于需要抽头分线的接线始端（绝缘件无缺口）	8
D—4	试验型	试验时可接入试验仪表	14
D—5	连接试验型	同 D—4 型，但为需要抽头分线的接线时用	14
D—6	带可调电阻型	可以调整回路中总电阻，分 5，10，15Ω 等三种	10
D—7	带开关型	用作弱电回路中的电源开关	8
D—8	嵌装熔断器型	用以保护弱电回路，以防过载	12
D—9	标记型	固定在终端或中间位置，作组别标志用	8
D—10	隔板	用在不需要标记情况下，作绝缘隔板	2

D1 系列 20A 的端子在压线处装有弹簧，使用时应先用螺丝刀顶住螺丝，使弹簧受压，张开接线口，否则导线是塞不进去的。

表 4-23　　　　　　　　　　　　　　　D1 系列接线端子排分类和外形尺寸

型　号	名　称	外形尺寸（mm）				备　注
		A	A_1	B	C	
D1—10	10A 普通型	38.5	33	36	7	
D1—10L1	10A 连接 I 型	38.5	33	36	7	中间加螺钉
D1—10L2	10A 连接 II 型	38.5	33	36	7	
D1—10G	10A 隔板	38		36	2.5	
D1—20	20A 普通型	47.5	42	46	9	
D1—20L1	20A 连接 I 型	47.5	42	46	9	中间加螺钉
D1—20L2	20A 连接 II 型	47.5	42	46	9	
D1—20S	试验型	57	42	46	14	
D1—20SL	试验连接型	57	42	46	14	
D1—B	标记型	47.5	42	46	12	
D1—20G	20A 隔板	47	42	46	2.5	

表 4-24　　　　　　　　　　　　　D1 系列接线端子排固定支架外形尺寸

序号	A (mm)	B (mm)	序号	A (mm)	B (mm)
1	100	84	3	200	184
2	160	144	4	300	284

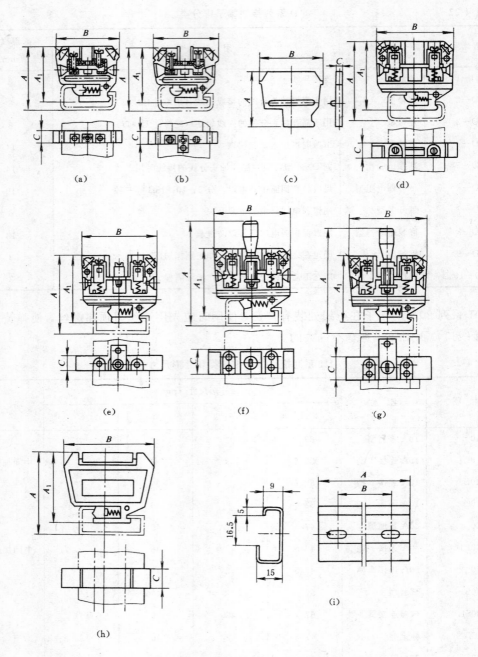

图 4-17　D1 系列接线端子排外形

(a) D1—10；(b) D1—10L1、D1—10L2；(c) D1—10G、D1—20G；(d) D1—20；

(e) D1—20L1、D1—20L2；(f) D1—20S；(g) D1—20LS；(h) D1—B；(i) 固定支架

4. JH1 系列螺钉式组合型接线座

JH1 系列螺钉式组合型接线座是原机械工业部有关研究所和工厂按 IEC 17B（CO）128 标准的要求，联合设计的新产品，符合 GB 1497—79《低压电器基本标准》和机械部《圆铜

导线用接线座标准》的要求，适用于交流 50Hz、60Hz，电压至 500V，直流至 440V 的电路中为圆铜导线（线端应有压接端头）作电路连接之用。接线座型号、名称及用途见表 4-25。

表 4-25　　　　　　　　JH1 系列螺钉式组合型接线座型号、名称及用途

型　　号	名　　称	用　　　途
JH1—□	基型接线座	一般电路连线
JH1—□L	联络型接线座	可相互联络或与基型联络
JH1—□S	试验型接线座	用于电流互感器二次回路中，以便连接试验仪表及其他需断开隔离的电路中
JH1—□SL	试验联络型接线座	可互相联络或与试验型接线座联络
JH1—□RD	熔断器型接线座	配用 φ8.5×31.5 圆柱形有填料熔断器（gF、aM 系列），交流分断能力不小于 50kA，额定电流分别为 2，4，6，8，10，12，16A
JH1—□B	标记座	接线座辅件，在终端或中间作标记
JH1—□G	隔板	接线座辅件，在终端或中间作绝缘之用

注　型号中□内为阿拉伯数字，表示导线的额定截面。

该型接线座结构紧凑，紧固件采用组合螺钉，接线方式为压接，全系列统一采用 G 型基座安装轨，形成组合型式。其外型及安装轨尺寸见图 4-18 和表 4-26。接线座支架见图 4-19。

表 4-26　　　　　　JH1 系列螺钉式组合型接线座外形及安装尺寸

型号	外　形　尺　寸　（mm）						安装轨尺寸（mm）	
	B	B_1	H	H_1	C	外形图	L	外形图
JH1—1.5	44.5	42	48.5	40.5	7.5	图 4-18 (a)	80	
JH1—1.5L	44.5	42	48.5	40.5	7.5	图 4-18 (b)	100	
JH1—1.5B	—	42	45	37	10	图 4-18 (f)	120	
JH1—1.5G	—	42	45	37	1.5	图 4-18 (g)	160	
JH1—2.5	46.5	44	51.5	43.5	9.5	图 4-18 (a)	200	
JH1—2.5L	46.5	44	51.5	43.5	9.5	图 4-18 (b)	240	
JH1—2.5B	—	44	48	40	10	图 4-18 (f)	300	
JH1—2.5G	—	44	48	40	1.5	图 4-18 (g)	400	
JH1—2.5S	59	54	68.5	60.5	12	图 4-18 (c)	500	
JH1—2.5SL	59	54	68.5	60.5	12	图 4-18 (d)	600	图 4-18 (h)
JH1—2.5GS	—	54	62	54	2	图 4-18 (g)	800	
JH1—2.5RD	49	44	70.5	62.5	16	图 4-18 (e)	1000	
JH1—2.5GRD	—	44	57.5	49.5	1.5	图 4-18 (g)		
JH1—6	52.5	50	54	46	13.5	图 4-18 (a)		
JH1—6L	52.5	50	54	46	13.5	图 4-18 (b)		
JH1—6B	—	50	50.5	42.5	10	图 4-18 (f)		
JH1—6G	—	50	50.5	42.5	1.5	图 4-18 (g)		
JH1—25	60.5	58	63	55	20	图 4-18 (a)		
JH1—25L	60.5	58	63	55	20	图 4-18 (b)		
JH1—25B	—	58	59.5	51.5	10	图 4-18 (f)		
JH1—25G	—	58	59.5	51.5	2	图 4-18 (g)		
JH1—35	66.5	64	59.5	50.5	26	图 4-18 (a)		

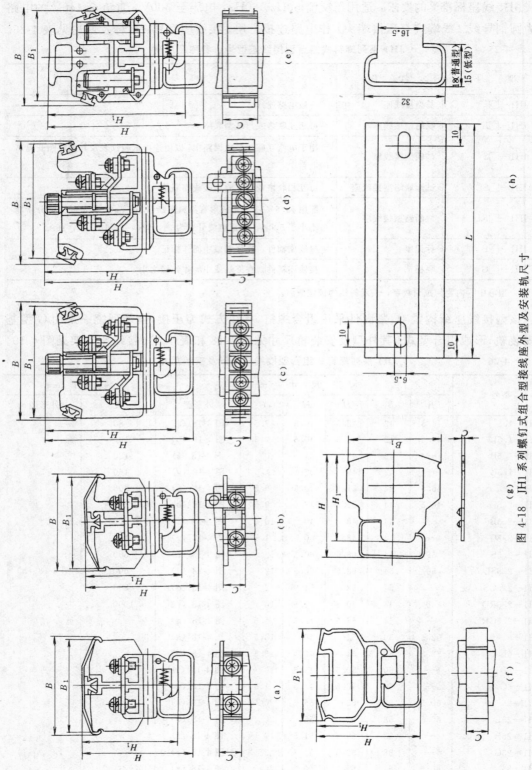

图 4-18 JH1 系列螺钉式组合型接线座外型及安装轨尺寸

(a)基型；(b)联络型；(c)试验型；(d)试验联络型；(e)熔断器型；(f)标记座(典型结构)；(g)隔板(典型结构)；(h)G 型安装轨

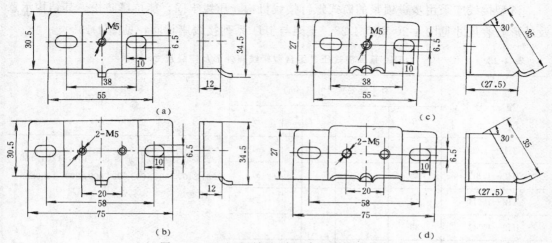

图 4-19　JH1 系列螺钉式组合型接线座支架

（a）窄型平支架；（b）宽型平支架；（c）窄型斜支架；（d）宽型斜支架

5.JH2 系列筒式压紧组合型接线座

JH2 系列筒式压紧组合型接线座是原机械工业部有关研究所和工厂按 IEC17B（CO）128 标准的要求，联合设计的新产品，符合 GB 1497—79《低压电器基本标准》和机械工业部《圆铜导线用接线座基本标准》的要求，适用于交流 50Hz、60Hz，电压至 500V，直流至 440V，导线截面为 $0.75 \sim 35\text{mm}^2$ 的电路中作电路连接之用。该系列接线座是统一设计的更新换代产品，用以取代目前的 D、D1 等系列。接线座型号、名称及用途见表 4-27。

表 4-27　　　　　　JH2 系列筒式压紧组合型接线座型号、名称及用途

型　号	名　称	用　途
JH2—1.5	1.5mm^2 筒式基型接线座	一般电路连接，具有连接圆铜导线功能
JH2—2.5	2.5mm^2 筒式基型接线座	
JH2—6	6mm^2 筒式基型接线座	
JH2—16	16mm^2 筒式基型接线座	
JH2—35	35mm^2 筒式基型接线座	
JH2—1.5H	1.5mm^2 筒式焊接型接线座	与被连接导线通过焊接方法进行连接
JH2—1.5L	1.5mm^2 筒式联络型接线座	用于并联相邻接线座，与一进多出的导线连接，使之具有同一电位
JH2—2.5L	2.5mm^2 筒式联络型接线座	
JH2—2.5S	2.5mm^2 筒式试验型接线座	具有连接表计、开闭控制回路进行表计监测功能
JH2—2.5SL	2.5mm^2 筒式试验联络型接线座	具有连接表计、在控制回路不断路的条件下进行表计测量
JH2—6SL	6mm^2 筒式试验联络型接线座	
JH2—2.5LX	2.5mm^2 筒式零线型接线座	用于零线连接
JH2—2.5RD	2.5mm^2 筒式熔断器型接线座	配用 gF、aM 系列熔断器，具有交流分断能力不小于 50kA，额定电流有 2，4，6，8，10，12，16A 之分，供用户选用
JH2—2.5K	2.5mm^2 筒式开关型接线座	具有隔离开关功能
JH2—16JD	16mm^2 筒式接地型接线座	用于保护接地
JH2—B	JH2 接线座标记座	用于显示标记

该型接线座采用步进锁紧的筒式螺钉接线机构，压线牢固，能抗震防松。其结构示意及外形安装尺寸见图 4-20 和表 4-28。支架与 JH1 系列接线座相同，见图 4-19。

表 4-28　　　　　　　JH2 系列筒式压紧组合型接线座外形及安装尺寸

型　号	外形及安装尺寸（mm）				备　注
	B	C	D	H	
JH2—1.5	42	5.5		51	安装轨长度 L 分别为 80，100，120，160，
JH2—1.5L	42	5.5		51	200，240，300，400，500，600，800，1000mm，
JH2—1.5H	46	5.5		51	共 12 种
JH2—1.5G	33		1.5	50	
JH2—2.5	50	6		52.5	
JH2—2.5G	41		1.5	51.5	
JH2—2.5LX	38	6		51.5	
JH2—2.5GLX	35		1.5	51.5	
JH2—2.5L	50			52.5	
JH2—2.5GL	41		1.5	51.5	
JH2—2.5S	66	6		61.5	
JH2—2.5GS	51		1.5	61.5	
JH2—2.5SL	73	6		76.5	
JH2—2.5GSL	68		1.5	61.5	
JH2—2.5K	59	7.5		51	
JH2—2.5RD	60	18		66	
JH2—6	50	8		56	
JH2—6G	41		2	55	
JH2—6SL	77	8		83	
JH2—6GSL	74		2	70	
JH2—16	52	11.5		64	
JH2—16G	43		2	64	
JH2—16JD	48	15		56.5	
JH2—35	58	17		74	
JH2—B	43	15		56.5	

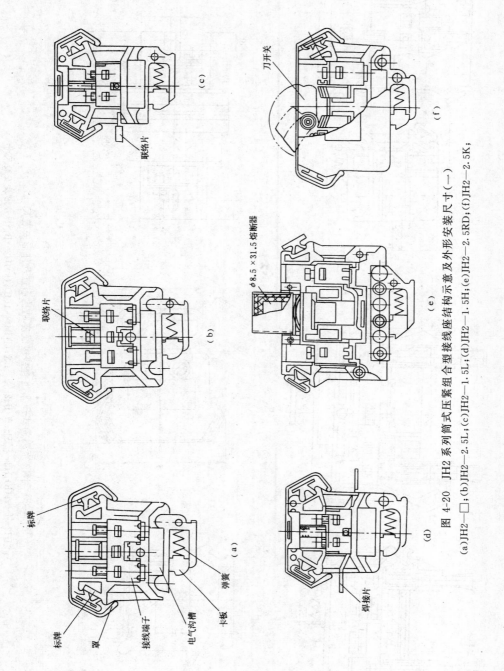

图 4-20　JH2 系列筒式压紧组合型接线座结构示意及外形安装尺寸(一)

(a)JH2—□;(b)JH2—2.5L;(c)JH2—1.5L;(d)JH2—1.5H;(e)JH2—2.5RD;(f)JH2—2.5K;

233

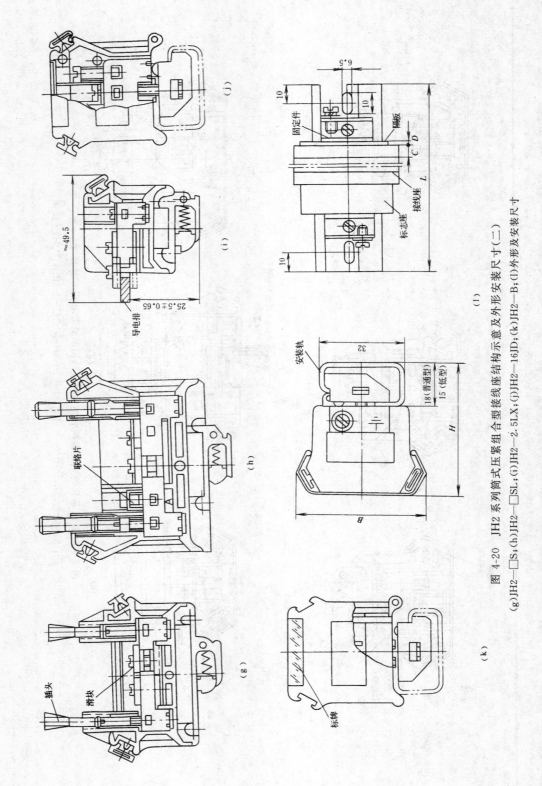

图 4-20　JH2 系列筒式压紧组合型接线座结构示意及外形安装尺寸（二）

(g)JH2—□S;(h)JH2—□SL;(i)JH2—2.5LX;(j)JH2—16JD;(k)JH2—B;(l)外形及安装尺寸

五、电气设备外壳防护等级[❶]

外壳防护等级由代码字母 IP（internatonal protection，国际防护）、第一位特征数字、第二位特征数字、附加字母、补充字母组成。IP 代码的组成及含义见表 4-29。

表 4-29 IP 代码的组成及含义

组成	数字或字母	对设备防护的含义	对人员防护的含义
代码字母	IP	—	—
		防止固体异物进入	防止接近危险部件
	0	无防护	无防护
第一位	1	≥φ50mm	手背
特征数字	2	≥φ12.5mm	手指
	3	≥φ2.5mm	工具
	4	≥φ1.0mm	金属线
	5	防尘	金属线
	6	尘密	金属线
		防止进水造成有害影响	
	0	无防护	
	1	垂直滴水	
	2	15°防滴	
第二位	3	淋水	
特征数字	4	溅水	
	5	喷水	
	6	猛烈喷水	
	7	短时间浸水	
	8	连续浸水	
			防止接近危险部件
	A		手背
附加字母	B		手指
	C		工具
	D		金属线
		专门补充的信息	
补充字母	H	高压设备	
（可选择）	M	做防水试验时试样运行	—
	S	做防水试验时试样静止	
	W	气候条件	

注 1. 不要求规定特征数字时，该处由字母"X"代替（如果两个字母都省略，则用"XX"表示）。

2. 附加字母和（或）补充字母可省略，不需代替。

[❶] 依据 GB 4208—93《外壳防护等级（IP 代码）》编写。

1. 第一位特征数字

(1) 对接近危险部件的防护：第一位特征数字所代表的对接近危险部件的防护等级见表 4-30。

表 4-30　　　　　第一位特征数字所代表的对接近危险部件的防护等级

第一位特征数字	防 护 等 级	
	简 要 说 明	含 义
0	无防护	—
1	防止手背接近危险部件	直径 50mm 球形试具应与危险部件有足够的间隙
2	防止手指接近危险部件	直径 12mm、长 80mm 的铰接试指应与危险部件有足够的间隙
3	防止工具接近危险部件	直径 2.5mm 的试具不得进入壳内
4	防止金属线接近危险部件	直径 1.0mm 的试具不得进入壳内
5	防止金属线接近危险部件	直径 1.0mm 的试具不得进入壳内
6	防止金属线接近危险部件	直径 1.0mm 的试具不得进入壳内

注　对于第一位特征数字为 3、4、5 和 6 的情况，如果试具与壳内危险部件保持足够的间隙，则认为试验合格。

(2) 对固体异物进入的防护：第一位特征数字所代表的对固体异物（包括灰尘）进入的防护等级见表 4-31。

表 4-31　　　　　第一位特征数字所代表的防止固体异物进入的防护等级

第一位特征数字	防 护 等 级	
	简 要 说 明	含 义
0	无 防 护	—
1	防止直径不小于 50mm 的固体异物	直径 50mm 的球形物体试具不得完全进入壳内[①]
2	防止直径不小于 12.5mm 的固体异物	直径 12.5mm 的球形物体试具不得完全进入壳内[①]
3	防止直径不小于 2.5mm 的固体异物	直径 2.5mm 的物体试具完全不得进入壳内[①]
4	防止直径不小于 1.0mm 的固体异物	直径 1.0mm 的物体试具完全不得进入壳内[①]
5	防 尘	不能完全防止尘埃进入，但进入的灰尘量不得影响设备正常运行，不得影响安全
6	尘 密	无灰尘进入

①　物体试具的直径部分不得进入外壳的开口。

2. 第二位特征数字

第二位特征数字表示外壳防止由于进水而对设备造成有害影响的防护等级，其含义见表 4-32。

表 4-32第二位特征数字所代表的防护等级

第二位特征数字	防护等级	
	简要说明	含义
0	无防护	—
1	防止垂直方向滴水	垂直方向滴水应无有害影响
2	防止当外壳在15°范围内倾斜时垂直方向滴水	当外壳的各垂直面在15°范围内倾斜时，垂直滴水应无有害影响
3	防淋水	各垂直面在60°范围内淋水，无有害影响
4	防溅水	向外壳各方向溅水无有害影响
5	防喷水	向外壳各方向喷水无有害影响
6	防强烈喷水	向外壳各方向强烈喷水无有害影响
7	防短时间浸水影响	浸入规定压力的水中经规定时间后外壳进水量不致达有害程度
8	防持续潜水影响	按生产厂和用户双方同意的条件（应比数字7严酷）持续潜水后外壳进水量不致达有害程度

3. 附加字母

附加字母及其含义见表 4-33，表示对人接近危险部件的防护等级，在下述两种情况时使用：

表 4-33　　　　　　附加字母所代表的对接近危险部件的防护等级

字母	防护等级	
	简要说明	含义
A	防止手背接近	直径50mm的球形试具与危险部件必须保持足够的间隙
B	防止手指接近	直径12mm、长80mm的绞接试指与危险部件必须保持足够的间隙
C	防止工具接近	直径2.5mm、长100mm的试具与危险部件必须保持足够的间隙
D	防止金属线接近	直径1.0mm、长100mm的试具与危险部件必须保持足够的间隙

（1）接近危险部件的实际防护高于第一位特征数字代表的防护等级；

（2）第一位特征数字用"X"代替，仅需表示接近危险部件的防护等级。

4. 补充字母

补充字母表示补充的内容，其标示字母及含义见表 4-34。

字母	含　　义
H	高压设备
M	防水试验在设备的可动部件（如旋转电机的转子）运行时进行
S	防水试验在设备的可动部件（如旋转电机的转子）静止时进行
W	适用于规定的气候条件和有附加防护特点或过程

5. IP 代码举例

（1）无附加字母和补充字母的 IP 代码举例如下：

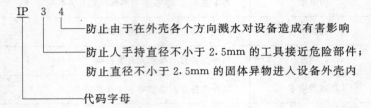

（2）使用可选择字母的 IP 代码举例如下：

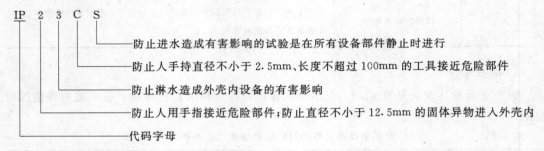

上述防护等级亦适用于自动化仪表。

第二篇 热工测量控制仪表的安装

第五章 施工技术管理

施工技术管理是施工管理的重要组成部分。在基本建设施工活动中，通过技术管理贯彻国家的技术政策、标准、规范、规章制度和领导部门有关技术工作的指示，合理组织一切施工活动。随着电力建设工程规模越来越大和自动化水平的不断提高，施工技术越来越复杂，为了充分利用施工单位现有的物质技术条件，保证工程质量，不断提高施工技术水平，施工单位必须不断地改进和加强各项施工技术工作的组织管理，以适应电力建设日益发展的需要。

第一节 执行施工技术标准和管理制度

施工技术标准是对施工安装质量及其检验方法和确保安全文明施工、提高工艺水平等所作的技术规定，是施工单位组织施工、检验和评定工程质量等级的技术依据。

施工技术标准分国家标准、行业标准、地方标准和企业标准。在建设工程的施工验收中，国家标准是指对需要在全国范围内统一的工程建设的主要技术要求；行业标准是指对没有国家标准而又需要在全国某个行业范围内统一的技术要求；地方标准是指对没有国家标准和行业标准而又需要在省、自治区、直辖市范围内统一的工业产品的安全卫生要求；企业可制定严于国家标准、行业标准或地方标准要求的企业标准，仅在企业内部适用。有关工程建设的质量和安全的国家标准和行业标准属于强制性标准。

目前，火力发电厂热工测量控制仪表专业应执行的施工技术标准主要有：

（1）国家标准

GBJ 93—86《工业自动化仪表工程施工及验收规范》。

（2）行业（或部颁）标准

1）能源部 SDJ 279—90《电力建设施工及验收技术规范 热工仪表及控制装置篇》（修订本）。

2）电力工业部电综〔1998〕145 号《火电施工质量检验及评定标准 热工仪表及控制装置篇（1998 年版）》。

3）水利电力部基本建设司（83）水电基火字第 137 号《火电施工质量检验及评定标准（试行）》第十一篇整套试运（主要适用于火力发电厂国产 200MW 机组）；电力工业部建设协调司建质〔1996〕111 号《火电工程调整试运质量检验及评定标准》（适用于火力发电厂国产 300MW 至 600MW 机组）。

4）电力工业部建设协调司建质〔1995〕140号《电力建设消除施工质量通病手则》（作为《电力建设施工及验收技术规范》和《火电施工质量检验及评定标准》的补充），第十一篇电缆敷设。

5）电力工业部建设协调司建质〔1996〕40号《火电工程启动调试工作规定》。

6）电力工业部电建〔1996〕159号《火力发电厂基本建设工程启动及竣工验收规程（1996年版）》。

7）电力工业部建设协调司建质〔1994〕102号《火电、送变电工程重点项目质量监督检查典型大纲》：锅炉水压试验前、汽轮机扣盖前、整套启动试运前和整套启动试验后等。

8）电力工业部建设协调司建质〔1995〕84号颁发《火电工程质量监督站质量监督检查大纲》：热控装置安装质量监督检查典型大纲（试行）。

9）电力工业部电建〔1995〕671号《电力建设安全施工管理规定》。

10）电力行业标准DL 5009.1—92《电力建设安全工作规程（火力发电厂部分）》。

为了参与国际市场竞争，提高我国产品质量和技术水平，适应发展社会主义市场经济和国际贸易的需要，国家鼓励积极采用国际标准和国外先进标准。国际标准是指国际标准化组织（ISO）和国际电工委员会（IEC）所制定的标准，以及ISO确认并公布的其他国际组织制定的标准；国外先进标准是指未经ISO确认并公布的其他国际组织的标准、发达国家的国家标准、区域性组织的标准、国际上有权威的团体标准和企业（公司）标准中的先进标准。我国标准采用国际标准或国外先进标准的程度，分为等同采用（IDT或idt）、等效采用（EQV或eqv）和非等效采用（NEQ或neq）三类。

施工技术管理制度是施工技术管理的一系列准则的总称。建立和健全严格的施工技术管理制度，把整个施工单位的技术管理工作科学地组织起来，是施工单位进行技术管理、建立正常的生产秩序的一项重要基础工作。电力建设工程应执行的施工技术管理制度有：施工技术责任制度、工程质量管理制度、施工组织设计编审制度、施工图纸会审制度、施工技术交底制度、技术检验制度、设计变更管理制度、施工技术档案管理制度和技术培训管理制度等。

对于安装国外引进工程或进口的仪表设备，应遵守合同和执行该国提供的标准规范（国内标准作为补充和参考）。合同（包括附件）是具有法律作用的，一经签定即生效。在查阅和执行合同时，应注意以下几点：

（1）工程承包方式。

（2）合同中使用的专用名词术语定义。

（3）合同的生效日期（卖方提交设计及技术文件、技术服务、设备材料交货、设备检验、设备保证期等期限，多以合同生效之日起计算）。

（4）工程技术服务及内容、质量保证和双方责任、索赔条款等规定。

（5）技术文件和图纸应能满足自动化系统及装置的设计、安装、现场调试、运行、维护的需要。一般应包括：

1）施工图纸的编制内容；

2）设计分工界限和接口，特别是控制装置之间的连接部分，包括交换信号的连接、隔离、各个控制装置之间的工作协调等；

3）自动化装置的技术规范和说明书；

4）设计、制造、安装、调试和运行所遵循的标准，启动调试大纲和运行规程等清单。

（6）设备和材料的供货范围。

（7）备品、备件、专用工具、测试检验设备等清单。

（8）设备和材料开箱检验及保管制度。

（9）卖方专家来华条件和清单。

（10）买方接受培训的专家条件和清单，卖方提供培训资料清单。

第二节　施工组织设计的编制

施工组织设计是技术和经济紧密结合的综合性文件❶，是施工单位据以组织施工的指导性文件。按其实际内容，它是现代施工技术和科学的施工管理知识的综合体现和具体运用。在火力发电厂安装工程开工之前，都必须编制施工组织设计，并经过审查批准。

施工组织设计要遵守和贯彻国家的有关法令、法规、规程、条例和各项技术政策。施工组织设计要从工程的具体条件出发，尽量发挥施工队伍的优势，合理地组织施工，科学地进行管理，不断地革新施工技术，有效地使用人力、物力，安排好空间和时间，组织文明施工，以求实现优质、高效、低耗，取得最大的技术经济效果，全面地完成建设任务。

火力发电工程施工组织设计分为施工组织设计纲要、施工组织总设计和施工组织专业设计三个部分。小型电站建设项目可将总设计和专业设计合并编制。

热工测量控制仪表专业的施工组织专业设计与其他专业一样，一般应在正式开工以前一个月编制并审批完毕。小型（装机容量 25MW 以下）火力发电工程的施工组织设计由工程队（或工地）专责工程师组织编制，报公司（处）审批。大、中型火力发电工程施工组织专业设计由工地（队）专责工程师组织编制，报公司（处）审批，并报上一级主管部门备案。

施工组织专业设计依据总设计和有关专业施工图编制，将总设计中有关内容具体化，凡总设计中已经明确的，可以满足指导施工要求的项目不必重复编写。其内容一般是：

（1）工程概况：①本专业的工程规模和工程量；②本专业的设备及设计特点；③本专业的主要施工工艺说明等。

（2）平面布置（总平面布置中有关部分的具体布置）以及临时建筑物的布置和结构。

（3）主要施工方案（方法、措施）：如电子计算机及新型自动化装置的安装调试、特殊材料的安装要求、部件加工制作工艺、季节性施工技术措施等。

（4）有关机组起动试运的特殊准备工作。

（5）施工技术及物资供应计划，其中包括：①施工图纸交付进度；②物资供应计划（包括设备、材料、半成品、加工及配制品）；③机械及主要工具配备计划；④力能供应计划；⑤运输计划。

---

❶ 依据原电力工业部电力建设总局《火力发电工程施工组织设计导则（试行）》（1981）编写。

（6）综合进度安排。

（7）保证工程质量、安全、文明施工、劳动保护、降低成本和推广重大技术革新项目等的指标和主要技术措施。

施工组织设计批准以后，施工部门应当积极创造条件贯彻实施，未经原审批单位同意不得任意修改。各级技术负责人、技术人员和施工负责人应将施工组织设计作为技术交底的主要内容之一，分级进行交底，使全体施工人员了解并掌握有关部分的内容并付诸实施。在施工过程中做好原始记录，积累好资料，待工程结束后及时作出总结。

第三节　主要工程量和材料消耗量

热工测量控制仪表是监视和控制热力系统运行工况的装置，在火力发电厂中，它们遍及电厂各个部位，相互间联络的导管和线缆星罗棋布，其中以主厂房的锅炉、汽轮机及除氧给水系统工程量较大，其他辅助系统，如燃油、输煤、除灰、循环水、水处理、制氢等系统，亦有一定的工程量。由于各工程设计互异，实际工程量差别也就很大。现以50～600MW发电机组为例，在表5-1中列举了一台机组主厂房的热工测量控制仪表的主要工程量和材料消耗量概数，以供参考。

表 5-1　　　一台机组主厂房的热工测量控制仪表的主要工程量和材料耗量概数

名　　称	单　位	单 机 容 量　（MW）				
		50	100	200	300	600
温度测点	个	200	300	550	700	1000
压力测点	个	150	200	400	500	700
流量测点	个	15	20	24	30	50
物位测点	个	12	14	18	25	40
变送器	台	35	70	100	180	250
显示仪表（盘装）	只	100	200	200	40	50
指示仪表（就地）	只	50	100	200	300	500
开关量仪表	只	40	80	150	400	500
分析仪表	套	4	6	8	15	25
汽轮机机械量仪表	套	5	10	28	35	50
电动（气动）执行机构	台	40	70	100	150	250
基地调节仪表	台	10	20	30	40	50
电磁阀、电磁铁	台	10	20	40	50	70
电动门	台	45	80	150	300	500
电子装置机柜和仪表盘、台、箱	块	40	80	150	300	500
接线盒	个	80	120	200	300	600
热工信号系统	套	1	1	2	2	2
热工保护系统	套	5	10	25	30	50

名 称	单 位	单 机 容 量 （MW）				
		50	100	200	300	600
顺序控制系统	套	3	5	8	10	15
模拟量控制系统	套	15	25	45	80	120
控制电缆和屏蔽电缆	km	60	80	120	250	500
控制电缆终端及接线	头	1000	1600	2000	7500	10000
电线	km	2	4	6	8	10
补偿导线和补偿电缆	km	3	6	10	15	25
焊接截止阀	只	50	80	100	200	400
外螺纹截止阀	只	300	500	800	1500	2000
仪表管	km	10	15	20	30	35
电线管和电缆保护管	km	4	8	15	20	40
金属软管	km	0.2	0.4	0.6	0.8	1
电缆桥架	t	50	70	100	200	300
型钢及配件加工钢材	t	15	25	40	70	100

　　就地安装的检测元件、取源部件、执行机构、测量仪表、管路和线缆等，使用的零部件品种多且批量大，需要安排加工厂生产（有些零部件也可以采购成品），并于进厂前先行组装。表 5-2 列举了一台机组主厂房的主要配件加工概数。

表 5-2　　　　一台机组主厂房的热工测量控制仪表的主要配件加工概数

名 称	单 位	单 机 容 量 （MW）				
		50	100	200	300	600
测温元件固定装置	套	200	300	550	700	1000
取压装置	套	150	200	400	500	700
流量冷凝器	套	15	20	24	30	50
水位平衡容器	套	12	14	18	25	40
隔离容器	套	15	20	24	30	50
仪表管接头	套	100	200	300	400	500
密封垫圈	个	500	1000	2000	3000	4000
等径或异径三通	个	40	50	60	80	100
变送器底座	个	35	70	100	180	250
管卡子	个	5000	7500	10000	15000	17500
电线管接头	套	80	150	250	400	800
金属软管接头	套	200	300	550	700	1000
执行机构底座	个	40	70	100	150	250
执行机构连杆	套	40	70	100	150	250
导线槽盒	m	200	300	400	500	1000
标志牌	个	1200	2500	4500	8500	11000

安装耗用的材料主要是电线电缆和金属材料。前者以长度为计量标准，一般以 m（米）或 km（千米）为计算单位；后者以质量为计量标准，一般以 kg（千克）或 t（吨）为计算单位。从工程需用消耗量来看，它们的数量一般是根据施工图纸提供的长度来统计的，因此，需将金属材料的长度换算成质量。质量换算常依靠一些工具书或手册来完成，但对安装技术人员和工人来说，懂得采用简化公式计算出具体品种的理论质量是必要的。表 5-3 列举了常用钢材理论质量简化计算公式。对于其他金属材料的质量，可采用换算系数法求得，表 5-4 列举了常用金属质量换算系数，即将待计算质量的材料密度与钢材密度（7.85g/cm³）的比率作为换算系数，然后以同规格的钢材理论质量乘以换算系数，就可得到待计算材料的质量。

表 5-3　　　　　　　　　　　　　常用钢材理论质量简化计算公式

材料品种	理论质量（密度 7.85g/cm³）	符号说明（mm）
圆钢、线材、钢丝	$m=0.00617d^2$	d—外径
方钢	$m=0.00785a^2$	a—边宽
六角钢	$m=0.0068a^2$	a—对边距离
八角钢	$m=0.0065a^2$	a—对边距离
扁钢、钢带、钢板	$m=0.00785ab$	a—边宽；b—厚度
钢板（kg/m³）	$m=7.85b$	b—厚度
钢管	$m=0.02466S(D-S)$	D—外径；S—壁厚
等边角钢	$m\approx0.00795d(2b-d)$	d—边厚；b—边宽
不等边角钢	$m\approx0.00795d(B+b-d)$	d—边厚；B—长边宽；b—短边宽
工字钢、槽钢	$m\approx0.00785d[h+c(b-d)]$	h—高度；b—腿宽；d—腰厚；c—常数 普通热轧工字钢　$c=3.34$ 普通轻型工字钢　$c=3.32$ 普通热轧槽钢　$c=3.26$ 普通轻型槽钢　$c=3.46$

注　1. 理论质量单位除注明者外，其他均为 kg/m；
　　2. 角钢、工字钢、槽钢为近似值，误差一般不大于±3%。

表 5-4　　　　　　　　　　　　　常用金属质量换算系数

材　料　种　类	密度（g/cm³）	换算系数 k
钢材（低碳钢）	7.85	1.000
铸钢	7.8	0.994
中碳钢（含碳量=0.4%～0.6%）	7.82	0.996
高碳钢（含碳量＞0.6%）	7.81	0.995
紫铜材料（铜排、铜管、铜板、铜棒）	8.9	1.134

第四节 施工综合进度

对于一个工程，施工综合进度一般分为四种：总体工程施工综合进度、主要单位工程施工综合进度、专业工程施工综合进度和专业工种工程施工综合进度。按级别划分施工进度，则可分为一级进度（工程总进度）、二级进度（主要工程进度）、三级进度（分部工程进度）、四级进度（分项工程进度）和五级进度（日、旬作业计划）。

在火力发电厂建设中，热工测量控制仪表专业施工进度受诸多因素的制约。在一级进度网络图上，一般情况下它虽然不是关键路径，但它是总体工程施工综合进度不可分割的一部分。在某一阶段或某些施工项目中，它还有相对的独立之处。从图 5-1 所示的 200MW 机组主厂房热工测量控制仪表主要施工流程可以看出，其安装工作除了控制室和就地仪表盘及部分电缆桥架等可在土建施工完毕后立即自行安排施工外，其他大部分工作都是以锅炉和汽轮机等工艺设备的安装工序为主线进行的。调试工作，除了仪表的单体校验可待设备到货后在试验室进行外，分部试运调试需待分部项目安装到一定程度后才能进行，整套启动试运调试工作则必须待安装工作结束后才能展开。因此，本专业施工时间比较集中，交叉施工难度大，并且是在整体工程安装后期才形成高峰的，所以有效工期很短。

热工测量控制仪表施工进度和劳动力组织的编制是以整套机组总体工程施工综合进度

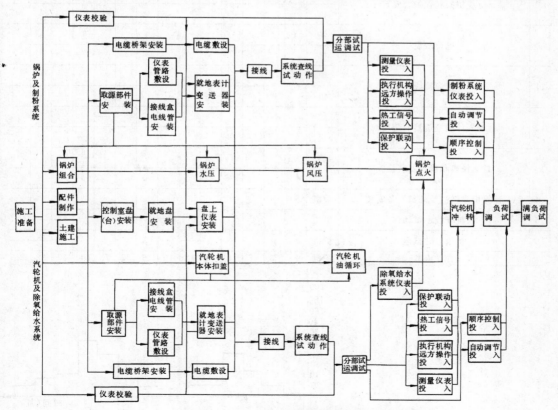

图 5-1　200MW 机组主厂房热工测量控制仪表主要施工流程

表 5-5　　　　火力发电厂热工测量控制仪表典型横道施工进度表和劳动力曲线

序号	安装项目	炉机	220t/h 燃煤锅炉 50MW 汽轮发电机组						410t/h 燃煤锅炉 100MW 汽轮发电机组							
			第一月	第二月	第三月	第四月	第五月	第六月	第一月	第二月	第三月	第四月	第五月	第六月	第七月	第八月
1	施工准备、配件制作、配合土建预埋	炉机	8						10							
2	仪表校验	炉机		4						6						
3	控制室盘、台安装	炉机		4							6					
4	就地盘、配电盘、电源箱安装	炉机			2							4				
5	取源部件安装	炉		4							6					
		机			2							5				
6	仪表管路敷设	炉		8							8					
		机			4							6				
7	接线盒和电线管安装	炉		3							6					
		机			2							4				
8	执行机构安装	炉		4								6				
		机			4										8	
9	电缆桥架和保护管安装	炉			6							10				
		机				6							6			
10	电缆敷设	炉				48							53			
		机				34							38			
11	电缆接线	炉				14							17			
		机					6							11		
12	就地表计和变送器安装接线	炉			4								6			
		机				4								6		
13	盘上仪表和设备安装接线	炉				4							6			
		机				2							4			
14	计算机或微机及外部设备安装	炉机														
15	系统查线、试动作	炉机				12								12		
16	机组启动试运	炉机					18								20	
17	合计人数	炉机	8	23	43	70	18	18	10	16	32	73	100	37	32	20

人数（个）
190
180
160
140
120
100
80
60
40
20

时间（月）

序号	安装项目		670t/h燃煤锅炉 200MW汽轮发电机组										1025t/h燃煤锅炉 300MW汽轮发电机组											
			第一月	第二月	第三月	第四月	第五月	第六月	第七月	第八月	第九月	第十月	第一月	第二月	第三月	第四月	第五月	第六月	第七月	第八月	第九月	第十月	第十一月	第十二月
1	施工准备、配件制作、配合土建预埋	炉机	12										18											
2	仪表校验	炉机			8										14									
3	控制室盘、台安装	炉机				8										8								
4	就地盘、配电盘、电源箱安装	炉机					6											6						
5	取源部件安装	炉					6										6							
		机					5											6						
6	仪表管路敷设	炉					12										14							
		机					6											8						
7	接线盒和电线管安装	炉					6										6							
		机					4											4						
8	执行机构安装	炉					6											8						
		机						8											10					
9	电缆桥架和保护管安装	炉					15										16							
		机					6											8						
10	电缆敷设	炉						63											70					
		机							47											56				
11	电缆接线	炉						22											38					
		机							16											28				
12	就地表计和变送器安装接线	炉						8											10					
		机						6												8				
13	盘上仪表和设备安装接线	炉						6												8				
		机							4												6			
14	计算机或微机及外部设备安装	炉机				8											20							
15	系统查线、试动作	炉机							16												26			
16	机组启动试运	炉机								22												30		
17	合计人数	炉机	12	12	20	48	88	130	130	50	38	22	18	18	32	48	94	116	160	160	78	56	30	30

人数（个）: 190 180 170 160 150 140 130 120 110 100 90 80 70 60 50 40 30 20

时间（月）

247

序号	安装项目	炉/机	2000t/h 燃煤锅炉 600MW 汽轮发电机组																	
			第一月	第二月	第三月	第四月	第五月	第六月	第七月	第八月	第九月	第十月	第十一月	第十二月	第十三月	第十四月	第十五月	第十六月	第十七月	第十八月
1	施工准备、配件制作、配合土建预埋	炉机	28																	
2	仪表校验	炉机				20														
3	控制室盘、台安装	炉机					10													
4	就地盘、配电盘、电源箱安装	炉机							8											
5	取源部件安装	炉					8													
		机							6											
6	仪表管路敷设	炉						16												
		机								10										
7	接线盒和电线管安装	炉							8											
		机								6										
8	执行机构安装	炉								10										
		机												8						
9	电缆桥架和保护管安装	炉							20											
		机								14										
10	电缆敷设	炉										84								
		机											62							
11	电缆接线	炉											44							
		机													36					
12	就地表计和变送器安装接线	炉											8							
		机													8					
13	盘上仪表和设备安装接线	炉											8							
		机													6					
14	计算机或微机及外部设备安装	炉机							30											
15	系统查线、试动作	炉机													38					
16	机组启动试运	炉机															42			
17	合计人数	炉机	28	28	28	48	48	54	82	112	146	190	190	190	172	98	80	42	42	42

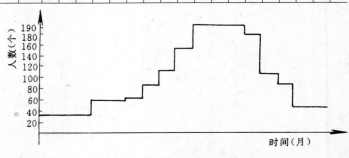

及本专业的工程量为依据进行综合安排的。由于各工程情况差异较大，所以表5-5列举了50～600MW燃煤机组典型的横道施工进度表和劳动力曲线，以供参考。

在工程施工中，网络进度法已广为使用，并将逐步取代传统的横道施工进度表。网络是以逻辑关系将施工工作表示出来的图形，这种逻辑关系表达了施工工作的开工先后顺序和相互制约关系。网络进度是按网络关系排列的工程进度，通过计算可以得到各种有用的管理信息，找出工程施工的主要矛盾线（即关键路线），并便于进行反馈和优化，使综合进度安排合理，经济效果良好。

网络进度图用实箭线（带箭头的线段）表示工作（或工序，下同），在它上方和下方分别标示工作名称及其所需的作业时间，用节点（圆圈）表示前后两个工作之间的连接点，圈内加上编号（编号顺序无规定，一般左边序号小于右边序号，但可不连续）。箭线的箭尾表示工作的开始，箭头表示工作的完成。每一条箭线都必须有首尾两个节点，用这两个节点的编号来代表其间的工作。

掌握了上述基本符号，就可以按照预先拟定的施工顺序依次把各工作连接起来，形成施工的流程图。在网络中，要表示出某个工作（或某几个工作）开工前必须在哪个工作（或哪几个工作）完工后，某个工作（或某几个工作）方能开工。再估定每个工作的作业时间，将其填入图中，就成为一个施工网络进度图。如图5-2所示，为670t/h燃煤锅炉、200MW汽轮发电机组热控安装典型三级网络进度。

在绘制网络图时，还应注意以下几点要求：

（1）在网络图中只允许有一个没有内向箭线（箭头指向节点）的起点节点，如图5-2中的"①"，若有多个就要把它们合并成一个；同时，一般也只允许有一个没有外向箭线（箭头背向节点）的终端节点，如图5-2中的"㉙"，若有多个也应将它们合并成一个。

（2）在网络图中不得出现循环路线，即不得出现从图中某一个节点开始顺箭头方向前进，最后又能回到原出发节点的线路。

（3）虚箭线（带箭头的虚线）也称虚工作，表示工作间的逻辑关系，它只起连接前后工作的作用，本身不占用作业时间，如图5-2中的"②— —→③"。

（4）在连接各工作时，不要使没有关系的工作互相发生联系，如遇有这种情况，必须采取增加虚箭线和节点的办法。如图5-2中的"控制室盘、台安装"与"就地盘安装"，这两个工作没有关连，故增加"⑩— —→⑪"。

（5）在网络图中，不得有相同编号的工作出现，如遇这种情况，也应增加节点和虚箭线。如图5-2中，若用"④— —→㉔"既代表锅炉仪表管路敷设，又代表锅炉取源部件安装，是不允许的，所以增加节点"⑤"和"⑤— —→④"，分别用"④———→㉔"代表锅炉仪表管路敷设，用"⑤——→㉔"代表锅炉取源部件安装。

绘制网络图后即可进行网络计划的时间计算，计算出这个网络中每个工作的最早开工日期、最迟开工日期、最早完工日期、最迟完工日期，并求得计划总工期和各工作的总时差，以确定计划中的关键工作和关键路线，从而掌握管理信息，并在此基础上对计划进行资源、时间、成本的优化与控制。在施工中，只要控制每个工作不超过最迟完工日期，总工期就不会受影响；只要看总时差的大小，就可以分出各项任务的紧要程度，抓施工重点

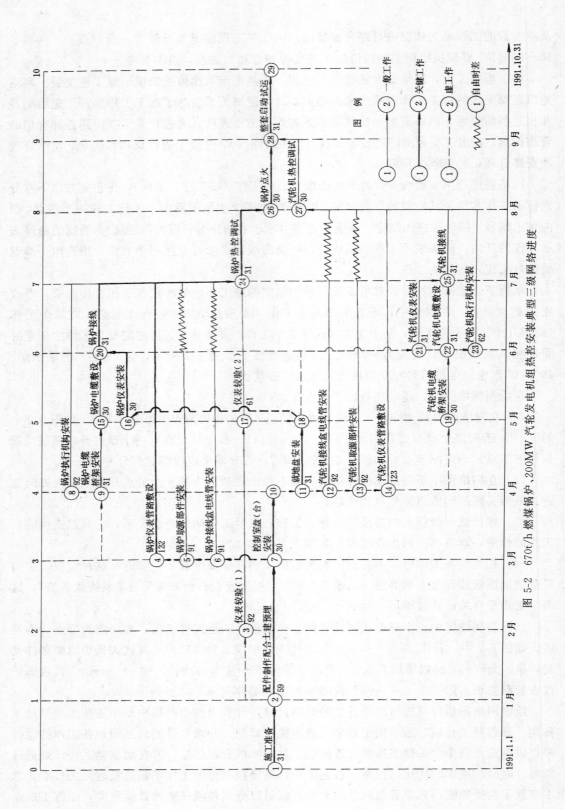

图 5-2 670t/h 燃煤锅炉、200MW 汽轮发电机组热控安装典型三级网络进度

250

就能避免盲目性。

各项时间的计算方法如下：

（1）最早开工日期和完工日期：计算工作最早可能开始和完成的时间，应从起点节点顺箭线方向计算。以起点开始的工作，其最早开工时间定为零。其他工作的最早开始时间是从各紧前工作（即紧挨在本工作之前的工作）的最早开工时间与各工作作业时间之和中取大数。最早完工时间是本工作的最早开工时间与作业时间之和。

（2）最迟开工日期和完工日期：计算为保证工程按期完成各工作最迟必须开始或完成的时间，应从终节点逆箭线方向计算。最后工作的最迟完工时间就是计划总工期（或规定的工期），其最迟开工时间就是用它的最迟完工时间减去该工作的作业时间。其他各工作的最迟开工时间是取各紧后工作（紧挨本工作之后的工作）最迟开工时间中的最小值减去本工作的作业时间。其他各工作的最迟完工时间是本工作的最迟开工时间与作业时间之和。

（3）总时差：是在不影响总工期的情况下工作可以机动使用的总时间，它等于本工作的最迟开始时间与最早开始时间之差。同线路上的总时差为工作所共有。总时差为零的工作称作关键工作。自起点至终点必然有一条或若干条由关键工作连成的线路，称为关键路线，用粗线标明。关键路线上各工作作业时间之和也就是总工期。在这条线上的工作必须按时完成，缩短或拖延时间，总工期也就会相应地缩短或延长。非关键路线上的某项工作利用了它的总时差，此项工作即成为关键工作，并影响到线路上其他工作的总时差。

（4）自由时差：是在不影响紧后工作按最早时间开工的条件下，工作可以机动使用的时间。它等于紧后工作的最早开工时间与本工作最早完成时间之差，用波形线表示。自由时差是总时差的一部分，总时差为零的工作，自由时差也必然为零。自由时差仅为本工作所有。

网络计划时间一般用微机进行计算，表 5-6 是根据原水利电力部基本建设司 1986 年 3 月编制的"基建工程施工进度编制系统（一）时间计划（CPMF1）"软件，按图 5-2 的程序输入，打印出的工程项目日历进度表（时间计划）。本表按最早开工日期排序。根据需要，亦可按最晚完工日期、起点号、终点号、时差等排序。

一张网络进度图，经计算机计算后，就确定了每个施工工作的具体开工和竣工日期，也就确定了整个工程的竣工日期。在实施过程中必须定期盘点和修正，从而使施工工期得到控制。

一般工程进行一个星期后，应检查一下进度的执行情况，把已开工的工作还需几天干完的信息输入计算机，重新作网络参数计算后就能立即得出新的工程预测竣工日期。再和原定竣工日期比较，如果较原竣工日期拖后，则说明本周施工效果不好。若继续这样施工，工程将拖期竣工。这种检查进度是否有拖期趋势的方法，称为施工进度的盘点。

施工进度盘点后，发现工程有拖期趋势时，就应采取措施，改变工作的工期或网络结构，并将此信息输入计算机重新计算网络参数，得出新的工程竣工日期。这个过程称为网络进度的修正。如果修正后得出的工程竣工日期在预定竣工日期之前，则修正成功。否则，就要继续采取措施，再作网络参数计算，直至得到的工程竣工日期在预定竣工日期之前为止。如此每周不断盘点，不断修正，就能达到控制施工工期的目的。

表 5-6 工程项目日历进度表（时间计划）

项目名称：670t/h 200MW 机组热控安装工程　　输入：工程开工日期：1990-01-01　　依据：
　　　　　　　　　　　　　　　　　　　　　　输出：工程完工日期：1990-10-31　　　　计划开工日期：1990-01-01
IBM—PC CPM 运算　　　　　　　　　　　　　　总工期：304d　　　　　　　　　计划完工日期：1990-10-31
排序：按最早开工日期排序　　　　　　　CPM 数据文件：典型三级网络进度　　　盘点修正日期：1990-01-01
责任码检索：第 0 字符　　　　　　　　　　　　　　　　　　　　　　　　　　　典型三级网络进度编制：
表列工序施工负责者：
热控工地

序号	起点	终点	计划工期 尚需工期	工 序 名 称	最早开工 日　期 （月—日）	最迟开工 日　期 （月—日）	总时差	最早完工 日　期 （月—日）	最迟完工 日　期 （月—日）
*1	1	2	31	施工准备	1—1	1—1	0	1—31	1—31
*3	2	7	59	配件制作配合土建预埋	2—1	2—1	0	3—31	3—31
4	3	17	92	仪表校验（1）	2—1	3—1	28	5—3	5—31
*6	4	24	122	锅炉仪表管路敷设	4—1	4—1	0	7—31	7—31
8	5	24	91	锅炉取源部件安装	4—1	5—2	31	6—30	7—31
10	6	24	91	锅炉接线盒电线管安装	4—1	5—2	31	6—30	7—31
*12	7	10	30	控制室盘台安装	4—1	4—1	0	4—30	4—30
14	8	24	92	锅炉执行机构安装	4—1	5—1	30	7—1	7—31
16	9	15	31	锅炉电缆桥架安装	4—1	5—1	30	5—1	5—31
18	12	27	92	汽轮机接线盒电线管安装	4—1	6—1	61	7—1	8—31
20	13	27	92	汽轮机取源部件安装	4—1	6—1	61	7—1	8—31
22	14	27	123	汽轮机仪表管路敷设	4—1	5—1	30	8—1	8—31
23	19	22	30	汽轮机电缆桥架安装	4—1	6—1	61	4—30	6—30
*24	11	18	31	就地盘安装	5—1	5—1	0	5—31	5—31
27	22	25	31	汽轮机电缆敷设	5—1	7—1	61	5—31	7—31
28	23	27	62	汽轮机执行机构安装	5—1	6—1	61	7—1	8—31
29	15	20	30	锅炉电缆敷设	5—2	6—1	30	5—31	6—30
31	17	24	61	仪表校验（2）	5—4	6—1	28	7—3	7—31
32	21	25	31	汽轮机仪表安装	6—1	7—1	30	7—1	7—31
*35	16	20	30	锅炉仪表安装	6—1	6—1	0	6—30	6—30
*36	20	24	31	锅炉接线	7—1	7—1	0	7—31	7—31
37	25	27	31	汽轮机接线	7—2	8—1	30	8—1	8—31
*38	24	26	31	锅炉热控调试	8—1	8—1	0	8—31	8—31
39	27	28	30	汽轮机热控调试	8—2	9—1	30	8—31	9—30
*40	26	28	30	锅炉点火	9—1	9—1	0	9—30	9—30
*41	28	29	31	整套启动试运	10—1	10—1	0	10—31	10—31

* 　为关键路线上的工作，实工作数：26；虚实工作总数：41；节点最大编号：29。

252

第五节　施工质量和安全管理

一、质量管理

1. 质量管理发展概况

按照质量管理所依据的手段和方式，其发展大致经历了三个阶段，即检验质量管理阶段、统计质量管理阶段和现代质量管理阶段。

检验质量管理是按照规定的技术要求，通过严格的检验来控制和保证产品（或工程）的质量。检验所使用的手段是各种各样的检测设备和仪表，其方式是专职检验人员严格把关，进行百分之百的检验。它靠的是事后把关，因而是一种防守型的质量管理。

统计质量管理的手段是利用数理统计原理，预防产品废品并检验产品的质量，如控制图、抽样检查、可靠性统计方法等。在方式上是由专职检验人员转移给专业质量控制工程师和技术员承担。因而，是一种预防性的管理。

在生产力迅速发展、科学技术日新月异的时代，仅仅依赖上述两种质量管理方法，是很难保证和提高产品质量的。因此，现代质量管理在50年代末、60年代初，出现了全面质量管理的概念，并逐步被世界各国所接受。随着当今世界地区化、集团化经济的发展，贸易竞争日益激烈，产品质量的竞争已成为贸易竞争的最重要因素，为适应国际贸易往来与经济合作的需要，国际标准化组织（ISO）于1987年发布了《质量管理和质量保证》ISO 9000系列（1987版）标准。我国继1988年发布等效采用 ISO 9000系列（1987版）标准的国家标准 GB/T 10300—88，又于1992年修订为等同采用 ISO 9000系列（1987版）标准的 GB/T 19000—92。1994年，我国又及时等同转化了修订后的 ISO 9000系列（1994版）标准，即现行国家标准 GB/T 19000—1994系列标准。

全面质量管理（total quality management，TQM）是以质量为中心、以全员参与为基础，目的在于通过让顾客满意和本企业所有成员及社会受益而达到长期成功的管理途径。企业为了保证提高产品质量，综合运用一整套质量管理思想、体系、手段和方法进行的系统管理，通过改善和提高工作质量来不断改进产品质量，预防和鉴别不合格品，同时要做到降低成本、按期交货、服务周到。全面质量管理要求对产品生产的全过程实施管理、加强预防和工序控制，把质量管理工作扩展到产品流通、消费领域，服务到顾客。

ISO 9000系列标准建立在"所有工作都是通过过程来完成的"认识基础上，阐述的是为了实施企业质量方针必须建立有效运行的质量体系，通过对产品的"寿命周期"找出影响产品和服务质量的技术、管理及人的因素，并使之在建立的质量体系中永远处于受控状态，以减少、消除，特别是预防质量缺陷，保证满足顾客的需要和期望，并保证企业的利益。质量体系能被全体人员所理解并执行，保证实现企业规定的质量方针和目标。

全面质量管理与 ISO 9000系列标准的理论及指导原则基本一致，方法可相互兼容。它们是在不同文化背景上产生的管理方法，前者以人为基础，后者以标准为基础。推行系列标准可以促进全面质量管理的发展并使之规范化，此外在质量体系认证方面还可以与国际有关组织取得互相认可或多边认可。因此，施工中既推行系列标准，也不放弃全面质量管理，使它们相辅相成，不断完善和发展。

2. 全面质量管理

全面质量管理原俗称 TQC（total quality control）。全面质量管理的基本特点是从过去的事后检验和把关为主，转变为预防和改进为主；从管结果变为管因素，把影响质量的诸因素查出来，抓住主要矛盾，发动全员、全部门参加，依靠科学管理的理论、程序和方法，使生产的全过程都处于受控状态。在运用科学方法过程中，坚持以下几点：

1）在质量管理过程中，坚持实事求是，科学分析，尊重客观事实，用事实数据反映质量问题。

2）遵循 PDCA 循环的工作程序，即按计划（plan）、实施（do）、检查（check）、处理（action）四个阶段顺序进行管理工作循环。

3）广泛地运用科学技术的新成果，如先进的专业技术、检测手段、电子计算机和先进科学管理方法等。

在推行全面质量管理的同时，开展质量管理小组（简称 QC 小组）活动，作为班组活动的基本形式。QC 小组就是在生产或工作岗位上从事各种劳动的职工，围绕企业的方针目标和现场存在的问题，运用质量管理的理论和方法，以改进质量、降低消耗、提高经济效益和人的素质为目的而组织起来，并开展活动小组。

通常质量管理小组可以有以下几种类型：一是按劳动组织建立质量管理小组，以班组技术骨干和积极分子为主自愿结合组成。二是按工作性质建立质量管理小组，有以工人为主，以稳定提高质量降低消耗为目的的"现场型"小组；以工人、技术人员、管理干部三结合为主，以攻克技术关键为目的的"攻关型"小组；以科室为主，以提高工作质量为目的的"管理型"小组等。三是按课题内容建立质量管理小组。按上述三个方面建立的质量管理小组，基本上有四种组织形式，即车间级的质量管理小组、班组纵向为主的质量管理小组、岗位横向为主的质量管理小组、联合攻关为主的跨部门的质量管理小组。

3. 质量管理和质量保证系列标准❶

（1）GB/T 19000—ISO 9000 族标准的构成：由 ISO/TC 176 国际质量管理和质量保证标准化技术委员会制定的所有国际标准，构成 ISO 9000 族标准。到目前已颁布 19 个，正在制定中的有 6 个，我国等同采用已颁布的 17 个。图 5-3 所示为 GB/T 19000—ISO 9000 族标准的构成（标准颁布年份以最新版表示）。

（2）质量管理和质量保证标准的应用：从图 5-3 可知，ISO9000 族标准分成五类，即术语、质量保证标准、质量管理标准、两类标准的使用和实施指南、支持性技术标准。其中，质量保证和质量管理两类标准是 ISO 9000 族的核心。

质量保证标准有三个，在内容上它们是包容关系，即 GB/T 19001 的要求完全包含了 GB/T 19002，GB/T 19002 又完全包含了 GB/T 19003。三种模式中对供方质量体系要求的多或少，反映了不同复杂程度的产品所要求的质量保证能力不同，不是质量保证程度的高与低。此类标准用于外部质量保证，有四种用途：供方证实其质量体系符合规定的质量体

---

❶ 参考《质量管理和质量保证国家标准实施指南》。北京：中国标准出版社，1995。

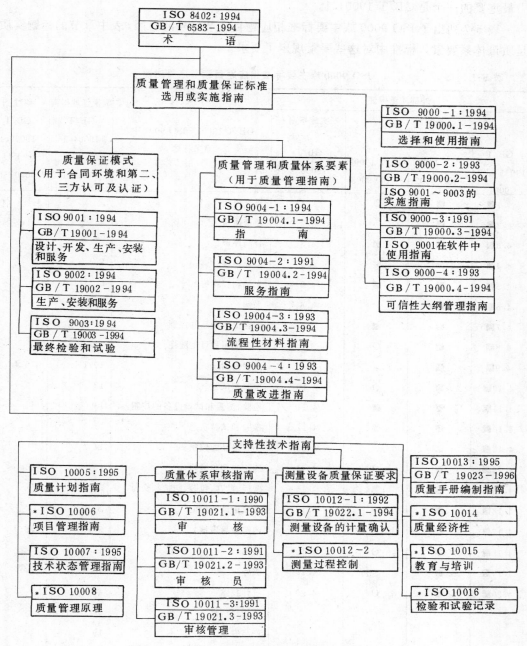

图 5-3 GB/T 19000—ISO 9000 族标准的构成

注：有 * 标记的标准正在制定中。

系要求；合同情况下作为顾客与供方之间的质量保证协议；作为合同前评定供方质量体系的准则；作为第三方认证的依据（供方向认证机构申请质量体系认证时，需说明所选择三种模式中的哪一种）。

质量管理标准有四个，目的都是用于指导企业进行内部质量管理和建立质量体系的，其中最重要的一个是 GB/T 19004.1。

表 5-7 列出了 ISO 9000 族主要标准相应题目章节序号的对照，表中章节的标题实质上是质量体系要素，标准中对这些要素规定了要求。

表 5-7　　　　　　　　　　　　ISO 9000 族主要标准相应题目章节序号对照

外部质量保证				GB/T 19001—ISO 9001 中章节标题	质量管理指南 GB/T 19004.1—ISO 9004-1	路线图 GB/T 19000.1—ISO 9000-1
要求			实施指南			
GB/T 19001—ISO 9001	GB/T 19002—ISO 9002	GB/T 19003—ISO 9003	GB/T 19000.2—ISO 9000.2			
4.1■	■	O	4.1	管理职责	4	4.1;4.2;4.3
4.2■	■	O	4.2	质量体系	5	4.4;4.5;4.8
4.3■	■	■	4.3	合同评审	×	8
4.4■	×	×	4.4	设计控制	8	
4.5■	■	■	4.5	文件和资料控制	5.3;11.5	
4.6■	■	×	4.6	采购	9	
4.7■	■	■	4.7	顾客提供产品的控制	×	
4.8■	■	O	4.8	产品标识和可追溯性	11.2	5
4.9■	■	×	4.9	过程控制	10;11	4.6;4.7
4.10■	■	O	4.10	检验和试验	12	
4.11■	■	■	4.11	检验、测量和试验设备的控制	13	
4.12■	■	■	4.12	检验和试验状态	11.7	
4.13■	■	O	4.13	不合格品的控制	14	
4.14■	■	O	4.14	纠正和预防措施	15	
4.15■	■	■	4.15	搬运、贮存、包装、防护和交付	10.4;16.1;16.2	
4.16■	■	O	4.16	质量记录的控制	5.3;17.2;17.3	
4.17■	■	O	4.17	内部质量审核	5.4	4.9
4.18■	■	O	4.18	培训	18.1	5.4
4.19■	■	×	4.19	服务	16.4	
4.20■	■	O	4.20	统计技术	20	
				质量经济性	6	
				产品安全	19	
				营销	7	

注　■—全部要求；O—比 GB/T 19001—ISO 9001 和 GB/T 19002—ISO 9002 的要求少；×—不存在该要素。

（3）质量体系的建立和实施：质量体系是为实施质量管理所需的组织结构、程序（为进行某项活动所规定的途径，质量体系程序通常都要形成文件）、过程和资源。一个企业所建立的质量体系主要是为了满足内部质量管理的需要而设计，同时也要充分考虑外部质量保证要求，除顾客的一些特殊要求外，两者的大多数内容是一致的或兼容的。

建立和完善质量体系一般要经历以下四个阶段：

1）质量体系的策划与设计：该阶段主要是做好各种准备工作，包括教育培训、统一认识、组织落实、拟定计划、确定质量方针、制订质量目标、现状调查和分析、调整组织结构、配备资源等。对用于内部质量管理而建立的质量体系，为实行全过程质量控制，首先应根据企业特点确立产品寿命周期的全部阶段（同样适用于施工企业），即对质量有影响的主要活动（又称质量环）。图 5-4 所示为一个典型的质量环示例。

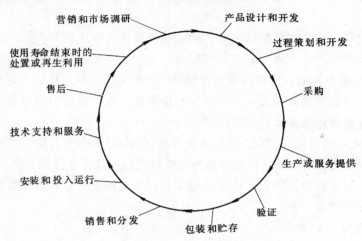

图 5-4　对质量有影响的主要活动

2）质量体系文件的编制：质量体系文件的层次和内容如图 5-5 所示，此外还应包含（涉及）质量计划和质量记录。

①质量手册：是阐明一个组织（企业）的质量方针，并描述其质量体系的文件，对内是质量管理手册，对外是质量保证手册。质量手册的格式可与选定的相应标准中具体的质

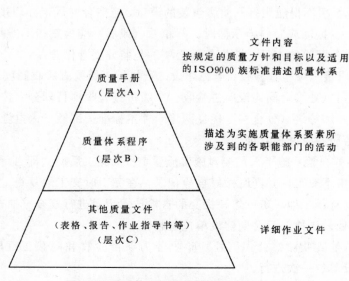

图 5-5　质量体系文件的层次和内容

量要素各章节的编排格式尽可能一致（参见表 5-7）。

②质量体系程序：程序文件是描述实施质量体系要素所涉及到的各职能部门的活动。其内容通常包括该项活动的目的和范围，做什么和谁来做，何时、何地、如何做，应使用什么材料、设备和文件，如何对活动进行控制和记录。

③其他质量文件：主要指为确保质量，对具体项目编写的详细作业指导书等。

④质量计划：针对某项特定产品、项目或合同规定专门的质量措施、资源和活动顺序的文件。

⑤质量记录：为已完成的活动或达到的结果提供客观证据的文件，包括与质量体系运行有关的记录和与产品（施工）有关的记录。

3）质量体系的运行：质量体系文件编制完成后，质量体系将进入运行阶段。其目的是通过试运行，考验质量体系文件的有效性和协调性，并对暴露出的问题采取改进措施，以达到进一步完善质量体系文件的目的。

4）质量体系的审核与评审：质量体系审核（内部或外部）是确定质量活动和有关结果是否符合计划的安排，以及这些安排是否有效地实施并适合于达到预定目标的、有系统的、独立的检查。评审即管理评审，由企业最高管理者就质量方针和目标对质量体系的现状和适应性进行正式评价。

4. 施工过程中的质量检验工作

（1）设备开箱检验：设备到达施工现场，应进行由有关部门的检验人员和技术人员参加的开箱检验，并作好记录。设备开箱检验应注意以下事项：

1）根据装箱单核对设备的型号、规格、附件、备品、专用工具和仪器等的数量及技术资料。

2）检查设备外观有无缺陷、损伤、变形或锈蚀。

3）设备由温度低于 $-5℃$ 的环境移入保温库时，应在库内放置 24h 后再开箱。

4）凡到现场后不得随意打开防腐包装的设备，应按合同规定办理接收手续。包装箱外（或内）有湿度、振动或倾斜指示器时，开箱前（或后）应检查指示器并作记录。

5）精密设备开箱检查后，应恢复其必要的包装并妥善保管。

（2）工程质量三级检查验收：电力建设工程执行三级检查验收制度，即班（组）自检、工地复查、公司（处）会同建设单位验收。三级检查验收项目划分（按分项工程、分部工程、单位工程）和等级（分合格、优良两级）评定标准按部颁《火电施工质量检验及评定标准》。验收后应及时办理签证。

1）班（组）自检：施工人员应对施工质量负责，施工后应立即自行检查，发现问题即行处理，不合格不交工，并同时做好自检记录，在完工时交工地复查。

2）工地复查：工地对班（组）提交的自检技术记录进行复查（抽查或全查），认为无误后报公司（处）质检部门会同建设单位验收。

3）公司（处）验收：公司（处）验收分为项目验收和隐蔽工程验收两类，由公司（处）会同建设单位一次进行。

①项目验收：分项工程完工或关键工序、重要项目施工后由工地提出质检记录，报公

司（处）会同建设单位验收。验收人员与工地、班（组）人员共同评定质量等级。

②隐蔽工程检查：隐蔽工程经工地自检合格后将记录报公司（处）质检部门合同建设单位验收。工程验收合格后方可隐蔽，进行下道工序作业。

③重点项目质量监督：电力建设工程实行重点项目质量监督，监督机构分三级设置，即电力工业部设电力建设质量监督中心总站，各网局、省电力局设质量监督中心站，各大、中型火电工程项目设质量监督站。各级质量监督机构代表其政府部门行使工程质量监督权。

电力工业部建设协调司颁发了《火电工程重点项目质量监督检查典型大纲》和《火电工程质量监督站质量监督检查典型大纲（试行）》。其中，前者与热控专业有关的有：锅炉水压试验前、汽轮机扣盖前、整套启动试运前和整套启动试运后质量监督检查典型大纲等，重点工程的质量监督检查由质量监督中心站负责，并根据典型大纲结合工程具体情况，进行适当补充并制定实施大纲。后者有"热控装置安装质量监督检查典型大纲"，由质量监督站监督检查。因此，在施工中，应根据监督大纲规定的内容，在有关需质量监督的项目检查前，积极准备资料，进行自检，并做好迎检工作。

二、安全施工管理[1]

电力建设施工贯彻"安全第一、预防为主"的安全生产方针。一切施工活动必须有安全施工措施，并经审查批准，在施工前进行交底后执行。无措施或未交底，严禁布置施工。对相同施工项目的重复施工，应重新报批安全施工措施，重新进行安全交底，在编制安全施工措施时，必须明确指出该项施工的主要危险点，并应符合以下要求：

（1）针对工程的结构特点可能给施工人员带来的危害，从技术上采取措施，消除危险；

（2）针对施工所选用的机械设备、工（器）具可能给施工人员带来的不安全因素，从技术措施上加以控制；

（3）针对所采用的有害人体健康或有爆炸、易燃危险的特殊材料的使用特点，从工业卫生和技术措施上加以防护；

（4）针对施工场地及周围环境有可能给施工人员或他人以及材料、设备运输带来的危险，从技术措施上加以控制，消除危险。

此外，对危险性作业，如油区进油后明火作业、在运行区作业、特殊高处作业等，需办理安全施工作业票。在机组试运期间，经分部试运合格的设备和系统，若交由生产单位代行保管并负责运行维护，以及整套启动试运由生产单位负责运行操作的设备和系统，安装单位需进行检修和消缺时，应遵守运行安全的有关规定，执行工作票制度。

第六节　施工中的主要配合工序

由于本专业施工可利用的自主性安装、调试工期短，施工前除了做好各项技术管理和技术培训工作外，还应做好充分的施工准备，如施工场地的布置（包括工具房、工作间、工作场、校验室、设备材料保管间等）和施工机械的设置、设备开箱清点与检修、配件的加

---

[1]　依据电力工业部《电力建设安全施工管理规定》（1995 年 11 月）编写。

工与组装等，都应提前完成。

热控安装工作是在土建和工艺（主要是机、炉）安装具备一定条件后开始的，但此时土建和工艺安装并没有结束，所以交叉作业不可避免。因此，应特别注意人身安全和采取防止损坏已装设备的措施。在土建施工和工艺安装的各个阶段，必须掌握好交叉作业的时机和配合工序，完成相应的安装工作，以免贻误工期。主要的配合工序有：

（1）在土建施工时，应完成下列项目：

1）根据仪表导管、电气线路的敷设路径，配合土建预留孔洞，预埋支吊架等所需的铁件以及预埋电缆管、预埋保护管等（若这部分工作由土建负责，应事先与其核对图纸，以防漏项）。

2）根据就地仪表，变送器，执行机构以及就地盘、箱、柜等的安装位置，在混凝土平台上预埋底座铁件及预留孔洞。

3）为穿越混凝土平台的执行机构拉杆预留孔洞，核对大力矩执行机构混凝土基础的位置与尺寸。

4）检查控制室和电子装置室内的仪表盘、机柜、设备等基础埋件与电缆孔洞尺寸。

有条件时，可在混凝土粗地面上安装仪表盘和仪表设备的底座，但应注意核实地面的最终标高。

由于仪表导管和电气线路的敷设路径及就地仪表和装置等安装位置在土建施工时还未落实，经常会遇到墙壁或平台地面上的预埋铁件跟不上土建施工进度而贻误工期，目前多采用膨胀螺栓作为锚固件。膨胀螺栓品种较多，现以浙江省海宁振华机电工业开发公司生产的膨胀螺栓为例，其外形及技术参数见图 5-6 和表 5-8、表 5-9。膨胀螺栓的安装操作方法如图 5-7 所示。

表 5-8 普通型膨胀螺栓的技术参数 （mm）

规格尺寸	冲击钻头直径	埋藏深度	安全载荷（kg）	混凝土内孔径不大于	螺栓在混凝土内距边缘最小尺寸
ZB6—70	$\phi 6$	55	600	$\phi 7$	80
ZB8—80	$\phi 8$	60	700	$\phi 9.5$	100
ZB10—90	$\phi 10$	65	800	$\phi 11.5$	120
ZB12—110	$\phi 12$	85	1200	$\phi 13.5$	150
ZB14—145	$\phi 14$	100	1600	$\phi 15.5$	170
ZB16—150	$\phi 16$	100	2000	$\phi 17.5$	180
ZB18—160	$\phi 18$	110	2400	$\phi 19.5$	190
ZB20—170	$\phi 20$	120	2800	$\phi 21.5$	200
ZB24—190	$\phi 24$	130	3600	$\phi 25.5$	220
ZB33—230	$\phi 33$	150	4000	$\phi 34.5$	240

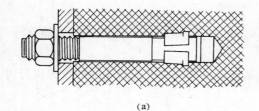 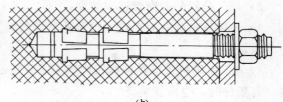

(a)   (b)

图 5-6　膨胀螺栓外形

(a) 普通型；(b) 加重双环型

表 5-9　　　　　　　　加重双环型膨胀螺栓的技术参数　　　　　　　　（mm）

规　格	螺栓直径和钻头直径	螺栓长度	螺纹长度	最小埋藏深度	底架或支架物体	
					最大厚度	最小孔径
SZB24—230	$\phi24$	230	60	160	42	$\phi26$
SZB24—300	$\phi24$	300	60	160	112	$\phi26$
SZB33—300	$\phi33$	300	85	200	68	$\phi35$
SZB33—380	$\phi33$	380	85	200	148	$\phi35$

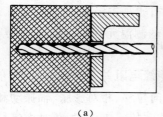 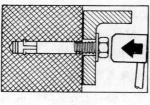 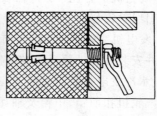

(a)   (b)   (c)

图 5-7　膨胀螺栓安装操作方法示意

(a) 钻孔；(b) 将螺栓锤入钻孔内；(c) 拧紧螺母使膨胀圈锚固

（2）在锅炉组合及受热面保温前，应完成下列项目：

1）安装炉膛水冷壁上的取源部件（例如炉膛压力、火焰监视装置预留管等）。

2）安装烟道上的取源部件（例如烟道各段取压、测温元件插座和烟气分析取样装置的预埋管等）。

（3）锅炉整体水压试验前，应完成下列项目：

1）与水压试验有关的各系统的压力、流量、水位、分析等取源部件应安装至取源阀门，力争将导管敷设至仪表阀门和排污阀门。

2）与水压试验有关的各系统的测温元件插座和插入式测温元件应安装完毕（如冲洗管道时有可能损坏测温元件，则可在冲洗后安装，水压试验时其插座应安装临时丝堵）。

3）汽包、过热蒸汽管等处的金属壁温等需与管壁焊接的部件，应安装完。

（4）锅炉整体风压试验前，应完成下列项目：

1）全部风压取压装置及烟、风道测温元件均应安装好。

2）烟气分析的旁路烟道安装完。

3）与风压试验有关系统的预留孔洞（如烟气分析取样、炉膛火焰监视装置预留管等）应临时堵死。

4）送、引风机入口挡板执行机构应安装完。其他与风压试验有关的风门挡板的执行机构，有条件时，也应安装完。

（5）凡需装节流件的管道，在管路吹洗后，将节流件安装好。

（6）凝汽器、加热器安装时应完成下列项目：

1）在凝汽器穿铜管前或加热器吊心检查时，应开完温度、压力、水位等的取源部件用孔。

2）凝汽器、加热器灌水进行真空系统严密性试验前，压力、水位等至取源阀门的取源部件及插入式测温元件等应全部安装完毕。

（7）汽机本体安装时应完成下列工序：

1）汽缸扣盖前应把汽轮机内缸（双缸时）的测温元件安装好，并核对汽缸插入式测温元件的插入深度，不应与转子叶片相碰。

2）汽缸保温前应把汽缸上的插入式和金属壁热电偶装上，接好线并检查极性是否正确。汽缸上的压力取源部件应安装至取源阀门。

3）汽轮机推力瓦、支持轴承瓦、氢冷发电机密封瓦等安装时，应配合安装金属壁热电阻并将引线敷设好。在扣瓦盖时应复查热电阻有无损坏、引线是否脱落。

4）发电机穿转子、扣端盖前，检查发电机线圈和铁心的测温元件是否损坏，绝缘是否良好，并安装好冷、热风温的测温元件及引出线。

5）水冷发电机扣端盖前，应检查高阻检漏仪的电极绝缘电阻并安装好引出线。

6）汽轮机扣前箱、中箱及轴瓦盖之前，应完成汽轮机轴向位移、相对膨胀、轴振动和汽轮机转速等测量元件以及电磁阀、位置开关等电气元件的安装和接线工作，扣盖时应复核。

（8）汽轮机油系统管路安装时，应完成下列工序：

1）油系统管路酸洗前，应焊好温度和压力取源插座。

2）油系统管路油循环前，应安装完测温元件，压力取源部件应安装至取源阀门。

（9）热力设备各辅助系统在其压力试验前，应完成下列工序：

1）安装完与压力试验有关的压力、流量、液位、分析等至取源阀门的取源部件。

2）安装完与压力试验有关的测温元件。

（10）锅炉点火和汽轮机冲转前，应完成各测量和控制系统的仪表管路冲洗和电气回路通电试验。

第七节 安装设施和设备保管

1. 施工场地布置

发电厂热工测量控制仪表安装现场，一般设立下列施工场地：

（1）工作间和（露天）工作场：工作间要求门窗严密，光线充足，房顶不漏雨，地面平坦。工作场位于工作间旁，要求地面平坦，雨后不积水；尽量选择合适方位，少受日晒、风吹等影响。

在工作间和工作场的范围内一般有下列设施：

1）具有容量为 $30\sim60kW$ 的 380/220V 三相四线制电源。

2）具备清洁无腐蚀性的水源，水源处应设有水槽及排水沟道。

3）引接有氧气、乙炔管道。

4）设有能满足施工要求的钳工桌、台钻、砂轮机、弯管机、切割机、剪冲机、电焊机和小型组合平台等。

（2）工具房：工具房在工作间附近，按施工小组数划分成若干小间。工具房除存放工具外，兼作更衣室、休息室、学习场所。

（3）保管间：保管间布置在工作间附近，要求门窗严密，房顶不漏雨，屋内干燥。

保管间内设有货架（最低层离地不得小于 0.4m，最高层离地不得大于 1.5m），分类放置各种配件、零件、阀门、管材、热电偶与热电阻、电气材料等。安装用料成批由仓库领出，存在保管间内备用。

（4）试验室：试验室用作对仪表进行单体校验。要求门窗严密，光线充足，地面平坦不扬土，屋内清洁干燥，房顶不漏雨，冬季有干净的取暖装置，不应有振动和较大磁场干扰等影响，保持室内温度在 $20\pm5℃$，湿度不大于 85%。

试验室内设有合适的电源和水源，电源电压应不受施工用电负荷波动的影响，除备有必要的校验仪器外，还应设置货架存放表计等。

工作间、工具房、保管间以及试验室应尽量靠近厂房，与现场运输公路间应铺有能通行小推车的道路（如有条件，应能通行电瓶车）。工程进入高峰后，可在主厂房内选择适当的场所，作为安装的工具房和调试的校验间。

2. 安装用工具及机械

热工测量控制仪表安装用的常用工具和机械见表 5-10 所列（数量按 $200\sim600MW$ 机组配备，前者取低值，后者取高值）。

3. 设备保管

热工测量控制仪表及安装材料的保管和设备开箱，应遵守下列规定：

（1）运抵现场的设备和材料，应按其要求的保管条件分类入库和妥善保管：

1）测量仪表、控制仪表、计算机及其外部设备等精密设备，宜存放在温度为 $5\sim40℃$、相对湿度不大于 80% 的保温库内；

2）执行机构、各种导线、阀门、管件、一般电气设备、塑料制品、有色金属和优质钢材等，应存放在干燥的封闭库内；

3）管材和一般钢材等，应存放在棚库内；

4）电缆应绕在电缆盘上并用木板或铁皮等封闭，然后存放在棚库或露天堆放场内，避免直接曝晒。电缆盘应直立存放，不允许平放。存放场所的地基应坚实并易于排水。

（2）设备由环境温度低于 $-5℃$ 的场所移入保温库时，应在库内放置 24h 后再开箱。

（3）凡运抵现场后不得随意打开防腐包装的设备，应按合同规定办理。包装箱外（或内）

263

有湿度指示器、振动指示器或倾斜指示器时,开箱前(或后)应检查指示器并作好记录。

（4）设备开箱时，应进行下列工作：

1）根据装箱单核对设备的型号、规格、数量、附件和备品以及技术资料；

2）外观检查设备有无缺陷、损伤、变形及锈蚀，并作好记录；

3）精密设备开箱检查后，若不立即安装，应恢复其必要的包装并妥善保管。

表 5-10 　　　　　　　　　　热工测量控制仪表安装常用工具和机械

名　称	规　范	参考数量
台虎钳	虎钳口宽 100～200mm	5～7 台
小台虎钳	钳口宽 40、50、63mm	各 1 台
管子台虎钳	100mm 管径以下	2～3 台
锯弓	300mm	16～22 把
粗平锉	250～350mm	10～14 把
细平锉	150～250mm	6～8 把
粗方锉	100～200mm	6～8 把
中三角锉	100～200mm	6～8 把
中半圆锉	200～250mm	4～8 把
粗圆锉	100～200mm	3～6 把
什锦锉	每套 12 支	1～2 套
手锤	0.5～1kg	10～14 个
大锤	4～6kg	3～4 个
木锤		1～2 把
錾子（凿子）	六角工具钢（扁铲）	若干
管子割刀	100mm 管径以下	2～3 把
管钳子	150～450mm	5～7 把
管螺纹板牙	螺纹尺寸代号 1/2～2（带架）	1～2 套
管螺纹板牙	螺纹尺寸代号 1 1/2～3（带架）	1 套
管螺纹丝锥	螺纹尺寸代号 1/2，3/4，1（带架）	各 1 套
螺丝板牙	3～6mm（带架）	各 4 套
螺丝板牙	8～16mm（带架）	各 2 套
丝锥	3～6mm（带架）	各 4 套
丝锥	8～16mm（带架）	各 2 套
钻头	$\phi2～\phi15$	各 5～10 个
钻头	$\phi16～\phi29$	各 3～6 个
钻头	$\phi30～\phi40$	各 2～4 个
仪表盘开孔器	KB $\phi21～\phi76$	1～2 套
板钻架子	350mm	1 套
活扳手	$L=100、150、200、300、375mm$	15～20 把
单头或双头呆扳手	开口宽度 30～50mm	各 1～2 把
梅花扳手	10 件组	1～2 套
套筒扳手	小 12 件、28 件	各 1 套
布剪刀		3～4 把
铁剪刀		6～8 把
刮刀		2 把
油石		2 个
起钉器		2 个
撬棍		4 个

名　称	规　范	参考数量
棕绳	$\phi 10 \sim \phi 20$，长 $30 \sim 50m$	2～3 根
工具袋		20～40 个
安全带		20～40 个
铁镐		2～5 把
铁锨		6～8 把
钢丝钳或电工钳	带套管，180mm 或 200mm	30～60 把
尖嘴钳	绝缘柄，140mm 或 160mm	30～60 把
斜嘴钳	柄部带塑料管，140mm 或 160mm	30～60 把
螺丝刀	一字形、十字形	50～80 把
剥线钳	AF—1，$\phi 2.0$	20～40 个
电工刀	中号	30～60 把
喷灯	1L 及 2L	3～5 个
电烙铁	25、45、75、150W	8～12 把
电炉	220V，1000W	2～4 个
行灯		8～16 个
安全灯变压器		3～5 个
手电筒		20～40 个
胶盖闸	2～3 相，15～60A	20～40 个
无线对讲机	C411，403～402MHz，1.5W	10～20 台
查线用蜂鸣器		6～8 个
查线用通灯	3V	30～60 个
220V 试灯		20～30 个
试电笔	500V	30～60 个
号码烫印机	HY—T，工作范围 0～9、A～Z 符号	1～2 台
烤箱（电热）	1.5kW，200℃	1 台
万用表	数字式	5～10 个
兆欧表	100、250、500、1000V	各 1～3 个
电脑	586/P133	1 台
钢板尺	150、600、1000mm	各 2～4 个
钢卷尺	2m	30～60 个
钢卷尺	50m	1～3 个
布卷尺	50m	1～3 个
角尺		6～10 个
铁水平仪		2～4 个
玻璃胶皮管水平		1 套
金属线坠	WHP 带磁座、水平尺	6～8 个
外卡	300mm 以下	3～4 个
内卡	150mm 以下	3～4 个
圆划规	150mm 以下	3～4 个
外径千分尺	0～25mm	1～3 个
游标卡尺	0～300mm	1～3 个
千分表	公制（带磁力表架）	1～2 套
塞尺	公制	2～6 把
皮老虎		2～3 个
打气筒		1～3 个
钢字头	阿拉伯数码和拼音字母	各 1 套
冲头		3～4 个

名　称	规　　范	参考数量
克子		1～2 个
螺丝扣规	英制	1～3 套
螺纹扣规	公制	4～8 套
放大镜		1～2 个
手推车		2～3 辆
电焊机	BX1—250	2～4 台
电焊工具	（电焊机、焊把线、面罩、手套）	4～6 套
气焊、气割工具	（焊把、割把、眼镜）	4～6 套
风葫芦	0.5～1kW	1 个
电风扇		3～4 个
电吹风机		1～3 个
吸尘器		1～3 台
手提空气压缩机	0.03m³/min，0.7MPa	1 台
水压机		1 台
台式砂轮机		2～6 台
台钻	$\phi13$	2～5 台
手提电钻	$\phi13$	1～3 台
手枪电钻	$\phi6$	4～8 台
型钢切割机	J1G—220—250、J3G—380—400	各 1 台
剪板机	3mm 钢板用	1 台
电动或液动弯管器	$\phi60$ 以下	2～3 台
手动弯管机	固定型和携带型	4～5 台
电动套丝机	公制、英制	各 1 台
混凝土钻	Z1Z—36、56、76	各 1 台
电锤	□Z1C—16、18、22、26、32、38	各 2 台
磁座电钻	J1CZ—13、19、23	各 1 台
电动扳手	P1B—10	1 个
电动螺丝刀	P1L—6	3 个
电动剪刀	□J1J—2	2 把
往复电锯	M1F—100	1 台
模具电磨	□S1J—25	1 个
电动绕线器	可绕线 $\phi0.25～\phi0.8$	1～2 台

第八节　设计制图规定及图形符号[1]

一、热工过程检测控制系统图

1. 制图规定和示例

热工过程检测控制系统图中，被测系统和设备应按有关工艺的简化系统和设备图形符号表示，并标注设备名称或代号，与检测和控制系统有关的部分应表达完全。热工检测和

---

[1]　依据 DL 5028—93《电力工程制图标准》编写。

控制设备的图形符号应表示在热力系统的附近，仪表和设备用细实线圆表示，设备代号标注在圆圈中。示例如图 5-8 所示。

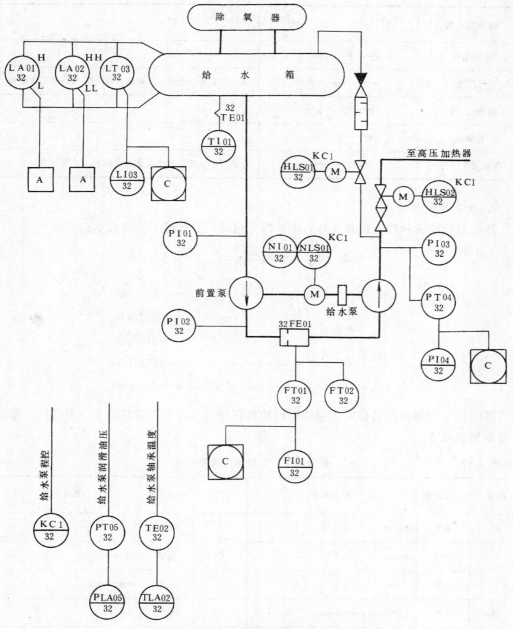

图 5-8　热工过程检测控制系统图示例

系统图中的机械连线、仪表能源线、通用的不分类的信号线和仪表至热力设备或管道的连线均采用细实线。系统图中的连接线或导线的连接点可用小圆点表示，也可不用小圆点表示，但在同一工程中宜采用一致的表达形式。当有必要区别仪表能源类别时，可按表 5-11 的规定将能源代号标注在相应的能源线上。能源代号为：AS—空气源；GS—气源；SS—

蒸汽源；ES—电源；WS—水源。当有必要标明信息传递方向时，可在信号线上加箭头。

表 5-11　　　　　　　　　　信号线类别和图形符号

信号线类别	图　形　符　号	备　　　注
电信号线	$E - E - E$	
气压线	—//———//—	当介质不是空气时，应在信号线上注明介质气体代号
液压信号线	—└—└—└—	
毛细管	—×—×—×—	
电磁或声信号	～～～	电磁信号包括：无线电波、核辐射、光和热等

2. 设备代号及标注

热工过程检测和控制设备代号宜由 5 部分组成，并按以下方式表示：

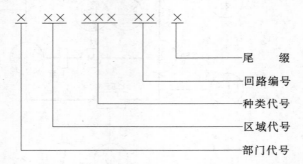

部门代号用其英文名称的缩写或国际通用符号表示，也可省略。火力发电厂工程部门代号举例见表 5-12。

表 5-12　　　　　　　　　　火力发电厂工程部门代号举例

符号	中文名称	英文名称	符号	中文名称	英文名称
B	锅炉	boiler	A	除灰	ash
T	汽机	turbine	C	化学	chemistry
E	电气	electricity	V	暖通	ventilation
H	水工	hydraulic engineering	P	公用	public
F	燃料	fuel	M	维修	maintenance

区域代号宜用工艺设备代号或工艺系统代号。

种类代号由表示被测变量或初始变量的第 1 位字母代码和表示功能的后继字母代码（可接有 1 个或多个字母）组成，种类代号的字母代码选用表 5-13 规定的大写拉丁字母。

268

表 5-13　　　　　　　　　　　　热工设备种类代号的字母代码

字母	第一位字母		后继字母[5]或输出功能
	被测变量或初始变量	修饰词	
A	分析[1]		报警
B	喷嘴火焰		状态显示（例如电动机动转）
C	电导率		控制（调节）[10]
D	密度	差[4]	
E	全部电变量		检测元件
F	流量	比率[4]	
G	尺度、位置或长度[1]		
H	手动操作（电动阀、电磁阀）		
I	电流		指示[8]
J	功率	扫描	选线
K	时间或时间程序		操作器
L	物位		灯
M	水分或湿度[1]检漏		
N	手动操作（电动机）		供选用[2]
O	供选用[2]		
P	压力或真空		试验点（接头）
Q	质量、浓度	积算或累计[4]	积算、累计、开方
R	核辐射		记录[9]打印
S	速度或频率		开关[10]
T	温度		传送
U	多变量[6]		多功能[7]
V	黏度		阀门、挡板、执行元件，未指定校正器
W	重量或力		
X	未分类[3]		未分类[3]
Y	手动操作（调节阀、调节挡板）		继动器
Z	位置		紧急或安全动作

注　表中括号"）"中的数字为该表注释的序号。

表 5-13 的注释：

1）第 1 位字母"A"、"G"、"M"等项目，在仪表符号的右上角标注下列具体项目字母代码，以表明项目的名称。"A"（分析）项目字母代码：pH—酸、碱度；O_2—氧量；CO_2—二氧化碳；H_2—氢量；PO_4—磷酸根；SiO_3—硅酸根；Na—钠；Fe—铁；Cu—铜；N_2H_4—联氨；NH_3—氨；CO——氧化碳。"G"（尺度、位置或长度）项目字母代码：AS—轴向位移；DF—挠度；TE—热膨胀；RE—相对膨胀；BV—振动；SP—同步器行程；PP—油动机行程。"M"（水分或湿度）项目字母代码：LM—检漏。

2）"供选用"的字母代码适用于在一项设计中多次使用而表 5-13 未作规定的被测变量或功能。当采用"供选用"的字母代码时，它作为第 1 位字母代码和后继字母代码应有不同的意义，并应在工程设计的图例中予以说明。

3）"未分类"的字母代码适用于一项设计中仅 1 次或几次使用而表 5-13 未作规定的被测变量或功能。"X"不论作为第 1 位字母代码或后继字母代码，它在不同地点可有不同的意义，其使用的意义应标注在仪表符号外的右上方。

4）第 1 位字母的修饰词字母（应为小写）"d"（差）、"f"（比）、"q"（积算、累计）之一与被测变量（或初始变量）的字母组合起来构成另一种意义的被测变量，因此应视为一个字母代码。例如，TdI 为温差指示。

5）后继字母代码表示的意义可以是名词、动词、形容词。如"I"可以是指示仪、指示或指示的。后继字母代码字母应按下列顺序书写：IRCTQSA。

6）第 1 位字母代码"U"（多变量）可代替一系列第 1 位字母代码，用来表示送到 1 个单独装置的多个不同变量输入。

7）当表示有多个功能时，后继字母代码可用"U"表示。

8）"I"（指示）仅适用于实际测量的读数，不适用于无被测量输入仅供手动调整变量的标尺。

9）当仪表同时具有指示和记录功能时，字母代码只写 R（记录），不必再写出 I（指示）。

10）后继字母代码 C（控制）和 S（开关）与第一位字母代码 H、N 或 Y 组合使用时应正确区别和选用，凡是二位式操作的用 S 表示；反之则用 C 表示，用于正常操作控制。

种类代号常见的字母代码组合示例见表 5-14。

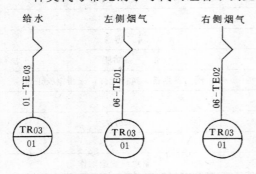

图 5-9　不同区域合用 1 台仪表时
检测元件编号标注

回路编号编制应符合下列规定：同一区域中相同被测变量或初始变量的仪表和控制设备用阿拉伯数字自 01 开始顺序编号，但允许中间有空号；如 2 个或多个回路共用 1 台仪表时，这 1 台仪表应有分属于各回路的编号，例如流量双笔记录仪的编号为×××—FR01/×××—FR02；带有修饰词"d"、"f"、"q"的被测变量（或初始变量）应与不带修饰词的被测变量（或初始变量）一起顺序编号，不作为单独的被测变量（或初始变量）另行编号；不同区域的多个检测元件共用 1 台仪表时，检测元件的回路编号应按所属区域相同被测变量（或初始变量）的顺序编号（见图 5-9）。

尾缀：如 1 个回路有 2 个及以上字母代码相同（即被测变量或初始变量和功能相同）的仪表，应在这些仪表的回路编号之后加尾缀（可用大写拉丁字母或短划线后的阿拉伯数字），以示区别。多个检测元件共用 1 台仪表（不是多笔或多针仪表）时，应在检测元件回路编号之后隔以短划，加阿拉伯数字顺序号作为尾缀，例如多点切换温度表×××—TI01

表 5-14

字母代码组合示例

仪表功能 ＼ 被测变量	温度	温差	压力或真空	压差	流量	流量比率	液位或料位	分析	密度	位置	数量或件数	速度或频率	多变量	黏度	质量或应力	未分类的变量
检测元件	TE		PE		FE		LE	AE	DE	ZE	QE	SE		VE	WE	XE
变送	TT	TdT	PT		FT		LT	AT	DT	ZT	QT	ST		VT	WT	XT
指示	TI	TdI	PI	PdI	FI	FfI	LI	AI	DI	ZI	QI	SI		VI	WI	XI
扫描指示	TJI	TdJI	PJI	PdJI	FJI	FfJI	LJI	AJI	DJI	ZJI	QJI	SJI	UJI	VJI	WJI	XJI
扫描指示、报警	TJIA	TdJIA	PJIA	PdJIA	FJIA	FfJIA	LJIA	AJIA	DJIA	ZJIA	QJIA	SJIA	UJIA	VJIA	WJIA	XJIA
指示、变送	TIT	TdIT	PIT	PdIT	FIT	FfIT	LIT	AIT	DIT	ZIT	QIT	SIT		VIT	WIT	XIT
指示、调节	TIC	TdIC	PIC	PdIC	FIC	FfIC	LIC	AIC	DIC	ZIC	QIC	SIC		VIC	WIC	XIC
指示、报警	TIA	TdIA	PIA	PdIA	FIA	FfIA	LIA	AIA	DIA	ZIA	QIA	SIA		VIA	WIA	XIA
指示、连锁、报警	TISA	TdISA	PISA	PdISA	FISA	FfISA	LISA	AISA	DISA	ZISA	QISA	SISA		VISA	WISA	XISA
指示、开关	TIS	TdIS	PIS	PdIS	FIS	FfIS	LIS	AIS	DIS	ZIS	QIS	SIS		VIS	WIS	XIS
指示、积算					FIQ						QIQ				WIQ	XIQ
指示、自动-手动操作	TIK	TdIK	PIK	PdIK	FIK	FfIK	LIK	AIK	DIK	ZIK	QIK	SIK		VIK	WIK	XIK
指示、自力式调节阀	TICV	TdICV	PICV	PdICV	FICV	FfICV	LICV					SICV			WICV	XICV
记录	TR	TdR	PR	PdR	FR	FfR	LR	AR	DR	ZR	QR	SR		VR	WR	XR
扫描记录	TJR	TdJR	PJR	PdJR	FJR	FfJR	LJR	AJR	DJR	ZJR	QJR	SJR	UJR	VJR	WJR	XJR
扫描记录、报警	TJRA	TdJRA	PJRA	PdJRA	FJRA	FfJRA	LJRA	AJRA	DJRA	ZJRA	QJRA	SJRA	UJRA	VJRA	WJRA	XJRA
记录、调节	TRC	TdRC	PRC	PdRC	FRC	FfRC	LRC	ARC	DRC	ZRC	QRC	SRC		VRC	WRC	XRC
记录、报警	TRA	TdRA	PRA	PdRA	FRA	FfRA	LRA	ARA	DRA	ZRA	QRA	SRA		VRA	WRA	XRA
记录、连锁、报警	TRSA	TdRSA	PRSA	PdRSA	FRSA	FfRSA	LRSA	ARSA	DRSA	ZRSA	QRSA	SRSA		VRSA	WRSA	XRSA
记录、开关	TRS	TdRS	PRS	PdRS	FRS	FfRS	LRS	ARS	DRS	ZRS	QRS	SRS		VRS	WRS	XRS
记录、积算					FRS					ZGRS	QRQ				WRQ	XRQ
调节	TC	TdC	PC	PdC	FC	FfC	LC	AC	DC	ZC	QC	SC		VC	WC	XC

271

被测变量 ＼ 仪表功能	温度	温差	压力或真空	压差	流量	流量比率	液位或料位	分析	密度	位置	数量或件数	速度或频率	多变量	黏度	质量或力	未分类的变量
调节,变送	TCT	TdCT	PCT	PdCT	FCT		LCT	ACT	DCT	ZCT	QCT	SCT		VCT	WCT	XCT
自力式调节阀	TCV	TdCV	PCV	PdCV	FCV		LCV					SCV				
报警	TA	TdA	PA	PdA	FA	FfA	LA	AA	DA	ZA	QA	SA	UA	VA	WA	XA
连锁,报警	TSA	TdSA	PSA	PdSA	FSA	FfSA	LSA	ASA	DSA	ZSA	QSA	SSA	USA	VSA	WSA	XSA
积算指示					FqI (FQ)						QqI (QQ)				WqI (WQ)	XqI (XQ)
开关	TS	TdS	PS	PdS	FS	FfS	LS	AS	DS	ZS	QS	SS		VS	WS	XS
指示灯	TL	TdL	PL	PdL	FL	FfL	LL	AL	DL	ZL	QL	SL		VL	WL	XL
多功能	TU	TdU	PU	PdU	FU	FfU	LU	AU	DU	ZU	QU	SU	UU	VU	WU	XU
阀,挡板	TV	TdV	PV	PdV	FV	FfV	LV	AV	DV	ZV	QV	SV		VV	WV	XV
未分类的功能	TX	TdX	PX	PdX	FX	FfX	LX	AX	DX	ZX	QX	SX	UX	VX	WX	XX
继动器	TY	TdY	PY	PdY	FY	FfY	LY	AY	DY	ZY	QY	SY	UY	VY	WY	XY

其他							
TW	带有套管的测试接头	FqA	流量积算报警	CJR	电导率扫描记录	MR	水分或湿度记录
		FqY	流量积算继动器	CIA	电导率指示报警	MIC	水分或湿度调节
HS	手动开关	BE	火焰检测元件	CIS	电导率指示开关	MRC	水分或湿度记录调节
HIC	带指示的手动操作器	BS	火焰检测开关	KI	时间或时间程序指示	QqIS	数量或数件积算指示开关
PP	压力或真空试验点	BA	火焰报警	KIC	时间程序指示控制	QqSA	数量或数件积算指示联锁报警
PfI	压缩比指示	CI	电导率指示	MT	水分或湿度变送	QqX	数量或数件积算未分类的功能
FO	限流孔板	CE	电导率检测元件	MI	水分或湿度指示	WqT	重量积算变送

的测温热电偶的编号为×××—TE01—1、×××—TE01—2、×××—TE01—3、…。

热工过程检测控制系统图中标注设备代号的圆圈内，上半部写仪表的种类代号和回路编号；下半部写仪表的部门代号及区域代号，如图5-10所示。当有必要表示高、中、低信号时，可在仪表圆圈外的右上方、右下方、右方中部分别标注H（高）、L（低）、M（中）或HH（高高）、LL（低低）字母代码，如图5-10（b）所示。当有必要表明分析仪表、位置仪表或尺度仪表的具体测量项目的名称时，应在仪表符号的右上方标注其代码，如图5-10（c）所示。具有2个或多个功能的仪表，应按其全部功能给出仪表编号，如图5-10（d）所示。

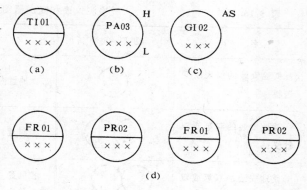

图 5-10　仪表设备代号的标注示例
（a）盘装温度指示表；（b）发高、低值信号压力仪表；（c）盘装轴向位移指示表；（d）附有压力记录的双笔流量记录

3. 图形符号

检测元件、检测仪表、变送器、执行机构、仪表附件和其他装置的图形符号见表5-15～表5-17。

表 5-15　　　　　　　　　　检 测 元 件 图 形 符 号

名　　称	图 形 符 号	名　　称	图 形 符 号
单支热电偶		孔板	
双支热电偶		文丘里管	
表面热电偶		转子流量计	
热电偶（随设备供应时）		电磁流量计	
单支热电阻		容积式流量计	FQ
双支热电阻		任何其他流量一次元件	F
热电阻（随设备供应时）		嵌在管道中的其他流量检测元件	（圆圈内应标注设备编号）
喷嘴		测量点	测量点

273

表 5-16　　　　　　　　　　　　　检测仪表和变送器图形符号

名　称	图形符号	名　称	图形符号
就地安装的仪表或变送器		就地盘内安装的仪表	
就地安装的双笔或双针仪表		控制盘、台面安装的仪表	
就地安装的双笔或双针仪表	见注	控制盘、台面安装的双笔或双针仪表	
就地盘面安装的仪表		控制盘、台面安装的双笔或双针仪表	见注
就地盘面安装的双笔或双针仪表		控制盘内安装的仪表	
就地盘面安装的双笔或双针仪表	见注		

注　用于 2 个测点在图纸上相距较远或不在同一图纸时。

表 5-17　　　　　　　　　　　执行机构、仪表附件和其他装置图形符号

名　称	图形符号	名　称	图形符号
电动执行机构	M	带阀门定位器的气动薄膜执行机构	
气动执行机构		带手轮的气动薄膜执行机构	
电信号气动执行机构		液动执行机构	
气关式气动薄膜执行机构		电磁执行机构	
气开式气动薄膜执行机构		三通电磁执行机构	A　B　C

274

名　称	图形符号	名　称	图形符号
四通电磁执行机构	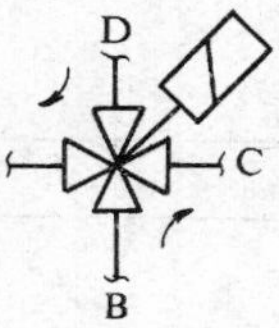	过滤器	
带人工复位装置的电磁执行机构	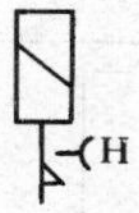	减压过滤器	
带有复位（电遥控）电磁线圈执行机构	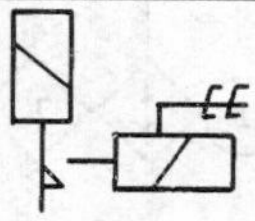	调节阀	
单室平衡容器	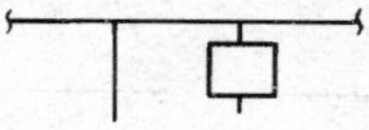	截止阀	
双室平衡容器	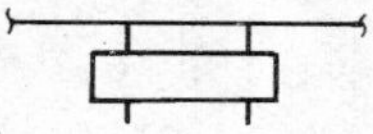	计算机输入	
冷凝器	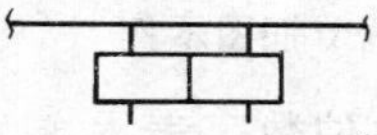	报警器输入	
隔离容器	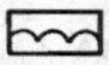	吹灰装置或冲洗装置	
减压器			

注　三通、四通电磁执行机构图形符号的箭头方向为阀的能源中断时流体流通方向。

二、热工过程自动调节框图

1. 制图规定和示例

热工过程自动调节框图采用图形符号或者带注释的框绘制，如图 5-11 所示。带注释的框概略表示调节系统的基本组成及其相互关系，当自动调节框图需要识别过程和信息流向时，应在信号线上加箭头。

2. 设备代号及标注

热工自动调节框图中的设备代号宜由三部分组成，并符合以下格式：

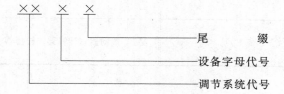

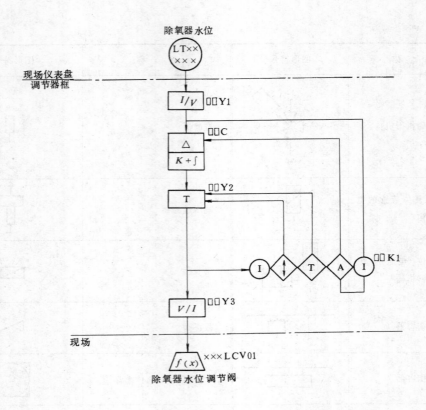

图 5-11　热力过程自动调节框图示例

调节系统代号可按调节系统的划分用 2 位阿拉伯数字表示。

设备字母代码可选用表 5-18 中代表调节设备功能的字母表示。变送器的设备代号按热工过程检测控制系统图的规定，与变送器所在热工过程检测控制系统中其他相同被测变量（或初始变量）的设备一起统一编制。执行机构的设备代号与热工过程检测控制系统图中相应调节阀或调节挡板的设备代号一致。热工自动调节框图中的设备代号标注在图形符号的右上方。

表 5-18　　　　　　　　　　　　调 节 设 备 字 母 代 码

字母	调节设备的功能	字母	调节设备的功能
C	调节	S	开关
I	指示	V	阀门、风门
K	操作器	Y	继动器（计算器、转换器、选择器、伺服放大器等）

尾缀：同一自动调节系统中字母代码相同的设备，可加尾缀（用阿拉伯数字）予以区别。

3. 图形符号

自动调节系统图形符号见表 5-19。

表 5-19　　　　　　　　　　　　自动调节系统图形符号

名　　称	图形符号	名　　称	图形符号	名　　称	图形符号
流量变送器	FT	低值选择器	<	电流/电流转换器	I / I
液位变送器	LT	高值限幅器	⊅	电流/气压转换器	I / P
压力变送器	PT	低值限幅器	⊰	气压/电流转换器	P / I
温度变送器	TT	高限监视器	H/	气压/电压转换器	P / V
转速变送器	ST	低限监视器	L/	电压/气压转换器	V / P
位置变送器	GT	高、低值限幅器	⊅⊰	模/数转换器	A / D
指示器	I	高、低限监视器	H/L	开方器	√
记录器	R	速率限制器	V⊅	乘法器	×
继电器线圈	▯	电阻/电流转换器	R / I	除法器	÷
自动/手动切换开关	T	电阻/电压转换器	R / V	偏置器	±
手操信号发生器	↕	热电势/电压转换器	MV / V	比较器	△
模拟信号发生器	A	电压/电流转换器	V / I	加法器	Σ
切换	T	电流/电压转换器	I / V	均值器	Σ / n
高值选择器	>	电压/电压转换器	V / V	积算器	Σ / t

277

名　　称	图形符号	名　　称	图形符号	名　　称	图形符号
比例调节	K	伺服放大器	AS	自动/手动操作器	A／M
积分调节	$\int$	不指定型式的执行机构	$f(x)$	跟踪组件	TR
微分	d／dt	死区组件	⊣⊢	数/模转换器	D／A
时间函数转换器	$f(t)$	速度控制器	V	频率转换器	$f／f$
函数转换器	$f(x)$	同步操作器	SO		

三、有关的电气制图标准

1. 文字符号和项目代号

(1) 电气图中的文字符号：文字符号用于电气图中的电气设备、装置和元器件的种类字母代码和功能字母代码，分为基本文字符号和辅助文字符号两类。基本文字符号可采用单字母符号或双字母符号。单字母符号是将各种电气设备、装置和元器件划分为 23 大类，每大类用 1 个拉丁字母表示。双字母符号是由 1 个表示种类的单字母符号与另 1 个字母符号组成。排列次序是单字母符号在前，另 1 字母在后。单字母符号和双字母符号的第 1 个字母应符合表 5-20 的规定。双字母符号的第 2 个字母可根据其功能、状态和特性等选定。基本文字符号不应超过 2 个字母。辅助文字符号可放在表示种类的单字母符号后组成双字母符号，也可单独使用。常用辅助文字符号按表 5-21 的规定，单独使用时不应超过 3 个字母。

表 5-20　　　　　　　　　　　　电气项目种类单字母代号

字母	项目的功能特征	字母	项目的功能特征
A	由部件组成的组合件（规定用其他字母代表的除外），如控制屏、台	P	用于信息的表示，如测量仪表
		Q	用于电力回路的切换，如接触器
B	用于将工艺流程中的被测量在测量流程中转换为另一量，如测量变送器	R	用于限制电流，如电阻器
		S	用于控制电路的切换，如按钮
C	用于能量的储存，如蓄电池组	T	用于流程中电压的改变，如信号变压器
D	用于信号的数字处理，如计算机	U	用于流程中其他特性的改变（用 T 代表的除外），如整流器
E	用于光或热能的产生和处理，如热元件		
F	用于直接动作式保护，如熔断器	V	用于电流的控制，如半导体器件
G	用于电流的产生和传播，如信号发生器	W	用于能量的传送和传导，如电缆
J	用于软件，如程序	X	用于连接作用，如端子板
K	用于中断作用，如继电器	Y	用于机电元、器件的操作，如操作线圈
L	用于阻尼作用，如电感线圈	Z	用于电流的无源处理（用 R 和 L 代表的除外），如滤过器
M	用于将电能转换为运动，如电动机		
N	用于信号的模拟处理，如放大器		

表 5-21　　　　　　　　　常 用 辅 助 文 字 符 号

符号	名称	符号	名称	符号	名称	符号	名称
A	电流	D	延时	LA	闭锁	RUN	运转
A	模拟	D	差动	M	主	S	信号
A	自动	D	数字	M	中	S	置位，定位
AUT		D	降	M	手动	SET	
AC	交流	DC	直流	MAN		SAT	饱和
ACC	加速	DEC	减	OFF	断开	ST	启动
ADD	附加	E	接地	OG	橙	STE	步进
ADJ	可调	EM	紧急	ON	闭合	STP	停止
ASY	异步	F	快速	OUT	输出	SYN	同步
AUX	辅助	FB	反馈	P	压力	T	温度
B	制动	FW	正，前	P	保护	T	时间
BRK		GN	绿	PK	粉红	V	真空
BK	黑	H	高	R	记录	V	速度
BL	蓝	IN	输入	R	右	V	电压
BN	棕	INC	增	R	反	VT	紫
BW	向后	IND	感应	RD	红	W	工作
C	控制	L	左	R	复位	WH	白
CCW	逆时针	L	限制	RST		YE	黄
CW	顺时针	L	低	RES	备用		

（2）电气图中的项目代号：电气图中每个用图形符号表示的项目，应有能识别其项目种类和提供项目层次关系、实际位置等信息的项目代号。项目代号可分为 4 个代号段，每个代号段应由前缀符号和字符组成，各代号段的名称及其前缀符号规定如下：

第 1 段　高层代号，其前缀符号为"＝"；

第 2 段　位置代号，其前缀符号为"＋"；

第 3 段　种类代号，其前缀符号为"—"；

第 4 段　端子代号，其前缀符号为"："。

每个代号段的字符可由拉丁字母或阿拉伯数字构成，或由字母和数字组合构成，字母应大写。可使用前缀符号将各代号段以适当方式进行组合。

项目代号应以一个系统、成套装置的依次分解为基础，一个代号表示的项目应是前一个代号所表示项目的一部分。

2. 电器端子和导线的标记

电气图中某些特定导线及与特定导线直接或通过中间电器相连的电器接线端子按表5-22 和表 5-23 的标记符号。

表 5-22　特定导线标记	
特定导线名称	标记符号
交流系统电源：1 相	L1①
2 相	L2①
3 相	L3①
中性线	N
直流系统电源：正极	L+
负极	L−
中间线	M
保护接地线	PE
不接地的保护导线	PU
保护接地线和中性线共用一线	PEN
接地线	E
无噪声接地线	TE
机壳或机架	MM②
等电位	CC②

表 5-23　电器端子标记	
电器端子	标记符号
交流系统：1 相	U
2 相	V
3 相	W
中性线	N
直流系统：正极	C
负极	D
中间线	M
保护接地	PE
接地	E
无噪声接地	TE
机壳或机架	MM①
等电位连接	CC①

注　①在某些特殊情况下交流 1、2、3 相的标记允许采用 A、B、C。
　　②仅当这些部分的电位与保护接地线或接地线电位不等时，才采用这些标记。

注　①只有当这些接线端子与保护接地线或接地线电位不等时，才采用这些标记。

　　电气接线图中连接各设备端子的绝缘导线或线束（电缆）应有标记，一般标在导线两端。标记可分为主标记和补充标记两类。

　　(1) 主标记：主标记仅标记导线或线束的特性，而不考虑电气功能，可采用下列标记方式之一：

　　1) 从属标记：由数字或字母和数字构成，此标记由导线所连接的端子代号或线束所连接的设备代号确定。

　　①从属远端标记：示例如图 5-12 (a) 所示。对于导线，其终端标记应与远端所连接项目的端子代号相同；对于线束，其终端标记应标出远端所连接设备部件的标记。

　　②从属本端标记：示例如图 5-12 (b) 所示。对于导线，其终端标记应与其所连接项目的端子代号相同；对于线束，其终端标记应标出所连接设备部件的标记。

　　③从属两端标记：示例如图 5-12 (c) 所示。对于导线，其终端标记应同时标明本端和远端所连接项目的端子代号；对于线束，其终端标记应同时标明本端和远端所连接设备部件的标记。

　　2) 独立标记：由数字或字母和数字构成，此标记与导线所连接的端子代号或线束所连接的设备代号无关，如图 5-13 所示。

　　(2) 补充标记：补充标记可作为主标记的补充，用于表明每一导线或线束的电气功能、

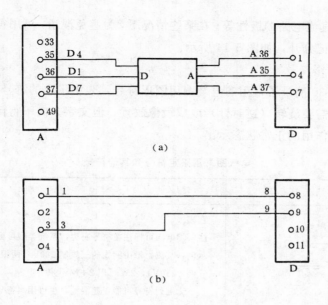

(a)

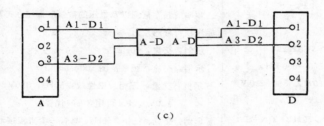

(b)

(c)

图 5-12　从属标记示例

(a) 三根导线和线束从属远端标记；(b) 两根导线从属本端标记；(c) 两根导线和线束从属两端标记

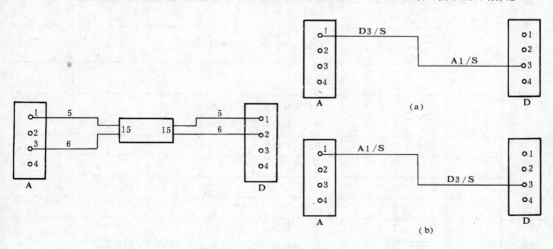

图 5-13　两根导线和线束独立标记示例

图 5-14　具有补充标记 S 的从属标记示例

(a) 远端标记；(b) 本端标记

交流系统的相别、直流电路的极性等。在某些情况下，为避免混淆，可用符号（如斜杠"/"）将补充标记和主标记分开，如图 5-14 所示。

2. 电气图用图形符号

表 5-24～表 5-30 摘录了常用的电气图用图形符号，表中示出的符号方位不是强制的，可根据图面布置的需要旋转（逆时针）或成镜像放置，但文字方向不得倒置。图形符号均按无电压、无外力作用的正常状态示出。

表 5-24　　　　　　　　　　　　　电气图常用限定符号和其他符号

类别	图 形 符 号	说　　明
电流和电压种类	2 M ——— 220/110 V ===	直流 注　①电压可标注在符号右边，系统类型可标注在左边 示例：直流，带中间线的三线制 220V（两根导线与中间线之间为 110V），2M 可用 2+M 代替 ②上列符号可能引起混乱，也可用本符号
	～ ～ 50 Hz ～ 100···600 kHz 3 N ～ 50 Hz 380/220 V 3 N ～ 50 Hz/T N-S	交流 频率或频率范围以及电压的数值应标注在符号的右边，系统类型应标注在符号的左边 示例：交流，50Hz 示例：交流，频率范围 100～600kHz 示例：交流，三相带中性线，50Hz，380V（中性线与相线之间为 220V）。3N 可用 3+N 代替 示例：交流、三相、50Hz，具有一个直接接地点且中性线与保护导线全部分开的系统
	～	低频（工频或亚音频）
	≈	中频（音频）
	≋	高频（超音频、载频或射频）
	⎓～	交直流
	⎓̃	具有交流分量的整流电流 注　当需要与稳定直流相区别时使用
	N	中性（中性线）
	M	中间线
	+	正极
	−	负极
接地、接机壳和等电位	 ⏚	接地一般符号 注　如表示接地的状况或作用不够明显，可补充说明
	 ⏚	保护接地 注　本符号可用于代替上列符号，以表示具有保护作用，例如在故障情况下防止触电的接地

类别	图 形 符 号	说　　　明
接地、接机壳和等电位	无噪声接地符号	无噪声接地（抗干扰接地）
	形式1　　形式2	接机壳或接底板
	等电位符号	等电位
	永久磁铁符号	永久磁铁
	动触点符号	动触点 注　如滑动触点
	测试点指示符号 示例：	测试点指示 示例：

表 5-25　　　　　常用电能的发生和转换图形符号

类别	图 形 符 号	说　　　明
电 机	电机一般符号 (*)	电机一般符号 符号内的星号必须用下述字母代替： 　　C　　同步变流机 　　G　　发电机 　　GS　同步发电机 　　M　　电动机 　　MG　能作为发电机或电动机使用的电机 　　MS　同步电动机 　　SM　伺服电动机 　　TG　测速发电机 注　①可以在字母下面加上符号～或—，表示交流或直流 　　②有励磁的电机可示出励磁绕组等符号 　　③转子有外部连接的电机在一般符号内示出代表转子的一个圆
	短分路复励直流发电机符号 (G)	示例： 短分路复励直流发电机 示出转向绕组和补偿绕组，以及接线端子和电刷
	三相线绕转子异步电动机符号 M 3～	示例： 三相线绕转子异步电动机

类别	图　形　符　号	说　　　明
		铁心
		带间隙的铁心
变压器的一般符号	形式1　　　形式2	双绕组变压器 注　瞬时电压的极性可以在形式2中表示 示例：示出瞬时电压极性标记的双绕组变压器流入绕组标记端的瞬时电流产生辅助磁通
原电池或蓄电池		原电池或蓄电池 注　长线代表阳极，短线代表阴极，为了强调短线可画粗些
		蓄电池组或原电池组 注　如不会引起混乱，上列符号也可以表示电池组，但其电压或电池的类型和数量应标明
		带抽头的原电池或蓄电池
整流器		桥式全波整流器

表 5-26　　　　　　　　　　常用导线和连接器件图形符号

类别	图　形　符　号	说　　　明
导 线		导线、导线组、电线、电缆、电路、传输通路（如微波技术）、线路、母线（总线）一般符号 注　当用单线表示一组导线时，若需示出导线数可加小短斜线或画一条短斜线加数字表示
	///　　　3	示例：三根导线 示例：三根导线 更多的情况可按下列方法表示： 在横线上面注出：电流种类、配电系统、频率和电压等 在横线下面注出：电路的导线数乘以每根导线的截面积，若导线的截面不同时，应用加号将其分开 导线材料可用其化学元素符号表示
	——110V $2 \times 120 mm^2$ Al	示例：直流电路，110V，两根铝导线，导线截面积为 $120mm^2$
	$3 N \sim 50 Hz$　380V $3 \times 120 + 1 \times 50$	示例：三相交流电路，50Hz，380V，三根导线截面积均为 $120mm^2$，中性线截面积为 $50mm^2$

类别	图形符号	说明
导线	柔软导线（符号）	柔软导线
	屏蔽导线（符号）	屏蔽导线
	形式1 形式2 3	电缆中的导线（示出三股） 注 若几根导线组成一根电缆（或绞合在一起或在一个屏蔽内）但在图上代表它们的线条彼此又不接近，可用下面的方法表示
	（五根导线符号）	示例：五根导线中箭头所指的两根导线在一根电缆中
	同轴对符号	同轴对、同轴电缆
	屏蔽同轴电缆符号	屏蔽同轴电缆
	× × × × 符号	补偿导线
端子和导线的连接	○	端子 注 必要时圆圈可画成圆黑点
	∅	可拆卸的端子
	形式1 形式2	导线的连接
	形式1 形式2	导线的多线连接
	形式1 形式2	导线或电缆的分支和合并

类别	图 形 符 号		说 明
端子和导线的连接			导线的不连接（跨越）
	优选型	其他型	
连接器件			插座（内孔的）或插座的一个极
			插头（凸头的）或插头的一个极
			插头和插座（凸头和内孔的）
电缆附件			电缆密封终端头（示出带一根三心电缆） 多线表示 单线表示
			不需要示出电缆心数的电缆终端头
			电缆密封终端头（示出带三根单心电缆）
			电缆直通接线盒（示出带三根导线） 多线表示 单线表示
			电缆连接盒　电缆分线盒（示出带三根导线 T 形连接） 多线表示 单线表示

表 5-27　　　　　　　　　　　常用无源元件图形符号

类别	图 形 符 号		说　　　　明
电阻器	优选形 其他形		电阻器一般符号
	可变电阻器 可调电阻器		
	θ		热敏电阻器 注　θ可以用 $t°$ 代替
			滑线式变阻器
			分路器 带分流和分压接线头的电阻器
			加热元件
			滑动触点电位器
电容器	优选形	其他型	电容器一般符号 注　如果必须分辨同一电容器的电极时，弧形的极板表示 ①在固定的纸介质和陶瓷介质电容器中表示外电极 ②在可调和可变的电容器中表示动片电极
	+	+	极性电容器
			可变电容器 可调电容器
电感器			电感器 线圈 绕组 扼流圈 注　①如果要表示带磁心的电感器，可以在该符号上加一条线。这条线可以带注释，用以指出非磁性材料。并且这条线可以断开画，表示磁心有间隙 ②符号中半圆数目不作规定，但不得少于三个 示例：带磁心的电感器 磁心有间隙的电感器

表 5-28　　　　　　　　　　　　　　　常用半导体管图形符号

类别	图 形 符 号	说　　　　　明
半导体二极管		半导体二极管一般符号
		发光二极管一般符号
		隧道二极管
		单向击穿二极管 电压调整二极管 江崎二极管
		双向击穿二极管
		反向二极管（单隧道二极管）
		双向二极管 交流开关二极管
晶体闸流管		反向阻断二极晶体闸流管
		反向阻断三极晶体闸流管，P型控制极（阴极侧受控）
半导体管		PNP型半导体管
		NPN型半导体管，集电极接管壳
		具有P型基极单结型半导体管
		具有N型基极单结型半导体管
光电子和光敏器件		光敏电阻 具有对称导电性的光电器件
		光电二极管 具有非对称导电性的光电器件

类别	图 形 符 号	说　明
光电子和 光敏器件		光电池
		发光数码管
		光电二极管型光耦合器

表 5-29　　　　　常用开关、控制和保护装置图形符号

类别	图 形 符 号	说　明
触 点	形式1 形式2	动合（常开）触点 注　本符号也可以用作开关一般符号
		动断（常闭）触点
		先断后合的转换触点
		中间断开的双向触点
	形式1 形式2	当操作器件被吸合时延时闭合的动合触点

类别	图 形 符 号	说　　　明
触 点	形式 1 形式 2	当操作器件被释放时延时断开的动合触点
	形式 1 形式 2	当操作器件被释放时延时闭合的动断触点
	形式 1 形式 2	当操作器件被吸合时延时断开的动断触点
		吸合时延时闭合和释放时延时断开的动合触点
		有弹性返回的动合触点
		无弹性返回的动合触点
单极开关		手动开关的一般符号
		按钮开关（不闭锁）

类别	图 形 符 号	说　　　　明
单极开关		拉拔开关（不闭锁）
		旋钮开关、旋转开关（闭锁）
位置开关		位置开关，动合触点 限制开关，动合触点
		位置开关，动断触点 限制开关，动断触点
开关装置		多极开关一般符号 单线表示
		多线表示
		接触器（在非动作位置触点断开）
		具有自动释放的接触器
		接触器（在非动作位置触点闭合）
		断路器
		隔离开关
		负荷开关（负荷隔离开关）

类别	图 形 符 号	说　　明
控制器或操作开关	后　　前 2　1　0　1　2	控制器或操作开关 　示出五个位置的控制器或操作开关。以"0"代表操作手柄在中间位置，两侧的数字表示操作位置数，此数字处亦可写手柄转动位置的角度。在该数字上方可注文字符号表示操作（如向前、向后、自动、手动等）。短划表示手柄操作触点开闭的位置线，有黑点"·"者表示手柄（手轮）转向此位置时触点接通，无黑点者表示触点不接通。复杂开关允许不以黑点的有无来表示触点的开闭而另用触点闭合来表示。多于一个以上的触点分别接于各线路中，可以在触点符号上加注触点的线路号（本图例为4个线路号）或触点号。若操作位置数多于或少于五个时，线路号多于或少于四个时可仿本图形增减。一个开关的各触点允许不画在一起
		自动复归控制器或操作开关 　示出两侧自动复位到中央两个位置，黑箭头表示自动复归的符号。其他同上列符号
继电器操作器件		操作器件一般符号 注　具有几个绕组的操作器件，可以由适当数值的斜线或重复此符号来表示 示例：具有两个绕组的操作器件组合表示法
		缓慢释放（缓放）继电器的线圈
		缓慢吸合（缓吸）继电器的线圈
		缓吸和缓放继电器的线圈
		交流继电器的线圈
	驱动器件　触点	热继电器的驱动器件及触点

类别	图 形 符 号	说　　　明
熔断器		熔断器一般符号
		供电端由粗线表示的熔断器
		带机械连杆的熔断器（撞击器式熔断器）

表 5-30　　　　　　　　常用测量仪表、灯和信号器件图形符号

类别	图 形 符 号	说　　　明
测量仪表一般符号		指示仪表 星号必须标志被测量单位的文字符号、被测量的文字符号、化学分子式或图形符号等，下同
		记录仪表
		积算仪表、电能表
灯和信号器件		灯一般符号 信号灯一般符号 注　如果要求指示颜色，则在靠近符号处标出下列字母：RD—红； 　　YE—黄；GN—绿；BU—蓝；WH—白
		闪光型信号灯
		机电型指示器 信号元件

293

类别	图 形 符 号	说　明
灯和信号器件		带有一个去激（励）位置（示出）和两个工作位置的机电型位置指示器
	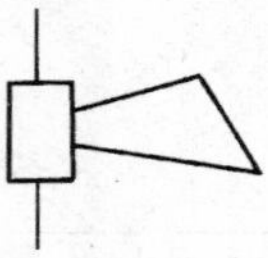	电喇叭
	优选形  其他形 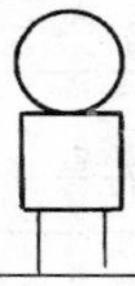	电铃
		单打电铃
		电警笛　报警器
	优选形  其他形 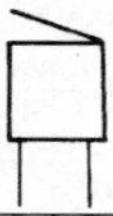	蜂鸣器
		电动气笛

3. 电路图

电路图表示出各系统、分系统、成套装置或设备的组成及实现其功能的细节，可不考虑其外形、大小及位置。电路图包括的内容有：表示电路元件或功能部件的图形符号、符号之间的连接关系、项目代号、端子标记、特定导线标记、追踪路径或电路信息（信号标志和位置坐标等）、理解功能部件的辅助信息。

电路图示例如图 5-15 所示，图中符号和电路按功能关系布局，信号流的主要方向由左至右或由上至下，元件、器件和设备（如继电器、接触器等）的可动部分一般在非激励或不操作状态。

4. 控制盘正面布置图

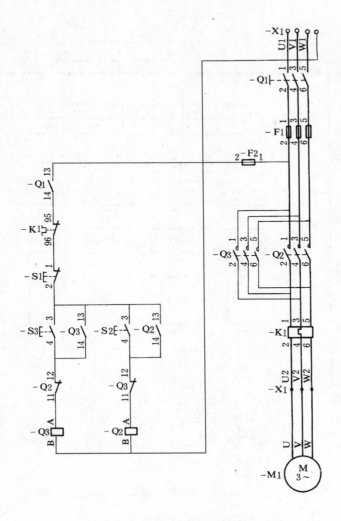

图 5-15　380V 双向旋转电动机电路图

　　控制盘正面布置示例如图 5-16 所示，装于其上的设备图形符号除按表 5-31 的规定外，其外形及尺寸均以设备外框表示。盘上设备应标明项目代号或设备代号，代号应与系统图和电路图一致。

表 5-31　　　　　　　　控制盘（台）正面安装的电气设备图形符号

名　称	图形符号	名　称	图形符号	名　称	图形符号
圆形信号灯	⊗	旋钮式按钮	⊙	组合开关	—○—
方形信号灯	⊠	圆形按钮	○	转换开关	▢
方形带灯按钮	⊠	方形按钮	▢		
圆形带灯按钮	⊗	钮子开关	○		

　　注　控制盘台正面设备的图形符号除上述规定外，其外形及尺寸均以设备外框线表示。

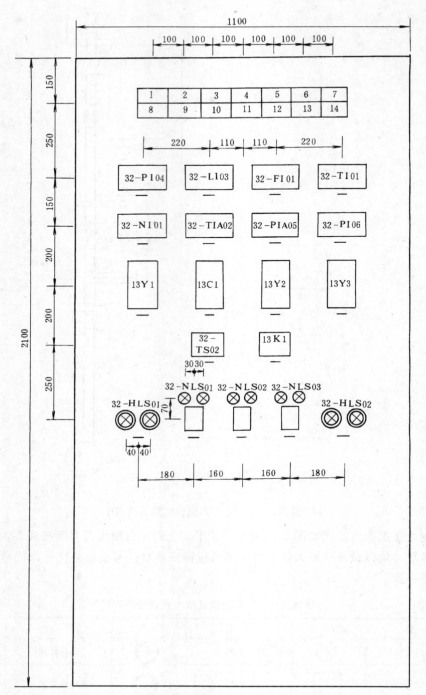

图 5-16　控制盘正面布置图示例

5. 接线图和接线表

接线图中的各设备采用简化外形，如正方形、矩形或圆表示，必要时也可用图形符号表示。设备的引出端子应表示清晰并标注代号。接线图和接线表中应根据需要包括项目的相对位置、项目代号或设备代号、端子号、导线号、导线类型、导线截面等内容。

（1）单元接线图（表）和控制盘内部安装接线图：单元接线图（表）表示单元内部的连接情况，但不包括单元之间的外部连接，必要时可绘出有关的互连接线图的图号。控制盘（台）内部安装接线图中各项目宜大致按其相对位置排列，并表示出各个项目的端子及其布置。图中连线可采用下列方法：

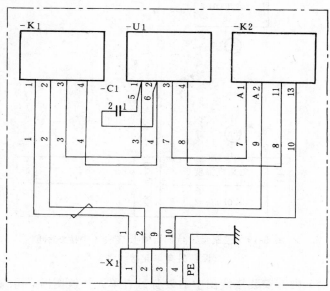

图 5-17　连续线表示的单元接线图示例

（控制装置中的一个部件）

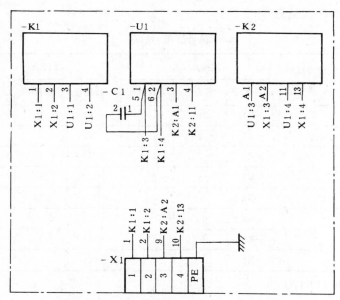

图 5-18　中断线表示的单元接线图示例

（控制装置中的一个部件）

1）连续线表示法：如图 5-17 所示，各项目之间或端子之间的连线是连续的，每根导线的两端标注相同的导线号。

2）中断线表示法：如图 5-18 所示，各项目之间或端子之间的连线是中断的，中断处用"远端标记"表明导线的去向，各项目或端子之间的连线也可用线束表示（见图 5-19）。

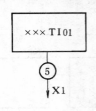

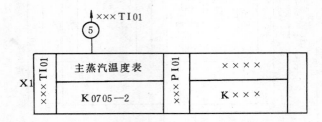

图 5-19　控制盘、台内部安装接线图中接线示例

（设备另有单元接线图）

3）控制盘（台）内部安装接线图中的设备另有单元接线图时，可只画出盘内端子排的外框，框内标明设备名称和单元接线图图号。该端子排至各设备的连线可按线束表示，并标注"远端标记"和导线根数。

单元接线表的格式见表 5-32。

表 5-32　　　　　　　　　　　　　　单 元 接 线 表

线缆号	线号	线缆型号规格	连接点 Ⅰ			连接点 Ⅱ			附 注
			项目代号	端子号	备考	项目代号	端子号	备考	
	1		−K1	1		−X1	1		
	2		−K1	2		−X1	2		
	3		−K1	3		−U1	1	5	
	4		−K1	4		−U1	2	6	
	7		−K2	A1		−U1	3		
	8		−K2	11		−U1	4		
	9		−K2	A2		−X1	3		
	10		−K2	13		−X1	4		

注　本表表示图 5-17 的内容。

（2）互连接线图（表）：互连接线图（表）表示不同单元之间的连接情况，可不包括单元内部的连接情况，必要时可绘出单元内部电路图或单元接线图的图号。

互连接线图中各单元用点划线围框表示，各单元间的连接关系可用连续线（见图 5-20）或中断线（见图 5-21）表示。

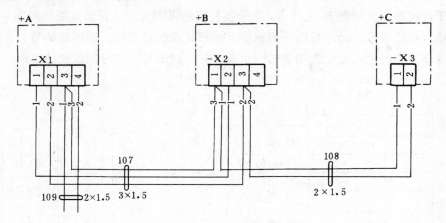

图 5-20　用连续线表示的互连接线图

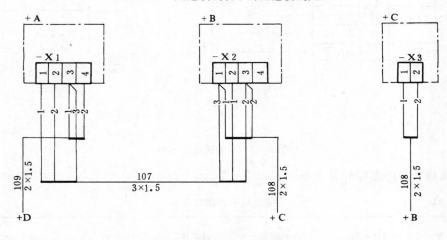

图 5-21　用中断线表示的互连接线图

互连接线表的格式见表 5-33。

表 5-33 互 连 接 线 表

线缆号	线号	线缆型号规格	连接点 Ⅰ			连接点 Ⅱ			附　注
			项目代号	端子号	备考	项目代号	端子号	备考	
107	1		+A－X1	1		+B－X2	2		
	2		+A－X1	2		+B－X2	3	108.2	
	3		+A－X1	3	109.1	+B－X2	1	108.1	
108	1		+B－X2	1	107.3	+C－X3	1		
	2		+B－X2	3	107.2	+C－X3	2		
109	1		+A－X1	3	107.3	+D			
	2		+A－X1	4		+D			

注　本表表示图 5-20 和图 5-21 的内容。

（3）端子接线图（表）：端子接线图（表）表示单元和设备的端子及其与外部导线的连接关系，可不包括单元或设备的内部连接，必要时可标出有关的图纸图号。

端子接线图示例如图 5-22 所示，端子接线图的视图与端子排接线面的视图一致，各端子按其相对位置表示。端子排的一侧标明至外部设备的远端标记或回路编号，另一侧标明至单元内部连线的远端标记。端子的引出线宜标出线缆号、线号和线缆的去向。

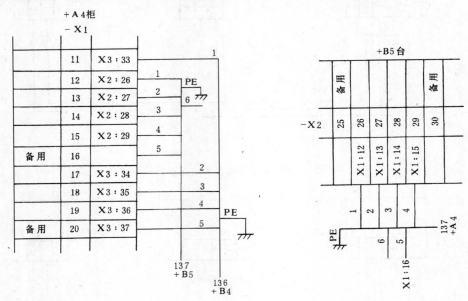

图 5-22　端子接线图示例

接线端子的图形符号见表 5-34。

表 5-34　　　　　　　　　　　　接线端子的图形符号

名　称	图形符号	名　称	图形符号	名　称	图形符号
普通端子		带调整电阻端子		带标准电阻的端子	
铭牌端子		连接端子		端子板	11 12 13 14 15 16
终端端子		带熔断器的端子			
试验端子		带开关的端子			

端子接线表的格式见表 5-35。

300

表 5-35　　　　　　　　　　　　　端 子 接 线 表

A4 柜			远端标记	B5 台			远端标记
缆号	线号	端子号		缆号	线号	端子号	
136			B4	137			A4
	PE		接地线		PE		接地线
	1	11	X3：33		1	26	X1：12
	2	17	X3：34		2	27	X1：13
	3	18	X3：35		3	28	X1：14
	4	19	X3：36		4	29	X1：15
	5	20	X3：37			30	备用
137			B5		5		X1：16
	PE		接地线		6		
	1	12	X2：26				
	2	13	X2：27				
	3	14	X2：28				
	4	15	X2：29				
	5	16	备用				

注　本表表示图 5-22 的内容。

（4）电缆联系图（表）

电缆联系图表示各单元之间的联系电缆，如图 5-23 所示。图中标注电缆编号、电缆型号规格和各单元的项目代号等。

电缆联系表的格式见表 5-36。

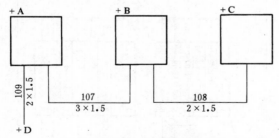

图 5-23　电缆联系图示例

表 5-36　　　　　　　　　　　　　电 缆 联 系 表

电缆号	电 缆 型 号 规 格	连 接 点		附　　注
107	KVV20—3×1.5	+A	+B	
108	KVV20—2×1.5	+B	+C	
109	KVV20—2×1.5	+A	+D	

四、热工仪表导管电缆连接图

热工仪表导管电缆连接图表明热工仪表测量点或检测元件与仪表盘之间的连接关系，如图 5-24 所示。图中应表示出各仪表的连接导管、连接电缆、阀门、接线盒等附件的型号、规范和编号。

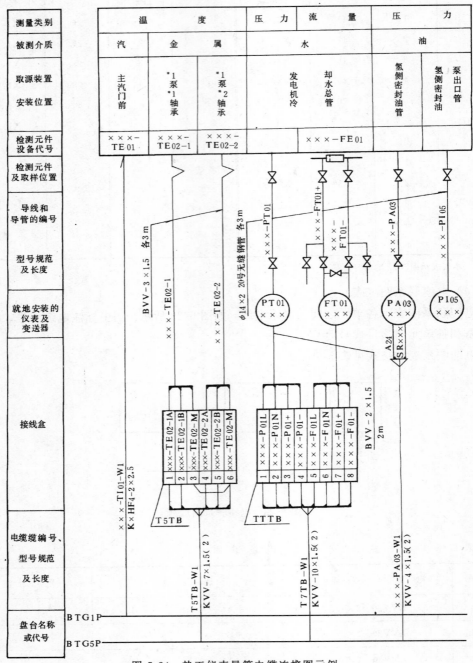

图 5-24　热工仪表导管电缆连接图示例

导管电缆（导线）的编号方法，对于单点测量仪表，应与导管、导线所连接的终端设备的设备代号相同；对于多点测量仪表，应与该导管、导线所连接的检测元件设备代号相同。

电缆编号可按下列方式表示：

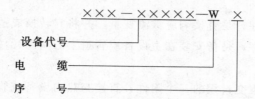

设备代号可用仪表、接线盒、恒温箱等设备代号表示；电缆序号应用与该仪表、接线盒或恒温箱连接的电缆序号表示。

第六章　检出元件和取源部件的安装

　　检出元件即敏感元件，是直接响应被测变量，并将它转换成适于测量形式的元件或器件。本章介绍的检出元件，是指安装在主设备或管道上的测温元件、节流装置、分析取样装置等。

　　取源部件是测量过程变量用的一个附件，直接与热力设备或管道连接。由此可知，它并不包括检出元件或检测仪表本身在内，仅指检出元件（或测量管路）与热力设备（或管道）连接时，在它们之间使用的一个安装部件。例如，安装测温元件用的插座或法兰、取压时与主设备或管道连接用的短管及取源阀门、差压水位测量用的平衡容器、安装节流装置用的法兰及节流件上下游侧的直管段等均属于取源部件的范畴。

　　检出元件和取源部件的安装地点（以下简称仪表测点）均在热力设备或管道上，直接或间接地与被测介质相接触，因此，应根据介质的压力和温度参数（见表6-1）选择相应的结构与材质（取源部件的材质应与热力设备或管道材质相符）。安装后要求严密、无泄漏，并应随同热力设备或管道一起作严密性试验。

表 6-1　　　　　　　　　　　　电站锅炉和汽轮机蒸汽参数

参数	中压机组	高压机组	超高压机组	亚临界压力机组	超临界压力机组
压力（MPa）	3.4	8.8	15.7~16.2	16.2	23.5
温度（℃）	435	535	535/535	535/535	535/535

　　注　1. 本表参考《电力工业词典》，水利电力出版社，1989年出版。

　　　　2. 535℃/535℃：分子为过热蒸汽温度，分母为再热蒸汽温度。

　　　　3. 临界点参数：绝对压力22.12MPa，饱和温度374.15℃。

　　　　4. 锅炉的蒸汽参数指锅炉出口汽压和汽温，汽轮机的蒸汽参数指汽轮机进口的汽压和汽温。对整台机组则以汽轮机进口汽压（绝对压力）和汽温作为机组的蒸汽参数。

取源部件使用的垫片材质，可参照表6-2选用。

表 6-2　　　　　　　　　　　　　垫片材质的选用

垫　片		适　用　范　围		
种　类	材　料	压　力（×0.098MPa）	温度（℃）	介　质
纸　垫	青壳纸		<120	油、水
橡胶垫	天然橡胶	≈6	-6~100	水、海水、空气
	普通橡胶板（HG4—329—66）		-40~60	水、空气

热 片		适 用 范 围		
种 类	材 料	压 力 (×0.098MPa)	温度（℃）	介 质
夹布橡胶垫（GB583—65）	夹布橡胶	≈6	−30～60	海水、空气
软聚氯乙烯垫	软聚氯乙烯板	≤16	<60	稀酸、碱溶液、具有氧化性的蒸汽及气体
聚四氟乙烯垫	聚四氟乙烯板 (HG2—534—67)	≤30	−180～250	浓酸、碱、溶剂、油类、抗燃油
橡胶石棉垫	高压橡胶石棉板 (JC125—66)	≤60	≤450	空气、压缩空气、蒸汽、惰性气体、水、海水、酸、盐
	中压橡胶石棉板	≤40	≤350	
	低压橡胶石棉板	≤15	≤220	
	耐油橡胶石棉板 (GB 539—66)	≤40	≤400	油、油气、溶剂、碱类
缠绕垫片 (JB 1162—73) 金属包平垫或波形垫 (JB 1163—73)	金属部分： 铜、铝、08钢、1Cr13、1Cr18Ni9Ti 非金属部分： 石棉带、聚四氟乙烯	≤64	≈600	蒸汽、氢、空气、油、水
金属平垫	A₃、10、20、1Cr13	≈200	550	汽、水
	1Cr 18Ni9Ti	≈200	600	汽
	铜、铝	100	250	水
		64	425	汽
金属齿形垫	08钢、1Cr13、合金钢	同金属平垫 ≥40	同金属平垫	同金属平垫
	软钢	≥40	660	抗燃油

注 本表摘自 DL5011—92《电力建设施工及验收技术规范 汽轮机机组篇》。

承压部件加工前，应查明其材质钢号并核对出厂证件（或用以证明其质量标志），不得错用。用于中压等级以上的材质如没有出厂证件，必须进行检验，确认无误后方可使用。合金钢部件不论有无证件，在安装前均应经光谱分析，安装后还须经光谱分析复核并提出分析报告（合金钢管每个焊口的管段都要分别进行光谱分析）。

检出元件和取源部件安装后应挂有标志牌，标明设计编号、名称及用途等（差压测量取源阀门还应标明正、负），以便运行和检修时查对。

第一节　仪表测点的开孔和插座的安装

一、测点开孔位置的选择

测点开孔位置应按设计或制造厂的规定进行，如无规定时，可根据工艺流程系统图中测点和设备、管道、阀门等的相对位置，按下列规定选择：

（1）测孔应选择在管道的直线段上。因在直线段内，被测介质的流束呈直线状态，最能代表被测介质的参数。测孔应避开阀门、弯头、三通、大小头、挡板、人孔、手孔等对介质流速有影响或会造成漏泄的地方。

（2）不宜在焊缝及其边缘上开孔及焊接。

（3）取源部件之间的距离应大于管道外径，但不小于200mm。压力和温度测孔在同一地点时，压力测孔必须开凿在温度测孔的前面（按介质流动方向而言。下同），如图6-1所示，以免因温度计阻挡使流体产生涡流而影响测压。

（4）在同一处的压力或温度测孔中，用于自动控制系统的测孔应选择在前面。

（5）测量、保护与自动控制用仪表的测点一般不合用一个测孔。

（6）蒸汽管的监察管段用来检查管子的蠕变情况，严禁其上开凿测孔和安装取源部件。

（7）高压等级以上管道的弯头处不允许开凿测孔，测孔离管子弯曲起点不得小于管子的外径，且不得小于100mm。

（8）取源部件及检出元件应安装在便于维护和检修的地方，若在高空处，应有便于维修的设施。

二、测孔的开凿

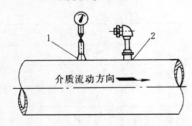

图6-1　压力和温度的测孔同时
在管道上的布置图
1—压力测点；2—温度测点

测孔的开凿，一般在热力设备和管道正式安装前或封闭前进行，禁止在已冲洗完毕的设备和管道上开孔。如必须在已冲洗完毕的管道上开孔时，需证实其内没有介质，并应有防止金属屑粒掉入管内的措施。当有异物掉入时，必须设法取出（如用小块磁铁吸出铁屑或重新冲洗管道等办法）。测孔开凿后一般应立即焊上插座，否则应采取临时封闭措施，以防异物掉入孔内。

对于压力、差压测孔，因系测量静压力，严禁取源部件端部超出被测设备或管道的内壁。为此，测孔的孔径可等于（不得小于）取压插座或取压装置的内径（参见图6-35）。

根据被测介质和参数的不同，金属壁测孔的开凿可用下述方法：

（1）在压力管道和设备上开孔，应采用机械加工的方法。

（2）风压管道上可用氧乙炔焰切割，但孔口应磨圆锉光。

使用不同的方法开凿测孔时，应按下列步骤进行：

（1）使用氧乙炔焰切割开孔的步骤：

1）用划规按插座内径在选择好的开孔部位上划圆；

2）在圆周线上打一圈冲头印；

3）用氧乙炔焰沿冲头印内边割出测孔（为防止割下的铁块掉入本体内，可先用火焊条点焊在要割下的铁块上，以便于取出割下的铁块）；

4）用扁铲剔去熔渣，用圆锉或半圆锉修正测孔。

（2）使用机械方法（如扳钻或电钻）开孔的步骤：

1）用冲头在开孔部位的测孔中心位置上打一冲头印；

2）用与插座内径相符的钻头（误差小于或等于±0.5mm）进行开孔，开孔时钻头中心线应保持与本体表面垂直；

3）孔刚钻透，即移开钻头，将孔壁上牵挂着的圆形铁片取出；

4）用圆锉或半圆锉修去测孔四周的毛刺。

（3）使用机械方法开凿椭圆形测孔的步骤：

1）按公式（6-1）计算出椭圆形长轴的直径值：

$$A = KB \tag{6-1}$$

式中　A——长轴直径，mm；

　　　B——插座内径（短轴），mm；

　　　K——常数，当插座倾斜角为30°、45°、60°时，分别为2、1.414、1.155。

2）在选择好的开孔部位用划针画出长轴和短轴的中心线，并在中心打一冲头印，按长轴和短轴直径用划针勾出椭圆形；

3）用与短轴直径相符的钻头钻出圆孔；

4）用圆锉或半圆锉按图6-2所示的形式扩孔，其倾斜角应符合插座倾斜角的要求。

（4）使用氧乙炔焰开凿椭圆形测孔时，可用上述方法勾出椭圆形（亦可按实物描画出椭圆形），并打一圈冲头印后，使用火焊割出测孔，再用圆锉或半圆锉修正测孔。

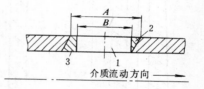

图 6-2　椭圆测孔的形式

1—钻头钻出的圆孔部分；2、3—需锉掉的部分

A—长轴直径；B—短轴直径

（5）具有插入部分的插座开孔：为了便于插座安装时找中心，一般低、中压插座的插入部分可制作成如图6-3所示的形式。对于低压插座，其测孔可按插入部分外径 A 用火焊割出。对于中压插座，其测孔应开成如图6-4的形式。开凿步骤如下：

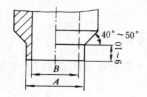

图 6-3　具有插入部分的插座

A—插入部分外径；B—插入部分内径

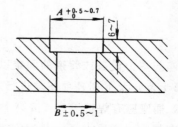

图 6-4　安装带有插入部分的中压插座的测孔

A—插座插入部分外径；B—插座插入部分内径

1）用直径为 B（插座内径）±0.5～1mm 的钻头钻透；

2）改用直径为 A（插座插入部分外径）＋0.5～0.7mm 的平钻头扩孔至适当深度（约比插座插入部分浅 2～3mm）。

三、插座的选择和安装

插座的形式、规格与材质必须符合被测介质的压力、温度及其他特性（如粘度、腐蚀性等）的要求。测量中高压介质的压力、流量和水位的取压插座应采用图 6-5（a）、（b）所示的加强型插座；超临界参数时，加强型插座的壁厚还应加大，如图 6-5（c）所示；低压时，可用与测量导管相当的无缝钢管制成的插座。带螺纹固定装置的测温元件插座安装前，必须核对其螺纹尺寸（应与测温元件相符）。

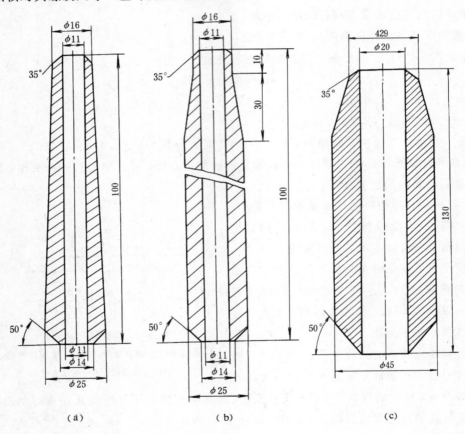

图 6-5　加强型取压插座

(a)、(b) 用于中高压；(c) 用于超临界参数

插座与热力设备或管道的固定以及密封采用电焊时，应遵照焊接与热处理的有关规定（详见第十章）及下列各项要求进行焊接：

（1）插座应有焊接坡口（按第十章表 10-20 的规定），焊接前应把坡口及测孔的周围用锉或砂布打磨出金属光泽，并清除掉测孔内边的毛刺。

（2）插座的安装步骤为找正、点焊、复查垂直度、施焊。焊接过程中禁止摇动焊件。

（3）合金钢焊件点焊后，必须先经预热才允许焊接。焊接后的焊口必须进行热处理。预热和热处理的温度，根据钢号的不同按第十章表10-21和表10-22的规定进行。常用的、简单的热处理方法是在焊口加热后用石棉布缠包作自然冷却。

（4）焊接用的焊条应根据不同的钢号按第十章第六节有关内容选择。

（5）插座焊接或热处理后，必须检查其内部，不应有焊瘤存在；测温元件插座焊接时应有防止焊渣落入丝扣的措施（如用石棉布覆盖）；带螺纹的插座焊接后应用合适的丝锥重修一遍。

（6）低压的测温元件插座和压力取出装置应有足够的长度使其端部能露出在保温部分外面（如果插座长度不够，可用适当大小的钢管接长后再焊）。

（7）插座焊后应采取临时措施将插座孔封闭，以防异物掉入孔内（例如，对测温元件插座可拧上临时丝堵等）。

第二节　测温元件的安装

测温元件安装前，应根据设计要求核对型号、规格和长度。测温元件应装在能代表被测温度、便于维护和检查、不受剧烈振动和冲击的地方。

一、测量介质温度的测温元件

测量介质温度的测温元件均有保护套管和固定装置，通常采用插入式安装方法，保护套管直接与被测介质接触。

1. 测温元件的基本安装形式

根据测温元件固定装置结构的不同，一般采用以下几种安装形式：

（1）固定装置为固定螺纹的热电偶和热电阻等，可将其固定在有内螺纹的插座内，它们之间的垫片作密封用，安装形式如图6-6所示。

（2）固定装置为可动螺纹的双金属温度计，其安装形式如

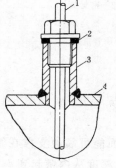

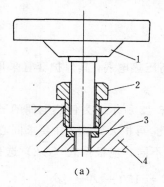

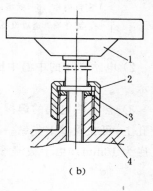

（a）　　　　　　　　　　　　　　（b）

图6-6　固定螺纹安装形式

1—测温元件；2—密封垫片；

3—插座；4—被测介质管道或
设备外壁

图6-7　可动螺纹安装形式

（a）可动外螺纹；（b）可动内螺纹

1—双金属温度计；2—可动螺纹；3—密封垫片；4—被测介质管道或设备外壁

图 6-7 所示。

（3）固定装置采用活动紧固装置，如压力式温度计、无固定装置的热电偶和热电阻（需另外加工一套活动紧固装置），其安装形式如图 6-8 所示。测温元件安装前缠绕石棉绳，由紧固座和紧固螺母压紧石棉绳，以固定测温元件。这种形式只适用于工作压力为常压的情况下，其优点是插入深度可调。

（4）固定装置为法兰的热电偶和热电阻等，可将其法兰与固定在短管上的法兰用螺栓紧固，它们之间的垫片作密封用。其安装形式如图 6-9 所示。

（5）保护套管采用焊接的安装方式。

1）用于测量高温高压主蒸汽管蒸汽温度的铠装热电偶，采用焊接套管短插的安装方式，如图 6-10 所示。

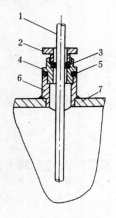 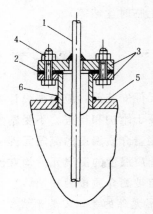

图 6-8　活动紧固装置安装形式

1—测温元件；2—紧固螺母；

3—石棉绳；4—紧固座；5—

密封垫片；6—插座；7—被

测介质管道或设备外壁

图 6-9　法兰安装形式

1—测温元件；2—密封垫

片；3—法兰；4—固定螺

栓；5—被测介质管道或

设备外壁；6—短管

2）电站专用的中温中压和高温高压热电偶，其保护套管采用焊接安装方法，如图 6-11 所示。

3）热套热电偶的焊接方式如图 6-12 所示。为使热电偶的三角锥面能可靠地支撑在管壁孔上，可在管壁上先钻一个 $\phi38$ 的孔，再扩大到 $\phi42$ 并要求同心，扩孔深度从内壁起到 $\phi42$ 孔底为 10mm。由于被测管道的壁厚不同，应根据式（6-2）选择安装套管的长度。

$$B = 150 - A - 2\delta \qquad (6-2)$$

式中　B——安装套管长度，mm；

　　　A——管壁厚度，mm；

　　　δ——焊缝厚度，mm。

（6）铠装热电偶和铠装热电阻采用卡套装置固定，其结构参见第一章表 1-12。铠装热

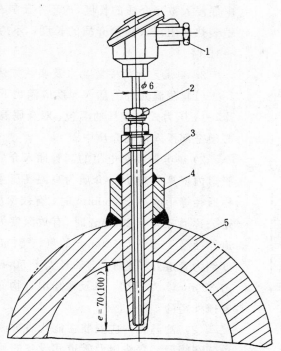

图 6-10　焊接套管短插的安装方式

1—铠装热电偶；2—可动卡套接头；3—保护

套管；4—固定座；5—主蒸汽管

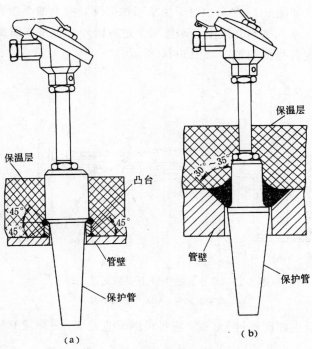

图 6-11　电站专用热电偶的安装方式

(a) 中温中压热电偶；(b) 高温高压热电偶

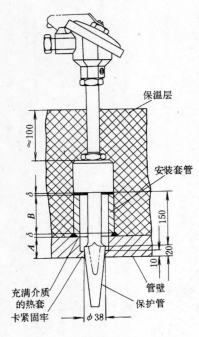

图 6-12　热套热电偶
的安装方式

电偶浸入被测介质的长度,应不小于其外径的 6～10 倍;铠装热电阻浸入被测介质的长度,不应小于其外径的 8～10 倍。

2. 测温元件的安装要求及实施方法

(1) 测温元件的插入深度应满足下列要求:

1) 压力式温度计的温包、双金属温度计的感温元件必须全部浸入被测介质中。

2) 热电偶和热电阻的套管插入介质的有效深度(从管道内壁算起)为❶:介质为高温高压主蒸汽,当管道公称通径等于或小于 250mm 时,有效深度为 70mm;当管道公称通径大于 250mm 时,有效深度为 100mm。对于管道外径等于或小于 500mm 的汽、气、液体介质,有效深度约为管道外径的 1/2;外径大于 500mm 时,有效深度为 300mm。对于烟、风及风粉混合物介质,有效深度为管道外径的 1/3～1/2。

(2) 测温元件应安装在能代表被测介质温度处,避免装在阀门、弯头以及管道和设备的死角附近。但对于压力小于或等于 1.6MPa 且直径小于 76mm 的管道,一般应装设小型测温元件,此时若测温元件较长,可加装扩大管或沿管道中心线在弯头处迎着被测介质流向插入,如图 6-13 所示。对于轴承回油温度,由于油不能充满油管,为使测温元件的感热端能全部浸入被测介质中,除使用上述方法外,也可在测温元件的下游端加装挡板,以提高测温元件处的油位,如图 6-14 所示。

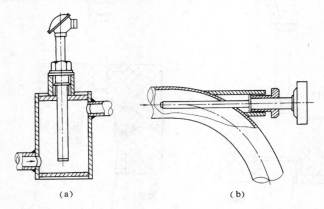

图 6-13　在小直径管道上安装测温元件

(a) 加装扩大管;(b) 装在弯头处

(3) 当测温元件插入深度超过 1m 时,应尽可能垂直安装,否则应有防止保护套管弯曲

---

❶　选录自 NDGJ16—89《火力发电厂热工自动化设计技术规定》。

的措施，例如加装支撑架（见图 6-15）或加装保护管。

（4）在介质流速较大的低压管道或气固混合物管道上安装测温元件时，应有防止测温元件被冲击和磨损的措施（如图 6-16 所示）。例如，在锅炉烟道、送风机出口风道、汽轮机循环水管道上安装测温元件时，可加装如图 6-16（a）所示的保护管；在锅炉有钢球除灰的烟道上安装测温元件时，可加装如

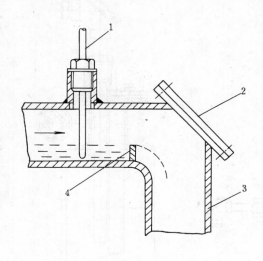

图 6-14　在轴承回油管道上
安装测温元件示意

1—测温元件；2—观察孔；3—油管道；4—挡板

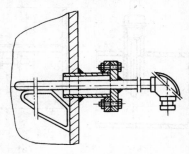

图 6-15　支撑架的安装方式

图 6-16（b）所示的保护角钢；在煤粉系统的气粉混合物管道上安装测温元件时，可加装如图 6-16（c）所示的可拆卸角钢或如图 6-16（d）所示的保护圆棒。对于振动较大的场合温度计保护管内的感温元件应选用铠装热电偶或铠装热电阻。

（5）测量煤粉仓温度的热电阻，插入方向应与煤粉下落方向一致，以避免煤粉的冲击，一般是在煤粉仓顶部垂直安装。由于煤粉仓很深，其插入深度可分上、中、下三种，以测量不同断面的煤粉温度。安装较长的热电阻时往往受到空间高度的限制，这时可采用如图 6-17 所示的安装方式，先安装保护管 8，保护管露出煤粉仓混凝土面处应密封，安装过程中严防杂物落入煤粉仓。然后，将热电阻的感温元件与保护套管 6 分别安装。保护套管由数段公称直径为 15mm 的水煤气管组成，每段用接头连接，一段一段插入煤粉仓内，最后用紧固螺母固定。最后将感温元件及引线穿入保护套管内。

（6）对于承受压力的插入式测温元件，采用螺纹或法兰安装方式时，必须严格保证其接合面处的密封。为此，各接合面应先使用凡尔砂和专用磨具进行研磨，擦净，并垫入垫片。垫片的材质按表 6-2 选用。金属垫片和测温元件的丝扣部分应涂擦防锈或防卡涩的涂料（如二硫化钼或黑铅粉等），以利于拆卸。带固定螺纹的测温元件，在安装时应使用合适的呆扳手，以防安装中损坏六角螺母。紧固时，可用管子加长扳手的力臂，但切勿用手锤敲打，以免震坏测温元件。

（7）安装在高温高压汽水管道上的测温元件，应与管道中心线垂直，如图 6-18 所示。低压管道上的测温元件倾斜安装时，其倾斜方向应使感温端迎向流体，如图 6-19 所示。

（8）双金属温度计为就地指示仪表，应装在便于观察和不受机械损伤的地方。

313

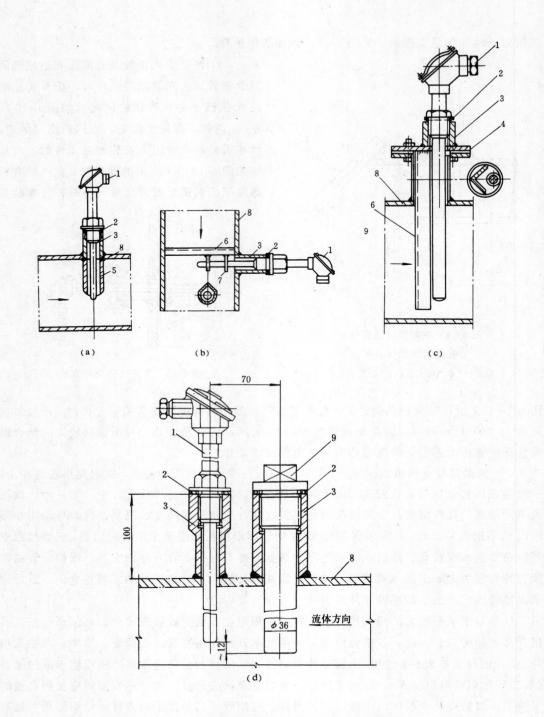

图 6-16 避免介质流体冲击的测温元件安装方式

(a) 加装保护管；(b) 加装固定角钢；(c) 加装可拆卸角钢；(d) 加装保护圆棒

1—测温元件；2—密封垫片；3—插座；4—法兰；

5—保护管；6—保护角钢；7—保护环；8—被测介质管道；9—保护圆棒

（9）充蒸发液体的压力式温度计安装时，其温包应立装，不应倒装。其显示仪表应尽可能和温包安装处保持同一水平位置或稍高于温包的位置。否则，会由于造成的液柱位差的静压力而引起测量误差。压力式温度计毛细管的敷设路径应尽量避免过热，过冷和温度经常变化的地点，否则应采取隔离措施。毛细管的敷设，应尽量减少弯曲，其弯曲半径不应小于50mm。毛细管应有保护措施，防止损伤或拆断，可将毛细管置于槽盒或开槽钢管内，剩余部分应盘绑固定。

（10）水平装设的热电偶和热电阻，其接线盒的进线口一般应朝下，以防杂物等落入接线盒内，接线后，进线口应进行封闭。热电偶在接线时应注意极性（热电阻无极性）。

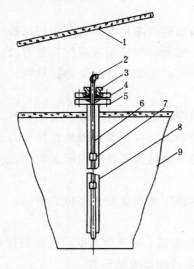

图 6-17　煤粉仓热电阻的安装方式

1—屋顶；2—热电阻；3—紧固螺母；4—紧固法兰；5—固定法兰；6—热电阻保护套管；7—水煤气管接头；8—保护管；9—煤粉仓

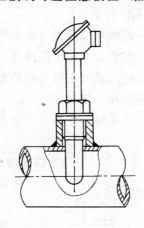

图 6-18　温度计的垂直安装

若必须在隐蔽处装设测温元件时，应将其接线盒引至便于检修处。例如，汽轮机本体的测温元件应将保护套管加长，将接线盒引至保温层外等。若接线盒设在高温场所，应将胶木接线柱换用瓷接线柱。

（11）测温元件安装后，应按图 6-20 的形式进行补充保温，以防散热影响测温准确度，

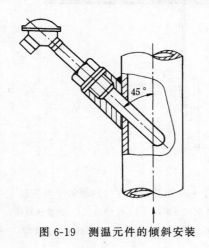

图 6-19　测温元件的倾斜安装

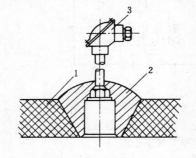

图 6-20　插入式测温元件安装后的保温

1—原有保温层；2—后加的保温部分；3—测温元件

可用碎保温砖填充后抹面。拆卸测温元件时，只须清除这些保温，不致破坏其他保温。

二、测量金属壁温度的测温元件

用于测量金属壁温度的测温元件有铠装热电偶和专用热电阻两大类，前者用于测量锅炉的汽包壁、过热器管壁，汽轮机的汽缸内外壁和加热法兰、螺丝以及主蒸汽管壁等温度，后者用于测量汽轮机推力瓦块、大型发电机、电动机的铁心和线圈以及大型转动机械的轴瓦等温度。

金属壁温度是运行中重要监视参数。其最容易出现的故障是测温元件和引出线断线或短路，而这种故障一般要在停机、停炉时才能处理。因此，应采用正确的安装方法，确保安装质量，使机组能安全运行。安装过程中要特别小心，安装后应反复进行检查。

1. 铠装热电偶的安装

铠装热电偶的测量端直接与金属壁接触，安装前应注意检查其绝缘状况和极性，特别是接壳式铠装热电偶，安装后热偶丝的测量端已接地，无法再测量其对地绝缘。为了使测量准确，应先用锉刀或砂布将被测的金属壁打光。铠装热电偶安装时应固定牢靠，测量端与金属壁紧密接触并一起保温。

（1）热电偶的安装固定形式：根据铠装热电偶的固定装置和被测部位的不同，一般采用以下安装形式：

1）无固定装置的铠装热电偶和电站专用的炉壁热电偶，测量金属壁或管壁温度时，可采用如图6-21所示的焊接安装形式。

对于大型锅炉的过热器管壁等温度测量，由于炉顶一般有罩壳，罩内温度高达400℃以上，若采用WRNT—11型电站专用炉壁热电偶时，安装示意如图6-

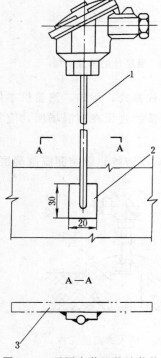

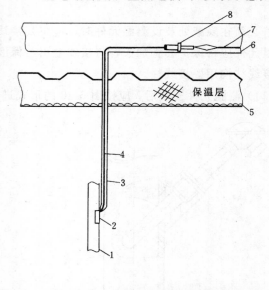

图 6-21　无固定装置的铠装热电偶
在金属壁上的安装方式

1—铠装热电偶；2—固定板；3—金属壁

图 6-22　WRNT—11型热电偶在过热器管壁上安装

1—过热器管；2—热电偶测量端；3—保护器；4—铠装热电偶；
5—炉顶罩；6—汇线槽；7—补偿导线；8—热电偶参比端

316

22，热电偶应引出至炉顶罩外低温区的汇线槽内，再用延伸型补偿导线引至接线盒。在选择保护管的内径时，其值应大于热电偶参比端接头的外径最大值（10mm），为阻隔炉顶罩内的热量从保护管散出，可在保护管与线槽接口处用隔高密封胶泥封堵。

2）带可动卡套装置的铠装热电偶，测量金属壁温度时，可采用如图6-23所示的安装形式。

3）带可动卡套装置的铠装热电偶，测量锅炉过热器管壁温度时，可采用如图6-24所示的安装形式。

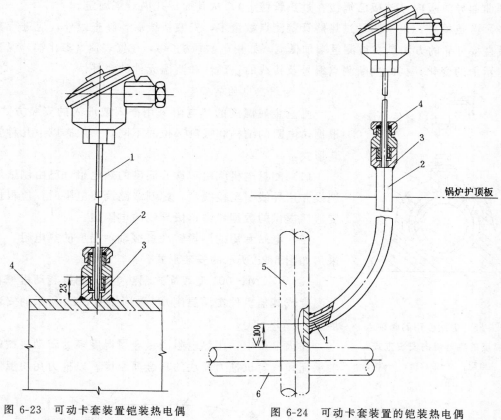

图 6-23 可动卡套装置铠装热电偶
在金属壁上的安装方式
1—铠装热电偶；2—卡套装置；
3—插座；4—金属壁

图 6-24 可动卡套装置的铠装热电偶
在过热器管壁上安装方式
1—铠装热电偶；2—不锈钢保护管；3—插座；
4—卡套装置；5—过热器管；6—锅炉顶棚管

（2）铠装热电偶参比端和测量端封口处理：随着大型机组测量金属壁温测点的增多（多达200～300点），特别是锅炉过热器管壁温度，由于现场环境条件差热电偶安装后被损坏的数量较多，需进行处理。以电站专用炉壁热电偶（WRNT—11型）为例，处理方法如下：

1）若参比端损坏（引线从根部折断），由于铠装热电偶封头完好，绝缘未被破坏，可现场就地处理。将参比端封头割下（注意在整个处理过程，需用电吹风机对参比端端部的铠装热电偶加热，防止内部氧化镁吸入潮气），套入扩径管套，再将热偶丝与补偿导线（引线）采用银乙炔焊连接，然后将扩径管套固定在焊点的适当位置，检查绝缘（按 JB/T5581—91 标准：绝缘电阻≥1000MΩ·M）符合要求后，向扩径管套灌入 JC—311 胶粘剂（环氧树脂），待 24h 后凝固。

2）若测量端损坏，先测量热偶丝绝缘电阻，若铠装热电偶内部绝缘已被破坏，则需拆下，将测量端端部割下 1～2m 弃之，剩余部分放入恒温炉（200℃左右）干燥数小时，测量绝缘电阻符合要求后，用乙炔焰焊接热偶丝两极，灌满氧化镁粉后，用乙炔焰封头。然后回装到曲面导热板内（该板已焊接在过热管壁上），从其面板孔内点焊固定。

（3）测点检查：由于测量过热器管壁测点数量多，安装接线后，除查线外，应进行复核，最直接可靠的方法是在被测量端加低温（如用电吹风机等），在仪表侧（参比端）观察温度指示值的变化，据此判断测点编号及接线的正确性和测温元件的完好性。

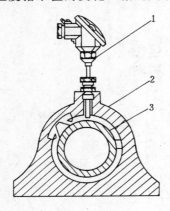

图 6-25　电站专用的测轴承
温度的热电阻的安装方式

1—热电阻；2—轴承座；3—轴瓦

2. 专用热电阻的安装

测量金属温度的热电阻采用插入或埋入的安装方式。根据热电阻的结构和被测部位的不同，一般有以下几种安装形式：

（1）测量电机绕组和铁心温度的热电阻，已由制造厂埋设并用导线引至接线盒，配制线路调整电阻时，应根据制造厂提供的数据考虑这段导线的电阻值。

（2）电站专用的测量转动机械轴承温度的热电阻，可采用如图 6-25 所示的安装形式。

（3）WZCM—001 型表面式铜热电阻（测量转动机械轴承温度或其他机件端面温度）可采用如图 6-26 所示的安装形式。

在火电厂中，用热电阻测量金属温度多为转动机械的轴承瓦和汽轮机推力瓦块的乌金面温度。以推力瓦块温度

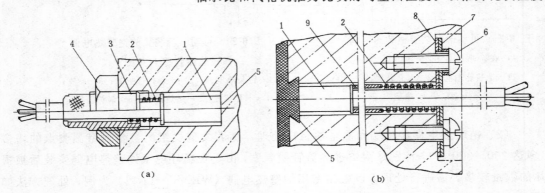

图 6-26　WZCM—001 型表面式铜热电阻的安装方式

（a）螺栓固定；（b）螺钉固定

1—铜热电阻；2—弹簧；3—螺栓；4—锁紧螺母；5—被测端面；6—螺钉；7—固定板；8—垫片；9—衬套

测量为例，热电阻安装在推力瓦块的测孔内，测孔位置在轴的转动方向的回油侧，离乌金面约 0.5mm。热电阻的引出线如图 6-27 所示，引出线应使用耐温耐油的氟塑料线（规格见第八章表 8-12）和套耐高温的绝缘管以作保护（规格见第八章第三节）。测量推力瓦的热电阻连接导线由于振动、位移、油冲击等原因很容易折断，安装时要注意不使其受机械损伤和摩擦，导线与热电阻连接要焊牢靠，并留有适当伸缩量后，从瓦的背面线槽引出，并用卡子固定牢。上、下瓦块各点连接线分别用航空插头引至轴承座侧壁，以便于推力瓦块的拆装。若引线直接从轴承座侧壁打孔引出，接头处可用 JC—311 胶粘剂密封。在汽轮机扣

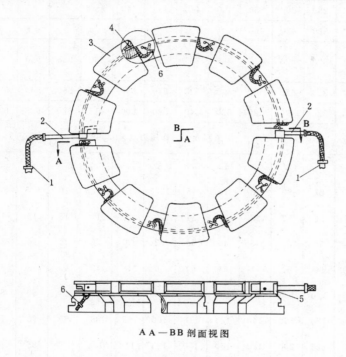

A A—BB 剖面视图

图 6-27　推力瓦块温度计引出线

1—航空插头；2—引出线；3—推力瓦块；

4—热电阻；5—线槽；6—引线固定卡子

轴承盖时，应复核热电阻及引线的完好情况。

第三节　取源阀门的选择与安装

从热力设备或导管内直接引出汽、水、油等介质的取源部件，必须在其插座或延长管上安装截止阀门，该阀门称为取源阀门。

取源阀门的型号、规格应符合设计要求。若无设计，主要根据温度和压力参数选择，因为这两个参数与阀门材料有关。阀门的压力参数通常用公称压力 PN 表示，公称压力是指在阀门的设计介质温度下的最高允许工作压力。阀门的工作温度不应超过允许的最高温度，由于材料的强度随温度升高而降低，阀门的工作压力随介质工作温度的升高而降低，一般均

低于公称压力。各种材料制造的阀门，在各级工作介质温度下的允许最高工作压力，见表 6-3。此外，还应选择合适的阀门公称直径 DN（如 φ6、φ10、φ20 等）、连接形式（DN＝6mm 及以下，一般选用外螺纹连接形式；DN＝6mm 及以上，一般选用焊接连接形式）和结构形式等。电站用仪表截止阀门的型号组成及其代号含义见表 6-4。

表 6-3　　　　　阀门最高允许工作压力和介质温度的关系

阀体材料	示例牌号	介质工作温度（℃）													
碳钢	15、20、A₃	200*	250	300	350	400	410	435	440	450					
钼钢	CoMo	200*	320	420	465										
铬钼钢	12CrMoA 20	200*	320	420	470	495	505	515	520	530	535	540			
铬钼钒钢	12CrMoV	200*	320	420	500	520	525	540	545	555	560	565	570	575	
铬镍钛钢	1Cr18NiTi	200*	320	420	480	520	540	590	600	615	620	625	630	635	640
公称压力	试验压力	最高允许工作压力（×0.098MPa）													
16	24	16	14	12.5	11	10	9.5	8	7.5	6.7	6.4	6	5.6	5.3	4.8
25	38	25	22	20	18	16	15	12.5	12	10.5	10	9.5	8.7	8.3	7.5
40	60	40	36	32	28	25	24	20	19	17	16	15	14	13	12
64	96	64	56	50	45	40	38	32	30	26	25	24	22.5	21	19
100	150	100	90	80	71	64	60	50	48	42	40	38	35	33	30
160	240	160	140	125	112	100	95	80	75	67	64	60	56	53	48
200	300	200	180	160	140	125	118	100	95	85	80	75	70	66	60
250	380	250	225	200	180	160	150	125	118	106	100	95	87	83	75
320	480	320	280	250	225	200	190	160	150	132	125	118	112	106	95
400	560	400	360	300	280	250	235	200	190	170	160	150	140	136	120
500	700	500	450	400	360	320	300	250	235	210	200	190	175	165	150
640	900	640	560	500	450	400	380	320	300	265	250	235	225	210	190
800	1100	800	710	640	560	500	475	400	380	340	320	300	280	265	240

　＊　阀门设计介质温度。

　注　本表根据 JB74—59《高温高压阀门管件温度压力变化表》和 GB1048—70《管子和管路附件的公称压力和试验压力》编制。

取源阀门前后与插座（或导压管）连接的方式，根据不同型号的阀门而异，常用的方式有：

（1）焊接连接：适用于连接形式为焊接的截止阀。其焊接形式如图 6-28 所示，若连接管直径与截止阀焊接口外径相接近，可直接对焊（见图左侧所示）；若连接管外径小于截止阀焊接口外径，应采用变径管过渡（见图右侧所示）。

表 6-4 电站阀门（截止阀）型号编制代号含义

型号组成	①	②	③	④	⑤—⑥		⑦
表示方法	大写汉语拼音字母	阿拉伯数字	阿拉伯数字	阿拉伯数字	大写汉语拼音字母	大写汉语拼音字母	大写汉语拼音字母
代号含义	阀门类型	传动方式	连接形式	结构形式	阀座密封面或衬里材料	压力数值	阀体材料
举例	J—截止阀	手轮、手柄和扳手传动的阀门省略本代号	1—内螺纹 2—外螺纹 4—法兰 6—焊接 7—对夹 8—卡箍 9—卡套	1—直通式 3—直通式Z型 4—角式 5—直流式 6—平衡直通式 7—平衡角式 9—三通式	T—铜合金 X—橡胶 N—尼龙塑料 H—耐酸合金钢或不锈钢 B—巴氏合金 D—渗氮钢 P—渗硼钢 Y—硬质合金 J—衬胶 Q—衬铅 W—由阀体直接加工的阀座密封面	当介质温度＜450℃时，标注公称压力（bar）数值（如10、16、25、40、64、250、320、400、500等）；当介质温度＞450℃时，标注工作温度和工作压力。工作压力须用P标志，并在P字右下角附加介质最高温度数字。该数字是以10除介质最高温度数值所得的整数（如工作温度为540℃，工作压力为100bar的阀门，其代号为 $P_{54}100V$	H—灰铸铁 Q—球墨铸铁 C—碳素钢 I—铬钼合金钢 P—铬镍钛钢 V—铬钼钒合金钢 省略—PN＜16bar的灰铸铁阀体和PN≥25bar的碳素钢阀体

注 本表摘自 JB4018—85《电站阀门型号编制方法》，故压力单位用巴（bar），换算为 MPa 时，1bar=0.1MPa。

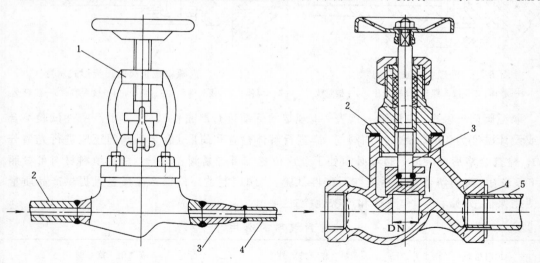

图 6-28 焊接截止阀的连接形式

1—阀门；2—取压管；3—变径管；4—导压管

图 6-29 内螺纹铸铁截止阀的连接形式

1—阀座；2—阀盖；3—阀杆；4—接口管螺纹；5—接管

（2）法兰连接：适用于连接形式为法兰的截止阀。连接时，应遵守下列规定：

1）法兰平面间应垫入垫片，以作密封，垫片安装前应涂上机油黑铅粉混合物，以利于拆卸方便。

2）法兰螺丝应分数次并以对称的方式拧紧，拧紧后，丝扣均应露出螺帽 3 扣左右。

3）法兰紧固后，两法兰的平面应平行，其平面误差不得超过第七章表 7-13 的规定。

（3）螺纹直接连接：适用于连接形式为管内螺纹的铸铁截止阀。其连接形式如图 6-29 所示，接管为水煤气管，其端部套有管螺纹，可直接拧入阀门的接口螺纹内。连接时，应满足下列要求：

1）拧入前，管子的螺纹上应缠密封材料，如聚四氟乙烯密封带（生料带），其长期使用温度为 250℃ 以下；

2）拧入阀门两端的管子长度应等于阀门两端六角体的厚度，误差不应大于 ±2mm；

3）管子拧入阀门两端后，在六角体上应露出丝扣 2～3 扣；

4）管子拧入阀门时，应用扳手夹紧该端的六角体。

（4）压垫式接头连接：适用于连接形式为内螺纹或外螺纹的碳钢或合金钢截止阀。外螺纹截止阀的连接形式如图 6-30 所示，在阀门和接管嘴的平面间垫入垫片，用接头螺母压紧，以使接触面得到密封。在拧紧接头螺母时，应使用两个扳手，分别夹紧阀门和接头螺母，或分别夹紧阀门两侧的接头螺母，同时紧固。内螺纹截止阀的连接形式如图 6-31 所示，增加了接管座作为过渡接头，以便于拆卸。在阀门与接管座平面间也要垫入密封垫片。

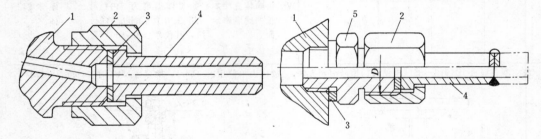

图 6-30　外螺纹截止阀的连接形式　　　　　图 6-31　内螺纹截止阀的连接形式示意

1—阀体；2—接头螺母；3—垫片；4—接管嘴　　　1—阀体；2—接头螺母；3—垫片；4—接管嘴；5—接管座

取源阀门安装前，应按第七章表 7-1 规定的标准进行严密性试验。对于严密性试验不合格或设计温度为 450℃ 及以上的阀门，需进行解体检查和研磨（合金钢阀门还应进行光谱分析）。检查合格后回装时，阀瓣必须处于开启位置方可拧紧阀盖螺丝。密封填料材料可参照表 6-5 选用。阀门解体复装后应作严密性试验。当阀门制造厂确保产品质量且提供产品质量及使用保证书时，可不作解体和严密性检查。

表 6-5　　　　　　　　　　　　　密 封 填 料 的 选 用

填料材料	制 作 特 性	应 用 范 围
麻制品类 （1）麻线、麻绳 （2）油麻线、油麻绳 （3）胶心麻填料	干的或油浸过的大麻、亚麻或黄麻编织成的线、绳（有单股及多股的）	用于设计压力≤1.6MPa，且设计温度≤100℃的水、空气、油管道中

填料材料	制 作 特 性	应 用 范 围
棉制品类 （1）棉绳 （2）油棉绳 （3）胶心棉纱填料	干的或油浸过的棉纱编织的或特别置入胶心的棉纱编织填料	用于饮用水管道中，油浸过的棉绳制品可用于设计压力≤2.0MPa，且设计温度≤100℃的水、空气及油管道中
石棉制品类 （1）石棉线、绳 （2）铅心石棉绳 （3）油石棉线、绳 （4）油铅心石棉绳	以矿物质石棉纤维编制的成品，有干的、油浸过的以及夹铅心的。对油浸制品一般含有不超过20％的棉花纤维	干的石棉制品可用于设计压力≤2.5MPa，且设计温度≤400℃的蒸汽管道中。浸过油的，则设计温度应不超过200℃
石棉-石墨类 （1）铅粉石棉线、绳 （2）铜心铅粉石棉绳 （3）铅粉油浸石棉线、绳 （4）铜心铅粉油浸石棉绳	将纯石棉线、绳分股（干的或油浸过的），编织成定型的制品并涂以优质的铅粉（石墨粉），有夹以铜心的	可用于设计压力≤14MPa，且设计温度≤540℃的蒸汽管道，或设计压力≤28MPa的主给水管道中。油浸过的，则设计温度应不超过200℃
石墨类	用不含矿物和有机物杂质，而含碳不少于90％的纯磷状石墨粉模压制成	可用于设计温度≤555℃的蒸汽管道中

注 本表摘自 DL 5031—94《电力建设施工及验收技术规范 管道篇》。

取源阀门的安装应符合下列要求：

（1）安装取源阀门时，应使被测介质的流向由阀心下部导向阀心上部，不得反装（参见图 6-28 和图 6-29 中箭头方向所示）。

（2）安装取源阀门时，其阀杆应处在水平线以上的位置，以便于操作和维修。其正确与不正确的安装方式示于图 6-32 中。

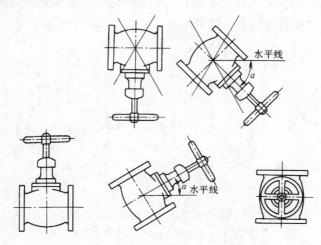

图 6-32 取源阀门正确与不正确的安装位置

图中有"×"者为不正确的安装位置

（3）取源阀门应安装在便于维护和操作的地点；取源阀门（包括法兰、接头等）应露出保温层。

（4）当焊接阀门直接焊在加强型插座上时，阀门可不必另做支架固定。否则，阀门必须用抱箍固定在阀门支架上或将阀门两端的管子用管卡固定在支架上（参见图6-34）。阀门支架可按下列方式固定：

1）在低温低压容器或管路上固定支架时，可采用焊接。

2）在高温高压和合金钢材料制成的容器或管路上固定支架时，应用抱箍卡接。

3）固定在其他结构物（如钢平台等）上的支架，可采用焊接。此时，插座与取源阀门间的连接管必须有S形或U形的弹簧弯。阀门抱箍与支架间的螺丝孔应采用椭圆形长孔，以免影响运行时本体的膨胀。

第四节 取压装置的安装

一、压力测点位置的选择

压力测点位置的选择，除根据本章第一节所述仪表测点开孔位置的各项规定，还应符合下列要求：

（1）水平或倾斜管道上压力测点的安装方位如图6-33所示。对于气体介质，应使气体内的少量凝结液能顺利流回工艺管道，不至于因为进入测量管路及仪表而造成测量误差，取压口应在管道的上半部。对于液体介质，则应使液体内析出的少量气体能顺利地流回工艺管道，不至于因为进入测量管路及仪表而导至测量不稳定；同时还应防止工艺管道底部的固体杂质进入测量管路及仪表，因此取压口应在管道的下半部，但是不能在管道的底部，最好是在管道水平中心线以下并与水平中心线成0°～45°夹角的范围内。对于蒸汽介质，应保持测量管路内有稳定的冷凝液，同时也要防止工艺管道底部的固体杂质进入测量管路和仪表，因此蒸汽的取压口应在管道的上半部及水平中心线以下，并与水平中心线成0°～45°夹角的范围内。

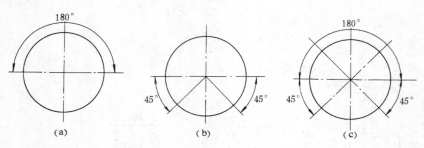

图6-33 水平或倾斜管道上压力测点的安装方位
(a) 流体为气体时；(b) 流体为液体时；(c) 流体为蒸汽时

（2）测量低于0.1MPa压力的测点，其标高应尽量接近测量仪表，以减少由于液柱引起的附加误差。

（3）测量汽轮机润滑油压的测点，应选择在油管路末段压力较低处。

（4）凝汽器的真空测点应在凝汽器喉部的中心点上摄取。

（5）煤粉锅炉一次风压的测点，不宜靠近喷燃器，否则将受炉膛负压的影响而不真实。其测点位置应离喷燃器不小于 8m，且各测点至喷燃器间的管道阻力应相等。

二次风压的测点，应在二次风调节门和二次风喷嘴之间。由于这段风道很短，因此，测点应尽量离二次风喷嘴远一些，同时各测点至二次风喷嘴间的距离应相等。

（6）炉膛压力的测点，应能反映炉膛内的真实情况。若测点过高，接近过热器，则负压偏大；测点过低，距火焰中心近，则压力不稳定，甚至出现正压（对负压锅炉而言），故一般取在锅炉两侧喷燃室火焰中心上部。

炉膛压力测点应从锅炉水冷壁管的间隙中摄取。由于水冷壁管的间隙很小，如制造厂没有预留孔，可占用适当位置的看火孔或将测点处相邻两根水冷壁管弯制成如图 6-36 的形状。

（7）锅炉烟道上的省煤器、预热器前后烟气压力测点，应在烟道左、右两侧的中心线上。对于大型锅炉则可在烟道前侧或后侧摄取，此时测点应在烟道断面的四等分线的 1/4 与 3/4 线上；左、右两侧压力测点的安装位置必须对称，并与相应的温度测点处于烟道的同一横断面上。

二、取压装置的形式和安装

取压装置用以摄取容器或管道的静压力，其端头应与内壁齐平，不得伸入内壁，且均无毛刺。否则会使介质产生阻力，形成涡流，并受动压力影响而产生测量误差。

取压装置的形式根据被测介质的特性来考虑，常用的有以下几种：

（1）测量蒸汽、水、油等介质压力的取压装置由取压插座、导压管和取源阀门组成，如图 6-34 所示。安装方法已在本章第一、三节叙述过。

（2）测量含有微量灰尘的气体压力时，取压装置应有吹洗用的堵头和可拆卸的管接头。水平安装时，取压管应倾斜向上（在炉墙和烟道上安装的取压管与水平线所成夹角 α 一般大于 30°，见图 6-35）。取压管的直径和堵头形式根据含灰量的大小选用，常用的有：

1）测量含灰量较小的气体压力时（如锅炉烟道、风道压力），取压装置的安装如图 6-35 所示，导压管采用公称直

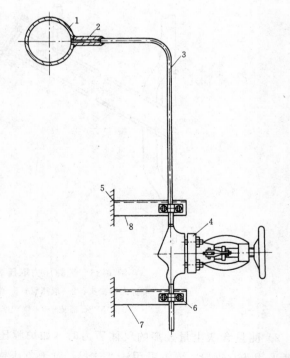

图 6-34　测量蒸汽、液体压力的取压装置示意图
1—被测管道；2—取压插座；3—导压管；4—取源阀门；
5—金属壁；6—阀门固定卡子；7、8—支架

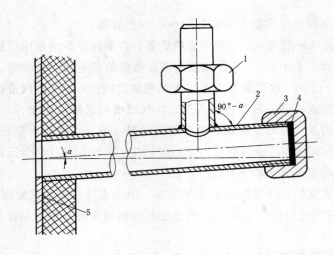

图 6-35　锅炉烟、风压取压装置的安装

1—可拆卸管接头；2—取压管；3—丝扣堵头；

4—石棉垫；5—锅炉烟（风）道

径 DN25～DN40 水煤气管；堵头采用丝扣连接。

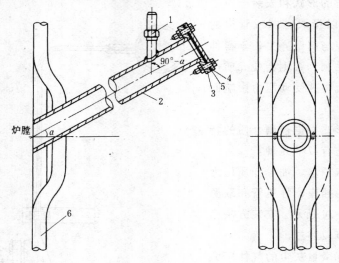

图 6-36　炉膛压力取压装置的安装

1—可拆卸管接头；2—取压管；3—法兰；4—法兰堵头；

5—石棉垫；6—锅炉水冷壁管

2）测量含灰尘量较多的气体压力时（如炉膛压力），取压装置安装如图 6-36 所示，导压管采用 φ60 钢管；堵头采用法兰连接。对于负压锅炉，必要时可在堵头中心钻一小孔，利用大气压力产生的极微小气流进行吹扫，对防堵可收到一定效果，但小孔的直径，应以对炉膛压力无明显影响为限。

（3）测量气、粉混合物压力时，取压装置必须带有足够容积的沉淀器将煤粉与空气分离后，靠煤粉重量返回气、粉管道。根据周围的安装环境，取压装置可采用下列形式：

326

1）带有直立沉淀器的风压取压装置，适用于周围空间较宽广的场所，取压管采用公称直径 DN70～DN100、长 1m 以上的水煤气管，其安装方法如图 6-37 所示。在水平管道上安装时，取压管方向应与管道顺介质流向成锐角，在垂直管道上安装时，取压管下部的弯曲半径应尽可能大，并尽量避免安装在流束上升的垂直管道上。

2）PFD—1 型防堵风压取压装置，由江苏无锡堰桥仪表配件厂设计并生产，其安装形式如图 6-38 所示。防堵装置由不锈钢筒体内装有环形通道，使空

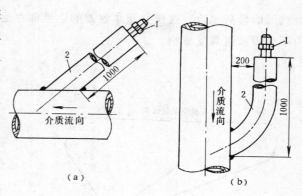

图 6-37　带有直立沉淀器的风压取压装置的安装
(a) 安装在水平管道上；(b) 安装在垂直管道上
1—可拆卸管接头；2—直立沉淀器取压管

气与粉尘分离，前者进入脉冲管路，后者靠自重回落至工艺管道。取压装置必须垂直安装，若需接长取压管时，接长管与水平面的夹角应大于或等于 60°，脉冲管一般采用 φ14×2 无缝钢管，垂直向上引出 300mm 后再敷设至仪表。

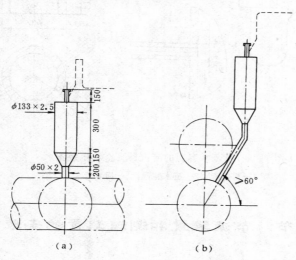

图 6-38　PFD—1 型防堵风压取压装置安装示意
(a) 在水平管道上直接安装；
(b) 需接长取压管或在垂直管道上安装

（4）带疏水容器的凝汽器真空取压装置如图 6-39 所示，包括扩容管、疏水容器、回水管等部分。扩容管的结构如右图所示，它从凝汽器喉部插入并向下倾斜，管端不封口，便于管内凝结水流回凝汽器，管内两排 φ5 小孔朝下，背向低压缸排汽方向。扩容管经导压管引出接至疏水容器的上部。疏水容器下部接回水管，经一定高度的水封 U 形弯管与热水井相通。测量仪表的导压管从疏水容器顶部接出。疏水容器的安装标高应使容器中位线高于

凝汽器的最高水位。这样，疏水容器的上半部在运行中始终处于汽侧，测量仪表的导压管内不会因水封而受影响。

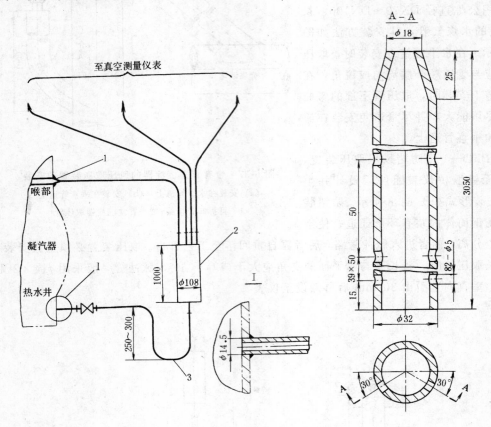

图 6-39　带疏水容器的凝汽器真空取压装置

1—扩容管；2—疏水容器；3—回水管

第五节　节流装置和测速装置的安装

在火力发电厂中，用于差压流量测量的检出元件（见第一章第三节）有节流装置（如孔板、喷嘴、长径喷嘴）和测速装置（如均速管、机翼测速管）。其中，与长径喷嘴、机翼测速管等配套的取压装置是由制造厂将它们组装在一起的。现场使用时，把整套装置安装于被测管道中即可。故本节仅介绍节流装置中的孔板、喷嘴以及均速管的安装。

一、节流件及其上下游侧直管段安装前的检查

为了保证流量测量的准确，安装前需对节流件及其上下游侧直管段进行检查和验算。

1. 节流件（孔板与喷嘴）安装前的检查和近似验算

（1）节流件的型号、尺寸和材料检查：节流件的型号、尺寸、材料和安装位号应符合设计要求。

（2）节流件孔径的近似验算：流体流过节流件所产生的差压与流量的关系，可用下式表示：

$$q_m = 4 \times 10^{-3} \alpha \varepsilon d^2 \sqrt{\rho \Delta p} \tag{6-3}$$

式中　q_m——流体的质量流量标尺上限，kg/h；

d——工作状态下节流件的孔径，mm；

Δp——节流件前、后差压，Pa；

ρ——工作状态下流体的密度，kg/m³；

α——流量系数；

ε——流体的膨胀校正系数。

为了避免装错节流件，安装前应近似地验算节流件的孔径是否符合最大流量的测量要求。式（6-3）中的 d、ρ、α、ε 可按下述原则考虑：

工作状态下节流件的孔径 d 可以近似的用常温下测量出的孔径来代替。

流体的密度 ρ 可根据被测介质的压力和温度，从附表 2-1～2-3 中查得。

流量系数 α 与节流件的形式、节流件开孔截面与管道截面的比值 $m\left(\text{即}\dfrac{d^2}{D^2}\right)$ 有关，且需考虑管道粗糙度及入口边缘不尖锐度的校正。表 6-6 列出标准孔板和喷嘴的 α 值，是已经过各种校正计算的，可直接利用；对于非表内所列的管径或 m 值，可按内插法推算。

流体的膨胀系数对于液体来说，由于它是不可压缩的，所以 $\varepsilon=1$；对于蒸汽和气体来说，$\varepsilon<1$，但因与多种因素有关，计算较复杂，按近似验算的要求，可取 $\varepsilon=1$。

节流件的近似验算举例如表 6-7。

表 6-6　　　　　　　　　　　　　标准孔板和喷嘴的流量系数

m	$D=50$mm		$D=100$mm		$D=200$mm		$D \geqslant 300$mm	
	孔板 α	喷嘴 α	孔板 α	喷嘴 α	孔板 α	喷嘴 α	孔板 α	喷嘴 α
0.05	0.6128	0.8970	0.6092	0.8970	0.6043	0.8970	0.6010	0.8970
0.10	0.6162	0.9890	0.6117	0.9890	0.6069	0.9890	0.6034	0.9890
0.15	0.6220	0.9930	0.6171	0.9930	0.6119	0.9930	0.6086	0.9930
0.20	0.6293	0.9990	0.6238	0.9990	0.6183	0.9990	0.6150	0.9990
0.25	0.6387	1.0070	0.6327	1.0070	0.6269	1.0070	0.6240	1.0070
0.30	0.6492	1.0176	0.6428	1.0175	0.6368	1.0170	0.6340	1.0170
0.35	0.6607	1.0305	0.6541	1.0300	0.6479	1.0290	0.6450	1.0290
0.40	0.6764	1.0460	0.6695	1.0447	0.6631	1.0434	0.6600	1.0430
0.45	0.6934	1.0653	0.6859	1.0631	0.6794	1.0611	0.6760	1.0600
0.50	0.7134	1.0890	0.7056	1.0859	0.6987	1.0832	0.6950	1.0810
0.55	0.7355	1.1195	0.7272	1.1153	0.7201	1.1118	0.7160	1.1080
0.60	0.7610	1.1578	0.7523	1.1528	0.7447	1.1477	0.7400	1.1420
0.65	0.7909	1.2035	0.7815	1.1980	0.7733	1.1914	0.7680	1.1830
0.70	0.8270	—	0.8170	—	0.8079	—	0.8020	—

表 6-7　　　　　　　　　　　　　　　　节流件的近似验算举例

参　数　与　计　算		例　　1	例　　2
已知条件	被测介质	水	蒸汽
	绝对压力 p	14MPa	10MPa
	温度 t	230℃	540℃
	管道内径 D	64mm	217mm
	节流件形式	标准孔板	喷嘴
	节流件孔径 d	32.92mm	166.98mm
	最大差压 Δp	10×10^3Pa	133×10^3Pa
	流量标尺上限 q_m	8t/h	250t/h
近似验算	求 m 值 $\left(m=\dfrac{d^2}{D^2}\right)$	$\dfrac{32.92^2}{64^2}=0.2644$	$\dfrac{166.98^2}{217^2}=0.593$
	查表 6-6，得 α	0.64	1.147
	查附表 2-3，得 ρ	837.4kg/m³	28.539kg/m
	求 q_m 值，式（6-3）	$q_m=4\times10^{-3}\alpha\varepsilon d^2\ \sqrt{\rho\Delta p}$ $\approx4\times10^{-3}\times0.64\times1$ $\times32.92^2$ $\times\sqrt{837.4\times10^3}$ ≈8028kg/h≈8t/h	$q_m=4\times10^{-3}\alpha\varepsilon d^2\ \sqrt{\rho\Delta p}$ $\approx4\times10^{-3}\times1.147\times1$ $\times166.98^2$ $\times\sqrt{28.539\times133\times10^3}$ ≈249228kg/h≈250t/h

（3）孔板的尺寸及外观检查（参见第一章图 1-37）：

1）孔板上游端面 A 应是平的。检查时，如连接孔板表面上任意两点的直线，与垂直于轴线的平面之间的斜度不小于 0.5%，则可认为孔板是平的。A 面粗糙度的高度参数 $R_a\leqslant10^{-4}d$。

2）孔板下游端面 B 应该是平的，且与上游端面 A 平行，在孔板的任意点上测得各个 E 值（孔板厚度）之差不大于 0.001D。B 面的表面粗糙度要求稍低于 A 面。

3）节流孔厚度 e 应在 0.005D 与 0.02D 之间，在节流孔的任意点上测得的各个 e 值之间的差不得大于 0.001D。

4）斜角 F 为 45°±15°。

5）上游边缘 G 应无卷口、无毛边、无目测可见的任何异常。G 应是尖锐的，如 $d\geqslant$ 25mm 时，一般采用目测检查，边缘应无反射光束；如 $d<$25mm 时，测量边缘半径不大于 0.0004d，则认为是尖锐的。

6）下游边缘 H 和 I 是处在分离流动区域，对其要求低于上游边缘 G，可允许有些小缺陷。

7）节流孔直径 d 在任何情况下均等于或大于 12.5mm。其值应取相互之间大致有相等角度的四个直径测量结果的平均值，任一个直径与直径平均值之差不得超过直径平均值的 ±0.05%。节流孔应为圆筒形并垂直于上游端面 A。

（4）喷嘴的尺寸及外观检查（参见第一章图1-40）：

1）喉部应为圆筒形，在垂直轴线的平面上，喉部直径 d 值应为至少测量四个直径平均值（各直径之间彼此有近似相等的角度），任何横截面上的任何直径与直径平均值之差不超过直径平均值±0.05％。

2）出口边缘 f 应是锐利的。

3）入口收缩部分（圆弧曲面 B 和 C），垂直于轴线的同一平面上的两个直径彼此相差不超过直径平均值的±0.1％。

4）喷嘴平面部分 A 及喉部 E 的表面粗糙度的高度参数 $R_a \leqslant 10^{-4}d$。

2. 节流件上下游侧直管段的检查

（1）在各种阻流件和节流件之间应安装的最短上游和下游直管段见表6-8。

表 6-8　　　　　　　孔板、喷嘴和文丘里喷嘴所要求的最短直管段长度[1]

直径比 $\beta \leqslant$	节流件上游侧阻流件形式和最短直管段长度							节流件下游最短直管段长度（包括在本表中的所有阻流件）
	单个90°弯头或三角（流体仅从一个支管流出）	在同一平面上的两个或多个90°弯头	在不同平面上的两个或多个90°弯头	渐缩管（在1.5D至3D的长度内由2D变为D）	渐扩管（在1D至2D的长度内由0.5D变为D）	球型阀全开	全孔球阀或闸阀全开	
0.20	10（6）	14（7）	34（17）	5	16（8）	18（9）	12（6）	4（2）
0.25	10（6）	14（7）	34（17）	5	16（8）	18（9）	12（6）	4（2）
0.30	10（6）	16（8）	34（17）	5	16（8）	18（9）	12（6）	5（2.5）
0.35	12（6）	16（8）	36（18）	5	16（8）	18（9）	12（6）	5（2.5）
0.40	14（7）	18（9）	36（18）	5	16（8）	20（10）	12（6）	6（3）
0.45	14（7）	18（9）	38（19）	5	17（9）	20（10）	12（6）	6（3）
0.50	14（7）	20（10）	40（20）	6（5）	18（9）	22（11）	12（6）	6（3）
0.55	16（8）	22（11）	44（22）	9（5）	20（10）	24（12）	14（7）	6（3）
0.60	18（9）	26（13）	48（24）	9（5）	22（11）	26（13）	14（7）	7（3.5）
0.65	22（11）	32（16）	54（27）	11（6）	25（13）	28（14）	16（8）	7（3.5）
0.70	28（14）	36（18）	62（31）	14（7）	30（15）	32（16）	20（10）	7（3.5）
0.75	36（18）	42（21）	70（35）	22（11）	38（19）	36（18）	24（12）	8（4）
0.80	46（23）	50（25）	80（40）	30（15）	54（27）	44（22）	30（15）	8（4）

对于所有的直径比 β	阻　流　件	上游侧最短直管段长度
	直径比大于或等于0.5的对称骤缩异径管	30（15）
	直径小于或等于0.03D的温度计套管和插孔	5（3）
	直径在0.03D和0.13D之间的温度计套管和插孔	20（10）

注　1. 表列数值为位于节流件上游或下游的各种阻流件与节流件之间所需要的最短直管段长度。
　　2. 不带括号的值为"零附加不确定度"的值。
　　3. 带括号的值为"0.5％附加不确定度"的值。
　　4. 直管段长度均以上下游侧管道内径 D 的倍数表示。它应从节流件上游端面量起。

（2）用目测检查表明直管道是直的，即可认为是直的。

---

[1]　摘自 GB/T2624—93《流量测量节流装置　用孔板、喷嘴和文丘里管测量充满圆管的流体流量》。

（3）在所要求的最短直管段长度范围内，管道横截面应该是圆的，只要目测检查表明是圆的，就可以认为横截面是圆的。除直接邻近节流件处应根据下述方法特殊检查外，一般情况下可以以管子外部的圆度为准。

（4）邻近节流件（如有夹持环则邻近夹持环）的上游至少在 $2D$ 长度范围内，管道内径应是圆筒形的。当在任何平面上测量直径时，任意直径与所测量的直径平均值（取相互之间大致有相等角度的四个直径求其算术平均值）之差不超过直径平均值的 $\pm 0.3\%$，则认为管道是圆的。

（5）在节流件上游至少 $10D$ 和下游至少 $4D$ 的长度范围内，管子的内表面应清洁。

二、节流件及夹持环、法兰的安装

节流装置的安装如图 6-40 所示，低、中压管道节流件装于环室内，夹持环由法兰固定，见图 6-40（a）；高压管道的节流件装于带环隙的法兰内，见图 6-40（b）。节流装置的安装应符合下列规定：

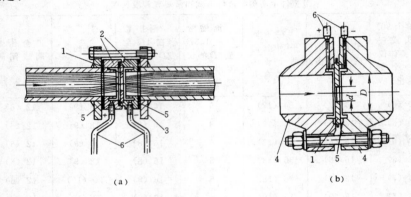

(a)　　　　　　　　　　　　　(b)

图 6-40　节流装置的安装图

(a) 低、中压管道；(b) 高压管道

1—节流件；2—夹持环；3—法兰；4—环隙法兰；5—垫圈；6—差压取压管

（1）节流件的安装方向如图 6-41 所示，孔板的圆筒形锐边应迎着介质流束方向；喷嘴曲面大口应迎着介质流束方向。

（2）节流件应垂直于管道轴线，其偏差允许在 $\pm 1°$ 之间。

（3）节流件应与管道或夹持环（当采用时）同轴，节流件的轴线与上、下游侧管道轴线之间的距离 e_x 应满足式（6-4）。

$$e_x \leqslant \frac{0.0025D}{0.1 + 2.3\beta^4} \tag{6-4}$$

（4）节流件与夹持环或法兰间的垫圈应尽量薄，一般为 $0.5 \sim 2\text{mm}$，其内径应较管道内径大 $2 \sim 3\text{mm}$，使之在压紧后不致突入管内，避免流体在进入节流件前先产生收缩而影响测量。

（5）前后夹持环的内径 b 应相等，并等于或大于管道内径 D，允许 $1D \leqslant b \leqslant 1.04D$，但不允许 $D > b$。环室安装后，不能使其边缘突入管道内。

（6）在水平或倾斜敷设的管道上安装节流装置时，环室或带环室法兰上的取压孔应根据所测介质的性质而选取不同的方位：当流体为气体或液体时，取压口的方位应符合图6-33（a）和（b）的规定；当流体为蒸汽时，如图6-42所示，取压口的方位在工艺管道的上半部与工艺管道水平中心线成0°～45°夹角的范围内。这是考虑到测量管路中的介质实际上是液相物质（冷凝液），为了保证冷凝器内的液面高度稳定，多余的冷凝液应能流回工艺管道，所以取压口安装在工艺管道上半部是合理的。但是，由于冷凝液直接流回工艺管道时会引起测量不稳定，所以不宜在工艺管道的正上方取压。

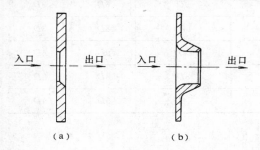

图6-41　节流件的安装方向　　　　　图6-42　在水平或倾斜的蒸汽管道上
（a）孔板；（b）喷嘴　　　　　　　　　节流装置取压口的方位

节流件的安装应在管道冲洗后进行（冲洗管道时，可用同样厚度的垫圈代替），其安装步骤如下：

（1）用手拉葫芦或其他起重工具在装设节流件的法兰两侧作临时性固定措施后，拧松全部螺帽，拆去法兰圆周的半圈螺栓（安装喷嘴时须全部拆去）。

（2）撬开法兰，将节流件插入法兰的间隙中（应确认节流件出入口方向与介质流向一致）。

（3）把已涂上机油黑铅粉混合物的两个垫圈分别插入节流装置与法兰间的间隙中。

（4）对于具有卡环的孔板，应调整好取压管的方向后，一并插入法兰的间隙中。

（5）穿入法兰螺丝，并稍为拧紧对称的四条螺丝。

（6）选择互相垂直的四点，测量法兰边缘至节流件外缘的距离，据以调整节流件与管道同心。

（7）对称而顺序的拧紧法兰螺丝。拧紧法兰螺丝应分数次进行，不得一次拧紧。

（8）再次在原测量位置复核各点尺寸，其值应符合要求。

三、均速管安装

1. 安装前的检查

（1）均速管检查：均速管的型号、尺寸和材料应符合设计要求，表面应光洁平整、金属零件无锈蚀、开孔应无毛刺和机械损伤。

（2）测量管段检查：测量均速管所插入管道的内径，其中任一个测量值与平均值之差不得大于平均值的±0.3%，管道内壁应均匀洁净。测量管段应是直的，其上下游侧直管段长度不得小于表 6-9 所规定的长度。

表 6-9 均速管上下游侧最小直管段长度

上游侧局部阻力件形式	上 游 侧			下游侧
	无整流器		有整流器	
	与均速管轴线在同一平面内	与均速管轴线不在同一平面内		
有一个 90°弯头或三通	$7D^*$	$9D$	$6D$	$3D$
在同一平面内有两个 90°弯头 $**$	$9D$	$14D$	$8D$	$3D$
在不同平面内有两个 90°弯头 $**$	$19D$	$24D$	$9D$	$4D$
管道直径改变（收或扩）	$8D$	$8D$	$8D$	$3D$
部分开启的闸阀、球阀或其他节流阀	$24D$	$24D$	$9D$	$4D$

        * · D 为管道公称直径。

        * * 所给出数据为距离第二个弯头的长度。

        注 本表摘自 JJG640—90《均速管流量传感器检定规程》。

    2. 均速管的安装

    均速管的安装方式参见第一章图 1-44，安装方向为配对的全压孔迎着介质流束方向，插入位置角度允许偏差范围如图 6-43 所示。

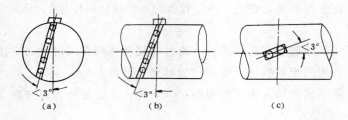

图 6-43 均速管插入位置角度允许偏差

（a）与轴截面直径夹角 3°方向；（b）与管道轴线

垂直方向；（c）取压口对流束方向

    对于垂直管道，均速管可安装在管道水平面沿管道圆周 360°的任何位置上，正、负压引压管接头应处于同一水平面上。

    对于水平管道，在测量液体时均速管插入位置应位于管道横截面水平面中心线 45°以下的范围内；测量气体时均速管插入位置应位于管道横截面水平面中心线 45°以上的范围内；测量蒸汽时均速管应水平插入。详见图 6-44 所示。

    四、差压取压装置的安装

    节流装置的差压（由正、负取压装置组成）从夹持环或带环隙法兰的取压口引出。取压装置包括插座、取压管、冷凝器和取源阀门等，其安装方法参见本章第一、三、四节所述。

334

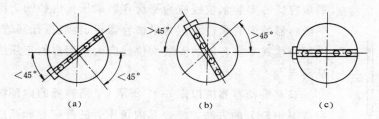

图 6-44　水平管道均速管插入位置

(a) 测量液体时；(b) 测量气体时；(c) 测量蒸汽时

　　测量蒸汽流量时，取压口至取源阀门之间应装设有冷凝器（对浮子式差压计尤其重要，这样可以减少由于差压突变，使水柱变化而产生的静压误差）。两个冷凝器的液面应处于相同的高度，为此垂直管道的下取压管应向上与上取压管标高取齐，如图 6-45 中实线所示。

　　测量液体流量时，由于管道内充满液体，故不必装设冷凝器，下取压管也不必与上取压管标高取齐，且取压管应从节流件处稍向下倾斜敷设，如图 6-45 中点划线所示。

　　在 $\phi500$ 以上的管道上安装无夹持环的节流装置时，节流装置前后的管道上应分别开凿两个至四个取压孔，分别用均压管连接后，再引至差压计，如图 6-46 所示。

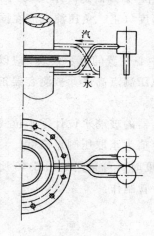

图 6-45　垂直管道上节流
装置取压管安装示意

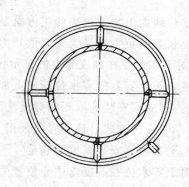

图 6-46　带有均压管的节流
装置取压图

第六节　水位取源部件的安装

　　在火力发电厂中，物位测量以差压水位测量和电接点水位测量应用较多。它们的取源部件，前者主要是平衡容器，后者是测量筒，故本节着重介绍其安装方法和要求。

一、水位平衡容器的安装

1. 安装前的工作

（1）平衡容器安装水位线的确定：平衡容器制作后，应在其外表标出安装水位线。单室

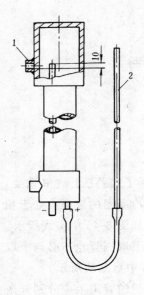

图 6-47 双室平衡
容器的检查
1—正取压管口；
2—玻璃水位计

平衡容器的安装水位线应为平衡容器取压孔内径的下缘线。双室平衡容器的安装水位线应为平衡容器正、负取压孔间的平分线。蒸汽罩补偿式平衡容器的安装水位线应为平衡容器正压恒位水槽的最高点。

双室平衡容器应以图 6-47 所示（平衡容器的内部结构参见第一章图 1-56）的方法，检查其内负压管的严密性和高度。由玻璃管水位计处灌水，待正取压管向外排水时，静置 5min，负压管应无渗水现象。然后堵住正压取压管口，在玻璃水位计处继续灌水，待负压管往外排水时止，观察玻璃水位计的水位高度应高出正取压管口的内径下缘约 10mm。

用同样方法检查蒸汽罩补偿式平衡容器的安装水位线。

（2）水位测点位置的确定：水位测量的正、负压取压装置，一般已由制造厂安装好，但应检查被测容器的内部装置，使不影响压力的取出（特别是锅炉汽包内部装置较多，如果正、负测点的静压力不相等，将无法测量水位）。如制造厂未安装，可根据显示仪表刻度的全量程选择测点高度（正、负压测点应在同一垂直线上）：

1）对于零水位在刻度盘中心位置的显示仪表，应以被测容器的正常水位线向上加上仪表的正方向最大刻度值为正取压测点高度；被测容器正常水位线向下加上仪表的负方向最大刻度值，为负取压测点高度。

2）对于零水位在刻度起点的显示仪表，应以被测容器的玻璃水位计零水位线为负取压测点高度，被测容器的零水位线向上加上仪表最大刻度值为正取压测点高度。

3）当制造厂安装的取压装置无法满足显示仪表刻度时，可采用如图 6-48 所示的具有"连通管"的连接方式，连通管须采用 $\phi28\times4$ 以上的导管制作。

（3）平衡容器安装高度的确定

1）对于零水位在刻度盘中心位置的显示仪表，如采用单室平衡容器，其安装水位线应为被测容器的正常水位线加上仪表的正方向最大刻度值；如采用双室平衡容器，其安装水位线应和被测容器的正常水位线相一致；如采用蒸汽罩补偿式平衡容器，其安装水位线应比负取压口高出 L 值（参见第一章图 1-57）。

2）对于零水位在刻度盘起点的显示仪表，如采用单室平衡容器，其安装水位线应比被测容器的玻璃水位计的零水位线高出仪表的整个刻度值；如采用双室平衡容器，其

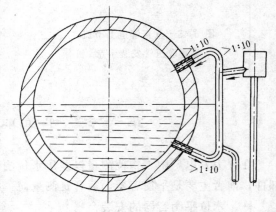

图 6-48 带有"连通管"的平衡
容器安装形式

安装水位线应比被测容器的零水位线高出仪表刻度值的 $\frac{1}{2}$。

2．平衡容器的安装及要求

安装水位平衡容器时，应遵照下列要求：

（1）水位取压测点的位置和平衡容器的安装高度按上述规定进行。

（2）平衡容器与容器间的连接管应尽量缩短，连接管上应避免安装影响介质正常流通的元件，如接头、锁母及其他带有缩孔的元件。

（3）如在平衡容器前装取源阀门应横装（阀杆处于水平位置），避免阀门积聚空气泡而影响测量准确度。

（4）一个平衡容器一般供一个变送器或一只水位表使用。

（5）平衡容器必须垂直安装，不得倾斜。

（6）工作压力较低和负压的容器，如除氧器、凝汽器等，其蒸汽不易凝结成水，安装时，可在平衡容器前装取源阀门，顶部加装水源管（中间应装截止阀）或灌水丝堵，以保证平衡容器内有充足的凝结水使能较快地投入水位表；或者在平衡容器前装取源阀门、顶

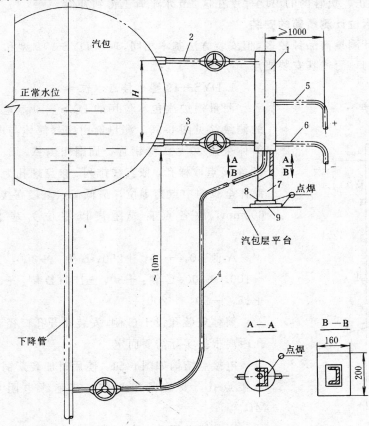

图 6-49　蒸汽罩补偿式平衡容器的安装

1—蒸汽罩补偿式平衡容器；2—汽侧连接管；3—水侧连接管；4—疏水管；

5—正压引出管；6—负压引出管；7—槽钢支座；8、9—钢板

部加装放气阀门，水位表投入前关闭取源阀门，打开放气阀门，利用负压管的水，经过仪表处的平衡阀门从正压脉冲管反冲至平衡容器，不足部分从平衡容器顶部的放气孔（或阀门）处补充。

（7）平衡容器及连接管安装后，应根据被测参数决定是否保温。若进行保温，为使平衡容器内蒸汽凝结加快，其上部不应保温。

（8）蒸汽罩补偿式平衡容器的安装如图6-49所示，安装时应注意以下几点：

1）由于蒸汽罩补偿式平衡容器较重，其重量由槽钢支座7承受，但应有防止因热力设备热膨胀产生位移而被损坏的措施。因此，钢板8与钢板9接触面之间应光滑，便于滑动。

2）蒸汽罩补偿式平衡容器的疏水管应单独引至下降管，其垂直距离为10m左右，且不宜保温，在靠近下降管侧应装截止阀。

3）蒸汽罩补偿式平衡容器的正、负压引出管，应在水平引出超过1m后才向下敷设，其目的是当水位下降时，正压导管内的水面向下移动（因差压增大，仪表正压室的液体向负压室移动所致），正、负管内的温度梯度在这1m水平管上得到补偿。

二、电接点水位计测量筒的安装

电接点水位计测量筒品种较多，但安装方法基本相同，现以DYS—19型和GDR—Ⅰ型电接点水位计为例，简述其安装要点。

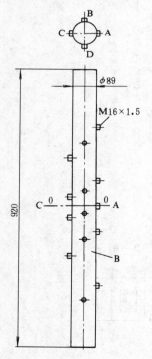

图6-50 电接点水位计的测量筒

1. DYS—19型电接点水位计

测量锅炉汽包水位用的DYS—19型电接点水位计的测量筒见图6-50。测量筒由密封筒体与电接点组成。筒体采用20号无缝钢管，周围四侧A、B、C、D开有19个接点取样孔，依直线排列。接点螺孔为M16×1.5，筒体全长的中点为零位，最低接点至最高接点的距离为600mm，故各点直线距离以零位为基准时，分别为：

A侧：0，±75，±250；B侧：+200，+50，−15，−100，−300；C侧：±30，±150；D侧：+300，+100，+15，−50，−200。

筒体安装孔设于C侧，安装孔开孔口径为24mm，开孔距离根据实际需要而定。

电接点结构如图6-51，使用时加装紫铜垫圈旋入筒体接点孔，要旋紧密封好。其绝缘电阻应大于100MΩ。

测量筒必须垂直安装，垂直偏差不得大于2°。当用于测量汽包水位时，筒体中点零水位须与汽包的正常水位线处于同一水平面，即与云母水位表的零水位对准。

测量筒与汽包的连接管不要引得过长、过细或弯曲、缩口。测量筒距汽包越近越好，使测量筒内的压力、温度、水位尽量接近汽包内的真实情况。测量筒体底部引接放水阀门及放水管，便于冲洗。

测量筒上的引线应使用耐高温的氟塑料线引至接线盒。测量筒处用瓷接线端子连接，不得用锡焊。测量筒筒体接地，并由此引出公用线。

2. GDR—I 型电接点水位计

GDR—I 型电接点水位计的测量筒带恒温套，用于测量汽包水位。测量筒的安装系统如图 6-52 所示。其安装要点，除按上述测量筒要求外，为使热

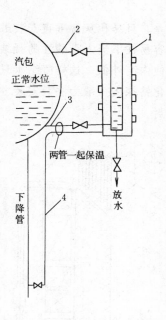

图 6-52　GDR—I 型电接点测量
筒安装系统
1—热套测量筒；2—汽侧连接管；
3—水侧连接管；4—疏水管

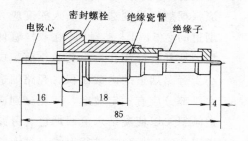

图 6-51　电接点水位计的电接点

套测量筒在工作状态下充满饱和蒸汽，疏水管 4 应紧靠着水侧连接管 3 下面敷设，至汽包近处再往下弯接至下降管，并将两管水平段一起保温，其余部分裸露。

测量筒安装中的固定方式参见图 6-49。

第七节　成分分析仪表取样装置的安装

成分分析仪表的取样装置应按设计要求，装在有代表性的地方，并能正确反映被测介质的实际成分。为了缩短测量滞后时间，连接分析取样装置和分析器之间的取样管不宜太长，其敷设坡度一般不小于 1：20。取样管一般采用不锈钢管，烟气分析可采用橡皮管或铜管，以防介质腐蚀。取样装置和导管应有良好的密封性，以保证测量准确。

一、氧化锆探头安装

氧化锆测点位置的选择应在制造厂提供的烟气温度范围内（参见第一章表 1-61）选取。氧化锆元件所处的空间位置应是烟气流通良好，流速平稳无旋涡，烟气密度正常而不稀薄的区域。在水平烟道中，由于热烟气流向上，烟道底部烟气变稀，故氧化锆元件应处于上方；对于垂直烟道，其中心区域就不如靠近烟道壁为好；在烟道拐弯处，由于可能形成旋涡，致使某点处于烟气稀薄状态，而使检测不准。

一般说来，氧化锆在烟道中水平安装与垂直安装的测量效果相同，但水平安装的抗震

能力较差，且易积灰；垂直安装虽能对减少氧化锆的震动有一定的好处，但因烟道内外温差大，容易往下流入带酸性的凝结水腐蚀铂电极。因此，宜将氧化锆探头从烟道侧面倾斜插入，使内高外低，这样凝结水只能流到氧化锆管的根部，不会影响到电极。

氧化锆探头一般为法兰安装方式，烟道法兰和探头法兰之间装入石棉密封垫，用螺栓固定密封。

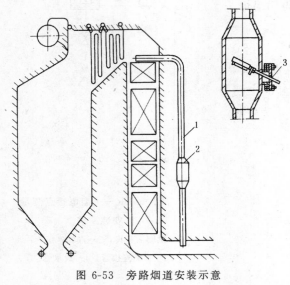

氧化锆探头的安装形式有直插式和旁路式两种，参见第一章图1-86和图1-87。对于旁路式探头安装在旁路烟道的扩大管上，旁路烟道安装示意见图6-53。旁路烟道选用内径不小于100mm的钢管，其取样管插入烟道部分的材质应根据烟气温度选取，插入深度应大于烟道的2/3，引入端封闭。在取样管侧面均匀地开取样小孔，小孔的总面积应不小于旁路烟道的内截面积。旁路烟道的水平部分应有一定坡度，两侧分别向烟道倾斜，以使凝结水流回烟道。旁路烟道安装完毕后，应进行保温。扩大管安装在便于安装探头和维护的区域。

图 6-53　旁路烟道安装示意

1—旁路烟道；2—扩大管；3—探头

氧化锆元件一般都采用空气作为参比气体。如果测点处烟道内能始终保持较大的负压，则空气可以通过接线盒上中间小孔直接抽入氧化锆管内。若有困难时（如正压锅炉），就需有专用的抽气装置将空气打入氧化锆内（如DH—6型氧化锆分析器配有专用的气泵），也可考虑由空气预热器出口引入热风，并经节流后，由接线盒上的小孔送进去。

氧化锆测氧元件所处部位温度很高，内外温度相差悬殊。因此在运行锅炉上安装或取出直插元件时，应缓慢进行，以防止因温度剧变而引起元件破裂。旁路定温式同样应注意这个问题。取出元件前应先停加热炉电源，等加热炉冷却到与烟温一样时才取出来。取出后继续冷却到手能摸加热炉时，再取出炉中的氧化锆元件。

二、氢气分析取样装置安装

常用的氢气分析仪表是热导式氢分析器，其取样系统如图6-54所示。被分析的氢气从具有较高氢压的部位或管道1取出，经调节器组（包括阀门4和绒布过滤器6）和转子流量计5，进入氢分析器的工作室，然后经阀门10进入氢压较低的部位或管道2。

气路系统的全部连接管采用$\phi 8 \times 1$的不锈钢管或无缝钢管，安装后进行系统严密性试验，试验标准参见第七章表7-1规定。

三、电导仪取样装置安装

电导仪取样系统如图6-55所示，被分析的液体从被测管道取出（取样管插入被测管道

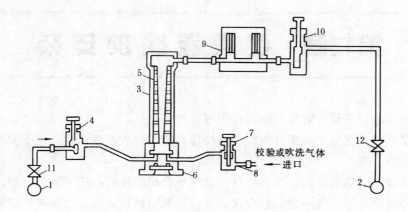

图 6-54　热导式氢分析器取样系统

1—高压头气体管道；2—低压头气体管道；3—调节器组支架；4—阀门；5—转子流
量计；6—绒布过滤器；7—截止阀门；8—标准气样接入管；9—氢分析器工作室；
10—阀门；11—进气阀门；12—出气阀门

深度 $\frac{1}{3}$ 为宜，取样导管不宜太长，其坡度一般不小于 1∶20），进入电导发送器后，流回被测管道。为了使液体能流入电导发送器，被测介质管道与电导仪进、出口取样孔间应加装节流装置，以产生差压。若被分析的液体从被测管道取出，进入电导仪发送器后，若流至疏水管或地沟，则可不装节流装置和阀门 4 及出水管。

　　进入发送器的介质参数，应符合发送器的要求，测量高温高压的介质（如饱和蒸汽和锅水等）电导率时，电导仪前应加减温减压装置（有时也可与化学分析合用取样装置及取样管路，此时应单独安装截止阀），如图 6-56 所示。

　　取样系统的全部管道材质可采用不锈钢或采用与被测介质管道相一致的材质，但应符合防腐蚀的要求。

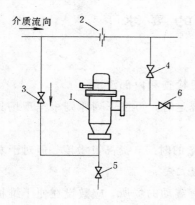

图 6-55　电导仪取样系统

1—发送器；2—节流装置；
3—进水阀门；4—出水阀门；
5—排污阀门；6—排汽（水）阀门

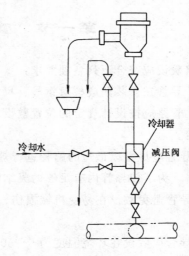

图 6-56　测量高温高压介质
电导仪取源系统

第七章 仪表管路的安装

仪表管路（包括导管及管件）按其作用可分为：

（1）测量管路：把被测介质自取源部件传递到测量仪表或变送器，用于测量压力、差压（流量和水位）等。

（2）取样管路：取引蒸汽、水、烟气、氢气等介质的样品，用于成分分析。

（3）信号管路：用于气动单元组合仪表（包括气动执行机构）之间传递信号（一般压力为 0.02～0.1MPa）。

（4）气源管路：气动设备的气源母管和支管。

（5）伴热管路：用于仪表管路的防冻加热（详见第十章第四节）。

（6）排污及冷却管路：用于排放冲洗仪表管路介质的称为排污管路；用于冷却测量设备的称为冷却管路。

仪表管路材质和规格的选用、敷设路线的选择、安装方法以及管路的严密性等直接影响测量的准确性，它反映了测量指示和自动调节的质量。同时，在整个机组的热工仪表安装过程中，仪表管路的安装所占比例最大，因此做好这项工作有着重大的意义。

仪表管路（测量风压管路及排污管路除外），应装有取源阀门和仪表阀门。这样，一旦管路泄漏，即可关闭取源阀门进行处理，不至于造成停机、停炉。风压管路压力极低，如管路有问题，用不着关门就可处理；若装有阀门，反而容易造成堵塞，影响测量。取源阀门装于取源部件之后；仪表阀门装于测量仪表之前。本章所述管路安装包括取源阀门和仪表阀门前后全部管路及管件（文中导管的材质未特别标明时，一般指钢管）。

第一节 管路敷设的要求

管路敷设应符合下列各项要求：

（1）导管在安装前应核对钢号、尺寸，并进行外观检查和内部清洗。

（2）管路应按设计规定的位置敷设，若设计未作规定时，可按下列原则根据现场具体情况而定。

1）导管应尽量以最短的路径进行敷设，以减少测量的时滞，提高灵敏度。但对于蒸汽测量管路，为了使导管内有足够的凝结水，管路又不应太短。

2）导管避免敷设在易受机械损伤、潮湿、腐蚀或有震动的场所，应敷设在便于维护的地方。

3）导管应敷设在环境温度为 5～50℃的范围内，否则应有防冻或隔热措施（防冻措施见第十章第四节）。

4）油管路敷设时应离开热表面，严禁平行布置在热表面的上部。这是为了避免油管路泄漏时，油落在热表面上引起火灾。油管路与热表面交叉时，也必须保持一定的安全距离，一般不小于150mm，并应有隔热措施。

5）差压测量管路（特别是水位测量）不应靠近热表面，其正、负压管的环境温度应一致。因为水位测量差压较小，如果测量管路靠近热表面，或两根差压管受环境温度影响不一致，会引起正、负压管内水柱有温度差，使密度不一样而产生测量误差。特别是其中有一根管如离介质流动的热管路过近时，将使正、负测量管内介质密度所引起的差压值大于测量的差压值，而无法进行测量。

6）管路敷设时，应考虑主设备的热膨胀，特别是大容量机组的锅炉，如超高压参数锅炉向下膨胀最大达200mm；超临界压力参数的锅炉，向下膨胀最大达380mm左右，向左、右膨胀最大达120mm左右。如不注意这个问题，当主设备膨胀后，将使一些敷设好的仪表管路受到一定的拉力，甚至使管子断裂。因此，管路应尽量避免敷设在膨胀体上。如必须在膨胀体上装设取源装置时，其引出管需加补偿装置，如"Ω"弯头等。

7）管路应尽量集中敷设，其路线一般应与主体结构相平行。例如，锅炉和汽机房内管路的水平段可集中敷设在运转层平台下；锅炉管路的垂直段可沿本体主钢架、步道外侧或厂房混凝土柱子集中敷设，以便于导管的组合安装，做到整齐、美观。

8）导管敷设路线应选择在不影响主体设备检修的地点。

9）导管不应直接敷设在地面上。如必须敷设时，应设有专门沟道。导管如需穿过地板或砖墙，应提前在土建施工时配合预留孔洞，敷设导管时还应穿用保护管或保护罩。

（3）管路水平敷设时，应保持一定坡度，一般应大于1：100，差压管路应大于1：12。其倾斜方向应能保证测量管内不存有影响测量的气体或凝结水，并在管路的最高或最低点装设排气或排水容器或阀门。

测量蒸汽和液体流量时，节流装置的位置最好比差压计高。如节流装置位置低于差压计时，为防止空气侵入测量管路内，测量管路由节流装置引出时应先下垂，再向上接至仪表，其下垂距离一般不应小于500mm，使测量管路内的蒸汽或液体得以充分凝结或冷却，不至于产生对流热交换。

测量凝汽器真空的管路，应全部向下朝凝汽器倾斜，不允许有形成水塞的可能性。

气体测量管路从取压装置引出时，应先向上引600mm，使受降温影响而析出的水分和尘粒沿这段直管道导回主设备，减少它们窜入仪表测量管路的机会，避免管子堵塞。

（4）管路敷设应整齐、美观、固定牢固，尽量减少弯曲和交叉，不允许有急弯和复杂的弯。成排敷设的管路，其弯头弧度应一致。

（5）测量黏性或侵蚀性液体的压力或差压时（如重油、酸、碱等），取源阀门至仪表阀门之间的管路上应装设隔离容器，在隔离容器和至测量表计的导管内充入隔离液，以防表计被腐蚀。若介质凝固点高、黏性大，取压装置至隔离容器应有伴热并保温，以防介质凝固，亦可将取压装置引出的导管及隔离容器等紧贴被测热力管线安装，并共同保温。隔离容器的安装详见本章第六节。

（6）供气母管及控制用气支管应采用不锈钢管，至仪表设备的分支管可采用紫铜管、不锈钢管或尼龙管❶。支管应从母管上半部引出，母管最低处应加装排水装置。

（7）管路敷设完毕后，应用水或空气进行冲洗，并应无漏焊、堵塞和错焊等现象。

（8）管路应严密无泄漏。被测介质为液体或蒸汽时，取源阀门及其前面的取源装置应参加主设备的严密性试验；取源阀门后管路视安装进度，最好也能随主设备做严密性试验。若工期跟不上，可参加试运前的工作压力试验。被测介质为气体的管路，需单独进行严密性试验。因为这些管路压力较低，运行中不易发现问题，如有泄漏，将影响到测量准确性。仪表管路及阀门严密性试验标准应符合表 7-1 的规定。

表 7-1　　　　　　　　　　　　　管路及阀门严密性试验标准

项次	试 验 项 目	试 验 标 准
1	取源阀门及汽、水管路的严密性试验	用 1.25 倍工作压力进行水压试验，5min 内无渗漏现象
2	气动信号管路的严密性试验	用 1.5 倍工作压力进行严密性试验，5min 内压力降低值不应大于 0.5%
3	风压管路及其切换开关的严密性试验	用 0.1～0.15MPa（表压）压缩空气试验无渗漏，然后降至 6000Pa 压力进行试验，5min 内压力降低值不应大于 50Pa
4	油管路及真空管路严密性试验	用 0.1～0.15MPa（表压）压缩空气进行试验，15min 内压力降低值不应大于试验压力的 3%
5	氢管路系统严密性试验	仪表管路及阀门随同发电机氢系统做严密性试验，标准按 DL501—92《电力建设施工及验收技术规范　汽轮机组篇》附录 J 进行

（9）管路严密性试验合格后，表面应涂防锈漆，高温管路用耐高温的防锈漆。露天敷设的汽水导管应保温。

（10）管路敷设完毕后，在所有管路两端应挂上标明编号、名称及用途的标示牌。

第二节　管路安装前的检查

导管与管件安装前应遵照下列程序和方法进行检查。

1. 管路材质和规格的检查

（1）管路材质和规格应符合设计要求，设计未作规定时，可参照表 7-2 选用，并有检验合格证。

（2）管件尺寸应符合制作图的要求，丝扣连接部分合适，没有过松或过紧现象。

2. 外观检查

（1）导管外表应无裂纹、伤痕和严重锈蚀等缺陷。

---

❶　摘自 NDGJ16—89《火力发电厂热工自动化设计技术规定》。

表 7-2 仪表管材质及管径的选择

被测介质名称	被测介质参数	取源门前			取源门后		备注
		材质	取压短管(mm)(外径×壁厚)	导管(mm)(外径×壁厚)	材质	导管(mm)(外径×壁厚)	
汽、水	$p=2.7\sim14.7$MPa $t=500\sim555$℃	12Cr1MoV 或与主管道同材质	$\phi25\times7$	$\phi16\times3$	20 号钢	$\phi14\times2$	
	$p=16.0\sim17.0$MPa $t=500\sim555$℃	12Cr1MoV 或与主管道同材质	$\phi25\times7$	$\phi16\times3$	20 号钢	$\phi16\times3$	
	$p=12.0\sim18.4$MPa $t=200\sim235$℃	20 号钢	$\phi25\times7$	$\phi16\times3$	20 号钢	$\phi14\times2$	
	$p=19.0\sim28.0$MPa $t=240\sim280$℃	20 号钢	$\phi25\times7$	$\phi16\times3$	20 号钢	$\phi16\times3$	
	$p=3.9$MPa $t=450$℃	20 号钢或 10 号钢	$\phi25\times7$	$\phi14\times2$	20 号钢或 10 号钢	$\phi14\times2$	
	$p\leqslant7.6$MPa $t\leqslant175$℃	20 号钢或 10 号钢	$\phi16\times3$	$\phi14\times2$	20 号钢或 10 号钢	$\phi14\times2$	见注 1
	$p=4.0\sim12.5$MPa $t=249\sim326$℃	20 号钢	$\phi28\times4$		20 号钢	$\phi14\times2$	用于锅炉汽包水位
	$p=15.0\sim20.0$MPa $t=340\sim364$℃				20 号钢	$\phi16\times3$	
重油、灰水		10 号钢				$\phi20\times2$ 或 $\phi18\times2$	
油、气体、烟气、气粉混合物		10 号钢				$\phi14\times2$	
汽、水、烟气的成分分析，水冷发电机冷却水		1Cr18Ni9Ti				$\phi14\times2$	

注 1. 表中的导管规格 $\phi16\times3$ 亦可用 $\phi16\times2.5$。当取源阀门选用焊接式阀门时，取源阀门前的取压短管为 $\phi25\times7$。

2. 表中 p 为工作压力，t 为工作温度。

3. 本表摘自 SDJ279—90《电力建设施工及验收技术规范热工仪表及控制装置篇》。

（2）检查导管的平直度，不直的导管应调直。钢管用电力、液压或气压传动的机械或工具校直。铜管可以用手动工具（图 7-1）校直。把弯曲的铜管插入工具（牢固地固定在安装工作台的底座上）内，用手拉动铜管的插入端，使铜管从校直辊之间通过。如果使校直工具沿着铜管移动（如图 7-1 中箭头所示），则应将铜管的一端固定。

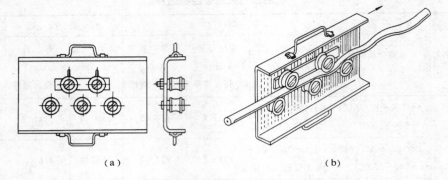

(a) (b)

图 7-1 铜管校直工具

(a) 总图；(b) 校直铜管

（3）管件应无机械损伤及铸造缺陷。

3. 内部清洗

（1）一般导管可用蒸汽吹洗，或用干净布浸以煤油（或汽油）用钢丝带着，穿过导管来回拉擦，除净管内积垢。清洗后的导管两端应进行临时封闭，以防止污物进入管内。

（2）管件内部的油垢应使用煤油（或汽油）浸洗。

第三节　导管的弯制

导管的弯制，一般应用冷弯法，通常使用机械弯管机。冷弯时，钢材的化学性能不变，且弯头整齐。在现场，使用氧-乙炔焰进行热煨，一般用以对个别的弯头进行校正。大直径的低压导管可采用标准的热压弯头成品。常用热压弯头的管径有 50、65、80、100、125、150、200mm 等，一般用 90°弯头。

导管的弯曲半径，对于金属管应不小于其外径的 3 倍，对于塑料管应不小于其外径的4.5 倍。弯制后，管壁上应无裂缝、过火、凹坑、皱褶等现象；管径的椭圆度不应超过 10%。

(a) (b)

图 7-2　电动弯管机

(a) $\phi 14 \sim \phi 16$；(b) $\phi 16 \sim \phi 35$

仪表管安装用弯管机分为电动和手动两种。

电动弯管机一般可利用电动执行机构作为动力，如图7-2所示。此外，还有电动液压弯管机。由于电动弯管机较重，宜用于集中弯制。手动弯管机又分为固定型和携带型两种。固定型弯管机可在任何地方设法固定使用，因此甚为灵活、方便，其示意图见图7-3；携带型弯管机使用更为方便，只需两手分别握住两手柄即可弯管，其结构如图7-4所示。手动液压弯管机既可固定使用，亦可携带使用。

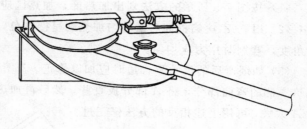

图 7-3　固定型手动弯管机

使用弯管机弯管的步骤如下：

（1）将导管放在平台上进行调直。

（2）选用弯管机的合适胎具。

（3）根据施工图或实样，在导管上划出起弧点。

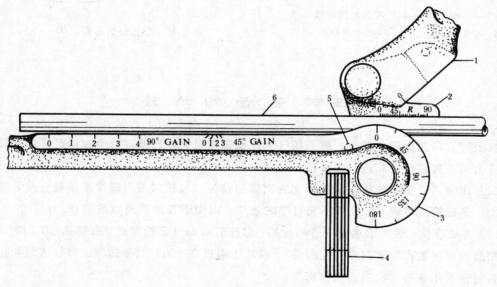

图 7-4　携带型手动弯管机

1—靴状手柄；2—导向连接板；3—形状手柄；4—锁紧装置；5—止钉；6—被弯导管

（4）将已划线的导管放入弯管机，使导管的起弧点对准弯管机的起弧点（此点可先行计算，并通过实践取得），然后拧紧夹具（对于携带型手动弯管机，将其锁紧装置翻转180°，夹住被弯导管）。

（5）启动电动机或扳动手柄弯制导管，当弯曲角度大于所需角度1°～2°时停止（按经验判断）。采用手动弯管机时，应用力均匀，速度缓慢。

（6）将弯管机退回至起点，用样板测量导管弯曲度。合格后松开夹具，取出导管。

使用氧-乙炔焰加热弯管时，可按下列步骤进行：

（1）按图 7-5 所示的方法划出加热区，加热区应为弯曲半径的 3 倍。

（2）用氧-乙炔焰将加热区均匀加热到呈樱红色，再使用图 7-6 所示工具将导管弯至所需角度。弯制时用力应均匀。

（3）如煨弯后的尺寸不合适时应加以修正。若图 7-5 中尺寸 A 太小，可用氧-乙炔焰加热这一侧的弯曲部分，将 A 部分扳直些，然后再加热弯头的另一端，弯至所需角度；若尺寸 A 太大，可用上述相反的方法修正过来。

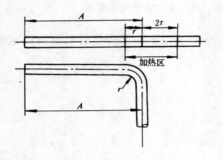

图 7-5　氧-乙炔焰加热弯管时的划线

A—弯管时的定位尺寸；r—弯曲半径值

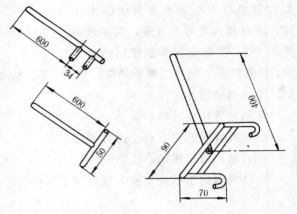

图 7-6　氧-乙炔焰弯管工具

第四节　导管的连接

仪表导管多为金属小管，一般采用气焊法或钨极氩弧焊连接，对于检修时常需拆卸的部位可采用下列各种方式进行连接：

（1）压垫式管接头连接：适用于无缝钢管和设备（包括仪表、螺纹连接截止阀等）的连接处，根据第六章表 6-2 选择不同材质的垫片，以用于各种介质参数场合。

（2）螺纹连接：适用于水煤气管的连接，分连管节和外套螺帽式（俗称油任）两种。一般采用缠绕聚四氟乙烯密封带（生料带），以用于温度在 250℃ 以下的液、汽管道的丝扣密封。有时也采用亚麻丝涂白铅油作密封。

（3）卡套式管接头连接：适用于碳钢或不锈钢无缝钢管的连接。它利用卡套的刃口切入被连接的无缝钢管，起到密封作用，可用于公称压力 25～40MPa 的介质。

（4）胀圈式管接头连接：适用于紫铜管或尼龙管的连接。利用胀圈作密封件，多用于气动管路的连接。

（5）扩口式管接头连接：适用于紫铜管或尼龙管的连接。将扩了口的管子置于接头体的锥面，利用旋紧螺母使管子喇叭口受压，从而起到密封作用，多用于气动管路的连接。

（6）法兰连接：适用于大管径的气源管路及带法兰的设备（包括带法兰的截止阀等）的连接，根据表 6-2 选择不同材质的垫片，以用于各种介质参数的场合。

在导管安装中，不管使用哪种连接方法，都必须保证导管的严密性，不应有泄漏和堵塞现象。各种连接方法可按照下列工艺要求和步骤进行。

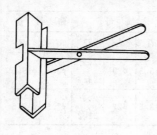

图 7-7　导管对口工具

1. 气焊、电焊和钨极氩弧焊连接

（1）气焊焊丝可根据第十章第六节有关内容选用。

（2）焊接及热处理工艺参照第十章第六节的规定进行。

（3）水煤气管焊接时，其两端螺纹应割掉，因为此处管壁已减薄，机械强度降低，容易产生裂缝。

（4）导管对口气焊连接时可使用如图 7-7 所示的对口工具先点焊，防止导管错口和承受机械力。采用套接头与导管连接，可用钨极氩弧焊或电焊，需用插入式连接附件。

（5）高压导管上需要分支时，应采用与管路相同材质的三通件进行连接（参见图 7-38），不得在管路上直接开孔焊接。

（6）不同直径的导管对口焊接时，其直径相差不得超过 2mm，否则应采用异径转换接头。

（7）小直径的紫铜管焊接时，为防止焊渣堵塞导管和增加接口处强度，可采用如图 7-8 所示的套管焊接法，将导管和套管焊在一起。套管的长度为 30～50mm，内径比被连接管的外径大 0.2～0.5mm。

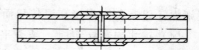

图 7-8　导管套管焊接图

（8）小直径的不锈钢管焊接时，采用钨极氩弧焊。

（9）焊接后的导管应校正平直（可用氧-乙炔焰加热后平直）。

2. 压垫式管接头连接

压垫式管接头连接的形式及零件制作图见图 7-9 和表 7-3。使用压垫式管接头进行导管与导管或导管与仪表、设备连接时，可按下列步骤进行：

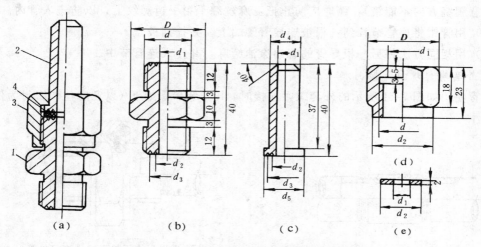

图 7-9　压垫式管接头的连接形式及零件制作图
（a）连接形式；（b）接头座；（c）接管嘴；（d）锁母；（e）密封垫
1—接管座；2—接管嘴；3—锁母；4—密封垫

d	主　要　尺　寸　(mm)													
	接 头 座				接 管 嘴					锁 母			密 封 垫	
	d_1	d_2	d_3	D	d_1	d_2	d_3	d_4	d_5	d_1	d_2	D	d_1	d_2
M22×1.5	φ9	φ12	φ16	六方33.5	φ9	φ12	φ16	φ15	φ19.5	φ15.5	φ29	六方33.5	φ9.5	φ19.5
M20×1.5	φ7	φ10	φ14	六方31.2	φ7	φ10	φ14	φ13	φ17.5	φ13.5	φ27	六方31.2	φ7.5	φ17.5

（1）把接管嘴穿入锁母孔中，接管嘴在孔中应呈自由状态。

（2）将带有接管嘴的锁母拧入接头座中（或仪表、设备上的螺纹部分），接管嘴与接头座间应留有密封垫的间隙，然后将接管嘴与导管对口、找正，用火焊对称点焊数点。

（3）再次找正后，卸下接头，进行焊接。切忌在不卸下接头的情况下在仪表设备上直接施焊，以避免因焊接高温传导而损坏仪表设备的内部元件。

（4）正式安装接头时，结合平面内应加厚度为 2～3mm 的密封垫圈，其表面应光滑（齿形垫除外），内径应比接头内径大 0.5mm 左右，外径则应小于接头外径约 0.5mm。

（5）在接头的螺纹上涂以机油黑铅粉混合物，并把密封垫圈自由地放入锁母中，然后拧入接头，用扳手拧紧。接至仪表设备时，接头必须对准，不应产生机械应力。

3. 连管节螺纹连接

导管使用如图 7-10 所示的连管节连接时，两个被连导管管端的螺纹长度不应超过所用连管节长度的 $\frac{1}{2}$，连接方法可按下列步骤进行（以亚麻丝作密封为例）：

（1）用圆锉锉一下管端部螺纹的第一道丝扣，除去棱角与毛刺。

（2）在管端螺纹上涂上白铅油后，将劈成细丝的亚麻丝从导管端开始顺螺纹缠在丝扣上（注意缠绕方向不能错），缠时应防止把亚麻丝缠于第一道螺纹上，以防进入管内。

（3）用管钳将连管节拧到一根被连导管管端上，并拧到极点。

（4）用相同方法将另一根导管的管端涂油缠麻，并拧入连管节中。

4. 外套螺母螺纹连接

导管使用如图 7-11 所示的外套螺帽连接时，其安装步骤如下（以亚麻丝作密封为例）：

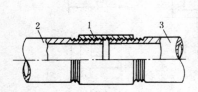

图 7-10　导管使用连管节连接

1—连管节；2、3—导管

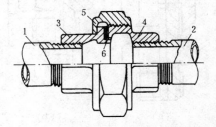

图 7-11　使用外套螺帽连接导管

1、2—导管；3、4——对连管节；5—外
套螺帽；6—密封垫圈

（1）在两导管的螺纹上涂油缠麻（方法同连管节连接）。

（2）将一对连管节分别用管钳拧入导管上。

（3）用低压石棉垫制成密封垫圈，在密封垫圈与外套螺帽的丝扣上涂以机油黑铅粉或机油红丹混合物。垫入密封垫圈，密封垫圈与导管的中心线必须吻合。拧上外套螺帽，用扳手拧紧。

5. 卡套式管接头连接

卡套式管接头的结构形式有多种（国家标准GB3733.1～3765—83）。图7-12所示为适用于管路直通连接的接头连接形式及零件制作图，其加工尺寸见表7-4～表7-6。此外，还有端直通、直角、端直角、三通、端三通、直角三通、四通、压力表管接头等。

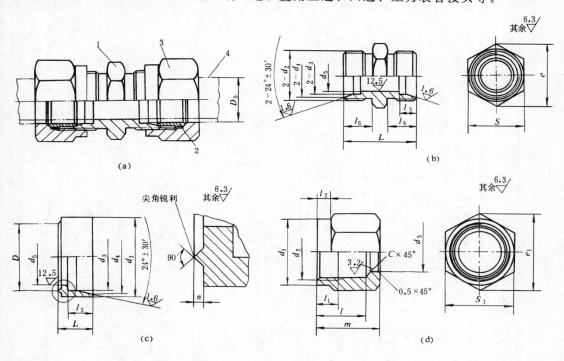

图 7-12　卡套式管接头的连接形式及零件制作（管路直通）

(a) 连接形式；(b) 直通接头体；(c) 卡套；(d) 螺母

1—直通接头体；2—卡套；3—螺母；4—导管

卡套式管接头的性能质量除了与零件的材料、制造精确度、热处理等有关外，还与装配的质量有重要关系。其装配方法如下：

（1）按需要长度切断（或锯切）管子。其切面与管子中心线的垂直度误差不得大于管子外径的公差之半。

（2）除去管端的内、外圆毛刺，及金属屑、污垢等。

（3）除去管接头各零件上的防锈油及污垢。

（4）在卡套刃口、螺纹及各接触部位涂以少量的润滑油。按顺序将螺母、卡套套在管子上，然后将管子插入接头体内锥孔底部并放正卡套。在旋紧螺母的同时转动管子，直至不动为止，然后再旋紧螺母 $1\sim1\frac{1}{3}$ 圈。

表 7-4　　　　　　　　　卡套式直通接头体的加工尺寸　　　　　　　　　(mm)

公称压力 (MPa)	管子外径 D_0	d_2	d_5	d_3 公称尺寸	d_3 极限偏差	d_4 公称尺寸	d_4 极限偏差	l_6	b_3 公称尺寸	b_3 极限偏差	L	s	e	质量 (kg/100件)
G (25)	4	M10×1	3	4		6.1		8.5	6.5		22	13	15	0.98
	5		3.5	5		7.1		10.7	7					
	6	M12×1.25	4	6	+0.28 / +0.21	8.1		13	7		26.4			1.67
	8	M14×1.5	6	8		10.1		13.5	7.5		32	15	17.3	2.61
	10	M16×1.5	8	10		12.3					33	18	20.8	2.95
	12	M18×1.5	10	12		14.3					34	21	24.2	3.63
	14	M20×1.5	12	14		16.3								4.36
	16	M22×1.5	14	16		18.3					35	24	27.7	5.17
	18	M24×1.5	15	18		20.3						27	31.2	6.40
	20	M27×1.5	17	20		22.7			8.5		37	30	34.6	8.75
	22	M30×2	19	22		24.7		18	9.5		46	31	39.3	11.8
	25	M33×2	22	25	+0.40 / +0.30	27.7								15.1
	28	M36×2	24	28		30.7					48	41	47.3	19.1
	32	M42×2	27	32		35	+0.10 / 0	19	10.5	+0.30 / 0	50	46	53.1	28.5
	34	M45×2	30	34		37								29.1
	40	M48×2	34	40		43			11		51	50	57.7	30.2
	42	M52×2	36	42		45							63.5	43.2
J (40)	6	M14×1.5	3	6		8.1			7		33	15	17.3	3.08
	8	M16×1.5	5	8	+0.28 / +0.21	10.1			7			18	20.8	4.08
	10	M18×1.5	7	10		12.3		13.5	7.5		35	21	24.2	4.86
	12	M20×1.5	8	12		14.3			7.5					6.06
	14	M22×1.5	10	14		16.3			8		36	24	27.7	7.23
	16	M24×1.5	12	16		18.3		14	8			27	31.2	8.40
	18	M27×1.5	14	18	+0.40 / +0.30	20.3			9		38	30	34.6	11.3
	20	M30×2	16	20		22.7			10		48	34	39.3	14.3
	22	M33×2	18	22		24.7		19	10		50			18.7
	25	M36×2	20	25		27.7			11.5		53	41	47.3	24.5
	28	M39×2	22	28		30.7		20	11.5		54			26.5

　注　1. 接头体材料推荐选用 35 号钢，一般腐蚀性介质的管路系统推荐使用 1Cr18Ni9Ti。

　　　2. 零件表面一般进行氧化处理（发黑或发蓝）。

表 7-5　　　　　　　　　　　　卡 套 的 加 工 尺 寸　　　　　　　　　　　　（mm）

管子外径 D_0	d_3 公称尺寸	d_3 极限偏差	d_4 公称尺寸	d_4 极限偏差	D_2 公称尺寸	D_2 极限偏差	d_1	D 公称尺寸	D 极限偏差	a	a_1	r	R	l_1	l	L	质量 (kg/100件)
4	4	+0.28 +0.21	5.4		6		5	7	+0.20 0	0.6	0.7		0.4	0.6	5	8	0.10
5	5		6.4		7		6	8									
6	6		7.4		8		7	9							5.5	8.5	0.15
8	8		9.4		10		9	11							5.8	9	0.20
10	10		11.5	0 −0.10	12.2	0 −0.10	11	13.4		0.7	0.8	0.1	0.5	0.8	6	10	0.32
12	12		13.5		14.2		13	15.4									0.43
14	14		15.5		16.2		15	17.4									0.48
16	16		17.5		18.2		17	19.4									0.60
18	18		19.5		20.2		19	21.4									0.62
20	20	+0.40 +0.30	21.7		22.5		21.2	24		0.8	0.9		0.6	1.0	7	11.5	0.95
22	22		23.7		24.5		23.2	26									1.04
25	25		26.7		27.5		26.2	29									1.20
28	28		29.7		30.5		29.2	32				0.2					1.30
32	32		33.9		34.8		33.2	37							7.5	13	2.10
34	34		35.9		36.8		35.2	39									2.20
40	40		41.9		42.8		41.2	45		0.9	1.0		0.9				2.51
42	42		43.9		44.8		43.2	47									2.70

注　1. 卡套材料推荐选用 10 号钢，一般腐蚀性介质的管路系统推荐使用 1Cr17Ni2。

　　2. 卡套需经表面热处理，其表面硬度范围为 HV550～800，硬层深度为 0.03～0.05mm，心部硬度范围为 HV220～300。

表 7-6　　　　　　　　　卡套管接头用螺母的加工尺寸　　　　　　　　　（mm）

公称压力 (MPa)	管子外径 D_0	d_2	d_1	d_3 公称尺寸	d_3 极限偏差	c	l	l_1	l_2	m	s_1	e_1	质量 (kg/100件)
E (16)	4	M10×1	14.8	4	+0.28 +0.21	1.5	10	7	3.5	13	15	17.3	0.71
	5			5									
	6	M12×1.25	15.8	6			11.5	7.5	4	15.5	16	18.5	1.11
	8	M14×1.5	17.8	8			12	8.5		16	18	20.8	1.74
	10	M16×1.5	20.8	10		1.8				18.5	21	24.2	2.31
	12	M18×1.5	23.8	12			14	9.5	5		24	27.7	3.16
	14	M20×1.5		14						19			3.67
G (25)	16	M22×1.5	26.8	16	+0.40 +0.30					19.5	27	31.2	4.91
	18	M24×1.5	29.8	18						20	30	34.6	6.35
	20	M27×1.5	33.8	20		2	16.5	11	5.5	23	34	39.3	7.34
	22	M30×2	35.8	22							36	41.6	9.85
	25	M33×2	40.8	25			17.5	12.5		24.5	41	47.3	14.3
	28	M36×2		28									11.5

公称压力 (MPa)	管子外径 D_0	d_2	d_1	d_3 公称尺寸	d_3 极限偏差	c	l	l_1	l_2	m	s_1	e_1	质 量 (kg/100件)
E (16) G (25)	32	M42×2	49.8	32	+0.40 +0.30	2.5	18	12.5	6	25	50	57.7	19.3
	34	M45×2	49.8	34		2.5	18.5	13	6	25	50	57.7	16.7
	40	M48×2	54.8	40		2.5	18.5	13	6	26	55	63.5	25.1
	42	M52×2	59.8	42		2.5		14	6	26	60	69.3	27.8
J (40)	6	M14×1.5	17.8	6	+0.28 +0.21	1.5	13	9.5	5	17.5	18	20.8	1.97
	8	M16×1.5	20.8	8		1.5	13		5	17.5	21	24.2	2.29
	10	M18×1.5	23.8	10		1.5	14	9.5	5	19	24	27.7	3.41
	12	M20×1.5	23.8	12		1.5	14		5	19	24	27.7	3.83
	14	M22×1.5	26.8	14		1.8	14			20	27	31.2	5.30
	16	M24×1.5	29.8	16	+0.40 +0.30	1.8	15	10	6	21	30	34.6	6.83
	18	M27×1.5	33.8	18		1.8	15		6	21	34	39.3	6.97
	20	M30×2	35.8	20		1.8	16.5	12.5	6	24.5	36	41.6	11.1
	22	M33×2	40.8	22		2	17	13	6.5	25	41	47.3	13.6
	25	M36×2	40.8	25		2	17	13	6.5	26.5	41	47.3	15.4
	28	M39×2	45.8	28		2	18	14		27	46	53.1	18.4

注 1. 螺母材料推荐选用 35 号钢，一般腐蚀性介质的管路系统推荐使用 2Cr13。

2. 零件表面一般进行氧化处理（发黑或发蓝）。

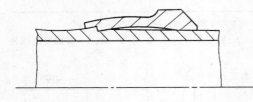

图 7-13　卡套刃口切入被连接钢管的情况

（5）螺母旋紧后，可拆下螺母，检查卡套在钢管上的咬合情况（若做剖面检验，其切入情况如图 7-13 所示），卡套的刃口必须全部咬进钢管表层，其尾部沿径向收缩，应抱住被连接的管子，允许卡套在管子上稍转动，但不得松脱或径向移动。

6. 胀圈式管接头连接

连接紫铜管的胀圈式管接头，其连接形式及零件制作要求见图 7-14。

连接尼龙管的管件有多种制品，图 7-15 所示为适用于管缆（单管外径为 6mm）分线处的连接，以及单管与单管连接的穿板直通接头的连接形式和管件尺寸。此外，还有直通终端、弯通终端、三通、压力表接头等品种。

胀圈式管接头的装配方法与卡套式管接头相仿。

7. 扩口式管接头连接

扩口式管接头适用于介质为油、气的紫铜管或碳钢管等管路系统的连接，其结构形式有多种（国家标准 GB5625～5653—85），图 7-16 所示为适用于管路直通连接的接头连接形式，零件制作要求如图 7-17 所示，加工尺寸见表 7-7～表 7-10。制作管接头的材质应满足

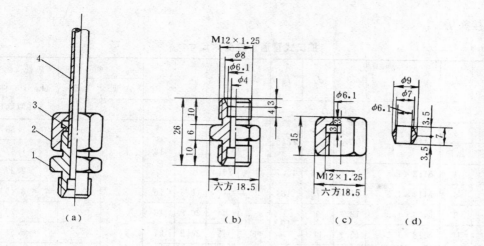

图 7-14　胀圈式管接头的连接形式及零件制作要求

(a) 连接形式；(b) 接头体；(c) 螺母；(d) 胀圈

1—接头体；2—螺母；3—胀圈；4—导管

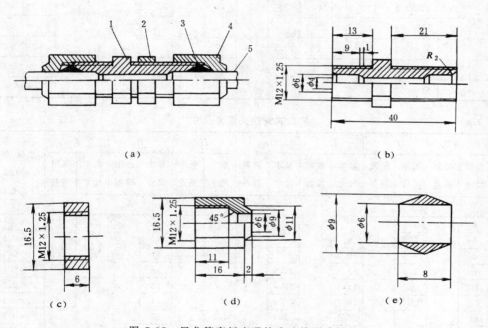

图 7-15　尼龙管穿板直通接头连接形式及管件

(a) 连接形式；(b) 接头体；(c) 螺母；(d) 锁母；(e) 胀圈

1—接头体；2—螺母；3—胀圈；4—锁母；5—尼龙管

实际使用的压力范围和管路系统中输送的介质要求，可选用铜合金、不锈钢、碳钢等材料。使用碳钢材料时，推荐接头体用15号或20号钢，管套用35号钢，螺母用Q195F钢。

扩管式管接头制品还有端直通、直角、端直角、三通、端三通、直角三通、四通、压力表管接头等。

表 7-7　　　　　　　　　　　　　　扩口式直通管接头体尺寸

管子外径 D0	d_0	d_1	d_2	d_3	l_4	h	L	e	S	α A型	α B型	质量（钢）(kg/100件)（近似数）
			(mm)							(°)		
4	3	M10×1	8.4	3.6	12.5	4.5	30				—	≈1.53
5	3.5			4.3				15	13			≈1.47
6	4	M12×1.5	10	4.8	15.7	5.5	36.4					≈2.27
8	6	M14×1.5	11.7	7	18		42	18.5	16		90±1	≈3.49
10	8	M16×1.5	13.7	9	19		44	20.8	18			≈4.75
12	10	M18×1.5	15.7	11		6	45	24.2	21			≈5.51
14	12	M22×1.5	19.7	13	19.5		46	27.7	24	74±0.5		≈8.19
16	14	M24×1.5	21.7	15	20	6.5	48		27			≈9.89
18	15	M27×1.5	24.7	16.5	20.5	7	49	31.2				≈12.4
20	17	M30×2	27	18.5				39.3	34			≈21.7
22	19	M33×2	30	20.5	26	8	62				—	≈23.5
25	22	M36×2	33	23.5				47.3	41			≈29.6
28	24	M39×2	36	26	27.5		67					≈32.8
32	27	M42×2	39	29		9.5	69					≈38.2
34	30	M45×2	42	32	28.5			53.1	46			≈39.6

表 7-8　　　　　　　　　　　　　　扩口式管接头管套尺寸

管子外径 D0	D_2 公称尺寸	D_2 极限偏差	D_3 基本尺寸	D_3 极限偏差	D_4 基本尺寸	D_4 极限偏差	D_5 基本尺寸	D_5 极限偏差	H 基本尺寸	H 极限偏差	L 基本尺寸	L 极限偏差	R 基本尺寸	R 极限偏差	质量（钢）(kg/100件)（近似数）
						(mm)									
4	4	+0.2 / −0.1	5.5	0 / −0.1	8.7	0 / −0.1	7.2	0 / −0.5	3.5	±0.3	9	±0.3	1	±0.3	≈0.16
5	5		6.5								10				≈0.17
6	6		7.5		10.3		8.7				11				≈0.24
8	8		9.5		12.1		10.4		4.5		12				≈0.34
10	10		11.5		14.1		12.4				13				≈0.44
12	12		13.5		16.1		14.4				14				≈0.54
14	14		16		20.1		17.4				15		1.5		≈0.96
16	16		18		22.1		19.9				16				≈1.12
18	18		20		25.1		22.9				17				≈1.43
20	20		22		28.1		24.9				18		2		≈1.78
22	22		24		30.5		27.9		6.5		20				≈2.35
25	25		27		33.5		30.9		7						≈2.97
28	28		30		36.5		33.9				22				≈3.43
32	32		34		39.5		36.9		7.5				2.5		≈3.74
34	34		36		42.5		39.9				23				≈4.34

表 7-9　　　　　　　　　　　　　　　　**扩口式 A 型管接头螺母尺寸**

管子外径 D_0	d_1	d_{14}	D_3 基本尺寸	D_3 极限偏差	l_1	l	L	e_1	S_1	质量（钢）(kg/100 件)（近似数）
(mm)										
4	M10×1	8.9	5.5	+0.08 0	6.5	11.5	13.5	15	13	≈0.90
5			6.5							≈0.92
6	M12×1.5	10.6	7.5		7.5	13.5	16.5	17.3	15	≈1.42
8	M14×1.5	12.4	9.5		8.5	15.5	18.5	20.8	18	≈2.35
10	M16×1.5	14.4	11.5		9.5	16.5	19.5	24.2	21	≈3.38
12	M18×1.5	16.4	13.5					27.7	24	≈4.24
14	M22×1.5	20.4	16					31.2	27	≈4.80
16	M24×1.5	22.4	18		10	17	20	34.6	30	≈6.20
18	M27×1.5	25.4	20							≈5.54
20	M30×2	27.8	22		10.5	20.5	24.5	41.6	36	≈10.0
22	M33×2	30.8	24		11.5	21.5	25.5			≈10.2
25	M36×2	33.8	27		12	22	26	47.3	41	≈12.0
28	M39×2	36.8	30		13	23	27.5	53.1	46	≈17.3
32	M42×2	39.8	34		13.5	23.5	28.5	57.7	50	≈17.5
34	M45×2	42.8	36		14	24	29			≈21.1

表 7-10　　　　　　　　　　　　　　　　**扩口式 B 型管接头螺母尺寸**

管子外径 D_0	d_1	D_2 基本尺寸	D_2 极限偏差	d_{15}	L_1	L_2	L	l_{11}	e_1	S_1	α (°)	质量（钢）(kg/100 件)（近似数）
(mm)												
5	M10×1	5	+0.2 +0.1	9	7	5	16	10	15	13	90±1	≈1.02
6	M12×1.5	6			9.5	7			17.3	15		≈1.23
8	M14×1.5	8		11	11	8	20	12	20.8	18		≈1.99
10	M16×1.5	10		14	11.5	8.5	26	14	24.2	21		≈3.77
12	M18×1.5	12		16			28	16	27.7	24		≈5.46

扩管式管接头的安装方法如下：

（1）先将螺母与管套（对于 A 型接头）按顺序套在导管上（如系紫铜管，则其管端应先退火）。

（2）将导管端头放入如图 7-18 所示的胀管器内，使管子扩口，管子扩口形式如图 7-19 所示，扩口尺寸见表 7-11 所列。

（3）将管口对准接头体，用螺母锁紧。

表 7-11 　　　　　　　　　　管子扩口形式、尺寸及允许使用压力

D_0	D		R_5		R_3		R_4		紫铜管			碳钢管		
管子外径	单、双层扩口直径		半径		半径		半径		t	c	允许使用压力	t	c	允许使用压力
	（最大）	（最小）	基本尺寸	极限偏差	基本尺寸	极限偏差	基本尺寸	极限偏差	壁厚（最大）	制造部位宽度（最小）		壁厚（最大）	制造部位宽度（最小）	
	(mm)										(MPa)	(mm)		(MPa)
4	6.5	6							0.5					
5	7.5	7	0.8						0.75	1.3	16	0.5	1.3	16
6	9	8.5							1					
8	11	10.5								1.6	10		1.6	
10	13.5	12.8	1.0											
12	15.5	14.8								1.7			1.7	12
14	18.5	17.7	1.5						1.5	2.1	8	1	2.3	
16	20.5	19.7		±0.35	0.5	±0.25	1	±0.25						
18	23.5	22.8								2.8			3.1	10
20	26.5	25.8	2.0							3.2	5		3.8	
22	29	28.2								3.5				
25	32	31.2	2.3						2					8
28	35	34.2										1.5		
32	39	38.3	2.8							3.6	3.5		3.9	
34	41	40.3												5

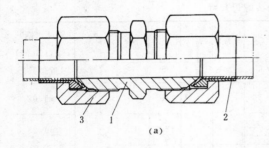

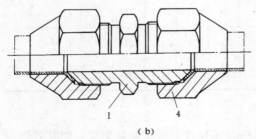

图 7-16　扩口式直通管接头连接形式

(a) A 型；(b) B 型

1—直通管接头体；2—管套；3—A 型管接头螺母；

4—B 型管接头螺母

8. 法兰连接

在仪表管路中，法兰连接一般用于低压大管径的场合，常用的结构形式为凸面板式平焊钢制管法兰，其制作要求及尺寸见图 7-20 和表 7-12。

法兰连接方法如下：

(1) 检查法兰结合平面和水线凹槽是否平整光滑，有无伤痕与裂纹等缺陷。如缺陷不大时，可进行研磨。

(2) 焊接前应先清理法兰和导管的焊接坡口，然后仔细地找正，点焊二三点，待复验无误后进行焊接。

(3) 密封垫圈的内、外边缘与两个平面上均应无毛刺与伤痕；密封垫圈所选的材质必须符合第六章表 6-2 的规定；其外径应比法兰接合平面的外径或凹槽外径（对凹凸型法兰而言）小 1～

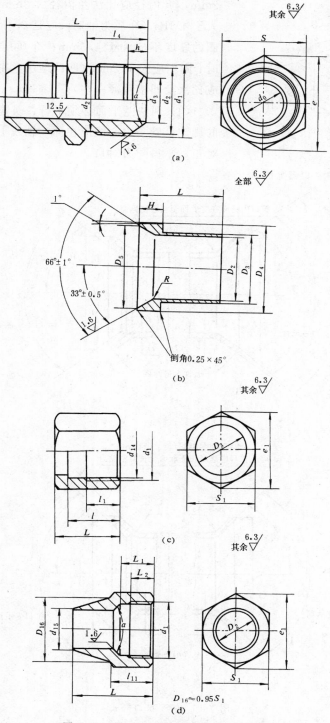

图 7-17 扩口式直通管接头零件制作要求

(a) 直通管接头体；(b) 管套；(c) A 型管

接头螺母；(d) B 型管接头螺母

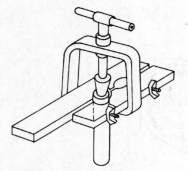

2mm，其内径应比法兰内径大 2mm 左右；介质压力大于 4MPa（介质为油时，应是 0.4MPa）时，密封垫圈的厚度不应大于 1.5mm；介质压力小于上述规定时，则不应大于 2mm（凹凸型法兰密封垫圈的厚度则应比法兰凹槽稍薄一些）。

（4）两法兰平面必须平行，误差不得超过表 7-13 的规定，管子中心线应在同一轴线上，法兰螺丝孔应对正，不得强力对口。

图 7-18　管子在扩口器上扩口

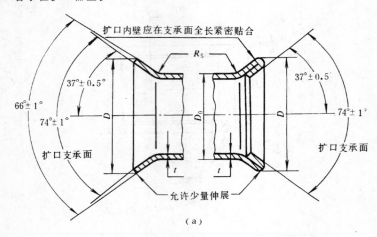

（a）

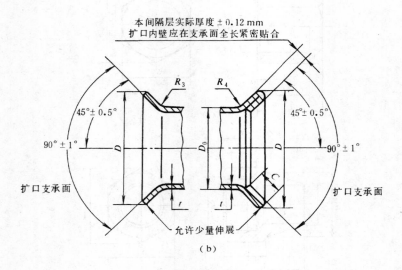

（b）

图 7-19　管子扩口形式

（a）74°单层和折叠层扩口；（b）90°单层和折叠层扩口

表 7-12　　　　　　　　　　常用凸面板式平焊钢制管法兰尺寸　　　　　　　　　　（mm）

PN (MPa)	公称直径 DN	管子外径	连接尺寸			螺栓、螺柱		密封面尺寸		法兰厚度	法兰内径	质量 (kg)
			法兰外径 系列1/系列2	螺栓孔中心圆直径	螺栓孔直径	数量	螺纹					
		A	D	K	L			d	f	C	B	
0.25	10	14	75	50	12	4	M10	32	2	10	15	0.25
	15	18	80	55	12	4	M10	40	2	10	19	0.29
	20	25	90	65	12	4	M10	50	2	12	26	0.45
	25	32	100	75	12	4	M10	60	2	12	33	0.55
	32	38	120	90	14	4	M12	70	2	12	39	0.80
	40	45	130	100	14	4	M12	80	3	12	46	0.95
	50	57	140	110	14	4	M12	90	3	12	59	1.04
	65	73	160	130	14	4	M12	110	3	14	75	1.43
	80	89	190/185	150	18	4	M16	125	3	14	91	1.95
	100	108	210/205	170	18	4	M16	145	3	14	110	2.20
	125	133	240/235	200	18	8	M16	175	3	14	135	2.78
	150	159	265/260	225	18	8	M16	200	3	16	161	3.49
	175	194	290	255	18	8	M16	230	3	16	196	3.86
	200	219	320/315	280	18	8	M16	255	3	18	222	4.88
0.6	10	14	75	50	12	4	M10	32	2	12	15	0.31
	15	18	80	55	12	4	M10	40	2	12	19	0.34
	20	25	90	65	12	4	M10	50	2	14	26	0.54
	25	32	100	75	12	4	M10	60	2	14	33	0.64
	32	38	120	90	14	4	M12	70	2	16	39	1.10
	40	45	130	100	14	4	M12	80	3	16	46	1.22
	50	57	140	110	14	4	M12	90	3	16	59	1.35
	65	73	160	130	14	4	M12	110	3	16	75	1.67
	80	89	190/185	150	18	4	M16	125	3	18	91	2.48
	100	108	210/205	170	18	4	M16	145	3	18	110	2.89
	125	133	240/235	200	18	8	M16	175	3	20	135	3.94
	150	159	265/260	225	18	8	M16	200	3	20	161	4.47
	175	194	290	255	18	8	M16	230	3	22	196	5.54
	200	219	320/315	280	18	8	M16	255	3	22	222	6.07
1.0	10	14	90	60	14	4	M12	40	2	12	15	0.46
	15	18	95	65	14	4	M12	45	2	12	19	0.51
	20	25	105	75	14	4	M12	55	2	14	26	0.75
	25	32	115	85	14	4	M12	65	2	14	33	0.89
	32	38	140/135	100	18	4	M16	78	2	16	39	1.40
	40	45	150/145	110	18	4	M16	85	3	18	46	1.71
	50	57	165/160	125	18	4	M16	100	3	18	59	2.09
	65	73	185/180	145	18	4	M16	120	3	20	75	2.84
	80	89	200/195	160	18	4	M16	135	3	20	91	3.24
	100	108	220/215	180	18	8	M16	155	3	22	110	4.01
	125	133	250/245	210	18	8	M16	185	3	24	135	5.40
	150	159	285/280	240	23	8	M20	210	3	24	161	6.67
	175	194	310	270	23	8	M20	240	3	24	196	7.44
	200	219	340/335	295	23	8	M20	265	3	24	222	8.24

PN (MPa)	公称直径 DN	管子外径	连接尺寸					密封面尺寸		法兰厚度	法兰内径	质量 (kg)
			法兰外径 系列1/系列2	螺栓孔中心圆直径	螺栓孔直径	螺栓、螺柱						
						数量	螺纹					
		A	D	K	L			d	f	C	B	
1.6	10	14	90	60	14	4	M12	40	2	14	15	0.55
	15	18	95	65	14	4	M12	45	2	14	19	0.71
	20	25	105	75	14	4	M12	55	2	16	26	0.87
	25	32	115	85	14	4	M12	65	2	18	33	1.18
	32	38	140/135	100	18	4	M16	78	2	18	39	1.60
	40	45	150/145	110	18	4	M16	85	3	20	46	2.00
	50	57	165/160	125	18	4	M16	100	3	22	59	2.61
	65	73	185/180	145	18	4	M16	120	3	24	75	3.45
	80	89	200/195	160	18	8	M16	135	3	24	91	3.71
	100	108	220/215	180	18	8	M16	155	3	26	110	4.8
	125	133	250/245	210	18	8	M16	185	3	28	135	6.47
	150	159	285/280	240	23	8	M20	210	3	28	161	7.92
	175	194	310	270	23	8	M20	240	3	28	196	8.81
	200	219	340/335	295	23	12	M20	265	3	30	222	10.10
2.5	10	14	90	60	14	4	M12	40	2	16	15	0.64
	15	18	95	65	14	4	M12	45	2	16	19	0.80
	20	25	105	75	14	4	M12	55	2	18	26	0.99
	25	32	115	85	14	4	M12	65	2	18	33	1.18
	32	38	140/135	100	18	4	M16	78	2	20	39	1.96
	40	45	150/145	110	18	4	M16	85	3	22	46	2.60
	50	57	165/160	125	18	4	M16	100	3	24	59	2.71
	65	73	185/180	145	18	8	M16	120	3	24	75	3.22
	80	89	200/195	160	18	8	M16	135	3	26	91	4.06
	100	108	235/230	190	23	8	M20	160	3	28	110	6.00
	125	133	270	220	25	8	M22	188	3	30	135	8.26
	150	159	300	250	25	8	M22	218	3	30	161	10.40
	175	194	330	280	25	12	M22	248	3	32	196	11.90
	200	219	360	310	25	12	M22	278	3	32`	222	14.50

注 1. 优先选用系列1。

  2. 本表摘自 JB/T81—94《凸面板式平焊钢制管法兰》。

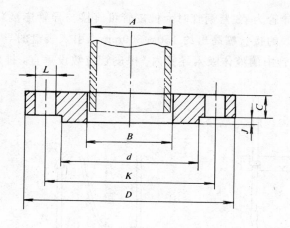

图 7-20 凸面板式平焊钢制管法兰

表 7-13 两法兰平面的最大允许倾斜值

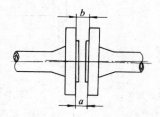

公称直径 （mm）	(b−a) 倾斜值（mm）		
	公称压力＜1MPa	公称压力＝1.6～6MPa	公称压力＞6MPa
≤30	0.2	0.1	0.05
＞30	0.3	0.1	0.05

　　密封垫圈应清理干净并在结合面上均匀地涂一层涂料（一般介质为汽水的可涂机油黑铅粉混合物，介质为油的涂酒精漆片，低温水涂白铅油）后，方可装入法兰间隙中。密封垫圈装入后应进行找正，使其中心与法兰中心相吻合。

　　法兰螺栓使用前应用煤油清洗，擦净后抹上一层机油黑铅粉混合物，然后套入法兰螺丝孔中，戴上螺母。法兰螺丝应使用扳手拧紧，并按对称而又有顺序的步骤分成数次进行，拧紧后的螺栓两端丝扣应露出螺母 3 扣左右。

　　9. 挠性连接管软连接

　　风压取源部件与导管的连接，一般采用钢管向上弯膨胀弯的硬连接方式。若在风压取源部件与钢导压管之间采用挠性连接管软连接的方式（见图 7-21），则安装更为简便，运行维修时拆卸亦方便。

　　10. 橡皮管连接

　　导管和风压表间一般采用橡皮管（或乳胶管）连接（如图 7-22 所示），导管的管端应装有如图所示的连接嘴（导管为φ8紫铜管时，橡皮管可直接与导管连接）。

导管应比玻璃风压表的接管嘴高出约 150～300mm（引入表盘的导管最好从盘顶向下敷设），以防风压表玻璃管中的液体吸入导管内。橡皮管应敷设垂直，排列整齐，不得绞扭。

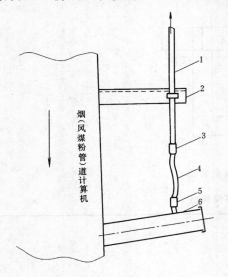

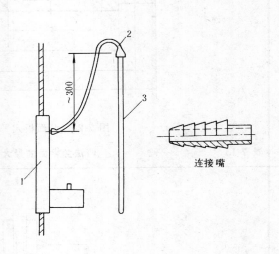

连接嘴

图 7-21　风压取源部件与导
压管的软连接方式

1—导压管；2—支架；3、5—挠性连接管接头；
4—挠性连接管；6—风压取源部件

图 7-22　导管与风压表的连接

1—玻璃风压表；2—橡皮管；3—导管

第五节　导管的固定

导管的敷设，应用可拆卸的卡子，用螺丝固定在支架上。成排敷设时，两导管间的净距应保持均匀，一般为导管本身的外径。

卡子的形式与尺寸根据导管直径来决定，一般有单孔双管卡、单孔单管卡、双孔单管卡、U 形管卡，其制作图见图 7-23～图 7-26 和表 7-14～表 7-16。

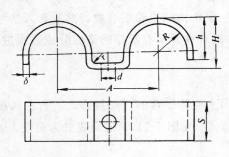

图 7-23　单孔双管卡制作图

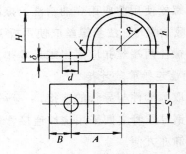

图 7-24　单孔单管卡制作图

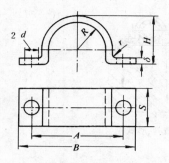

图 7-25 双孔单管卡制作图

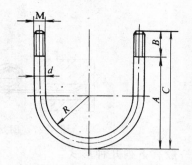

图 7-26 U 形管卡制作图

表 7-14 单孔双管卡、单孔单管卡尺寸

种类	主要尺寸 (mm)																
	单 孔 双 管 卡								单 孔 单 管 卡								
	H	h	R	r	d	δ	S	A	H	h	R	r	d	δ	S	A	B
卡 $\phi 10$ 管	9	7	5	1	$\phi 7$	1.5	14	30	9	7	5	1	$\phi 7$	1.5	14	15	7
卡 $\phi 14$ 管	13	11	7	1.5	$\phi 7$	2	15	35	23	11	7	1.5	$\phi 7$	2	15	17.5	8
卡 $\phi 16$ 管	15	13	8	1.5	$\phi 7$	2	15	40	15	13	8	1.5	$\phi 7$	2	15	20	9
卡 $\phi 22$ 管	20	18	11	2	$\phi 7$	2.5	18	45	20	18	11	2	$\phi 7$	3	8	22.5	10
卡 $\phi 28$ 管	25	22	14	2	$\phi 7$	3	20	50	25	22	14	2	$\phi 7$	3	20	25	11

表 7-15 双孔单管卡尺寸

种类	主要尺寸 (mm)							
	R	H	r	A	B	S	d	δ
$\phi 10$ 管卡	5	9	1	24	35	14	$\phi 7$	1.5
$\phi 14$ 管卡	7	12	1.5	28	40	15	$\phi 7$	2
$\phi 16$ 管卡	8	14	1.5	30	42	15	$\phi 7$	2
$\phi 22$ 管卡	11	19	2	38	50	18	$\phi 7$	2
$\phi 28$ 管卡	14	24	2	45	58	20	$\phi 7$	3
$\phi 34$ 管卡	17	31	3	52	65	22	$\phi 7$	3

表 7-16 U 形管卡加工尺寸

种类	主要尺寸 (mm)					
	R	d	M	A	B	C
$\phi 40$	20	$\phi 6$	M6	45	15	63
$\phi 50$	25	$\phi 6$	M6	55	15	69
$\phi 60$	30	$\phi 6$	M6	65	15	83

固定导管的支架可用扁钢、角钢、槽钢制作，其形式和尺寸应根据现场的实际情况来

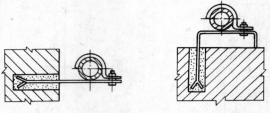

图 7-27 固定在混凝土结构上的支架形式

决定，一般有下列几种形式：

（1）固定在混凝土结构上的支架（其参考形式见图 7-27），埋入混凝土部分的尾部应劈开，埋入长度不应小于 70mm（负荷较大时应适当加长）。若混凝土内有钢筋，则可将其尾部焊在钢筋上。

（2）固定在砖结构上的支架（其参考形式见图 7-28），埋入部分的尾部应劈开，埋入长度不应小于 100mm（负荷较大时可用穿墙螺丝来固定）。

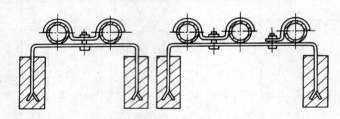

图 7-28 固定在砖结构上的支架形式

（3）导管沿金属结构敷设时，支架可直接焊在金属结构上（其参考形式见图 7-29）。

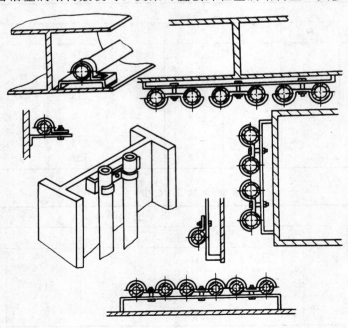

图 7-29 固定在金属结构上的支架形式

366

（4）导管需要以吊架形式固定时，支吊架应制成简单易拆和便于检修的形式（其参考形式见图 7-30）。

（5）当管道敷设路径比较宽敞，导管根数较多时，固定导管的支架可制成桥式或吊桥形（参考形式见图 7-31、图 7-32），根据需要还可多层敷设。

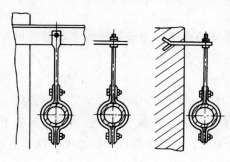

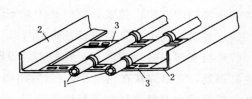

图 7-31　安装导管的桥式支架形式

1—导管；2—角钢主梁；3—多孔
扁钢（或角钢）横梁

图 7-30　安装导管的吊架形式

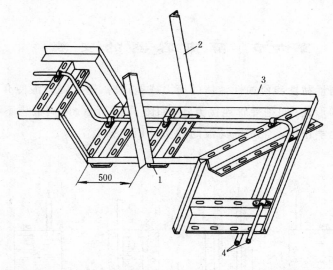

图 7-32　安装导管的吊桥形（双层）支架形式

1—多孔扁钢（或角钢）横梁；2—吊架；3—角铁主梁；4—导管

管路支架间的距离应尽量均匀。根据导管强度，所用支架距离为：

（1）无缝钢管：水平敷设时为 1～1.5m；垂直敷设时为 1.5～2m。

（2）铜管、尼龙管、硬塑料管：水平敷设时为 0.5～0.7m；垂直敷设时为 0.7～1m。

管路支架一般不要直接焊在承压管道、容器以及需要拆卸的设备结构上，严禁焊在合金钢和高温高压的结构上，以免影响主设备的机械强度。如需在其上敷设导管时，可用抱箍的办法来固定支架。在有保温层的主设备上敷设导管时，其支架高度应使导管能在保温层以外。

导管支架的定位、找正与安装，可按照下列步骤进行：

（1）按照测点及仪表的安装位置、周围环境和导管敷设要求，选择导管的敷设路径和支架形式。

（2）根据敷设导管的根数及管卡形式，计算出支架的宽度。

（3）根据导管的坡度要求与倾斜方向，计算出各支架的高度。

（4）根据计算的尺寸制作支架。当采用埋入式时，应估计到孔眼的深度及混凝土内有无钢筋等情况，以确定支架埋入部分的长度。

（5）安装支架时，应按选择的路径和计算好的支架高度，先安装好始末端与转角处的支架。在两端的支架上拉线，然后逐个地安装中间部分各支架。

（6）金属结构上的支架可使用电焊焊接。

（7）当支架在砖墙或混凝土孔眼内埋设时，应先放入支架，找平、找正（若混凝土孔眼内有钢筋，支架焊接在钢筋上）。然后用卵石填实孔洞，充分灌水润湿，并填入不低于原混凝土标号的水泥砂浆（水泥与砂子的混合比为1∶2）。水泥砂浆应填满塞实，抹平表面。支架埋设后，在填入的水泥砂浆未干时，支架禁止受力。

目前在砖墙或混凝土壁上固定支架，多采用膨胀螺栓锚固。膨胀螺栓的品种规格参见第五章第六节所叙。

第六节 隔离容器的安装

隔离容器用于测量黏性和侵蚀性液体的压力或差压时，通过隔离液使介质与仪表隔离。隔离容器有两种结构形式、四种导管连接方式，如图7-33所示。隔离液应不与被测介质、管件及仪表起渗混和化学作用，常用隔离液的性质及用途见表7-17。

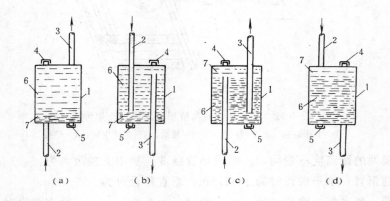

图 7-33 隔离容器导管连接方式示意

（a）隔离液轻，测量仪表高于取压装置；（b）隔离液轻，测量仪表低于
取压装置；（c）隔离液重，测量仪表高于取压装置；（d）隔离液重，测量
仪表低于取压装置

1—隔离容器；2—接取压装置导管；3—接测量仪表导管；4—灌液堵头；

5—放液堵头；6—隔离液；7—被测介质

表 7-17　　　　　　　　　　　　常用隔离液的性质及用途

名　　称	相对密度	黏度（×10⁻³Pa·s）		沸点（℃）	凝固点（℃）	性质与用途
		15℃	20℃			
水	1.00	1.125	1.01	100	0	适用于不溶于水的油
质量比50% 甘油水溶液	1.1295	7.5	5.99	106	−23	溶于水，适用于油类物质及碳氢化合物液体等介质
四氯化碳	1.61	1.0		76.7	−23	易挥发，不溶于水，与醇、醚、苯、油可任意混合，有毒，适用酸类介质
煤　油	0.820	2.2	2.0	149	−28.9	不溶于水，适用于腐蚀性无机液体
25号变压器油	0.896	—	30	—	−25	不溶于水、酸、碱
质量比50% 乙二醇水溶液	1.068	4.36	3.76	107	−35.6	溶于水、醇及醚，适用于油类物质和液化气体

隔离容器的安装位置应尽量靠近测点，以减少测量管路与腐蚀性介质接触。为减少隔离液的耗量，仪表应尽量靠近隔离容器。隔离容器和测量管道装设于室外时，应选用凝固点低于当地气温的隔离液，否则应有伴热措施。隔离容器应垂直安装，成对隔离容器的自由液面必须在同一水平面上。

在火电厂中，隔离容器尽量采用简单的结构形式（见图 7-33，a 和 d）。对于压力测量，管路连接形式如图 7-34 所示。图 7-34（a）适用于隔离液为变压器油、被测介质为酸碱溶液的测量（隔离液轻），此方式尤其适用于测量介质有时为液态、有时为气态的场合（如氨计量泵出口）。若隔离容器的入口管 3 直接向上安装，则会造成当介质为气态时，隔离液注入计量泵。图 7-34（b）适用于隔离液为 50％甘油溶液或水、被测介质为重油的测量（隔离液重）。对于流量测量，管路连接形式如图 7-35 所示。其特点是在连接管路中设有带阀门 3 的均衡管路，作用是保持两个隔离容器中的液体均衡（操作时将阀门 3 打开，待两隔离容器隔离液处于同一高度后将阀关

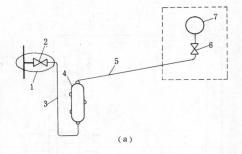

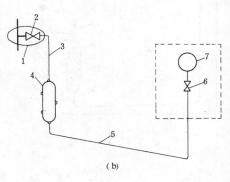

图 7-34　测量液体压力时带隔离容器的管路连接

（a）隔离液轻，测量仪表高于测点；

（b）隔离液重，测量仪表低于测点

1—取压装置；2—取压阀门；3—隔离容器入口管；4—隔离容器；5—隔离容器出口管；6—仪表阀门；7—测量仪表

闭）。当差压计高于节流装置或两者间出现最高点时，应在管路的最高处安装气体收集器，以定期排出管道中的空气。

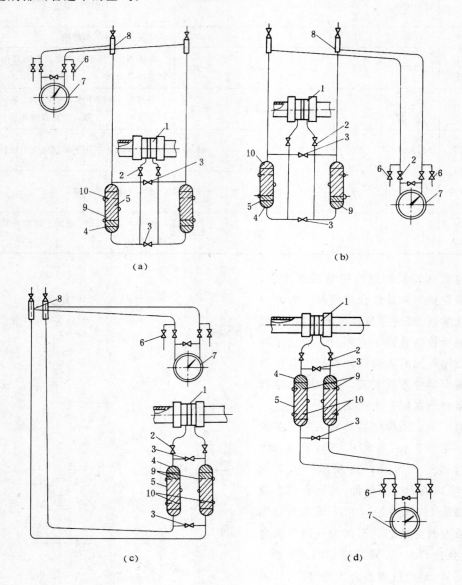

图 7-35　测量液体流量时带隔离容器的管路连接

(a) 隔离液轻，测量仪表高于节流装置；(b) 隔离液轻，测量仪表低于节流装置；

(c) 隔离液重，测量仪表高于节流装置；(d) 隔离液重，测量仪表低于节流装置

1—节流装置；2—截止阀；3—均衡阀；4—被测介质；5—隔离液；6—排污阀

7—差压计；8—集气器；9—隔离液的起始液面；10—隔离液的终止液面

第七节 仪表阀门的安装

测量汽、水、油等介质压力或差压的指示仪表和变送器的前面（按被测介质流动方向而言。下同）均应装设仪表阀门，测量管路的末端有时还应装设排污阀门。上述阀门一般采用 ϕ6 以下的外螺纹截止阀，其与导管的连接采用压垫式管接头，如图 7-36 所示的镇江中电高压仪表阀门厂生产的 J21W—320P 型截止阀压垫连接形式，或采用卡套式管接头，如图 7-37 所示的建湖仪表阀门厂生产的 J93H—320 型截止阀卡套连接形式。阀门型号组成及其代号的含义参见第六章表 6-4。

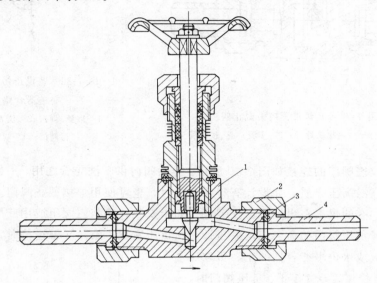

图 7-36　压垫式管接头截止阀
1—截止阀；2—接头螺母；3—垫片；4—接管嘴

测量高压蒸汽或水的压力，有时为了冲洗管路，定期排除管内污物，可装设排污阀门，其管路系统如图 7-38 所示。也可以直接安装压力表用三通阀，它除能起到仪表截止阀和排污阀的作用外，还可作为临时接装检查仪表之用。压力表用三通阀的形状见图 7-39 所示，常用的型号及规范见表 7-18 所列。

表 7-18　　　　　　　　　　　　　　压力表用三通阀的规范

型　号	公称压力（MPa）	连接方式	介质	最高使用温度（℃）	阀体材料
J19H—100	10	M20×1.5 内螺纹	水、蒸汽	450	锻　　钢
J19H—200P	20	进口：焊接 出口：M20×1.5 内螺纹	水、蒸汽	450	镍铬钛钢

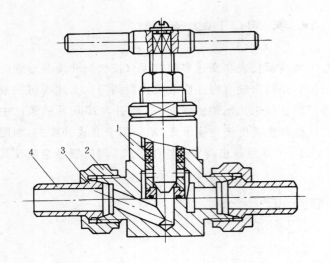

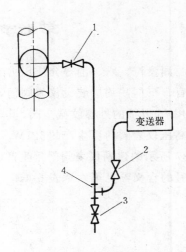

图 7-38 装设排污阀门的压力
变送器管路系统

1—取源阀门；2—仪表阀门；3—排
污阀门；4—焊接三通

图 7-37 卡套式管接头截止阀

1—截止阀；2—接头螺母；3—卡套；4—接管嘴

差压测量仪表阀门的连接如图 7-40 所示。排污阀门供吹洗导管之用，一般采用外螺纹截止阀。对于高温高压介质，如设计有特殊要求时，也可使用焊接截止阀门。平衡阀门和正、负压阀门，有的仪表在出厂时已安装好；如未安装，需装三阀组或用三个外螺纹截止阀门配制。正、负压阀门的命名应与差压计正、负压室相一致。导管连接时，正、负压阀门应与流量孔板或水位平衡容器的正、负取压管相一致，不得接错。导管接正、负压阀门时，

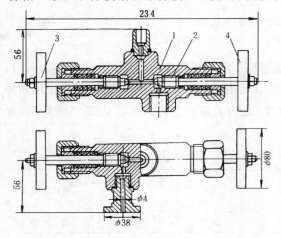

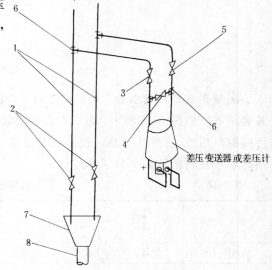

图 7-39 压力表用三通阀

1—阀体；2—阀杆；3—排污手轮；
4—仪表通断手轮

图 7-40 差压测量仪表管路连接图

1—导管；2—排污阀门；3—正压阀门；4—平衡阀门；
5—负压阀门；6—焊接三通；7—漏斗；8—排污管

372

接头必须对准，不应使差压计承受机械力。

差压计用的三阀组，由正、负导压阀及平衡阀组成。当正、负导压阀接通，平衡阀切断时，差压计处于正常工作状态；如正、负导压阀接通，且平衡阀亦接通时，差压计的正、负压室即处于平衡状态。差压计常用的三阀组有J235A—160C—3等，形状见图7-41。

银河仪表厂研制的 LYAF32 型流量仪表安全阀门（外形及尺寸见图7-42），公称工作压力 32MPa、耐温－40～150℃，可代替三阀组使用。它只有一个手轮，顺时针旋紧为开表，反时针旋紧为停表。在手轮未旋紧之前仪表处于平衡状态，完全排除了由于操作错误而引起的仪表单腔过载。由于手轮泄漏点减少，也提高了阀门的可靠性。

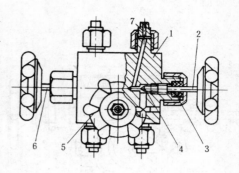

图 7-41　差压计用三阀组

1—阀体；2—负导压阀；3—密封环；4—阀杆；

5—平衡阀；6—正导压阀；7—接头

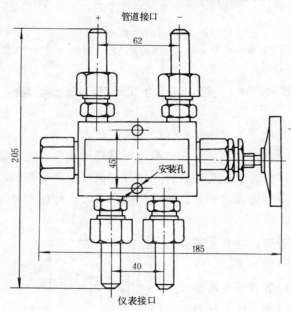

图 7-42　LYAF32型阀门外形及尺寸

为 1151 电容差压变送器配套的 1151—320 $\frac{C}{P}$ 三阀组，如图7-43（a）所示，由高、低压阀和平衡阀组成。可根据不同的测量介质选用 C 型（阀体材料为 45 号钢）或 P 型（阀体材料为 1Cr18Ni9Ti）产品。该阀适用于工作压力≤32MPa、工作介质温度≤150℃和环境温度为－30～90℃的场所。安装方式如图7-43（b）所示，先将差压变送器上原先的两只接头取下，将三阀组安装在变送器上（三阀组与变送器连接面上四孔中心距是 54mm×41mm、孔径为 12.5mm），旋紧四根螺栓，再将原接头牢固地装在三阀组上（与引压点连接面四孔螺纹为 M12)。

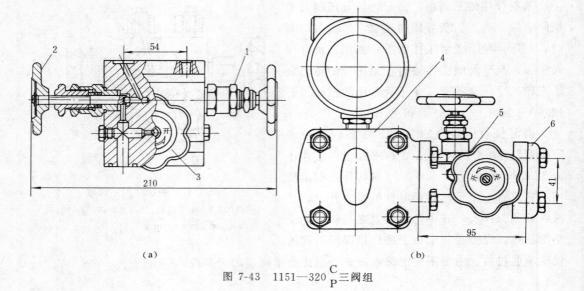

（a） （b）

图 7-43 1151—320 $\frac{C}{P}$ 三阀组

（a）结构；（b）安装方式

1—高压阀；2—低压阀；3—平衡阀；4—变送器；5—三阀组；6—原变送器上的接头

第八节 管路的严密性试验

仪表管路安装后应按表 7-1 的标准进行严密性试验。

被测介质为液体或蒸汽的管路严密性试验应尽量随同主设备一起进行，因此须在主设备水压试验前作好一切准备工作。在主设备开始升压前，打开管路的取源阀门和排污阀门冲洗管路，检查管路是否畅通无堵塞，然后关闭排污阀门。待压力升至试验压力时，检查管路各处应无渗漏现象。

被测介质为气体的管路，应单独进行严密性风压试验，其步骤如下：

（1）卸开测点处取压装置的可卸接头，用 0.1～0.15MPa 压缩空气从仪表侧吹洗管路，检查管路应畅通、无渗漏，管路的始端和终端位号正确。

（2）在可卸接头 1 处用无孔的胶皮垫或石棉垫堵严。

（3）在导管的仪表侧，用乳胶管 3 接至三通，如图 7-44 所示。三通的另两端分别用乳胶管 5、8 与压缩空气管和 U 形玻璃压力表相连接，压缩空气压力由

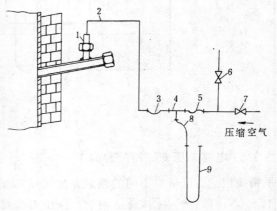

图 7-44 气体管路风压试验管路连接图

1—取压装置可卸接头；2—导管；3、5、8—乳胶管；4—三通；

6、7—调节阀门；9—U 形玻璃管压力表

374

进汽阀门 7 和通大气的阀门 6 调节。

(4) 调节阀门 6 和 7 的开度，使 U 形玻璃压力表指示在 6000Pa。

(5) 用手捏住乳胶管 5，观看 U 形玻璃压力表的压力下降值应符合表 7-1 的要求。

(6) 若严密性试验不合格，再用压缩空气吹管，沿管路寻找泄漏点。一般可在导管连接处和各接头处涂上肥皂水，如有肥皂泡形成，即说明不严密，需要消除。这样，重复试验，直到合格为止。

(7) 风压试验合格后，取下可卸接头处的胶皮堵，恢复管路。

第九节 排污管路的安装

为了定期冲洗液体或蒸汽介质仪表管路内部的污物，一般在仪表侧装有排污阀门。在同一地点所装排污阀门后的导管，可集中到装有漏斗或水槽的排污管，引往地沟。

排污漏斗的大小应满足污水排放时不致飞溅的要求（排泄介质工作压力高于 4MPa 时，排污漏斗应加盖）。漏斗的形式一般有下列三种：

(1) 圆形漏斗：适用于数量不超过 4 根导管的排污，漏斗使用厚度不小于 1.5～2mm 的钢板制成，其下端直径应与排污管直径相一致。

制作漏斗的展开图，如图 7-45 所示。根据给定的尺寸（漏斗高度 H、上端直径 D 和下端直径 d），画出平面图，延长 AE 和 BF 得交点 O，以 O 为圆心、OA 和 OE 为半径，分别作弧，并以 OO′ 为轴心对称地截取弧长，使 $\overset{\frown}{A'B'}=\pi D$ 和 $\overset{\frown}{E'F'}=\pi d$，连接 A′E′ 和 B′F′，则 A′B′E′F′ 为漏斗的展开图。

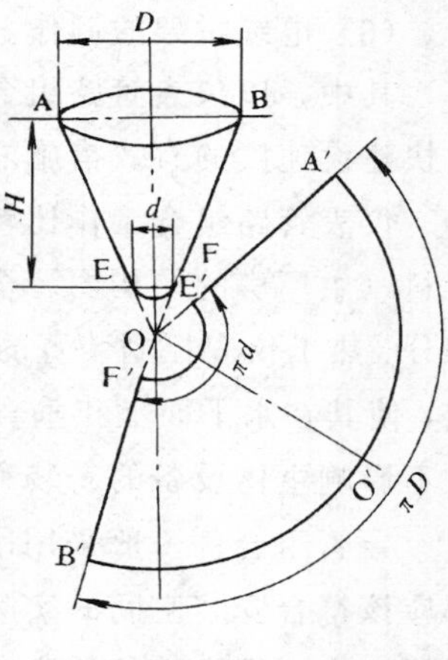

(2) 方形漏斗：适用于一排或多排导管的排污，其形式如图 7-46 所示。

(3) 由水煤气管制成的排污漏斗：如图 7-47 所示，它是用割成两半的公称直径 DN25 以上水煤气管，在两侧焊上相同厚度的三角形钢板而制成的，同样适用于一排或两排导管的排污。

图 7-45 圆形排污漏斗展开图

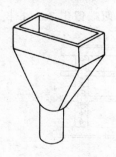

图 7-46 方形排污漏斗

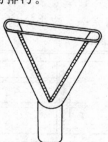

图 7-47 由水煤气管制成
的排污漏斗

水槽可由大口径钢管制成，也可用钢板制成矩形断面的槽。

第十节　导管的组合安装

热工仪表设备和导管的安装，一般是在厂房建成，主机设备安装达50％～80％后才能进行，从整个工程看，是前松后紧。为了合理安排计划，压缩高峰，加快施工进度，寻找提前开展热工仪表安装的途径，是一个重要的课题。目前采用的是预组合和预加工配制的方法，即在未具备安装条件时，先在厂房外或工作间内进行下列工作：

（1）集中敷设的仪表管路的组合；

（2）压力表盘的内部配管；

（3）将集中安装的变送器和附件（如仪表阀门、排污阀门及其连接管、排污漏斗等；导线、电缆的保护管、接线盒及其连接等）组装在支架上；

（4）将执行机构和附件（如接线盒及其连接线等）组装在底座上；

（5）仪表安装配件的加工和各种取源部件的组装；

（6）电缆桥架的制作。

其中，以仪表管路组合所占的工作量较大，因此推广大面积的导管组合施工方案，是加快建设速度的有效措施之一。

仪表管路组合工作比较复杂，因此在确定组合方案时，必须事先充分熟悉有关的图纸资料（主厂房的结构图、全厂热力系统图、机炉本体施工图、全厂热力管道施工图的有关部分、热工仪表控制装置的施工图和机炉本体安装的施工组织设计等），选择导管的敷设路线，使其在水平面上和垂直面上都不与建筑物和本体设备或管道（包括保温层）发生碰撞，也不影响主体设备的安装和检修。

导管组合件一般采用吊桥型支架（参见图7-32），其尺寸大小、分层数目及导管的排列，都应该符合安装空间的实际情况和现场的运输条件，并力求减少导管的交叉和便于焊口的焊接工作。组合件的长度，根据组合场地、运输起吊条件而定。当分段进行时，导管组合在支架上，与相邻组合件连接的一端，应比支架约短500mm（如图7-48所示）。在多层支架上敷设导管时，各层导管的端头应排列成阶梯形，以便于焊接。

组合件预制完毕，应先涂刷一层防锈漆（在组合架和导管两端留出50mm长度暂不刷

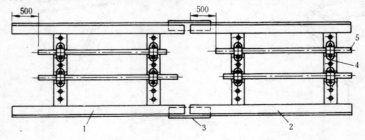

图7-48　导管在支架上的组合

1—Ⅰ段组合件；2—Ⅱ段组合件；3—连接角铁；4—多孔扁铁；5—导管

漆，以便焊接），放在适当地方妥善保管，其支架应直立存放，以免变形。

　　组合件的起吊工作，最好在平台钢架安装后还未浇灌地面以及主体设备安装前进行（当主体设备安装后并不影响组合件起吊时，也可在主体设备安装后进行）。由于组合件面积大且重，为避免在运输和起吊过程中产生弯曲、变形，需用杉杆临时加固。起吊时一般采用滑轮和拉绳，可如图 7-49（a）所示用人工起吊或如图 7-49（b）所示用卷扬机起吊，应采用水平起吊，起吊点不应少于两点。

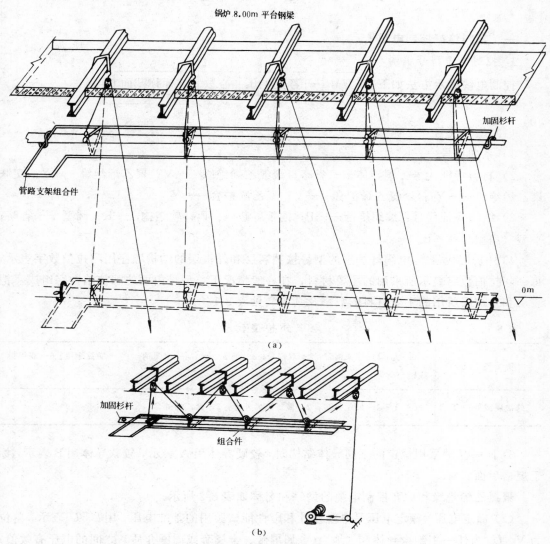

图 7-49　导管组合件的起吊

(a) 人工起吊；(b) 卷扬机起吊

　　组合件起吊后，应先固定吊架 2（图 7-32）。各段组合件固定后，在相邻组合件之间用长约 100mm 的角铁 3（如图 7-48）扣在主支架的外侧进行焊接。最后量出组合件之间短缺的管段长度，下料焊接接通。

第八章 电气线路的安装

第一节 电线电缆

一、塑料绝缘控制电缆[1]

1. 控制电缆型号编制

控制电缆表示方法如下：　型号 — 额定电压 心数 × 标称截面 。

规格（心数 × 标称截面）

（1）型号代号

1）系列代号——K。

2）材料特征代号：铜导体——省略；聚氯乙烯绝缘——V；聚乙烯绝缘——Y；交联聚乙烯绝缘——YJ；聚氯乙烯护套——V；聚乙烯护套——Y。

3）结构特征代号：编织屏蔽——P；铜带屏蔽——P_2；软结构——R；圆型——省略；平型（扁型）——B。

4）外护层代号[2]：电缆外护层的型号按铠装层和外被层的结构顺序用阿拉伯数字表示，每一阿拉伯数字表示所采用的主要材料，在一般情况下，型号由两位阿拉伯数字组成。铠装层和外被层所用的主要材料的数字及其含义见表 8-1。

表 8-1　　　　　　　　　　　　　　　电缆外护层代号

铠　装　层	0—无；1—连锁钢带；2—双钢带；3—细圆钢丝；4—粗圆钢丝；5—皱纹钢带；6—双铝带或铝合金带
外被层或外护套	0—无；1—纤维外被；2—聚氯乙烯外套；3—聚乙烯外套

5）同一品种采用规定的不同导体结构时，较硬导体用 A 表示，较软导体用 B 表示，标于规格后面。

聚氯乙烯绝缘和护套控制电缆的型号和名称如表 8-2 所示。

（2）额定电压：额定电压是电缆设计和电性能试验用的基准电压，用 U_0/U 表示，单位为 V。U_0 为任一主绝缘导体和"地"（金属屏蔽、金属套或周围介质）之间的电压有效值；U 为多心电缆（电线）或单心电缆（电线）系统任一两相导体之间的电压有效值。

塑料绝缘控制电缆适用于交流额定电压 U_0/U 为 450/750V 的系统。当电缆用于交流系

---

[1] 依据 GB9330.1—88《塑料绝缘控制电缆　一般规定》和 GB9330.2—88《塑料绝缘控制电缆　聚氯乙烯绝缘和护套控制电缆》编写。

[2] 依据 GB2952.1—89《电缆外护层　总则》编写。

统时，电缆的额定电压至少应等于该系统的标称电压；当用于直流系统时，该系统的标称电压应不大于电缆额定电压的 1.5 倍。系统的工作电压应不大于系统额定电压的 1.1 倍。

表 8-2   聚氯乙烯绝缘和护套控制电缆的型号和名称

型　号	名　　称	主要使用范围
KVV	铜心聚氯乙烯绝缘聚氯乙烯护套控制电缆	敷设在室内、电缆沟、管道固定场合
KVVP	铜心聚氯乙烯绝缘聚氯乙烯护套编织屏蔽控制电缆	敷设在室内、电缆沟、管道等要求屏蔽的固定场合
KVVP$_2$	铜心聚氯乙烯绝缘聚氯乙烯护套铜带屏蔽控制电缆	敷设在室内、电缆沟、管道等要求屏蔽的固定场合
KVV$_{22}$	铜心聚氯乙烯绝缘聚氯乙烯护套钢带铠装控制电缆	敷设在室内、电缆沟、管道、直埋等能承受较大机械外力的固定场合
KVV$_{32}$	铜心聚氯乙烯绝缘聚氯乙烯护套细钢丝铠装控制电缆	敷设在室内、电缆沟、管道、竖井等能承受较大机械拉力的固定场合
KVVR	铜心聚氯乙烯绝缘聚氯乙烯护套控制软电缆	敷设在室内移动要求柔软等场合
KVVRP	铜心聚氯乙烯绝缘聚氯乙烯护套编织屏蔽控制软电缆	敷设在室内移动要求柔软、屏蔽等场合

（3）规格：聚氯乙烯绝缘和护套控制电缆的规格见表 8-3。

表 8-3   聚氯乙烯绝缘和护套控制电缆的规格

型　号	额定电压（V）	导体标称截面（mm²）							
		0.5	0.75	1.0	1.5	2.5	4	6	10
		心　　数							
KVV		—	2～61				2～14		2～10
KVVP									
KVVP$_2$		—	4～61				4～14		4～10
KVV$_{22}$	450/750	—	7～61			4～61	4～14		4～10
KVV$_{32}$			19～61		7～61		4～14		4～10
KVVR			4～61				—		—
KVVRP			4～61		4～48				

注　推荐的心数系列为：2、3、4、5、7、8、10、12、14、16、19、24、27、30、37、44、48、52 和 61 心。

2. 控制电缆的导体结构

控制电缆的导体结构见表 8-4。导电线心中的铜单线允许镀锡。

3. 控制电缆绝缘线心识别❶

绝缘线心采用颜色标志或数字标志以示识别。5 心以下电缆，一般采用颜色识别；5 心以上电缆，可用颜色识别，也可用数字识别。

---

❶　依据 GB6995—86《电线电缆识别标志》编写。

表 8-4　　　　　　　　　　　　　　塑料绝缘控制电缆的导体结构

标 称 截 面 (mm²)	导 体 结 构		20℃时导体电阻（Ω/km） 不大于	
	种 类	根数/单线标称直径 (mm)	不 镀 锡	镀 锡
0.5	3	16/0.20	39.0	40.1
0.75	1	1/0.97	24.5	24.8
0.75	2	7/0.37	24.5	24.8
0.75	3	24/0.20	26.0	26.7
1.0	1	1/1.13	18.1	18.2
1.0	2	7/0.43	18.1	18.2
1.0	3	32/0.20	19.5	20.0
1.5	1	1/1.38	12.1	12.2
1.5	2	7/0.52	12.1	12.2
1.5	3	30/0.25	13.3	13.7
2.5	1	1/1.78	7.41	7.56
2.5	2	7/0.68	7.41	7.56
2.5	3	50/0.25	7.98	8.21
4	1	1/2.25	4.61	4.70
4	2	7/0.85	4.61	4.70
6	1	1/2.76	3.08	3.11
6	2	7/1.04	3.08	3.11
10	2	7/1.35	1.83	1.84

标准颜色有：白、红、黑、黄、蓝（包括浅蓝）、绿、橙、灰、棕、青绿、紫、粉红等 12 种。

电缆中的接地线心或类似保护目的用线心，采用绿/黄组合颜色的识别标志，放在缆心的最外层。

数字识别采用阿拉伯数字，印刷在绝缘线心表面上。数字编号一般从内层到外层，从 1 号开始，各层均按顺时针方向排列。数字标志沿绝缘线心以相等的间隔重复出现，相邻两个完整标志中的数字彼此颠倒。一个完整的数字标志由数字与一个破折号组成，当标志由一个数字组成时，破折号放在数字的下面；当标志由两个数字组成时，则后一个数字排在前一个数字的下面，破折号放在后一个数字的下面。标志排列示例及排列尺寸如图 8-1 所示。

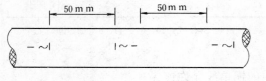

图 8-1　电缆线心数字标志示例

4. 聚氯乙烯绝缘和护套控制电缆使用特性

（1）额定电压 U_0/U 为 450/750V。

（2）电缆导体的长期允许工作温度为 70℃。

（3）电缆的敷设温度应不低于 0℃。

（4）推荐的允许弯曲半径：无铠装层的电缆，不小于电缆外径的 6 倍；有铠装或铜带屏蔽结构的电缆，不小于电缆外径的 12 倍；有屏蔽层结构的软电缆，不小于电缆外径的 6 倍。

5. 常用控制电缆的外径和质量

常用控制电缆的外径和质量见表 8-5～表 8-7。

表 8-5　　　　KVV 型铜心聚氯乙烯绝缘聚氯乙烯护套控制电缆的外径和质量

| 心数 | 线心截面 (mm²) | | | | | | | | | | | |
| | 0.5 | | 0.75 | | 1.0 | | 1.5 | | 2.5 | | 4.0 | |
	外径 (mm)	质量 (kg/km)	外径 (mm)	质量 (kg/km)	外径 (mm)	质量 (kg/km)	外径 (mm)	质量 (kg/km)	外径 (mm)	质量 (kg/km)	外径 (mm)	质量 (kg/km)
2	6.7	44	7.0	51	7.4	58	8.7	80	9.5	105	—	—
4	7.5	65	7.9	77	8.3	90	9.9	128	10.9	174	14.0	285
5	8.1	76	8.6	91	9.0	107	10.7	153	11.8	209	15.2	344
6	8.7	87	9.2	105	9.7	124	11.6	179	13.8	274	16.4	403
7	8.7	95	9.2	115	9.7	137	11.6	199	13.8	304	16.4	451
8	9.3	109	9.9	133	10.4	158	13.5	257	14.9	351	17.7	523
10	10.7	130	11.4	159	13.0	216	14.6	302	17.2	422	21.7	673
12	11.0	147	11.7	181	13.4	245	16.1	353	17.7	488	22.3	778
14	11.5	166	13.3	232	14.0	276	16.8	401	19.6	596	23.5	889
16	13.1	211	13.9	257	14.6	307	17.7	448	20.6	666	—	—
19	13.7	239	14.5	294	15.3	352	19.6	556	21.6	768	—	—
24	15.7	294	16.7	363	17.7	437	22.6	686	25.0	955	—	—
30	16.5	348	17.6	433	19.6	562	23.8	823	26.4	1156	—	—
37	17.7	413	19.9	555	21.0	669	25.6	984	28.3	1389	—	—

表 8-6　　　　KVV22 型铜心聚氯乙烯绝缘聚氯乙烯护套钢带铠装控制电缆的外径和质量

| 心数 | 线心截面 (mm²) | | | | | | | | | | | |
| | 0.5 | | 0.75 | | 1.0 | | 1.5 | | 2.5 | | 4.0 | |
	外径 (mm)	质量 (kg/km)	外径 (mm)	质量 (kg/km)	外径 (mm)	质量 (kg/km)	外径 (mm)	质量 (kg/km)	外径 (mm)	质量 (kg/km)	外径 (mm)	质量 (kg/km)
4	—	—	—	—	—	—	14.1	333	15.1	398	19.2	604
5	—	—	—	—	—	—	14.9	376	16.0	452	20.4	688
6	12.9	271	13.4	298	13.9	327	15.8	422	19.0	591	21.6	774
7	12.9	279	13.4	308	13.9	340	15.8	438	19.0	621	21.6	822
8	13.5	304	14.1	338	14.6	373	17.7	530	20.0	690	22.9	919
10	14.9	350	15.6	393	17.2	470	20.8	656	22.4	808	26.9	1152
12	15.2	374	15.9	421	17.6	515	21.3	716	22.9	885	27.5	1269
14	15.7	402	17.5	501	19.2	595	22.0	780	24.8	1032	28.7	1403
16	17.3	477	19.1	576	19.8	641	22.9	844	25.8	1121	—	—
19	17.9	515	19.7	625	20.5	700	24.8	991	26.8	1244	—	—
24	20.9	649	21.9	739	22.9	833	27.8	1182	30.2	1500	—	—
30	21.2	720	22.8	827	24.8	998	29.0	1344	32.4	1965	—	—
37	22.9	809	25.1	996	26.2	1133	31.6	1768	35.4	2326	—	—

表 8-7　KVVP₂ 型铜心聚氯乙烯绝缘聚氯乙烯护套铜带屏蔽控制电缆的外径和质量

| 心数 | 线心截面 (mm²) | | | | | | | | | | | |
| | 0.5 | | 0.75 | | 1.0 | | 1.5 | | 2.5 | | 4.0 | |
	外径 (mm)	质量 (kg/km)	外径 (mm)	质量 (kg/km)	外径 (mm)	质量 (kg/km)	外径 (mm)	质量 (kg/km)	外径 (mm)	质量 (kg/km)	外径 (mm)	质量 (kg/km)
2	7.7	73	8.0	82	8.3	91	9.6	114	10.4	145	—	—
4	8.5	98	8.9	112	9.3	127	10.9	167	11.8	220	14.9	330
5	9.1	112	9.6	129	10.0	147	11.7	197	13.8	288	16.2	408
6	9.7	126	10.2	147	10.7	168	13.6	252	14.8	332	17.4	473
7	9.7	134	10.2	157	10.7	181	13.6	273	14.8	362	17.4	521
8	10.3	151	10.8	178	11.4	206	14.5	310	15.8	413	19.7	638
10	11.7	179	13.4	238	14.0	273	16.6	372	19.2	535	22.7	765
12	12.0	198	13.7	263	14.4	304	17.1	419	19.7	604	23.3	874
14	13.5	246	14.3	291	15.0	339	17.8	470	20.6	678	24.4	988
16	14.1	269	14.9	320	15.6	373	19.7	560	21.6	753	—	—
19	14.7	301	15.5	360	16.3	422	20.6	635	22.6	860	—	—
24	16.7	365	17.7	439	19.7	557	23.6	780	26.0	1062	—	—
30	17.5	424	19.6	554	20.6	650	24.8	922	27.4	1269	—	—
37	19.7	534	20.9	645	22.0	765	26.5	1092	29.3	1512	—	—

二、电子计算机用屏蔽控制电缆[1]

1. 型号编制

计算机控制电缆尚无统一标准,一般型号编制方法按照控制电缆型号编制方法确定。其型号的组成及代号含义如下:

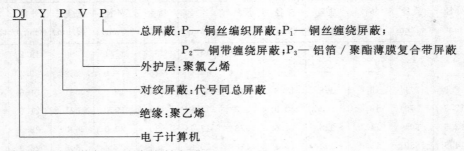

2. 常用电子计算机用屏蔽控制电缆

电子计算机用屏蔽控制电缆的额定电压为 300/500V,适用于抗干扰性能要求较高的电子计算机、检测仪表等的连接。电缆长期允许工作温度不超过 65℃。线心结构为单线直径 1.01mm（0.8mm²）对绞成对。常用的有:DJYP₂V 聚乙烯绝缘、对绞铜带绕包屏蔽、聚氯乙烯护套电子计算机控制电缆;DJYP₂VP₂ 聚乙烯绝缘、对绞铜带绕包屏蔽、铜带绕包总屏

---

❶ 选录自苏州电缆厂《电线电缆产品目录》,1987 年印刷。

蔽、聚氯乙烯护套电子计算机电缆；DJYP₃V 聚乙烯绝缘、对绞铝箔/聚酯薄膜复合带绕包屏蔽、聚氯乙烯护套电子计算机用控制电缆；DJYP₃VP₃ 聚乙烯绝缘、对绞铝箔/聚酯薄膜复合带绕包屏蔽、铝箔/聚酯薄膜复合带绕包总屏蔽、聚氯乙烯护套电子计算机用控制电缆。它们的外径和质量参考值见表 8-8 所列。

表 8-8　　　　　　　　　电子计算机用屏蔽控制电缆直径和质量

缆心对数	DJYP₂V		DJYP₃V		DJYP₂VP₂		DJYP₃VP₃	
（对）	最大外径 （mm）	质　量 （kg/km）	最大外径 （mm）	质　量 （kg/km）	最大外径 （mm）	质　量 （kg/km）	最大外径 （mm）	质　量 （kg/km）
1	8.9	91.5	8.9	72.3	—	—	—	—
2	15.2	200.6	15.2	161.0	16.2	243.5	16.2	190.9
3	16.1	261.0	16.1	202.5	17.1	319.3	17.1	234.0
4	17.6	325.5	17.6	248.0	18.6	407.7	18.6	281.7
5	19.2	391.7	19.2	295.1	21.3	521.8	21.3	329.5
7	22.0	544.2	22.0	409.5	23.0	644.7	23.0	450.6
8	23.9	626.0	23.9	474.0	24.7	744.8	24.7	518.0
9	25.5	714.4	25.5	542.3	26.5	833.7	26.5	589.3
10	27.6	763.0	27.6	570.2	28.6	891.5	28.6	620.5
12	28.5	877.0	28.5	619.3	29.5	1009.7	29.5	698.3

三、聚氯乙烯绝缘电缆（电线）●

聚氯乙烯绝缘电缆（电线）一般心数为 1～5，个别品种可到 24 心。在火电厂热控安装中，常用 1 心规格的产品作为电线使用。

1. 型号编制

聚氯乙烯绝缘电缆（电线）型号编制方法与控制电缆型号编制方法基本相同。型号代号如下：

（1）按用途分（并表示系列）：固定敷设用电缆（电线）——B；连接用软电缆（电线）——R；安装用电线——A。

（2）按材料特征分：铜导体——省略；铝导线——L；绝缘聚氯乙烯——V；护套聚氯乙烯——V。

（3）按结构特征分：圆型——省略；平型（扁型）——B；双绞型——S；屏蔽型——P；带状——D；软结构——R。

（4）按耐热特征分（列于型号后）：70℃——省略；105℃————105。

聚氯乙烯绝缘电缆（电线）的型号和名称如表 8-9 所示。

● 依据 GB5023.1～5—85《额定电压 450/750V 及以下聚氯乙烯绝缘电缆（电线）》编写。

表 8-9 聚氯乙烯绝缘电缆（电线）型号和名称

用途（系列）	型　号	名　　称	U_0/U（V）
固定敷设用电缆（电线）	BV	铜心聚氯乙烯绝缘电缆（电线）	
	BLV	铝心聚氯乙烯绝缘电缆（电线）	
	BVR	铜心聚氯乙烯绝缘软电缆（电线）	
	BVV	铜心聚氯乙烯绝缘聚氯乙烯护套圆型电缆	450/750
	BLVV	铝心聚氯乙烯绝缘聚氯乙烯护套圆型电缆	300/500
	BVVB	铜心聚氯乙烯绝缘聚氯乙烯护套平型电缆（电线）	
	BLVVB	铝心聚氯乙烯绝缘聚氯乙烯护套平型电缆（电线）	
	BV—105	铜心耐热 105℃聚氯乙烯绝缘电线	
连接用软电缆（电线）	RV	铜心聚氯乙烯绝缘连接软电缆（电线）	
	RVB	铜心聚氯乙烯绝缘平型连接软电线	
	RVS	铜心聚氯乙烯绝缘绞型连接软电线	450/750
	RVV	铜心聚氯乙烯绝缘聚氯乙烯护套圆型连接软电缆	300/500
	RVVB	铜心聚氯乙烯绝缘聚氯乙烯护套平型连接软电线	300/300
	RV—105	铜心耐热 105℃聚氯乙烯绝缘连接软电线	
安装用电线	AV	铜心聚氯乙烯绝缘安装电线	
	AVR	铜心聚氯乙烯绝缘安装软电线	
	AVRB	铜心聚氯乙烯绝缘平型安装软电线	
	AVRS	铜心聚氯乙烯绝缘绞型安装软电线	300/300
	AVVR	铜心聚氯乙烯绝缘聚氯乙烯护套安装软电缆（线）	
	AV—105	铜心耐热 105℃聚氯乙烯绝缘安装电线	
	AVR—105	铜心耐热 105℃聚氯乙烯绝缘安装软电线	
屏蔽电缆	AVP	铜心聚氯乙烯绝缘屏蔽电线	
	RVP	铜心聚氯乙烯绝缘屏蔽软电线	
	RVVP	铜心聚氯乙烯绝缘屏蔽聚氯乙烯护套软电缆（线）	
	RVVP$_1$	铜心聚氯乙烯绝缘缠绕屏蔽聚氯乙烯护套软电缆（线）	300/300
	RVP—105	铜心耐热 105℃聚氯乙烯绝缘屏蔽软电线	
	AVP—105	铜心耐热 105℃聚氯乙烯绝缘屏蔽电线	

2. 聚氯乙烯绝缘电线外径和质量

聚氯乙烯绝缘电线品种很多，表 8-10 列出几种常用的聚氯乙烯绝缘电线外径和质量的参考值。各种型号规格电线的平均外径可查阅 GB5023.1～5—85《额定电压 450/750V 及以下聚氯乙烯绝缘电缆（电线）》。

四、其他电线电缆

其他电线电缆的型号，列于首位的字母表示类别、用途，其含义为：P—信号电缆；H—电话电缆；Y—移动软电缆；HO—同轴电缆等。阻燃电缆的型号，在普通电缆型号前面加"ZR—"。

表 8-10　　　　　　　　　　　　　　常用聚氯乙烯绝缘电线外径和质量

线心标称截面 (mm²)	BV				RV			
	导线线心根数/线径 (mm)	外径 (mm)	质量 (kg/km)	额定电压 (V)	导线线心根数/线径 (mm)	外径 (mm)	质量 (kg/km)	额定电压 (V)
0.5	1/0.80	2.4	8.1	300/500	16/0.20	2.6	8.4	300/500
0.75	1/0.97	2.6	10.6		24/0.20	2.8	11.4	
1	1/1.13	2.8	13.3		32/0.20	3.0	14.0	
1.5	1/1.38	3.3	19.5	450/750	30/0.25	3.5	20.1	450/750
2.5	1/1.78	3.9	30.0		49/0.25	4.2	32.2	
4	1/2.25	4.4	45.8		56/0.30	4.8	49.6	

线心标称截面 (mm²)	RV—105				RVP、RVP—105					
	导线线心根数/线径 (mm)	外径 (mm)	质量 (kg/km)	额定电压 (V)	导线线心根数/线径 (mm)	外径 (mm)		质量 (kg/km)		额定电压 (V)
						1心	2心	1心	2心	
0.5	16/0.20	2.8	9.4	450/750	28/0.15	3.0	5.2	17.1	32.0	250
0.75	24/0.20	3.0	12.4		42/0.15	3.5	6.2	22.9	46.9	
1	32/0.20	3.2	15.1		32/0.20	3.7	6.6	26.0	55.6	
1.5	30/0.25	3.5	20.1		48/0.20	4.0	7.2	32.9	68.7	
2.5	49/0.25	4.2	32.6		—	—	—	—	—	
4	56/0.25	4.8	49.6		—	—	—	—	—	

1. 橡皮绝缘电线

常用的有：BX 铜心橡皮线、BXR 铜心橡皮软线、BXF 铜心氯丁橡皮线等，额定电压为交流 500V 或直流 1000V，其外径和质量见表 8-11 所列。

表 8-11　　　　　　　　　　　　常用橡皮绝缘电线的外径和质量

线心标称截面 (mm²)	BX					BXR			BXF		
	导线线心根数/线径 (mm)	外径 (mm)		质量 (kg/km)		导线线心根数/线径 (mm)	外径 (mm)	质量 (kg/km)	导线线心根数/线径 (mm)	外径 (mm)	质量 (kg/km)
		1心	2心	1心	2心						
0.75	1/0.97	4.4	—	18.78	—	7/0.37	4.5	20.20	1/0.97	3.4	16.60
1.0	1/1.13	4.5	8.7	20.00	54.2	7/0.43	4.7	23.68	1/1.13	3.5	19.80
1.5	1/1.37	4.8	9.2	27.42	65.8	7/0.52	5.0	29.52	1/1.37	3.7	25.30
2.5	1/1.76	5.2	10.0	38.02	87.8	19/0.41	5.6	41.32	1/1.76	4.1	35.70
4	1/2.24	5.8	11.1	54.10	121.7	19/0.52	6.2	59.50	1/2.24	4.6	51.50

2. 耐高温绝缘电线

常用的有：航空用聚四氟乙烯绝缘电线（FF$_4$—3 和 FF$_4$P—3），额定电压 600V，长期允许工作温度不超过 260℃；航空氟塑料—46 绝缘电线（FF$_{46}$ 和 FF$_{46}$P），额定电压 500V，长期工作温度 200℃；小截面薄膜绕包绝缘安装线（AF 和 AFP），额定电压 250V，长期工作温度 220℃；聚四氟乙烯薄膜绝缘玻璃丝编织涂漆安装线（AFBG 和 AFBGP），额定电压 250V，长期允许工作温度 200℃。其外径和质量见表 8-12 所列。

表 8-12　　　　　　　　　　　　常用耐高温绝缘电线外径和质量

线心标称截面 (mm²)	FF₄—3		FF₄P—3		FF₄₆		FF₄₆P	
	外径 (mm)	质量 (kg/km)	外径 (mm)	质量 (kg/km)	外径 (mm)	质量 (kg/km)	外径 (mm)	质量 (kg/km)
0.1	—	—	—	—	—	—	—	—
0.2	1.20	3.91	1.60	7.32	1.20	4.32	1.70	9.85
0.35	—	—	—	—	—	—	—	—
0.5	1.70	8.90	2.10	13.7	1.50	7.70	2.00	14.4
0.75	1.85	11.1	2.25	16.4	1.80	11.4	2.30	19.0
1.0	2.00	13.5	2.40	19.2	2.00	14.1	2.50	22.3
1.2	2.10	15.6	2.70	24.6	2.30	17.6	3.05	32.3
1.5	2.40	19.9	3.00	30.6	2.50	21.8	3.25	37.7

线心标称截面 (mm²)	AF		AFP		AFBG		AFBGP	
	外径 (mm)	质量 (kg/km)	外径 (mm)	质量 (kg/km)	外径 (mm)	质量 (kg/km)	外径 (mm)	质量 (kg/km)
0.1	0.85	1.98	1.40	7.52	1.89	5.09	2.42	13.2
0.2	—	—	—	—	2.09	7.01	2.62	18.0
0.35	1.20	—	1.70	—	2.31	8.87	2.84	20.1
0.5	—	—	—	—	2.42	10.6	3.07	28.5
0.75	—	—	—	—	2.70	14.2	3.35	32.5
1.0	—	—	—	—	2.86	17.1	3.51	35.6
1.2	—	—	—	—	—	—	—	—
1.5	—	—	—	—	3.19	23.0	4.04	41.6

3. 低烟低卤阻燃/耐火控制电缆

在电缆火灾情况下，为了减轻烟气中有毒的氯化氢气体对人生命的威胁和对仪表设备的腐蚀，以及使自动化系统仍能保证机组的安全运行或安全停机，在火电厂中常选用低烟低卤阻燃或耐火的控制电缆和计算机屏蔽控制电缆。阻燃电缆在规定试验条件下，电缆被点燃，在撤去试验火源后，火焰的蔓延仅在限定范围内，残焰或残灼在限定时间能自行熄灭；耐火电缆除满足阻燃的要求外，还能达到电缆被点燃后，在 1.5h 内（温度范围 750～800℃）仍能维持正常运行。

低烟低卤阻燃/耐火电缆的主要技术指标如下：

（1）抗拉强度：老化前、后≥12.5N/mm²（老化时间 168h，100℃）。

（2）热变形：在试验温度为 80±2℃，试验时间 4h 情况下，变形率≤50%。

（3）电气性能：在 70℃时最小绝缘电阻≥0.01MΩ·km（截面 2.5mm²），截面小于 2.5mm² 电缆的绝缘电阻均大于此值。

（4）氧指数〔在规定试验条件下，材料在氧气和氮气的混合气流中，刚好维持有火焰

（烛样）燃烧所需的最低氧浓度，用氧的体积百分率表示]：绝缘≥27；护套≥30。

（5）氯化氢释放量：绝缘≤250mg/g；护套≤125mg/g。

（6）烟密度（最大比光密度）：≤500。

第二节　电　缆　敷　设

一、电缆及电缆敷设路径的选择

1. 电缆的选择

在热工测量控制仪表中应采用铜心电缆，其型号、规格应符合设计要求。测量及控制回路的线心截面，不应小于 $1.0mm^2$；接至插件的线心截面宜选用 $0.5mm^2$ 的多股软线。在选择电缆心数时，对于截面为 $1.0～1.5mm^2$ 的普通控制电缆不宜超过 30 心，对内钢带铠装控制电缆不宜超过 24 心；单根电缆的实用心数超过 6 心时，视心数的多少可预留 1～2 心备用，但两根及以上的电缆起始点相同时，可不必在每根电缆中都预留备用心。

在有腐蚀性的场所或沟道内，应采用塑料护套的电缆。对于有抗电磁干扰要求的测量控制仪表，应敷设专用的屏蔽电缆。计算机信号分类及电缆选型见表 8-13。

表 8-13　　　　　　　　　　　计算机信号的分类及电缆选型

信 号 分 类	信 号 范 围	电 缆 选 型
低电平输入信号	0～±100mV 模拟信号	对绞铜带屏蔽或对绞铝箔屏蔽计算机用电缆
	热电偶信号	对绞铜带屏蔽或对绞铝箔屏蔽电缆
	±100mV～±1V 信号	对绞铝箔屏蔽计算机用电缆
高电平输入信号	1～10V，0～10mA，4～20mA，0～50mA 模拟量输入/输出信号	对绞铜网屏蔽计算机用电缆
脉冲信号		对绞铜网屏蔽电缆
开关量输入/输出信号	<60V 且<0.2A	一般控制电缆；DCS 系统的开关量，可选用对绞铜网屏蔽电缆

注　本表摘自 CECS81：96《工业计算机监控系统抗干扰技术规范》。

同一根多心电缆中，只允许传递同一类信号；除两线制变送器和直流供电的设备外，其他交流供电的变送器和设备的电源和信号不得用同一根多心电缆传送。

2. 电缆敷设路径的选择

电缆敷设路径应符合下列要求：

（1）按最短路径集中敷设。

（2）电缆应尽量集中敷设，使电缆能排列整齐。

（3）电缆敷设应躲开人孔、设备起吊孔、防爆门和窥视孔等。敷设在主设备和油管路附近的电缆不应影响设备和管路的拆装。

（4）电缆敷设应尽量避免交叉。

（5）电缆敷设（包括导线敷设）路径必须考虑主设备及热力管道的热膨胀。为此，电缆架、保护管、电线槽、电线管等尽量避免安装在主设备和管道的膨胀方向内，不可避免时，它们之间的距离必须大于热膨胀值。

（6）与热表面平行或交叉敷设时，电缆距保温层表面应保持一定距离。平行时一般不小于 500mm；交叉时不小于 200mm。

（7）电缆敷设区域的温度应不高于电缆的允许长期工作温度，普通电缆不得敷设在温度高于 65℃的区域。如必须敷设，应采取隔热措施（用石棉板隔开，包缠石棉绳等）或采用耐热电缆。

（8）敷设在易积粉尘和易燃地方时，应采用封闭电缆槽或电缆保护管。

（9）电缆与热控导管间也要保持一定的距离。当电缆与导管作上下平行敷设时，其间距应大于 200mm，且电缆一般敷设在上方，以免导管泄漏时损坏电缆绝缘层。

（10）严禁电缆在油管路的正下方平行敷设和在油管路接口的下方通过。

（11）电力电缆、控制电缆、信号电缆应分层敷设，并按上述顺序从上至下排列。

（12）计算机信号电缆与动力电缆之间的最小距离见表 8-14。

表 8-14　　　　　　　　信号电缆与动力电缆之间的最小距离　　　　　　　　（mm）

计算机电缆敷设方式	带盖板金属电缆槽或穿钢管敷设						无盖板的电缆槽敷设
动力电缆容量＼与动力电缆平行敷设的长度	10m 以下及垂直	25m 以下	100m 以下	200m 以下	500m 以下	500m 以上	
120V　10A 以下	≥10	≥10	≥50	≥100	≥200	≥250	≥1500
250V　50A 以下	≥10	≥50	≥150	≥200	≥250	≥250	
400V　100A 以下	≥50	≥100	≥200	≥250	≥250	≥250	
500V　200A 以下	≥100	≥200	≥250	≥250	≥250	≥250	
500V　200A 以上	500 以上						≥3000

注　1. 动力电缆容量栏内电压是回路中的最高电压，电流是指多个回路中同时通过的电流之和。

　　2. 本表摘自 CECS81：96《工业计算机监控系统抗干扰技术规范》。

二、电缆桥架及支架

电缆敷设在生产厂房内或隧道、电缆沟道内。为了防止电缆承受过大的拉力和过度的弯曲，避免机械损伤，便于排列整齐和固定，电缆应敷设在电缆桥架或支架上，零星电缆也应因地制宜地加以固定。电缆各支持点间的距离，水平敷设为 800mm，垂直敷设为 1000mm。

1. 电缆桥架 ❶

钢制电缆桥架（以下简称桥架）是由托盘、梯架的直线段、弯通、附件以及支吊架等构成，用以支承电缆的具有连续刚性结构系统的总称。

（1）桥架结构类型及品种：桥架结构类型有：有孔托盘、无孔托盘、梯架、组装式托盘等。品种有：直线段；弯通，包括水平弯通（分 30°、45°、60°、90°四种）、水平四通

---

❶ 依据 CECS31：91《钢制电缆桥架工程设计规范》编写。

（分等宽、变宽两种）、上弯通（分 30°、45°、60°、90°四种）、下弯通（分 30°、45°、60°、90°四种）、垂直三通（分等宽、变宽两种）、垂直四通（分等宽、变宽两种）、变径直通；附件，包括直线连接板、铰链连接板（分水平、垂直两种）、连续铰连板、变宽连接板、变高连接板、转弯连接板、上下连接板（分 30°、45°、60°、90°四种）、盖板、隔板、压板、终端板、引下件、竖井、紧固件；支、吊架，包括托臂、立柱、吊架（分圆钢单和双杆式、角钢单和双杆式、工字钢单和双杆式、槽钢单和双杆式、异型钢单和双杆式等多种）、其他固定支架（如垂直、斜面等固定用支架）。

（2）桥架型号及规格：

1）桥架型号包含以下内容：

①名称：用大写拉丁字母表示。

②规格：托盘、梯架的直线段和弯通依次标明宽度、高度；附件和支、吊架标明一个或几个主要技术特性的尺寸。

③荷载等级：A、B、C、D 四级。在支、吊架跨距为 2m，按简支梁的条件下，托盘、梯架的额定均布荷载分别为 0.5、1.5、2.0、2.5kN/m。

④防腐层类别：涂漆或烤漆（Q）、电镀锌（D）、喷涂粉末（P）、热浸镀锌（R）、电镀锌后喷涂粉末（DP）、热镀锌后涂漆（RQ）、其他（T）。

其中，荷载等级、防腐层类别也可不在型号中表示，而用文字统一说明。

2）桥架的主要规格：

①托盘、梯架的宽度和高度常用规格尺寸系列见表 8-15。

表 8-15　　　　　　　　　　　　　托盘、梯架常用规格

高度（mm） 宽度（mm）	40	50	60	70	75	100	150	200
100	△	△	△	△				
200	△	△	△	△	△			
300	△	△	△	△	△	△		
400		△	△	△	△	△	△	
500			△	△	△	△	△	△
600			△	△	△	△	△	△
800					△	△	△	△
1000						△	△	△
1200							△	△

注　符号△表示常用规格。

②托盘、梯架一般用冷轧板弯制，其允许最小板材厚度见表 8-16。

③托盘、梯架的直线段单件标准长度可为 2、3、4、6m。

④托盘、梯架弯通常用的内侧弯曲半径为：折弯形，两条内侧直角边的内切圆半径

表 8-16　　托盘、梯架允许最小板材厚度

托盘、梯架宽度（mm）	允许最小厚度（mm）
<400	1.5
400～800	2.0
>800	2.5

为 300、600、900mm；圆弧型，为 300、600、900mm。

⑤有孔托盘底部通风孔面积不大于底部总面积的 40％。

⑥直线段梯架横档中心间距和梯架弯通横档 1/2 长度处的中心间距均为 200～300mm，横档宽度为 20～50mm。

⑦支、吊架立柱固定托臂的开孔位置或焊接位置，应满足托盘、梯架多层设置时层间中心距为 200、250、300、350mm。

（3）桥架的选择：选择桥架品种规格应注意以下几点：

1）需屏蔽抗干扰的电缆，或有防护外部影响如油、腐蚀性液体、易燃粉尘等环境的要求时，应选用有盖无孔型托盘。其他场合一般选用有孔型托盘和梯架。

2）托盘、梯架的宽度和高度按下列要求选择：

①控制电缆填充率一般取 50％～70％，且预留 10％～25％的工程发展裕量。

②所选托盘、梯架的承载能力应大于工作均布荷载。

③工作均布荷载下的相对挠度不大于 1/200。

④桥架外形尺寸及安装组合形式：桥架的品种较多，现以天津电力建设公司修造厂生产的 ZDLJ—01 型电缆桥架为例，其组合示意见图 8-2 和图 8-3。

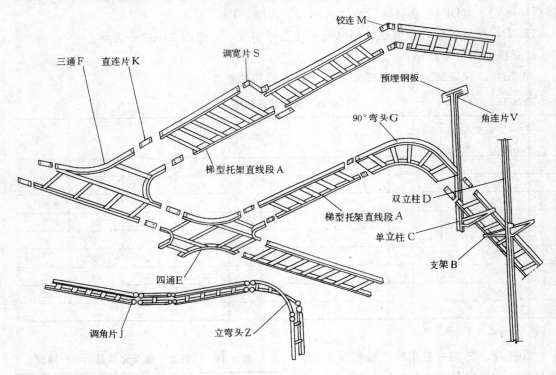

图 8-2　梯型电缆托架部件组合示意

梯型电缆托架的主体部件是梯型托架 A，电缆即敷设在其上面。直线段托架的结构如图 8-4 所示，规格有高（H）：60、90、140mm；宽（W）：200、300、400、500、600、800mm。如图 8-2 所示与直管段托架配套的有 90°弯头 G、45°弯头 I、立弯头 Z（凸和凹型）、三通 F、

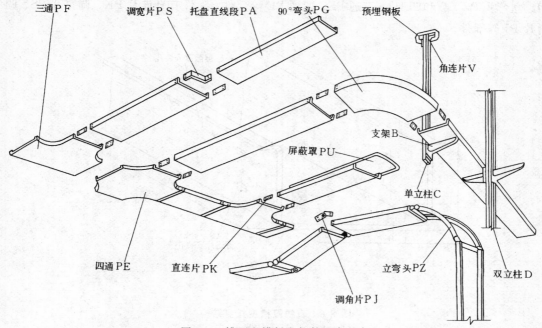

三通PF
调宽片PS
托盘直线段PA
90°弯头PG
预埋钢板
角连片V
支架B
屏蔽罩PU
单立柱C
四通PE
直连片PK
立弯头PZ
双立柱D
调角片PJ

图 8-3 槽型电缆托盘部件组合示意

25
H
100
20
2000
30
6×300
100
25
W

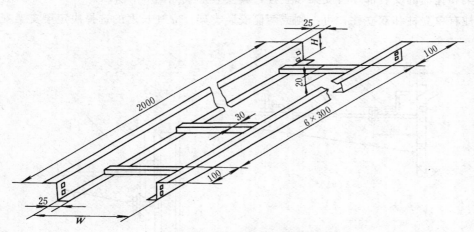

图 8-4 直线段梯型托架结构

四通 E 等部件。附件有直连片 K、调宽片 S、调角片 J、伸缩片 Q、铰链 M 等部件。托架及其附件采用特制的方颈螺栓连接。

如图 8-3 所示，槽型电缆托盘的主体部件是电缆托盘 PA，电缆敷设在其内。托盘面安装屏蔽罩，起电磁屏蔽作用，适用于敷设电子计算机电缆和其他需要屏蔽的控制电缆。电缆托盘与屏蔽罩组合示意如图 8-5 所示。直线段槽型托盘的结构如图 8-6 所示，规格除宽度无 800mm 外，其他尺寸与梯型托架相同。如图 8-3 所示，与直线段托盘配套的有 90°弯头 PG、45°弯头

1
4
3
2

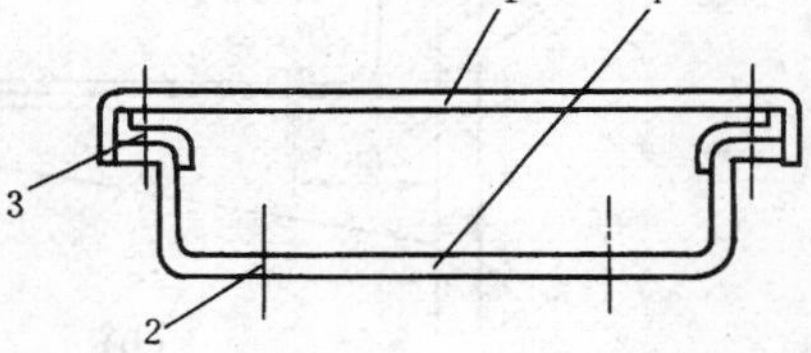

图 8-5 电缆托盘与屏蔽罩组合示意

1—屏蔽罩；2—托盘安装孔；3—卡子；4—电缆托盘

PI、立弯头 PZ（凸和凹型）、三通 PF、四通 PE 等部件，附件有直连片 PK、调宽片 PS、调角片 PJ 等部件。

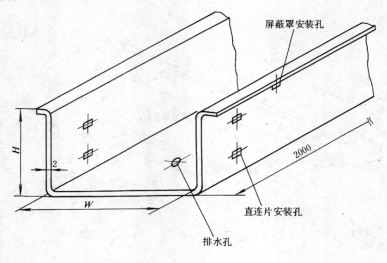

图 8-6 直线段槽型托盘结构

托架和托盘的安装部件有支架和立柱，其安装形式如图 8-7 所示。

立柱有单立柱和双立柱，可一侧或两侧安装支架。立柱长度的选择决定于支架安装层

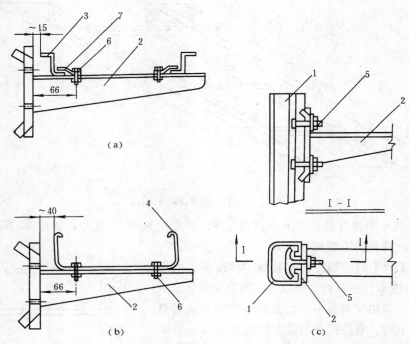

图 8-7 托架、托盘和支架的安装示意

（a）托架在支架上安装；（b）托盘在支架上安装；（c）支架在立柱上安装

1—立柱；2—支架；3—梯型托架；4—槽型托盘；5—T 型螺栓；6—螺栓；7—压板

数（一般层间距离为 300mm）。水平敷设的电缆托架，其立柱可在楼板下吊装、梁下吊装、侧壁上（室内外混凝土壁、隧道壁、柱壁、金属结构壁等）安装以及露天立柱或支墩上安装。吊装时，立柱顶部可直接焊在预埋钢板上，亦也通过角连片 V 焊接在预埋钢板上或用膨胀螺栓固定在混凝土结构上。当支架为三层及以上时，双立柱的固定应增加斜撑。立柱之间的最大距离不大于 2000mm。

垂直敷设的电缆托架安装形式如图 8-8 所示。电缆竖井的安装形式如图 8-9 所示。

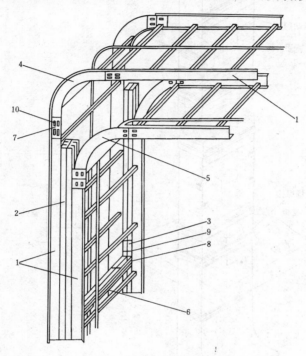

图 8-8　垂直敷设的电缆托架安装形式

1—梯型托架；2—双立柱；3—角连片；4—凸立弯头；5—立弯板；
6—双横柱；7—直连片；8—T 型螺栓；9—螺栓；10—方颈螺栓

2. 电缆支架

若设计时未考虑安装电缆桥架或零星电缆的固定，则需现场制作电缆支架。

热控电缆布满火力发电厂各个角落，环境条件各不相同，故电缆支架的形式应按现场条件因地制宜地进行考虑设置，热控电缆敷设的常用电缆支架为：

（1）在电缆沟内使用"E"字形电缆支架，如图 8-10 所示。立柱一般用 L 40×4 或 L 30×4 角钢固定在沟壁上（至少固定两点），高度根据沟深及需要而定；格架一般用 L 30×4 角钢，长度为 200、300 或 400mm，格架间距为 120～150mm，支架间距为 600mm。当大量使用全塑料电缆或塑料护套电缆时，应如图 8-10（b）所示增加保护角钢（L 30×4），用以铺设石棉水泥板（厚度为 8mm），以承托电缆。

（2）在控制室下夹层内以及架空水平敷设电缆时，使用桥型电缆支架，如图 8-11。桥型支架一般用 L 40×4 角钢为主梁，用 L 30×4 角钢或—30×4 扁钢为支架，支架间距为 400

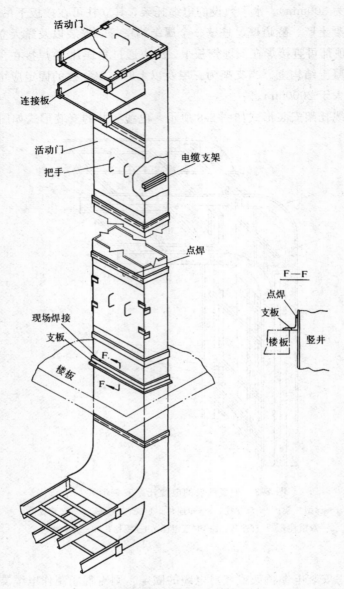

图 8-9 电缆竖井的安装形式

～500mm。桥身宽度一般不大于1200mm，主梁本身则用L 40×4 或L 50×5 角钢分段悬挂在建筑物或钢构架上。桥型支架可分为几层，并根据需要连成片（层间距一般为 200mm）。

　　如有可能，应在主要桥型电缆支架旁边加设工作平台、梯子、人行通道等，以便于检修和改进。

　　（3）垂直敷设电缆时，使用梯型电缆支架（垂直桥型电缆支架）。一般用L 40×4 角钢为主柱，用L 30×4 角钢与—30×4 扁钢为支架，支架间距为 800～1000mm。梯身宽度根据需要，一般不超过 800mm。主柱分段固定在建筑物或钢结构上。

　　（4）零星电缆敷设时，可根据具体情况设架固定。图 8-12 为在墙上固定单根电缆的一种方式。在墙柱上亦可用射钉枪射入专用螺丝，用以固定单根电缆。当垂直敷设时，卡子距离为 0.8～1.5m；水平敷设时，卡距离为 0.4～0.6m。

零星电缆水平敷设在平台、过道等明面处时，可采用如图 8-13 所示的挂钩式电缆支架。挂钩用 25×5 扁钢制成。挂钩式电缆支架可紧贴平台、过道等外侧，逐一垂直固定，电缆即可一根根敷设在支架上。

在锅炉炉顶敷设零星单根电缆时，如因温度过高，不便于将电缆固定在炉体主构架上时，可采用悬索敷设电缆，如图 8-14 所示（方法同通信电缆的敷设）。

如有条件，单根电缆宜穿管敷设，既美观而又受到保护。

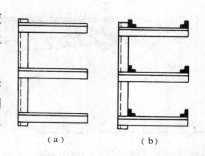

图 8-10 "E"字形电缆支架
(a) 无保护角钢；(b) 有保护角钢

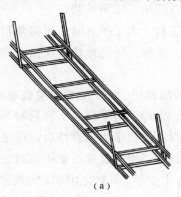

（a）

（b）

图 8-11 桥型电缆支架

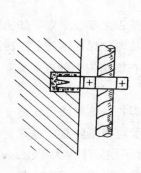

图 8-12 沿墙固定单根电缆

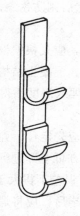

图 8-13 挂钩式电缆支架

（5）在易积粉尘的磨煤机室、燃煤粉锅炉房、输煤栈桥等处敷设电缆时，宜采用封闭电缆槽。如采用电缆支架，则电缆支架上不宜敷设石棉水泥板，且不论塑料电缆或铠装电缆均应以 3～4 根电缆为一组，组间留适当通风间隙，如图 8-15 所示，以防积聚煤粉而产生

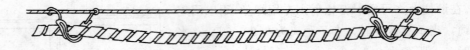

图 8-14　悬索敷设电缆示意

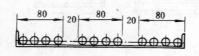

图 8-15　易积灰处电缆
的水平敷设

自燃，引起火灾事故。

　　（6）当大量采用全塑料电缆时，可使用电缆走线槽敷设电缆。电缆槽用薄钢板等制成，安装时留有敷设孔，电缆敷设完毕后将敷设孔盖上，封闭起来。电缆槽可悬挂或固定在建筑物或钢结构上。

　　盘、台下的电缆支架应考虑便于固定电缆，避免电缆交叉，使能排列整齐。在可能出现交叉处，应多做几层电缆架，以利排列。

　　制作电缆支架用的角钢或扁钢必须先经平直，方可下料。人工平直时，可将角钢或扁钢放在平台上，上衬平锤，用大锤打在平锤上进行平直。平锤应平稳地放置在角钢的翼缘（立面）上，视角钢弯曲程度从一端顺序进行平直。

　　角钢或扁钢在下料时，应先按部件规定长度划线，作出标记。由于电缆支架数量较多，应尽量采用剪冲机等机械下料。角钢或扁钢不得用电焊、火焊切割下料。下料后的部件不得有尖角、毛边。下料后的部件如有显著变形时，则应再次进行平直，合格后方可使用。

　　桥型支架组合时，应把各部件放在组合平台上垫平调直。其组合长度一般不应超过 5m。

　　电缆支架焊接时必须采用"先点后焊"的方法，以防止变形。焊缝应牢固，无咬边、突刺及砂眼。焊缝应均匀，厚度不得小于 5mm。同类型的电缆支架焊接后，外形应一致。焊接后应及时清除焊渣，如支架变形过大，应进行调直。成型的电缆支架，应用钢丝刷除去铁锈，先涂红丹漆，然后刷防锈漆。安装或整体组装时需要焊接的端头，可留出约 50mm 一段暂不刷漆。

　　电缆支架安装前，应先根据设计图纸检查预埋件是否完整、牢固。如土建施工时未预埋埋件，应设法补上。混凝土结构一般内有钢筋，应将埋件焊在钢筋上。砖结构上所用的埋件的尾部应劈开，埋入深度不得小于 100mm。固定在钢结构上的电缆支架，可直接进行焊接。

　　电缆支架安装前应先定位，弹粉线。安装时先点焊，作临时固定。待一整排支架全部安装完毕校正好后，方可全部进行焊接。电缆支架安装应横平竖直，垂直误差不得超过其长度的 3/1000，水平误差不得大于 5mm，支架间的水平误差不得大于 ±2mm。

　　电缆支架安装完毕后，应将焊接前未刷漆处及在安装过程中漆皮碰落处刷上防锈漆。

三、电缆保护管❶

　　电缆穿过平台向上敷设时应加保护管（或保护框），其高度一般不低于 1m。电缆在穿墙或埋入地下设备基础内或容易碰伤时，也应加保护管。单根敷设的电缆应尽量使用保护

---

　　❶　依据 GB50168—92《电气装置安装工程　电缆线路施工及验收规范》编写。

管。电缆在穿入控制盘等设备时，如根数较少，可加保护管；如根数较多，应做保护框（在做地面时预留或放上，最后给予封闭）。电缆保护管用以保护电缆，并使布置整齐美观。

电缆保护管的内径，应大于电缆外径的1.5倍。每根管子弯头最多不超过三个，直角弯不超过两个，超过时应加装中间拉线盒，否则电缆不易穿过。电缆保护管的弯曲半径，应符合所穿入电缆弯曲半径的规定。保护管的弯曲度不应小于90°。

电缆保护管一般用钢管或水煤气管制成，外表涂防腐漆或沥青，以延长使用寿命。

热控电缆截面较小，电缆保护管一般可用电动弯管机冷弯。也可用弯管器弯制，如图8-16，先将管子需要弯曲部位的前段放在弯管器内，然后用脚踩住管子，手扳弯管器柄，稍加一定的力，使管子略有弯曲，再逐点移动弯管器，使管子弯成所需的形状。

有缝钢管的焊缝在弯制时应处于弯曲方向的侧面或背面，以防弯扁或裂开。

管子弯曲后，不应有裂纹或显著的凹陷现象。弯曲部分的断面应呈圆形，其弯扁程度不大于管子外径的10%。

电缆保护管的管口应光滑无毛刺和尖锐棱角，一般可按图8-17胀成喇叭口（翻边）、锉成斜口（磨光）或加装衬套。衬套可用木材车制或用塑料制品。

图 8-16 弯管器弯管

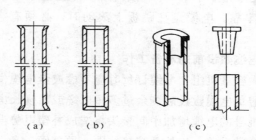

(a) (b) (c)

图 8-17 电缆保护管管口

(a) 胀成喇叭口；(b) 锉成斜口；(c) 加装衬套

穿过建筑物的电缆保护管应根据设备安装图及有关土建图，在浇灌混凝土或砌墙前预埋。如受条件限制，可预留孔洞，俟设备就位后再埋设。保护管应尽量与设备的进线口对准，其位置便于与设备连接并不妨碍设备拆装和进出。穿过楼板的保护管应与地面垂直，几根管子排列在一起时，高度应一致，排列整齐。穿入盘内的保护管不宜过长，管端只需稍高于盘内抹面后的地面即可。电缆保护管明管可在管端套丝，用外接头连接；暗管外套短节后需进行焊接（短节取自内径略大于保护管外径的钢管），不得将管与管直接对焊，以免焊渣进入管内。电缆保护管埋设完毕，应用木塞堵严管口。电缆敷设后，电缆保护管的端口，应用沥青或腻子等密封。

为了不妨碍主体设备的拆卸，电缆保护管常不能敷设到待接设备跟前；有时由于埋设条件不允许或埋设有误差等原因，电缆保护管常不能对准设备进线口，这样就需加用一段金属软管（蛇皮管）进行过渡。有时，为了便于拆卸所接设备，也有加用金属软管的。金属软管的连接头见本章第三节。

四、电缆的保管和运输

电缆应在有遮蔽的货棚内保管，并应防止日晒、雨淋。电缆被曝晒后，沥青熔化，易使钢带生锈腐烂，橡胶将发黏变形，聚氯乙烯将硬化发脆。雨淋将加速钢带锈烂。电缆过冷即硬化，会降低绝缘能力。因此，如保管不善，必将缩短电缆的使用寿命。

电缆盘在搬运前应进行检查，核查规格是否与标志一致，包装和电缆有无损坏，封端是否完好。各部挡板如有松动、脱落、不牢固者，应予以加固；挡板上的铁钉如有可能损伤电缆时，应将它拔掉。电缆盘上的电缆如有松散，应缠绕紧固；如缠绕紊乱时，必须倒轴。如电缆封端破坏，绝缘受潮或有疑问时，应用兆欧表鉴定绝缘情况。

电缆盘只能在平坦的地面上作短距离滚动。滚动时应注意方向，按电缆缠紧方向滚动，防止电缆松散。当通过松软地面、乱石或铁路时，应垫以木板。无保护板的电缆盘在滚动时，应注意外圈免受损伤。

如条件许可，电缆盘应用吊车装汽车或铁路平板车运输，进入厂房后用桥式起重机等卸下。一般说，热控电缆应运入控制室或暂存在控制室附近，以便集中敷设。敷设完后及时将空盘运出厂房。

装汽车的电缆盘必须固定牢靠。如需人工卸车，应搭跳板，严禁将电缆盘直接推下。跳板的厚度不得小于 70mm，倾斜角不得超过 15°，跳板下端应有可靠支点，上端应与汽车底板固定牢靠。电缆盘在跳板上滚动时，必须有牢靠的拉牵装置，正前方不许有人逗留。

五、电缆敷设前的准备工作

对于大容量机组，电缆订货时应考虑成盘电缆供货长度与设计较长的电缆单根长度的关系，以避免电缆敷设后剩余过多短电缆或出现长电缆需加中间接头。特别是对于补偿电缆，不同批号的电缆增加中间接头将造成补偿电势误差不一致。

在电缆敷设前，应按系统接线图、原理图、盘内配线图、端子箱接线图等，核对电缆清册中的电缆编号、规格、心数。然后检查一下电缆支架、电缆保护管等有无漏装或错装现象；并应检查敷设路线是否正确，有无堵塞或不能通行的地方，沿途脚手架是否牢固，照明是否良好。在不便于施工的地方应增设脚手架；在光线不足之处应增加照明。

电缆始末端的设备应编上号，写上名称，以利施工。接着就应用皮尺测量电缆的实需长度（近似值），据以搬运电缆盘和配料（对于长电缆应确定使用哪一盘电缆）。

以上的工作做完后，即可按敷设顺序（先敷设集中的，再敷设分散的，然后敷设短的），另编清单，复写数份，供实际敷设时使用。清单内列出每根电缆的编号、规范、起点、终点、长度和走向等。电缆敷设要求整齐美观，避免交叉压叠，因此清单应在周密考虑后列出，必要时可做敷设模拟图和排列断面图（敷设时，挂在相应位置），以求得最好的排列方式和敷设顺序。一般说，在控制盘、台下面不要有交叉，以免造成电缆紊乱，有碍美观，不利维护。对于难以避免的交叉，可设法放在分支的地方。

根据这个清单，可以将敷设用的临时标志条准备好。临时标志条用浅色成盘塑料带醮龙胆紫-环乙酮（或二氯乙烷）溶液按清单顺序逐一书写。每根电缆写上编号、规格、起点和终点。写完一根电缆的标志，在塑料带上留出一空段，剪一个口，再留一空段，接着写第二根电缆的标志。这样，塑料带上的每根电缆标志是连续的。塑料带可以一面写一面卷起来。整盘塑料带写完后，可利用塑料带内的纸心反向绕回去，这样，第一根电缆的标志又跑到外层来了。用同样的顺序，准备好两份连续的标志条，在敷设时，每放一根电缆前，撕下同样两个条，一个绑在电缆首端（为不使塑料带弄脏后看不清，可将写字的一面包在内侧），跟着电缆走，带到目的地；另一个在这根电缆敷设完毕，锯割后，绑在电缆末端。这样做，耗用了一些塑料带，但比当即挂上正式标志牌，将标志牌弄脏了，分辨不清，要方便得多，可靠得多。

这样，再准备齐临时绑线、固定卡子和穿管用的镀锌铁丝等，即可开始敷设电缆。

六、电缆敷设工作

电缆敷设应尽量做到横看成线，纵看成片，引出方向一致，弯度一致，余度一致，松紧适当，相互间距离一致，挂牌位置一致，并避免交叉压叠，达到整齐美观。为此，必须重视电缆敷设的组织工作。

电缆敷设必须由专人指挥，在敷设前向全体施工人员交底，说明敷设电缆根数、始末端、工艺要求及安全注意事项等。人员分配为：直线段每隔 6～8m 设 1 人（使用电缆敷设机械时，每隔 15～20m 设 1 人）；转弯处两侧各设 1 人；穿过平台、楼板、墙时上下或前后各设 1 人；电缆穿管时两端各设 1 人，当管子过长或电缆过大时，增设 1～2 人；电缆盘处设 3～4 人。指挥以吹哨为行动指令，转弯多或路径长的线路应分段指挥，以引出端为主传达动作命令。全线听从指挥，应同时用力或停止（使用电缆敷设机械时，应同时启停电动机）。遇转弯或穿管时，应先将电缆甩出一定长度的大弯，再往前拉。对于弱电及低电平信号电缆，特别是需抗干扰的信号电缆，不得与强电回路电缆敷设在同一根保护管内。

电缆盘用架盘支架支起，图 8-18 所示为 DLJ96—2 型电缆液压支架，简易的电缆架盘支架如图 8-19 所示。架电缆盘用的轴应按电缆质量和电缆盘上穿轴孔径选择，可采用有足够强度的钢管。如有条件，可同时架起不同规格的数盘电缆，以缩短倒盘时间。电缆盘架

图 8-18　电缆液压支架

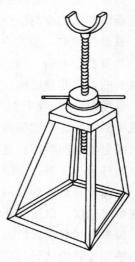

图 8-19　简易的电缆
·架盘支架

起后，其挡板边缘离地面的距离不得小于 100mm。

为减轻劳动强度和减少施工人员，可在电缆集中的直线段装设一些电缆敷设机械，如图 8-20 所示。另外，可在直线段和转弯处放置一些滚轮，以减少摩擦。

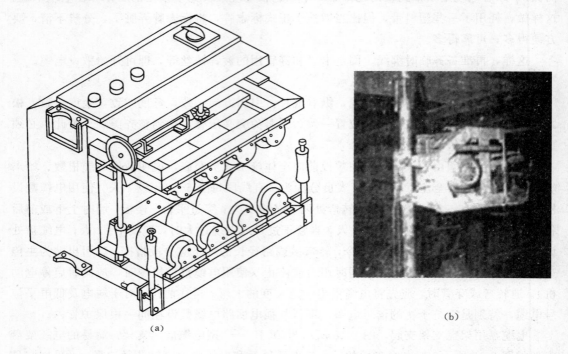

（a）　　　　　　　　　　　　　　　　（b）

图 8-20　电缆敷设机械及其设置
（a）电缆敷设机械；（b）电缆敷设机械的设置

敷设电缆时，电缆应从电缆盘的上方引出，引出端头的铠装如有松弛，应用绑线绑紧。电缆盘的转动速度与牵引速度应很好配合，每次牵引的电缆长度不宜过长，以免在地上拖拉。敷设过程中，如发现电缆局部有压扁或折曲伤痕严重的，应停下来检查鉴定，予以处理，严重者应割去。如已敷设而长度不够者应撤下，另行敷设。新敷设的控制电缆是不允许接头的，除非是已超过制造长度时。

电缆敷设时，常经过很多弯曲处。电缆本身细而长，敷设时稍有不慎就会弯曲过度，使电缆中的绝缘层受到损伤。电缆受伤后，在表面上不一定能看出，但对它的使用寿命则有很大的影响。塑料控制电缆允许弯曲半径为：无铠装层电缆和有屏蔽结构的软电缆，不小于电缆外径的 6 倍；有铠装或铜带屏蔽结构的电缆，不小于电缆外径的 12 倍。

电缆应有足够的备用长度，以补偿因温度变化而引起的变形。电缆跨越建筑物伸缩缝处应留有余度，以适应变化。

每根电缆敷设好以后，必须待两端留有足够长度，各转弯处已作初步固定，直线段已初步整理过并确认已符合设计要求时，才允许锯切。铠装电缆锯切前，应先在锯切点两边各 50mm 处用绑线（镀锌铁丝）绑牢。控制电缆切断后，宜用黑胶布封头。对于暂时不用而缠在电缆盘上的带铅保护层的电缆，应及时封铅。

400

每根电缆敷设完后，应及时挂上标志，再敷设下一根电缆。

如因工程进度需要或供应的关系，一个断面内排列的电缆不能一次敷设完毕时，应把不能即行敷设电缆的位置空留出来，待以后敷设时仍能按原位入座，以保持整齐。

电缆敷设告一段落后，应进行全线的整理。

电缆敷设后，应在下列各点用卡子固定：

（1）水平敷设直线段的两端；

（2）垂直敷设的所有支持点；

（3）转弯处的两端点上；

（4）穿越电缆管的两端；

（5）引进控制盘、台前 300～400mm 处，引入端子箱前 150～300mm 处；

（6）电缆终端头的颈部。

固定在电缆托架上的电缆可用塑料固定带，其形状像表带一样，如图 8-21 所示，紧固扣是单方向的，当扣紧后不能滑开，规格有：140、180、240、280、320mm（固定带长度）。

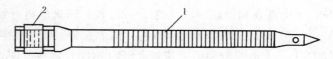

图 8-21　电缆固定带

1—固定带；2—紧固扣

电缆根数不多的直线段和电缆的终端头颈部，应采用图 8-22 所示的固定方式。成排敷设的直线段可用绑线将电缆固定在电缆桥上。

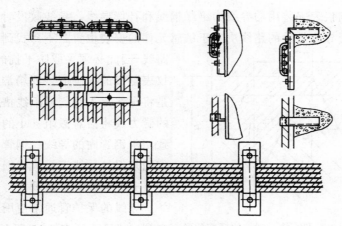

图 8-22　电缆的固定方式

在电缆两端、穿墙及穿过平台处应挂上电缆标志牌，标明电缆的编号、型号、规格、长度及起始地点。电缆标志牌宜采用薄纤维纸板、红钢纸板等绝缘材料制作。

电缆敷设完毕后，应根据现场情况画出竣工草图，作好敷设记录。当电缆有代用时，应记录清楚。

塑料控制电缆敷设时的环境温度不应低于 0℃。因为温度过低时，塑料在低温下变硬发脆，敷设时容易产生断裂。因此，当环境温度低于上述数值时，应将电缆预热。

电缆加热的方法通常有两种：一种是室内加热，将电缆放在暖室里或帐篷里，用热风机或电炉以及其他方法提高室内温度，对电缆进行加热。这种方法需要时间较长，当室内温度为 20℃时，需要一昼夜。另一种方法是电流加热法，将电缆心线通入电流，使电缆本身发热。用这种方法加热，速度快，能在很短的时间内把电缆绝缘层均匀地加热到所需的温度。电流加热电缆可采用交流电焊机作为电源，将整盘控制电缆的心线并联起来，两端接至电焊机的二次侧。在电缆通电加热过程中，所通电流不得超过额定电流值的 $\frac{3}{4}$；电缆的表面温度不应超过 40℃。加热后的电缆应立即敷设，一般不超过 1 小时。

控制盘、台下的电缆，在制作终端头前一定要先将电缆完全整理好后加以固定。待制作终端头时，再将电缆卡子松开，以便进行施工。

电缆的防火措施：使用阻燃电缆和耐火电缆。若使用普通电缆，可在电缆隧道、夹层出口处设置防火隔墙或防火隔板（如 Ef85 系列轻型耐火隔板等）；在隔墙两侧 1m 范围内或电缆托架的适当部位，于电缆表面涂刷一段（约 1～2m 长）防火涂料（如 A60—1 改性氨基膨胀防火涂料、A60—501 膨胀防火涂料等）或包以阻燃包带。在电缆穿越建筑物的孔洞处填塞阻火堵料（如 DFD—Ⅱ 电线电缆阻火堵料、SFD 速固封堵料、DWT—W 无机电缆密封填料等）；在主厂房易受外部着火影响和积粉易燃的电缆区段的架空电缆，设置罩盖、耐火槽盒等。

第三节 导 线 敷 设

热工测量控制仪表安装用的导线为绝缘铜线和补偿导线。导线敷设时应尽可能远离电磁干扰源。但由于导线敷设的路线决定于敏感元件的安装位置，不易找到完全不受干扰的路线，因此必须采取防干扰的措施，以免影响仪表测量的准确度。现场常用防干扰的方法是将导线穿入钢管或汇线槽内，这样，外界的磁力线将沿着磁阻甚小的钢管通过，而不到切割钢管内的导线。钢管和汇线槽的另一作用是保护导线不受机械损伤。

一、导线穿管敷设

导线的保护管通常使用普通碳素钢电线套管，其尺寸见表 8-17 所列。每根电线套管（钢管）的两端带有圆柱形螺纹。钢管和管接头螺纹的标准牙形如图 8-23 所示，钢管的螺纹尺寸见表 8-18 所列，管接头的螺纹尺寸见

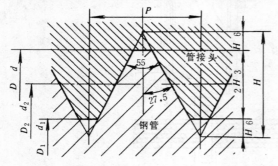

图 8-23 电线套管钢管和管接头螺纹的标准牙形
D—管接头螺纹大径；d—钢管螺纹大径；D_2—管接头螺纹中径；d_2—钢管螺纹中径；D_1—管接头螺纹小径；d_1—钢管螺纹小径；P—螺距；H—原始三角形高度；$\alpha=55°$

表 8-19 所列 **❶**。

表 8-17   电 线 套 管 的 尺 寸

公称尺寸 (mm)	外 径 (mm)	外 径 允许偏差 (mm)	壁 厚 (mm)	理论质量 （不计管接头） (kg/m)
13	12.70	±0.20	1.60	0.438
16	15.88	±0.20	1.60	0.581
19	19.05	±0.25	1.80	0.766
25	25.40	±0.25	1.80	1.048
32	31.75	±0.25	1.80	1.329
38	38.10	±0.25	1.80	1.611
51	50.80	±0.30	2.00	2.407
64	63.50	±0.30	2.50	3.760
76	76.20	±0.30	3.20	5.761

表 8-18   电线套管钢管螺纹尺寸

钢管尺寸 (mm)	每25.4mm 的牙数 $n/25.4mm$	螺距，P (mm)	螺 纹 直 径 （mm）						螺纹有效长度(mm)	
			大 径 d		中 径 d_2		小 径 d_1		最 大	最 小
			最 大	最 小	最 大	最 小	最 大	最 小		
13	18	1.411	12.700	12.430	11.796	11.571	10.893	10.534	16	12
16	18	1.411	15.875	15.606	14.971	14.746	14.068	13.709	16	12
19	16	1.588	19.050	18.764	18.033	17.795	17.016	16.635	20	16
25	16	1.588	25.400	25.114	24.383	24.145	23.366	22.985	20	16
32	16	1.588	31.750	31.464	30.733	30.495	29.716	29.335	22	18
38	14	1.814	38.100	37.795	36.938	36.683	35.777	35.370	26	22
51	14	1.814	50.800	50.495	49.638	49.383	48.477	48.070	28	24
64	11	2.309	63.500	63.155	62.021	61.734	60.543	60.083	36	32
76	11	2.309	76.200	75.855	74.721	74.434	73.243	72.783	36	32

　　保护管的施工方法和工艺要求基本上与前述的电缆保护管相同。

　　导线保护管应敷设在检修维护方便、无剧烈震动和不易受到机械损伤的地方，而且应远离火源和热源（环境温度不得高于65℃）。导线保护管应敷设在牢固的支架上。导线保护管应用卡子固定，如图 8-24。常用的卡子参见第七章图 7-23～图 7-26。导线保护管严禁焊接固定。导线保护管敷设应整齐美观，避免交叉，并应尽量作直线敷设。平行敷设时，两管之间的距离应保持匀称，为了便于检修，两管间的中心距离为管子外径的两倍。

---

❶ 摘自 GB3640—88《普通碳素钢电线套管》。

表 8-19 电线套管管接头螺纹尺寸

管接头尺寸 (mm)	每25.4mm 的牙数 $n/25.4mm$	螺距，P (mm)	螺纹直径 （mm）					
			大径 D		中径 D_2		小径 D_1	
			最 大	最 小	最 大	最 小	最 大	最 小
13	18	1.411	13.159	12.800	12.255	11.896	11.352	10.993
16	18	1.411	16.334	15.975	15.430	15.071	14.527	14.168
19	16	1.588	19.531	19.150	18.514	18.133	17.497	17.116
25	16	1.588	25.881	25.500	24.864	24.483	23.847	23.466
32	16	1.588	32.231	31.850	31.214	30.833	30.197	29.816
38	14	1.814	38.607	38.200	37.445	37.038	36.284	35.877
51	14	1.814	51.307	50.900	50.145	49.738	48.984	48.577
64	11	2.309	64.060	63.600	62.581	62.121	61.103	60.643
76	11	2.309	76.760	76.300	75.281	74.821	73.803	73.343

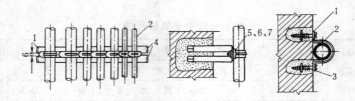

图 8-24　用卡子固定电线保护管

1—管卡子；2—管子；3—木螺丝钉（缠铁丝预埋）；4—支架；5、6、7—螺丝、螺母、垫圈

在墙上或混凝土结构上固定支架或管子时，如无埋件，应按确定的位置，进行凿孔，埋设木砖（经过干燥浸沥青的）、支架或缠有铁丝的木螺丝。图 8-25 为缠有铁丝的木螺丝，可用水泥砂浆将其埋入凿好的孔中，当水泥砂浆干燥至相当硬度后，旋出木螺丝，即可加用卡子以固定单根的导线保护管。

图 8-25　绕有铁丝的木螺丝

管卡子亦可用膨胀螺栓（见图 8-26）进行固定。先将压紧螺帽放入外壳内，然后将外壳嵌进钻好或打好的孔中，用锤子轻轻敲打，使它的外缘与墙面平齐，最后把螺栓穿过管卡子上的孔眼，拧入压紧螺帽中，螺栓和螺帽就会一面拧紧，一面胀开外壳的接触片，使它挤压在孔壁上，把螺栓和管卡子一起被紧固。还有一种带纤维的膨胀螺钉，安装时只要将它的套筒嵌进钻好或打好的孔中，再把螺钉穿过管卡子拧到纤维填料中，就把膨胀螺钉的套筒胀紧，使管卡子固定住。

导线保护管在进入端子箱时，应均匀地分布在端子箱中心线两侧，并用管子螺母（在端子箱外）和管帽（在端子箱内）拧紧固定。

导线保护管管口应装有衬套或管帽。导线保护管亦可用金属软管过渡，通过金属软管接头一端与电线套管固定，另一端与仪表设备固定，如图 8-27 所示。

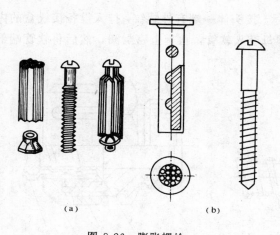

图 8-26 膨胀螺栓

(a) 胀开外壳式；(b) 纤维填料式

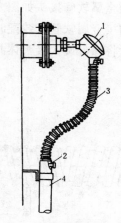

图 8-27 金属软管连接图

1—温度计；2—接头；3—金属软管；4—保护管

金属软管有镀锌金属软管和包塑金属软管两种。以镀锌金属软管为例，其外形结构如图 8-28 所示，软管为右旋卷绕，尺寸见表 8-20 所列❶。

表 8-20　　　　　　　　　　　　镀锌金属软管结构

公称内径 d (mm)	最小内径 d_{min} (mm)	外径及允许偏差 D (mm)	节距及允许偏差 t (mm)	钢带厚度 S (mm)	自然弯曲直径 R (mm)	轴向拉力 不 小 于 (N)	理论质量 (g/m)
(4)	3.75	6.20±0.25	2.65±0.40	0.25	30	240	49.6
(6)	5.75	8.2±0.25	2.70±0.4	0.25	40	360	68.6
8	7.70	11.00±0.30	4.00±0.4	0.30	45	480	111.7
10	9.70	13.50±0.30	4.70±0.45	0.30	55	600	139.0
12	11.65	15.50±0.35	4.70±0.45	0.30	60	720	162.3
(13)	12.65	16.50±0.35	4.70±0.45	0.30	65	780	174.0
(15)	14.65	19.00±0.35	5.70±0.45	0.35	80	900	233.8
(16)	15.65	20.00±0.35	5.70±0.45	0.35	85	960	247.4
(19)	18.60	23.30±0.40	6.40±0.50	0.40	95	1140	326.7
20	19.60	24.30±0.40	6.40±0.50	0.40	100	1200	342.0
(22)	21.55	27.30±0.45	8.70±0.50	0.40	105	1320	375.1
25	24.55	30.30±0.45	8.70±0.50	0.40	115	1500	420.2
(32)	31.50	38.00±0.50	10.50±0.60	0.45	140	1920	585.8
38	37.40	45.00±0.60	11.40±0.60	0.50	160	2280	804.3
51	50.00	58.00±1.00	11.40±0.60	0.50	190	3060	1054.6
64	62.50	72.50±1.50	14.80±0.60	0.60	280	3840	1522.5
75	73.00	83.50±2.00	14.20±0.60	0.60	320	4500	1841.2
(80)	78.00	88.50±2.00	14.20±0.60	0.60	330	4800	1957.0
100	97.00	108.50±3.00	14.20±0.60	0.60	380	6000	2420.4

注　1. 钢带厚度 S 及理论质量仅供参考。

　　2. 括弧中的规格不推荐使用。

---

❶ 摘自 GB3641—83《P3 型镀锌金属软管》。

接设备侧金属软管接头如图 8-29 所示。接头体一端有外螺纹，拧入设备接线盒的内螺纹上；另一端接金属软管，装配时先将螺母套入软管，再套上密封圈，然后将软管端部旋入衬套，最后将螺母旋入接头体并拧紧。

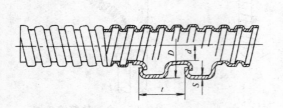

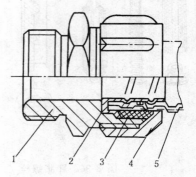

图 8-28　金属软管结构

D—软管外径；t—节距；d—软管内径；S—钢带厚度

图 8-29　设备侧金属软管接头的装配

1—接头体；2—衬套；3—密封圈；4—螺母；5—金属软管

接电线管（或电缆保护管）侧金属软管接头如图 8-30 所示，系卡簧式接头。接头体一端配有夹紧弹簧和螺母，与电线管连接时，无须在钢管上套丝，只要把夹紧弹簧套在钢管末端，再用螺母锁紧，一卡即牢；另一端接金属软管，装配方法与设备侧接头相同。

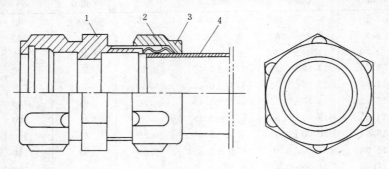

图 8-30　电线管侧金属软管接头的装配

1—接头体；2—夹紧弹簧；3—螺母；4—电线管

导线保护管在穿线前，应先清扫管路。方法是用压力约为 0.25MPa 的压缩空气吹入已敷设好的管中，以便除去残留的灰土和水分。如无压缩空气，则可在钢丝上绑以擦布，来回拉数次，将管内杂物和水分擦净。管路清扫后，随即向管内吹入滑石粉，以便穿线。导线穿入管中，一般用钢丝引入。当管路较短、弯头较少时，可把钢丝由管子一端送向另一端，再从另一端将导线绑扎在钢丝上，牵引导线入管。如果管路较长，从一端穿通钢丝有困难时，可由管子两端同时穿入钢丝，钢丝端部弯成小钩，当两段钢丝在管中相遇时，用手转动引线使其钩在一起，然后把一根钢丝拉出，另一根钢丝绑扎在导线端部，把导线拉入管中。导线穿管时，应一端有人拉，另一端有人送，两者动作要协调。穿入同一根管内

406

的数根导线，应平行并拢一次进入，不能互相缠绕。

热工测量回路的导线不应和动力回路、信号回路等的导线穿入同一根保护管内。

导线穿完后，应将导线保护管整理一次，紧固松动的卡子和连管节，盖好拉线盒的盖子，并在保护管和连管节处刷漆防腐，以增加美观。

二、导线在汇线槽内敷设

在测点比较集中的地方一般采用导线保护管和汇线槽混合使用方式。例如，一条200mm 宽、50mm 高的汇线槽至少能装 20 个测点的导线，若用保护管，则需用 20 根 $\phi 13$ 的钢管，显然是汇流槽较经济方便。

汇线槽的尺寸是由测点数量、导线粗细及维修方便等条件来选择。汇线槽的长度由测点和端子箱的位置确定，从各测点来的导线保护管可汇集到一个汇线槽内。所需汇线槽的长度超过制造长度时，可拼接使用，接缝处外包一短节套，使之严密。汇线槽可用螺栓固定在吊架、支架或平台上。图 8-31 为汇线槽的固定图。汇线槽亦可焊接固定。导线敷设完后，应在汇线槽上加盖，用圆头螺丝固定。

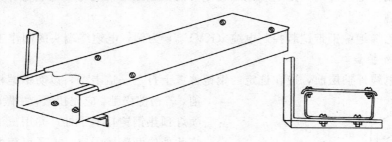

图 8-31　汇线槽的固定

在实际应用中，通常采用长汇线槽和短保护管相结合的方法来敷设导线或补偿导线，如图 8-32 所示。

三、导线在高温场所敷设

导线在高温场所敷设时，除需选用耐高温绝缘电线（见本章第一节）外，在接于设备端（如汽轮发电机组的轴承箱内检测元件的引出线等）的导线，常用绝缘套管加以保护。根据不同的环境温度，可选用以下两种具有耐热和良好介电性及柔软性的绝缘管。

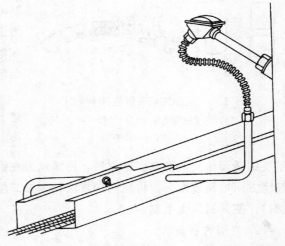

1. 聚氯乙烯玻璃漆管❶

聚氯乙烯玻璃漆管是以无碱玻璃丝管涂以改性聚氯乙烯树脂，经塑化而成的绝缘漆管。型号为 2715—Ⅲ型（低击穿电压，

图 8-32　用长汇线槽和短保护管相结合敷设补偿导线

❶　依据 GB1116—86《聚氯乙烯玻璃漆管》编写。

尚有 2715—Ⅱ 型是中击穿电压和 2715—Ⅰ 型是高击穿电压），温度指数 105℃，规格（内径）有 0.3、0.5、0.8、1.0、1.5、2.0、2.5、3.0、4.0、5.0、6.0、8.0、10.0、12.0、16.0、20.0、25.0mm 等。

2. 硅橡胶玻璃漆管 ❶

硅橡胶玻璃漆管是以无碱玻璃丝管涂以硅橡胶浆，经加热硫化而成的绝缘漆管。型号为 2752—Ⅲ 型（低击穿电压，尚有 2752—Ⅱ 型是中击穿电压和 2752—Ⅰ 型是高击穿电压），温度指数 200℃，规格与聚氯乙烯玻璃漆管同。

第四节　电缆终端头制作和接线

一、控制电缆终端头的制作

电缆敷设完后，其两端要剥出一定长度的线心，以便与接线端子连接，这道工序叫终端头制作。制作电缆终端头是电缆施工最重要的一道工序，既与安全运行有关，又直接影响设备的美观。

以聚氯乙烯绝缘钢带铠装控制电缆（KVV20）为例，电缆终端头的制作工艺如下：

1. 剥切外护层

在剥切电缆外护层前，应在选定的钢铠位置上打上一道卡子，以防钢铠松散。打卡子前，若钢铠松弛，应先扭紧，并做临时绑扎。用喷灯预热钢铠打卡子处，并用汽油棉纱或破布将此处的沥青擦干净。卡子可用电缆本身剥下的钢带制成，钢带外的沥青可用喷灯烧净，同时也就退了火。卡子内径必须与电缆钢铠外径相符，卡子长度可按电缆外径周长加 15～20mm 切取，套在电缆上后，如图 8-33 所示，用钳子折卷咬紧，并轻轻打平咬口处，使之紧箍在电缆钢铠上。打卡子时，钢带咬口的方向应与电缆钢铠缠绕方向一致，以免松动。

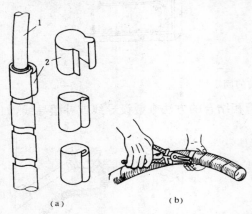

图 8-33　电缆终端头钢铠打卡子图
(a) 卡子套在电缆上；(b) 打卡子
1—电缆；2—卡子

打好卡子后，在卡子外缘 1～2mm 处的钢铠上，用锯弓或专用的电缆刀锯（如图 8-34）锯出一个环形深痕，深度为钢铠厚度的 $\frac{2}{3}$，千万不要锯透而伤及内护套。锯完后，用螺丝刀在锯痕尖角处将钢带挑起，用钳子夹住，逆原缠绕方向把钢带撤下。再用同样方法剥去第二层钢带。两层钢带撤下后，用锉刀修饰钢带切口，使其圆滑无毛刺。

2. 剥切内护套

❶ 依据 GB1115—86《硅橡胶玻璃漆管》编写。

在露出的内护套离钢铠卡子边缘 20～25mm 处，用电工刀切一环形深痕，其深度不超出内护套厚度的 $\frac{1}{3}$，以免伤及心线绝缘。然后沿电缆纵向用电工刀在内护套上割一直线深痕，深度不超过内护套厚度的 $\frac{1}{2}$。用螺丝刀将内护套切口挑起，轻轻地把内护套撤下来，切口应修正，使之圆滑无毛刺。

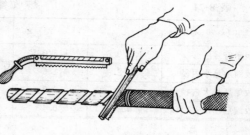

图 8-34 锯切电缆钢铠

3. 分心和作头

内护套剥除后，即露出带绝缘的心线。心线是绞合在一起的，一般分为一层或多层。若线心无识别标志时，可将心线两端顺序编号，以便于接线。这样可简化校线工作。心线每层设有红、蓝色绝缘各一心，即可以"红 1、蓝 2"的顺序，依次用电工刀削切塑料绝缘作号，以一小口为"1"，两小口为"2"，一长口为"5"，组合成所需的数号。电缆两侧心线旋转顺序方向却相反，如图 8-35，一根电缆的两侧宜由一人负责刻号。刻号之前线心不应散开。如控制电缆心线已散开，绝缘层颜色不清或设有中间接头时，就不能用此方法代替校线（制造电缆时，红、蓝心有时偶尔在中段有改变，因此并非完全准确）。电缆线心若有 1、2、3、4 等标号，就不必另削号。

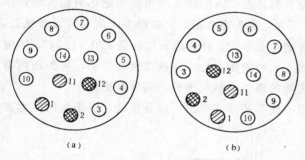

图 8-35　一根控制电缆两侧心线顺序编号

刻号完毕后，散开线心。然后用钳子将心线一根根拉直，拉直线心时用力不得过猛。以免使机械强度减低，截面变小。

分心后，可用塑料带包扎线心根部和内护层一小段，约 35～45mm，使成橄榄形、花瓶形等，既美观，又增加电缆头根部的机械强度和绝缘强度。在成形的电缆头上，可夹上用碳素墨水书写的电缆编号、规范、去向的小白纸片，外包透明塑料带固定，这样亦可代替电缆牌。在同一盘、台内包扎形式应一致，颜色应一致，使之美观。

控制电缆终端头亦可用热收缩管缩封，施工更为简便，且美观。热收缩材料又称为高分子形状记忆材料，主要利用结晶的高分子材料经过高能射线处理或化学引发剂处理，使高分子链间产生的新联结键，形成交联的网状结构高分子，在一定温度范围内施加外力可以拉伸或扩张，如果迅速降温使其维持形变后的状态，就制成了热收缩材料。材料经扩张形变后，只要将温度回升到熔点以上，形变很快消除，并恢复到原来状态。热缩材料的收缩率径向 50%、纵向 <10%。由热缩材料制成的热收缩直管规格见表 8-21，使用时根据电缆外径选取合适的规格，将直管裁成长 50mm 左右，套于电缆护套与剥除护套的线心之间，用电吹风机对热缩管四周均匀加热，使其收缩成形。

表 8-21 　　　　　　　　　　　**热 收 缩 直 管 规 格**　　　　　　　　　　　（mm）

标　　号	1	2	3	4	5	6
表示符号	1.2/0.6	1.6/0.8	2.4/1.2	3.2/1.6	4.8/2.4	6.4/3.2
收缩前最小内径	1.2	1.6	2.4	3.2	4.8	6.4
收缩后最大内径	0.6	0.8	1.2	1.6	2.4	3.2
收缩后壁厚	0.4	0.4	0.5	0.5	0.5	0.7
标　　号	7	8	9	10	11	
表示符号	9.6/4.8	12.8/6.4	19.0/9.5	25.0/12.5	38.0/19.0	
收缩前最小内径	9.6	12.8	19.0	25.0	38.0	
收缩后最大内径	4.8	6.4	9.5	12.5	19.0	
收缩后壁厚	0.7	0.7	0.7	0.8	0.9	

　　对于全塑电缆，引入接线盒或仪表设备时，在引入的接头处可使用记忆型热收缩管作密封。以接线盒为例，密封结构如图 8-36 所示，接头座 2 用固定螺母 1 固定在接线盒壁上，电缆剥去内护层分心后穿入套有热缩管 3 的接头座内，将热缩管加热到 120～140℃，热缩管即可收缩到 4 所示的形状。若要增加接头的密封防水性，在热缩管加热前，可先在热缩管内壁涂上热熔胶或用热熔胶带绕在需密封的部位，然后加热，则效果更好。

　　对于屏蔽电缆，作头时应将屏蔽层以"线"的形式引出，以备接地。屏蔽层的接地方

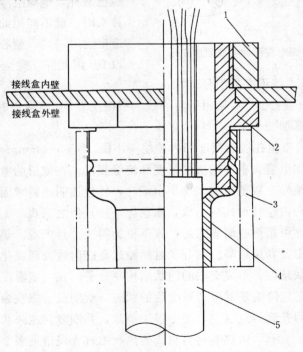

接线盒内壁

接线盒外壁

图 8-36　电缆引入接线盒用热缩管密封的结构

1—固定螺母；2—接头座；3—收缩前的热缩管；

4—热缩后的热缩管；5—电缆

法和要求，见第十章第三节。

二、排线和接线

　　包缠好绝缘后，应把每根控制电缆的心线单独绑扎成束。备用心应按最长心线的长度排在心线束内。心线束一般排成圆形，因为这样排比较简单、美观。心线束可用 $0.3\sim0.5mm$ 厚、$5\sim8mm$ 宽的铝带咬口捆孔（铝带外可穿套塑料管），亦可用白线绳、白尼龙绳、塑料固定带或钢精轧头绑扎。捆绑不要过紧，每档间距应匀称。

　　各心线束排列时，应相互平行，横向心线束或心线应与纵向心线束垂直。心线束与心线束间的距离应匀称，并尽量靠近。

　　排好线束后，即可分线、接线。如在分心时已刻号，可根据两端的端子排图，确定对应号码，将刻号标在两端的端子排图上，据以接线。如在分心时未刻号，接线前应进行校线。当先安排在盘、台侧进行接线时，可在盘、台侧接好线后，再与就地端子箱或设备侧校线。因盘、台侧电缆较多，这样做在分线时较方便，施工简单，工艺美观。但在校线时还应将端子排上引接的线头卸下来（确属与其他端子无直接联系者除外），以免串线，造成错误。

　　校线可使用电话法、通灯法或通灯加电话法。

　　使用电话法时（如图 8-37），首先将电池的一端用导线接电缆导电外皮或接地，另一端接至电话听筒，而电话听筒的另一端接至控制电缆的任一心线上。此时，可将在控制电缆另一端的电话听筒的一端接至电缆的导电外皮或接地，另一端顺序地接触至电缆的每一根心线上，当接到同一根心线时则构成闭合回路，电话听筒内将有响声并可通话。用同样的方法可确定其余的心线。如电缆没有导电外皮，可借接地的金属结构先找出第一根心线，然后用这根心线作为回路。

　　使用通灯法时（通灯用两节干电池和一个小电珠组成，带有两根装有鱼尾夹子或测电棒的引线），一端各设一个通灯，如图 8-38，将通灯的一端接至电缆的导电外皮或接地的金属结构上，当两个通灯的另一端同时接触到同一根心线时，两个灯泡同时发亮。但要注意两个通灯的极性不要接反。采用这种方法时，应事先规定好必要的信号，如线心对上一个后，使灯闪几次等。

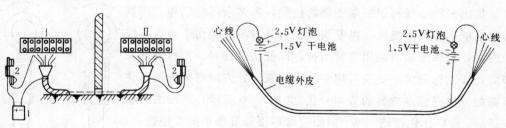

图 8-37　用电话法进行校线
1—电池；2—电话听筒

图 8-38　用通灯法进行校线

　　使用通灯加电话法，最为可靠，适宜于长距离校线，双方发生的情况能及时通话，能避免差错，加快速度。

校线时，应在心线上作好标志，可在心线端部刻号，或将事先准备好的标记牌套上。同一根心线两侧的标记方式见第五章第八节，接线时按设计图纸的标记将心线接于端子上。

标记牌如图 8-39 所示。图 8-39（a）是由胶木粉压制的黑色标记牌，可用白磁漆或银粉书写，亦可用小刀刻字，然后抹上白粉等。图 8-39（b）～（e）是由聚氯乙烯制成的塑料标记牌，可用编号墨水书写，也可应用英文打字机打印后烘烤。目前，标记牌多采用号码烫印机打印，一般用白色软塑料管（内径与心线绝缘外径相配）截取适当长度作标记牌使用。标牌的书写方式与机械制图标尺寸的规定相同，当端子排垂直安装时，标号牌自左向右水平书写；当端子排水平安装时，由下往上书写。此外，国外进口工程标记牌多采用"记号文字"，每个记号文字为一个英文字母或数字，使用时采用组合的方式将记号文字套于线心上或通过特制的异形塑料管套于线心上，施工极为方便，工艺也很美观，国内已有生产。

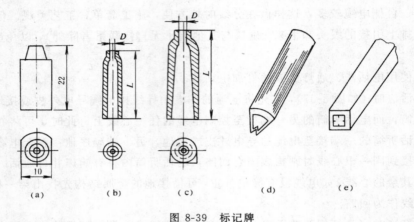

图 8-39　标记牌

(a) 胶木牌；(b) 圆形塑料牌；(c) 半圆方形塑料牌；(d) 半圆塑料异形管；(e) 半圆方形塑料管

校完线后，就可根据相应端子排的位置，将心线从线束中一一抽出来。抽心线时，相互间应保持平行，并留有余度。心线可暗抽或明抽，根据具体条件而定，其要求为：整齐、美观、匀称、悦目。

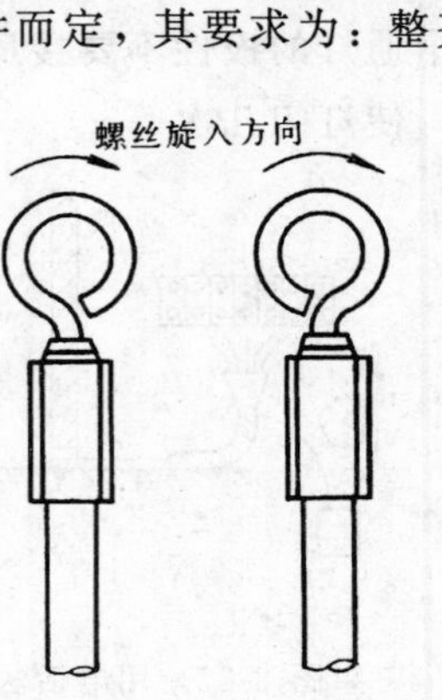

抽出来的心线可根据端子排的位置，将多余部分割掉，用剥线钳或电工刀剥去绝缘，以便引接。剥线时不应损伤铜心。心线上的氧化物和绝缘屑应用刀背刮掉，以使接触良好。心线处理完毕后，套上标记牌，线头可用尖嘴钳按顺时针方向弯成圆圈（使圆圈的方向跟螺丝旋转的方向一致，如图 8-40 所示）。圆圈的大小应适应，最好比螺丝略大些。圆圈应弯得很圆且根部的长短适当，这样套在螺丝上便越拧越紧。

当采用 D 或 D1 系列端子排时（端子的结构参见第四章图 4-16 和图 4-17），线头不必弯圈，应注意不要将绝缘部分压进端子排，而使回路不通；并要防止线头压接不好，掉了下来，造成开路。接线后，可用手试一下，不应是一拨就下来。

图 8-40　导线端
煨圈的方向

(a) 正确的；(b) 不正确的

412

多股铜绞线接线时，线心端头可镀锡，使成整体，像单股线一样。亦可使用冷压接线片，导线线心与接线片的连接，用专用手动压接钳压接。

接到每个端子上的电缆线心一般不多于一根，只有当需要跨接时，才连接两根导线到同一个端子上。

三、接线后的复校

接线完毕，对每根电缆均应进行复校，以保证接线的正确性。图 8-41 是某根电缆接线示意，校线一般两人分别在电缆接线的甲侧和乙侧用对讲机联系，用通灯校对已接的电缆心线。

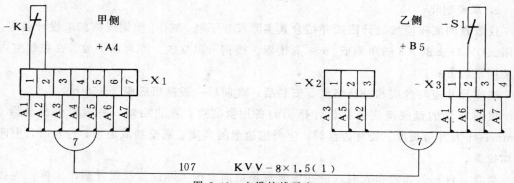

图 8-41　电缆接线示意

校线时以一侧为主（如甲侧），通灯置于某一端子暂不移开，另一侧（如乙侧）用通灯顺序点接与此电缆有关的端子，至两侧通灯亮后，先记录此线心，再继续点接其他端子，点完为止。若发现有两心以上亮时，应拆下线心重校（可先拆一侧，不能判断再拆另一侧），直至只有一根线心亮为止，以防盘内或设备内有常闭触点将两线心短接而造成校线错误。例如，图 8-41 中，当甲侧通灯置于"—X1"端子板的端子 1 时，乙侧用通灯顺序点接时会发现在"—X2"端子板的端子 3 和"—X3"端子板的端子 1 上通灯都亮，原因是"—X1"端子板的端子 1、2 接有常闭触点"—K1"。校核第 2 根线心时，方法相同，但曾经校对过的线心在乙侧不必再点接。……以此类推，至该根电缆的线心接线校对完毕为止。从图 8-41 可看出，当甲侧通灯置于"—X1"端子板的端子 4 时，乙侧通灯点接在"—X3"端子板的端子 2 和端子 3 上通灯都亮，原因是"—X3"端子板的端子 2、3 接有按钮"—S1"的常闭触点。

第九章 仪表和设备的安装

第一节 仪表盘安装

一、底座安装

1. 底座制作

仪表盘的底座应按设计图纸并结合其实际尺寸下料、制作。型钢规格如未设计确定，可选用L 50×5～L 80×8的角钢或#6～#8槽钢。槽钢可以立放，亦可以平放。在控制室内一般采用平放方式。

底座尺寸应与盘底相符且略大。安装后，盘前后一般露出底座3～5mm。

成排布置的盘底座应包括设计指明的备用盘宽度。在自由端，一般可伸出盘沿5～10mm，作为富裕长度。装有边盘时，应考虑边盘的宽度。底座制成矩形，过长时，中间可增加拉条。

当盘（台）为弧形布置时，应在安装现场地面上按实际位置及尺寸画出实样：先找出圆心，画出各圆弧，然后从第一块盘（台）开始，依次按盘（台）底部实际宽度截取弧长，据以下料、拼料。如图 9-1（图中圆心未标出），按设计位置及尺寸先画出盘（台）的前沿弧 B。画弧 A，较弧 B 半径小 3～5mm（此弧 A 与弧 B 合一亦可）。画弧 C，较弧 A 半径大一个槽钢宽度。画弧 F，其半径为弧 B 半径＋盘的厚度＋3～5mm（弧 F 不增加 3～5mm 亦可）。画弧 D，较弧 F 小一个槽钢的宽度。画弧 E，其半径为弧 B 半径＋盘的厚度。在弧 B 上，从起点 1 开始依次按盘宽截取弧$\overset{\frown}{12}$，$\overset{\frown}{23}$，$\overset{\frown}{34}$，……。连接直线 O1，O2，O3，O4，……。在弧 E 上，得出 1′，2′，3′，4′等盘（台）后沿各点，复核$\overset{\frown}{1'2'}$，$\overset{\frown}{2'3'}$，$\overset{\frown}{3'4'}$，……。如无误，在弧 A 和弧 D 上得出 1″，2″，3″，4″等和 1‴，2‴，3‴，4‴等各点。连接 1″2″，2″3″，3″4″等和 1‴2‴，2‴3‴，3‴4‴等线段。测量 1″2″，2″3″，3″4″等线段，其总和即为盘（台）前侧槽钢

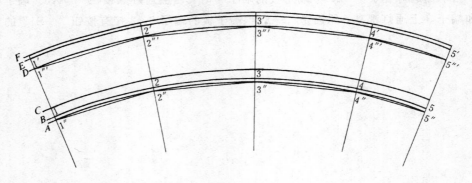

图 9-1 弧形布置盘（台）底座下料图

注 圆心 O 点图中未表示。

414

的全长；同样，后侧槽钢的全长为 $1'''2'''$，$2'''3'''$，$3'''4'''$ 等长度之总和。根据所测长度，选择适当长度的槽钢进行拼料，并以 $1''2''$，$2''3''$，$3''4''$ 等和 $1'''2'''$，$2'''3'''$，$3'''4'''$ 等尺寸截取锯口的位置。在槽钢的宽面及里侧面上锯口，并用铁轨螺丝千斤顶在槽钢外侧面对应锯口的位置，按样板将槽钢弯成所需弧形（实际上是多角弦形），即可安装。

制作前，型钢应进行调平、调直，可使用型钢调直机、压力千斤顶、铁轨螺丝千斤顶、大锤等机具。先用目测，将不平处调直；再用线绳检查，线绳与槽钢面不贴紧的地方不应超过长度的 1/1000，最大不超过 5mm，如不合格，应进一步调整。

制作时，严禁用气割下料。底座应在平正的平台上进行制作，用铁水平、铁角尺找平和找正后，再用电焊点上。这样反复几次，当水平误差不大于 0.15%，对角误差不大于 3mm，长度和宽度比实际尺寸不大于 5mm 时，才能将焊口焊好。

底座搬运时，应防止强烈碰撞而造成变形。

2. 底座安装

盘底座安装，应在地面或平台二次抹面前进行。

盘底座上表面应高出地面 10～20mm，以便运行人员做清洁工作时防止污水流入表盘，底座的安装标高就据此确定。

底座安装前应清理基础地面或基础沟，将预埋的铁板、钢筋头等铁件找出来，并将突出不平的地点大致剔平。然后根据图纸找出盘的安装中心线（顺便检查预留电缆孔、导管孔等是否适用），确定底座的安装位置。

在适当位置放置水平仪，以二次抹面的标高为准初找地面，以检查有无过高之处，并估算垫铁高度。控制室内各排盘的标高应一致。

如无水平仪，可用胶皮管水平仪代替。即用 $\phi10\sim\phi12$ 的胶皮管两端各插入一根 0.5m 长的玻璃管，充以带色的水，根据两端水位的对地距离进行比较。但应保证管内无气泡，管子无泄漏，否则将产生较大误差，无法使用。

将底座就位，根据盘中心线找正。再用水平仪找平，以预先准备好的、不同厚度的垫铁垫在底座下进行调整。垫铁间距不应超过 1m。沿盘宽度方向，盘面端宜稍高于盘后端（1～1.5mm），以弥补由于盘前仪表自重所造成的自然倾斜，便于盘的找正。

底座的水平倾斜度不应超过长度的 1/1000，最大不超过 3mm。

找平后，再校对其中心线，合适后用电焊将底座、垫铁和埋件等焊牢。对留有基础沟的，应在沟内浇灌混凝土，使之固定。

在控制室内的各排底座应有良好接地。

底座安装后，未二次抹面（或作水磨石地面）前，应防止受压变形。

二、搬运与开箱

仪表盘到达现场后，应贮放在干燥的仓库内。如露天存放，应有妥善的防雨、防水措施。最好是当即运至安装现场，就位立盘。

为了搬运方便并避免在搬运过程中造成损坏，盘应在控制室内或就地安装位置处开箱。如装箱体积过大，则开箱工作可在安装场所附近的厂房内或室外进行，但应随拆随搬，不得堆积过多而影响工作或损坏设备。

开箱时应使用起钉器，先起钉子，后撬开箱板。如使用撬棍，不得以盘面为支点，并严禁将撬棍伸入木箱内乱撬。对于带有表计及其他零件的盘，开箱时尤应小心仔细。拆下的木板应集中堆放，以防钉子扎脚。

往控制室内搬运时，应根据厂家资料查清箱号，根据安装位置逐一运至基础上。必要时应临时固定，以免倾倒。

在搬运时，盘门应关闭并锁上。精密的仪表或较重的元件可从盘上拆下，单独搬运。

盘运入室内后，应按盘面布置图及设备表进行下列各项检查工作并做好记录（部件因搬运而螺钉松动者，应同时紧上）：

（1）各元件的型号、规范是否与设计相符；

（2）设备缺陷、缺件的情况和原因；

（3）边盘、侧板、盘门、灯箱等是否齐全；

（4）盘面尺寸及部件位置是否符合设计要求，尤其应检查最高和最低一排表计的高度。

三、立盘

立盘时，可在底座上先把每块盘调整到大致合适位置，由每块盘的地脚螺丝孔处向底座上划线和铣中心孔（每盘一般为四处）。然后将盘搬下，在底座上各地脚螺丝位置一一钻眼攻丝后再将盘搬上底座，拧上地脚螺丝（暂勿拧紧）。

仪表盘不应装在受振动影响的地方，如有振动，应采取减振措施。

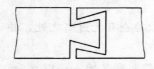

图 9-2　胶皮垫的连接法

若制造厂要求控制装置机柜不与电气接地网连接，而机柜又不是安装在木板地面上时，一般可在盘底与底座间加装厚度为 10mm 左右的胶皮垫。胶皮垫可在盘搬上底座但未拧上地脚螺丝前，撬起表盘，分段塞入。胶皮垫在地脚螺丝的位置处应相应开孔，或在内侧切割缺口，胶皮垫间连接处应裁成楔形，如图 9-2 所示。在控制盘找正找平完毕后，应用快刀紧挨着盘面用力裁齐盘与底座间的胶皮垫。地脚螺丝与底座亦应绝缘。

仪表盘找正、找平时，可先精确地调整第一块盘，再以第一块盘为标准将其他盘逐次调整。调整顺序，可以从左到右，或从右到左，也可先调中间一块，然后左右分开调整（弧形布置的盘应先找中间的一块）。控制盘的水平调整，可用水平尺测量。垂直情况的调整，可在盘顶放一木棒，沿盘面悬挂一线锤，测量盘面上下端与吊线的距离。如果上下距离相等，表示盘已垂直；如果距离不等，用 1～2mm 的薄铁片加垫，使其达到要求。当垫有胶皮垫时，可用松紧地脚螺丝调整之。如果达不到要求，可在胶皮垫与底座间或盘底与胶皮垫间加垫薄铁片。找正、找平后，应紧固地脚螺丝，再次复查垂直度。

检查盘间螺丝孔，应相互对正。如其位置不对或孔径太小，应用圆锉修整，或用电钻重新开孔，但不得用火焊割孔。扣上盘间螺栓（暂勿拧紧），调整盘间螺栓（前后、上下、松紧）和垫铁厚度，使相邻盘面无参差不齐的现象。相邻两盘的盘面可用钢板尺贴靠检查，合适后拧紧盘间螺栓，调整倾斜度，使之符合要求。

连接表盘用的螺栓、螺帽、垫圈等应有防锈层（镀锌、镀镍或烧蓝等）。

全部找正、找平后，可由首末两块盘边拉线绳检查，全部盘面应在同一直线上（弧形布置除外）。

仪表盘的安装应牢固、平整、垂直。安装尺寸误差应符合下列要求：

（1）盘正面及正面边线不垂直度小于盘高的 0.15%；

（2）相邻两盘连接处的盘正面不得凹凸不平，平面度允许偏差为 1mm，当成列盘的盘间连接超过五处时，盘正面的平面度最大允许偏差为 5mm；

（3）各盘间的连接缝隙不大于 2mm。

（4）相邻两盘顶部水平度偏差不大于 2mm，成列盘顶部水平度偏差不大于 5mm。

由于地脚螺丝烧兰，盘座之间加垫胶皮、铁片等原因，盘体接地不一定很好。因此，当有较高要求时，在表盘安装完毕后应使用多股柔软编织铜导线，对地脚螺丝做短路接地。

控制盘内不应进行电焊和火焊工作。必须进行时，应采取相应措施。

控制盘内外安装工作结束后，在投入运行前应重新修饰或喷漆。

为了防火、防尘，在盘内电缆、导管敷设完毕后，盘底地面上的孔洞应封闭严密。为便于日后检修、改进时能增敷电缆，封闭时可采用阻火堵料或松软的密封填料。

四、墙挂式箱、盘安装

墙挂式箱、盘可以直接安装在墙上、主构架上，也可以安装在支架上。安装在墙上时，应埋设固定螺栓。固定螺栓的规格应根据箱、盘的质量选择，螺栓的长度应为埋设深度（一般为 120~150mm）加箱壁厚度以及螺帽和垫圈的厚度，再加 3~5 丝扣的余留长度。

先量好箱、盘的孔眼尺寸，在墙上划好孔眼位置，然后打洞，埋螺栓。一般箱、盘有四个固定螺栓，上下各两个，埋设时应使其保持水平和垂直，并用水平尺和线锤测量。螺栓间的距离应与箱、盘上孔眼的距离相等。待填充的混凝土牢固后，即可安装箱、盘。安装时，用水平尺放在箱顶上，测量箱体是否水平。如果不平，可调整孔眼的位置达到要求。然后在箱顶放一木棒，沿箱面挂上一线锤，调整垂直度。

如果箱、盘安装在支架上，应先将支架加工好，支架上钻好固定螺栓的孔眼，然后将支架装在墙上或主构架上。支架固定在钢构架上时，可采用电焊连接。箱、盘均应与接地线相连接。

第二节　接线盒及冷端补偿器的安装

接线盒的安装位置应选择适当，一般应满足下列要求：

（1）环境温度应在 45℃ 以下。

（2）周围不应有大量粉尘、汽、水和腐蚀性介质，且不应直接受雨淋。粉尘太多可能引起端子接触不良。在汽水泄漏的环境中，会使导线绝缘降低，甚至造成导线接地。腐蚀性介质将损坏绝缘和线心等。

（3）应尽量靠近各测点或其他热工仪表设备。尤其是在热电偶系统中，这样可节省贵重的补偿导线，并使线路电阻不致超过仪表所规定的数值。

（4）安装在汽轮机本体和其他设备附近的接线盒，应考虑不影响主设备的检修。

（5）在运行平台或步道栏杆处装设接线盒时，应将接线盒放置在栏杆的外侧，使不影响通行并保持整齐美观。

（6）应便于接线和检查，并且到各测点的距离要适当。

接线盒的安装应符合下述要求：

（1）当它被安装在步道栏杆外侧时，箱盖应与栏杆齐平，接线盒中心至地面的高度应为 500mm 左右，如图 9-3 所示。

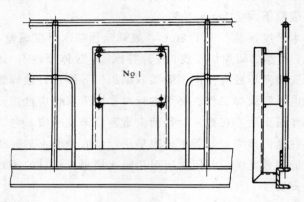

图 9-3　平台或步道处接线盒的安装

（2）当它被安装在钢柱或混凝土柱上时，其中心离地面高度应为 1.5m 左右，以便于检修维护。

（3）成排变送器的端子箱，安装在支架下侧的空间中，其中心线至地面的高度应为 500mm 左右。

（4）如条件许可，热工测量回路应尽量不与电源回路、电信号回路合用一个接线盒，以防电磁干扰。

（5）接线盒应标明编号，并在箱盖背面附有接线图。

（6）接线盒壳体应与接地线相接。

（7）安装在室外的接线盒，应从箱子下方的出线孔出线，盒盖应用胶皮条封严。

（8）接线盒的备用穿线孔必须用石棉垫或胶皮垫密封好。

冷端补偿器安装前应核对其型号，是否与热电偶相符。冷端补偿器应和热电偶的参比端（冷端）处于相同的环境温度。用同一个冷端补偿器的热电偶，其参比端（冷端）应引入同一接线盒内。带有冷端补偿器的接线盒的安装地点，应符合冷端补偿器的工作要求。

第三节　盘　内　配　线

盘内配线的基本技术要求为：按图施工，接线正确；连接牢固，接触良好；绝缘和导线没有受损伤；配线整齐、清晰、美观。对于已配好线的盘（台），在安装时应按此要求进行检验，如发现不合格者，必须进行处理。

尚未开孔和配线的盘（台）应按下列步骤施工：

（1）熟悉盘面布置图及盘后接线图，并与原理图核对。

（2）领出所需的设备、部件与材料。

（3）按设计与实物，在盘面上划线。校核部件的高度，应与邻盘一致，并应便于运行。

（4）开孔。

（5）焊接铁件（固定端子排、绑扎导线、固定电缆等用）。

（6）盘面喷漆与盘后刷漆。

（7）准备标号牌。

（8）安装设备与部件。

（9）安装端子排。

（10）配线。

（11）查线。

（12）在盘前后标上各部件的名称或编号。

在盘上开圆孔时，如直径小于 25mm，可用电钻一次开成；如直径大于 25mm 时，可采用 KB 型开孔器（开孔直径为 21～76mm）卡在电钻上即可钻孔，若无此专用器具，可沿圆周内侧用电钻打一圈 6mm 的连通孔，然后用锉刀修正。开方形或长方形孔时，可在对角线上用 6mm 钻头各打 5 个小孔（参见图 9-4），由此伸入锯条，前后两人操作，将孔开成，最后用锉刀修正。

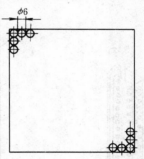

图 9-4　盘面开方孔图

盘内如需堵孔时，应选用与盘面同样厚度的铁板，制成较孔洞略小的形状，放在孔洞内，由盘背后用细焊条点焊。6mm 以下的圆孔可用腻子堵平。

每组端子排前，应设有标记型端子，标明所属回路名称。端子排上每隔 5 个端子应标明顺序号。端子排离地面不应小于 150mm。端子排并列安装时，其间隔不应小于 150mm。

设备与导线一般用螺丝连接，螺丝均应拧紧。如需要锡焊，应采用多股软导线。

导线应选用 1.5mm^2 的单股硬铜线或 1.0mm^2 的多股软铜线。

当导线的两端分别连接到可动的与固定的部分时，应使用多股软铜线，并在靠近端子排处用卡子固定。

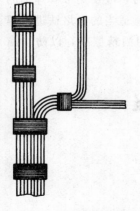

盘内各设备间一般可不经过中间端子，用导线直线连接，但绝缘导线本身不允许有接头。部件之间的连线应绑扎在导线束内。

同一盘内导线的颜色应一致。

盘内同一路线的导线可排列成长方形（一般用于单股硬铜线）或圆形（一般用于多股软铜线）的导线束。应统一下料，一次排成，不要逐根增设。配线的走向力求简捷、明显，尽量减少交叉。如遇特殊情况也可以交叉，但应将其做成使前面部分（或上层）看不到交叉。导线束在转弯时或分支时，仍应保持横平竖直，转角弧度一致，导线相互紧靠。转角弧度要求一次弯成，以免损伤绝缘及心线。弯曲半径一般应不小于导线束直径的三倍。图

图 9-5　长方形的导线束

9-5 和图 9-6 为长方形和圆形的导线束。

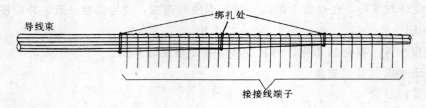

导线束　　　　　　　　绑扎处

接接线端子

图 9-6　圆形的导线束

　　长方形导线束下料后，可先作临时固定，然后沿其全长用小铝带卡子绑扎、固定。导线束分支出来的导线，可用钢精轧头绑扎。圆形导线束的绑扎可用尼龙线或塑料固定带（参见第八章图 8-21）。导线束绑扎应匀称，当垂直走线时，间隔为 200mm；水平走线时，间隔为 150mm。转弯处应另增卡子。导线束应固定在预设的铁件上。

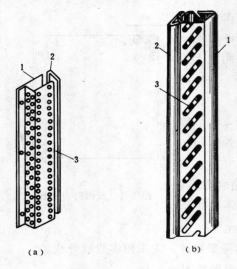

图 9-7　穿孔线槽

(a) 钢线槽；(b) 塑料线槽

1—线槽底座；2—线槽盖；3—穿线孔眼

　　接到端子排的导线，除了需要跨接线可连接两根导线到同一个端子外，每个端子上的导线不多于一根。若导线多于两根时，应增加一个端子，两者用短路片连起来。

　　当修改已配好线的盘（台）时，如要拆除导线，可将两头的导线剪掉，当中一段仍留在导线束内，作为假线；如要增加导线，应与原有配线方式一致，如有可能应包扎在原有导线束内，切忌任意乱接，影响整体。

　　为了简化配线工作，可将导线敷设在线槽内，如图 9-7 所示。敷设时先将线槽固定在盘上，然后将导线放在槽内。接至端子排或设备、部件的导线由线槽旁边的孔眼引出。

　　当设备接线柱为插接件时，连接导线应为多心的软铜线。若采用锡焊连接时，应使用带有焊剂的焊锡丝（松香焊锡丝），用热量适当的电烙铁进行焊接，切勿使用有腐蚀性的焊剂，并防止过热与虚焊。焊完后，应用酒精擦净，以防止腐蚀。

第四节　盘上仪表和设备的安装

一、盘装仪表尺寸及开孔尺寸[1]

1. 方形仪表

---

　　[1] 依据 JB/T1402—91《盘装工业过程测量和控制仪表尺寸及开孔尺寸》编写。

方形仪表的面板、外壳及开孔尺寸见图9-8和表9-1、表9-2。

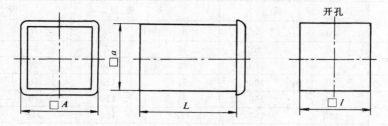

图 9-8　方形仪表及开孔尺寸

表 9-1　方形仪表以 10 为模数的尺寸系列　（mm）

序　号	面　板 A	表　壳 a	开孔 l
1	40	36	37
2	60	55	56
3	80	75	76
4	120	112	114
5	160	150	152
6	240	225	227
7	280	260	262
8	320	300	203
9	400	375	378

表 9-2　方形仪表以 12 为模数的尺寸系列　（mm）

序　号	面　板 A	表　壳 a	开孔 l
1	36	32	33
2	48	44	45
3	72	66	68
4	96	90	92
5	144	136	138
6	192	184	186
7	288	280	282
8	444	424	426

2. 矩形仪表

矩形仪表的外壳可横用或竖用，其面板、外壳及开孔尺寸见图9-9和表9-3、表9-4。

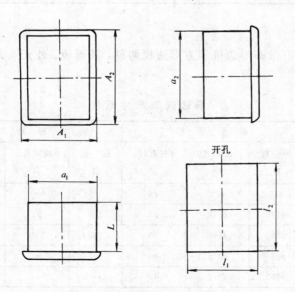

图 9-9　矩形仪表及开孔尺寸

表 9-3　矩形仪表以 10 为模数的尺寸系列　（mm）

序　号	面　板		表　壳		开　孔	
	A_1	A_2	a_1	a_2	l_1	l_2
1	40	80	36	75	37	76
2	40	160	36	150	37	152
3	60	120	55	112	56	114
4	80	160	75	150	76	152
5	120	160	112	150	114	152
6	160	240	150	225	152	227
7	160	320	150	300	152	303
8	160	400	250	275	152	378
9	240	320	225	300	227	303
10	320	400	300	375	303	378

表 9-4　矩形仪表以 12 为模数的尺寸系列　（mm）

序　号	面　板		表　壳		开　孔	
	A_1	A_2	a_1	a_2	l_1	l_2
1	36	72	32	66	33	68
2	48	96	44	90	45	92
3	36	144	32	136	33	138
4	72	144	66	136	68	138
5	96	144	90	136	92	138
6	96	192	90	184	92	186
7	96	288	90	280	92	282
8	144	285	136	280	138	282
9	192	288	184	280	186	282
10	288	444	280	424	282	426

3. 圆形仪表

圆形仪表的面板有带圆形边框和方形边框两种，其面板、外壳及开孔尺寸见图 9-10 和表 9-5。

表 9-5　圆形仪表尺寸系列　（mm）

序号	表　壳 D	圆　形　边　框			方　形　边　框			开　孔 D_3
		面板 D_1	固定孔 D_2	（若有时）d	面板 A	固定孔 B	（若有时）d	
1	$\phi60$	$\phi85$	$\phi72$	$\phi5$	—	—	—	$\phi61$
2	$\phi100$	$\phi130$	$\phi118$	$\phi6$	120	95	$\phi6$	$\phi102$
3	$\phi150$	$\phi180$	$\phi165$	$\phi6$	160	130	$\phi6$	$\phi152$
4	$\phi200$	$\phi230$	$\phi215$	$\phi6$	—	—	—	$\phi202$
5	$\phi250$	$\phi290$	$\phi272$	$\phi7$	—	—	—	$\phi252$

注　仪表盘上的固定孔应与仪表面板的固定孔一致（若有时）。

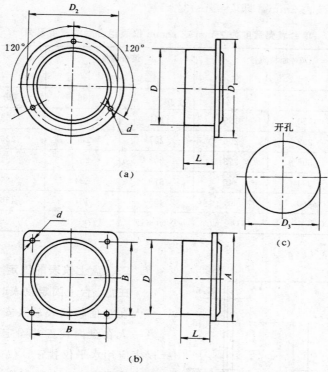

（a）

（c）

（b）

图 9-10　圆形仪表及开孔尺寸

（a）带圆形边框；（b）带方形边框；（c）开孔

4．集装仪表

集装仪表是由同样高度的仪表组装在一起，如图 9-11 所示。仪表的高度见表 9-6，仪表的宽度可由同样宽度的仪表组成，也可由不同宽度的仪表组成。对单台表壳宽度为 75mm 或 66mm 的仪表，其组合后的面板宽度和组合宽度见表 9-7。

表 9-6　集装仪表高度尺寸系列　（mm）

面板高度 H	表壳高度 h	开孔高度 l
144	136	138
160	150	152

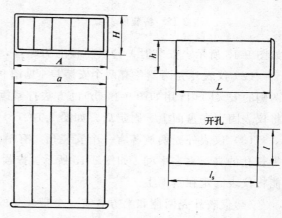

图 9-11　集装仪表及开孔尺寸

5．拼装仪表

拼装仪表是由同样高度的仪表组成，但可由不同宽度的仪表拼装而成，如图 9-12 所示。仪表的高度同表 9-6，仪表的组合宽度为各单台仪表面板宽度的总和，即 $A = \sum_{1}^{n} a_n$，开孔的宽度为组合宽度减去3mm，即 $l_s = A - 3$。

表 9-7 单台表壳宽度为 75mm 或 66mm 仪表组合后的宽度系列 （mm）

矩形仪表个数	面板宽度 A		组合宽度 a		开孔宽度 l_s	
1	80	72	75	66	76	68
2	156	139	151	133	152	135
3	232	206	227	200	226	202
4	308	273	303	267	304	269
5	384	340	379	334	380	336
6	460	407	455	401	456	403
n	$(76n+4)$	$(67n+5)$	$(76n-1)$	$(67n-1)$	$(76n)$	$(67n+1)$

注 $n > 6$ 不优先选用。

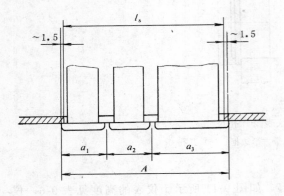

图 9-12 拼装仪表尺寸

二、盘上仪表的固定

在盘、台上固定仪表时，应由两人配合，一人在盘前将仪表放入安装孔并夹住仪表，另一人在盘内找正并固定专用卡了或托架。仪表应用水平仪找正。仪表固定后，盘外的人应后退 3～4m，观察仪表安装得是否横平竖直。

仪表附有固定用卡子或托架，一般有下列几种固定方式：

（1）仪表外壳两侧各有两个带缺口的凸出部分，在缺口中嵌入附有支撑螺丝的压板，如图 9-13 所示。安装时，拧紧压板上的螺丝，就能将仪表固定在盘面上。

（2）仪表外壳两侧各有两个安装口［见图 9-14 (a)］，带有凸销的安装板分别插在仪表两侧的安装口内，用如图 9-14 (b) 的方法拧紧螺丝，就可将仪表固定在盘面上。固定后，如图 9-14 (c) 所示。

（3）仪表外壳两侧各有一个安装孔，有槽的螺母将带长孔的夹板夹在中间，如图 9-15 所示。拧紧螺丝，就能将仪表固定在盘面上。

（4）仪表外壳两侧和上方各有一个带丝扣的安装孔，用螺丝将带斜孔的安装板固定在安装孔上，如图 9-16 所示。将安装板沿着螺母移动，待压紧盘面后将螺丝拧紧，则仪表就固定在盘面上了。

（5）仪表外壳下方带有托架，托架插入仪表外壳下方的安装口中，如图 9-17 所示。拧紧螺丝，就能将仪表

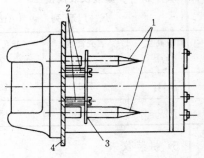

图 9-13 盘上仪表固定方法（一）

1—仪表的突出部分；2—螺丝；

3—压板；4—盘面

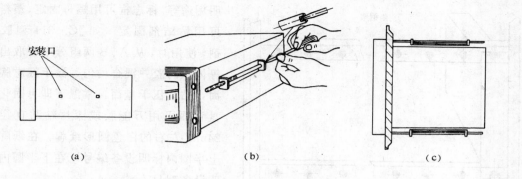

（a） （b） （c）

图 9-14　盘上仪表固定方法（二）

（a）仪表外壳侧面安装口；（b）拧紧螺丝的方法；（c）固定后顶视图

固定住。

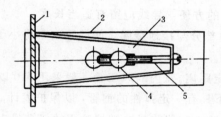

图 9-15　盘上仪表固定方法（三）

1—盘面；2—仪表；3—卡板；

4—螺母；5—螺丝

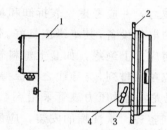

图 9-16　盘上仪表固定方法（四）

1—仪表；2—盘面；

3—安装板；4—螺丝

（6）对于较重和深度尺寸较大的仪表，除使用安装支架固定外，还应在仪表尾部下侧安装支撑角钢，如图 9-18 所示。

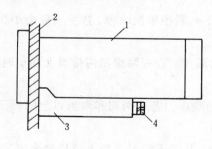

图 9-17　盘上仪表固定方法（五）

1—仪表；2—盘面；3—托架；4—螺丝

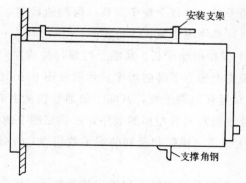

图 9-18　盘上仪表固定方法（六）

（7）架装仪表用螺栓固定在角钢架上，如图 9-19 所示，一般采用密集安装方式。

压力表的安装见本章第五节内所述镶入式安装法。

仪表在盘前、盘后均应有标志。盘前可使用专用的标志框，或用长方形塑料牌刻字标

425

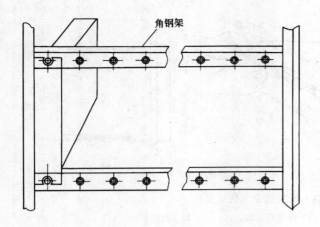

图 9-19　盘上仪表固定方法（七）

明用途等。标志框可用螺母固定，塑料牌可用粘结剂固定（如 JC—311 型胶粘剂，使用时，从 A、B 两组分中各取出同等体积的胶并混合均匀，涂于标志牌背面，贴紧压于盘面，常温下即可固化）。盘背面可用万能胶或漆片粘贴直径为 24mm 左右的白色圆形纸牌，在纸牌的上半圆内标明设备编号，在下半圆内标明设备型号。

盘上装有仪表时，不得再进行使盘（台）产生剧烈震动的工作。

仪表和导线及表管间的连接，不应使仪表承受机械力，并应考虑仪表拆卸和检查的方便，导线应留有适当长度。

盘上安装的电气设备，其绝缘应良好。带电部分与接地金属之间的距离不得小于 5mm，最好不要裸露而应加上绝缘，如套上塑料管等。

盘内表管应单独排列，与导线之间保持一定距离。盘内的风压管一般采用 φ10 以下的钢管或紫铜管、尼龙管等，压力表管采用 φ14 以下具有一定弹性的钢管，以保护表计。盘内的仪表阀门应排列整齐。吹洗嘴的安装，应便于吹洗和能临时装卸校验用的标准仪表。

压力表盘内表计下面装有电气设备时，应在导管与电气设备之间安装挡水盘，以保持电气设备的绝缘强度。压力表盘与其他表盘相邻时，中间应有隔板，以防影响邻盘。

三、显示仪表的接线❶

仪表接线端子与外部线的连接，应按规定的接线图进行，并套标号牌（与电缆接线同）。工业自动化仪表与表外连接的接线端子的排列和标志有如下规定。

1. 端子编号

端子板上的每个端子应标以阿拉伯数字，并按下列顺序依次编号。数字一般由小至大。

（1）单块端子板：

1）横排的端子板，其端子的编号按从左向右的顺序。若有两排和两排以上端子时，则编号按先上排后下排的顺序，示例见图 9-20（a）。

2）竖列的端子板，其端子的编号按从上向下的顺序。若有两列和两列以上的端子时，则编号按先右列后左列的顺序，示例见图 9-20（b）。

3）方阵（横排和竖列的端子数相等）的端子板，其端子编号可按上述两种顺序，任选一种。

4）连接并列的输入和输出信号端子，无论其端子排列的形式如何，只给一个编号。其编号可以是连续的，也可以是不连续的，但编号不得重复。为了接线方便，可将排或列再用拉丁字母加以标识，如 A、B、C……，示例见图 9-21。

---

❶　依据 JB/T1399—91《工业自动化仪表接线端子的排列和标志》编写。

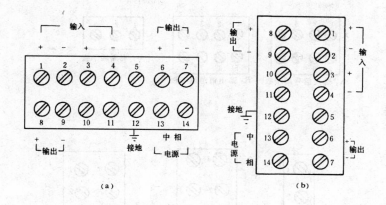

图 9-20 单块端子板的端子编号和排列示例

(a) 横排端子板；(b) 竖列端子板

(2) 多块端子板：

1) 将多块端子板看作为多排或多列的单块端子板组成的整体,其端子仿照图 9-20 方式予以连续编号。

2) 将每块端子板按横排或竖列的顺序用拉丁字母 (A、B、C……) 依次标识,然后分别对每块端子板予以独立编号。

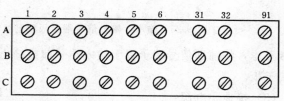

图 9-21 并列信号用的端子排编号示例

3) 兼有横排和竖列的多块端子板,其端子可由端子板主要形式 (横排或竖列) 予以连续编号或将每块端子板按端子板主要形式的顺序用拉丁字母依次标识,然后分别对每块端子板的端子予以独立编号,示例见图 9-22。

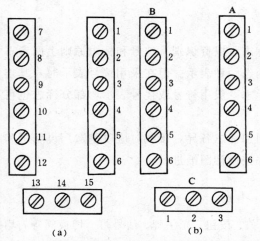

图 9-22 兼有横排和竖列的多块端子板编号示例

(a) 连续编号；(b) 独立编号

2. 端子排列

(1) 输入和输出的信号：

1) 连接输入信号和输出信号的端子,按先"输入"后"输出"的顺序排列。若同种信号有正、负极性时,则按先"正"后"负"的顺序排列,示例见图 9-20。

2) 具有一块以上的端子板时,按先输入端子板后输出端子板的顺序排列,示例见图 9-23。

(2) 辅助信号：连接辅助信号 (如检测、校验、输出反馈等) 的端子,一般按其输入或输出功能,遵循上述 (输入和输出的信号) 方法顺序排列。必要时,允许作为单独

427

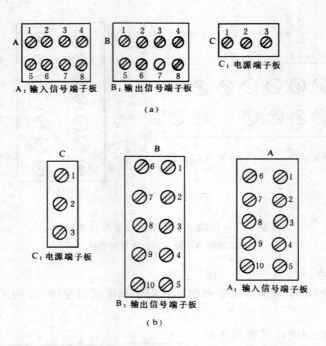

图 9-23　输入、输出信号端子板和电源端子板分别列出的排列示例

信号考虑，将辅助信号端子置于输入端子前或输出端子后顺序排列，也可作为独立部分另设端子板。

（3）接地和电源：

1）连接接地和电源的端子，是端子板上的最后三个端子；若为交流供电时，按地线、中线、相线的顺序排列；若为直流供电时，按地线、"正"、"负"端的顺序排列（示例见图9-20）。需要时，允许接地端子单独设在表壳上。

2）具有一块以上的端子板时，电源端子在最后一块端子板上，且尽量位于单独的一块电源端子板上（示例见图9-23）。

3. 端子标志

端子板上的端子尽量附有连接外部线路的标志，以资识别。编号和标志原则上两者不可缺一，若受结构影响或尺寸位置限制，允许任选一种表示。但在采用编号表示时，其连接外部线路的标志在产品使用说明书中明确。标志一般用符号或代号表示，部分标志也可用文字替代。常用标志见表9-8。

由于目前各制造厂的仪表产品接线端子排列和标志各异，接线时应以制造厂说明书和仪表端子上所标明连接外部的线路标志为准，并按设计图纸进行。

四、盘上设备安装

1. 盘面设备

盘面设备，除仪表外还有转换开关、切换开关、按钮、光字牌、信号灯、切换阀等，均要求安装整齐、牢固。

转换开关安装时应用干电池通灯检查各不同位置时接点的闭合情况，应与接线图相符，同时应检查各接点的接触是否紧密。接点不符合要求时，应予更换。接点接触不良者，应予修理。如作解体处理，回装后尚应检查接点闭合情况，保证动作可靠。

表 9-8　　　　　　　　　　　　　　　　　　仪表端子常用标志

符　号	代　号	项　目	说　明	符　号	代　号	项　目	说　明
		正端				双向晶闸管	
		负端				熔断器	
		热电偶	粗线表示负端		AC	交流	
		热电阻	采用三线制		DC	直流	
		滑线式变阻器			E	接地	
		滑动触点电位器			PE	保护接地	
		电阻器		或	MM	接机壳或底板	
		正脉冲	也可表示电平开关信号		L	相线	
		负脉冲			N	中性线	
		线圈或绕组			C	公共端	
		常开触点	也可表示常开状态		FB	反馈	
		常闭触点	也可表示常闭状态		FF	前馈	
(*)		电机	符号内 * 必须由下述字母代替：M—电动机；SM—伺服电机；TM—力矩电机		BCD	二-十进制码	

切换开关的引出线应焊接良好。切换开关在取盖清理后回装时，应核对其位置是否准确。

按钮应操作可靠，按下后能返回，接点接触良好。按钮接线时应注意不要将开、闭位置接错。

一列光字排应安装在一条直线上，其间距应相等。光字牌两层玻璃之间的白纸上应按设计内容，用黑墨水书写仿宋体字，字迹应整齐、美观。

信号灯的灯罩颜色应正确，灯泡电压及与之串联的电阻的电阻值应符合设计要求。

切换阀安装前应解体，清除过多的黄油，以防堵塞。回装后，应检查各嘴对应位置，要与指示相符。

2. 盘内设备

盘内设备的安装分三种情况：

（1）较大设备，如稳压器、电源变压器等，安装在专设的支架上并用螺丝固定。

（2）中型的设备，如伺服放大器等，挂装在专设的花槽钢或花角钢上并用螺丝固定。

（3）较小的设备，如熔断器、组合开关、继电器、小变压器、小接触器等，安装在电源板上，而电源板又用螺丝固定在盘内的柱和梁上。

安装在电源板上的设备，应根据其位置与固定尺寸，在电源板上钻眼套丝，以便于拆装。

熔断器与组合开关的安装应便于操作，且应注意其裸露部分对操作人员应有足够的安全距离。

熔断器的熔断管应根据设计或实际情况选用其电流值。

继电器安装时应检查其使用电压及接点开、闭情况是否与设计相符。对电磁型继电器应检查接点的接触情况，可人为地使继电器断合数次，观察动、静接点是否对正，若有偏斜，可适当改变静接点的位置，使之接触可靠；并应用干电池通灯检查接点是否良好，接触不好时可用细砂布打磨。

盘面设备和盘内设备均应有标志框或标志牌标明用途或编号。

第五节 就地指示仪表安装

一、压力仪表安装

仪表应安装在便于观察、维护和操作方便的地方，周围应干燥和无腐蚀性气体。因为仪表内有许多金属部件、电气零件，如果安装地点很潮湿或有腐蚀性气体，就会使传动机构及其他金属部件受到腐蚀，使零件松动和损坏，从而影响仪表的正常运行和缩短使用寿命。在实际安装中，环境不够理想，就应采取措施，主要是提高仪表的密闭性，如将仪表外壳穿线孔堵塞，不留孔隙等。

仪表安装地点应避开强烈震动源，否则应采取防震动措施。

压力仪表（含变送器）的安装位置与测点有标高差时，仪表的校验应通过迁移的方法，消除因液柱引起的附加误差。测量汽轮机润滑油压力的仪表，其安装最佳标高与汽轮机轴中心线重合，以正确反映轴承内的油压。

仪表安装的环境温度应符合制造厂规定。温度太低，会使仪表内的介质冻结；温度过高，会影响弹性元件的特性。

弹性元件对温度的变化较敏感，如弹性元件与温度较高的介质接触或受到高温的辐射，弹性就要改变，而使测量时产生误差。当测量介质温度大于 70℃ 时，就地压力表仪表阀门前应装如图 9-24 所示的环形管或 U 形管，使仪表与高温介质间有一缓冲冷凝液。环形或 U 形

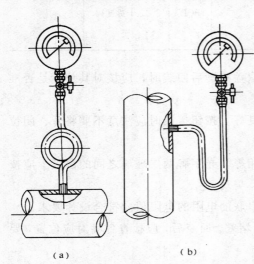

图 9-24 就地压力表的安装

(a) 水平管上安装；(b) 立管上安装

管的制作图见图 9-25，其弯曲半径不应小于导管外径的 2.5 倍。

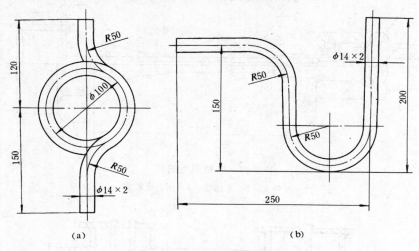

(a)   (b)

图 9-25   环形管和 U 形管的制作

(a) 环形管；(b) U 形管

对于测量高温高压介质的压力表，其配管可采用不锈钢毛细管（此方法也适用于就地盘内配管和变送器配管），管路连接方式如图 9-26 所示。镇江市中电高压阀门厂生产的 MXG—P$_{54}$170V 型不锈钢毛细管如图 9-27 所示，图中接管头 1 亦可制成 $\phi14\sim\phi18$ 的接管嘴，以便于和仪表管焊接。

在测量剧烈波动的介质压力时，应在仪表阀门后装设缓冲装置，如图 9-28 所示。

就地压力表的安装高度一般为 1.5m 左右，以便于读数、维修。

玻璃管风压表应垂直安装。表计与导管间可用橡皮管连接。橡皮管应敷设平直，不得绞扭，以免造成误差。

就地仪表如采用无支架方式安装，如图 9-24，应符合下列各点要求：

(1)仪表与支持点的距离应尽量缩短，最大不应超过 600mm。

(2) 导管的外径不应小于 14mm。

(3) 不宜在有震动的地点采用此方式。

(4) 带有电气接点或电气传送器的压力表不宜采用此方式。

(5) 在可以短时间停用的设备或管路上采用此法安装压力表时，可取消其仪表阀门。

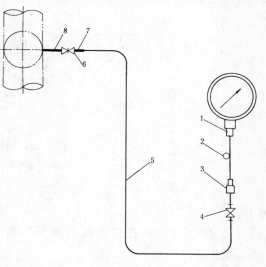

图 9-26   带毛细管压力表管路的连接方式

1—压力表接头；2—毛细管；3—接管头；4—仪表阀门；5—无缝钢管（$\phi14\times2$）；6—取源阀门；7—焊接短管；8—取压短管

压力表与支持点距离超过 600mm 时，应采用如图 9-29 所示的支架图，并符合下列各点

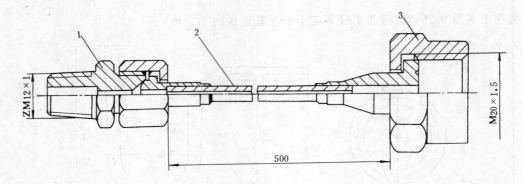

图 9-27　不锈钢毛细管

1—接管头；2—毛细管；3—压力表接头

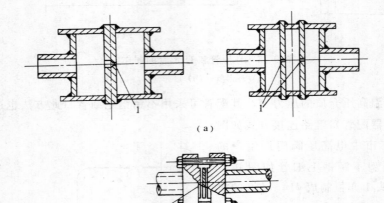

（a）

（b）

图 9-28　缓冲器与节流垫

（a）缓冲器；（b）节流垫

1—节流孔

要求：

（1）仪表导管可在仪表阀门前或后用支架固定，导管中心线离墙距离应在 120～150mm 之间。

（2）当两块仪表并列安装时，仪表外壳间距离应保持 30～50mm。

（3）在有震动的地点安装时，应采用铸铁型压力表支架（制作图参见图 9-30），并在支架与固定壁间衬入厚度约 10mm 的胶皮垫，且铸铁的减震性能较好。

两块以上压力表安装在同一地点时，应尽量把压力表固定在表板型、表箱型或立柱型的支座上。

表板型支座见图 9-31，是用 2～3mm 厚的钢板作表板，用 $\phi8～\phi10$ 的圆钢或 $\phi8$ 的水煤气管作边框（分段点焊在表板上），用 L 40×4 的角钢或 $\phi8$ 的水煤气管做支撑的。表板固定在墙上或直立于地上，支撑与表板采用螺丝连接或点焊。表板与墙壁间的距离应考虑便于拆装仪表接头。

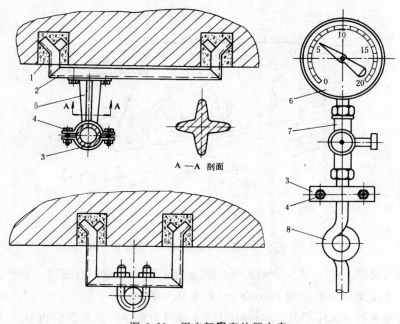

图 9-29　用支架固定的压力表

1—填料；2—角钢支架；3—抱箍；4—螺丝；5—支座；6—压力表；7—仪表阀门；8—环形管

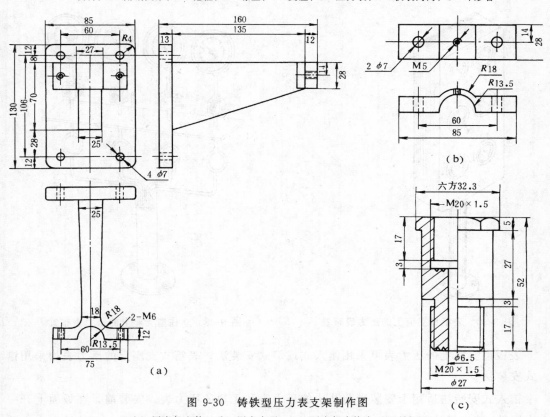

图 9-30　铸铁型压力表支架制作图

（a）固定架主体；（b）固定卡子；（c）固定架表接头（20号钢）

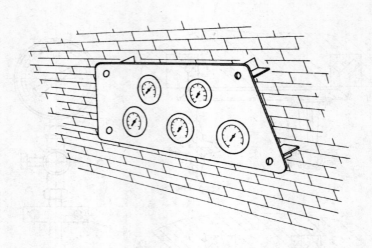

图 9-31　表板型支座上的压力表布置

表箱型支座见图 9-32，其仪表箱用 2～3mm 厚的钢板制成，后开门，导管由支座的下部引入表箱，支座支撑一般采用 $\phi 80～\phi 100$ 的水煤气管制成。

立柱型支座见图 9-33，是用 $\phi 80～\phi 100$ 的水煤气管制成，支座高度约 1m，导管宜由支座内穿引至各压力表。

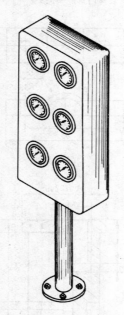

图 9-32　表箱型支座上的压力表布置

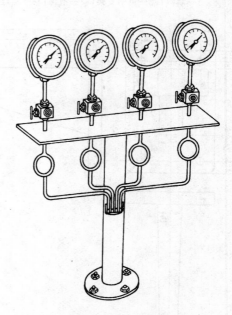

图 9-33　立柱型支座上的压力表布置

表板型支座上的压力表可采用镶入式或墙式安装法；表箱式支座上的压力表均采用镶入式安装法。

镶入式安装法适用于安装带前凸边的压力表和无边的压力表。安装前，在板面上开一个大圆孔，其直径比压力表壳的直径大 1～2mm，在孔的外侧面板上相距 120°处钻三个小孔

（尺寸参见第一章图 1-16 和表 1-29）。安装带前凸边的压力表时，可将压力表由板面正面镶入圆孔内，而将外露的凸边用三只螺丝固定在板面上。无边压力表的镶入式安装见图 9-34，板面的正面装一个压力表圈，压力表从板面后面安装，借螺丝 2 和 T 字板 4 将压力表紧压在压力表圈上。压力表圈和 T 字板的制作图见图 9-35、图 9-36 和表 9-9。

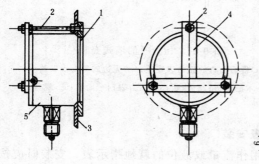

图 9-34　无边压力表的镶入式安装

1—压力表圈；2—螺丝；3—板面；
4—T 字板；5—压力表

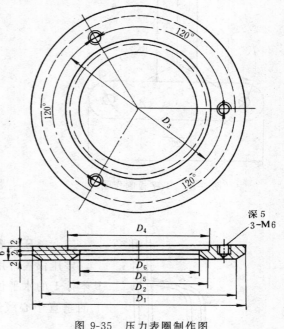

图 9-35　压力表圈制作图

注：制作后电镀。

表 9-9　　　　　　　　　　　压力表圈和 T 字板加工尺寸　　　　　　　　　　（mm）

类　型	各　部　主　要　尺　寸							
	D_1	D_2	D_3	D_4	D_5	D_6	L_1	L_2
$\phi60$	90	82	72±0.5	$60_0^{+0.5}$	58	50	92	54
$\phi100$	130	122	118±0.5	$100_0^{+0.5}$	98	90	132	88
$\phi150$	180	172	165±0.5	$151_0^{+0.5}$	148	140	173	124
$\phi200$	230	222	215±0.5	$201_0^{+0.5}$	198	190	216	161

　　墙式安装法如图 9-37 所示，适用于安装带后凸边的压力表和无边压力表。带后凸边的压力表是用螺丝 5（3 只）固定在面板 4 上。无边的压力表则用三块压板来固定。

　　导管与压力表连接时，需加装接管嘴、锁母与铜垫，其制作图参见第七章图 7-9 的 (c)、(d)、(e)。压力表安装时必须使用合适的死扳手，不得用手旋转压力表外壳。

　　压力表固定后，不得承受机械应力，以免损坏或使指示不准。产生应力的原因主要是配制导管时长短、角度不合适，或管路膨胀的缓冲点选择不当所致，因此直接与施工工艺有关，应加以注意。

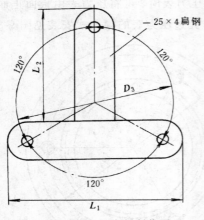

图 9-36 T 字板制作图

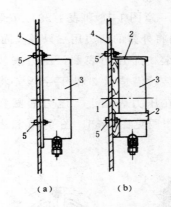

图 9-37 压力表的墙式安装

(a)带后凸边的压力表安装;(b)无边的压力表安装

1—木制垫板;2—压板;3—压力表;4—面板;5—螺丝

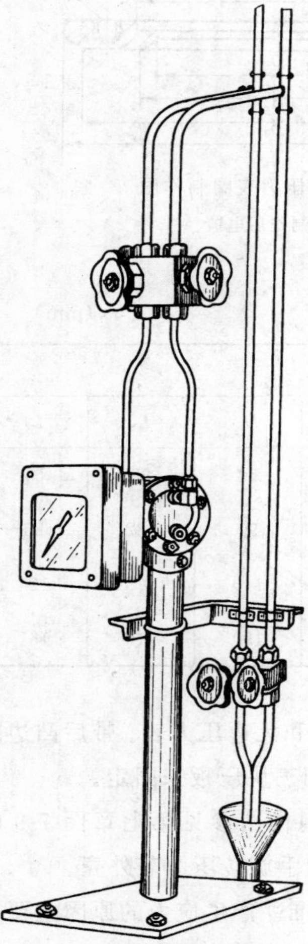

二、差压仪表安装

差压仪表常用作流量或液位的就地指示表,安装时应按其本体上的水平仪严格找平;当无水平仪时,应根据刻度盘上的垂直中心线进行找正。仪表刻度盘的中心一般离地面1.2m。

流量表与水位表可参照图 9-38 的方式进行安装。并列安装的两块流量表或水位表外壳间的距离一般为 50～60mm。测量管路接至差压计时,管子接头必须对准,不应使仪表承受机械应力。

差压仪表的正、负压侧的管路不得接错。差压仪表前的导管上应安装三通阀门组,或安装由三个针型阀门构成的阀门组。此时,平衡阀应设在两个二次门之后(参见第七章图7-40)。

流量表和水位计的导管一般应装有排污阀门,且应便于操作和检修。排污阀门下应装有便于监视排污状况的排污漏斗与排水管。排水管引至地沟。

导管内存有空气时,将造成误差。为避免此误差,可在导管高处设置排气容器或阀门。但由于火力发电厂汽水流量测量介质中空气较少,且可在管路敷设中使水平段保持一定的坡度,并能在投入表计前利用排污阀门进行冲管,因此有时也可不设置排气门,以减少泄漏。

测量黏度大、凝固点低或侵蚀性介质时,在差压表阀门组的正、负压管上均应装隔离容器,内充适当的隔离液。隔离容器的安装方式参见第七章第六节。

图 9-38 流量表与水位表
安装示意图

第六节 变送器和传感器的安装

一、压力变送器和差压变送器的安装

压力变送器和差压变送器的安装一般采取"大分散、小集中、不设变送器小室"的原则，以使其布置地点靠近取源部件。安装地点应避开强烈震动源和电磁场，环境温度应符合制造厂的规定（环境温度对变送器内的半导体元件特性影响较大）。

测量蒸汽或液体微工作压力的压力变送器，其安装位置与测点的标高差引起的水柱压力应小于变送器的零点迁移最大值，否则将无法测量。例如，某汽轮机轴封蒸汽工作压力为20kPa，选用量程为35kPa的1151型压力变送器。由于迁移后的量程上下限均不得超过量程极限，若测点与变送器的标高差大于3.5m时，通过迁移的办法将无法满足测量要求。因此，本例安装时，应使变送器与测点的标高差小于3.5m。

单元组合仪表的变送器、1151系列电容式变送器、820系列振弦式变送器和E系列扩散

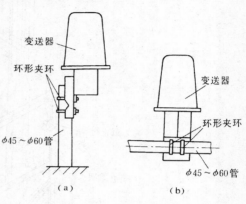

图 9-39 单元组合仪表等变送器的安装方式
（a）安装在垂直管道上；（b）安装在水平管道上

硅电子式变送器等，由环形夹紧固在垂直或水平安装的管状支架上，如图9-39所示，管状支架直径为45～60mm。

对于有防冻（或防雨）要求的变送器，应安装在保温箱（或保护箱）内。根据保温箱（或保护箱）箱体尺寸的大小，可安装1～6台。图9-40所示为电容式压力变送器、差压变送器在保温箱（或保护箱）内三列双层时（六台变送器）的安装方式。双层布置时，一般上层安装差压变送器，下层安装压力变送器。箱体内的变送器导压管，可以从箱侧壁或箱后壁的预留孔引进。导管引入处应密封。变送器的排污管及排污阀门一律安装在箱体外，如图9-41所示。

对无防冻（或防雨）要求的变送器，采取支架安装方式。以DDZ系列差压变送器为例，单台变送器的安装方式如图9-42所示；多台变送器的安装一般采取靠椅架方式，如图9-43所示，其支架在地面上或楼板上的安装示意图见图9-44［此方法同样适用于保温箱（或保护箱）的固定］。

变送器的管路连接要求和方法同本章第五节所述。

变送器的接线参照有关接线图进行。若变送器采用插

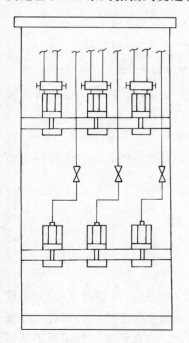

图 9-40 电容式变送器在保温箱
（保护箱）内的安装

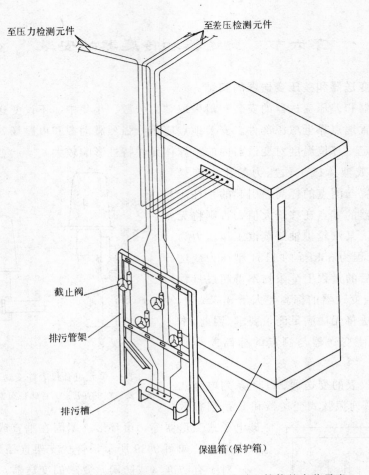

至压力检测元件

至差压检测元件

截止阀

排污管架

排污槽

保温箱（保护箱）

图 9-41　导管从保温箱（或保护箱）后壁引入箱体的安装示意

接件时，应加用端子箱，用软导线引接至插接件，锡焊固定。使用时，应将插接件的连接螺母拧紧，确保插接件接触良好。

二、法兰液位变送器安装

单法兰液位变送器一般安装在最低液位的同一水平线上，如图 9-45 所示（变送器前亦可增加一个取源阀门）。变送器的量程 Δp 为：

$$\Delta p = \rho g H \quad (\text{Pa}) \tag{9-1}$$

式中　ρ——被测介质的密度，kg/m^3；

　　　g——重力加速度值，m/s^2；

　　　H——液位变化范围，m。

图 9-45（a）为测量开口容器液位的情况，变送器负压室通大气。图 9-45（b）为测量汽侧凝结水不多的闭口容器液位的情况，其变送器的负压室必须保持干燥，否则若有冷凝液进入负压室，变送器就不能正确地反映出液位的变化。因此，应在负压室管道低于变送器的地方安装冷凝罐，并定期将罐中的冷凝液排出。

双法兰液位变送器，在火力发电厂中特别适用于导管严密性难于保证的凝汽器水位测

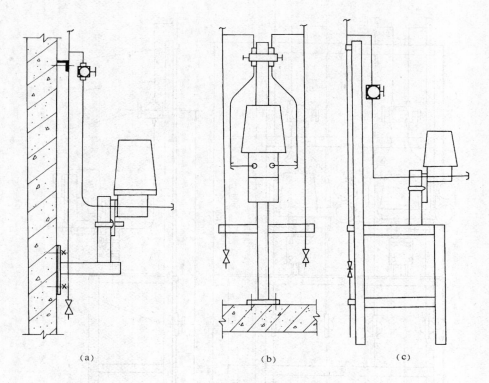

图 9-42　单台变送器的安装方式

(a) 在混凝土墙上安装；(b) 在混凝土地上安装；(c) 在靠椅架上安装

量。其特点是，差压信号作用于法兰隔离膜片后，通过毛细管中的硅油传递给主机的测量部件而无需装设测量导管，其安装示意如图 9-46 所示。变送器主机位置的高低可在两法兰接管之间任取。

三、靶式流量变送器安装

靶式流量变送器一般安装在水平管道上。若安装在垂直管道上时，流体的方向应为由下向上，且流体中没有固体物。

变送器安装时要注意方向（按箭头所示方向），流体应对准靶正面，即靶室较长的一端为流体的入口端。

为了提高变送器的测量准确度，变送器前后的直管段长度不应短于管道内径的 5 倍。

安装变送器的管道，最好能设置如图 9-47 所示的旁路管。在旁路管和变送器两侧装有截止阀门，以便在变送器检修、拆卸或校验时，管道继续正常运行。

由于晶体管元件受温度影响较大，因此靶式流量变送器只能安装在介质温度为 70℃ 及以下的管道上。当介质温度达 100℃ 时，应采用外部水冷却；当介质温度为 100～400℃ 时，可采用内部水冷却。如水源不便时，亦可考虑将低频检测放大器独立组件从变送器的测量部分中移出，安装在附近温度较低的场所，再用导线连通位移检测线圈和反馈动圈。

四、开关量仪表安装

就地安装的开关量仪表，其安装方法及要求与同类型敏感元件以及就地仪表基本相同。

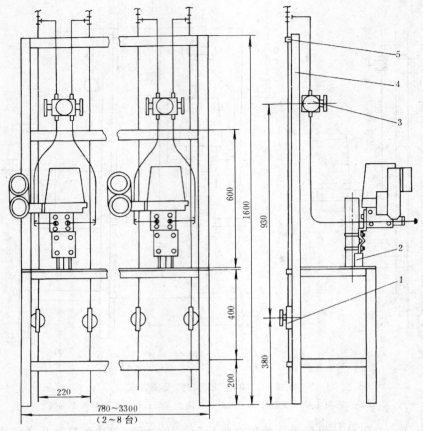

图 9-43　2～8 台 DDZ 系列差压变送器在靠椅架上的安装方式

1—排污阀；2—限位角钢；3—三阀组；4—靠椅组装件；5—管卡

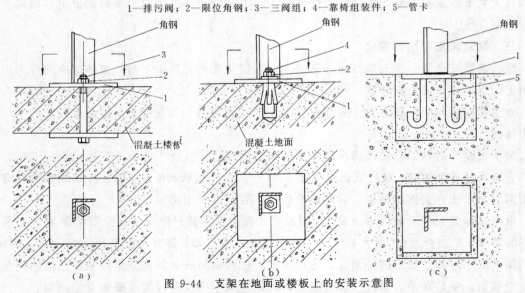

图 9-44　支架在地面或楼板上的安装示意图

（a）在混凝土楼板用螺栓的固定方式；（b）在混凝土地面用膨胀螺栓的固定方式；（c）预埋钢板的固定方式

1—钢板；2—螺母；3—螺栓；4—膨胀螺栓；5—圆钢筋钩

440

由于其输出是开关接点信号，因此，应特别注意安装在便于调整、维护、震动较小和较安全的地方，并固定牢固。

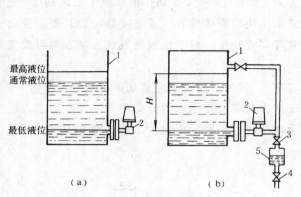

图 9-45　法兰式差压液位变送器安装图

（a）测量开口容器液位；（b）测量闭口容器液位

1—被测容器；2—法兰差压液位变送器；

3、4—阀门；5—冷凝罐

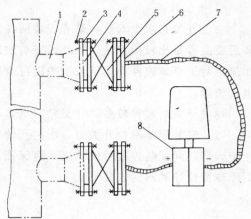

图 9-46　双法兰液位变送器安装示意

1—法兰接管；2—螺母；3—螺栓；4—垫片；

5—取源阀门；6—法兰隔离膜片；7—毛细管；

8—变送器主机

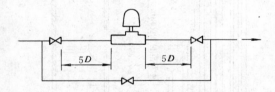

图 9-47　靶式流量变送器安装示意图

1. 温度开关

固体膨胀式温度开关一般为螺纹固定安装方式。压力式温度控制器的温包、毛细管及壳体的安装方法与压力式温度计相同。

温度开关通常用于压力和温度较低的介质。有时介质不能充满管道（如测轴承回油温度等时），因此，应特别注意其感温元件必须全部浸入被测介质中。测量金属壁温时，感温元件的整体应与被测金属壁紧密接触。

2. 压力和差压开关

压力和差压开关一般采用支架式安装就地压力表的方法固定。其测量室与导管的连接，根据被测介质压力不同，参见第三章图 3-7 所示的连接形式，有压垫式管接头连接和橡皮管连接两种形式。

汽轮机润滑油的压力开关安装位置应与轴承中心标高一致，否则整定时应考虑液柱高度的修正值。为便于调试，应装设排油阀及安装校对压力表。

3. 流量开关

流量开关一般直接安装在流动介质中。安装

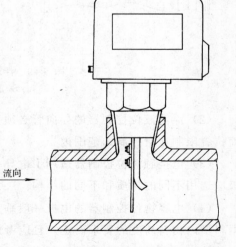

图 9-48　靶式流量控制器安装示意

时必须注意检测部件的允许运动方向应与流体流动方向一致。图9-48为LKB—01型靶式流量控制器的安装示意图。

4. 物位开关

物位开关有水平安装和垂直安装两种方式。水平安装时，其动作值取决于安装高度，安装后要改变是比较困难的，因此，安装前应慎重决定安装位置。垂直安装时，若要改变动作值，对于浮球或浮筒式液位开关则可改变导向管长度，对于电接触液位控制器则可改变电极长度。

物位开关的品种较多（详见第三章第二节），安装时应特别注意如下事项：

（1）安装浮球液位开关时，法兰孔的安装方位应保证浮球的升降在同一垂直面上，法兰与容器之间安装连接管的长度，应保证浮球能在控制范围内自由活动。图9-49是UQK型浮球液位控制器的安装形式。

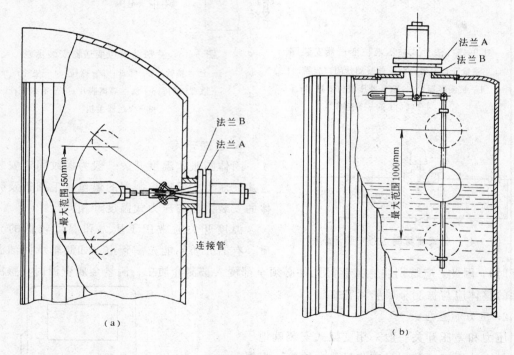

图 9-49　浮球液位控制器的安装形式

（a）水平安装；（b）垂直安装

（2）浮筒液位控制器的导向管必须垂直安装。导向管和下挡圈均应固定牢靠，并使浮筒位置限制在所控制的范围内。

（3）电接触液位控制器适用于电导率较高的液体，对于不同的液体和工作条件，其电极应选用不同的材质和不同的结构。

（4）电容物位控制器的电极一般垂直安装，但也可以水平或倾斜安装。安装位置应根据料槽内物料高度的要求而定。且应考虑物料的安息角及进出口位置，尽量避免受物料的直接冲击。

（5）核辐射料位计的探测单元应处于放射源铅罐准直孔的准直线上（实际安装时，可先固定好铅罐，再打开铅罐的准直孔，用剂量仪器在被测对象的相对侧壁上确定探测单元的安装位置）。安装地点应有明显警戒标志，安全防护措施必须符合 GB4792—84《放射卫生防护基本标准》的规定。存放放射源的铅罐，在运输、安装和检修时，其铅塞必须使准直孔处于关闭状态。

（6）超声物位控制器的换能器可以水平安装，也可以反射安装（参见第三章图 3-16）。水平安装时，发射和接受换能器的辐射面尽可能互相对准，声束范围内不应有其他物体，安装在料仓时，换能器应避开下料口；反射安装时，反射面应避免凹凸不平或者易吸声体的表面。

5. 火焰转换开关

对炉膛火焰检测器的探头，其安装角度应符合制造厂规定，并有防止灰渣污染和冷却的措施（如用压缩空气吹扫和冷却）。

6. 行程开关

行程开关的安装位置，必须满足待测机械部件的行程要求，当机械部件行程到达这一位置时，即可取得这一位置的开关量信息。

五、汽轮机机械量测量仪表传感器的安装

汽轮机机械量测量仪表的传感器，按制造厂规定的位置和方法安装在汽轮机本体上，经调整试验后再固定牢靠。安装在轴承箱内的传感器，其引出线应使用制造厂提供的专用电线（电缆），若制造厂未供应，则应采用耐油耐温的氟塑料软线，引出口要求密封，以防止渗漏油。

安装测量轴位移的传感器，应首先将其固定在轴承箱内的轴承座上。其铁心与汽轮机转子凸缘之间相对位置（间隙）的定位，要预先用千斤顶将汽轮机转子顶向制造厂规定的一侧，使转子的推力盘紧靠在非工作面上，或顶向发电机侧，紧靠工作面，然后再进行调整。

测量汽轮机汽缸热膨胀的传感器，应在汽轮机冷状态下安装于汽轮机前轴承箱旁的基础平台上，其可动杆应平行于汽轮机的中心线。

1. 电感式位移测量传感器的安装

（1）轴向位移传感器安装：现以 ZQZ—11 型轴向位移传感器为例，其安装示意如图 9-50 所示。将传感器支持架 5 安装在汽轮机轴承座 3 上，然后将传感器 6 安装在支撑架 5 上，要求变送器的中心线与汽轮机轴的中心线垂直。

安装后主要是调整间隙 c、a 和 b，其数值对于各种类型的机组和不同的轴向位移传感器是不同的（参见第一章表 1-47），但间隙的调整方法基本相同。调整间隙要与指示仪表的校验和保护动作值的整定一并进行。

调整间隙 c 时，用塞尺测量传感器 6 端头中间铁心与转子凸缘 9 之间的间隙，应符合制造厂规定的数值，否则，可采取在支撑架 5 和轴承座 3 之间增减垫片来加以调整。若轴承座 3 上的定位销孔 11 没有钻孔，则可松开固定螺丝 10，前后挪动传感器进行调整。调整完毕，钻铰定位销孔，用定位销销住。

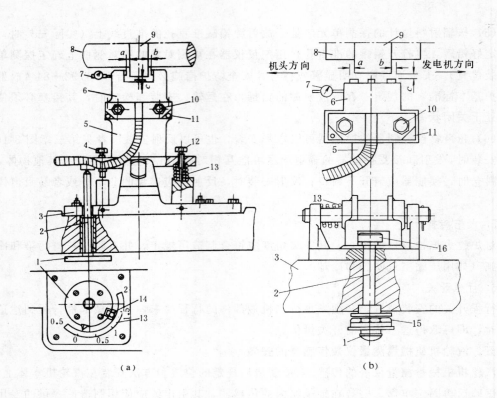

图 9-50 轴向位移传感器的安装示意

(a) 扇形移动式安装结构；(b) 平行移动式安装结构

1—手轮；2—调节螺丝顶杆；3—轴承座；4、12—止动螺钉；5—支撑架；6—轴向位移
传感器；7—千分表；8—汽轮机轴；9—转子凸缘；10—固定螺丝；11—定位销孔；
13—弹簧；14—固定螺丝和止动块；15—刻度盘；16—偏心轮

调整间隙 a 和 b 时，用磁性千分表读数。千分表 7 安装在传感器端头左侧，使千分表的触头与传感器端头垂直接触。逆时针转动带机械指示的手轮 1，退出螺丝顶杆 2，调整螺钉 12（即调整弹簧压力）使传感器右侧铁心与转子凸缘 9 靠紧，然后把螺钉 12 锁紧。将千分表的指示调至零位，再顺时针转动手轮 1，用调节螺丝杠杆推动传感器作弧形移动，直至传感器左侧铁心与转子凸缘紧靠。这时，千分表的读数为总的间隙值。重定千分表零位后，逆时针转动手轮，使千分表指示到制造厂规定的 a 数值，即调整好了间隙 a。总间隙值减去 a 值，即为间隙 b 值。最后，将千分表的指示调到零位，即为轴向位移的零位值，将手轮的机械指示也调整到零位上。然后转动手轮，利用千分表的读数校对指示表，调定保护动作值。

（2）相对膨胀传感器安装：现以 ZQX—201 型相对膨胀传感器为例，其安装示意见图 9-51。拖板支架 1 安装在汽轮机轴承箱内或轴承座内的支架上（图中未画出）。传感器 4 用固定螺丝 6 安装在拖板支架上，要求传感器铁心平面与转子凸缘 5 平行。

安装后需调整间隙 c、a 和 b，其数值参见第一章表 1-47。用塞尺测量传感器铁心平面与转子凸缘之间的间隙 c，使符合规定，如不符可增、减拖板支架与轴承座之间垫片的厚度

444

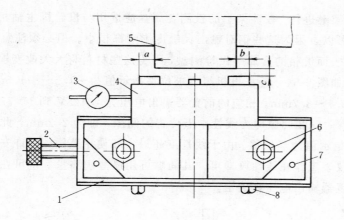

图 9-51 相对膨胀发信器安装示意图

1—拖板支架；2—调节螺丝；3—千分表；4—发信器；5—转子凸缘；
6—固定螺丝；7—定位销孔；8—锁紧螺丝

来调整。调整间隙 a 与 b 时，在传感器侧面装一块千分表，使千分表的触头与传感器侧面垂直并相接触，松开拖板支架上的锁紧螺丝 8，调整拖板支架上的调节螺丝 2，移动传感器，使间隙 a 与 b 符合规定值。

2. 电涡流式监测保护探头与前置器的安装

电涡流式监测保护探头和前置器是配套供货的，为就地安装。探头安装在轴承箱内被测体附近，被测体表面不应有凸凹不平之处（轴标记除外），否则会引起测量误差。因为涡流影响范围约为探头线圈直径的三倍，故希望检测面为探头线圈直径的三倍，且在此空间内不能有其他金属物质存在，否则会影响测量准确度。前置器一般安装在轴承箱外，与探头之间用制造厂供应的高频电缆连接（两侧均有专用接插件）。为不影响测量准确度，其长度不准随意改变。高频电缆中间有高频接头，以使高频电缆能穿过机组外壳。前置器和高频接头固定时，都必须与机壳绝缘并浮空，否则会引入干扰。为防止机械损伤和环境污染，前置器最好能装在防护盒内。

（1）位移探头的安装：以轴向位移为例，探头安装部位如图 9-52 所示，可以安装在轴的端部或推力盘内侧或外侧，但其安装位置距离推力盘应不大于 300mm（否则热膨胀或其他与推力轴承保护系统无关的一些变化，会导致错误的测量），同时探头头部侧边与被测轴端侧边或测量凸缘侧边的距离不小于 4mm。

位移探头通过支架固定在机组上，支架要求有足够的刚性，以防变形或振动。探头安装部位应使轴位移为正值时，检测间隙增加。探头与被检测金属间的安装间隙，应根据制造厂标定的探头-前置器输出特性曲线所确定的表计零位来决定。若现场通过校验绘制，可在如

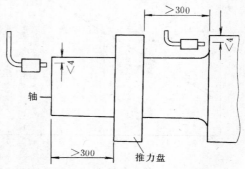

图 9-52 轴位移探头安装部位

图 9-53 所示的校验架上进行。校验架上的被测金属盘应选用与汽轮机主轴相同的材料，采用碳钢或合金钢也可以，因为这些钢对输出灵敏度影响都很小。但必须注意，不可用不锈钢、铸铁、铜、铝或表面镀铬的金属等做检测盘，因为这些材料将大大改变输出灵敏度。探头-前置器输出特性如图 9-54 所示。设机组要求位移指示值为−1.5～+1.5mm，根据特性曲线，取线性段为 0.7～3.7mm，相应的前置器输出电压为 4.428V 到 11.776V。由于本例中正反向位移量相等，安装间隙即为线性中点位置的间隙，即为 2.2mm，此时输出电压为8.102V，轴向位置指示值为零位移。由于线性度超过实际使用范围，允许安装间隙有一定的偏差，只要保证仪表工作在线性段即可。其间隙可用厚薄规测量，也可在该装置单独送电后，通过测量前置器输出电压来确定。

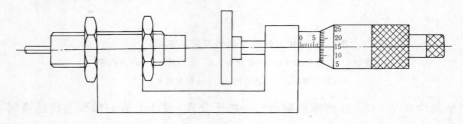

图 9-53　探头-前置器输出特性校验架

（2）轴振动和轴偏心探头的安装：轴振动和轴偏心探头安装方法是相同的，其示意图见图 9-55。探头与被检测金属间的安装间隙，根据探头-前置器输出特性曲线所确定的线性中点位置决定。如图 9-56，在间隙 0.7～2.0mm 范围内线性度较好，线性中点间隙应为1.4mm，即为探头理想安装间隙。实际上在测量振动时，本例最大检测值仅为 0.20mm，故实际安装探头时，间隙允许误差可高达±0.30mm，甚至还可以更高，而仍能保证仪表工作在线性段，这就大大方便了探头的安装工作。其他安装要求与位移探头相同。若在一个轴断面上安装两个互相垂直的探头，则可在垂直、水平两个方向安装，也可以按与水平成 45°角互相垂直安装，可通过示波器观察此轴平面的轴心轨迹。

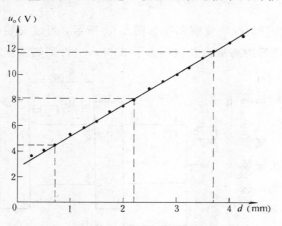

图 9-54　某位移探头-前置器的输出特性

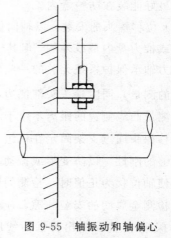

图 9-55　轴振动和轴偏心
探头安装示意

446

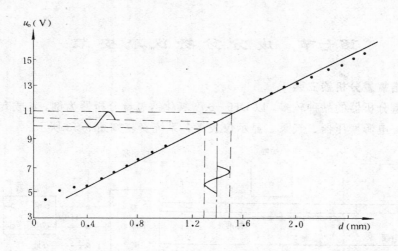

图 9-56　某轴振动探头-前置器的输出特性

（3）转速探头的安装：转速探头应径向安装，在被测轴上须做标记，轴标记可以是缺口（钻孔或开槽），也可以是凸台（贴一金属片）。如图 9-57所示，当轴标记为缺口时，探头与被测轴之间的间隙电压应按探头到轴的平滑面（不在缺口处）确定；当轴标记为凸台时，间隙电压（制造厂给定）应按探头到凸台面来确定。最好不要在轴旋转时调整探头与凸面之间的间隙，以免碰坏探头。无论是缺口或凸台都要足够大，以 HZ—85700—01 型转速装置为例，要能产生 3V（峰峰值）以上的脉冲信号，就要求标记的宽度（沿轴的径向）应大于 7mm，长度（沿轴向）大于 10mm，高度（深度）大于 1mm。若轴标记面积大一些，则高度可相应小一些；反之可相应大一些，但凸台高度不能大于 1.5mm。

3. 测量轴承盖振动的磁电式拾振器的安装

FFD—12 型测振仪的拾振器结构参见第一章图 1-73。根据所需测的方向（径向或轴向）定位后，用四只 M8 螺钉加弹簧垫圈固定在一块安装板上，然后将安装板固定在精加工的

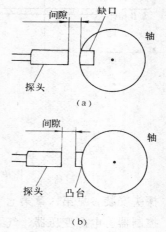

图 9-57　转速探头的安装间隙

（a）轴标记为缺口；

（b）轴标记为凸台

轴承盖的平面上，应为刚性连接。拾振器投运前，退出其顶部的运输止动螺钉，并用 M4×6 螺钉加弹簧垫圈及平垫圈将此孔封上，以免灰尘落入孔内。

拾振器外壳必须接地。当发电机、励磁机的轴承座要求与地绝缘时，拾振器底部应垫以绝缘层并用胶木螺丝固定。其引出线若使用金属保护管保护时，注意不能与轴承座直接接触，以免导致发电机轴承座接地。

4. 脉冲数字测速装置磁性转速传感器的安装

磁性转速传感器的安装示意参见第一章图 1-74。安装时，主要是用紧固垫片 4 调整间隙 δ 使其符合制造厂的规定，并进行传感器的紧固定位。

第七节　成分分析仪表安装

一、氧化锆氧量分析器安装

氧化锆氧量分析器的品种较多。以 DH—6 型氧化锆氧量分析器为例，其成套仪表包括探头、控制器、电源变压器、气泵、显示仪表等，系统安装如图 9-58 所示。

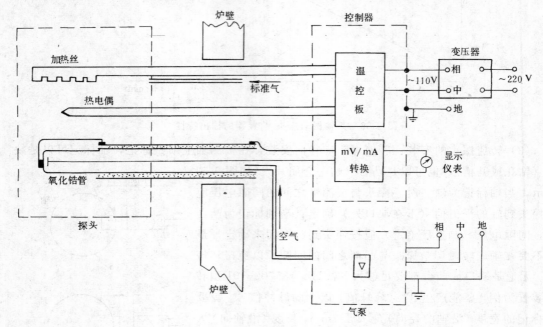

图 9-58　氧化锆氧量分析器系统安装示意

探头安装参见第六章第七节。

控制器、电源变压器、气泵一般安装在探头附近的平台上，以便于缩短电气连接线以及气泵与探头相连接的空气管路的长度。安装地点允许环境温度为 5～45℃，周围无强电磁场。为防雨、防冻，通常将它们一起装在一个保护箱（或保温箱）内。

显示仪表一般安装在控制盘上。

二、热导式氢分析器安装

QRD 型热导式氢分析器由发送器、气路辅助系统和显示仪表等组成。发送器和气路辅助设备安装在就地仪表盘或板型支座上。发送器采用镶入式安装或墙式安装。镶入式安装时，需将发送器侧面的管接头临时拆下，发送器放入盘孔内，用四根 M8 的螺栓固定在盘面上。气路辅助设备则装于盘内。

显示仪表一般装于控制室的控制盘面上，采用镶入式安装方法。显示仪表和发送器之间由电缆连接，其长度不得超过 100m。

热导式氢分析器的安装要求可参照热磁式氧分析器进行。

氢分析器的气路系统参见第六章图 6-54。由于氢气是易爆炸危险气体，因此对其气路系统有严格的要求，各组件间应用不锈钢管连接，并装有进、出气阀门。管路安装后应进行系统严密性试验，试验标准参见第七章表7-1的规定。

显示仪表是由交流电子平衡电桥改装而成的，因此发送器与显示仪表的测量回路间每一根导线的电阻，应通过线路调整电阻调整到 2.5Ω。

三、工业电导仪安装

DDD—32B 型工业电导仪由发送器、转换器和显示仪表等组成。

发送器的安装尺寸参见第一章图1-90，它一般安装在被分析液体管道取样点附近，取样管路连接方式参见第六章图6-55。

转换器一般与显示仪表安装在同一控制盘上，均为镶入式安装。必要时（如当控制盘离发送器的距离超过 40m 时），转换器可安装在发送器附近的仪表箱内。

发送器内部有一对电极和一只热电阻温度计。电极由不锈钢制成，两电极的金属面积和相互间距离决定了电极常数，对测量有很大影响，因此在拆装清洗时要特别注意，不应使内部结构有变动。测量电极与转换器的连线应用屏蔽电缆，在电缆总长度内的分布电容应小于 $2000\mu F$。电缆的心线接到第一章图 1-90 所示的内电极接线片 6 上，屏蔽层接到外电极接线片 7 上。发送器内的热电阻的接线采用三线制，通过电缆接至转换器，连接线的直流电阻应小于 2.5Ω。

第八节　气动基地式仪表的安装

气动基地式仪表是气动基地式调节系统的关键环节，其气系统的连接示意图参见图3-1。根据检测参数和被调节量的不同，有温度、压力、差压、液位四种仪表。

一、温度、压力和差压气动基地式仪表的安装

温度气动基地式仪表配用的检测元件有热电偶、热电阻或温包等各种元件，这些测温元件的安装参见第六章第二节。

压力和差压气动基地式仪表的检测元件在基地式仪表内，通过检测接头用仪表管与被测取源部件连接，其取源部件的安装参见第六章第三～五节的有关内容。

气动基地式仪表必须垂直安装，B 系列气动基地仪表外形和安装尺寸参见第三章表3-3。根据现场情况和需要，仪表可现场柱式安装或集中于控制室内的盘式安装。以小型表为例，温度和压力仪表的柱式安装示意见图9-59，差压仪表的柱式安装示意见图9-60，集中控制（盘装）的安装示意见图9-61。

二、液位气动基地式仪表的安装

以 B 系列气动基地式仪表中检测部件为外浮筒形式的液位仪表为例，浮筒与仪表箱组合成一整体，并有法兰可直接与被测容器连接，其安装形式示意如图9-62。安装顺序如下：

(1)将下浮筒室固定在安装基础上(必要时可增加支撑件)，并使下浮筒室表面上的环形标记，(表示仪表测量范围的中点)与被控介质的控制段的中点处于相同水平线上。调整下浮筒室到铅垂位置，并用挂重锤线方法检查其铅垂性。紧固连接法兰，再检查其铅垂位置。

(2) 如图 9-63 所示，把浮筒 7 插入下浮筒室 8。

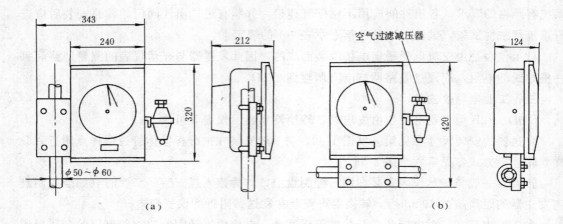

图 9-59　温度和压力气动基地式仪表柱式安装示意
（a）竖管安装；（b）横管安装

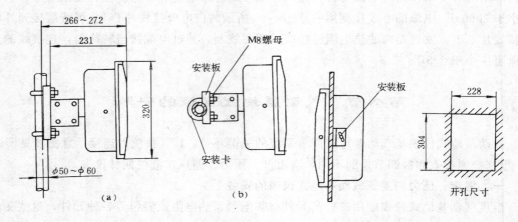

图 9-60　差压气动基地式仪表柱式安装侧面示意
（a）竖管安装；（b）横管安装

图 9-61　B 系列仪表集中控制
（盘装）安装示意

（3）安装上浮筒室前，从其下端将固定浮筒的挂攀 6 引入，然后调整表箱方位，连接上下浮筒室法兰。在这个过程中切勿碰弯挂攀。

（4）挂装浮筒的方法如图 9-63 所示。开启法兰盖 1，旋松压紧螺钉 3，掀开压块 2，现出摆杆 4 的槽口。用一根带钩的铅丝钩住挂攀上的小孔，提起浮筒，让挂攀孔落入摆杆槽口内。取下铅丝，扶正压块，拧紧螺钉。

（5）用手电筒从上浮筒室顶端察看浮筒四周，只要有比较均匀的间隙即可。检查液路或气路连接处有无滴漏或漏气。

（6）装上法兰盖或顶部的法兰组件。

（7）进行满刻度校正（见图 9-64）：

1）向浮筒室内注入被测介质，使仪表指针指零，此时让标准液位计（如玻璃管液位计）亦指示零值。继续向浮筒室内注入被测介质，直至标准液位计指示出本仪表的满刻度

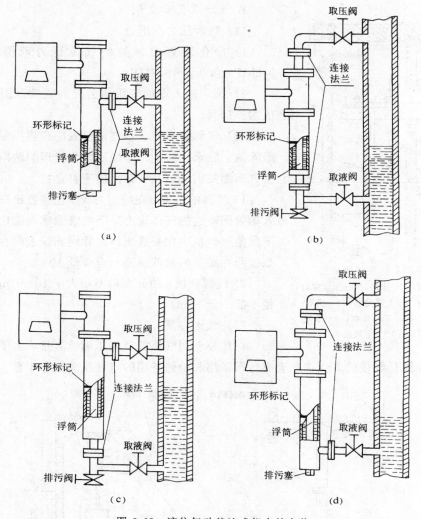

图 9-62 液位气动基地式仪表的安装

(a) 侧侧法兰式；(b) 顶底法兰式；(c) 底侧法兰式；(d) 顶侧法兰式

值为止。这时，若仪表指示值不是满刻度值，则应按图 9-64 所示方法校正，直至仪表指针指示出满刻度值。

　　2）缓慢并连续地把被测介质放出，直至标准液位计指零。此时，若仪表仍指零，校正即告结束；若仪表虽然指零，但存在允许误差范围以内的偏差，则可调整一下调零螺母，使指针指示零值；若仪表指针不能回零（可能大于零，也可能小于零），则应调整液位，使指针指零，重新按 1）所述的方法校一次满刻度。

三、气源质量及其保证措施

　　气动基地调节仪表（含气动执行机构）能否正常可靠地投入运行，除设备质量外，气源质量也是一个重要因素。气源质量高的关键在于空气的压缩和净化设施的选用、气源管的选材和正确的安装以及良好的维护管理等。

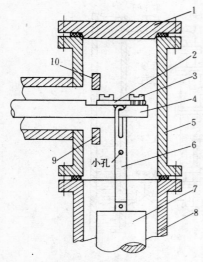

图 9-63 挂装浮筒示意

1—法兰盖；2—压块；3—压紧螺钉；
4—摆杆；5—上浮筒室；6—挂攀；
7—浮筒；8—下浮筒室；9—下限
位块；10—上限位块

1. 气源质量标准❶

(1) 气源压力范围：

1) 净化装置出口处的气源压力范围为 0.3～0.5MPa 和 0.5～0.8MPa。

2) 仪表输入端的气源压力允许波动范围为其公称值的±10%。

(2) 气源品质要求：气动仪表应有热控专用的，并经除油、除水、除尘、干燥后净化处理的洁净气源，由空气压缩站供气。其气源品质应符合：

1) 气源的湿度：在线压力（净化装置出口到仪表输入端管网输送的气体压力）下的气源露点应比环境温度下限值（包括净化装置出口、管网和仪表等在内的整个系统所在场所的最低温度）至少低 10℃。

2) 气源杂质：油分含量不应大于 10mg/m³；含尘粒径不应大于 3μm。

(3) 气源容量：

1) 热控专用气源的空气压缩机容量应大于全部气动设备最大连续耗气量的 2 倍，并应有运行备用和检修备用的空气压缩机各 1 台。

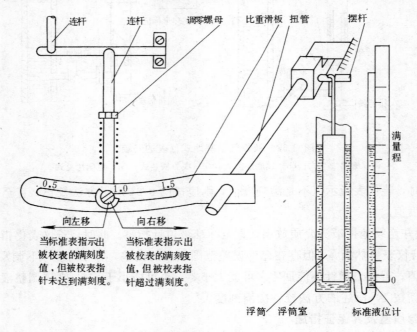

图 9-64 校满度值示意

---

❶ 依据 GB4830—84《工业自动化仪表气源压力范围和质量》、DL5000—94《火力发电厂设计技术规程》编写。

2）热控气源应有专用贮气罐，当全部空气压缩机停运时，贮气罐容量应能维持10～15min耗气量。

2．气源设备选用

（1）空气压缩装置：空气压缩装置作为供气设备，包括无油润滑空气压缩机和配套的净化处理过滤器、除油装置、干燥器以及贮气罐等。其供气压力应满足用气端的需要，供气品质和容量应满足上述气源质量和容量要求。

（2）气动管路辅助元件：气动基地调节仪表与气动调节阀以及辅助元件等组成的调节系统参见第三章图3-1，其辅助元件主要技术指标按第三章表3-45和表3-46选择。

3．气源管路及其安装

气源管的选材、连接、安装工艺等参照第七章所述进行施工，并注意以下几点：

（1）气源系统采用的管子、阀门、管件等，在安装前内部应进行清扫，不应有油、水、锈蚀等污物。

（2）为了定期吹扫母管，在其末端应设置吹扫阀门或法兰堵头。

（3）为了定期排出水分，气源管应有大于1∶100的敷设坡度，并在最低处设排液装置。

（4）为防止水分进入，支管从水平母管上的引出口应在母管的上半部。

（5）室外气管路应有防冻措施，必要时采用伴热（参见第十章第四节）。

4．气源系统的维护

（1）气源母管及支管在安装后或认为必要时应进行吹扫。为此应将各支管的过滤减压阀断开并敞口，先吹母管，然后依次吹各支管。在吹扫接至气动基地调节仪表或气动调节阀门的管子时，亦要将过滤减压阀断开并敞口。

（2）气源母管、减压过滤器等应定期排水。

（3）定期核对气动基地仪表、气动调节阀等用气端的气源压力，应符合工作压力。

第九节　执行机构安装

因执行机构的结构不同，其安装形式有直接安装和间接安装两种。

直接安装式执行机构，如直行程电动执行机构（其外形尺寸参见第三章图3-34和表3-32）安装在调节阀的上部，如图9-65所示，一般是由制造厂配套组装好的。还有气动薄膜调节阀、气动活塞调节阀、气动隔膜阀等，其执行机构也是由制造厂组装的，气动薄膜调节阀示例见图9-66。

间接安装式执行机构，如角行程电动执行机构（其外形尺寸见第三章图3-35和表3-33）和电信号气动长行程执行机构（其外形尺寸见第三章图3-46、表3-43和图3-47、表3-44），它们与调节机构分开安装，执行机构的输出转臂则通过连杆与调节机构的摆臂连接。

一、角行程电动执行机构安装

1．执行机构底座的制作

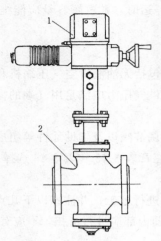

图 9-65　直行程电动调节阀
1—直行程电动执行机构；
2—调节阀

图 9-66　气动薄膜调节阀
1—气动薄膜执行机构；2—调节阀；
3—阀门定位器

电信号气动长行程执行机构一般为箱式结构，落地式安装，可以直接固定在地板或混凝土基础上，亦可固定在槽钢或角钢底座上，比较简单。

安装电动执行机构时，应用螺栓将其固定在专门制作的底座上，示例如图 9-67。底座的结构形式有两种：

（1）由钢板和型钢组成的底座：此类底座由上下钢板和支柱组成。电动执行机构固定在上钢板上，下钢板与地板或基础固定。其制作图及尺寸见图 9-68 和表 9-10。

（2）由型钢制成的底座：这类底座由角钢或槽钢制成，型钢一般直接焊在金属构件或预埋铁件上，电动执行机构直接固定在其上，安装示意图见图 9-69。双角钢底座和单槽钢底座适用于力矩较小的 DKJ—210 和 DKJ—310 执行机构，双槽钢底座适用于力矩较大的 DKJ—610 和 DKJ—710 执行机构。

2. 安装位置的选择

（1）执行机构一般安装在调节机构的附近，不得有碍通行和调节机构的检修，并应便于操作和维护。

（2）连杆不宜过长，否则应加大连杆连接管的直径。

（3）执行机构和调节机构的转臂应在同一平面内动作（否则应加装中间装置或换向接头）。一般在 $\frac{1}{2}$ 开度时，转臂应与连杆近似垂直。

（4）执行机构与调节机构用连杆连接后，应使执行机构的操作手轮顺时针转动时调节机构关小，逆时针转动时调节机构开大。如与此不符，应在执行机构上标明开关的手轮方向。

（5）当调节机构随主设备产生热态位移时，执行机构的安装应保证其和调节机构的相

454

对位置不变。如二次风调节门，其执行机构可固定在二次风筒上，以便随调节机构一起移动。否则，可能在执行机构未操作时，其转臂随着锅炉热膨胀而自行动作，甚至发生顶坏拉杆等现象。在热管道上有热位移的调节阀，安装角行程执行机构时，亦需采取类似措施。

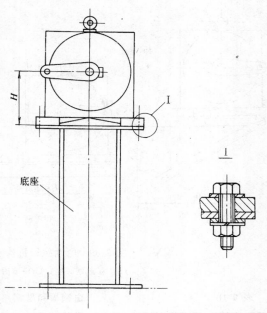

图 9-67　电动执行机构固定示例

3. 固定底座

执行机构的底座应安装牢固、端正。安装底座或支架时，可按下列方法固定：

（1）底座安装在钢结构的平台上或有预埋铁的混凝土结构上时，可用电焊固定。如混凝土上未留钢筋时，可剔眼找出钢筋。

（2）底座安装在没有预埋铁的混凝土楼板上时，可按图 9-70 的方式，采用穿墙螺栓固定。此时，楼板下的螺母上须加套 $100 \times 100 \times 10$ 的方形垫板。当楼板强度不够时，应在楼板下用两条长约 $500 \sim 800mm$ 的 10 号槽钢代替垫板来固定。楼板的孔洞直径不宜过大，安装后孔洞应填补水泥砂浆。

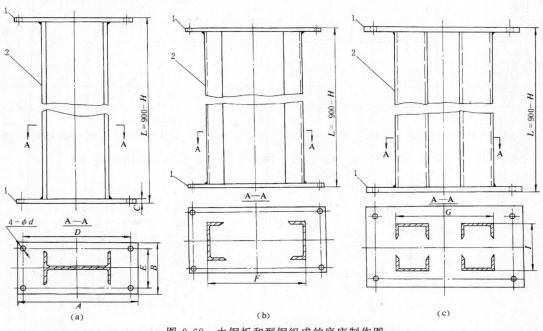

图 9-68　由钢板和型钢组成的底座制作图

（a）工字钢型；（b）双槽钢型；（c）四槽钢型

1—底板；2—支柱

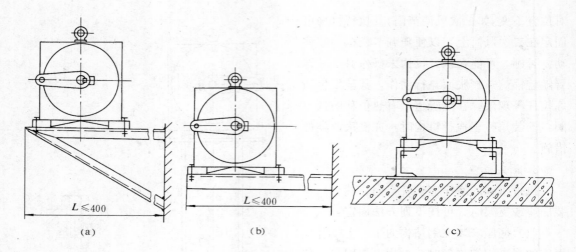

图 9-69　电动执行机构安装在型钢底座上示意

（a）双角钢底座；（b）单槽钢底座；（c）双槽钢底座

表 9-10　　　　　　　　由钢板和型钢组成的底座尺寸　　　　　　　　　　（mm）

执行机构型　　号	底　　板						支　　柱						H（见图9-67）
							工字钢型	双槽钢型		四槽钢型			
	A	B	C	D	E	d	工字钢	槽钢	F	槽钢	G	I	
DKJ—210	245	152	8	220	130	12	10						188
DKJ—310	290	130	10	260	100	13	12.6	8	200				198
DKJ—410	365	162	12	320	130	14	16	10	260				258
DKJ—510	424	212	14	390	180	14		14a	330				305
DKJ—610	480	260	16	420	200	18				10	360	160	300
DKJ—710	560	320	16	510	270	22				12	450	230	446

（3）在较厚的混凝土基础上安装时，可按图 9-71 所示，埋入 J 形或 Y 形地脚螺栓。埋入处的混凝土厚度不应小于 250mm。也可采用膨胀螺栓固定［参考图 9-44（b）］。

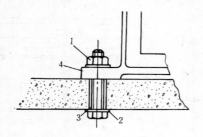

图 9-70　用穿墙螺栓固定底座

1—螺母；2—方形垫板；

3—螺栓；4—底座

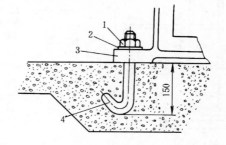

图 9-71　用地脚螺栓固定底座

1—螺母；2—垫圈；

3—底座；4—地脚螺栓

（4）力矩较小的执行机构安装在零米地面上时，如混凝土地面未做，可用型钢作一底盘，在四周土地上打入几根长700mm左右的型钢，并与底盘焊牢。待浇灌混凝土地面后，即能进一步将底盘固定住。力矩较大的执行机构则应安装在钢筋混凝土基础上。

4. 连杆的配制和连接

其具体要求和做法在"连杆的配制"部分详述。

5. 减速箱注油

电动执行机构的减速箱可根据使用环境，选用合适的润滑油从吊环孔中注入，注入油量应在油标孔中心线上。如发现有漏油情况，可换用二硫化钼润滑剂。

6. 气动执行机构气源管路

气动执行机构的气源必须经过净化、除尘、除油、除水，一般取自无油的空气压缩机并经干燥的空气。气源母管一般采用不锈钢管，用氧-乙炔焰焊或氩弧焊连接，在适当地段增设法兰。母管端安装法兰堵头，用以吹洗管道。

引接至气动执行机构的管路应装有阀门、过滤器和减压阀，它们之间用紫铜管或1010尼龙管连接。由于气动执行机构的气缸在活塞运动时是摆动的，因此与控制箱（它固定在气缸上）连接的气源管必须采用软管（如1010尼龙管）。

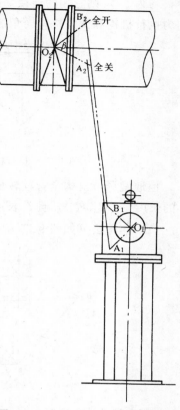

图 9-72　角行程执行机构和调节机构的典型连接方式

二、连杆的配制

1. 调节机构摆臂长度的确定

角行程执行机构和调节机构的典型连接方式如图9-72所示，实质上它是一种铰链四杆机构（如图9-73所示）。该机构中固定不动的杆 l_4 称为机架；与机架用回转副连接且仅能在某一角度内摆动的杆 l_1（执行机构的转臂）和杆 l_2（调节机构的摆臂）称为摇杆；不与机架直接连接的杆 l_3 称为连杆。一般执行机构的转臂长度是一定的，连杆配制前应先求出调节机构摆臂的长度。

判别执行机构与调节机构的连接是否最优，可用下列三个条件来衡量：

1）保证满足运动要求，并达到调节机构从"全开"到"全关"，应是执行机构的全行程（执行机构全行程转角一般为90°）；

2）执行机构作等速运动时调节机构的非线性误差最小；

3）在传递功率时有较好的传动条件，即机构的传动力矩性能最好。

若执行机构与调节机构的全行程转角相

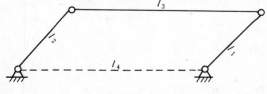

图 9-73　铰链四杆机构

等，均为 $90°$，则它们的连接如图 9-74 所示。图中 $l_1 = l_2$，$l_3 = l_4$。在 1/2 开度时，l_1 和 l_2 分别为执行机构和调节机构转角的角平分线，并都与 O_1O_2 垂直，且与连杆 l_3 垂直。

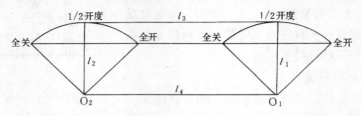

图 9-74　执行机构与调节机构的全行程转角相等时的连接示意

但通常调节机构全行程转角小于 $90°$，要满足上述"判别"的第一个条件，需增加摇杆 l_2 的长度（即 $l_2 > l_1$），且 l_3 长度亦要作相应改变。l_2 和 l_3 的值可用下述两种方法确定。

（1）作图法（如图 9-75 所示）：

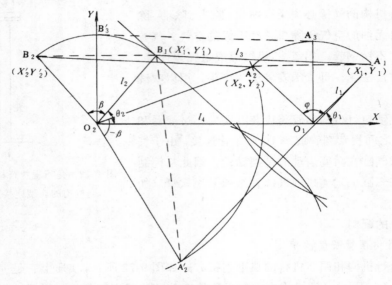

图 9-75　作图法确定调节机构摆臂长度

举例如下：设 $O_1O_2 = l_4 = 500mm$，$l_1 = 200mm$，执行机构全行程转角 $\varphi = 90°$，l_1 的起始角 θ_1 暂定 $45°$，调节机构全行程转角 $\beta = 80°$，l_2 的起始角 θ_2 暂定 $50°$，求 l_2 和 l_3。

解：

1）根据 θ_1 角确定 O_1A_1 和 O_1A_2 位置，使角 $\varphi = 90°$，$O_1A_1 = O_1A_2 = l_1 = 200mm$；

2）确定 O_2 位置，使 $O_1O_2 = l_4 = 500mm$；

3）连 O_2A_2；

4）作 $\angle A_2O_2A'_2 = -\beta = 80°$，使 $O_2A'_2 = O_2A_2$；

5）连 $A_1A'_2$，作 $A_1A'_2$ 的中垂线；

6）过 O_2 点向 $A_1A'_2$ 的中垂线作直线交于 B_1 点，使 $\angle O_1O_2B_1 = \theta_2$；

7）作 $\angle B_1O_2B_2 = \beta = 80°$，使 O_2B_2 与以 O_2 为圆心、O_2B_1 为半径的弧交于 B_2 点；

8）连 A_1B_1、A_2B_2。

则 $O_2B_1 = O_2B_2 = l_2$，$A_1B_1 = A_2B_2 = l_3$，即为所求。

证明：

连 $B_1A'_2$，得 $A'_2B_1 = A_1B_1 = l_3$。在 $\triangle A_2O_2B_2$ 与 $\triangle A'_2O_2B_1$ 中

因 $B_2O_2 = B_1O_2 = l_2$，$A_2O_2 = A'_2O_2$，$\angle A_2O_2B_2 = \angle A'_2O_2B_1 = \beta + \angle A_2O_2B_1$，所以

$$\triangle A_2O_2B_2 \equiv \triangle A'_2O_2B_1$$

则 $A_2B_2 = A'_2B_1$，得 $A_2B_2 = A_1B_1 = l_3$，即摇杆 l_1 从 A_1 转到 A_2（转动角 φ）时，摇杆 l_2 从 B_1 转到 B_2（转动角 β），满足第一个"判别"条件。

（2）计算法（仍用上例数据）：

在图 9-75 中，取 O_1O_2 为横坐标 X，O_2Y 为纵坐标，得

$$X_1 = l_4 + l_1\cos\theta_1, Y_1 = l_1\sin\theta_2$$

$$X'_1 = l_2\cos\theta_2, Y'_1 = l_2\sin\theta_2$$

$$X_2 = l_4 - l_1\cos(180° - \varphi - \theta_1), Y_2 = l_1\sin(180° - \varphi - \theta_1)$$

$$X'_2 = -l_2\cos(180° - \beta - \theta_2), Y'_2 = l_2\sin(180° - \beta - \theta_2)$$

上式中，l_4、φ、β、θ_1、θ_2 均为已知，根据

$$A_1B_1^2 = (X_1 - X'_1)^2 + (Y'_1 - Y_1)^2 \tag{9-2}$$

和

$$A_2B_2^2 = (X_2 - X'_2)^2 + (Y'_2 - Y_2)^2 \tag{9-3}$$

因 $A_1B_1 = A_2B_2 = l_3$，所以

$$(X_1 - X'_1)^2 + (Y'_1 - Y_1)^2 = (X_2 - X'_2)^2 + (Y'_2 - Y_2)^2 \tag{9-4}$$

解方程式（9-4）即可求得 l_2；将 l_2 代入式（9-2）或式（9-3），可求得 l_3。

为了将上述公式简化，令 φ 和 β 的角平分线分别与 O_1O_2 垂直（即令 $\theta_1 = 45°$、$\theta_2 = 50°$）。得

$$Y'_1 = Y'_2, Y_1 = Y_2$$

式（9-4）可写成

$$(X_1 - X'_1)^2 = (X_2 - X'_2)^2$$

则

$$X_1 - X_2 = X'_1 - X'_2$$

即

$$A_1A_2 = B_1B_2$$

因

$$\frac{1}{2}A_1A_2 = l_1\sin\frac{\varphi}{2} = l_1\sin45° = \frac{\sqrt{2}}{2}l_1$$

$$\frac{1}{2}B_1B_2 = l_2\sin\frac{\beta}{2}$$

所以
$$l_2 = \frac{\frac{\sqrt{2}}{2}l_1}{\sin\frac{\beta}{2}}$$
(9-5)

代入已知条件，即可求得 $l_2=200\text{mm}$；将 l_2 代入式（9-2），求得 $l_3=500.744\text{mm}$。

下面对上例进行线性度和传动力矩性能的分析。

1）线性度分析：设 A_3、B'_3 分别为 φ 和 β 的角平分线与 $\widehat{A_1A_2}$、$\widehat{B_1B_2}$ 的交点（见图 9-75），求得 $A_3B'_3 = \sqrt{(l_2-l_1)^2+l_4^2} = 500.4\text{mm}$。可见，$A_3B'_3 \neq l_3$，但数值相当接近，且 l_4 愈大，两者差值就愈小，说明其非线性误差极小。

2）传动力矩性能分析：根据铰链四杆机构的原理，判断一连杆机构是否具有良好的传力性能，可以压力角为依据。如图 9-76 所示，作用在连杆上的力 F 可分解为，在速度方向

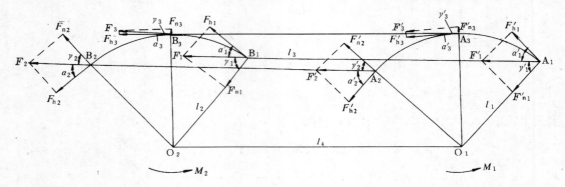

图 9-76　连杆机构传动力矩分析

能作有用功的水平分力 F_h 和在摇杆方向消耗功的垂直分力 F_n。压力角就是作用力方向与从动件上受力点速度方向之间的夹角 α。在实用中，为了度量方便，通常以连杆与摇杆之间所夹的锐角 γ 来判断连杆机构的传力性能，γ 称为传动角。传动角与压力角的关系为

$$\gamma = 90° - \alpha$$
(9-6)

在连杆机构中，α 愈大（即 γ 愈小），产生在摇杆上和轴销处的压力就愈大，传动也愈不灵活，而且由于摩擦，将使其传动效率降低。当 α 大到一定程度时，将发生自锁现象。因此，从有利于传动的观点出发，希望压力角愈小愈好，由经验得知，应满足压力角 α 小于 $50°$（即传动角 γ 大于 $40°$）。

利用余弦定理对上例进行计算，其传动角 γ 均大于 $40°$。

设 M_1 为执行机构的公称力矩，M_2 为传递给调节机构的力矩，从图 9-76 可知，在执行机构侧：

因 $F'_h = F\sin\gamma'$，所以

$$M_1 = F'_h l_1 = Fl_1\sin\gamma'$$

$$F = \frac{M_1}{l_1\sin\gamma'}$$
(9-7)

在调节机构侧：

因 $F_h = F\sin\gamma$，所以

$$M_2 = F_h l_2 = F l_2 \sin\gamma$$

将 F 代入式（9-7），则

$$M_2 = M_1 \frac{l_2}{l_1} = \frac{\sin\gamma}{\sin\gamma'} \tag{9-8}$$

从图 9-76 可知，l_1 与 l_2 分别在全开（O_1A_1、O_2B_1）或全关（O_1A_2、O_2B_2）位置时，$\gamma_1 > \gamma'_1$、$\gamma_2 > \gamma'_2$，此时 $\frac{\sin\gamma}{\sin\gamma'} > 1$，$M_2 > M_1$。而执行机构在 $\frac{1}{2}$ 开度（O_1A_3、O_2B_3）位置时，$\gamma_3 < \gamma'_3$，此时 $\frac{\sin\gamma}{\sin\gamma'} < 1$，$M_2$ 最小。

若使执行机构及调节机构在 $\frac{1}{2}$ 开度时，摇杆均与连杆 l_3 垂直，则 $\gamma_3 = \gamma'_3 = 90°$，$\frac{\sin\gamma}{\sin\gamma'} = 1$，可使 M_2 增大，如图 9-77 所示。

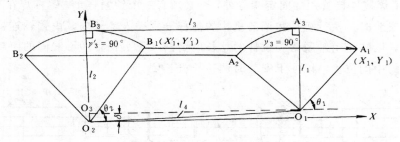

图 9-77　执行机构和调节机构在 $\frac{1}{2}$ 开度时摇杆与连杆垂直示意

此时，摇杆 l_2 的长度可仿前述方法进行计算。

在图 9-77 中，取横坐标 X、纵坐标 Y，得

$$l_3^2 = (X_1 - X'_1)^2 + (Y'_1 - Y_1)^2 \tag{9-9}$$

式中，令 l_3 在数值上等于原机架长度，所以

$$X_1 = l_3 + l_1\cos\theta_1, Y_1 = \delta + l_1\sin\theta_1$$

$$X'_1 = (\delta + l_1)\cos\theta_2, Y'_2 = (\delta + l_1)\sin\theta_2$$

上式中 l_3、θ_1、θ_2 均为已知，代入式（9-9）求得 $\delta = 20.07\text{mm}$。因而 $l_2 = \delta + l_1 = 220.07\text{mm}$，此值与式（9-5）求得的 l_2 值相当接近。由于此方法计算繁复，且需改变 O_2 点位置（即改变执行机构固定位置），故施工中一般不采用。

现仍以简化公式（9-5）求得的 l_2 长度为例，当执行机构与调节机构在 $\frac{1}{2}$ 开度时，摇杆与连杆垂直，这时连杆长度为

$$l_3 = \sqrt{l_4^2 - (l_2 - l_1)^2} = 499.6\text{mm}$$

这个值比图 9-75 中的 l_3 仅差 1.144mm，而且随着 l_4 的增大此差值将更小。可见，它对机构的行程及线性度影响并不大，而在安装时度量却更为方便。利用余弦定理计算其传动角 γ 也均大于 40°，能满足传动要求。

综上分析，为满足调节机构从全开到全关应是执行机构的全行程，调节机构摆臂长度可用简化公式（9-5）求取。在配制连杆与摇杆的连接位置时，一般使执行机构与调节机构在 $\frac{1}{2}$ 开度时，摇杆与连杆近似垂直。

用上述方法求得调节机构摆臂长度后，应在摆臂上使用钻床钻销轴孔。为便于安装时调节，还应在此孔两侧各打 1～2 个销轴孔。

2. 配制连杆

连杆两端的接头分别与执行机构、调节机构的摇杆连接，中间的主杆为连接管。接头的形式有叉形接头和球形绞链接头两种。前者仅适用于执行机构与调节机构的摇杆在同一平面时的连接；后者适用于各种场合，且可消除连接间隙所造成的空行程。

图 9-78 所示为叉形接头连杆的配制形式。两端头的螺杆，应一个为正扣，另一个为反扣。螺杆上除了焊接连接管用的固定螺母外，还必须有一个锁紧螺母。螺杆焊在叉子上，叉子上有销轴。安装时，执行机构和调节机构的摇杆分别插入叉子内，由销轴连接。销轴两侧装有开口销，以防止销轴脱落。拉杆的总长度为两叉子上销轴中心线间的距离。固定螺母应位于螺杆的中间位置，以便于安装时调整拉杆长度。

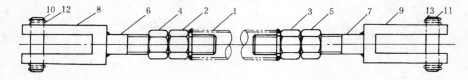

图 9-78　叉形接头连杆的配制形式

1—连接管；2、3—正、反扣固定螺母；4、5—正、反扣锁紧螺母；6、7—正、反扣螺杆；

8、9—执行机构侧和调节机构侧的连杆叉子；10、11—销轴；12、13—开口销子

安装后，应检查连杆各连接关节，不应有松动间隙，但亦不应太紧而卡涩；锁紧螺母应锁紧；销轴与销轴孔配合适当，以保证有良好的调节效果。

图 9-79 所示为吉林市江南机电设备修造厂引进德国西门子公司的球形绞链接头。该接头的球头销 12 与执行机构或调节机构的摇杆 15 连接采用 1：10 锥体连接（可用配套的绞刀扳铰锥孔），配合紧密。连杆的配制方式与图 9-78 相同。球形绞链的规格和主要参数见表 9-11。

三、角行程执行机构与调节机构连接示例❶

在实际施工中，由于调节机构品种繁多，现场环境不一，故执行机构与调节机构的连接方式也需因地制宜地选用，图 9-80～图 9-87 即以电动执行机构为例，列举数种，以供参

❶ 选录自原水利电力部电力规划设计院编制的 D—RK84—0108《热控就地设备安装部件典型设计　第八册　角行程执行机构安装图》。

考。

表 9-11　　　　　　　　　球形绞链规格和主要参数

型号规格	传递扭矩 （N·m）	球销空间 摆角角度 （°）	连杆长度 调整范围 （mm）	球销锥柄 大端尺寸 （mm）	球销锥柄 长　度 （mm）	连杆内径 （mm）
QJ—25A	250	20±2	0～70	φ18	20	φ32
QJ—60A	600	20±2	0～90	φ20	22	φ32
QJ—160A	1600	20±2	0～110	φ32	30	φ40
QJ—250A	2500	20±2	0～130	φ35	34	φ40
QJ—400A	4000	20±2	0～150	φ38	35	φ50

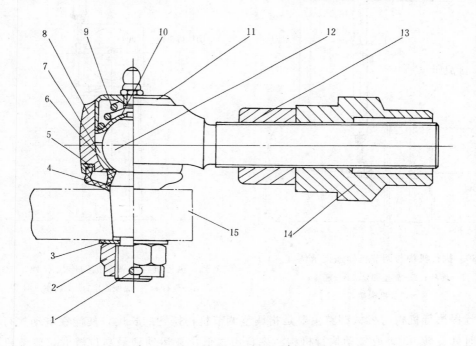

图 9-79　球形绞链接头

1—开口销；2—螺母；3—垫圈；4—防尘罩；5—密封挡圈；6—防尘套；7—球座；8—螺杆；
9—弹簧；10—球碗；11—弹簧座；12—球销；13—螺母；14—调节螺母；15—执行机构或调节机构的摇杆

四、执行机构的机械调整

电动执行机构需就地手动操作时，可将电动机上的把手拨到"手动"位置，拉出手轮，摇转即可。气动执行机构需就地手动操作时，可将控制箱上的平衡阀扳到"手动"位置，将上、下缸气路连通。不带手轮的气动执行机构，在其支架转轴端部带有六方头，可使用专用扳手进行手动操作。

直行程执行机构的行程与调节机构行程是相适应的，无需进行机械调整。

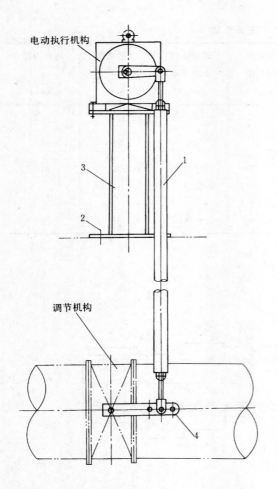

图 9-80　执行机构与调节机构连接示例（一）

1—连杆；2—底座固定；3—底座；
4—调节机构摆臂

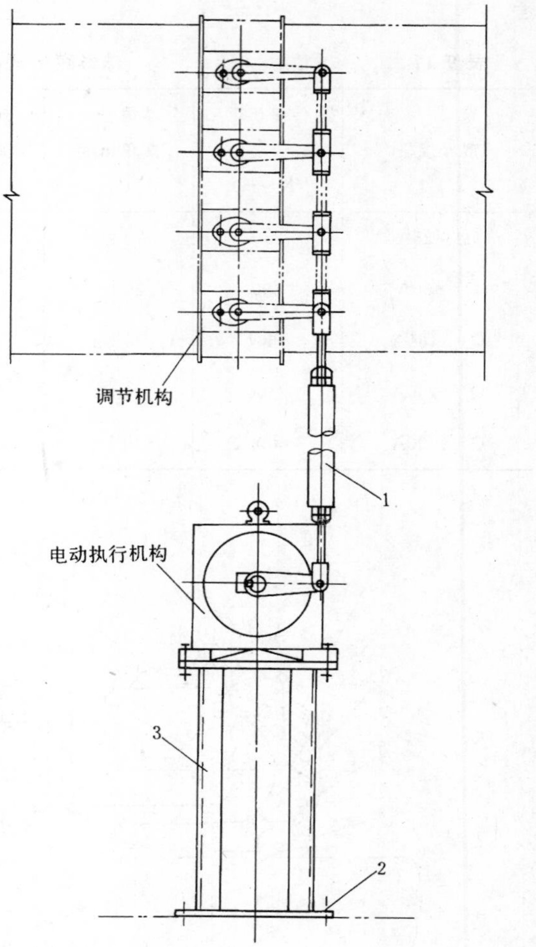

图 9-81　执行机构与调节机构连接示例（二）

1—连杆；2—底座固定；3—底座

角行程执行机构的机械调整主要是指调整调节机构摆臂的长度，使能在电动执行机构转臂顺时针旋转 90°，或气动执行机构活塞杆由最低位置运动到最高位置时，调节机构从"全关"至"全开"，走完全行程。

若调节机构从"全关"至"全开"而执行机构转臂旋转已超过 90°，或执行机构转臂旋转 90°而调节机构未走完全行程时，应将调节机构摆臂销轴孔向里移，即缩短摆臂长度。

若调节机构"全关"至"全开"而执行机构转臂旋转不到 90°，则应将调节机构摆臂销轴孔向外移，即增加摆臂长度。

在改变调节机构摆臂长度后，连杆的长度也应利用正反扣螺杆作相应的调节，调节后将正、反扣螺杆上的锁紧螺母锁紧。

电动执行机构的连杆调整好后，应将机座上的两块止挡放在转臂的"全开"和"全关"位置上，并拧紧螺丝，起机械限位作用。

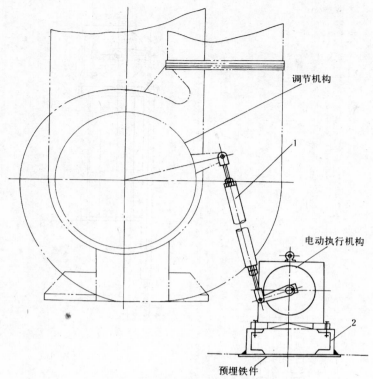

调节机构

1

电动执行机构

预埋铁件

图 9-82 执行机构与调节机构连接示例（三）

1—连杆；2—底座

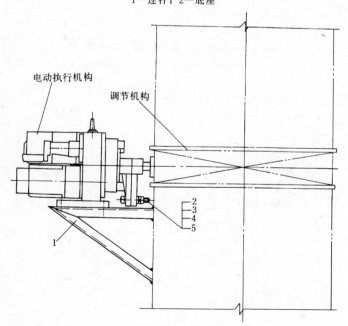

电动执行机构

调节机构

2
3
4
5

1

图 9-83 执行机构与调节机构连接示例（四）

1—底座；2—螺栓；3—螺母；4—弹簧垫圈；5—平垫圈

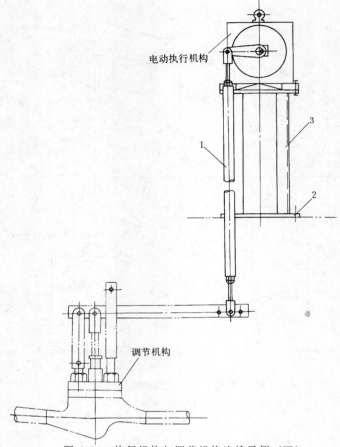

图 9-84　执行机构与调节机构连接示例（五）

1—连杆；2—底座固定；3—底座

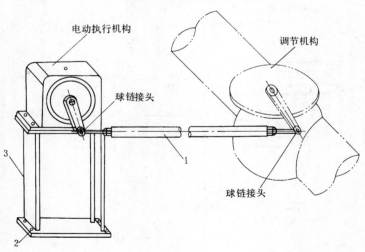

图 9-85　执行机构与调节机构连接示例（六）

1—连杆；2—底座固定；3—底座

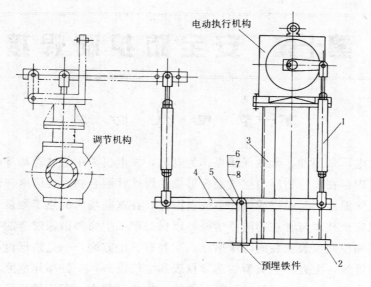

图 9-86　执行机构与调节机构连接示例（七）

1—连杆；2—底座固定；3—底座；4—连板；5—支板；6—销轴；7—垫圈；8—开口销

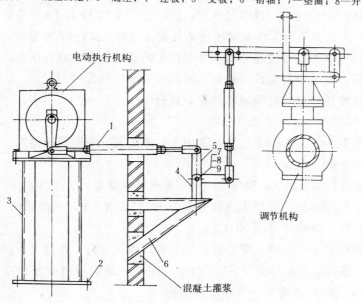

图 9-87　执行机构与调节机构连接示例（八）

1—连杆；2—底座固定；3—底座；4—支板；5—连板；6—支架；7—销轴；8—垫圈；9—开口销

第十章 安全防护和焊接

第一节 电 气 防 爆[1]

当火力发电厂采用油、天然气或煤作为燃料,发电机采用氢气冷却等时,由于在有关爆炸危险场所内存在爆炸物质与空气混合形成的爆炸性混合物,会因电气设备和线路产生的电火花或危险温度引起燃烧或爆炸事故。因此,在这些场所的热工测量和控制仪表安装中,必须采取安全技术与管理的防范措施,以保护职工生命和国家财产的安全。

热工测量和控制仪表安装的防爆措施,主要有三个方面:一是根据设计要求和爆炸危险场所的区域等级,配置相应类型的防爆仪表和电气设备;二是爆炸危险场所的电气线路安装必须符合规定;三是在安装、运行、维护、检修过程中,若该场所已有爆炸性物质或与空气混合形成的爆炸性混合物,工作时,应采取防爆措施。

爆炸危险场所的电气安全技术与管理,应执行 1987 年 12 月 16 日劳动人事部等八个部委颁发的《中华人民共和国爆炸危险场所电气安全规程(试行)》的规定。安装在爆炸危险场所的仪表和电气设备,必须经劳动人事部指定的鉴定单位检验合格后,方可使用。安装前,检查其规格、型号应符合设计要求,外部应无损伤和裂纹。

一、爆炸性物质和爆炸危险场所的等级划分

1. 爆炸性物质的分类、分级与分组

爆炸性物质分为Ⅰ、Ⅱ、Ⅲ三类,其中Ⅱ、Ⅲ类又分为若干级与组。

Ⅰ类:矿井中的甲烷。

Ⅱ类:爆炸性气体、蒸气。爆炸性气体(含蒸气和薄雾。下同)在标准试验条件下,按其最大试验安全间隙和最小点燃电流比分为 A、B、C 三级;按其引燃温度分为 T1、T2、T3、T4、T5、T6 六组,其示例见表 10-1。

Ⅲ类:爆炸性粉尘、纤维。爆炸性粉尘(含纤维和火药、炸药。下同)按其物理性质分 A、B 两级;按其引燃温度分 T1-1、T1-2、T1-3 三组。示例见表 10-2。

2. 爆炸危险场所的分类、分级和区域范围

爆炸危险场所按爆炸性物质的物态,分为气体爆炸危险场所和粉尘爆炸危险场所两类。各类爆炸危险场所,按爆炸性物质出现的频度、持续时间和危险程度,划分为不同危险等级的区域。

(1)气体爆炸危险场所的区域等级:爆炸性气体、可燃蒸气与空气混合形成的爆炸性气体混合物的场所,按其危险程度划分为三个区域等级。

0 级区域(简称 0 区。下同):在正常情况下(指设备的正常启动、停止、正常运行和

---

[1] 参考《爆炸危险场所电气安全规程(试行)及讲析》,劳动人事出版社,1988 年出版。

维修。下同），爆炸性气体混合物连续且短时间频繁地出现或长时间存在的场所。

表 10-1 　　　　　　　　　　　　　　　**爆炸性气体的分类、分级与分组举例**

类 和 级		I	ⅡA	ⅡB	ⅡC
最大试验安全间隙 MESG（mm）		MESG＝1.14	0.9＜MESG＜1.14	0.5＜MESG≤0.9	MESG≤0.5
最小点燃电流比 MICR		MICR＝1.0	0.8＜MICR＜1.0	0.45＜MICR≤0.8	MICR≤0.45
引燃温度（℃）与组别	T1　$t>450$	甲烷	乙烷、丙烷、丙酮、氯乙烯、甲醇、一氧化碳	民用煤气	氢、水煤气、焦炉煤气
	T2　$450≥t>300$		乙醇、环乙铜	环氧乙烷、乙烯	乙炔
	T3　$300≥t>200$		汽油、煤油、柴油、燃料油、硫化氢	丙烯醛	
	T4　$200≥t>135$		乙醛		
	T5　$135≥t>100$				二硫化碳
	T6　$100≥t>85$		亚硝酸乙酯		硝酸乙酯

表 10-2 　　　　　　　　　　　　　　　**爆炸性粉尘的分级和分组举例**

类和级	粉 尘 物 质	引燃温度（℃）与组别		
		T1-1	T1-2	T1-3
		$t>270$	$270≥t>200$	$200≥t>140$
ⅡA	非导电性可燃纤维	纸纤维	木质纤维	
	非导电性爆炸性粉尘	橡胶	米糠	
ⅡB	导电性爆炸性粉尘	焦灰、碳黑	煤	
	火炸药粉尘		黑火药	吸收药

1 级区域：在正常情况下，爆炸性气体混合物有可能出现的场所。

2 级区域：在正常情况下，爆炸性气体混合物不能出现，仅在不正常情况（指有可能发生设备故障或误操作）下偶尔短时间出现的场所。

（2）粉尘爆炸危险场所的区域等级：爆炸性粉尘和可燃纤维与空气混合形成的爆炸性混合物的场所，按其危险程度划分为两个区域等级。

10 级区域：在正常情况下，爆炸性粉尘或可燃纤维与空气的混合物，可能连续地、短时间频繁地出现或长时间存在的场所。

11 级区域：在正常情况下，爆炸性粉尘或可燃纤维与空气的混合物不能出现，仅在不正常情况下偶尔短时间出现的场所。

有关爆炸危险区域的划分及相邻场所的等级划分，《中华人民共和国爆炸危险场所电气安全规程（试行）》作了详细规定。对于建设工程项目，爆炸危险场所的等级及区域划分，由工艺设计部门确定。

二、爆炸危险场所用电气设备

爆炸危险场所使用的防爆电气设备,在运行过程中必须具备不引燃周围爆炸性混合物的性能。

1. 防爆电气设备的分类、分级与分组

防爆电气设备的分类、分级、分组与爆炸性物质的分类、分级、分组方法相同,其等级参数及符号亦相同。

2. 防爆电气设备的允许最高表面温度

Ⅰ类电气设备采取措施能防止煤粉堆积时,其最高表面温度不得超过450℃;有煤粉沉积时,其最高表面温度不得超过150℃。

Ⅱ类和Ⅲ类电气设备最高表面温度不得超过表10-3和表10-4的规定。

表 10-3　Ⅱ类电气设备最高表面温度表

组　　别	最高表面温度（℃）
T1	450
T2	300
T3	200
T4	135
T5	100
T6	85

注 当Ⅱ类电气设备用于有可燃性粉尘的场所,致使其表面有沉积粉尘的情况时,其允许的最高表面温度应按粉尘堆积情况下的表面引燃温度计算。

表 10-4　Ⅲ类电气设备最高表面温度表

组　　别	电气设备表面或零部件温度极限值			
	无过荷可能的设备		有过负荷可能的设备	
	极限温度（℃）	极限温升（℃）	极限温度（℃）	极限温升（℃）
T11	215	175	190	150
T12	160	120	140	100
T13	110	70	100	60

注 极限温升是指环境温度为40℃时的温升。有过负荷可能的设备是指电动机和动力变压器。

3. 防爆电气设备的选型

防爆电气设备的选型原则是安全可靠,经济合理。

防爆电气设备应根据爆炸危险区域的等级和爆炸危险物质的类别、级别、组别选型。气体爆炸危险场所防爆电气设备的选型按表10-5进行。粉尘爆炸危险场所防爆电气设备的选型,目前尚无定型产品,在确保安全的情况下,暂由各主管部门自行选定。

各种防爆类型电气设备的明显处,应设置永久性的铭牌标志。铭牌应包括下列主要内容:

(1) 铭牌的右上方有明显的标志"Ex"。

(2) 有防爆标志,并顺次标明防爆形式、类别、级别、温度组别等。例如,Ⅱ类隔爆型A级T3组,标志为dⅡAT3;Ⅱ类本质安全型ib等级C级T5组,标志为ibⅡCT5。

(3) 防爆合格证编号(为保证安全,指明在规定条件下使用者,须在编号后加符号"X")。

(4) 产品出厂日期或编号。

三、爆炸危险场所的电气线路安装

电气线路应敷设在爆炸危险性较小的区域或距离释放源较远的地方,应避开有机械损伤、震动、腐蚀、粉尘积聚以及有危险温度的场所。如不可能时,应采取相应的保护措施,以满足这些场所的安全要求。

表 10-5 气体爆炸危险场所用防爆电气设备选型

爆炸危险区域	适用的防护型式		
	电气设备类型	符 号	基 本 要 求
0 区	1. 本质安全型（ia 级）	ia	在正常运行或在标准试验条件下所产生的火花或热效应（一个或两个故障）均不能点燃爆炸性混合物
	2. 其他特别为 0 区设计的电气设备（特殊型）	S	电气设备或部件采用 GB 3836—83 未包括的防爆形式
1 区	1. 适用于 0 区的防护类型		
	2. 隔爆型	d	具有隔爆外壳的电气设备，该外壳能承受内部爆炸性气体混合物的爆炸压力，并阻止向周围的爆炸性混合物传播
	3. 增安型	e	在正常运行条件下，不会产生点燃爆炸性混合物的火花或危险温度，并在结构上采取措施，提高其安全程度，以避免在正常和规定过载条件下出现点燃现象
	4. 本质安全型（ib 级）	ib	在正常运行或在标准试验条件下所产生的火花或热效应（一个故障），均不能点燃爆炸性混合物
	5. 充油型	O	全部或某些带电部件浸在油中，使之不能点燃油面以上或外壳周围的爆炸性混合物
	6. 正压型	P	具有保护外壳，且壳内充有保护气体，其压力保持高于周围爆炸性混合物气体的压力，以避免外部爆炸性混合物进入外壳内部
	7. 充砂型	q	外壳内充填细颗粒材料，以便在规定使用条件下，外壳内产生的电弧、火焰传播、壳壁或颗粒材料表面的过热温度，均不能点燃周围的爆炸性混合物
	8. 其他特别为 1 区设计的电气设备（特殊型）	S	同 0 区，2
2 区	1. 适用于 0 区或 1 区的防护类型		
	2. 无火花型	n	在正常运行条件下不产生电弧或火花，也不产生能点燃周围爆炸性混合物的最高表面温度或灼热点，且一般不会发生有点燃作用的故障

1. 绝缘导线和电缆的选择

爆炸危险场所使用的低压电缆和绝缘导线，其额定电压不应低于线路的额定电压，且不得低于 500V。线心截面须较非爆炸危险场所用的留有更多的余量。控制线路线心应为铜心，且截面不得小于 1.5mm²。有剧烈震动地方的用电设备的线路，应采用铜心绝缘软导线或铜心多股电缆。固定敷设的电缆应采用铠装电缆、塑料护套电缆或不燃性橡胶电缆。

2. 钢管配线

爆炸危险场所不准明敷绝缘导线，必须采用钢管配线。

钢管一般使用镀锌钢管。钢管之间、钢管与钢管附件、钢管与电气设备引入装置的连接，应采用螺纹连接，其有效啮合扣数应不小于6扣，1区及11区范围内应用防松螺母牢固地拧紧。为防止因腐蚀性气体、粉尘或潮气的侵入而产生锈蚀，在螺纹部分应涂以不干性防锈油。

钢管通过与其他场所相邻的分隔壁时，应在两段钢管间装设隔离密封盒，盒内填充非燃性密封混合填料，以隔绝这两段钢管，且应将管道穿过的孔洞堵塞严密。

当钢管与电气设备直接连接有困难或在电机的进线口处，应装设防爆挠性连接软管。

3. 电缆敷设

非铠装电缆明敷时，应选用钢管或钢板制的电缆槽（电缆托盘）加以保护，或在电缆沟内敷设。钢带铠装电缆明敷，在不容易受到外伤的场所也可不加防护措施。电缆沿工艺管道敷设时，其位置应在爆炸性较小的一侧；当工艺管道内介质的密度大于空气时，应在工艺管道的上方，反之应在其下方。

电缆暗敷时，应采用钢管保护，保护管的管口用不燃性填料进行密封。危险区域之间或危险区域与非危险场所之间的电缆沟、钢管、保护管和敷管时留下的孔洞，必须采取隔离密封措施。一般可采用具有一定粘性和可塑性的隔离密封胶泥作填料。

4. 电气线路的连接

电气线路在爆炸危险场所中一般不应有中间接头。在特殊情况下线路须设中间接头时，必须在相应的防爆接线盒（分线盒）内连接和分路。

电气线路使用的连接件，如接线盒、分线盒、接头、隔离密封盒、挠性连接管等，1区范围内可用隔爆型、增安型，2区范围内可用增安型，11区范围内可用隔爆型、增安型。

电缆与防爆电气设备连接时，应选用与电缆外径相适应的引入装置，常用的方式有压盘式引入装置（见图10-1）和压紧螺母式引入装置（见图10-2）。钢管配线引入装置的压紧螺母与配线钢管或挠性连接管的连接，须制成螺纹连接方式（见图10-3）。

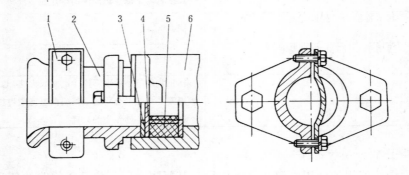

图 10-1　压盘式引入装置

1—防止电缆拔脱装置；2—压盘；3—金属垫圈；4—金属垫片；5—橡胶密封圈；6—连通节

导电部分的连接必须牢固可靠，接触良好，不能因振动、发热等原因而松动。故用螺母压紧导线时，螺母下面应有弹性垫圈，或采用双螺母锁紧。多股绞线可用专用的接线片连接，用压紧螺母直接压在导线上是不允许的，其连接的正误举例如图10-4所示。

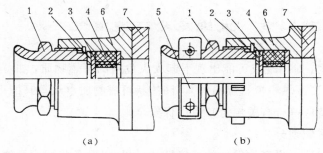

图 10-2　压紧螺母式引入装置

(a) 适用于外径不大于 20mm 的电缆；(b) 适用于外径不大于 30mm 的电缆

1—压紧螺母；2—金属垫圈；3—金属垫片；4—橡胶密封垫；

5—防止电缆拔脱及防松的装置；6—连通节；7—接线盒

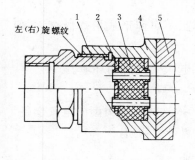

图 10-3　钢管配线引入装置

1—压紧螺母；2—金属垫圈；3—橡胶

密封圈；4—连通节；5—接线盒

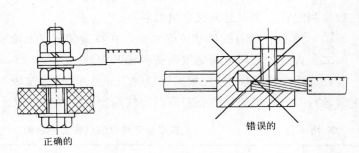

图 10-4　导线连接件的正确与错误示例

5. 接地

设置在爆炸危险场所的电气设备的金属外壳、金属机架、金属电线管及其配件、电缆保护管、电缆的金属护套等非带电裸露金属部分均应接地。接地线应分别接入接地干线，禁止串联连接。输送爆炸危险物质的金属管道，不得作为保护地线之用。

应该接地的部件与接地干线相连的接地线宜使用多股软铜绞线，其截面不小于相线截面的三分之一，且不得小于 $4mm^2$。易受机械损伤的部位应装设保护管。

四、在有爆炸危险的区域施工时的安全措施

爆炸危险场所发生爆炸事故必须具备以下两个因素同时出现的条件：一是在危险场所中存在的爆炸性物质与空气混合，形成在爆炸极限范围内的混合物；二是有点火源。因此，在爆炸危险场所施工，只要上述两个因素不同时在同一空间出现，就可防止事故发生。

在爆炸危险场所的设备已投入运行（包括试运）时，严禁工作人员携带火种和穿有钉子的鞋进入该区域。工作时应使用有色金属工具，禁止进行明火作业或可能产生火花的作业。如必须进行明火作业时，事先用防爆检测仪表检测环境中的可燃性气体的浓度应低于爆炸下极限［例如氢冷发电机区域，氢的爆炸下极限（体积比）为 4%］，并在开工作票后方可工作。工作结束后，不得遗留火种。

第二节　火灾危险环境电气安装[1]

在火力发电厂内，对出现或可能出现引起火灾危险的可燃物质，如可燃液体（柴油、润滑油、变压器油等）、可燃粉尘（煤粉等）、固体状可燃物质（煤等）的火灾危险环境，其电气设备和线路安装应符合有关规定，以确保安全。

一、火灾危险区域划分

火灾危险环境根据火灾事故发生的可能性和后果，以及危险程度及物质状态的不同，可进行下述分区。

（1）21区：具有闪点高于环境温度的可燃液体，在数量和配置上能引起火灾危险的环境。

（2）22区：具有悬浮状、堆积状的可燃粉尘或可燃纤维，虽不可能形成爆炸混合物，但在数量和配置上能引起火灾危险的环境。

（3）23区：具有固体状可燃物质，在数量和配置上能引起火灾危险的环境。

二、火灾危险环境的电气设备和线路安装

在火灾危险环境内，应根据区域等级和使用条件，按表10-6选择相应类型的电气设备。正常运行时有火花的和外壳表面温度较高的电气设备，应远离可燃物质。

表 10-6　　　　　　　　火灾危险环境电气设备防护结构的选型

防护结构　　火灾危险区域　　电气设备		21 区	22 区	23 区
电　机	固定安装	IP44	IP54	IP21
	移动式、携带式	IP54		IP54
电器和仪表	固定安装	充油型、IP54、IP44	IP54	IP44
	移动式、携带式	IP54		IP44
照明灯具	固定安装	IP2X	IP5X	IP2X
	移动式、携带式			
配电装置		IP5X		
接线盒				

注　表中防护等级含义见第四章表4-29～表4-32。

在火灾危险环境内，电气线路安装可采用非铠装电缆或钢管配线明敷设。在21区或23区内，可采用硬塑料管配线。移动式和携带式电气设备的线路，应采用移动电缆或橡套软线。

在火灾危险环境内的电气设备的金属外壳应可靠接地，接地干线应有不少于两处与接地体连接。

---

[1]　依据 GB50058—92《爆炸和火灾危险环境电力装置设计规范》编写。

第三节 电磁干扰抑制措施

一、干扰的来源及输入方式

干扰就是广义的噪声,泛指混杂在信息中的无用成分,是人们不希望的信号的总称。在火力发电厂中,干扰常以电场或磁场的形式出现。

随着火力发电厂自动化程度的日益提高,采用半导体器件和集成电路的电子设备越来越多,电子计算机监控系统的应用也越来越普遍,这些设备都对电磁干扰所引起的电气噪声极为敏感,而这些设备的主机一般距测点较远,其通道导线沿途就难免受到电磁干扰,致使原有信号发生信息畸变,弄得读数不准,甚至面目全非,达到完全不能工作和损坏设备的地步。因此,抗电磁干扰将逐步成为安装工作的重要环节。

电磁干扰产生的原因,一是热工测量控制仪表及其输入回路或输入回路的引线附近有电磁场;二是仪表本身的电磁波。前者为外部干扰,后者是内部干扰。从安装角度考虑,主要是抑制外部干扰。

1. 外部干扰的来源

凡能在空间产生电磁场的电器设备和输电线路,都能成为外部干扰源,即电气干扰。

(1) 工频干扰:大功率工频输电线(电缆)或电源变压器、发电机和连接这些设备的电源线等,使低电频的信号线受到干扰。

(2) 射频干扰:大功率的高频发生装置、晶闸管变流装置、直流电机整流子炭刷的滑动、电气装置接点断开时的火花以及电焊机的弧光等,都将产生强烈的高频电磁波,以空间辐射的形式向四周扩散,从而传播到弱电回路中,引起电气干扰。

(3) 感应干扰:在交流强电导线或设备周围存在交变磁场,当弱电信号导线经过上述磁场附近时,将以电磁感应的形式,耦合到有用的信号回路中去。

2. 干扰的输入方式

在现场,各类干扰信号会通过不同途径与仪表电路耦合。干扰的耦合方式常有以下几种:

(1) 电容耦合(也称静电耦合):由两个电路之间的静电效应而引起的干扰。若干扰线与测量线平行敷设时,相当于两个电路之间有一电容器(称寄生电容或杂散电容)存在。干扰线的干扰电压经此电容耦合到测量线上而产生干扰电压。

(2) 电阻耦合(漏电流耦合):当测量线和电源线(或其他高电平的导线)之间绝缘不良,存在漏电阻时,将产生漏电流而使测量装置造成很大的干扰。

(3) 电感耦合(电磁场耦合):两个电路之间存在互感,其中一个电路的电流变化,通过磁交连影响到另一个电路的电流发生变化,如测量信号导线与电网线平行时产生的干扰。

(4) 共阻抗耦合:两个电路间有公共的阻抗,其中一个电路的电流经公共阻抗产生压降,就要在另一个电路中产生干扰电压。例如,一个电源给几个仪表同时供电,由于电源存在内阻,输电线路也有一定的阻抗,所以只要任一台仪表的电流发生变化,都会影响另一台仪表的供电电压，干扰信号将通过电源线传至另一台仪表。

（5）差模干扰（串模干扰、正态干扰）：干扰信号与有用信号叠加在一起，使接收器的一个输入端电压相对于另一输入端电位发生变化，称为差模干扰。例如，图10-5所示的热电偶测量回路中，经邻近并行导线中的干扰电流对热电偶一端产生磁场耦合，引起差模干扰，它和有用信号一起被测量和显示出来。

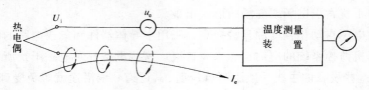

图 10-5　差模干扰的例子

U_i—信号源电压；u_e—等效干扰电压；I_e—等效干扰电流

（6）共模干扰（同性干扰、对地干扰）：相对于公共电位基准点（通常为接地点），在测量装置（或仪表）的两个输入端上同时出现干扰，称为共模干扰。这两端的电位同时相对于基准点一起涨落，通常它不直接影响测量结果，但是在一定条件下（如输入电路参数两端不对称时）将会转化成差模干扰，影响测量结果。例如，图10-6所示热电偶测量装置，测量仪表和热电偶都分别接地，由于两接地点电位不同，存在地电位差，并形成回路，对测量装置输入端产生共模干扰。又因测量线路中仅一根线有线路调整电阻，造成不对称，而转化成差模干扰。

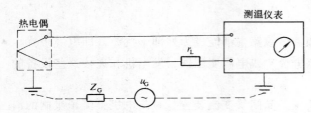

图 10-6　共模干扰转化成差模干扰的例子

u_G—地电位差；Z_G—热电偶与测量
仪表间地阻抗；r_L—线路调整电阻

二、抑制干扰措施

干扰信号之所以能对电测装置发生影响，它必须具备三个条件：一是要有干扰源产生干扰信号；二是要有对干扰信号敏感的接收电路；三是要有干扰源到接收电路之间的耦合通道。这三个因素缺一就不能形成对电测装置的干扰。在解决干扰问题时，首先要搞清楚干扰源、接收电路的性能，以及干扰源与接收电路之间的耦合方式，才能采取相应措施，抑制干扰的影响。

针对上述分析，抑制干扰的原则是：

（1）消除或抑制干扰源。如电力线与信号线隔离或远离。

（2）破坏干扰途径。对于以"路"的形式侵入的干扰，从仪表本身采取措施，如采用隔离变压器、光电耦合器等切断某些干扰途径；对于以"场"的形式侵入的干扰，通常采用屏蔽措施。

（3）削弱接受电路（被干扰对象）对干扰的敏感性。如高输入阻抗的电路比低输入阻

476

抗的电路易受干扰，模拟电路比数字电路的抗干扰能力差等。

对安装来说，抑制干扰源对其他回路的干扰是最有效的措施，但有时由于条件限制或费用过高等原因，很难得到实现。这样，就应对受干扰的弱电信号回路和电子控制装置采取防护措施，以增强其抗干扰能力。下面从安装角度，介绍一些常用的抑制干扰技术。

1. 物理性隔离

增大电子控制装置、信号导线与干扰源、动力导线之间的距离是降低噪声的有效措施。但由于设备组装、布线空间等条件的限制，只能是尽量去做。

弱电信号导线应避免和强电导线相互平行敷设，更不得捆扎在同一个线束中，或使用同一根电缆。

同一个信号回路的两根导线，需敷设在同一根电缆之中。弱电信号回路不应与强电系统共用接地线。弱电信号回路的公用地线应与同一个测量回路的另一根导线一起敷设，不得借用大地作为信号传送导体。

对于各种不同性能的元件和导线，应按其不同电平、功率、产生噪声的大小、抗干扰能力的大小，进行分类。同类型的元件和导线应集中在一起，各自使用专用的端子箱、端子排，力求与其他类型的元件和导线保持一定的距离，作物理性隔离。

2. 平衡

利用电路上的平衡关系，让两根传输同一信号的导线具有相同的干扰电压，可使干扰电压在这两根导线的负载上自行抵消。用这种方法，能较有效地抑制外电路的电磁干扰。双绞线是平衡电路的一种形式，这是由于双绞线本身就是一个平衡结构的缘故。

3. 屏蔽

屏蔽就是用金属物（屏蔽体）把电力线或磁力线的影响限定在某个范围内，或阻止电力线或磁力线进入某个范围，把外界干扰与测量装置隔开，使测量信号不受外界电磁场的影响。常见的屏蔽方式有下列几种：

（1）静电屏蔽：如图 10-7（a）所示，若导体 A 带正电，则导体 B 受其影响，左侧带负电，右侧带正电。将导体 A 外面包一层良导体屏蔽层 C（如图 10-7，b），屏蔽不接地，对 B 来说结果与图（a）相同。若屏蔽层接地（如图 10-7，c），其外侧正电荷将被导入大地，C 的外表面不带电，导体 B 也就不受 A 的影响。这种遮蔽静电感应影响的作用称静电屏蔽，也就是遮断从带电体伸出的电力线。此种屏蔽层对磁场的屏蔽效果仍很差。由于导体 A 与屏蔽罩之间形成了电容，又因电容的一极接地而形成静电屏蔽，必然会产生地电流。若 A 是通过高频电流的导体，加以屏蔽后虽然防止了对周围的影响，但不能清除通过与地之间的寄生电容而产生的电流。

（2）磁屏蔽：使用高导磁系数的材料（如坡莫合金）做成屏蔽层，把产生干扰的部分（或易受干扰部分）包起来，如图 10-

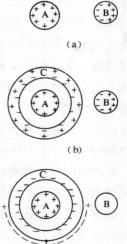

图 10-7　良导体的屏蔽效果
（a）A 未屏蔽；（b）A 屏蔽不接地；（c）A 屏蔽接地
A—带电导体；B—与 A 相邻的导体；C—屏蔽层

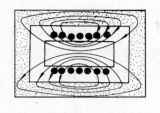

图 10-8　磁屏蔽

8 所示，这时，磁力线通过磁阻小的屏蔽层内部自行封闭。

通常为了使信号电缆不受外界磁场的干扰，比较经济的方法是将信号电缆敷设在铁制的槽盒内（槽盒接地），由于槽盒的磁阻较小，外部磁场的磁力线主要在槽盒铁件中通过，不至于切割信号电缆，所以也就大大减小了外磁场的干扰。同样，把热电偶的补偿导线绞合起来穿入铁管中，也是这个道理。

（3）屏蔽线和屏蔽电缆：仪表之间的连接线及测量导线中如果有高频电流流过，则会造成电磁辐射，干扰其他电路；反之，小信号工作的电路，其输入导线一般较长，若接收了外界电磁辐射的干扰，对工作影响则很大，所以导线应当屏蔽。

在使用屏蔽线和屏蔽电缆时，必须注意屏蔽层外皮上都不能流过电流，与地不能构成回路。因此，屏蔽层采用"一点接地"原则，而且屏蔽层外还要有绝缘层，不能采用裸屏蔽，以防止屏蔽层与其他金属导体或结构接触时形成通路，造成地电流和地电压的干扰。对于双绞线，则在各个双绞线外层分别有屏蔽层，以防止双绞线之间产生感应干扰，而各个彼此绝缘，最后再加总屏蔽层和总绝缘层。

4. 正确和良好的接地

接地就是要与地保持同电位。它起源于强电技术，因为高电压大电流对人身安全有威胁，这时的接地就是所谓的保护接地。对电测装置来说，接地有新的含义。"地"指的是基准电位点，接地就是使与基准电位的各点连接。所以电测装置的接地，一方面是输入、输出信号有公共零电位，使得各级电信号间有一个基准电位作参考；另一方面也是屏蔽体接至基准零电位以抑制干扰的需要。

地电位十分复杂，大地本身各点电位经常是不相同的，即使对某电子设备或测试系统的接地母线、接地排或具体的接地走线，由于各种接地电流的流通，也会使同一接地系统上各点电位不一致而引进干扰。为了尽量削弱干扰，采取"一点接地"的原则，且接地电阻值要小并稳定。

计算机监控系统的接地，若制造厂无特殊规定，一般可与电气接地网连接。在机房内设 600mm×200mm×20mm 铜板作为计算机系统地线汇集板（如图 10-9 所示），该汇集板即为计算机系统参考零电位。计算机系统的各种接地线应采用有绝缘护套的导线或电缆牢固地接到地线汇集板上。地线汇集板和地网接地极之间采用两根截面不小于 25mm^2、带绝缘护套的铜导线或电缆连接，保证计算机系统一点接地。

屏蔽线或屏蔽电缆的屏蔽层接地点选择，应视信号源和接收端是否接地而异。图 10-10（a）表示一个不接地的信号源 u_i 和一个接地的放大器连接时，屏蔽层的正确接法。其中，C_1、C_3 为屏蔽层与信号线之间的等效集总电容，C_2 为两信号线之间的等效集总电容。这里，放大器 A 的公共接地端为 2。如该接地端是真正的零电位，u_{G1} 应为零，但有时此点并不是真正的零电位，而是有一个数值为 u_{G1} 的对地电位差。u_{G2} 是大地两点之间的电位差。将屏蔽层接到放大器的 2 处，此时的等效电路如图 10-10（b）。可以看出，u_{G1}、u_{G2} 都不会干扰放大器的输入（1、2 之间）信号。可见，当一个不接地的信号源和一个有公共接地点的放大器

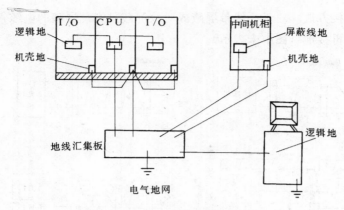

图 10-9　计算机系统接地

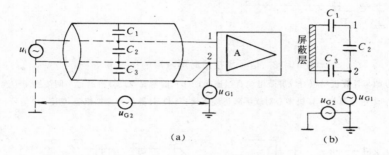

(a)

图 10-10　屏蔽层在接收端接地

(a) 线路系统；(b) 等效电路

连接时，输入端的屏蔽层应接到放大器的公共接地端。同理，当一个接地的信号源和一个不接地的放大器连接时，即使信号源接的不是大地，而是对地有一个数值为 u_{G1} 的电位差，此时，输入端的屏蔽层应接到信号源的接地端。图 10-11 是它们的实际线路和等效电路。

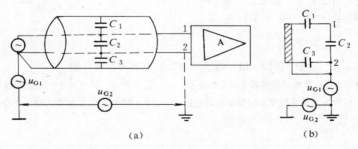

(a)　(b)

图 10-11　屏蔽层在信号源端接地

(a) 线路系统；(b) 等效电路

随着机组容量增大和计算机监控系统采用屏蔽电缆的增多，屏蔽层正确接地已成为抗干扰的重要环节。因此，屏蔽层的接地应视同电缆心线接线一样，均应有明确的标号，并接在接线端子上或设专用端子排。图 10-12 和图 10-13 为信号源接地和不接地时，屏蔽层接地的常见的几种连接方法。对于心线带屏蔽或对绞屏蔽且有总屏蔽的电缆，每个分屏蔽与总屏蔽接在一起后再接地（图中未表示）。

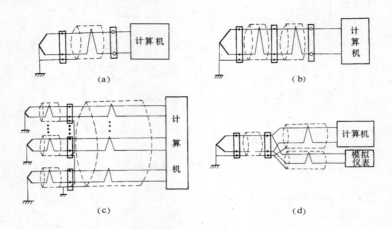

图 10-12　信号源接地时屏蔽层的接地方法

（a）信号源与计算机单根对绞屏蔽电缆直接连接；（b）信号源与计算机通过中间接线端子连接；

（c）多个信号源与计算机多心对绞屏蔽电缆连接；（d）计算机和模拟仪表共用一个信号源

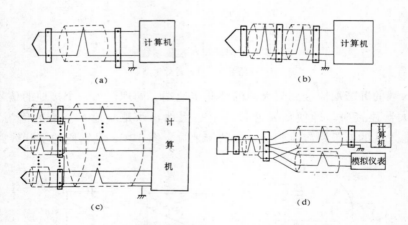

图 10-13　信号源不接地时屏蔽层的接地方法

（a）信号源与计算机单根对绞屏蔽电缆直接连接；（b）信号源与计算机通过中间接线端子连接；

（c）多个信号源与计算机多心对绞屏蔽电缆连接；（d）计算机和模拟仪表共用一个信号源

5. 浮接

浮接又称"浮置"或"浮空"，它是指把仪器的信号放大器的公共线不接外壳，也不接地的抗干扰措施。例如，在 300m 长的同一平面上，排列着三根导线，如图 10-14 所示，在 A 线上对地加 100V 的电压，用另外两根导线 B、C 作为信号线，并用 3kΩ 电阻于一端短接，在另一端测得感应电压 U_{bc}。如图 10-14 所示，（a）图为浮接状态，具有最小的感应电压。因此，若制造厂要求某些控制装置和电子计算机等机柜不与电气接地网连接时，其外壳应与底座绝缘（即浮空）。

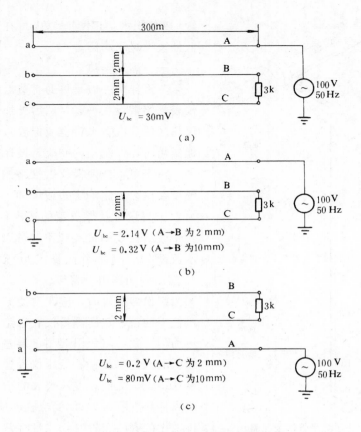

图 10-14　浮接与接地的感应电压比较

(a) 浮接状态；(b)、(c) 接地状态

第四节　防雨和防冻措施

目前有不少火力发电厂的锅炉、除氧器等主设备采取露天布置。在这种情况下，有关的仪表设备，包括变送器、就地仪表、执行机构以及仪表管路，有一部分也不可避免地要布置在露天。这样，在安装时应有必要的防雨措施；对冬天有冰冻的地区，必须采取相应的防冻措施。

露天的变送器、压力表、差压计等就地仪表，需安装在防护箱或专门的小间内。当有防冻要求时，防护箱应为保温箱，箱内或小间内均应有取暖设备。露天布置的执行机构应有防雨罩，有防冻要求的电信号长行程气动执行机构则应安装在有取暖设备的小间内。

仪表管路的防冻措施除保温外，主要是采取蒸汽伴热或电伴热。当介质的黏度较大时（如重油等），其仪表测量管路及附件也要采取防冻设施，在其管路上装设隔离容器，也是防冻的一种方式（见第七章第六节）。

除采取防冻措施外，机组在冬季试运期间必须注意加强维护，特别是机组停下后，应及时将管路和仪表中的水放净，以防冻结。为此，在测量管路敷设时，应尽量避免有 U 形

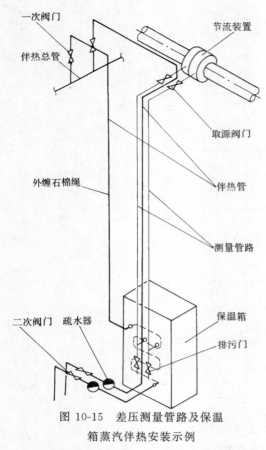

图 10-15　差压测量管路及保温
箱蒸汽伴热安装示例

（图中标注）一次阀门、伴热总管、二次阀门　疏水器、外缠石棉绳、节流装置、取源阀门、伴热管、测量管路、保温箱、排污门

弯，以免积水，如不能避免，可在管路弯头的最低处装设疏水阀门。

一、蒸汽伴热

蒸汽伴热一般是将通有蒸汽的伴热管路与仪表管路敷设在一起，然后外加保温（未进入伴热区的蒸汽管本身也应保温），仪表管路进入保温箱时，保温箱内亦应装设伴热管。

对于单根或两根仪表管路，可以将伴热管敷设在仪表管路的旁边或中间。图 10-15 所示为差压测量管及保温箱的蒸汽伴热安装示例。对于成组敷设的仪表管路，可以如图 10-16 所示敷设"之"字形伴热管，也可以采取如图 10-17 所示的箱形组合管架。

敷设伴热管时，应注意使流量、水位等差压仪表的正、负压测量仪表管路，应尽可能受热均匀一致，以免引起测量误差。对差压量程较低的汽包水位正、负压仪表管，尤其应该注意这一点。为此，差压仪表的正、负压测量管路离伴热管不应太近，受热程度应基本相等；成排敷设的管路布置时，尽量将差压测量管路布置在中间位置。

有伴热管的仪表管路从室外进入室内的穿墙（或墙板）处，应加强保温，孔洞要堵严，进入室内后继续伴热一段距离，以防止穿墙处冻结。

伴热汽源应可靠，每台机组可安装一根伴热母管，其压力的选择应能使蒸汽输送到各分支管路的末端。一般压力不超过 1MPa，温度不超过 200℃。各伴热分支管路上，均应装设一次阀门和二次阀门。一次阀门作为开关汽源用，装在分支管从母管引出的地方；二次阀门作为调整伴热汽量和调节伴热温度用，装在各分支的末端。各分支管的疏水，可根据情况，接到疏水母管或直接排入地沟。伴热温度不得使测量管内介质汽化。

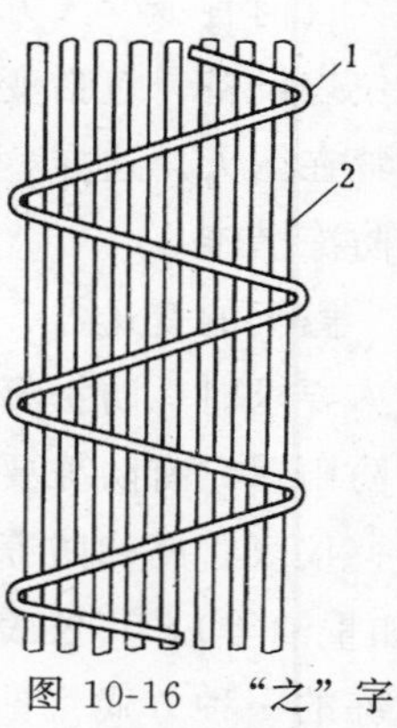

二、电伴热

由于蒸汽伴热的热源是不稳定的，属于不调节伴热方式，所以温度波动较大，整个管路伴热不均匀，有造成被测介质汽化的可能性，而且耗能也较大。电伴热克服了上述缺点，它以电热元件作为热源，属于较稳定热源，伴热温度可通过温度开关精确地控制，整个管路加热均匀，不易造成汽化现象，仅当需要提供热量时才通电，能耗也较低，而且施工简便，维护量极少，特别适用于变送器就地分散布置时的管路伴热（保温箱内另有电热器加热）。因此，电伴热防冻技术近年来得

图 10-16　"之"字形伴热管路敷设图
1—伴热管；
2—仪表管路

到广泛应用。

1. 加热电缆和电热带

（1）矿物绝缘（ＭＩ）加热电缆：矿物绝缘加热电缆是由一根（单心）或两根（双心）心线，环绕着心线充填紧密的氧化镁绝缘材料，以及外包完全密封的金属铠装所组成。此类产品尚未统一型号与规格，以沈阳电缆厂六分厂的产品为例，心线是用铜或康铜制成，外皮用铜（使用温度极限 250℃）或不锈钢（温度极限可达 800℃）铠装，最大工作电压为 250V，其品种型号、规格见表 10-7 所列。

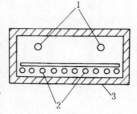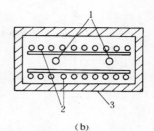

图 10-17　箱形组合管架

(a) 单排仪表管路；(b) 双排仪表管路

1—伴热管；2—仪表管路；3—保温层

矿物绝缘加热电缆是一种热电阻元件，心线两端加入电压，心线的电阻通过电流而产生热量。因此，需要根据被伴热仪表管长度和每米长度所需热流量选用不同规格的加热电缆和供电电压。为了简化计算，制造厂绘制出计算图表，如图 10-18 和图 10-19 所示，可直接应用。在图 10-18 中，B 为被加热管道外径 d 与保温层厚度 δ 之比；λ 为保温材料的热导率；ϕ 为每米管道的管壁与保温层外的单位温差所需热流量。依据 B 和 λ，即可查得 ϕ，再根据保温层内管壁的温度与保温层外环境的最低温度之差 Δt，求出每米管道所需热流量为

$$\phi_0 = \phi \Delta t \quad (\text{W/m}) \tag{10-1}$$

表 10-7　　　　　　　　　　　　　　　　MI 加热电缆的型号和规格

心线和护套	电缆型号	电缆外径（mm）	单根最大长度（m）	单线心标称电阻（Ω/m）	电缆最大允许发热功率（W/m）		
					在 25℃时裸露于空气中	在 5℃时固定在保温的金属管壁上	在 100℃时固定在保温的金属管壁上
单心铜心铜护套	HT02	2.5	500	0.090	26	20	16
	HT04	2.8	450	0.043	27	21	17
	HT07	3.0	400	0.025	27	21	17
	HT10	3.2	370	0.017	27	21	17
	HT15	3.5	330	0.012	28	23	18
	HT25	4.0	250	0.007	28	23	18
双心铜心铜护套	HT204	4.3	200	0.043	28	21	17
	HT207	4.8	180	0.025	29	21	17
	HT210	5.2	160	0.017	30	21	17
	HT215	5.8	140	0.012	33	24	18
	HT225	6.6	130	0.007	35	24	18
单心康铜心铜护套	HK04	2.8	450	1.20	52	50	42
	HK07	3.0	400	0.68	82	58	48
	HK10	3.2	370	0.48	85	58	48
	HK15	3.5	330	0.32	87	60	50
	HK25	4.0	250	0.19	90	60	50
双心康铜心铜护套	HK204	4.3	200	1.20	56	52	43
	HK207	4.8	180	0.68	87	58	48
	HK210	5.2	160	0.48	96	60	50
	HK215	5.8	140	0.32	108	62	50

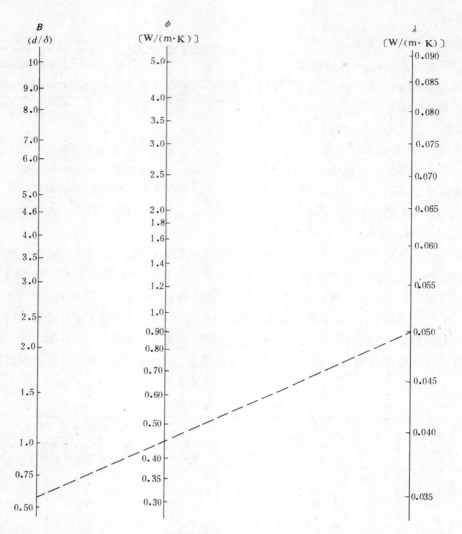

B (d/δ)	ϕ 〔W/(m·K)〕	λ 〔W/(m·K)〕

图 10-18　每米管道所需热量与保温材料的 λ 和厚度之关系

整个 MI 加热电缆装置总负荷为：

$$\phi_总 = \phi_0 \times 电缆长度 \quad (W)$$ (10-2)

依据表 10-7 加热电缆的最大允许发热功率，参照图 10-19 便可确定加热电缆的规格、长度和控制电压。

【例 1】　已知被伴热的仪表管外径 $d=14$mm，保温层厚度 $\delta=25$mm，保温材料（岩棉管壳）热导率 $\lambda=0.05$W/（m·K），管内要求保持温度 $t_1=10℃$，环境温度 $t_2=-25℃$。求每米管道所需热流量 ϕ_0。

解　由

$$B = \frac{d}{\delta} = \frac{14}{25} = 0.56$$

从图 10-18 查得 $\phi=0.45$W/（m·K），又知 $\Delta t=t_1-t_2=10-（-25）=35$（℃）。从式 (10-1) 可求得：

$$\phi_0 = \phi\Delta t = 0.45 \times 35 = 15.75(W/m)$$

【例 2】 已知需用 MI 加热电缆单位负荷 15.75W/m，被伴热的仪表管长度 14m。确定加热电缆的控制电压和型号规格。

解 选择控制电压为 48V，从图 10-19 查得：

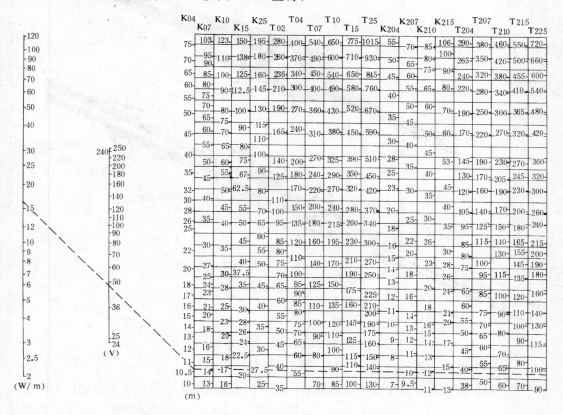

图 10-19 MI 加热电缆的单位负载、电压与长度之关系

若敷设双心康铜心加热电缆（单程敷设），选用 HK215；若敷设单心康铜心加热电缆（双程敷设），选用 HK25。核对表 10-7，两种电缆均符合要求。

MI 加热电缆的终端接头和中间接头由制造厂配套供应，终端接头的外形和安装示意如图 10-20 所示。安装时应注意：

1）若电缆已经吸潮，则加热两端，使湿气退出后再做密封；

2）剥去外皮留出足够长的线心，外皮端头应整齐，不得触及线心；

3）依次套入压盖螺母、压缩环、压盖螺管；

4）将密封杯用手拧在护套上，填满密封胶，注意不得混入杂质；

5）将绝缘垫片套入线心，一直塞入密封杯里，将密封胶堵住。

（2）恒功率电热带：恒功率电热带（也称并联型电热带）单位长度的热功率输出不随温度和使用长度的变化而变化。其结构如图 10-21 所示，在两平行电源母线上接通电源后，电热丝平行网络各单元发热，形成一个连续加热体。这样，电热带单位长度上的功率相等，电热带长度愈长，输出总功率愈大。使用时，电源电压不受电热带长度限制，在现场可任

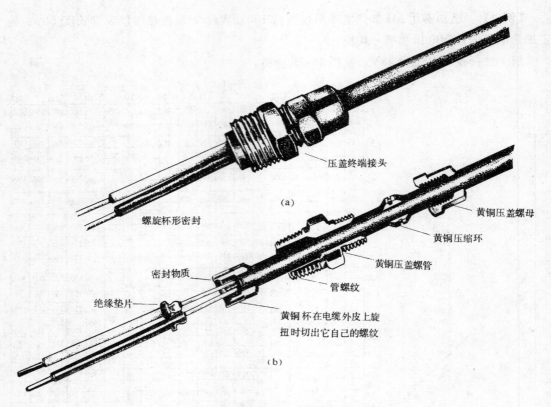

图 10-20 MI 加热电缆的终端接头

(a) 外形；(b) 安装示意

意切割，但最短使用长度受发热节长限制，最大使用长度受电源母线截面限制。若需增大使用长度，可采取单点电源双向输出或多点电源供电。

恒功率电热带尚未统一型号和规格，以北京瑞帕电力技术开发有限责任公司产品为例，其型号和规格见表 10-8。

使用时，根据保温管道的热损失，从表 10-8 确定恒功率电热带的规格。保温管道热损失可依据已知的管道外径、保温材料、保温层外径所需保持的温度之差，用以下简化公式计算：

$$q = \frac{\pi\Delta t}{\frac{1}{2\lambda}\ln\frac{d_2}{d_1}} \qquad (10\text{-}3)$$

式中 q ——保温管道热损失，W/m；

　　　Δt ——所需保持的温度差，℃；

　　　λ ——保温材料热导率，W/ (m·K)；

　　　d_1 ——管道外径，mm；

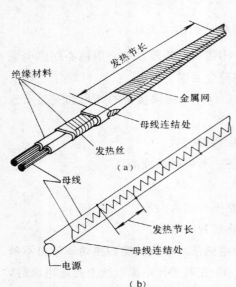

图 10-21 恒功率电热带的构造

(a) 结构；(b) 工作原理示意

d_2——保温层外径，mm。

表 10-8　　　　　　　　　恒功率电热带的型号和规格

| 型　号 | | 额定电压 | 额定功率 | 发热节长 | 最大使用 | 流体维持 | 质量（kg/km） | |
普通型	加强型	（V）	（W/m）	（mm）	长　度 （m）	最高温度 （℃）	普通型	加强型
RDP$_2$—J$_4$—10	RDP$_2$（Q）—J$_4$—10	220	10	1310	220	130	85	155
RDP$_2$—J$_4$—20	RDP$_2$（Q）—J$_4$—20	220	20	930	110	120	85	155
RDP$_2$—J$_4$—30	RDP$_2$（Q）—J$_4$—30	220	30	730	75	95	95	165
RDP$_2$—J$_4$—40	RDP$_2$（Q）—J$_4$—40	220	40	930	60	205	85	155
RDP$_2$—J$_4$—60	RDP$_2$（Q）—J$_4$—60	220	60	760	40	180	85	155

注　型号中的代号含义：2—220V 单相供电；Q—加强型；J$_4$—绝缘层为防水玻璃纤维及 PFA 氟塑料，最高耐温 260℃。

所选恒功率电热带的每米输出功率应大于保温管道每米的热损失。否则可用以下办法（并重新计算）来解决：加厚保温层；采用较好的保温材料，以降低热导率 λ 值；采用两条或更多的平行电热带；采用卷绕法以增加电热带长度。

（3）自限温电热带：自限温电热带又名自控温加热电缆，其结构如图 10-22 所示。在两根平行的金属电源线心之间均匀地挤塑半导体高分子复合材料得到心带，作为发热元件，外侧再包一层绝缘材料作为护套，必要时也可再加屏蔽层及（或）防护层。

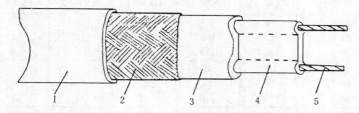

图 10-22　自限温电热带结构
1—防护层；2—屏蔽层；3—绝缘护套；4—发热心带；5—电源线心

自限温电热带发热元件的电阻率具有很高的正温度系数（简称 PTC），且相互并联，接通电源后（注意尾端线心不得连接），电流由一根线心经过并联的 PTC 材料到另一线心而形成回路。电能使材料升温，其电阻随即增加，当心带温度升至某值之后，电阻已达到几乎阻断电流的程度，其温度不再升高，与此同时，心带通过护套向温度较低的被加热体系传热，单位时间传递的热量等于电功率。由此可见，自限温电与恒功率电热带不同，前者的功率主要受控于传热过程，与被加热体系的温度有关，当心带温度与体系的温度相近时，传热几乎停止，功率趋近于零，实际上停止了加热；后者不受被加热体系的影响，始终提供差不多恒定的功率，直到体系的散热速率等于电功率时，才停止升温。因此，自限温加热的方式是让电热带适应被加热体系，而恒功率加热方式是让被加热体系去适应电热带，这是两者根本的区别。

自限温电热带的主要特点是：自动限制加热时的温度；自动分段调节输出功率而无需

任何附加设备；可任意截短或在一定长度内任意接长使用；允许任意交叉、重叠而无高温热点以及烧毁之虑；功率较低而且分散等。具有安全、节能、使用维护简便之优点。

以中国科技大学科华新型电伴热公司产品为例，自限温电热带的技术性能见表10-9。电热带可任意剪短使用，但不能超过最大使用长度（见表10-10）。若使用长度超过电热带的最大使用长度时，应另接电源或单点电源双向输出。

表 10-9　　　　　　　　　　　自限温电热带技术性能

型　号	宽　度 (mm)	厚　度 (mm)	护套颜色	额定电压 (V)	最低安装温度 (℃)	最高表面温度 (℃)	最高维持温度 (℃)	最高承受温度 (℃)	标称功率 (W/m)
DXW（低温带）	8～14	4～5	黑	380、220、110、36	−20	90	70	90	15、25、35
ZXW（中温带）	8～14	4～5	蓝	220、110、36	−20	120	105	120	40、50、60

注　标称功率是被伴热管温为10℃时的每米长度电功率。

2. 电伴热施工

电伴热主要用于对仪表管和保温箱的加热防冻，图10-23所示为差压测量管路加热电缆的安装示意，图中虚线是双心加热电缆，每根仪表管敷设一根加热电缆。若采用单心电缆，每根仪表管可敷设两根加热电缆，其连接方式如图10-24所示。

表 10-10　　　　　　　　　　　自限温电热带最大使用长度　　　　　　　　　　　(m)

启动温度 (℃)	熔断器 (A)	低　温　带			中　温　带		
		DXW15	DXW25	DXW35	ZXW40	ZXW50	ZXW60
10	10	80	50	40	36	32	24
	20	165	105	84	72	64	48
	30	200	130	94	100	85	54
0	10	65	42	32	33	29	20
	20	135	88	65	65	57	41
	30	170	110	75	94	80	47
−10	10	55	38	26	29	25	17
	20	115	81	53	58	50	35
	30	150	100	64	83	75	40
−20	10	46	32	23	25	22	14
	20	95	72	47	50	44	29
	30	130	91	57	70	70	33

注　推荐使用RM10系列无填料封闭管式熔断器。

电伴热施工时，应注意以下几点：

（1）电热线在敷设前应进行外观和绝缘检查，绝缘电阻值应符合产品说明书的规定。

（2）选择电热线最高耐热温度时，应考虑冲管时管路表面温度。恒功率和自限温电热带一般用于汽轮机补给水、化学水处理系统、重油等低温管道的测量管路的伴热，若用于被测介质为高温、高压蒸汽的仪表管作防冻伴热时，由于冲洗管路仪表管表面温度将超过电热带的最高承受温度（尽管是短时的）。因此，安装时需采取防止电热带表面过热的措施，例如采用先在仪表管表面包覆一层石棉布（或其他耐温材料），或在安装电热带时使之与仪表管表面保持一定距离等施工方法，防止冲管时高温直接传导到电热带。

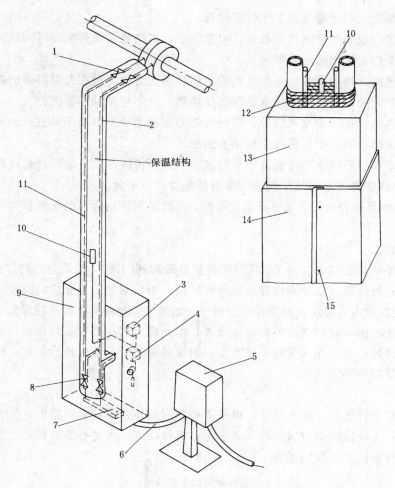

图 10-23　差压测量管路加热电缆的安装示意

1—取源阀门；2—测量管路；3、4—温度开关；5—配电箱；6—电缆；7—加热器；

8—排污阀门；9—保温箱；10—温度开关的温包；11—加热电缆；12—铁丝网；

13—保温层；14—保护层（镀锌铁皮）；15—自攻螺钉

图 10-24　单心加热电缆连接示意

（3）恒功率电热带的发热节长为 1m 左右不等（见表 10-8），在电热带通电工作时，两端各有一小段冷端（无电流通过）。接线时，此段长度在 100～150mm 为宜，以备检修用，不能太长，以免误作发热部分安装在需加热的管道部位。

（4）电热线接入电压应与其工作电压相符。

（5）电热线一般紧贴管路均匀敷设，牢靠固定。矿物绝缘加热电缆可用铁丝捆扎；恒功率和自限温电热带可用铝箔胶带包扎。

（6）矿物绝缘加热电缆和恒功率电热带的伴热温度通过埋设在保温层内的温度开关控制，温度开关的安装位置应避免受电热线直接加热，并调整到设定温度值上。

（7）电热线敷设在弯头及阀门处，加热电缆的弯曲半径不得小于其直径的 4 倍。

（8）敷设电热带时，要尽量避免打结和扭曲。

（9）恒功率和自限温电热带的两根平行电源导线不得连接在一起，严禁短路。

（10）电热线的终端等须使用制造厂提供的配件进行密封。

（11）伴热效果是否良好，保温质量很重要，因此必须选用合适的保温材料和提高保温工艺。

三、保温施工

敷设在室外的热工仪表管路（包括取源装置至取源阀门段），除设有伴热管路外，还需根据气候条件进行保温，以免冻堵管路或冻坏管路，影响测量。当介质的黏度较大时（如重油等），既使在室内，其仪表测量管路及附件（如隔离容器等）也需进行保温，否则介质凝固，测量无法准确。室外就地装置的压力表，如介质为水，也应进行保温，而仅将压力表表面露出供读数。蒸汽伴热管路单独敷设（引接热源）时，也应进行保温，以免散热过多影响对仪表管路伴热的效果。

1. 保温材料

保温材料按设计选用。如未设计，可按下列原则选择：①导热系数低；②密度小；③符合使用温度；④硬质保温材料制品具备一定的机械强度；⑤进行综合技术经济比较。

常用保温材料的主要性能见表 10-11。

表 10-11　　　　　　　　　常用保温材料的主要性能

保温材料名称	密 度 (kg/m³)	导热系数（常温）[W/(m·K)]	抗压强度 (Pa)	使用温度 (℃)	用 途
水泥珍珠岩制品	350～400	0.084～0.093	≥39.22×10⁴	≤500	管道主保温
水玻璃珍珠岩制品	250～300	0.074～0.08	≥58.8×10⁴	≤600	管道主保温
A级焙烧硅藻土制品	400～500		≥49.23×10⁴	800～900	管道主保温
岩棉保温板	80～200	0.047～0.052	≥24.52×10⁴（抗弯）	≤350	管道主保温
岩棉保温管壳、管筒	100～200	0.047～0.052	≥29.4×10⁴（抗弯）	≤350	管道主保温
微孔硅酸钙制品	<250	≤0.058	49.0×10⁴	≤600	管道主保温
硅酸铝耐火纤维	70～100	≤0.093(700℃)		1000	松软保温填料
石棉绳	<1000	≤0.21		200～550（烧失量 32%～16%）	单根管保温
石棉绒	200～300	≤0.076		550	抹面层的增强材料
一级石棉粉	≤450	0.076		550	保温抹面层集料
一级碳酸钙石棉粉	≤600	0.081		450	保温抹面层材料
一级硅藻土石棉粉	≤500	≤0.093		900	保温抹面层材料

2. 管道保温前应具备的条件

管道保温前应具备以下条件：

(1) 管路已安装完毕，并经严密性试验或焊接检验合格；

(2) 有伴热的管路，伴热设施已安装完毕；

(3) 管道表面上的灰尘、油垢、铁锈等杂物已清除干净，如设计规定涂刷防腐剂时，在防腐剂完全干燥后方可施工。

3. 主保温层施工

(1) 单根管的保温：单根仪表管可用石棉绳或半圆瓦进行保温。图 10-25 所示是单根管双层缠绕保温的结构，绕绳要拉紧，圈与圈之间彼此要靠紧，防止绕绳松动或包缠不严，第二层缠绕时要压缝，并与第一道反向进行，绳的两端头应用镀锌铁丝扎紧在管道上。半圆瓦的保温如图 10-26 所示，水平管道采用半圆瓦保温时，其圆周方向对缝应布置在与管道中分面相平行的两侧，不宜布置在管道的底部和顶部，以防止形成热量由下而上的逸流通道。半圆瓦面用镀锌铁丝绑扎。

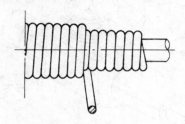

图 10-25　仪表管用石棉绳
双层缠绕保温

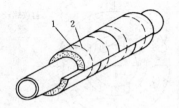

图 10-26　管道半圆瓦保温
1—半圆瓦；2—绑扎铁丝

(2) 成排仪表管的保温：成排仪表管的主保温，可采用保温板制品，外表用铅丝网捆扎，紧固时不宜太松，也不应过分地紧，以紧贴主保温层为度。

4. 保护层施工

(1) 抹面层施工：抹面层是保温结构保护层的一种。它保护主保温层不受外力损伤，从而改善绝热效果，防止雨水和蒸汽侵入，使保温体外表面光滑平整。抹面层灰浆每立方米用量的配料比例见表 10-12 所列。

抹面层应分两次进行施工。第一次将灰浆抹到铅丝网里紧贴主保温层，厚度达到抹面层设计厚度的 $\frac{2}{3}$。第二次最后找平压光，直至无麻面为止。

(2) 金属护壳施工：在有条件时，重要部位保温结构的保护层可用金属护壳，一般可采用镀锌铁皮或铝合金皮，厚度为 0.3～0.75mm。

金属护壳施工应特别注意工艺，做到成品外表整齐美观，尺寸准确。管道外壳的环向搭缝，一端在摇线机上压出圆线凸筋，另一端为直边，搭接尺寸一般为 20～50mm。轴向搭缝，可采用插接并用自攻螺丝固定，螺丝一般用 M4×12，间距 200～250mm。若保温层为软质矿纤制品时，金属护壳应采用插接头，每段接头加装三只自攻螺丝或抽心铅铆钉，如图 10-27 所示。露天管道的阀门等附件，金属护壳应采用扳边咬口，咬口应严密，以防雨水侵入，如图 10-28 所示。

表 10-12 抹面层配料用量

名 称	规 格	单 位	数 量
石棉碳酸钙粉		kg	200～400
硅酸盐水泥	425 号～526 号	kg	200～300
石棉绒	4～2 级	kg	150～200
膨胀珍珠岩 或 膨胀砬石	密度≤120kg/m³ 粒径＜2mm 密度≤150kg/m³ 粒径＜2mm	m³	0.5～0.9
麻刀		kg	20～30

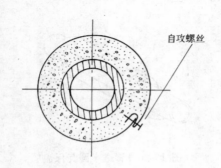

图 10-27 插接头金属护壳示意

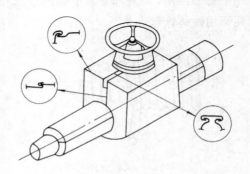

图 10-28 露天阀门扳边咬
口金属护壳示意

第五节 防 腐 涂 漆

涂漆是指把涂料（油漆）覆盖到物体表面上的过程。涂料涂于物体表面，能形成一层具有一定理化性能的漆膜，可使物体表面与周围腐蚀介质隔绝，起到防腐作用。此外，涂料中的颜料赋予涂料各种鲜艳夺目的色彩，能起到改变物体原来颜色的装饰和识别作用。因此，对于碳钢管道、管道支架、电缆架、电缆槽盒、保护管、固定卡、设备底座以及需要防腐的结构，如外壁无防腐层时均应进行涂漆加工，对有危险性介质的管路（如油、氢、瓦斯等）应涂与主系统相同颜色的面漆。

金属表面涂漆应符合下列要求：

（1）涂漆前应清除金属表面的油垢、灰尘、铁锈、焊渣、毛刺等污物。

（2）涂漆施工环境温度应为 5～40℃。

（3）金属表面应先涂防锈底漆，再涂调和漆。

（4）仪表管路面漆的涂刷，应在管路系统压力试验合格后进行。

（5）多层涂刷时，应在漆膜完全干燥后才能涂刷下一层。

（6）漆的涂层应均匀，无漏涂，漆膜附着应牢固。

（7）埋入地下的管道应涂沥青防腐漆。

涂漆加工一般采用刷涂法，即利用手工以漆刷蘸漆后把涂料覆盖到工作表面的一种涂漆方式。刷涂法施工时，使用的设备比较简单，仅需要漆刷、盛漆容器和搅拌棒。

漆刷通常使用猪鬃制成的扁形刷。在漆刷蘸漆时，刷毛浸入漆中的部分应为毛长的1/2～2/3为宜。漆刷蘸漆后，应将漆刷在漆桶的内壁上来回拍两下，使蘸起的漆液集中到刷毛的头部，这样既便于施工又能防止漆液从漆刷上滴落。刷漆时，漆液必须在施工前搅拌均匀，并调配到适当的粘度，过稀时容易发生流挂、露底现象，过稠则不易涂刷，并会造成漆膜过厚而发生起皱等弊病。但在使用新漆刷时，漆液可稍稀；对刷毛较短的旧漆刷，漆液应稍稠。

使用漆刷刷漆时，手要握紧漆刷，不允许有松动现象。操作时，一般采用直握方法，靠手腕来转动漆刷，有时也可以用手臂和身躯的移动来配合。刷漆时，蘸了漆的漆刷自应涂段的中间位置向两端进行涂刷，并且按照自上而下、自左至右、先里后外、先斜后直、先难后易、纵横涂刷的规律进行。此外，涂刷不同的作业面，还应注意采用不同的涂刷方法，例如对垂直表面的施工，面漆涂刷应自上而下地进行；水平表面的施工，面漆的涂刷应顺光线的照射方向进行。刷涂操作见图10-29所示。

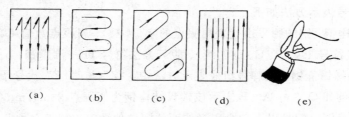

图 10-29　刷涂操作示意
（a）开油；（b）横油；（c）斜油；（d）理油；（e）漆刷的握法

漆刷使用完毕后，若长期不用，则必须用溶剂把漆刷洗净、晾干并用油纸或塑料薄膜包好，存放在干燥通风的地方。漆刷若是短时间中断使用，则可将漆刷的刷毛部分垂直地悬挂在溶剂或清水中。采用这种保养方法时，应注意到既不能让刷毛露出液面，又不要使刷毛接触到容器的底部，否则，刷毛会硬化和弯曲。若有多把蘸有不同颜色涂料的漆刷，则可分别用纸包扎好后，再浸入溶剂或水中，以免颜色相混。再次使用时，只要将刷毛上的液体甩净、抹干即可。

对刷毛已硬化的漆刷，可将其浸入脱漆剂或强溶剂中，待漆膜松软后再用铲刀刮去漆皮即可。漆刷使用过久，刷毛变得短而厚时，可用刀削去其两面的部分刷毛，使其变薄，即可再用。

对于高温热表面（如测量蒸汽介质的脉冲管路在冲管时将承受高温），若需涂漆，可选用W61系列耐高温防腐涂料。它是由有机硅氧烷树脂、耐高温防腐颜填料、固化剂组成，属交联型常温自干固化、双组分包装涂料。其耐温指标：W61—1为200℃；W61—2为300℃；W61—3为400℃；W61—4为500℃；W61—5为600℃。配套底漆为W06无机锌底漆。

第六节　焊　　接

在热工测量和控制仪表的安装中，取源部件安装、管路敷设、电缆支架和各种底座的固定等，需进行大量的焊接工作。绝大多数的焊接结构是由钢材组成的，钢材的焊接一般采用电弧焊、钨极氩弧焊和氧-乙炔气焊，应遵守 DL5007—92《电力建设施工及验收技术规范　火力发电厂焊接篇》的规定。

一、常用钢和焊接材料

焊接前必须查明所焊材料的钢号，以便正确地选用相应的焊接材料和确定合适的焊接和热处理工艺。钢材和焊接材料的质量，应符合国家标准规定的要求。同种钢材焊接时，应选用性能和化学成分与母材相当的焊条（焊丝），且工艺性能良好。异种钢材焊接时，焊条（或焊丝）的选用应考虑抗裂性和碳扩散等因素。

1. 常用钢的牌号（钢号）[1]

工业上使用的钢基本上分为碳素钢和合金钢两大类。碳素钢也称碳钢，它是含碳量小于 2% 的铁碳合金（一般还含有少量的硅、锰、硫、磷等）。合金钢除含有铁、碳和少量不可避免的硅、锰、硫、磷元素外，还含有一定量的合金元素。

常用钢的牌号表示方法如下：

（1）碳素结构钢：钢的牌号由代表屈服点的字母（Q）、屈服点数值（单位为 N/mm² 或 MPa）、质量等级符号（A、B、C、D 四级）、脱氧方法符号（F—沸腾钢；b—半镇静钢；Z—镇静钢；TZ—特殊镇静钢。在牌号组成表示方法中，"Z" 与 "TZ" 代号予以省略）等四个部分顺序组成。例如 Q235—A·F 表示该碳素结构钢为屈服点 235N/mm²、A 级沸腾钢。

（2）优质碳素钢：钢号以平均含碳量的两位阿拉伯数字（以万分之几计）来表示，例如钢号 20，平均含碳量即为 0.2%，读作 "20 号钢"。优质碳素结构钢按含锰量不同，有正常含锰量（0.25%～0.80%）和较高含锰量（0.70%～1.20%）之分。较高含锰量钢，在数字后标出锰元素符号，例如 20Mn。

专门用途的优质碳素结构钢，采用阿拉伯数字和规定的代表产品用途的符号表示。例如，平均含碳量为 0.2% 的锅炉钢，其牌号表示为 "20g"。

（3）低合金结构钢和合金结构钢：钢号的编制采用 "两位阿拉伯数字＋元素符号＋阿拉伯数字" 的方法表示。在牌号的头部用两位数字表示平均含碳量（以万分之几计），元素符号后面的数字表示该合金元素含量的百分之几，含量小于 1.5% 时，仅标明元素，一般不标明含量。例如，含碳量 0.22%～0.29%、含铬 1.5%～1.8%、钼 0.25%～0.35%、钒 0.15%～0.30% 的合金结构钢的钢号为 25Cr2MoV。

合金结构钢按冶金质量不同，分为优质钢、高级优质钢（牌号后加 "A"）、特级优质钢（牌号后加 "E"）三类。

---

[1] 参考《常用金属材料手册——钢铁产品部分》（第二版），冶金工业出版社，1987 年出版；《最新锅炉压力容器材料选用手册》，黑龙江人民出版社，1989 年出版。

（4）不锈耐酸钢：这类钢号的编制方法除了牌号头部用一位阿拉伯数字表示平均含碳量（以千分之几计）外，其余与合金结构钢相同。例如，含碳量 0.08%～0.15%、含铬 12%～14% 的耐酸不锈钢的钢号为 1Cr13。

（5）铸造碳钢、铸造合金钢、不锈耐酸钢铸件：这类钢的牌号在头部加符号"ZG"。工程用铸钢在牌号中，"ZG"后面的两组数字表示机械性能，第一组数字表示该牌号铸钢的屈服强度，第二组数字表示其抗拉强度，两组数字之间用"—"隔开。

常用钢材和紧固件的化学成分、力学性能及硬度值见表 10-13 和表 10-14。

火力发电厂安装中常用钢材的使用参数见表 10-15 所列。

2. 焊条和焊丝

焊条即指电焊条。在手工电弧焊中，电焊条与工件之间产生持续稳定的电弧，以提供熔化焊条所必需的热量；同时，焊心金属又作为填充金属加到焊缝中去。为了提高焊接电弧的稳定性、防止空气对熔池的侵入、保证焊缝金属顺利脱氧、掺加合金提高焊缝性能以及提高焊接生产率，必须对各类焊条敷以各种不同类型的焊条药皮。

适用于有药皮的手工电弧焊接用的碳钢和低合金钢焊条型号编制方法如下：❶

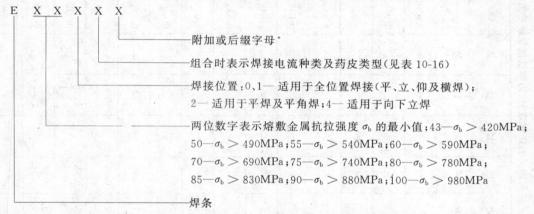

E X X X X X

        — 附加或后缀字母*

        — 组合时表示焊接电流种类及药皮类型（见表 10-16）

        — 焊接位置：0、1— 适用于全位置焊接（平、立、仰及横焊）；2— 适用于平焊及平角焊；4— 适用于向下立焊

        — 两位数字表示熔敷金属抗拉强度 σ_b 的最小值：43—σ_b>420MPa；50—σ_b>490MPa；55—σ_b>540MPa；60—σ_b>590MPa；70—σ_b>690MPa；75—σ_b>740MPa；80—σ_b>780MPa；85—σ_b>830MPa；90—σ_b>880MPa；100—σ_b>980MPa

        — 焊条

* 对于碳钢焊条：附加"R"表示耐吸潮焊条；附加"M"表示耐吸潮和力学性能有特殊规定的焊条；附加"—1"表示冲击性能有特殊规定的焊条。对于低合金钢焊条：后缀字母为熔敷金属的化学成分分类代号，并以短划"—"与前面数字分开；若还具有附加化学成分时，附加化学成分直接用元素符号表示，并以短划"—"与前面后缀字母分开；后面再有字母"R"时，表示耐吸潮焊条。

碳钢焊条和低合金钢焊条的尺寸见表 10-17。

适用于具有药皮的手工电弧焊接用不锈钢焊条型号编制方法如下❷：字母"E"表示焊条，"E"后面的数字表示熔敷金属化学成分分类代号（查 GB/T983—1995《不锈钢焊条》）。如有特殊要求的化学成分，该化学成分用元素符号表示，放在数字的后面。短划"-"后面的两位数字表示焊条药皮类型、焊接位置及焊接电流种类。焊接电流及焊接位置见表 10-18。

---

❶ 依据 GB/T5117—1995《碳钢焊条》和 GB/T5118—1995《低合金钢焊条》编写。
❷ 依据 GB/T983—1995《不锈钢焊条》编写。

表 10-13

常用钢材的化学成分、力学性能及硬度值数据

序号	钢号	碳 C	硅 Si	锰 Mn	铬 Cr	钼 Mo	钒 V	镍 Ni	钛 Ti	其他	硫 S (不大于)	磷 P	抗拉强度 σ_b (MPa) (不小于)	屈服点 σ_s (MPa)	延伸率 δ_5 (%)	冲击韧性 α (kJ/cm²)	硬度值 HB	依据
1	Q235A	0.14~0.22	≤0.30	0.30~0.65	—	—	—	—	—	—	0.050	0.045	375~460	185~235	21~26	—	—	GB700
2	10	0.07~0.14	0.17~0.37	0.35~0.65	≤0.15	—	—	≤0.25	—	Cu≤0.25	0.035	0.035	333~490	196	24	—	≤137	GB3087
3	20	0.17~0.24	0.17~0.37	0.35~0.65	≤0.25	—	—	≤0.25	—	Cu≤0.25	0.035	0.035	392~588	226~245	20	—	≤156	GB3087
4	16Mng	0.12~0.20	0.20~0.60	1.20~1.60	—	—	—	—	—	—	0.035	0.035	440~655	245~345	18~21	59	—	GB713
5	20G	0.17~0.24	0.17~0.37	0.35~0.65	—	—	—	—	—	—	0.035	0.035	412~549	245	24	49	—	GB5310
6	15MnVg	0.10~0.18	0.20~0.60	1.20~1.60	—	—	0.04~0.12	—	—	—	0.035	0.035	490~675	335~390	17~18	59	—	GB713
7	1Cr5Mo	≤0.15	≤0.50	≤0.60	4.00~6.00	0.45~0.60	—	—	—	—	0.035	0.035	390~590	195	22	118	—	GB6479
8	12Cr2Mo	0.08~0.15	≤0.50	0.40~0.70	2.00~2.50	0.90~1.20	—	—	—	—	0.035	0.035	450~600	280	20	48(V)	≤170	GB5310
9	12CrMo	0.08~0.15	0.17~0.37	0.40~0.70	0.40~0.70	0.40~0.55	—	—	—	—	0.035	0.035	412~559	206	21	69	≤179	GB5310
10	15CrMo	0.12~0.18	0.17~0.37	0.40~0.70	0.80~1.10	0.40~0.55	—	—	—	—	0.035	0.035	441~638	235	21	59	≤179	GB5310
11	12Cr1MoV	0.08~0.15	0.17~0.37	0.40~0.70	0.90~1.20	0.25~0.35	0.15~0.30	—	—	—	0.035	0.035	471~638	255	21	59	≤166	GB5310
12	12Cr2MoWVTiB	0.08~0.15	0.45~0.75	0.45~0.65	1.60~2.10	0.50~0.65	0.28~0.42	—	0.08~0.18	W0.3~0.55	0.035	0.035	540~736	343	18	—	—	GB5310
13	12Cr3MoVSiTiB	0.09~0.15	0.60~0.90	0.50~0.80	2.50~3.00	1.00~1.20	0.25~0.35	—	0.22~0.38	B0.005~0.011	0.035	0.035	608~804	441	16	—	—	GB5310
14	1Cr13	≤0.15	≤1.00	≤1.00	11.50~13.50	—	—	≤0.60	—	—	0.030	0.035	539	343	25	98.1	≥159	GB1220

496

序号	钢号	碳 C	硅 Si	锰 Mn	铬 Cr	钼 Mo	钒 V	镍 Ni	钛 Ti	其他	硫 S (不大于)	磷 P (不大于)	抗拉强度 σ_b (MPa)	屈服点 σ_s (MPa)	延伸率 δ_5 (%)	冲击韧性 α (kJ/cm²)	硬度值 HB	依 据
													不小于					
15	1Cr18Ni9Ti	≤0.12	≤1.00	≤2.00	17.00~19.00	—	—	8.00~11.00	5×(C-0.02)~0.8	—	0.030	0.035	539	206	40	—	≤187	GB1220
16	0Cr13Al	≤0.08	≤1.00	≤1.00	11.50~14.50	—	—	—	—	Al.10~0.30	0.030	0.035	412	177	20	98.1	≤183	GB1220
17	1Cr18Ni9	≤0.15	≤1.00	≤2.00	17.00~19.00	—	—	8.00~10.00	—	—	0.030	0.035	520	206	45	—	≤187	GB1220
18	14MnMoV	0.10~0.18	0.20~0.50	1.20~1.60	—	0.40~0.65	0.05~0.15	—	—	—	0.035	0.035	635	490	16	—	—	GB713
19	18MnMoNbg	0.17~0.23	0.17~0.37	1.35~1.65	—	0.45~0.65	—	—	—	Nb0.025~0.050	0.035	0.035	590~635	440~510	16~17	69	—	GB713
20	ZG230—450	0.22~0.32	0.20~0.45	0.50~0.80	0.50~0.80	—	—	—	—	—	0.040	0.040	441	235	20	44	—	GB5676
21	ZG20CrMo	0.15~0.25	0.20~0.45	0.50~0.80	—	0.40~0.60	—	—	—	—	0.040	0.040	460	245	20	29	135~140	DJ56
22	ZG20CrMoV	0.18~0.25	0.17~0.37	0.40~0.70	0.90~1.20	0.50~0.70	0.20~0.30	—	—	—	0.030	0.030	490	313	18	29	135~140	JB2640
23	ZG15Cr1Mo1V	0.12~0.20	≤0.35	0.40~0.70	1.35~1.75	0.80~1.05	0.30~0.40	—	—	—	0.030	0.030	540	343	20	34	200~255	JB2640
24	St35.8	≤0.17	0.10~0.35	0.40~0.80	—	—	—	—	—	—	0.040	0.040	360~480	215~235	25	—	—	DIN17175
25	St45.8/Ⅲ	≤0.21	0.10~0.35	0.40~1.20	—	—	—	—	—	—	0.040	0.040	410~529	235~255	21	—	—	DIN17175
26	10CrMo910	0.08~0.15	≤0.50	0.40~0.70	2.00~2.50	0.90~1.20	—	—	—	—	0.035	0.035	450~600	269~280	20	—	—	DIN17175
27	X20CrMoV210	0.17~0.23	≤0.50	≤1.00	10.00~12.50	0.80~1.20	0.25~0.35	0.30~0.80	—	—	0.030	0.030	690~840	490	17	—	—	DIN17175
28	A335P9	≤0.15	0.25~1.00	0.30~0.60	8.00~10.00	0.90~1.10	—	—	—	—	0.030	0.030	413	207	22	—	—	ASTMA335

注 本表摘自 DL5031—94《电力建设施工及验收技术规范 管道篇》。

表10-14

常用紧固件的化学成分、力学性能及硬度值数据

序号	钢号	碳 C	硅 Si	锰 Mn	铬 Cr	钼 Mo	钒 V	钛 Ti	硼 B	其他	硫 S	磷 P	抗拉强度 σ$_b$ (MPa)	屈服点 σ$_s$ (MPa)	延伸率 δ$_5$ (%)	冲击韧性 α (kJ/cm²)	硬度值 HB	依据
										他	不大于		不小于					
1	20	0.17~0.22	0.17~0.37	0.35~0.65	≤0.25	—	—	—	—	Ni&Cu ≤0.25	0.040	0.040	402	245	24	49	≤156	DJ56
2	25	0.22~0.30	0.17~0.37	0.50~0.80	≤0.25	—	—	—	—	Ni&Cu ≤0.25	0.040	0.040	450	275	23	71	≤170	GB699
3	35	0.32~0.40	0.17~0.37	0.50~0.80	≤0.25	—	—	—	—	Ni&Cu ≤0.25	0.040	0.040	530	315	20	55	≤197	GB699
4	40Mn	0.12~0.20	0.30~0.50	0.60~1.00	0.30~0.45	0.70~0.90	0.30~0.40	—	—	—	0.030	0.030	735	638	16	59	229~277	SD107
5	30CrMo	0.26~0.34	0.20~0.40	0.40~0.70	0.80~1.10	0.15~0.25	—	—	—	Cu ≤0.25	0.030	0.035	930	785	12	78	≤229	DJ56
6	35CuMo	0.32~0.40	0.20~0.40	0.40~0.70	0.80~1.10	0.15~0.25	—	—	—	Cu ≤0.25	0.030	0.035	980	833	12	78	≤229	DJ56
7	25Cr2MoV	0.22~0.29	0.20~0.40	0.40~0.70	1.50~1.80	0.25~0.35	0.15~0.30	—	—	Cu ≤0.25	0.030	0.035	930	785	14	78	240~270	DJ56
8	25Cr2Mo1V	0.22~0.29	0.20~0.40	0.50~0.80	2.10~2.50	0.90~1.10	0.30~0.50	—	—	Cu ≤0.25	0.030	0.035	735	590	16	59	240~270	DJ56
9	20Cr1Mo1VTiB	0.17~0.23	0.45~0.60	0.45~0.60	0.90~1.30	0.75~1.00	0.45~0.65	0.16~0.28	0.005~0.010	—	0.030	0.030	785	686	12	49	221~274	DJ56
10	20CrMo1VNbB	0.17~0.23	0.35~0.50	0.30~0.60	0.90~1.30	0.75~1.00	0.50~0.70	0.05~0.14	0.004~0.010	Nb 0.11~0.25	0.030	0.030	833	735	15	49	236~278	DJ56
11	17CrMoV	0.12~0.20	0.30~0.50	0.60~1.00	0.30~0.45	0.70~0.90	0.30~0.40	—	—	—	0.030	0.030	735	638	16	59	229~277	SD107

注 本表摘自 DL5031—94《电力建设施工及验收技术规范 管道篇》。

表 10-15　　常用钢材的使用参数

管子、管件及管道附件	设计压力（MPa）	设计温度（℃）					
		≤300	≤350	≤420	≤510	≤540	≤570
钢管	<2.5	Q235-A	10 20	St45.8 20g	12CrMo 15CrMo	12Cr1MoV 12Cr2MoWVTiB 12Cr3MoVSiTiB 10CrMo910 A335P9 X20CrMoV121	
	≥2.5	Q235-A 10 16Mng					
管件	<2.5	Q235-A	20、25 ZG230-450 20g		12CrMo 15CrMo ZG20CrMo	12Cr1MoV ZG20CrMoV ZG15Cr1MoV 12Cr2Mo1	
	≥2.5	10 20					
螺栓	<2.5	Q235-A	25 35	30CrMo 35CrMo 25Cr2MoV 17CrMo1V		25Cr Mo1V	20CrMo1VTiB 20Cr1Mo1VNbB
	≥2.5	35					
螺母	<2.5	Q235-A		35	30CrMo 17CrMo1V 35CrMo	25Cr2MoV 25Cr2Mo1V	
	≥2.5	25					

注　1. 高温材料可用于低温。
　　2. 本表摘自 DL5031—94《电力建设施工及验收技术规范　管道篇》。

表 10-16　　焊条药皮及焊接电流种类代号

代号	药皮类型	电流种类	代号	药皮类型	电流种类
00	特殊型	交流或直流正、反接	18	铁粉低氢型*	交流或直流反接
01	钛铁矿型	交流或直流正、反接	20	高氧化铁型**	平焊：交流或直流正、反接 平角焊：交流或直流正接
03	钛钙型	交流或直流正、反接			
10	高纤维素钠型	直流反接	22	氧化铁型	平焊、交流或直流正接
11	高纤维素钠型	交流或直流反接	23	铁粉钛钙型	交流或直流正、反接
12	高钛钠型	交流或直流正接	24	铁粉钛型	交流或直流正、反接
13	高钛钾型	交流或直流正、反接	27	铁粉氧化铁型	平焊：交流或直流正、反接 平角焊：交流或直流正接
14	铁粉钛型	交流或直流正、反接			
15	低氢钠型	直流反接	28	铁粉低氢型	交流或直流反接
16	低氢钾型	交流或直流反接	48	铁粉低氢型	交流或直流反接

　*　对于碳钢焊条："18"的药皮类型为铁粉低氢钾型；"18M"为铁粉低氢型（电流种类为直流反接）。
　**　对于碳钢焊条为氧化铁型。

表 10-17	焊 条 尺 寸		（mm）
焊 条 直 径		焊 条 长 度	
基本尺寸	极限偏差	基本尺寸	极限偏差
1.6*		200～250	
2.0、2.5	±0.05	250～350	±2.0
3.2、4.0、5.0		350～450	
5.6、6.0、6.4、8.0		450～700	

注 允许制造直径 2.4mm 或 2.6mm 代替 2.5mm，3.0mm 代替 3.2mm，4.8mm 代替 5.0mm，5.8mm 代替 6.0mm。

* 低合金钢焊条无此规格。

表 10-18 不锈钢焊条的焊接电流和焊接位置

焊条型号	焊接电流	焊接位置
EXXX(X)—15	直流反接	全位置
EXXX(X)—25		平焊、横焊
EXXX(X)—16	交流或直流反接	全位置
EXXX(X)—17		
EXXX(X)—26		平焊、横焊

注 直径等于和大于 5.0mm 焊条不推荐全位置焊接。

不锈钢焊条型号编制举例：

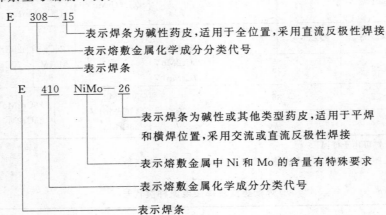

焊丝是指焊接用的钢焊丝、有色金属焊丝等，用来作为仪表管路钢管或紫铜等气焊连接的填充金属。钢管的氧-乙炔气焊一般采用实心焊丝，其牌号第一个字母"H"表示焊接用实心焊丝；"H"后面的一位数字或两位数字表示含碳量；化学符号及其后面的数字表示该元素大致的百分含量数值（合金元素含量小于 1% 时，该合金元素化学符号后面的数字 1 省略）；在结构钢焊丝牌号尾部标有"A"或"E"时，"A"表示优质品，说明该焊丝的硫、磷含量比普通焊丝低；"E"表示高级优质品，其硫、磷含量更低。例如：

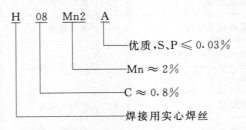

钢管的气体保护电弧焊焊丝型号表示方法为 ERXX—X。字母 ER 表示焊丝；ER 后面的两位数字表示熔敷金属的最低抗拉强度；短划"—"后面的字母或数字表示焊丝化学成分分类代号（后缀字母"L"表示含碳量低，一般用于氩弧焊打底）。如还附加其他化学成

分时，直接用元素符号表示，并以短划"—"与前面数字分开。有色金属焊丝的牌号前两个字母"HS"表示焊丝；牌号第一位数字表示焊丝的化学组成类型（用"2"代表铜或铜合金）；牌号第二、第三位数字表示同一类型焊丝的不同牌号。常用的 HS201 是含有少量硅、锰、磷等脱氧元素的特制紫铜焊丝，用于紫铜氧-乙炔气焊时作为填充材料。气焊时，为了防止焊缝金属氧化及消除已形成的氧化物，焊接时将焊丝一端煨热沾上 CJ301 熔剂，再行施焊。

常用钢材所适用的焊条和焊丝型号见表 10-19。

3. 氧-乙炔气焊用气体

（1）助燃气体——氧：它本身不能燃烧，但能帮助可燃气体进行充分燃烧。氧气的纯度会直接影响到气焊、气割的质量和效率，故工业上采用的氧气至少不低于二级纯度 98.5%（一级纯度不低于 99.2%）。氧气均为瓶装，氧气瓶的容积一般为 40L，在 15MPa 的压力下，可以贮存 6m³ 的氧气。使用时需用减压器减压到工作压力（焊接为 0.15～0.2MPa，切割为 0.4～0.5MPa）。

（2）可燃气体——乙炔：乙炔是碳氢化合物，采用水分解电石而得到，电石按品质可分为四级，每千克电石发气量为 235～300L。焊接时，一瓶氧气需要 20kg 左右电石；切割时，一瓶氧气需 6kg 左右电石。瓶装乙炔每瓶贮气量为 6kg 左右，瓶内最高压力 1.5MPa，使用时需减压到 0.1MPa 左右。

表 10-19　　　　　　　　　　　常用钢材所适用的焊条和焊丝型号

钢　材		电　焊　条		焊　丝	
种　类	代　号	型　号	旧牌号	氧-乙炔气焊	气体保护电弧焊
碳素钢	（C＜0.3%）	E4313，E4303，E4320，E4316，E4315	J421，J422，J424，J426，J427	H08MnA	ER50—3
普通低合金钢	16Mn，16Mng	E5016 E5015	J506 J507	H08MnA	ER50—3
合金钢	15CrMo	E5515—B2	R307	H08CrMoA	ER55—B2 ER55—B2L
	12Cr1MoV	E5515—B2—V E5515—B2—VNb	R317 R337	H08CrMoV	ER55—B2—MnV
	10CrMo910	E6015—B3	R407	H08Cr2MoA	ER62—B3 ER62—B3L
	12Cr2MoWVTiB	E5515—B3—VWB	R347	H08Cr2MoA	ER62—B3 ER62—B3L
	12Cr3MoVSiTiB	E5515—B3—VWB	R347	H08Cr2MoA	ER62—B3 ER62—B3L
不锈钢	1Cr18Ni9Ti	E347—16 E347—15	A132 A137	H1Cr19Ni9Ti H1Cr18Ni10Nb	H0Cr18Ni9Ti

4. 钨极氩弧焊用的电极和氩气

钨极氩弧焊用的电极，宜采用专用氩弧焊钨极（含 1%～2% 氧化铈）。所用氩气纯度不低于 99.95%。

二、焊接工艺

1. 焊口

焊口的位置应避开应力集中区，并便于施焊和热处理。

仪表管座不可设置在焊缝附近或热影响区上。

焊接坡口的形式和尺寸应按设计图纸或技术标准确定，并应考虑易于保证焊接质量、填充金属量少、便于操作等。管道对接焊口中心线距离管子弯曲起点不少于管子外径，且不少于100mm，与支吊架边缘的距离至少50mm。

常见的接头类型和尺寸见表10-20。

管子或管件的对口一般应做到内壁齐平，局部错口不应超过壁厚的10%且不大于1mm。不同厚度焊件对口时，其厚度差的处理方法可采用图10-30所示的对口形式。

表 10-20　　　　　　　　　　　　焊接接头类型及尺寸

接头类型	坡口形式	图形	焊接方法	焊件厚度 δ (mm)	接头结构尺寸				
					α	β	b (mm)	P (mm)	R (mm)
对接	I 形		气焊	<3	—	—	1～2		—
			电焊	≤3			1～2		
			埋弧焊	8～16			0～1		
	V 形		气焊	≤6	30°～35°	—	1～3	0.5～2	—
			电焊	≤16			1～3	1～2	
			埋弧焊	16～20			0～1	7	
	双V形水平管		电弧焊	16～60	30°～40°	8°～12°	2～5	1～2	5
	双V形垂直管		电弧焊	16～60	$\alpha_1=35°～40°$ $\alpha_2=20°～25°$	$\beta_1=15°～20°$ $\beta_2=5°～10°$	1～4	1～2	5
	封头		电弧焊	管径不限	同厚壁管坡口加工要求				

502

接头类型	坡口形式	图形	焊接方法	焊件厚度 δ (mm)	接头结构尺寸				
					α	β	b (mm)	P (mm)	R (mm)
T 形 接	管座		电弧焊	管径 φ≤76	50°～60°	30°～35°	2～3	1～2	按壁厚差取
			电弧焊	管径 76～133	50°～60°	30°～35°	2～3	1～2	—
T 形 接	无坡口		电弧焊 埋弧焊	≤20 >8	—	—	0～2	—	—
	单 V 形		电弧焊 埋弧焊	≤20	50°～60°	—	1～2	1～2	—
	K 形		电弧焊	>20	50°～60°	—	1～2	1～2	—
搭 接			气焊 电弧焊 埋弧焊	≤4 ≥4 >8	—	—	0～1	—	L=5δ

注 1. 钨极氩弧焊与电弧焊的结构尺寸相同。

2. 本表摘自 DL5007—92《电力建设施工及验收技术规范 火力发电厂焊接篇》。

管子坡口及内外壁 10mm 以上范围内的油、漆、垢、锈等应清除干净，直至发出金属光泽，并检查有无裂纹、夹层等缺陷。有电镀层的钢材管件（特别是镀铜、铬等），应将焊接处的表面镀层打磨掉，以防焊接后产生裂纹。

2. 施焊前的预热

允许焊接的最低环境温度为：低碳钢为 $-20\,^\circ\!C$；低合金钢、普通钢为 $-10\,^\circ\!C$；中、高

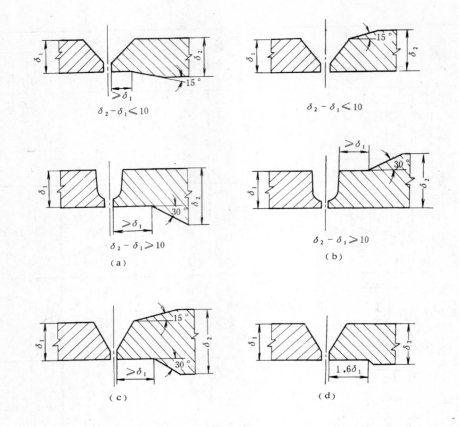

图 10-30　不同厚度对口时的处理方法

(a) 内壁尺寸不相等；(b) 外壁尺寸不相等；(c) 内外壁尺寸均不相等；(d) $\delta_2 - \delta_1 \leqslant 5mm$

合金钢为 0℃。

几种钢号的管子及管件施焊前的预热温度如表 10-21。

表 10-21	施焊前预热温度	
钢　号	壁厚（mm）	预热温度（℃）
20	≥26	100～200
15CrMo	≥10	150～250
12Cr1MoV	—	200～300
12Cr3MoVSiTiB	≥6	250～350

注　当采用钨极氩弧焊打底时，可按下限温度降低 50℃。

3. 焊接操作

（1）手工电弧焊：手工电弧焊最常用的焊接电源是弧焊变压器，通过两根焊接电缆分别与焊件以及电焊钳夹紧的焊条连接，利用焊条和焊件两极间电弧的热量来实现焊接。焊接时使用短路方法来引弧，可采用划擦法或直击法。前者是将焊条末端对准焊缝，手腕扭转一下，使焊条端部在焊件表面上轻轻划擦，然后扭平手腕，并将焊条提起 3～4mm，即起弧；后者是用手腕下降，使焊条轻轻碰一下焊件，随即将焊条提起 3～4mm 而起弧。当电弧引燃后，便将弧长保持在与该焊条直径相适应的范围内进行焊接。为保证焊接质量和有良好的成形，焊条要有三个基本方向的运动：为维持所要求的电弧长度，焊条须朝熔池方向逐渐送进；为获得一定宽度的焊缝，焊条须作横向摆动；为使熔池金属形成焊缝，焊条须沿焊接方向移动。在焊接实践中，根据不同的焊缝位置和接头形式，并考虑焊条直径、焊接电流、焊件厚度等各种因素，可选择不同的摆动手法。

（2）氧-乙炔气焊：氧-乙炔气焊利用焊炬，将可燃气体和助燃气体混合燃烧时放出的热量作为热源进行焊接。点火时应把氧气阀稍微打开，再打开乙炔阀，点火后应立即调整火焰达到正常形状。气焊操作有左焊法和右焊法。气焊时，焊炬的运动方向从右到左，焊丝位于焊炬的前方，火焰指向焊丝末端及焊件坡口的未焊部分，称左焊法。该法焊接时，火焰对未焊部分有预热作用，但焊缝易于氧化，焊缝冷却较快，热量利用率低，适用于焊接薄板材料和低熔点金属。当焊炬的运动方向从左到右，焊丝位于焊炬走向的后方，火焰指向焊丝末端及焊件坡口的已焊部分，称右焊法。该法焊接时，火焰指向焊缝，整个熔池被遮盖，能起到良好的保护作用和焊后热处理的作用。焊接完毕，焊炬停止使用时，应先关乙炔阀，后关氧气阀，可防止发生回火和减少烟尘。

三、焊后热处理

焊后热处理是为了降低焊接接头的应力，改善焊缝金属组织与性能。合金钢管或壁厚大于 30mm 的低碳钢管及相应管件的焊接接头，焊后应进行热处理。几种钢号的管子及管件焊后的热处理温度及恒温时间见表 10-22。

热工仪表的取源部件所用材料为合金钢时，其焊接接头应按表 10-22 规定的温度加热后，用石棉布保温，缓缓冷却，进行热处理。测量导管的壁厚较小，其焊接接头焊后适当缓冷即可。

表 10-22 焊后热处理温度及恒温时间

钢 号	温 度 (℃)	厚 度 (mm)						
		≤12.5	>12.5~25	>25~37.5	>37.5~50	>50~75	>75~100	>100~125
		恒 温 时 间 (h)						
20	600~650	—	—	$1\frac{1}{2}$	2	$2\frac{1}{4}$	$2\frac{1}{2}$	$2\frac{3}{4}$
15CrMo	670~700	$\frac{1}{2}$	1	$1\frac{1}{2}$	2	$2\frac{1}{4}$	$2\frac{1}{2}$	$2\frac{3}{4}$
12Cr1MoV	720~750	$\frac{1}{2}$	1	$1\frac{1}{2}$	2	3	4	5
12Cr3MoVSiTiB	750~780	$\frac{3}{4}$	$1\frac{1}{4}$	$1\frac{3}{4}$	$2\frac{1}{4}$	$3\frac{1}{4}$	$4\frac{1}{4}$	$5\frac{1}{4}$

附录一 热电偶和热电阻分度表

国际电工委员会（IEC）于 1977 年制定了常用的七种标准型热电偶（即 S、R、B、E、K、J、T 型）"分度表"的国际标准《热电偶第一部分——分度表》(IEC 出版物 581-1)，1982 年发布了《热电偶第二部分——允差》(IEC 出版物 584-2)，1986 年推荐第八种工业用标准化热电偶：镍铬硅-镍硅（N 型）。我国先后发布（或修订）了以下有关热电偶分度号的国家标准和专业标准：GB2902-82《铂铑 30-铂铑 6 热电偶丝及分度表》、GB3772-83《铂铑 10-铂热电偶丝及分度号》、GB2614—85（代替 GB2614—81）《镍铬-镍硅热电偶丝及分度表》、GB4993—85《镍铬-铜镍（康铜）热电偶丝及分度表》、GB4994-85《铁-铜镍（康铜）热电偶丝及分度表》、GB1598—86（代替 GB1598—79）《铂铑 13-铂热电偶丝及分度表》、GB2903—89（代替 GB2903—82）《铜-铜镍（康铜）热电偶丝及分度表》、ZBY300—85《工业热电偶分度表与允差》（含 S、B、E、K、J、T 型）、ZBN05003—88《钨铼热电偶丝及分度表》、ZBN05004—88《镍铬硅-镍硅热电偶丝及分度表》。

国际电工委员会 1983 年发布了《工业铂热电阻》(IEC751—1983)。我国相继发布了 ZBY301—85《工业铂电阻技术条件及分度表》和 ZBN11010—88《工业铜电阻技术条件及分度表》国家专业标准。

本附表 1-1～附表 1-10 的分度表根据上述标准选录了常用热电偶和热电阻的分度表。由于铂铑 13-铂热电偶（R 型）和钨铼热电偶在电站中尚无使用，故未列入。

附表 1-1 　　　　　　　　铂铑 30-铂铑 6 热电偶分度表

分度号：B 　　　　　　　　　　　　　　　　　　　　　　（参比端温度为 0℃）

温 度 (℃)	0	1	2	3	4	5	6	7	8	9
	热 电 动 势 （mV）									
0	−0.000	−0.000	−0.000	−0.001	−0.001	−0.001	−0.001	−0.001	−0.002	−0.002
10	−0.002	−0.002	−0.002	−0.002	−0.002	−0.002	−0.002	−0.002	−0.003	−0.003
20	−0.003	−0.003	−0.003	−0.003	−0.003	−0.002	−0.002	−0.002	−0.002	−0.002
30	−0.002	−0.002	−0.002	−0.002	−0.002	−0.001	−0.001	−0.001	−0.001	−0.001
40	−0.000	−0.000	−0.000	0.000	0.000	0.001	0.001	0.001	0.002	0.002
50	0.002	0.003	0.003	0.004	0.004	0.004	0.005	0.005	0.006
60	0.006	0.007	0.007	0.008	0.008	0.009	0.009	0.010	0.010	0.011
70	0.011	0.012	0.012	0.013	0.014	0.014	0.015	0.015	0.016	0.017
80	0.017	0.018	0.019	0.020	0.020	0.021	0.022	0.022	0.023	0.024
90	0.025	0.026	0.026	0.027	0.028	0.029	0.030	0.031	0.031	0.032
100	0.033	0.034	0.035	0.036	0.037	0.038	0.039	0.040	0.041	0.042
110	0.043	0.044	0.045	0.046	0.047	0.048	0.049	0.050	0.051	0.052
120	0.053	0.055	0.056	0.057	0.058	0.059	0.060	0.062	0.063	0.064
130	0.065	0.066	0.068	0.069	0.070	0.071	0.073	0.074	0.075	0.077
140	0.078	0.079	0.081	0.082	0.083	0.085	0.086	0.088	0.089	0.091

温 度 （℃）	0	1	2	3	4	5	6	7	8	9
	热 电 动 势 （mV）									
150	0.092	0.093	0.095	0.096	0.098	0.099	0.101	0.102	0.104	0.106
160	0.107	0.109	0.110	0.112	0.113	0.115	0.117	0.118	0.120	0.122
170	0.123	0.125	0.127	0.128	0.130	0.132	0.133	0.135	0.137	0.139
180	0.140	0.142	0.144	0.146	0.148	0.149	0.151	0.153	0.155	0.157
190	0.159	0.161	0.163	0.164	0.166	0.168	0.170	0.172	0.174	0.176
200	0.178	0.180	0.182	0.184	0.186	0.188	0.190	0.192	0.194	0.197
210	0.199	0.201	0.203	0.205	0.207	0.209	0.211	0.214	0.216	0.218
220	0.220	0.222	0.225	0.227	0.229	0.231	0.234	0.236	0.238	0.240
230	0.243	0.245	0.247	0.250	0.252	0.254	0.257	0.259	0.262	0.264
240	0.266	0.269	0.271	0.274	0.276	0.279	0.281	0.284	0.286	0.289
250	0.291	0.294	0.296	0.299	0.301	0.304	0.307	0.309	0.312	0.314
260	0.317	0.320	0.322	0.325	0.328	0.330	0.333	0.336	0.338	0.341
270	0.344	0.347	0.349	0.352	0.355	0.358	0.360	0.363	0.366	0.369
280	0.372	0.375	0.377	0.380	0.383	0.386	0.389	0.392	0.395	0.398
290	0.401	0.404	0.406	0.409	0.412	0.415	0.418	0.421	0.424	0.427
300	0.431	0.434	0.437	0.440	0.443	0.446	0.449	0.452	0.455	0.458
310	0.462	0.465	0.468	0.471	0.474	0.477	0.481	0.484	0.487	0.490
320	0.494	0.497	0.500	0.503	0.507	0.510	0.513	0.517	0.520	0.523
330	0.527	0.530	0.533	0.537	0.540	0.544	0.547	0.550	0.554	0.557
340	0.561	0.564	0.568	0.571	0.575	0.578	0.582	0.585	0.589	0.592
350	0.596	0.599	0.603	0.606	0.610	0.614	0.617	0.621	0.625	0.628
360	0.632	0.636	0.639	0.643	0.647	0.650	0.654	0.658	0.661	0.665
370	0.669	0.673	0.677	0.680	0.684	0.688	0.692	0.696	0.699	0.703
380	0.707	0.711	0.715	0.719	0.723	0.727	0.730	0.734	0.738	0.742
390	0.746	0.750	0.754	0.758	0.762	0.766	0.770	0.774	0.778	0.782
400	0.786	0.790	0.794	0.799	0.803	0.807	0.811	0.815	0.819	0.823
410	0.827	0.832	0.836	0.840	0.844	0.848	0.853	0.857	0.861	0.865
420	0.870	0.874	0.878	0.882	0.887	0.891	0.895	0.900	0.904	0.908
430	0.913	0.917	0.921	0.926	0.930	0.935	0.939	0.943	0.948	0.952
440	0.957	0.961	0.966	0.970	0.975	0.979	0.984	0.988	0.993	0.997
450	1.002	1.006	1.011	1.015	1.020	1.025	1.029	1.034	1.039	1.043
460	1.048	1.052	1.057	1.062	1.066	1.071	1.076	1.081	1.085	1.090
470	1.095	1.100	1.104	1.109	1.114	1.119	1.123	1.128	1.133	1.138
480	1.143	1.148	1.152	1.157	1.162	1.167	1.172	1.177	1.182	1.187
490	1.192	1.197	1.202	1.206	1.211	1.216	1.221	1.226	1.231	1.236
500	1.241	1.246	1.252	1.257	1.262	1.267	1.272	1.277	1.282	1.287
510	1.292	1.297	1.303	1.308	1.313	1.318	1.323	1.328	1.334	1.339
520	1.344	1.349	1.354	1.360	1.365	1.370	1.375	1.381	1.386	1.391
530	1.397	1.402	1.407	1.413	1.418	1.423	1.429	1.434	1.439	1.445
540	1.450	1.456	1.461	1.467	1.472	1.477	1.483	1.488	1.494	1.499
550	1.505	1.510	1.516	1.521	1.527	1.532	1.538	1.544	1.549	1.555
560	1.560	1.566	1.571	1.577	1.583	1.588	1.594	1.600	1.605	1.611
570	1.617	1.622	1.628	1.634	1.639	1.645	1.651	1.657	1.662	1.668
580	1.674	1.680	1.685	1.691	1.697	1.703	1.709	1.715	1.720	1.726
590	1.732	1.738	1.744	1.750	1.756	1.762	1.767	1.773	1.779	1.785

温 度 （℃）	0	1	2	3	4	5	6	7	8	9
	热 电 动 势 （mV）									
600	1.791	1.797	1.803	1.809	1.815	1.821	1.827	1.833	1.839	1.845
610	1.851	1.857	1.863	1.869	1.875	1.882	1.888	1.894	1.900	1.906
620	1.912	1.918	1.924	1.931	1.937	1.943	1.949	1.955	1.961	1.968
630	1.974	1.980	1.986	1.993	1.999	2.005	2.011	2.018	2.024	2.030
640	2.036	2.043	2.049	2.055	2.062	2.068	2.074	2.081	2.087	2.094
650	2.100	2.106	2.113	2.119	2.126	2.132	2.139	2.145	2.151	2.158
660	2.164	2.171	2.177	2.184	2.190	2.197	2.203	2.210	2.216	2.223
670	2.230	2.236	2.243	2.249	2.256	2.263	2.269	2.276	2.282	2.289
680	2.296	2.302	2.309	2.316	2.322	2.329	2.336	2.343	2.349	2.356
690	2.363	2.369	2.376	2.383	2.390	2.396	2.403	2.410	2.417	2.424
700	2.430	2.437	2.444	2.451	2.458	2.465	2.472	2.478	2.485	2.492
710	2.499	2.506	2.513	2.520	2.527	2.534	2.541	2.548	2.555	2.562
720	2.569	2.576	2.583	2.590	2.597	2.604	2.611	2.618	2.625	2.632
730	2.639	2.646	2.653	2.660	2.667	2.674	2.682	2.689	2.696	2.703
740	2.710	2.717	2.724	2.732	2.739	2.746	2.753	2.760	2.768	2.775
750	2.782	2.789	2.797	2.804	2.811	2.818	2.826	2.833	2.840	2.848
760	2.855	2.862	2.869	2.877	2.884	2.892	2.899	2.906	2.914	2.921
770	2.928	2.936	2.943	2.951	2.958	2.966	2.973	2.980	2.988	2.995
780	3.003	3.010	3.018	3.025	3.033	3.040	3.048	3.055	3.063	3.070
790	3.078	3.086	3.093	3.101	3.108	3.116	3.124	3.131	3.139	3.146
800	3.154	3.162	3.169	3.177	3.185	3.192	3.200	3.208	3.215	3.223
810	3.231	3.239	3.246	3.254	3.262	3.269	3.277	3.285	3.293	3.301
820	3.308	3.316	3.324	3.332	3.340	3.347	3.355	3.363	3.371	3.379
830	3.387	3.395	3.402	3.410	3.418	3.426	3.434	3.442	3.450	3.458
840	3.466	3.474	3.482	3.490	3.498	3.506	3.514	3.522	3.530	3.538
850	3.546	3.554	3.562	3.570	3.578	3.586	3.594	3.602	3.610	3.618
860	3.626	3.634	3.643	3.651	3.659	3.667	3.675	3.683	3.691	3.700
870	3.708	3.716	3.724	3.732	3.741	3.749	3.757	3.765	3.713	3.782
880	3.790	3.798	3.806	3.815	3.823	3.831	3.840	3.848	3.856	3.865
890	3.873	3.881	3.890	3.898	3.906	3.915	3.923	3.931	3.940	3.948
900	3.957	3.965	3.973	3.982	3.990	3.999	4.007	4.016	4.024	4.032
910	4.041	4.049	4.058	4.066	4.075	4.083	4.092	4.100	4.109	4.117
920	4.126	4.135	4.143	4.152	4.160	4.169	4.177	4.186	4.195	4.203
930	4.212	4.220	4.229	4.238	4.246	4.255	4.264	4.272	4.281	4.290
940	4.298	4.307	4.316	4.325	4.333	4.342	4.351	4.359	4.368	4.377
950	4.386	4.394	4.403	4.412	4.421	4.430	4.438	4.447	4.456	4.465
960	4.474	4.483	4.491	4.500	4.509	4.518	4.527	4.536	4.545	4.553
970	4.562	4.571	4.580	4.589	4.598	4.607	4.616	4.625	4.634	4.643
980	4.652	4.661	4.670	4.679	4.688	4.697	4.706	4.715	4.724	4.733
990	4.742	4.751	4.760	4.769	4.778	4.787	4.796	4.805	4.814	4.824
1000	4.833	4.842	4.851	4.860	4.869	4.878	4.887	4.897	4.906	4.915
1010	4.924	4.933	4.942	4.952	4.961	4.970	4.979	4.989	4.998	5.007
1020	5.016	5.025	5.035	5.044	5.053	5.063	5.072	5.081	5.090	5.100
1030	5.109	5.118	5.128	5.137	5.146	5.156	5.165	5.174	5.184	5.193
1040	5.202	5.212	5.221	5.231	5.240	5.249	5.259	5.268	5.278	5.287

温 度 （℃）	0	1	2	3	4	5	6	7	8	9
	热 电 动 势 （mV）									
1050	5.297	5.306	5.316	5.325	5.334	5.344	5.353	5.363	5.372	5.382
1060	5.391	5.401	5.410	5.420	5.429	5.439	5.449	5.458	5.468	5.477
1070	5.487	5.496	5.506	5.516	5.525	5.535	5.544	5.554	5.546	5.573
1080	5.583	5.593	5.602	5.612	5.621	5.631	5.641	5.651	5.660	5.670
1090	5.680	5.689	5.699	5.709	5.718	5.728	5.738	5.748	5.757	5.767
1100	5.777	5.787	5.796	5.806	5.816	5.826	5.836	5.845	5.855	5.865
1110	5.875	5.885	5.895	5.904	5.914	5.924	5.934	5.944	5.954	5.964
1120	5.973	5.983	5.993	6.003	6.013	6.023	6.033	6.043	6.053	6.063
1130	6.073	6.083	6.093	6.102	6.112	6.122	6.132	6.142	6.152	6.162
1140	6.172	6.182	6.192	6.202	6.212	6.223	6.233	6.243	6.253	6.263
1150	6.273	6.283	6.293	6.303	6.313	6.323	6.333	6.343	6.353	6.364
1160	6.374	6.384	6.394	6.404	6.414	6.424	6.435	6.445	6.455	6.465
1170	6.475	6.485	6.496	6.506	6.516	6.526	6.536	6.547	6.557	6.567
1180	6.577	6.588	6.598	6.608	6.618	6.629	6.639	6.649	6.659	6.670
1190	6.680	6.690	6.701	6.711	6.721	6.732	6.742	6.752	6.763	6.773
1200	6.783	6.794	6.804	6.814	6.825	6.835	6.846	6.856	6.866	6.877
1210	6.887	6.898	6.908	6.918	6.929	6.939	6.950	6.960	6.971	6.981
1220	6.991	7.002	7.012	7.023	7.033	7.044	7.054	7.065	7.075	7.086
1230	7.096	7.107	7.117	7.128	7.138	7.149	7.159	7.170	7.181	7.191
1240	7.202	7.212	7.223	7.233	7.244	7.255	7.265	7.276	7.286	7.297
1250	7.308	7.318	7.329	7.339	7.350	7.361	7.371	7.382	7.393	7.403
1260	7.414	7.425	7.435	7.446	7.457	7.467	7.478	7.489	7.500	7.510
1270	7.521	7.532	7.542	7.553	7.564	7.575	7.585	7.596	7.607	7.618
1280	7.628	7.639	7.650	7.661	7.671	7.682	7.693	7.704	7.715	7.725
1290	7.736	7.747	7.758	7.769	7.780	7.790	7.801	7.812	7.823	7.834
1300	7.845	7.855	7.866	7.877	7.888	7.899	7.910	7.921	7.932	7.943
1310	7.953	7.964	7.975	7.986	7.997	8.008	8.019	8.030	8.041	8.052
1320	8.063	8.074	8.085	8.096	8.107	8.118	8.128	8.139	8.150	8.161
1330	8.172	8.183	8.194	8.205	8.216	8.227	8.238	8.249	8.261	8.272
1340	8.283	8.294	8.305	8.316	8.327	8.338	8.349	8.360	8.371	8.382
1350	8.393	8.404	8.415	8.426	8.437	8.449	8.460	8.471	8.482	8.493
1360	8.504	8.515	8.526	8.538	8.549	8.560	8.571	8.582	8.593	8.604
1370	8.616	8.627	8.638	8.649	8.660	8.671	8.683	8.694	8.705	8.716
1380	8.727	8.738	8.750	8.761	8.772	8.783	8.795	8.806	8.817	8.828
1390	8.839	8.851	8.862	8.873	8.884	8.896	8.907	8.918	8.929	8.941
1400	8.952	8.963	8.974	8.986	8.997	9.008	9.020	9.031	9.042	9.053
1410	9.065	9.076	9.087	9.099	9.110	9.121	9.133	9.144	9.155	9.167
1420	9.178	9.189	9.201	9.212	9.223	9.235	9.246	9.257	9.269	9.280
1430	9.291	9.303	9.314	9.326	9.337	9.348	9.360	9.371	9.382	9.394
1440	9.405	9.417	9.428	9.439	9.451	9.462	9.474	9.485	9.497	9.508

温 度 （℃）	0	1	2	3	4	5	6	7	8	9
	热 电 动 势 （mV）									
1450	9.519	9.531	9.542	9.554	9.565	9.577	9.588	9.599	9.611	9.622
1460	9.634	9.645	9.657	9.668	9.680	9.691	9.703	9.714	9.726	9.737
1470	9.748	9.760	9.771	9.783	9.794	9.806	9.817	9.829	9.840	9.852
1480	9.863	9.875	9.086	9.898	9.909	9.921	9.933	9.944	9.956	9.967
1490	9.979	9.990	10.002	10.013	10.025	10.036	10.048	10.059	10.071	10.082
1500	10.094	10.106	10.117	10.129	10.140	10.152	10.163	10.175	10.187	10.198
1510	10.210	10.221	10.233	10.244	10.256	10.268	10.279	10.291	10.302	10.314
1520	10.325	10.337	10.349	10.360	10.372	10.383	10.395	10.407	10.418	10.430
1530	10.441	10.453	10.465	10.476	10.488	10.500	10.511	10.523	10.534	10.546
1540	10.558	10.569	10.581	10.593	10.604	10.616	10.627	10.639	10.651	10.662
1550	10.674	10.686	10.697	10.709	10.721	10.732	10.744	10.756	10.767	10.779
1560	10.790	10.802	10.814	10.825	10.837	10.849	10.860	10.872	10.884	10.895
1570	10.907	10.919	10.930	10.942	10.954	10.965	10.977	10.989	11.000	11.012
1580	11.024	11.035	11.047	11.059	11.070	11.082	11.094	11.105	11.117	11.129
1590	11.141	11.152	11.164	11.176	11.187	11.199	11.211	11.222	11.234	11.246
1600	11.257	11.269	11.281	11.292	11.304	11.316	11.328	11.339	11.351	11.363
1610	11.374	11.386	11.398	11.409	11.421	11.433	11.444	11.456	11.468	11.480
1620	11.491	11.503	11.515	11.526	11.538	11.550	11.561	11.573	11.585	11.597
1630	11.608	11.620	11.632	11.643	11.655	11.667	11.678	11.690	11.702	11.714
1640	11.725	11.737	11.749	11.760	11.772	11.784	11.795	11.807	11.819	11.830
1650	11.842	11.854	11.866	11.877	11.889	11.901	11.912	11.924	11.936	11.947
1660	11.959	11.971	11.983	11.994	12.006	12.018	12.029	12.041	12.053	12.064
1670	12.076	12.088	12.099	12.111	12.123	12.134	12.146	12.158	12.170	12.181
1680	12.193	12.205	12.216	12.228	12.240	12.251	12.263	12.275	12.286	12.298
1690	12.310	12.321	12.333	12.345	12.356	12.368	12.380	12.391	12.403	12.415
1700	12.426	12.438	12.450	12.461	12.473	12.485	12.496	12.508	12.520	12.531
1710	12.543	12.555	12.566	12.578	12.590	12.601	12.613	12.624	12.636	12.648
1720	12.659	12.671	12.683	12.694	12.706	12.718	12.729	12.741	12.752	12.764
1730	12.776	12.787	12.799	12.811	12.822	12.834	12.845	12.857	12.869	12.880
1740	12.892	12.903	12.915	12.927	12.938	12.950	12.961	12.973	12.985	12.996
1750	13.008	13.019	13.031	13.043	13.054	13.066	13.077	13.089	13.100	13.112
1760	13.124	13.135	13.147	13.156	13.170	13.181	13.193	13.204	13.216	13.228
1770	13.239	13.251	13.262	13.274	13.285	13.297	13.308	13.320	13.331	13.343
1780	13.354	13.366	13.378	13.389	13.401	13.412	13.424	13.435	13.447	13.458
1790	13.470	13.481	13.493	13.504	13.516	13.527	13.539	13.550	13.562	13.573
1800	13.585	13.596	13.607	13.619	13.630	13.642	13.653	13.665	13.676	13.688
1810	13.699	13.711	13.722	13.733	13.745	13.756	13.768	13.779	13.791	13.802
1820	13.814									

温度 （℃）	0	1	2	3	4	5	6	7	8	9
	热　电　动　势　（mV）									
−50	−0.236									
−40	−0.194	−0.199	−0.203	−0.207	−0.211	−0.215	−0.220	−0.224	−0.228	−0.232
−30	−0.150	−0.155	−0.159	−0.164	−0.168	−0.173	−0.177	−0.181	−0.186	−0.190
−20	−0.103	−0.108	−0.112	−0.117	−0.122	−0.127	−0.132	−0.136	−0.141	−0.145
−10	−0.053	−0.058	−0.063	−0.068	−0.073	−0.078	−0.083	−0.088	−0.093	−0.098
0	−0.000	−0.005	−0.011	−0.016	−0.021	−0.027	−0.032	−0.037	−0.042	−0.048
0	0.000	0.005	0.011	0.016	0.022	0.027	0.033	0.038	0.044	0.050
10	0.055	0.061	0.067	0.072	0.078	0.084	0.090	0.095	0.101	0.107
20	0.113	0.119	0.125	0.131	0.137	0.142	0.148	0.154	0.161	0.167
30	0.173	0.179	0.185	0.191	0.197	0.203	0.210	0.216	0.222	0.228
40	0.235	0.241	0.247	0.254	0.260	0.266	0.273	0.279	0.286	0.292
50	0.299	0.305	0.312	0.318	0.325	0.331	0.338	0.345	0.351	0.358
60	0.365	0.371	0.378	0.385	0.391	0.398	0.405	0.412	0.419	0.425
70	0.432	0.439	0.446	0.453	0.460	0.467	0.474	0.481	0.488	0.495
80	0.502	0.509	0.516	0.523	0.530	0.537	0.544	0.551	0.558	0.566
90	0.573	0.580	0.587	0.594	0.602	0.609	0.616	0.623	0.631	0.638
100	0.645	0.653	0.660	0.667	0.675	0.682	0.690	0.697	0.704	0.712
110	0.719	0.727	0.734	0.742	0.749	0.757	0.764	0.772	0.780	0.787
120	0.795	0.802	0.810	0.818	0.825	0.833	0.841	0.848	0.856	0.864
130	0.872	0.879	0.887	0.895	0.903	0.910	0.918	0.926	0.934	0.942
140	0.950	0.957	0.965	0.973	0.981	0.989	0.997	1.005	1.013	1.021
150	1.029	1.037	1.045	1.053	1.061	1.069	1.077	1.085	1.093	1.101
160	1.109	1.117	1.125	1.133	1.141	1.149	1.158	1.166	1.174	1.182
170	1.190	1.198	1.207	1.215	1.223	1.231	1.240	1.248	1.256	1.264
180	1.273	1.281	1.289	1.297	1.306	1.314	1.322	1.331	1.339	1.347
190	1.356	1.364	1.373	1.381	1.389	1.398	1.406	1.415	1.423	1.432
200	1.440	1.448	1.457	1.465	1.474	1.482	1.491	1.499	1.508	1.516
210	1.525	1.534	1.542	1.551	1.559	1.568	1.576	1.585	1.594	1.602
220	1.611	1.620	1.628	1.637	1.645	1.654	1.663	1.671	1.680	1.689
230	1.698	1.706	1.715	1.724	1.732	1.741	1.750	1.759	1.767	1.776
240	1.785	1.794	1.802	1.811	1.820	1.829	1.838	1.846	1.855	1.864
250	1.873	1.882	1.891	1.899	1.908	1.917	1.926	1.935	1.944	1.953
260	1.962	1.971	1.979	1.988	1.997	2.006	2.015	2.024	2.033	2.042
270	2.051	2.060	2.069	2.078	2.087	2.096	2.105	2.114	2.123	2.132
280	2.141	2.150	2.159	2.168	2.177	2.186	2.195	2.204	2.213	2.222
290	2.232	2.241	2.250	2.259	2.268	2.277	2.286	2.295	2.304	2.314
300	2.323	2.332	2.341	2.350	2.359	2.368	2.378	2.387	2.396	2.405
310	2.414	2.424	2.433	2.442	2.451	2.460	2.470	2.479	2.488	2.497
320	2.506	2.516	2.525	2.534	2.543	2.553	2.562	2.571	2.581	2.590
330	2.599	2.608	2.618	2.627	2.636	2.646	2.655	2.664	2.674	2.683
340	2.692	2.702	2.711	2.720	2.730	2.739	2.748	2.758	2.767	2.776

温 度 (℃)	0	1	2	3	4	5	6	7	8	9
	热 电 动 势 （mV）									
350	2.786	2.795	2.805	2.814	2.823	2.833	2.842	2.852	2.861	2.870
360	2.880	2.889	2.899	2.908	2.917	2.927	2.936	2.946	2.955	2.965
370	2.974	2.984	2.993	3.003	3.012	3.022	3.031	3.041	3.050	3.059
380	3.069	3.078	3.088	3.097	3.107	3.117	3.126	3.136	3.145	3.155
390	3.164	3.174	3.183	3.193	3.202	3.212	3.221	3.231	3.241	3.250
400	3.260	3.269	3.279	3.288	3.298	3.308	3.317	3.327	3.336	3.346
410	3.356	3.365	3.375	3.384	3.394	3.404	3.413	3.423	3.433	3.442
420	3.452	3.462	3.471	3.481	3.491	3.500	3.510	3.520	3.529	3.539
430	3.549	3.558	3.568	3.578	3.587	3.597	3.607	3.616	3.626	3.636
440	3.645	3.655	3.665	3.675	3.684	3.694	3.704	3.714	3.723	3.733
450	3.743	3.752	3.762	3.772	3.782	3.791	3.801	3.811	3.821	3.831
460	3.840	3.850	3.860	3.870	3.879	3.889	3.899	3.909	3.919	3.928
470	3.938	3.948	3.958	3.968	3.977	3.987	3.997	4.007	4.017	4.027
480	4.036	4.046	4.056	4.066	4.076	4.086	4.095	4.105	4.115	4.125
490	4.135	4.145	4.155	4.164	4.174	4.184	4.194	4.204	4.214	4.224
500	4.234	4.243	4.253	4.263	4.273	4.283	4.293	4.303	4.313	4.323
510	4.333	4.343	4.352	4.362	4.372	4.382	4.392	4.402	4.412	4.422
520	4.432	4.442	4.452	4.462	4.472	4.482	4.492	4.502	4.512	4.522
530	4.532	4.542	4.552	4.562	4.572	4.582	4.592	4.602	4.612	4.622
540	4.632	4.642	4.652	4.662	4.672	4.682	4.692	4.702	4.712	4.722
550	4.732	4.742	4.752	4.762	4.772	4.782	4.792	4.802	4.812	4.822
560	4.832	4.842	4.852	4.862	4.873	4.883	4.893	4.903	4.913	4.923
570	4.933	4.943	4.953	4.963	4.973	4.984	4.994	5.004	5.014	5.024
580	5.034	5.044	5.054	5.065	5.075	5.085	5.095	5.105	5.115	5.125
590	5.136	5.146	5.156	5.166	5.176	5.186	5.197	5.207	5.217	5.227
600	5.237	5.247	5.258	5.268	5.278	5.288	5.298	5.309	5.319	5.329
610	5.339	5.350	5.360	5.370	5.380	5.391	5.401	5.411	5.421	5.431
620	5.442	5.452	5.462	5.473	5.483	5.493	5.503	5.514	5.524	5.534
630	5.544	5.555	5.565	5.575	5.586	5.596	5.606	5.617	5.627	5.637
640	5.648	5.658	5.668	5.679	5.689	5.700	5.710	5.720	5.731	5.741
650	5.751	5.762	5.772	5.782	5.793	5.803	5.814	5.824	5.834	5.845
660	5.855	5.866	5.876	5.887	5.897	5.907	5.918	5.928	5.939	5.949
670	5.960	5.970	5.980	5.991	6.001	6.012	6.022	6.033	6.043	6.054
680	6.064	6.075	6.085	6.096	6.106	6.117	6.127	6.138	6.148	6.159
690	6.169	6.180	6.190	6.201	6.211	6.222	6.232	6.243	6.253	6.264
700	6.274	6.285	6.295	6.306	6.316	6.327	6.338	6.348	6.359	6.369
710	6.380	6.390	6.401	6.412	6.422	6.433	6.443	6.454	6.465	6.475
720	6.486	6.496	6.507	6.518	6.528	6.539	6.549	6.560	6.571	6.581
730	6.592	6.603	6.613	6.624	6.635	6.645	6.656	6.667	6.677	6.688
740	6.699	6.709	6.720	6.731	6.741	6.752	6.763	6.773	6.784	6.795
750	6.805	6.816	6.827	6.838	6.848	6.859	6.870	6.880	6.891	6.902
760	6.913	6.923	6.934	6.945	6.956	6.966	6.977	6.988	6.999	7.009
770	7.020	7.031	7.042	7.053	7.063	7.074	7.085	7.096	7.107	7.117
780	7.128	7.139	7.150	7.161	7.171	7.182	7.193	7.204	7.215	7.225
790	7.236	7.247	7.258	7.269	7.280	7.291	7.301	7.312	7.323	7.334

温度 (℃)	0	1	2	3	4	5	6	7	8	9
	热 电 动 势 (mV)									
800	7.345	7.356	7.367	7.377	7.388	7.399	7.410	7.421	7.432	7.443
810	7.454	7.465	7.476	7.486	7.497	7.508	7.519	7.530	7.541	7.552
820	7.563	7.574	7.585	7.596	7.607	7.618	7.629	7.640	7.651	7.661
830	7.672	7.683	7.694	7.705	7.716	7.727	7.738	7.749	7.760	7.771
840	7.782	7.793	7.804	7.815	7.826	7.837	7.848	7.859	7.870	7.881
850	7.892	7.904	7.915	7.926	7.937	7.948	7.959	7.970	7.981	7.992
860	8.003	8.014	8.025	8.036	8.047	8.058	8.069	8.081	8.092	8.103
870	8.114	8.125	8.136	8.147	8.158	8.169	8.180	8.192	8.203	8.214
880	8.225	8.236	8.247	8.258	8.270	8.281	8.292	8.303	8.314	8.325
890	8.336	8.348	8.359	8.370	8.381	8.392	8.404	8.415	8.426	8.437
900	8.448	8.460	8.471	8.482	8.493	8.504	8.516	8.527	8.538	8.549
910	8.560	8.572	8.583	8.594	8.605	8.617	8.628	8.639	8.650	8.662
920	8.673	8.684	8.695	8.707	8.718	8.729	8.741	8.752	8.763	8.774
930	8.786	8.797	8.808	8.820	8.831	8.842	8.854	8.865	8.876	8.888
940	8.899	8.910	8.922	8.933	8.944	8.956	8.967	8.978	8.990	9.001
950	9.012	9.024	9.035	9.047	9.058	9.069	9.081	9.092	9.103	9.115
960	9.126	9.138	9.149	9.160	9.172	9.183	9.195	9.206	9.217	9.229
970	9.240	9.252	9.263	9.275	9.282	9.298	9.309	9.320	9.332	9.343
980	9.355	9.366	9.378	9.389	9.401	9.412	9.424	9.435	9.447	9.458
990	9.470	9.481	9.493	9.504	9.516	9.527	9.539	9.550	9.562	9.573
1000	9.585	9.596	9.608	9.619	9.631	9.642	9.654	9.665	9.677	9.689
1010	9.700	9.712	9.723	9.735	9.746	9.758	9.770	9.781	9.793	9.804
1020	9.816	9.828	9.839	9.851	9.862	9.874	9.886	9.897	9.909	9.920
1030	9.932	9.944	9.955	9.967	9.979	9.990	10.002	10.013	10.025	10.037
1040	10.048	10.060	10.072	10.083	10.095	10.107	10.118	10.130	10.142	10.154
1050	10.165	10.177	10.189	10.200	10.212	10.224	10.235	10.247	10.259	10.271
1060	10.282	10.294	10.306	10.318	10.329	10.341	10.353	10.364	10.376	10.388
1070	10.400	10.411	10.423	10.435	10.447	10.459	10.470	10.482	10.494	10.506
1080	10.517	10.529	10.541	10.553	10.565	10.576	10.588	10.600	10.612	10.624
1090	10.635	10.647	10.659	10.671	10.683	10.694	10.706	10.718	10.730	10.742
1100	10.754	10.765	10.777	10.789	10.801	10.813	10.825	10.836	10.848	10.860
1110	10.872	10.884	10.896	10.908	10.919	10.931	10.943	10.955	10.967	10.979
1120	10.991	11.003	11.014	11.026	11.038	11.050	11.062	11.074	11.086	11.098
1130	11.110	11.121	11.133	11.145	11.157	11.169	11.181	11.193	11.205	11.217
1140	11.229	11.241	11.252	11.264	11.276	11.288	11.300	11.312	11.324	11.336
1150	11.348	11.360	11.372	11.384	11.396	11.408	11.420	11.432	11.443	11.455
1160	11.467	11.479	11.491	11.503	11.515	11.527	11.539	11.551	11.563	11.575
1170	11.587	11.599	11.611	11.623	11.635	11.647	11.659	11.671	11.683	11.695
1180	11.707	11.719	11.731	11.743	11.755	11.767	11.779	11.791	11.803	11.815
1190	11.827	11.839	11.851	11.863	11.875	11.887	11.899	11.911	11.923	11.935
1200	11.947	11.959	11.971	11.983	11.995	12.007	12.019	12.031	12.043	12.055
1210	12.067	12.079	12.091	12.103	12.116	12.128	12.140	12.152	12.164	12.176
1220	12.188	12.200	12.212	12.224	12.236	12.248	12.260	12.272	12.284	12.296
1230	12.308	12.320	12.332	12.345	12.357	12.369	12.381	12.393	12.405	12.417
1240	12.429	12.441	12.453	12.465	12.477	12.489	12.501	12.514	12.526	12.538

温 度 (℃)	0	1	2	3	4	5	6	7	8	9
	热 电 动 势 （mV）									
1250	12.550	12.562	12.574	12.586	12.598	12.610	12.622	12.634	12.647	12.659
1260	12.671	12.683	12.695	12.707	12.719	12.731	12.743	12.755	12.767	12.780
1270	12.792	12.804	12.816	12.828	12.840	12.852	12.864	12.876	12.888	12.901
1280	12.913	12.925	12.937	12.949	12.961	12.973	12.985	12.997	13.010	13.022
1290	13.034	13.046	13.058	13.070	13.082	13.094	13.107	13.119	13.131	13.143
1300	13.155	13.167	13.179	13.191	13.203	13.216	13.228	13.240	13.252	13.264
1310	13.276	13.288	13.300	13.313	13.325	13.337	13.349	13.361	13.373	13.385
1320	13.397	13.410	13.422	13.434	13.446	13.458	13.470	13.482	13.495	13.507
1330	13.519	13.531	13.543	13.555	13.567	13.579	13.592	13.604	13.616	13.628
1340	13.640	13.652	13.664	13.677	13.689	13.701	13.713	13.725	13.737	13.749
1350	13.761	13.774	13.786	13.798	13.810	13.822	13.834	13.846	13.859	13.871
1360	13.883	13.895	13.907	13.919	13.931	13.942	13.956	13.968	13.980	13.992
1370	14.004	14.016	14.028	14.040	14.053	14.065	14.077	14.089	14.101	14.113
1380	14.125	14.138	14.150	14.162	14.174	14.186	14.198	14.210	14.222	14.235
1390	14.247	14.259	14.271	14.283	14.295	14.307	14.319	14.332	14.344	14.356
1400	14.368	14.380	14.392	14.404	14.416	14.429	14.441	14.453	14.465	14.477
1410	14.489	14.501	14.513	14.526	14.538	14.550	14.562	14.574	14.586	14.598
1420	14.610	14.622	14.635	14.647	14.659	14.671	14.683	14.695	14.707	14.719
1430	14.731	14.744	14.756	14.768	14.780	14.792	14.804	14.816	14.828	14.840
1440	14.852	14.865	14.877	14.889	14.901	14.913	14.925	14.937	14.949	14.961
1450	14.973	14.985	14.998	15.010	15.022	15.034	15.046	15.058	15.070	15.082
1460	15.094	15.106	15.118	15.130	15.143	15.155	15.167	15.179	15.191	15.203
1470	15.215	15.227	15.239	15.251	15.263	15.275	15.287	15.299	15.311	15.324
1480	15.336	15.348	15.360	15.372	15.384	15.396	15.408	15.420	15.432	15.444
1490	15.456	15.468	15.480	15.492	15.504	15.516	15.528	15.540	15.552	15.564
1500	15.576	15.589	15.601	15.613	15.625	15.637	15.649	15.661	15.673	15.685
1510	15.697	15.709	15.721	15.733	15.745	15.757	15.769	15.781	15.793	15.805
1520	15.817	15.829	15.841	15.853	15.865	15.877	15.889	15.901	15.913	15.925
1530	15.937	15.940	15.961	15.973	15.985	15.997	16.009	16.021	16.033	16.045
1540	16.057	16.069	16.080	16.092	16.104	16.116	16.128	16.140	16.152	16.164
1550	16.176	16.188	16.200	16.212	16.224	16.236	16.248	16.260	16.272	16.284
1560	16.296	16.308	16.319	16.331	16.343	16.355	16.367	16.379	16.391	16.403
1570	16.415	16.427	16.439	16.451	16.462	16.474	16.486	16.498	16.510	16.522
1580	16.534	16.546	16.558	16.569	16.581	16.593	16.605	16.617	16.629	16.641
1590	16.653	16.664	16.676	16.688	16.700	16.712	16.724	16.736	16.747	16.759
1600	16.771	16.783	16.795	16.807	16.819	16.830	16.842	16.854	16.866	16.878
1610	16.890	16.901	16.913	16.925	16.937	16.949	16.960	16.972	16.984	16.996
1620	17.008	17.019	17.031	17.043	17.055	17.067	17.078	17.090	17.102	17.114
1630	17.125	17.137	17.149	17.161	17.173	17.184	17.196	17.208	17.220	17.231
1640	17.243	17.255	17.267	17.278	17.290	17.302	17.313	17.325	17.337	17.349

温度 (℃)	0	1	2	3	4	5	6	7	8	9
	热 电 动 势 （mV）									
1650	17.360	17.372	17.384	17.396	17.407	17.419	17.431	17.442	17.454	17.466
1660	17.477	17.489	17.501	17.512	17.524	17.536	17.548	17.559	17.571	17.583
1670	17.594	17.606	17.617	17.629	17.641	17.652	17.664	17.676	17.687	17.699
1680	17.711	17.722	17.734	17.745	17.757	17.769	17.780	17.792	17.803	17.815
1690	17.826	17.838	17.850	17.861	17.873	17.884	17.896	17.907	17.019	17.930
1700	17.942	17.953	17.965	17.976	17.988	17.999	18.010	18.022	18.033	18.045
1710	18.056	18.068	18.079	18.090	18.102	18.113	18.124	18.136	18.147	18.158
1720	18.170	18.181	18.192	18.204	18.215	18.226	18.237	18.249	18.260	18.271
1730	18.282	18.293	18.305	18.316	18.327	18.338	18.349	18.360	18.372	18.383
1740	18.394	18.405	18.416	18.427	18.438	18.449	18.460	18.471	18.482	18.493
1750	18.504	18.515	18.526	18.536	18.547	18.558	18.569	18.580	18.591	18.602
1760	18.612	18.623	18.634	18.645	18.655	18.666	18.677	18.687	18.698	18.709

附表 1-3　　　　　　　　　镍铬-镍硅（镍铬-镍铝）热电偶分度表

分表号：K　　　　　　　　　　　　　　　　　（参比端温度为0℃）

温度 (℃)	0	1	2	3	4	5	6	7	8	9
	热 电 动 势 （mV）									
−270	−6.458									
−260	−6.441	−6.444	−6.446	−6.448	−6.450	−6.452	−6.453	−6.455	−6.456	−6.457
−250	−6.404	−6.408	−6.413	−6.417	−6.421	−6.425	−6.429	−6.432	−6.435	−6.438
−240	−6.344	−6.351	−6.358	−6.364	−6.371	−6.377	−6.382	−6.388	−6.394	−6.399
−230	−6.262	−6.271	−6.280	−6.289	−6.297	−6.306	−6.314	−6.322	−6.329	−6.337
−220	−6.158	−6.170	−6.181	−6.192	−6.202	−6.213	−6.223	−6.233	−6.243	−6.253
−210	−6.035	−6.048	−6.061	−6.074	−6.087	−6.099	−6.111	−6.123	−6.135	−6.147
−200	−5.891	−5.907	−5.922	−5.936	−5.951	−5.965	−5.980	−5.994	−6.007	−6.021
−190	−5.730	−5.747	−5.763	−5.780	−5.796	−5.813	−5.829	−5.845	−5.860	−5.876
−180	−5.550	−5.569	−5.587	−5.606	−5.624	−5.642	−5.660	−5.678	−5.695	−5.712
−170	−5.354	−5.374	−5.394	−5.414	−5.434	−5.454	−5.474	−5.493	−5.512	−5.531
−160	−5.141	−5.163	−5.185	−5.207	−5.228	−5.249	−5.271	−5.292	−5.313	−5.333
−150	−4.912	−4.936	−4.959	−4.983	−5.006	−5.029	−5.051	−5.074	−5.097	−5.119
−140	−4.669	−4.694	−4.719	−4.743	−4.768	−4.792	−4.817	−4.841	−4.865	−4.889
−130	−4.410	−4.437	−4.463	−4.489	−4.515	−4.541	−4.567	−4.593	−4.618	−4.644
−120	−4.138	−4.166	−4.193	−4.221	−4.248	−4.276	−4.303	−4.330	−4.357	−4.384
−110	−3.852	−3.881	−3.910	−3.939	−3.968	−3.997	−4.025	−4.053	−4.082	−4.110
−100	−3.553	−3.584	−3.614	−3.644	−3.674	−3.704	−3.734	−3.764	−3.793	−3.823
−90	−3.242	−3.274	−3.305	−3.337	−3.368	−3.399	−3.430	−3.461	−3.492	−3.523
−80	−2.920	−2.953	−2.985	−3.018	−3.050	−3.082	−3.115	−3.147	−3.179	−3.211
−70	−2.586	−2.620	−2.654	−2.687	−2.721	−2.754	−2.788	−2.821	−2.854	−2.887
−60	−2.243	−2.277	−2.312	−2.347	−2.381	−2.416	−2.450	−2.484	−2.518	−2.552
−50	−1.889	−1.925	−1.961	−1.996	−2.032	−2.067	−2.102	−2.137	−2.173	−2.208

温 度	0	1	2	3	4	5	6	7	8	9
（℃）	热 电 动 势 （mV）									
−40	−1.527	−1.563	−1.600	−1.636	−1.673	−1.709	−1.745	−1.781	−1.817	−1.853
−30	−1.156	−1.193	−1.231	−1.268	−1.305	−1.342	−1.379	−1.416	−1.453	−1.490
−20	−0.777	−0.816	−0.854	−0.892	−0.930	−0.968	−1.005	−1.043	−1.081	−1.118
−10	−0.392	−0.431	−0.469	−0.508	−0.547	−0.585	−0.624	−0.662	−0.701	−0.739
0	−0.000	−0.039	−0.079	−0.118	−0.157	−0.197	−0.236	−0.275	−0.314	−0.353
0	0.000	0.039	0.0179	0.119	0.158	0.198	0.238	0.277	0.317	0.357
10	0.397	0.437	0.477	0.517	0.557	0.597	0.637	0.677	0.718	0.758
20	0.798	0.838	0.879	0.919	0.960	1.000	1.041	1.081	1.122	1.162
30	1.203	1.244	1.285	1.325	1.366	1.407	1.448	1.489	1.529	1.570
40	1.611	1.652	1.693	1.734	1.776	1.817	1.858	1.899	1.949	1.981
50	2.022	2.064	2.105	2.146	2.188	2.229	2.270	2.312	2.353	2.394
60	2.436	2.477	2.519	2.560	2.601	2.643	2.684	2.726	2.767	2.809
70	2.850	2.892	2.933	2.975	3.016	3.058	3.100	3.141	3.183	3.224
80	3.266	3.307	3.349	3.390	3.432	3.473	3.515	3.556	3.598	3.639
90	3.681	3.722	3.764	3.805	3.847	3.888	3.930	3.971	4.012	4.054
100	4.095	4.137	4.178	4.219	4.261	4.302	4.343	4.384	4.426	4.467
110	4.508	4.549	4.590	4.632	4.673	4.714	4.755	4.796	4.837	4.878
120	4.919	4.960	5.001	5.042	5.083	5.124	5.164	5.205	5.246	5.287
130	5.327	5.368	5.409	5.450	5.490	5.531	5.571	5.612	5.652	5.693
140	5.733	5.774	5.814	5.855	5.895	5.936	5.976	6.016	6.057	6.097
150	6.137	6.177	6.218	6.258	6.298	6.338	6.378	6.419	6.459	6.499
160	6.539	6.579	6.619	6.659	6.699	6.739	6.779	6.819	6.859	6.899
170	6.939	6.979	7.019	7.059	7.099	7.139	7.179	7.219	7.259	7.299
180	7.338	7.378	7.418	7.458	7.498	7.538	7.578	7.618	7.658	7.697
190	7.737	7.777	7.817	7.857	7.897	7.937	7.977	8.017	8.057	8.097
200	8.137	8.177	8.216	8.256	8.296	8.336	8.376	8.416	8.456	8.497
210	8.537	8.577	8.617	8.657	8.697	8.737	8.777	8.817	8.857	8.898
220	8.938	8.978	9.018	9.058	9.099	9.139	9.179	9.220	9.260	9.300
230	9.341	9.381	9.421	9.462	9.502	9.543	9.583	9.624	9.664	9.705
240	9.745	9.786	9.826	9.867	9.907	9.948	9.989	10.029	10.070	10.111
250	10.151	10.192	10.233	10.274	10.315	10.355	10.396	10.437	10.478	10.519
260	10.560	10.600	10.641	10.682	10.723	10.764	10.805	10.846	10.887	10.928
270	10.969	11.010	11.051	11.093	11.134	11.175	11.216	11.257	11.298	11.339
280	11.381	11.422	11.463	11.504	11.546	11.587	11.628	11.669	11.711	11.752
290	11.793	11.835	11.876	11.918	11.959	12.000	12.042	12.083	12.125	12.166
300	12.207	12.249	12.290	12.332	12.373	12.415	12.456	12.498	12.539	12.581
310	12.623	12.664	12.706	12.747	12.789	12.831	12.872	12.914	12.955	12.997
320	13.039	13.080	13.122	13.164	13.205	13.247	13.289	13.331	13.372	13.414
330	13.456	13.497	13.539	13.581	13.623	13.665	13.706	13.748	13.790	13.832
340	13.874	13.915	13.957	13.999	13.041	13.083	14.125	14.167	14.208	14.250

温度 (℃)	0	1	2	3	4	5	6	7	8	9
	热　电　动　势　(mV)									
350	14.292	14.334	14.376	14.418	14.460	14.502	14.544	14.586	14.628	14.670
360	14.712	14.754	14.796	14.838	14.880	14.922	14.964	15.006	15.048	15.090
370	15.132	15.174	15.216	15.258	15.300	15.342	15.384	15.426	15.468	15.510
380	15.552	15.594	15.636	15.679	15.721	15.763	15.805	15.847	15.889	15.931
390	15.974	16.016	16.058	16.100	16.142	16.184	16.227	16.269	16.311	16.353
400	16.395	16.438	16.480	16.522	16.564	16.607	16.649	16.691	16.733	16.776
410	16.818	16.860	16.902	16.945	16.987	17.029	17.072	17.114	17.156	17.199
420	17.241	17.283	17.326	17.368	17.410	17.453	17.495	17.537	17.580	17.622
430	17.664	17.707	17.749	17.792	17.834	17.876	17.919	17.961	18.004	18.046
440	18.088	18.131	18.173	18.216	18.258	18.301	18.343	18.385	18.428	18.470
450	18.513	18.555	18.598	18.640	18.683	18.725	18.768	18.810	18.853	18.895
460	18.938	18.980	19.023	19.065	19.108	19.150	19.193	19.235	19.278	19.320
470	19.363	19.405	19.448	19.490	19.533	19.576	19.618	19.661	19.703	19.746
480	19.788	19.831	19.873	19.916	19.959	20.001	20.044	20.086	20.129	20.172
490	20.214	20.257	20.299	20.342	20.385	20.427	20.470	20.512	20.555	20.598
500	20.640	20.683	20.725	20.768	20.811	20.853	20.896	20.938	20.981	21.024
510	21.066	21.109	21.151	21.194	21.237	21.280	21.322	21.365	21.407	21.450
520	21.493	21.535	21.578	21.621	21.663	21.706	21.749	21.791	21.834	21.876
530	21.919	21.962	22.004	22.047	22.090	22.132	22.175	22.218	22.260	22.303
540	22.346	22.388	22.431	22.473	22.516	22.559	22.601	22.644	22.687	22.729
550	22.772	22.815	22.857	22.900	22.942	22.985	23.028	23.070	23.113	23.156
560	23.198	23.241	23.284	23.326	23.369	23.411	23.454	23.497	23.539	23.582
570	23.624	23.667	23.710	23.752	23.795	23.837	23.880	23.923	23.965	24.008
580	24.050	24.093	24.136	24.178	24.221	24.263	24.306	24.348	24.391	24.434
590	24.476	24.519	24.561	24.604	24.646	24.689	24.731	24.774	24.817	24.859
600	24.902	24.944	24.987	25.029	25.072	25.114	25.157	25.199	25.242	25.284
610	25.327	25.369	25.412	25.454	25.497	25.539	25.582	25.624	25.666	25.709
620	25.751	25.794	25.836	25.879	25.921	25.964	26.006	26.048	26.091	26.133
630	26.176	26.218	26.260	26.303	26.345	26.387	26.430	26.472	26.515	26.557
640	26.599	26.642	26.684	26.726	26.769	26.811	26.853	26.896	26.938	26.980
650	27.022	27.065	27.107	27.149	27.192	27.234	27.276	27.318	27.361	27.403
660	27.445	27.487	27.529	27.572	27.614	27.656	27.698	27.740	27.783	27.825
670	27.867	27.909	27.951	27.993	28.035	28.078	28.120	28.162	28.204	28.246
680	28.288	28.330	28.372	28.414	28.456	28.498	28.540	28.583	28.625	28.667
690	28.709	28.751	28.793	28.835	28.877	28.919	28.961	29.002	29.044	29.086
700	29.128	29.170	29.212	29.254	29.296	29.338	29.380	29.422	29.464	29.505
710	29.547	29.589	29.631	29.673	29.715	29.756	29.798	29.840	29.882	29.924
720	29.965	30.007	30.049	30.091	30.132	30.174	30.216	30.257	30.299	30.341
730	30.383	30.424	30.466	30.508	30.549	30.591	30.632	30.674	30.716	30.757
740	30.799	30.840	30.882	30.924	30.965	31.007	31.048	31.090	31.131	31.173

温度 （℃）	0	1	2	3	4	5	6	7	8	9
	热　电　动　势　（mV）									
750	31.214	31.256	31.297	31.339	31.380	31.422	31.463	31.504	31.546	31.587
760	31.629	31.670	31.712	31.753	31.794	31.836	31.877	31.918	31.960	32.001
770	32.042	32.084	32.125	32.166	32.207	32.249	32.290	32.331	32.372	32.414
780	32.455	32.496	32.537	32.578	32.619	32.661	32.702	32.743	32.784	32.825
790	32.866	32.907	32.948	32.990	33.031	33.072	33.113	33.154	33.195	33.236
800	33.277	33.318	33.359	33.400	33.441	33.482	33.523	33.564	33.604	33.645
810	33.686	33.727	33.768	33.809	33.850	33.891	33.931	33.972	34.013	34.054
820	34.095	34.136	34.176	34.217	34.258	34.299	34.339	34.380	34.421	34.461
830	34.502	34.543	34.583	34.624	34.665	34.705	34.746	34.787	34.827	34.868
840	34.909	34.949	34.990	35.030	35.071	35.111	35.152	35.192	35.233	35.273
850	35.314	35.354	35.395	35.435	35.476	35.516	35.557	35.597	35.637	35.678
860	35.718	35.758	35.799	35.839	35.880	35.920	35.960	36.000	36.041	36.081
870	36.121	36.162	36.202	36.242	36.282	36.323	36.363	36.403	36.443	36.483
880	36.524	36.564	36.604	36.644	36.684	36.724	36.764	36.804	36.844	36.885
890	36.925	36.965	37.005	37.045	37.085	37.125	37.165	37.205	37.245	37.285
900	37.325	37.365	37.405	37.445	37.484	37.524	37.564	37.604	37.644	37.684
910	37.724	37.764	37.803	37.843	37.883	37.923	37.963	38.002	38.042	38.082
920	38.122	38.182	38.201	38.241	38.281	38.320	38.360	38.400	38.439	38.479
930	38.519	38.558	38.598	38.638	38.677	38.717	38.756	38.796	38.836	38.875
940	38.915	38.954	38.994	39.033	39.073	39.112	39.152	39.191	39.231	39.270
950	39.310	39.349	39.388	39.428	39.467	39.507	39.546	39.585	39.625	39.664
960	39.703	39.743	39.782	39.821	39.861	39.900	39.939	39.979	40.018	40.057
970	40.096	40.136	40.175	40.214	40.253	40.292	40.332	40.371	40.410	40.449
980	40.488	40.527	40.566	40.605	40.645	40.684	40.723	40.762	40.801	40.840
990	40.897	40.918	40.957	40.996	41.035	41.074	41.113	41.152	41.191	41.230
1000	41.269	41.308	41.347	41.385	41.424	41.463	41.502	41.541	41.580	41.619
1010	41.657	41.696	41.735	41.774	41.813	41.851	41.890	41.929	41.968	42.006
1020	42.045	42.084	42.123	42.161	42.200	42.239	42.277	42.316	42.355	42.393
1030	42.432	42.470	42.509	42.548	42.586	42.625	42.663	42.702	42.740	42.779
1040	42.817	42.856	42.894	42.933	42.971	43.010	43.048	43.087	43.125	43.164
1050	43.202	43.240	43.279	43.317	43.356	43.394	43.432	43.471	43.509	43.547
1060	43.585	43.624	43.662	43.700	43.739	43.777	43.815	43.853	43.891	43.930
1070	43.968	44.006	44.044	44.082	44.121	44.159	44.197	44.235	44.273	44.311
1080	44.349	44.387	44.425	44.463	44.501	44.539	44.577	44.615	44.653	44.691
1090	44.729	44.767	44.805	44.843	44.881	44.919	44.957	44.995	45.033	45.070
1100	45.108	45.146	45.184	45.222	45.260	45.297	45.335	45.373	45.411	45.448
1110	45.486	45.524	45.561	45.599	45.637	45.675	45.712	45.750	45.787	45.825
1120	45.863	45.900	45.938	45.975	46.013	46.051	46.088	46.126	46.163	46.201
1130	46.238	46.275	46.313	46.350	46.388	46.425	46.463	46.500	46.537	46.575
1140	46.612	46.649	46.687	46.724	46.761	46.799	46.836	46.873	46.910	46.498

温 度 (℃)	0	1	2	3	4	5	6	7	8	9
	热 电 动 势 (mV)									
1150	46.985	47.022	47.059	47.096	47.134	47.171	47.208	47.245	47.282	47.319
1160	47.356	47.393	47.430	47.468	47.505	47.542	47.579	47.616	47.653	47.689
1170	47.726	47.763	47.800	47.837	47.874	47.911	47.948	47.985	48.021	48.058
1180	48.095	48.132	48.169	48.205	48.242	48.279	48.316	48.352	48.389	48.426
1190	48.462	48.499	48.536	48.572	48.609	48.645	48.682	48.718	48.755	48.792
1200	48.828	48.865	48.901	48.937	48.974	49.010	49.047	49.083	49.120	49.156
1210	49.192	49.229	49.265	49.301	49.338	49.374	49.410	49.446	49.483	49.519
1220	49.555	49.591	49.627	49.663	49.700	49.736	49.772	49.808	49.844	49.880
1230	49.916	49.952	49.988	50.024	50.060	50.096	50.132	50.168	50.204	50.240
1240	50.276	50.311	50.347	50.383	50.419	50.455	50.491	50.526	50.562	50.598
1250	50.633	50.669	50.705	50.741	50.776	50.812	50.847	50.883	50.919	50.954
1260	50.990	51.025	51.061	51.096	51.132	51.167	51.203	51.238	51.274	51.309
1270	51.344	51.380	51.415	51.450	51.486	51.521	51.556	51.592	51.627	51.662
1280	51.697	51.733	51.768	51.803	51.838	51.873	51.908	51.943	51.979	52.014
1290	52.049	52.084	52.119	52.154	52.189	52.224	52.259	52.294	52.329	52.364
1300	52.398	52.433	52.468	52.503	52.538	52.573	52.608	52.642	52.677	52.712
1310	52.747	52.781	52.816	52.851	52.886	52.920	52.955	52.989	53.024	53.059
1320	53.093	53.128	53.162	53.197	53.232	53.266	53.301	53.335	53.370	53.404
1330	53.439	53.473	53.507	53.542	53.576	53.611	53.645	53.679	53.714	53.748
1340	53.782	53.817	53.851	53.885	53.920	53.954	53.988	54.022	54.057	54.091
1350	54.125	54.159	54.193	54.228	54.262	54.296	54.330	54.364	54.398	54.432
1360	54.466	54.501	54.535	54.569	54.603	54.637	54.671	54.705	54.739	54.773
1370	54.807	54.841	54.875							

附表 1-4　　　　　　　　　　镍铬-铜镍热电偶分度表

分度号：E　　　　　　　　　　　　　　　　　　　　　（参比端温度为0℃）

温 度 (℃)	0	1	2	3	4	5	6	7	8	9
	热 电 动 势 (mV)									
−270	−9.835									
−260	−9.797	−9.802	−9.808	−9.813	−9.817	−9.821	−9.825	−9.828	−9.831	−9.833
−250	−9.719	−9.728	−9.737	−9.746	−9.754	−9.762	−9.770	−9.777	−9.784	−9.791
−240	−9.604	−9.617	−9.630	−9.642	−9.654	−9.666	−9.677	−9.688	−9.699	−9.709
−230	−9.455	−9.472	−9.488	−9.503	−9.519	−9.534	−9.549	−9.563	−9.577	−9.591
−220	−9.274	−9.293	−9.313	−9.332	−9.350	−9.368	−9.386	−9.404	−9.421	−9.438
−210	−9.063	−9.085	−9.107	−9.129	−9.151	−9.172	−9.193	−9.214	−9.234	−9.254
−200	−8.824	−8.850	−8.874	−8.899	−8.923	−8.947	−8.971	−8.994	−9.017	−9.040
−190	−8.561	−8.588	−8.615	−8.642	−8.669	−8.696	−8.722	−8.748	−8.774	−8.799
−180	−8.273	−8.303	−8.333	−8.362	−8.391	−8.420	−8.449	−8.477	−8.505	−8.533
−170	−7.963	−7.995	−8.027	−8.058	−8.090	−8.121	−8.152	−8.183	−8.213	−8.243
−160	−7.631	−7.665	−7.699	−7.733	−7.767	−7.800	−7.833	−7.866	−7.898	−7.931
−150	−7.279	−7.315	−7.351	−7.387	−7.422	−7.458	−7.493	−7.528	−7.562	−7.597

温度 (℃)	0	1	2	3	4	5	6	7	8	9
	热 电 动 势 （mV）									
−140	−6.907	−6.945	−6.983	−7.020	−7.058	−7.095	−7.132	−7.169	−7.206	−7.243
−130	−6.516	−6.556	−6.596	−6.635	−6.675	−6.714	−6.753	−6.792	−6.830	−6.869
−120	−6.107	−6.149	−6.190	−6.231	−6.273	−6.314	−6.354	−6.395	−6.436	−6.476
−110	−5.680	−5.724	−5.767	−5.810	−5.853	−5.896	−5.938	−5.981	−6.023	−6.065
−100	−5.237	−5.282	−5.327	−5.371	−5.416	−5.460	−5.505	−5.549	−5.593	−5.637
−90	−4.777	−4.824	−4.870	−4.916	−4.963	−5.009	−5.055	−5.100	−5.146	−5.191
−80	−4.301	−4.350	−4.398	−4.446	−4.493	−4.541	−4.588	−4.636	−4.683	−4.730
−70	−3.811	−3.860	−3.910	−3.959	−4.009	−4.058	−4.107	−4.156	−4.204	−4.253
−60	−3.306	−3.357	−3.408	−3.459	−3.509	−3.560	−3.610	−3.661	−3.711	−3.761
−50	−2.787	−2.839	−2.892	−2.944	−2.996	−3.048	−3.100	−3.152	−3.203	−3.254
−40	−2.254	−2.308	−2.362	−2.416	−2.469	−2.522	−2.575	−2.628	−2.681	−2.734
−30	−1.709	−1.764	−1.819	−1.874	−1.929	−1.983	−2.038	−2.092	−2.146	−2.200
−20	−1.151	−1.208	−1.264	−1.320	−1.376	−1.432	−1.487	−1.543	−1.599	−1.654
−10	−0.581	−0.639	−0.696	−0.754	−0.811	−0.868	−0.925	−0.982	−1.038	−1.095
0	0.000	−0.059	−0.117	−0.176	−0.234	−0.292	−0.350	−0.408	−0.466	−0.524
0	0.000	0.059	0.118	0.176	0.235	0.295	0.354	0.413	0.472	0.532
10	0.591	0.651	0.711	0.770	0.830	0.890	0.950	1.011	1.071	1.131
20	1.192	1.252	1.313	1.373	1.434	1.495	1.556	1.617	1.678	1.739
30	1.801	1.862	1.924	1.985	2.047	2.109	2.171	2.233	2.295	2.357
40	2.419	2.482	2.544	2.607	2.669	2.732	2.795	2.858	2.921	2.984
50	3.047	3.110	3.173	3.237	3.300	3.364	3.428	3.491	3.555	3.619
60	3.683	3.748	3.812	3.876	3.941	4.005	4.070	4.134	4.199	4.264
70	4.329	4.394	4.459	4.524	4.590	4.655	4.720	4.786	4.852	4.917
80	4.983	5.049	5.115	5.181	5.247	5.314	5.380	5.446	5.513	5.579
90	5.646	5.713	5.780	5.846	5.913	5.981	6.048	6.115	6.182	6.250
100	6.317	6.385	6.452	6.520	6.588	6.656	6.724	6.792	6.860	6.928
110	6.996	7.064	7.133	7.201	7.270	7.339	7.407	7.476	7.545	7.614
120	7.683	7.752	7.821	7.890	7.960	8.029	8.099	8.168	8.238	8.307
130	8.377	8.447	8.517	8.587	8.657	8.727	8.797	8.867	8.938	9.008
140	9.078	9.149	9.220	9.290	9.361	9.432	9.503	9.573	9.614	9.715
150	9.787	9.858	9.929	10.000	10.072	10.143	10.215	10.286	10.358	10.429
160	10.501	10.573	10.645	10.717	10.789	10.861	10.933	11.005	11.077	11.150
170	11.222	11.294	11.367	11.439	11.512	11.585	11.657	11.730	11.803	11.876
180	11.949	12.022	12.095	12.168	12.241	12.314	12.387	12.461	12.534	12.608
190	12.681	12.755	12.828	12.902	12.975	13.049	13.123	13.197	13.271	13.345
200	13.419	13.493	13.567	13.641	13.715	13.789	13.864	13.938	14.012	14.087
210	14.161	14.236	14.310	14.385	14.460	14.534	14.609	14.684	14.759	14.834
220	14.909	14.984	15.059	15.134	15.209	15.284	15.359	15.435	15.510	15.585
230	15.661	15.736	15.812	15.887	15.963	16.038	16.114	16.190	16.266	16.341
240	16.417	16.493	16.569	16.645	16.721	16.797	16.873	16.949	17.025	17.101
250	17.178	17.254	17.330	17.406	17.483	17.559	17.636	17.712	17.789	17.865
260	17.942	18.018	18.095	18.172	18.248	18.325	18.402	18.479	18.556	18.633
270	18.710	18.787	18.864	18.941	19.018	19.095	19.172	19.249	19.326	19.404
280	19.481	19.558	19.636	19.713	19.790	19.868	19.945	20.023	20.100	20.178
290	20.256	20.333	20.411	20.488	20.566	20.644	20.722	20.800	20.877	20.955

温　度 （℃）	0	1	2	3	4	5	6	7	8	9
	热　电　动　势　（mV）									
300	21.033	21.111	21.189	21.267	21.345	21.423	21.501	21.579	21.657	21.735
310	21.814	21.892	21.970	22.048	22.127	22.205	22.283	22.362	22.440	22.518
320	22.597	22.675	22.754	22.832	22.911	22.989	23.068	23.147	23.225	23.304
330	23.883	23.461	23.540	23.619	23.698	23.777	23.855	23.934	24.013	24.092
340	24.171	24.250	24.329	24.408	24.487	24.566	24.645	24.724	24.803	24.882
350	24.961	25.041	25.120	25.199	25.278	25.357	25.437	25.516	25.595	25.675
360	25.754	25.833	25.913	25.992	26.072	26.151	26.230	26.310	26.389	26.469
370	26.549	26.628	26.708	26.787	26.867	26.947	27.026	27.106	27.186	27.265
380	27.345	27.425	27.504	27.584	27.664	27.744	27.824	27.903	27.983	28.063
390	28.143	28.223	28.303	28.383	28.463	28.543	28.623	28.703	28.783	28.863
400	28.943	29.023	29.103	29.183	29.263	29.343	29.423	29.503	29.584	29.664
410	29.744	29.824	29.904	29.984	30.065	30.145	30.225	30.305	30.386	30.466
420	30.546	30.627	30.707	30.787	30.868	30.948	31.028	31.109	31.189	31.270
430	31.350	31.430	31.511	31.591	31.672	31.752	31.833	31.913	31.994	32.074
440	32.155	32.235	32.316	32.396	32.477	32.557	32.638	32.719	32.799	32.880
450	32.960	33.041	33.122	33.202	33.283	33.364	33.444	33.525	33.605	33.686
460	33.767	33.848	33.928	34.009	34.090	34.170	34.251	34.332	34.413	34.493
470	34.574	34.655	34.736	34.816	34.897	34.978	35.059	35.140	35.220	35.301
480	35.382	35.463	35.544	35.624	35.705	35.786	35.867	35.948	36.029	36.109
490	36.190	36.271	36.352	36.433	36.514	36.595	36.675	36.756	36.837	36.918
500	36.999	37.080	37.161	37.242	37.323	37.403	37.484	37.565	37.646	37.727
510	37.808	37.889	37.970	38.051	38.132	38.213	38.293	38.374	38.455	38.536
520	38.617	38.698	38.779	38.860	38.941	39.022	39.103	39.184	39.264	39.345
530	39.426	39.507	39.588	39.669	39.750	39.831	39.912	39.993	40.074	40.155
540	40.236	40.316	40.397	40.478	40.559	40.640	40.721	40.802	40.883	40.964
550	41.045	41.125	41.206	41.287	41.368	41.449	41.530	41.611	41.692	41.773
560	41.853	41.934	42.015	42.096	42.177	42.258	42.339	42.419	42.500	42.581
570	42.662	42.743	42.824	42.904	42.985	43.066	43.147	43.228	43.308	43.389
580	43.470	43.551	43.632	43.712	43.793	43.874	43.955	44.035	44.116	44.197
590	44.278	44.358	44.439	44.520	44.601	44.681	44.762	44.843	44.923	45.004
600	45.085	45.165	45.246	45.327	45.407	45.488	45.569	45.649	45.730	45.811
610	45.891	45.972	46.052	46.133	46.213	46.294	46.375	46.455	46.536	46.616
620	46.697	46.777	46.858	46.938	47.019	47.099	47.180	47.260	47.341	47.421
630	47.502	47.582	47.663	47.743	47.824	47.904	47.984	48.065	48.145	48.226
640	48.306	48.386	48.467	48.547	48.627	48.708	48.788	48.868	48.949	49.029
650	49.109	49.189	49.270	49.350	49.430	49.510	49.591	49.671	49.751	49.831
660	49.911	49.992	50.072	50.152	50.232	50.312	50.392	50.472	50.553	50.633
670	50.713	50.793	50.873	50.953	51.033	51.113	51.193	51.273	51.353	51.433
680	51.513	51.593	51.673	51.753	51.833	51.913	51.993	52.073	52.152	52.232
690	52.312	52.392	52.472	52.552	52.632	52.711	52.791	52.871	52.951	53.031
700	53.110	53.190	53.270	53.350	53.429	53.509	53.589	53.668	53.748	53.828
710	53.907	53.987	54.066	54.146	54.226	54.305	54.385	54.464	54.544	54.623
720	54.703	54.782	54.862	54.941	55.021	55.100	55.180	55.259	55.339	55.418
730	55.498	55.577	55.656	55.736	55.815	55.894	55.974	56.053	56.132	56.212
740	56.291	56.370	56.449	56.529	56.608	56.687	56.766	56.845	56.924	57.004

温度 (℃)	0	1	2	3	4	5	6	7	8	9
	热 电 动 势 （mV）									
750	57.083	57.162	57.241	57.320	57.399	57.478	57.557	57.636	57.751	57.794
760	57.873	57.952	58.031	58.110	58.189	58.268	58.347	58.426	58.505	58.584
770	58.663	58.742	58.820	58.899	58.978	59.057	59.136	59.214	59.293	59.372
780	59.451	59.529	59.608	59.687	59.765	59.844	59.923	60.001	60.080	60.159
790	60.237	60.316	60.394	60.473	60.551	60.630	60.708	60.787	60.865	60.944
800	61.022	61.101	61.179	61.258	61.336	61.414	61.493	61.571	61.649	61.728
810	61.806	61.884	61.962	62.041	62.119	62.197	62.275	62.353	62.432	62.510
820	62.588	62.666	62.744	62.822	62.900	62.978	63.056	63.134	63.212	63.290
830	63.368	63.446	63.524	63.602	63.680	63.758	63.836	63.914	63.992	64.069
840	64.147	64.225	64.303	64.380	64.458	64.539	64.614	64.691	64.799	64.847
850	64.924	65.002	65.080	65.157	65.235	65.321	65.390	65.467	65.545	65.622
860	65.700	65.777	65.855	65.932	66.009	66.087	66.164	66.241	66.319	66.396
870	66.473	66.551	66.628	66.705	66.782	66.859	66.937	67.014	67.091	67.168
880	67.245	67.322	67.399	67.476	67.553	67.630	67.707	67.784	67.861	67.938
890	68.015	68.092	68.169	68.246	68.323	68.399	68.476	68.553	68.630	68.706
900	68.783	68.860	68.936	69.013	69.090	69.166	69.243	69.320	69.396	69.473
910	69.549	69.626	69.702	69.779	69.855	69.931	70.008	70.084	70.161	70.237
920	70.313	70.390	70.466	70.542	70.618	70.694	70.771	70.847	70.923	70.999
930	71.075	71.151	71.227	71.304	71.380	71.456	71.532	71.608	71.683	71.759
940	71.835	71.911	71.987	72.063	71.139	72.215	72.290	72.366	72.442	72.518
950	72.593	72.669	72.745	72.820	72.896	72.972	73.047	73.123	73.199	73.274
960	73.350	73.425	73.501	73.576	73.652	73.727	73.802	73.878	73.953	74.029
970	74.104	74.179	74.255	74.330	74.405	74.480	74.556	74.631	74.706	74.781
980	74.857	74.932	75.007	75.082	75.157	75.232	75.307	75.382	75.458	75.533
990	75.608	75.683	75.758	75.833	75.908	75.983	76.058	76.133	76.208	76.283
1000	76.358									

附表 1-5　　　　　　　　　　　铁-铜镍热电偶分度表

分度号：J

（参比端温度为0℃）

温度 (℃)	0	1	2	3	4	5	6	7	8	9
	热 电 动 势 （mV）									
−210	−8.096									
−200	−7.890	−7.912	−7.934	−7.955	−7.976	−7.996	−8.017	−8.037	−8.057	−8.076
−190	−7.659	−7.683	−7.707	−7.731	−7.755	−7.778	−7.801	−7.824	−7.846	−7.868
−180	−7.402	−7.429	−7.455	−7.482	−7.508	−7.533	−7.559	−7.584	−7.609	−7.634
−170	−7.122	−7.151	−7.180	−7.209	−7.237	−7.265	−7.293	−7.321	−7.348	−7.375
−160	−6.821	−6.852	−6.883	−6.914	−6.944	−6.974	−7.004	−7.034	−7.064	−7.093
−150	−6.499	−6.532	−6.565	−6.598	−6.630	−6.663	−6.695	−6.727	−6.758	−6.790
−140	−6.159	−6.194	−6.228	−6.263	−6.297	−6.331	−6.365	−6.339	−6.433	−6.466
−130	−5.801	−5.837	−5.874	−5.910	−5.946	−5.982	−6.018	−6.053	−6.089	−6.124
−120	−5.426	−5.464	−5.502	−5.540	−5.578	−5.615	−5.653	−5.690	−5.727	−5.764
−110	−5.036	−5.076	−5.115	−5.155	−5.194	−5.233	−5.272	−5.311	−5.349	−5.388
−100	−4.632	−4.673	−4.714	−4.755	−4.795	−4.836	−4.876	−4.916	−4.956	−4.996

温度 (℃)	0	1	2	3	4	5	6	7	8	9
	热　电　动　势　(mV)									
−90	−4.215	−4.257	−4.299	−4.341	−4.383	−4.425	−4.467	−4.508	−4.550	−4.591
−80	−3.785	−3.829	−3.872	−3.915	−3.958	−4.001	−4.044	−4.087	−4.130	−4.172
−70	−3.341	−3.389	−3.433	−3.478	−3.522	−3.566	−3.610	−3.654	−3.698	−3.742
−60	−2.892	−2.938	−2.984	−3.029	−3.074	−3.120	−3.165	−3.210	−3.255	−3.299
−50	−2.431	−2.478	−2.524	−2.570	−2.617	−2.663	−2.709	−2.755	−2.801	−2.847
−40	−1.960	−2.008	−2.055	−2.102	−2.150	−2.197	−2.244	−2.291	−2.338	−2.384
−30	−1.481	−1.530	−1.578	−1.626	−1.674	−1.722	−1.770	−1.818	−1.865	−1.913
−20	−0.995	−1.044	−1.093	−1.141	−1.190	−1.239	−1.288	−1.336	−1.385	−1.433
−10	−0.501	−0.550	−0.600	−0.650	−0.699	−0.748	−0.798	−0.847	−0.896	−0.945
0	−0.000	−0.050	−0.101	−0.151	−0.201	−0.251	−0.301	−0.351	−0.401	−0.451
0	0.000	0.050	0.101	0.151	0.202	0.253	0.303	0.354	0.405	0.456
10	0.507	0.558	0.609	0.660	0.711	0.762	0.813	0.865	0.916	0.967
20	1.019	1.070	1.122	1.174	1.225	1.277	1.329	1.381	1.432	1.484
30	1.536	1.688	1.640	1.693	1.745	1.797	1.849	1.901	1.954	2.006
40	2.058	2.111	2.163	2.216	2.268	2.321	2.374	2.426	2.476	2.532
50	2.585	2.638	2.691	2.743	2.796	2.849	2.902	2.956	3.009	3.062
60	3.115	3.168	3.221	3.275	3.328	3.381	3.435	3.448	3.542	3.595
70	3.649	3.702	3.756	3.809	3.863	3.917	3.971	4.024	4.078	4.132
80	4.186	4.239	4.293	4.347	4.401	4.455	4.509	4.563	4.617	4.671
90	4.725	4.780	4.834	4.888	4.942	4.996	5.050	5.105	5.159	5.213
100	5.268	5.322	5.376	5.431	5.485	5.540	5.594	5.649	5.703	5.758
110	5.812	5.867	5.921	5.976	6.031	6.085	6.140	6.195	6.249	6.304
120	6.359	6.414	6.468	6.523	6.578	6.633	6.688	6.742	6.797	6.852
130	6.907	6.962	7.017	7.072	7.127	7.182	7.237	7.292	7.347	7.402
140	7.457	7.512	7.567	7.622	7.677	7.732	7.787	7.843	7.898	7.953
150	8.008	8.063	8.118	8.174	8.229	8.284	8.339	8.394	8.450	8.505
160	8.560	8.616	8.671	8.726	8.781	8.837	8.892	8.947	9.003	9.058
170	9.113	9.169	9.224	9.279	9.335	9.390	9.446	9.501	9.556	9.612
180	9.667	9.723	9.778	9.834	9.889	9.944	10.000	10.055	10.111	10.166
190	10.222	10.277	10.333	10.388	10.444	10.499	10.555	10.610	10.666	10.721
200	10.777	10.832	10.888	10.943	10.999	11.054	11.110	11.165	11.221	11.276
210	11.332	11.387	11.443	11.498	11.554	11.609	11.665	11.720	11.776	11.831
220	11.887	11.913	11.998	12.054	12.109	12.165	12.220	12.276	12.331	12.387
230	12.442	12.498	12.553	12.609	12.664	12.720	12.776	12.831	12.887	12.942
240	12.998	13.053	13.109	13.164	13.220	13.275	13.331	13.386	13.442	13.197
250	13.553	13.608	13.664	13.719	13.775	13.830	13.886	13.941	13.997	14.052
260	14.103	14.163	14.219	14.274	14.330	14.385	14.441	14.496	14.552	14.607
270	14.663	14.718	14.774	14.829	14.885	14.940	14.995	15.051	15.106	15.162
280	15.217	15.273	15.328	15.383	15.439	15.494	15.550	15.605	15.661	15.716
290	15.771	15.827	15.882	15.938	15.993	16.048	16.104	16.159	16.214	16.270
300	16.325	16.380	16.436	16.491	16.547	16.602	16.657	16.713	16.768	16.823
310	16.879	16.934	16.989	17.044	17.100	17.155	17.210	17.266	17.321	17.376
320	17.432	17.487	17.542	17.597	17.653	17.708	17.763	17.818	17.874	17.929
330	17.984	18.039	18.095	18.150	18.205	18.260	18.316	18.371	18.426	18.481
340	18.537	18.592	18.647	18.702	18.757	18.813	18.868	18.923	18.978	19.033

温度 (℃)	0	1	2	3	4	5	6	7	8	9
	热 电 动 势 （mV）									
350	19.089	19.144	19.199	19.254	19.309	19.364	19.420	19.475	19.530	19.585
360	19.640	19.695	19.751	19.806	19.861	19.916	19.971	20.026	20.081	20.137
370	20.192	20.247	20.302	20.357	20.412	20.467	20.523	20.578	20.633	20.688
380	20.743	20.798	20.853	20.909	20.964	21.019	21.074	21.129	21.184	21.239
390	21.295	21.350	21.405	21.460	21.515	21.570	21.625	21.680	21.736	21.791
400	21.846	21.901	21.956	22.011	22.066	22.122	22.177	22.232	22.287	22.342
410	22.397	22.453	22.508	22.563	22.618	22.673	22.728	22.784	22.839	22.894
420	22.949	23.004	23.060	23.115	23.170	23.225	23.280	23.336	23.391	23.446
430	23.501	23.556	23.612	23.667	23.722	23.777	23.833	23.888	23.943	23.999
440	24.054	24.109	24.164	24.220	24.275	24.330	24.386	24.441	24.496	24.552
450	24.607	24.662	24.718	24.773	24.829	24.884	24.939	24.995	25.050	25.106
460	25.161	25.217	25.272	25.327	25.383	25.438	25.494	25.549	25.605	25.661
470	25.716	25.772	25.827	25.883	25.938	25.994	26.050	26.105	26.161	26.216
480	26.272	26.328	26.383	26.439	26.495	26.551	26.606	26.662	26.718	26.774
490	26.829	26.885	26.941	26.997	27.053	27.109	27.165	27.220	27.276	27.332
500	27.388	27.444	27.500	27.556	27.612	27.668	27.724	27.780	27.836	27.893
510	27.949	28.005	28.061	28.117	28.173	28.230	28.286	28.342	28.398	28.455
520	28.511	28.567	28.624	28.680	28.736	28.793	28.849	28.906	28.962	29.019
530	29.075	29.132	29.188	29.245	29.301	29.358	29.415	29.471	29.528	29.585
540	29.642	29.698	29.755	29.812	29.869	29.926	29.983	30.039	30.096	30.153
550	30.210	30.267	30.324	30.381	30.439	30.496	30.553	30.610	30.667	30.724
560	30.782	30.839	30.896	30.954	31.011	31.068	31.126	31.183	31.241	31.298
570	31.356	31.413	31.471	31.528	31.586	31.644	31.702	31.759	31.817	31.875
580	31.933	31.991	32.048	32.106	32.164	32.222	32.280	32.338	32.396	32.455
590	32.513	32.571	32.629	32.687	32.746	32.804	32.862	32.921	32.979	33.038
600	33.096	33.155	32.213	33.272	33.330	33.389	33.448	33.506	33.565	33.624
610	33.683	33.742	33.800	33.859	33.918	33.977	34.036	34.095	34.155	34.214
620	34.273	34.332	34.391	34.451	34.510	34.569	34.629	34.688	34.748	34.807
630	34.867	34.926	34.986	35.046	35.105	35.165	35.225	35.285	35.344	35.404
640	35.464	35.524	35.584	35.644	35.704	35.764	35.825	35.885	35.945	36.005
650	36.066	36.126	36.186	36.247	36.307	36.368	36.428	36.489	36.549	36.610
660	36.671	36.732	36.792	36.853	36.914	36.975	37.036	37.097	37.158	37.219
670	37.280	37.341	37.402	37.463	37.525	37.586	37.647	37.709	37.770	37.831
680	37.893	37.954	38.016	38.078	38.139	38.201	38.262	38.324	38.386	38.448
690	38.510	38.572	38.633	38.695	38.757	38.819	38.882	38.944	39.006	39.068
700	39.130	39.192	39.255	39.317	39.379	39.442	39.504	39.567	39.629	39.692
710	39.754	39.817	39.880	39.942	40.005	40.068	40.131	40.193	40.256	40.319
720	40.382	40.445	40.508	40.571	40.634	40.697	40.760	40.823	40.886	40.950
730	41.013	41.076	41.139	41.203	41.266	41.329	41.393	41.456	41.520	41.583
740	41.647	41.710	41.774	41.837	41.901	41.965	42.028	42.092	42.156	42.219
750	42.283	42.347	42.411	42.475	42.538	42.602	42.666	42.730	42.794	42.858
760	42.922	42.986	43.050	43.114	43.178	43.242	43.306	43.370	43.435	43.499
770	43.563	43.627	43.692	43.756	43.820	43.885	43.949	44.014	44.078	44.142
780	44.207	44.271	44.336	44.400	44.465	44.529	44.594	44.658	44.723	44.788
790	44.852	44.917	44.981	45.046	45.111	45.175	45.240	45.304	45.369	45.434

温度 (℃)	0	1	2	3	4	5	6	7	8	9
	热 电 动 势 （mV)									
800	45.498	45.563	45.627	45.692	45.757	45.821	45.886	45.950	46.015	46.080
810	46.144	46.209	46.273	46.338	46.403	46.467	46.532	46.596	46.661	46.725
820	46.790	46.854	46.919	46.983	47.047	47.112	47.176	47.241	47.305	47.369
830	47.434	47.498	47.562	47.627	47.691	47.755	47.819	47.884	47.948	48.012
840	48.076	48.140	48.204	48.269	48.333	48.397	48.461	48.525	48.589	48.653
850	48.716	48.780	48.844	48.908	48.972	49.036	49.099	49.163	49.227	49.219
860	49.354	49.418	49.481	49.545	49.608	49.672	49.735	49.799	49.826	49.926
870	49.989	50.052	50.116	50.179	50.242	50.305	50.369	50.432	50.495	50.558
880	50.621	50.684	50.747	50.810	50.873	50.936	50.998	51.061	51.124	51.187
890	51.249	51.312	51.375	51.437	51.500	51.562	51.625	51.687	51.750	51.812
900	51.875	51.937	51.999	52.061	52.124	52.186	52.248	52.310	52.372	52.434
910	52.496	52.558	52.620	52.682	52.744	52.806	52.868	52.929	52.991	53.053
920	53.115	53.176	53.238	53.299	53.361	53.422	53.484	53.545	53.607	53.668
930	53.729	53.791	53.852	53.913	53.974	54.035	54.096	54.157	54.219	54.280
940	54.341	54.401	54.462	54.523	54.584	54.645	54.706	54.766	54.827	54.888
950	54.948	55.009	55.070	55.130	55.191	55.251	55.312	55.372	55.432	55.493
960	55.553	55.613	55.674	55.734	55.794	55.854	55.914	55.974	56.035	56.095
970	56.155	56.215	56.275	56.334	56.394	56.454	56.514	56.574	56.634	56.693
980	56.753	56.813	56.873	56.932	56.992	57.051	57.111	57.170	57.230	57.289
990	57.349	57.408	57.468	57.527	57.586	57.646	57.705	57.764	57.824	57.883
1000	57.942	58.001	58.060	58.120	58.179	58.238	58.297	58.356	58.415	58.474
1010	58.533	58.592	58.651	58.710	58.769	58.827	58.886	58.945	59.004	59.063
1020	59.121	59.180	59.239	59.298	59.356	59.415	59.474	59.532	59.591	59.650
1030	59.708	59.767	59.825	59.884	59.942	60.001	60.059	60.118	60.176	60.235
1040	60.293	60.351	60.410	60.468	60.527	60.585	60.643	60.702	60.760	60.818
1050	60.876	60.935	60.993	61.051	61.109	61.168	61.226	61.284	61.342	61.400
1060	61.459	61.517	61.575	61.633	61.691	61.749	61.807	61.865	61.923	61.981
1070	62.039	62.097	62.156	62.214	62.272	62.330	62.388	62.446	62.504	62.562
1080	62.619	62.677	62.735	62.793	62.851	62.909	62.967	63.025	63.083	63.141
1090	63.199	63.257	63.314	63.372	63.430	63.488	63.546	63.604	63.662	63.719
1100	63.777	63.835	63.893	63.951	64.009	64.066	64.124	64.182	64.240	64.298
1110	64.355	64.413	64.471	64.529	64.586	64.644	64.702	64.760	64.817	64.875
1120	64.933	64.991	65.048	65.106	65.164	65.222	65.279	65.337	65.395	65.459
1130	65.510	65.568	65.626	65.683	65.741	65.799	65.856	65.914	65.972	66.029
1140	66.087	66.145	66.202	66.260	66.318	66.375	66.433	66.491	66.548	66.606
1150	66.664	66.721	66.779	66.836	66.894	66.952	67.009	67.067	67.124	67.182
1160	67.240	67.297	67.355	67.412	67.470	67.527	67.585	67.643	67.700	67.758
1170	67.815	67.873	67.930	67.988	68.045	68.103	68.160	68.217	68.275	68.332
1180	68.390	68.447	68.505	68.562	68.619	68.677	68.734	68.792	68.849	68.906
1190	68.964	69.021	69.078	69.135	69.193	69.250	69.307	69.364	69.422	69.479
1200	69.536									

　　　　　　　　　　　　铜-铜镍热电偶分度表

　　　　　　　　　　　　　　　　　　　　　　　　（参比端温度为 0℃）

温　度 （℃）	0	1	2	3	4	5	6	7	8	9
	热　电　动　势　（mV）									
−270	−6.258									
−260	−6.232	−6.236	−6.239	−6.242	−6.245	−6.248	−6.251	−6.253	−6.255	−6.256
−250	−6.181	−6.187	−6.193	−6.198	−6.204	−6.209	−6.214	−6.219	−6.224	−6.228
−240	−6.105	−6.114	−6.122	−6.130	−6.138	−6.146	−6.153	−6.160	−6.167	−6.174
−230	−6.007	−6.018	−6.028	−6.039	−6.049	−6.059	−6.068	−6.078	−6.087	−6.096
−220	−5.889	−5.901	−5.914	−5.926	−5.938	−5.950	−5.962	−5.973	−5.985	−5.996
−210	−5.753	−5.767	−5.782	−5.795	−5.809	−5.823	−5.836	−5.850	−5.863	−5.876
−200	−5.603	−5.619	−5.634	−5.650	−5.665	−5.680	−5.695	−5.710	−5.724	−5.739
−190	−5.439	−5.456	−5.473	−5.489	−5.506	−5.522	−5.539	−5.555	−5.571	−5.587
−180	−5.261	−5.279	−5.297	−5.315	−5.333	−5.351	−5.369	−5.387	−5.404	−5.421
−170	−5.069	−5.089	−5.109	−5.128	−5.147	−5.167	−5.186	−5.205	−5.223	−5.242
−160	−4.865	−4.886	−4.907	−4.928	−4.948	−4.969	−4.989	−5.010	−5.030	−5.050
−150	−4.648	−4.670	−4.693	−4.715	−4.737	−4.758	−4.780	−4.801	−4.823	−4.844
−140	−4.419	−4.442	−4.466	−4.489	−4.512	−4.535	−4.558	−4.581	−4.603	−4.626
−130	−4.177	−4.202	−4.226	−4.251	−4.275	−4.299	−4.323	−4.347	−4.371	−4.395
−120	−3.923	−3.949	−3.974	−4.000	−4.026	−4.051	−4.077	−4.102	−4.127	−4.152
−110	−3.656	−3.684	−3.711	−3.737	−3.764	−3.791	−3.818	−3.844	−3.870	−3.897
−100	−3.378	−3.407	−3.435	−3.463	−3.491	−3.519	−3.547	−3.574	−3.602	−3.629
−90	−3.089	−3.118	−3.147	−3.177	−3.206	−3.235	−3.264	−3.293	−3.321	−3.350
−80	−2.788	−2.818	−2.849	−2.879	−2.909	−2.939	−2.970	−2.999	−3.029	−3.057
−70	−2.475	−2.507	−2.539	−2.570	−2.602	−2.633	−2.664	−2.695	−2.726	−2.757
−60	−2.152	−2.185	−2.218	−2.250	−2.283	−2.315	−2.348	−2.380	−2.412	−2.444
−50	−1.819	−1.853	−1.886	−1.920	−1.953	−1.987	−2.020	−2.053	−2.087	−2.120
−40	−1.475	−1.510	−1.544	−1.579	−1.614	−1.648	−1.682	−1.717	−1.751	−1.785
−30	−1.121	−1.157	−1.192	−1.228	−1.263	−1.299	−1.334	−1.370	−1.405	−1.440
−20	−0.757	−0.794	−0.830	−0.867	−0.903	−0.940	−0.976	−1.013	−1.049	−1.085
−10	−0.383	−0.421	−0.458	−0.496	−0.534	−0.571	−0.608	−0.646	−0.683	−0.720
0	−0.000	−0.039	−0.077	−0.116	−0.154	−0.193	−0.231	−0.269	−0.307	−0.345
0	0.000	0.039	0.078	0.117	0.156	0.195	0.234	0.273	0.312	0.351
10	0.391	0.430	0.470	0.510	0.549	0.589	0.629	0.669	0.709	0.749
20	0.789	0.830	0.870	0.911	0.951	0.992	1.032	1.073	1.114	1.155
30	1.196	1.237	1.279	1.320	1.361	1.403	1.444	1.486	1.528	1.569
40	1.611	1.653	1.695	1.738	1.780	1.822	1.865	1.907	1.950	1.992
50	2.035	2.078	2.121	2.164	2.207	2.250	2.294	2.337	2.380	2.424
60	2.467	2.511	2.555	2.599	2.643	2.687	2.731	2.775	2.819	2.864
70	2.908	2.953	2.997	3.042	3.087	3.131	3.176	3.221	3.266	3.312
80	3.357	3.402	3.447	3.493	3.538	3.584	3.630	3.676	3.721	3.767
90	3.813	3.859	3.906	3.952	3.998	4.044	4.091	4.137	4.184	4.231

温 度 (℃)	0	1	2	3	4	5	6	7	8	9
	热 电 动 势 (mV)									
100	4.277	4.324	4.371	4.418	4.465	4.512	4.559	4.607	4.654	4.701
110	4.749	4.796	4.844	4.891	4.939	4.987	5.035	5.083	5.131	5.179
120	5.227	5.275	5.324	5.372	5.420	5.469	5.517	5.566	5.615	5.663
130	5.712	5.761	5.810	5.859	5.908	5.957	6.007	6.056	6.105	6.155
140	6.204	6.254	6.303	6.353	6.403	6.452	6.502	6.552	6.602	6.652
150	6.702	6.753	6.803	6.853	6.903	6.954	7.004	7.055	7.106	7.156
160	7.207	7.258	7.309	7.360	7.411	7.462	7.513	7.564	7.615	7.666
170	7.718	7.769	7.821	7.872	7.924	7.975	8.027	8.079	8.131	8.183
180	8.235	8.287	8.339	8.391	8.443	8.495	8.548	8.600	8.652	8.705
190	8.757	8.810	8.863	8.915	8.968	9.021	9.074	9.127	9.180	9.233
200	9.286	9.339	9.392	9.446	9.499	9.553	9.606	9.659	9.713	9.767
210	9.820	9.874	9.928	9.982	10.036	10.090	10.144	10.198	10.252	10.306
220	10.360	10.414	10.469	10.523	10.578	10.632	10.687	10.741	10.796	10.851
230	10.905	10.960	11.015	11.070	11.125	11.180	11.235	11.290	11.345	11.401
240	11.456	11.511	11.566	11.622	11.677	11.733	11.788	11.844	11.900	11.956
250	12.011	12.067	12.123	12.179	12.235	12.291	12.347	12.403	12.459	12.515
260	12.572	12.628	12.684	12.741	12.797	12.854	12.910	12.967	13.024	13.080
270	13.137	13.194	13.251	13.307	13.364	13.421	13.478	13.535	13.592	13.650
280	13.707	13.764	13.821	13.879	13.936	13.993	13.051	14.108	14.166	14.223
290	14.281	14.339	14.396	14.454	14.512	14.570	14.628	14.686	14.744	14.802
300	14.860	14.918	14.976	15.034	15.092	15.151	15.209	15.267	15.326	15.384
310	15.443	15.501	15.560	15.619	15.677	15.736	15.795	15.853	15.912	15.971
320	16.030	16.089	16.148	16.207	16.266	16.325	16.384	16.444	16.503	16.562
330	16.621	16.681	16.740	16.800	16.859	16.919	16.978	17.038	17.079	17.157
340	17.217	17.277	17.336	17.396	17.456	17.516	17.576	17.636	17.696	17.757
350	17.816	17.877	17.937	17.997	18.057	18.118	18.178	18.238	18.299	18.359
360	18.420	18.480	18.541	18.602	18.662	18.723	18.784	18.845	18.905	18.966
370	19.027	19.088	19.149	19.210	19.271	19.332	19.393	19.455	19.506	19.577
380	19.638	19.699	19.761	19.822	19.883	19.945	19.006	20.068	20.129	20.191
390	20.252	20.314	20.376	20.437	20.499	20.560	20.622	20.684	20.746	20.807
400	20.869									

附表 1-7　　　　　　　　　　　　　**镍铬硅-镍硅热电偶分度表**

分度号：N　　　　　　　　　　　　　　　　　　　（参比端温度为0℃）

温 度 (℃)	0	1	2	3	4	5	6	7	8	9
	热 电 动 势 (mV)									
−270	−4.345									
−260	−4.336	−4.337	−4.339	−4.340	−4.341	−4.342	−4.343	−4.344	−4.344	−4.345
−250	−4.313	−4.316	−4.319	−4.321	−4.324	−4.326	−4.328	−4.330	−4.332	−4.334
−240	−4.277	−4.281	−4.285	−4.289	−4.293	−4.297	−4.300	−4.304	−4.307	−4.310
−230	−4.227	−4.232	−4.238	−4.243	−4.248	−4.254	−4.259	−4.263	−4.268	−4.273
−220	−4.162	−4.169	−4.176	−4.183	−4.189	−4.196	−4.202	−4.209	−4.215	−4.221
−210	−4.083	−4.091	−4.100	−4.108	−4.116	−4.124	−4.132	−4.140	−4.147	−4.155
−200	−3.990	−4.000	−4.010	−4.020	−4.029	−4.038	−4.048	−4.057	−4.066	−4.074

温 度 (℃)	0	1	2	3	4	5	6	7	8	9
	热 电 动 势 (mV)									
−190	−3.884	−3.896	−3.907	−3.918	−3.928	−3.939	−3.950	−3.960	−3.970	−3.980
−180	−3.766	−3.778	−3.790	−3.803	−3.815	−3.827	−3.838	−3.850	−3.862	−3.873
−170	−3.634	−3.648	−3.661	−3.675	−3.688	−3.701	−3.715	−3.727	−3.740	−3.753
−160	−3.491	−3.506	−3.521	−3.535	−3.550	−3.564	−3.578	−3.592	−3.607	−3.620
−150	−3.336	−3.352	−3.368	−3.384	−3.399	−3.415	−3.430	−3.446	−3.461	−3.476
−140	−3.170	−3.187	−3.204	−3.221	−3.238	−3.255	−3.271	−3.288	−3.304	−3.320
−130	−2.994	−3.012	−3.030	−3.048	−3.066	−3.083	−3.101	−3.118	−3.136	−3.153
−120	−2.807	−2.827	−2.846	−2.864	−2.883	−2.902	−2.921	−2.939	−2.957	−2.976
−110	−2.612	−2.632	−2.651	−2.671	−2.691	−2.711	−2.730	−2.750	−2.769	−2.788
−100	−2.407	−2.427	−2.448	−2.469	−2.490	−2.510	−2.531	−2.551	−2.571	−2.591
−90	−2.193	−2.215	−2.237	−2.258	−2.280	−2.301	−2.322	−2.343	−2.365	−2.386
−80	−1.972	−1.995	−2.017	−2.039	−2.061	−2.084	−2.106	−2.128	−2.150	−2.171
−70	−1.744	−1.767	−1.790	−1.813	−1.836	−1.859	−1.882	−1.904	−1.927	−1.950
−60	−1.509	−1.533	−1.556	−1.580	−1.604	−1.627	−1.651	−1.674	−1.697	−1.721
−50	−1.268	−1.293	−1.317	−1.341	−1.365	−1.389	−1.413	−1.437	−1.461	−1.485
−40	−1.023	−1.047	−1.072	−1.097	−1.121	−1.146	−1.171	−1.195	−1.220	−1.244
−30	−0.772	−0.797	−0.823	−0.848	−0.873	−0.898	−0.923	−0.948	−0.973	−0.998
−20	−0.518	−0.544	−0.569	−0.595	−0.620	−0.646	−0.671	−0.696	−0.722	−0.747
−10	−0.260	−0.286	−0.312	−0.338	−0.364	−0.390	−0.415	−0.441	−0.467	−0.492
0	−0.000	−0.026	−0.052	−0.078	−0.104	−0.130	−0.157	−0.183	−0.208	−0.234
0	0.000	0.026	0.052	0.078	0.104	0.130	0.156	0.182	0.208	0.234
10	0.261	0.287	0.313	0.340	0.366	0.392	0.419	0.445	0.472	0.498
20	0.525	0.551	0.578	0.605	0.632	0.658	0.685	0.712	0.739	0.766
30	0.793	0.820	0.847	0.874	0.901	0.928	0.955	0.982	1.010	1.037
40	1.064	1.092	1.119	1.146	1.174	1.201	1.229	1.256	1.284	1.312
50	1.339	1.367	1.395	1.423	1.451	1.479	1.506	1.534	1.562	1.591
60	1.619	1.647	1.675	1.703	1.731	1.760	1.788	1.816	1.845	1.873
70	1.902	1.930	1.959	1.987	2.016	2.045	2.073	2.102	2.131	2.160
80	2.188	2.217	2.246	2.275	2.304	2.333	2.362	2.392	2.421	2.450
90	2.479	2.508	2.538	2.567	2.596	2.626	2.655	2.685	2.714	2.744
100	2.774	2.803	2.833	2.863	2.892	2.922	2.952	2.982	3.012	3.042
110	3.072	3.102	3.132	3.162	3.192	3.222	3.252	3.283	3.313	3.343
120	3.374	3.404	3.434	3.465	3.495	3.526	3.557	3.587	3.618	3.648
130	3.679	3.710	3.741	3.772	3.802	3.833	3.864	3.895	3.926	3.957
140	3.988	4.019	4.050	4.082	4.113	4.144	4.175	4.207	4.238	4.269
150	4.301	4.332	4.364	4.395	4.427	4.458	4.490	4.521	4.553	4.585
160	4.617	4.648	4.680	4.712	4.744	4.776	4.808	4.840	4.872	4.904
170	4.936	4.968	5.000	5.032	5.064	5.097	5.129	5.161	5.193	5.226
180	5.258	5.290	5.323	5.355	5.388	5.420	5.453	5.486	5.518	5.551
190	5.584	5.616	5.649	5.682	5.715	5.747	5.780	5.813	5.846	5.879

温 度 （℃）	0	1	2	3	4	5	6	7	8	9
	热 电 动 势 （mV）									
200	5.912	5.945	5.978	6.011	6.044	6.077	6.110	6.144	6.177	6.210
210	6.243	6.277	6.310	6.343	6.377	6.410	6.443	6.477	6.510	6.544
220	6.577	6.611	6.645	6.678	6.712	6.745	6.779	6.813	6.847	6.880
230	6.914	6.948	6.982	7.016	7.050	7.084	7.118	7.152	7.186	7.220
240	7.254	7.288	7.322	7.356	7.390	7.424	7.458	7.493	7.527	7.561
250	7.596	7.630	7.664	7.699	7.733	7.767	7.802	7.836	7.871	7.905
260	7.940	7.975	8.009	8.044	8.078	8.113	8.148	8.182	8.217	8.252
270	8.287	8.321	8.356	8.391	8.426	8.461	8.496	8.531	8.566	8.601
280	8.636	8.671	8.706	8.741	8.776	8.811	8.846	8.881	8.916	8.952
290	8.987	9.022	9.057	9.093	9.128	9.163	9.198	9.234	9.269	9.305
300	9.340	9.375	9.411	9.446	9.482	9.517	9.553	9.589	9.624	9.660
310	9.695	9.731	9.767	9.802	9.838	9.874	9.909	9.945	9.981	10.017
320	10.053	10.088	10.124	10.160	10.196	10.232	10.268	10.340	10.340	10.376
330	10.412	10.448	10.484	10.520	10.556	10.592	10.628	10.664	10.700	10.736
340	10.772	10.809	10.845	10.881	10.917	10.954	10.990	11.026	11.062	11.099
350	11.135	11.171	11.208	11.244	11.281	11.317	11.354	11.390	11.426	11.463
360	11.499	11.536	11.572	11.609	11.646	11.682	11.719	11.755	11.792	11.829
370	11.865	11.902	11.939	11.975	12.012	12.049	12.036	12.122	12.159	12.196
380	12.233	12.270	12.306	12.343	12.380	12.417	12.454	12.491	12.528	12.565
390	12.602	12.639	12.676	12.713	12.750	12.787	12.824	12.861	12.898	12.935
400	12.972	13.009	13.046	13.084	13.121	13.158	13.195	13.232	13.269	13.307
410	13.344	13.381	13.418	13.456	13.493	13.530	13.568	13.605	13.642	13.680
420	13.717	13.754	13.792	13.829	13.867	13.904	13.942	13.979	14.017	14.054
430	14.091	14.129	14.167	14.204	14.242	14.279	14.317	14.354	14.392	14.430
440	14.467	14.505	14.542	14.580	14.618	14.655	14.693	14.731	14.769	14.806
450	14.844	14.882	14.919	14.957	14.995	15.033	15.071	15.108	15.146	15.184
460	15.222	15.260	15.298	15.336	15.373	15.411	15.449	15.487	15.525	15.563
470	15.601	15.639	15.677	15.715	15.753	15.791	15.829	15.867	15.905	15.943
480	15.981	16.019	16.057	16.095	16.133	16.172	16.210	16.248	16.286	16.324
490	16.362	16.400	16.439	16.477	16.515	16.553	16.591	16.630	16.668	16.706
500	16.744	16.783	16.821	16.859	16.897	16.936	16.974	17.012	17.051	17.089
510	17.127	17.166	17.204	17.243	17.281	17.319	17.358	17.396	17.434	17.473
520	17.511	17.550	17.588	17.627	17.665	17.704	17.742	17.781	17.819	17.858
530	17.896	17.935	17.973	18.012	18.050	18.089	18.127	18.166	18.204	18.243
540	18.282	18.320	18.359	18.397	18.436	18.475	18.513	18.552	18.591	18.629
550	18.668	18.707	18.745	18.784	18.823	18.861	18.900	18.939	18.977	19.016
560	19.055	19.094	19.132	19.171	19.210	19.249	19.287	19.326	19.365	19.404
570	19.443	19.481	19.520	19.559	19.598	19.637	19.676	19.714	19.753	19.792
580	19.831	19.870	19.909	19.948	19.986	20.025	20.064	20.103	20.142	20.181
590	20.220	20.259	20.298	20.337	20.376	20.415	20.453	20.492	20.531	20.570

温度 (℃)	0	1	2	3	4	5	6	7	8	9
	热 电 动 势 （mV）									
600	20.609	20.648	20.687	20.726	20.765	20.804	20.843	20.882	20.921	20.960
610	20.999	21.038	21.077	21.116	21.155	21.195	21.234	21.273	21.312	21.351
621	21.390	21.429	21.468	21.507	21.546	21.585	21.624	21.663	21.702	21.742
630	21.781	21.820	21.859	21.898	21.937	21.976	22.015	22.055	22.094	22.133
640	22.172	22.211	22.250	22.289	22.329	22.368	22.407	22.446	22.485	22.524
650	22.564	22.603	22.642	22.681	22.720	22.760	22.799	22.838	22.877	22.916
660	22.956	22.995	23.034	23.073	23.112	23.152	23.191	23.230	23.269	23.309
670	23.348	23.387	23.426	23.466	23.505	23.544	23.583	23.623	23.662	23.701
680	23.740	23.780	23.819	23.858	23.897	23.937	23.976	24.015	24.054	24.094
690	24.133	24.172	24.212	24.251	24.290	24.329	24.369	24.408	24.447	24.487
700	24.526	24.565	24.604	24.644	24.683	24.722	24.762	24.801	24.840	24.879
710	24.919	24.958	24.997	25.037	25.076	25.115	25.155	25.194	25.233	25.273
720	25.312	25.351	25.391	25.430	25.469	25.508	25.548	25.587	25.626	25.666
730	25.705	25.744	25.784	25.823	25.862	25.902	25.941	25.980	26.020	26.059
740	26.098	26.138	26.177	26.216	26.255	26.295	26.334	26.373	26.413	26.452
750	26.491	26.531	26.570	26.609	26.649	26.688	26.727	26.767	26.806	26.845
760	26.885	26.924	26.963	27.002	27.042	27.081	27.120	27.160	27.199	27.238
770	27.278	27.317	27.356	27.396	27.435	27.474	27.513	27.553	27.592	27.631
780	27.671	27.710	27.749	27.788	27.828	27.867	27.906	27.946	27.985	28.024
790	28.063	28.103	28.142	28.181	28.221	28.260	28.299	28.338	28.378	28.417
800	28.456	28.495	28.535	28.574	28.613	28.652	28.692	28.731	28.770	28.809
810	28.849	28.888	28.927	28.966	29.006	29.045	29.084	29.123	29.163	29.202
820	29.241	29.280	29.319	29.359	29.398	29.437	29.476	29.516	29.555	29.594
830	29.633	29.672	29.712	29.751	29.790	29.829	29.868	29.908	29.947	29.986
840	30.025	30.064	30.103	30.143	30.182	30.221	30.260	30.299	30.338	30.378
850	30.417	30.456	30.495	30.534	30.573	30.612	30.652	30.691	30.730	30.769
860	30.808	30.847	30.886	30.925	30.964	31.004	31.043	31.082	31.121	31.160
870	31.199	31.238	31.277	31.316	31.355	31.394	31.434	31.473	31.512	31.551
880	31.590	31.629	31.668	31.707	31.746	31.785	31.824	31.863	31.902	31.941
890	31.980	32.019	32.058	32.097	32.136	32.175	32.214	32.253	32.292	32.331
900	32.370	32.409	32.448	32.487	32.526	32.565	32.604	32.643	32.682	32.721
910	32.760	32.799	32.838	32.877	32.916	32.955	32.993	33.032	33.071	33.110
920	33.149	33.188	33.227	33.266	33.305	33.344	33.382	33.421	33.460	33.499
930	33.538	33.577	33.616	33.655	33.693	33.732	33.771	33.810	33.849	33.888
940	33.926	33.965	34.004	34.043	34.082	34.121	34.159	34.198	34.237	34.276
950	34.315	34.353	34.392	34.431	34.470	34.508	34.547	34.586	34.625	34.663
960	34.702	34.741	34.780	34.818	34.857	34.896	34.935	34.973	35.012	35.051
970	35.089	35.128	35.167	35.205	35.244	35.283	35.321	35.360	35.399	35.437
980	35.476	35.515	35.553	35.592	35.631	35.669	35.708	35.747	35.785	35.824
990	35.862	35.901	35.940	35.978	36.017	36.055	36.094	36.132	36.171	36.210

温度 （℃）	0	1	2	3	4	5	6	7	8	9
	热 电 动 势 （mV）									
1000	36.248	36.287	36.325	36.364	36.402	36.441	36.479	36.518	36.556	36.595
1010	36.633	36.672	36.710	36.749	36.787	36.826	36.864	36.903	36.941	36.980
1020	37.018	37.057	37.095	37.134	37.172	37.210	37.249	37.287	37.326	37.364
1030	37.402	37.441	37.479	37.518	37.556	37.594	37.633	37.671	37.710	37.748
1040	37.786	37.825	37.863	37.901	37.940	37.978	38.016	38.055	38.093	38.131
1050	38.169	38.208	38.246	38.284	38.323	38.361	38.399	38.437	38.476	38.514
1060	38.552	38.590	38.628	38.667	38.705	38.743	38.781	38.819	38.858	38.896
1070	38.934	38.972	39.010	39.049	39.087	39.125	39.163	39.201	39.239	39.277
1080	39.315	39.354	39.392	39.430	39.468	39.506	39.544	39.582	39.620	39.658
1090	39.696	39.734	39.772	39.810	39.848	39.886	39.924	39.962	40.000	40.038
1100	40.076	40.114	40.152	40.190	40.228	40.266	40.304	40.342	40.380	40.418
1110	40.456	40.494	40.532	40.570	40.607	40.645	40.683	40.721	40.759	40.797
1120	40.835	40.872	40.910	40.948	40.986	41.024	41.062	41.099	41.137	41.175
1130	41.213	41.250	41.288	41.326	41.364	41.401	41.439	41.477	41.515	41.552
1140	41.590	41.628	41.665	41.703	41.741	41.778	41.816	41.854	41.891	41.929
1150	41.966	42.004	42.042	42.079	42.117	42.154	42.192	42.229	42.267	42.305
1160	42.342	42.380	42.417	42.455	42.492	42.530	42.567	42.605	42.642	42.680
1170	42.717	42.754	42.792	42.829	42.867	42.904	42.941	42.979	43.016	43.054
1180	43.091	43.128	43.166	43.203	43.240	43.278	43.315	43.352	43.389	43.427
1190	43.464	43.501	43.538	43.576	43.613	43.650	43.687	43.725	43.762	43.799
1200	43.836	43.873	43.910	43.948	43.985	44.022	44.059	44.096	44.133	44.170
1210	44.207	44.244	44.281	44.318	44.355	44.393	44.430	44.467	44.504	44.541
1220	44.577	44.614	44.651	44.688	44.725	44.762	44.799	44.836	44.873	44.910
1230	44.947	44.984	45.020	45.057	45.094	45.131	45.168	45.204	45.241	45.278
1240	45.315	45.352	45.388	45.425	45.462	45.498	45.535	45.572	45.609	45.645
1250	45.682	45.719	45.755	45.792	45.828	45.865	45.902	45.938	45.975	46.011
1260	46.048	46.085	46.121	46.158	46.194	46.231	46.267	46.304	46.340	46.377
1270	46.413	46.449	46.486	46.522	46.559	46.595	46.631	46.668	46.704	46.741
1280	46.777	46.813	46.850	46.886	46.922	46.959	46.995	47.031	47.067	47.104
1290	47.140	47.176	47.212	47.249	47.285	47.321	47.357	47.393	47.430	47.466
1300	47.502									

附表 1-8　　　　　　　　　　**工业用铂热电阻分度表**

分度号 Pt100　$R_0=100.00\Omega$　　　　　　　　　　　　　　　　电阻单位：Ω

℃ IPTS—68	0	1	2	3	4	5	6	7	8	9	10	℃ IPTS—68
−200	18.49											−200
−190	22.80	22.37	21.94	21.51	21.08	20.65	20.22	19.79	19.36	18.93	18.49	−190
−180	27.08	25.65	26.23	25.80	25.37	24.94	24.52	24.09	23.66	23.23	22.08	−180
−170	31.32	30.90	30.47	30.05	29.63	29.20	28.78	28.35	27.93	27.50	27.08	−170
−160	35.53	35.11	34.69	34.27	33.85	33.43	33.01	32.59	32.16	31.74	31.32	−160
−150	39.71	39.30	38.88	38.46	38.04	37.63	37.21	36.79	36.37	35.95	35.53	−150

℃ IPTS—68	0	1	2	3	4	5	6	7	8	9	10	℃ IPTS—68
−140	43.87	43.45	43.04	42.63	42.21	41.79	41.38	40.96	40.55	40.13	39.71	−140
−130	48.00	47.59	47.18	46.76	46.35	45.94	45.52	45.11	44.70	44.28	43.87	−130
−120	52.11	51.70	51.29	50.88	50.47	50.06	49.64	49.23	48.82	48.41	48.00	−120
−110	56.19	55.78	55.38	54.97	54.56	54.15	53.74	53.33	52.92	52.52	52.11	−110
−100	60.25	59.85	59.44	59.04	58.63	58.22	57.82	57.41	57.00	56.60	56.19	−100
−90	64.30	63.90	63.49	63.09	62.68	62.28	61.87	61.47	61.06	60.66	60.25	−90
−80	68.33	67.92	67.52	67.12	66.72	66.31	65.91	65.51	65.11	64.70	64.30	−80
−70	72.33	71.93	71.53	71.13	70.73	70.33	69.93	69.53	69.13	68.73	68.33	−70
−60	76.33	75.93	75.53	75.13	74.73	74.33	73.93	73.53	73.13	72.73	72.33	−60
−50	80.31	79.91	79.51	79.11	78.72	78.32	77.92	77.52	77.13	76.73	76.33	−50
−40	84.27	83.88	83.48	83.08	82.69	82.29	81.89	81.50	81.10	80.70	80.31	−40
−30	88.22	87.83	87.43	87.04	86.64	86.25	85.85	85.46	85.06	84.67	84.27	−30
−20	92.16	91.77	91.37	90.93	90.59	90.19	89.80	89.40	89.01	88.62	88.22	−20
−10	96.09	96.69	95.30	94.91	94.52	94.12	93.73	93.34	92.95	92.55	92.16	−10
0	100.00	99.61	99.22	98.83	98.44	98.04	97.65	97.26	96.87	96.48	96.09	0
0	100.00	100.39	100.78	101.17	101.56	101.95	102.34	102.73	103.12	103.51	103.90	0
10	103.90	104.29	104.68	105.07	105.46	105.85	106.24	106.63	107.02	107.40	107.79	10
20	107.79	108.18	108.57	108.96	109.35	109.73	110.12	110.51	110.90	111.28	111.67	20
30	111.67	112.06	112.45	112.83	113.22	113.61	113.99	114.38	114.77	115.15	115.54	30
40	115.54	115.93	116.31	116.70	117.08	117.47	117.85	118.24	118.62	119.01	119.40	40
50	119.40	119.78	120.16	120.55	120.93	121.32	121.70	122.09	122.47	122.86	123.24	50
60	123.24	123.62	124.01	124.39	124.77	125.16	125.54	125.92	126.31	126.69	127.07	60
70	127.07	127.45	127.84	128.22	128.60	128.98	129.37	129.75	130.13	130.51	130.89	70
80	130.89	131.27	131.66	132.04	132.42	132.80	133.18	133.56	133.94	134.32	134.70	80
90	134.70	135.08	135.46	135.84	136.22	136.60	136.98	137.36	137.74	138.12	138.50	90
100	138.50	138.88	139.26	139.64	140.02	140.39	140.77	141.15	141.53	141.91	142.29	100
110	142.29	142.66	143.04	143.42	143.80	144.17	144.55	144.93	145.31	145.68	146.06	110
120	146.06	146.44	146.81	147.19	147.57	147.94	148.32	148.70	149.07	149.45	149.82	120
130	149.82	150.20	150.57	150.95	151.33	151.70	152.08	152.45	152.83	153.20	153.58	130
140	153.58	153.95	154.32	154.70	155.07	155.45	155.82	156.19	156.57	156.94	157.31	140
150	157.31	157.69	158.06	158.43	158.81	159.18	159.55	159.93	160.30	160.67	161.04	150
160	161.04	161.42	161.79	162.16	162.53	162.90	163.27	163.65	164.02	164.39	164.76	160
170	164.76	165.13	165.50	165.87	166.24	166.61	166.98	167.35	167.72	168.09	168.46	170
180	168.46	168.83	169.20	169.57	169.94	170.31	170.68	171.05	171.42	171.79	172.16	180
190	172.16	172.53	172.90	173.26	173.63	174.00	174.37	174.74	175.10	175.47	175.84	190
200	175.84	176.21	176.57	176.94	177.31	177.68	178.04	178.41	178.78	179.14	179.51	200
210	179.51	179.88	180.24	180.61	180.97	181.34	181.71	182.07	182.44	182.80	183.17	210
220	183.17	183.53	183.90	184.26	184.63	184.99	185.36	185.72	186.09	186.45	186.82	220
230	186.32	187.18	187.54	187.91	188.27	188.63	189.00	189.36	189.72	190.09	190.45	230
240	190.45	190.81	191.18	191.54	191.90	192.26	192.63	192.99	193.35	193.71	194.07	240

℃ IPTS—68	0	1	2	3	4	5	6	7	8	9	10	℃ IPTS—68
250	194.07	194.44	194.80	195.16	195.52	195.88	196.24	196.60	196.96	197.33	197.69	250
260	197.69	198.05	198.41	198.77	199.13	199.49	199.85	200.21	200.57	200.93	201.29	260
270	201.29	201.65	202.01	202.36	202.72	203.08	203.44	203.80	204.16	204.52	204.88	270
280	204.88	205.23	205.59	205.95	206.31	206.67	207.02	207.38	207.74	208.10	208.45	280
290	208.45	208.81	209.17	209.52	209.88	210.24	210.59	210.95	211.31	211.66	212.02	290
300	212.02	212.37	212.73	213.09	213.44	213.80	214.15	214.51	213.86	215.22	215.57	300
310	215.57	215.93	216.28	216.64	216.99	217.35	217.70	218.05	218.41	218.76	219.12	310
320	219.12	219.47	219.82	220.18	220.53	220.88	221.24	221.59	221.94	222.29	222.65	320
330	222.65	223.00	223.35	223.70	224.06	224.41	224.76	225.11	225.46	225.81	226.17	330
340	226.17	226.52	226.87	227.22	227.57	227.92	228.27	228.62	228.97	229.32	229.67	340
350	229.67	230.02	230.37	230.72	231.07	231.42	231.77	232.12	232.47	232.82	233.17	350
360	233.17	233.52	233.87	235.22	234.56	234.91	235.26	235.61	235.96	236.31	236.65	360
370	236.65	237.00	237.35	237.70	238.04	238.39	238.74	239.09	239.43	239.78	240.13	370
380	240.13	240.47	240.82	241.17	241.51	241.86	242.20	242.55	242.90	243.24	243.59	380
390	243.59	243.93	244.28	244.62	244.97	245.31	245.66	246.00	246.35	246.69	247.04	390
400	247.04	247.38	247.73	248.07	248.41	248.76	249.10	249.45	249.79	250.13	250.48	400
410	250.48	250.82	251.16	251.50	251.85	252.19	252.53	252.55	253.22	253.56	253.90	410
420	253.90	254.24	254.59	254.93	255.27	255.61	255.95	256.29	256.64	256.98	257.32	420
430	257.32	257.66	258.00	258.34	258.68	259.02	259.36	259.70	260.04	260.38	260.72	430
440	260.72	261.06	261.40	261.74	262.08	262.42	262.76	263.10	263.43	263.77	264.11	440
450	264.11	264.45	264.79	265.13	265.47	265.80	266.14	266.48	266.82	267.15	267.49	450
460	267.49	267.83	268.17	268.50	268.84	269.18	269.51	269.85	270.19	270.52	270.86	460
470	270.86	271.20	271.53	271.87	272.20	272.54	272.88	273.21	273.55	273.88	274.22	470
480	274.22	274.55	274.89	275.22	275.56	276.89	276.23	276.56	276.89	277.23	277.56	480
490	277.56	277.90	278.23	278.56	278.90	279.23	279.56	279.90	280.23	280.56	280.90	490
500	280.90	281.23	281.56	281.89	282.23	282.56	283.89	283.22	283.55	283.89	284.22	500
510	284.22	284.55	284.88	285.21	285.54	285.87	286.21	286.54	286.87	287.20	287.53	510
520	287.53	287.86	288.19	288.52	288.85	289.18	289.51	289.84	290.17	290.50	290.83	520
530	290.83	291.16	291.49	291.81	292.14	292.47	292.80	293.13	293.46	293.79	294.11	530
540	294.11	294.44	294.77	295.10	295.43	295.75	296.08	296.41	296.74	297.06	297.39	540
550	297.39	297.72	298.04	298.37	298.70	299.02	299.35	299.68	300.00	300.33	300.65	550
560	300.65	300.98	301.31	301.63	301.96	302.28	302.61	302.93	303.26	303.58	303.91	560
570	303.91	304.23	304.56	304.88	305.20	305.53	305.85	306.18	306.50	306.82	307.15	570
580	307.15	307.47	307.79	308.12	308.44	308.76	309.09	309.41	309.73	310.05	310.38	580
590	310.38	310.70	311.02	311.34	311.67	311.99	312.31	312.63	312.95	313.27	313.59	590
600	313.59	313.92	314.24	314.56	314.88	315.20	315.52	315.84	316.16	316.48	316.80	600
610	316.80	317.12	317.44	317.76	318.08	318.40	318.72	319.04	319.36	319.68	319.99	610
620	319.99	320.31	320.63	320.95	321.27	321.59	321.91	322.22	322.54	322.86	323.18	620
630	323.18	323.49	323.81	324.13	324.45	324.76	325.08	325.40	325.72	326.03	326.35	630
640	326.35	326.66	326.98	327.30	327.61	327.93	328.25	328.56	328.88	329.19	329.51	640

℃ IPTS—68	0	1	2	3	4	5	6	7	8	9	10	℃ IPTS—68
650	329.51	329.82	330.14	330.45	330.77	331.08	331.40	331.71	332.03	332.34	332.66	650
660	332.66	332.97	333.28	333.60	333.91	334.23	334.54	334.85	335.17	335.48	335.79	660
670	335.79	336.11	336.42	336.73	337.04	337.36	337.67	337.98	338.29	338.61	338.92	670
680	338.92	339.23	339.54	339.85	340.16	340.48	340.79	341.10	341.41	341.72	342.03	680
690	342.03	342.34	342.65	342.96	343.27	343.58	343.89	344.20	344.51	344.82	345.13	690
700	345.13	345.44	345.75	346.06	346.37	346.68	346.99	347.30	347.60	347.91	348.22	700
710	348.22	348.53	348.84	349.15	349.45	349.76	350.07	350.38	350.69	350.99	351.30	710
720	351.30	351.61	351.91	352.22	352.53	352.83	353.14	353.45	353.75	354.06	354.37	720
730	354.37	354.67	354.98	355.58	355.59	355.90	356.20	356.51	356.81	357.12	357.42	730
740	357.42	357.73	358.03	358.34	358.64	358.95	359.25	359.55	359.86	360.16	360.47	740
750	360.47	360.77	361.07	361.38	361.68	361.98	362.29	362.59	362.89	363.19	363.50	750
760	363.50	363.80	364.10	364.40	364.71	365.01	365.31	365.61	365.91	366.22	366.52	760
770	366.52	366.82	367.12	367.42	367.72	368.02	368.32	368.63	368.93	369.23	369.53	770
780	369.53	369.83	370.13	370.43	370.73	371.03	371.33	371.63	371.93	372.22	372.52	780
790	372.52	372.82	373.12	373.42	373.72	374.02	373.32	374.61	374.91	375.21	375.51	790
800	375.51	375.81	376.10	376.40	376.70	377.00	377.29	377.59	377.89	378.19	378.48	800
810	378.48	378.78	379.06	379.37	379.67	379.97	380.26	380.56	380.85	381.15	381.45	810
820	381.45	381.74	382.04	382.33	382.63	382.92	383.22	383.51	383.81	384.10	384.40	820
830	384.40	384.69	384.98	385.28	385.57	385.87	386.16	386.45	386.75	387.04	387.34	830
840	387.34	387.63	387.92	388.21	388.51	388.80	389.09	389.39	389.68	389.97	390.26	840
850	390.26											850

注 对于分度号 Pt10 的热电阻, 只需将表中电阻值的小数点位向左移一位, 即为 $R_0 = 10.000\Omega$ 铂热电阻的分度表。
例如, 300℃ 时, 电阻值为 21.202Ω。

附表 1-9　　　　　　　　　　　　**工业铜热电阻分度表**

分度号 Cu50　　　　　　　　　　　　$R_0 = 50\Omega$

℃ IPTS—68	0	1	2	3	4	5	6	7	8	9
					电 阻 值 (Ω)					
−50	39.242	—	—	—	—	—	—	—	—	—
−40	41.400	41.184	40.969	40.753	40.537	40.322	40.106	39.890	39.674	39.458
−30	43.555	43.349	43.124	42.909	42.693	42.478	42.262	42.047	41.831	41.616
−20	45.706	45.491	45.276	45.061	44.846	44.631	44.416	44.200	43.985	43.770
−10	47.854	47.639	47.425	47.210	46.995	46.780	46.566	46.351	46.136	45.921
−0	50.000	49.786	49.571	49.356	49.142	48.927	48.713	48.498	48.284	48.069
0	50.000	50.214	50.429	50.643	50.858	51.072	51.286	51.501	51.715	51.929
10	52.144	52.358	52.572	52.786	53.000	53.215	53.429	53.643	53.857	54.071
20	54.285	54.500	54.714	54.928	55.142	55.356	55.570	55.784	55.998	56.212
30	56.426	56.640	56.854	57.068	57.282	57.496	57.710	57.924	58.137	58.351
40	58.565	58.779	58.993	59.207	59.421	59.635	59.848	60.062	60.276	60.490
50	60.704	60.918	61.132	61.345	61.559	61.773	61.987	62.201	62.415	62.628

℃ IPTS—68	0	1	2	3	4	5	6	7	8	9
					电 阻 值 （Ω）					
60	62.842	63.056	63.270	63.484	63.698	63.911	64.125	64.339	64.553	64.767
70	64.981	65.154	65.408	65.622	65.836	66.050	66.264	66.478	66.692	66.906
80	67.120	67.333	67.547	67.761	67.975	68.189	68.403	68.617	68.831	69.045
90	69.259	69.473	69.687	69.901	70.115	70.329	70.544	70.758	70.972	71.186
100	71.400	71.614	71.828	72.042	72.257	72.471	72.685	72.899	73.114	73.328
110	73.542	73.751	73.971	74.185	74.400	74.614	74.828	75.043	75.258	75.472
120	75.686	75.901	76.115	76.330	76.545	76.759	76.974	77.189	77.404	77.618
130	77.833	78.048	78.263	78.477	78.692	78.907	79.122	79.337	79.552	79.767
140	79.982	80.197	80.412	80.627	80.843	81.058	81.273	81.488	81.704	81.919
150	82.134	—	—	—	—	—	—	—	—	—

附表 1-10　　　　　　　　　　**工业铜热电阻分度表**

分度号 Cu100　　　　　　　　　　$R_0 = 100\Omega$

℃ IPTS—68	0	1	2	3	4	5	6	7	8	9
					电 阻 值 （Ω）					
−50	78.48	—	—	—	—	—	—	—	—	—
−40	82.80	82.37	81.94	81.51	81.07	80.64	80.21	79.78	79.35	78.92
−30	87.11	86.68	86.25	85.82	82.39	84.96	84.52	84.06	83.66	83.23
−20	91.41	90.98	90.55	90.12	89.69	89.26	88.83	88.40	87.97	87.54
−10	95.71	95.28	94.85	94.42	93.99	93.56	93.13	92.70	92.27	91.84
−0	100.00	99.57	99.14	98.71	98.28	97.85	97.42	97.00	96.57	96.14
0	100.00	100.43	100.86	101.29	101.72	102.14	102.57	103.00	103.42	103.86
10	104.29	104.72	105.14	105.57	106.00	106.43	106.86	107.29	107.72	108.14
20	108.57	109.00	109.43	109.86	110.28	110.71	111.14	111.57	112.00	112.42
30	112.85	113.28	113.71	114.14	114.56	114.99	115.42	115.85	116.27	116.70
40	117.13	117.56	117.99	118.41	118.84	119.27	119.70	120.12	120.55	120.98
50	121.41	121.84	122.26	122.69	123.12	123.55	123.97	124.40	124.83	125.26
60	125.68	126.11	126.54	126.97	127.40	127.82	128.25	128.68	129.11	129.53
70	129.96	130.39	130.82	131.24	131.67	132.10	132.53	132.96	133.38	133.81
80	134.24	134.67	135.09	135.52	135.95	136.38	136.81	137.23	137.66	138.09
90	138.52	138.95	139.37	139.80	140.23	140.66	141.09	141.52	141.94	142.37
100	142.80	143.23	143.66	144.08	144.51	144.94	145.37	145.80	146.23	146.66
110	147.08	147.51	147.94	148.37	148.80	149.23	149.66	150.09	150.52	150.94
120	151.37	151.80	152.23	152.66	153.09	153.52	153.95	154.38	154.81	155.24
130	155.67	156.10	156.52	156.95	157.38	157.81	158.24	158.67	159.10	159.53
140	159.96	160.39	160.82	161.25	161.68	162.12	162.55	162.98	163.41	163.84
150	164.27	—	—	—	—	—	—	—	—	—

附录二　干空气、水和蒸汽的密度

附表 2-1　　　　　　干空气的密度（$p=1.01325\times10^5$Pa）

温　度 ℃	−50	−40	−30	−20	−10	0	10	20	30	40	50	60	70
密　度 (kg/m³)	1.584	1.515	1.453	1.395	1.342	1.293	1.247	1.205	1.165	1.128	1.093	1.060	1.029
温　度 ℃	80	90	100	120	140	160	180	200	250	300	350	400	500
密　度 (kg/m³)	1.000	0.972	0.946	0.898	0.854	0.815	0.779	0.746	0.674	0.615	0.566	0.524	0.456

附表 2-2　　　　　　饱和水和饱和蒸汽的密度

绝 对 压 力 (MPa)	饱 和 温 度 (℃)	饱和水 密 度 (kg/m³)	饱和蒸 汽密度 (kg/m³)	绝 对 压 力 (MPa)	饱 和 温 度 (℃)	饱和水 密 度 (kg/m³)	饱和蒸 汽密度 (kg/m³)	绝 对 压 力 (MPa)	饱 和 温 度 (℃)	饱和水 密 度 (kg/m³)	饱和蒸 汽密度 (kg/m³)
0.001	6.9826	999.90	0.0077	10.4	313.858	681.76	58.194	16.4	349.332	577.00	112.04
0.005	32.8976	994.83	0.0355	10.6	315.274	678.38	59.602	16.6	350.319	573.13	114.44
0.01	45.8328	989.90	0.0681	10.8	316.670	675.04	61.031	16.8	351.296	569.15	116.92
0.05	81.3453	970.78	0.3086	11.0	318.045	671.73	62.477	17.0	352.263	565.10	119.46
0.1	99.632	958.41	0.5904	11.2	319.402	668.40	63.943	17.2	353.220	560.98	122.09
0.101325	100.000	958.13	0.5977	11.4	320.740	665.03	65.428	17.4	354.168	556.76	124.78
0.5	151.844	915.08	2.6689	11.6	322.059	661.68	66.934	17.6	355.107	552.46	127.57
1.0	179.884	887.00	5.1469	11.8	323.361	658.33	68.460	17.8	356.036	548.04	130.43
1.5	198.289	866.62	7.5953	12.0	324.646	654.96	70.013	18.0	356.957	543.51	133.39
2.0	212.375	849.91	10.047	12.2	325.914	651.64	71.587	18.2	357.869	538.91	136.43
2.5	223.945	835.28	12.515	12.4	327.165	648.26	73.185	18.4	358.772	534.16	139.57
3.0	233.841	822.17	15.009	12.6	328.401	644.87	74.811	18.6	359.666	529.30	142.84
3.5	242.540	810.04	17.536	12.8	329.622	641.48	76.464	18.8	360.553	524.33	146.22
4.0	250.333	798.66	20.101	13.0	330.827	638.08	78.143	19.0	361.431	519.21	149.75
4.5	257.411	787.96	22.708	13.2	332.018	634.68	79.853	19.2	362.301	513.93	153.44
5.0	263.911	777.73	25.362	13.4	333.194	631.23	81.593	19.4	363.163	508.49	157.28
5.5	269.933	767.87	28.068	13.6	334.357	627.83	83.361	19.6	364.017	502.87	161.34
6.0	275.550	758.32	30.828	13.8	335.506	624.34	85.157	19.8	364.863	497.02	165.62
6.5	280.820	749.06	33.649	14.0	336.642	620.89	86.994	20.0	365.702	490.92	170.15
7.0	285.790	740.03	36.532	14.2	337.764	617.40	88.865	20.2	366.533	484.52	175.01
7.5	290.496	731.15	39.484	14.4	338.874	613.87	90.769	20.4	367.357	477.76	180.25
8.0	294.968	722.44	42.508	14.6	339.972	610.31	92.713	20.6	368.173	470.54	185.91
8.5	299.231	713.83	45.608	14.8	341.057	606.76	94.688	20.8	368.982	462.75	192.12
9.0	303.306	705.27	48.792	15.0	342.131	603.17	96.712	21.0	369.784	454.24	199.08
9.2	304.888	701.90	50.090	15.2	343.193	599.56	98.765	21.2	370.580	444.68	207.00
9.4	306.443	698.52	51.401	15.4	344.243	595.88	100.87	21.4	371.368	433.63	216.26
9.6	307.973	695.17	52.729	15.6	345.282	592.21	103.02	21.6	372.149	420.29	227.69
9.8	309.479	691.80	54.072	15.8	346.311	588.48	105.21	21.8	372.924	402.71	243.01
10.0	310.961	688.42	55.429	16.0	347.328	584.69	107.43	22.0	373.692	374.35	268.24
10.2	312.420	685.07	56.802	16.2	348.336	580.86	109.72	*22.12	374.15	315.46	315.46

注　本表选录自《具有焓参数的水和水蒸气性质参数手册》，水利电力出版社 1990 年出版。

*　为临界点参数。

附表 2-3

水和过热蒸气的密度

当温度为下列数值(℃)时,水(粗横线下侧)和水蒸气的密度(kg/m³)

绝对压力 (MPa)	0	20	40	60	80	100	120	140	160	180	200	220	240	260	280	300	320
0.001	999.80	0.0074	0.0069	0.0065	0.0061	0.0058	0.0055	0.0052	0.0050	0.0048	0.0046	0.0044	0.0042	0.0041	0.0039	0.0038	0.0037
0.005	999.80	998.30	0.0347	0.0326	0.0307	0.0291	0.0276	0.0262	0.0250	0.0239	0.0229	0.0220	0.0211	0.0203	0.0196	0.0189	0.0183
0.01	999.80	998.30	992.26	0.0652	0.0615	0.0582	0.0552	0.0525	0.0501	0.0478	0.0458	0.0440	0.0422	0.0407	0.0392	0.0378	0.0365
0.05	999.80	998.30	992.26	983.19	971.63	0.2926	0.2772	0.2635	0.2511	0.2398	0.2296	0.2202	0.2115	0.2035	0.1961	0.1893	0.1828
0.1	999.80	998.30	992.26	983.19	971.63	0.5898	0.5578	0.5295	0.5041	0.4812	0.4603	0.4413	0.4238	0.4077	0.3928	0.3790	0.3661
0.5	1000.0	998.30	992.26	983.38	971.82	958.31	942.95	925.93	2.6078	2.4721	2.3532	2.2473	2.1521	2.0655	1.9864	1.9136	1.8463
1.0	1000.3	998.50	992.46	983.57	972.10	958.59	943.22	926.27	907.52	5.1451	4.8563	4.6098	4.3946	4.2036	4.0321	3.8763	3.7339
2.0	1000.8	998.70	992.65	984.06	974.47	959.05	943.75	926.78	908.10	887.55	865.05	9.7952	9.2222	8.7427	8.3303	7.9681	7.6449
3.0	1001.2	999.60	993.15	984.45	972.95	959.51	944.29	927.39	908.68	888.26	865.80	840.97	14.671	13.731	12.966	12.321	11.764
4.0	1001.8	1000.1	993.54	984.93	973.43	959.97	944.82	927.90	909.34	888.97	866.55	841.89	814.33	19.336	18.037	16.997	16.130
5.0	1002.3	1000.5	994.04	985.32	973.90	960.43	945.27	928.42	909.92	889.60	867.30	842.74	815.39	784.31	23.686	22.075	20.791
6.0	1002.8	1001.0	994.43	985.80	974.37	960.98	945.81	929.02	910.50	890.31	868.13	843.67	816.39	785.61	30.145	27.666	25.810
7.0	1003.3	1001.4	994.83	986.19	974.75	961.45	946.34	929.54	911.08	890.95	868.81	844.52	817.46	786.91	751.48	33.948	31.272
8.0	1003.8	1001.9	995.32	986.68	975.23	961.91	946.79	930.06	911.74	891.58	869.57	845.38	818.46	788.21	753.18	41.213	37.298
9.0	1004.2	1002.3	995.72	987.07	975.70	962.37	947.33	930.67	912.33	892.30	870.32	846.24	819.47	789.45	754.77	713.17	44.082
10	1004.7	1002.8	996.61	987.46	976.09	962.83	947.78	931.19	912.91	892.94	871.08	847.10	820.48	790.64	756.37	715.36	51.932
11	1005.2	1003.2	997.01	987.95	976.56	963.30	948.32	931.71	913.49	893.58	871.84	847.96	821.49	791.89	757.92	717.57	61.406
12	1005.7	1003.7	997.41	988.34	977.04	963.76	948.77	932.23	914.08	894.21	872.52	848.75	822.50	793.08	759.47	719.68	669.30
13	1006.2	1004.1	997.90	988.83	977.42	964.23	949.31	932.75	914.66	894.85	873.29	849.62	823.45	794.28	760.98	721.76	672.49
14	1006.7	1004.5	998.30	989.22	977.90	964.69	949.76	933.27	915.25	895.50	873.97	850.41	824.40	795.42	762.49	723.75	675.63
15	1007.3	1005.0	998.70	989.61	978.38	965.16	950.30	933.79	915.83	896.14	874.66	851.21	825.42	796.62	763.94	725.74	678.61
16	1007.8	1005.4	999.10	990.10	978.76	965.62	950.75	934.32	916.34	896.78	875.43	852.08	826.31	797.77	765.40	727.64	681.48
17	1008.2	1005.8	999.60	990.49	979.24	966.09	951.20	934.84	916.93	897.42	876.12	852.88	827.27	798.91	766.81	729.55	684.23

当温度为下列数值(℃)时，水(粗横线下侧)和水蒸气的密度(kg/m³)

绝对压力(MPa)	0	20	40	60	80	100	120	140	160	180	200	220	240	260	280	300	320
18	1008.7	1006.3	1000.0	990.88	979.62	966.56	951.75	935.37	917.52	897.99	876.81	853.68	828.23	800.00	768.17	731.37	686.91
19	1009.2	1006.7	1000.4	991.38	980.10	966.93	952.20	935.89	918.11	898.63	877.50	854.41	829.12	801.09	769.59	733.19	689.46
20	1009.7	1007.2	1000.8	991.77	980.49	967.40	952.65	936.42	918.61	899.28	878.19	855.21	830.08	802.18	770.95	734.97	691.99
21	1010.1	1007.7	1001.2	992.16	980.97	967.87	953.20	936.94	919.20	899.85	878.89	856.02	830.98	803.28	772.26	736.70	694.44
22	1010.6	1008.1	1001.7	992.56	981.35	968.34	953.65	937.47	919.79	900.50	879.58	856.82	831.88	804.38	773.57	738.39	696.82
23	1011.1	1008.5	1002.1	993.05	981.84	968.80	954.11	938.00	920.30	901.14	880.28	857.56	832.78	805.41	774.89	740.08	699.11
24	1011.6	1009.0	1002.5	993.44	982.22	969.18	954.56	938.44	920.90	901.71	880.90	858.30	833.61	806.45	776.16	741.73	701.31
25	1012.0	1009.4	1002.9	993.84	982.61	969.65	955.11	938.97	921.40	902.28	881.60	859.11	834.52	807.49	777.42	743.33	703.53
26	1012.6	1009.8	1003.3	994.23	983.09	970.12	955.57	939.50	922.00	902.93	882.30	859.85	835.42	808.54	778.69	744.93	705.67
27	1013.1	1010.2	1003.7	994.63	983.48	970.59	956.02	940.03	922.51	903.51	882.92	860.59	836.26	809.52	779.91	746.49	707.71
28	1013.5	1010.6	1004.1	995.12	983.96	970.97	956.48	940.47	923.02	904.16	883.63	861.33	837.10	810.57	781.13	748.00	709.77
29	1014.0	1011.1	1004.5	995.52	984.35	971.44	956.94	941.00	923.62	904.73	884.25	862.07	837.94	811.56	782.35	749.51	711.74
30	1014.5	1011.5	1004.9	995.92	984.74	971.91	957.40	941.53	924.13	905.31	884.88	862.81	838.79	812.55	783.51	750.98	713.67
31	1014.9	1011.9	1005.4	996.31	985.22	972.29	957.85	941.97	924.64	905.88	885.58	863.56	839.63	813.54	784.68	752.45	715.56
32	1015.4	1012.4	1005.8	997.01	985.61	972.76	958.31	942.51	925.24	906.45	886.21	864.30	840.48	814.46	785.85	753.92	717.46
33	1016.0	1012.8	1006.2	997.11	986.00	973.14	958.77	942.95	925.75	907.03	886.84	864.98	841.33	815.46	787.03	755.29	719.27
34	1016.4	1013.3	1006.6	997.51	986.49	973.62	959.23	943.49	926.27	907.61	887.47	865.73	842.11	816.39	788.15	756.72	721.08
35	1016.9	1013.7	1007.0	997.90	986.87	974.09	959.69	943.93	926.78	908.18	888.10	866.40	842.96	817.33	789.27	758.09	722.80
36	1017.3	1014.1	1007.5	998.30	987.26	974.47	960.15	944.47	927.30	908.76	888.73	867.15	843.74	818.26	790.39	759.42	724.53
37	1017.8	1014.5	1007.9	998.70	987.65	974.94	960.61	944.91	927.82	909.34	889.36	867.83	844.52	819.20	791.45	760.80	726.22
38	1018.3	1014.9	1008.3	999.10	988.04	975.32	961.08	945.45	928.33	909.92	890.00	868.58	845.31	820.14	792.58	762.08	727.91
39	1018.7	1015.3	1008.7	999.50	988.53	975.80	961.54	945.89	928.85	910.50	890.63	869.26	846.10	821.02	793.65	763.42	729.55
40	1019.3	1015.7	1009.1	999.90	988.92	976.18	962.00	946.34	929.37	911.08	891.27	869.94	846.88	821.96	794.72	764.70	731.15

续表

当温度为下列数值(℃)时,水(粗横线下侧)和水蒸气的密度(kg/m³)

绝对压力(MPa)	340	360	380	400	420	440	460	480	500	520	540	560	580	600	650	700	800
0.001	0.0035	0.0034	0.0033	0.0032	0.0031	0.0030	0.0030	0.0029	0.0028	0.0027	0.0027	0.0026	0.0025	0.0025	0.0023	0.0022	0.0020
0.005	0.0177	0.0171	0.0166	0.0161	0.0156	0.0152	0.0148	0.0144	0.0140	0.0137	0.0133	0.0130	0.0127	0.0124	0.0117	0.0111	0.0101
0.01	0.0353	0.0342	0.0332	0.0322	0.0313	0.0304	0.0296	0.0288	0.0280	0.0273	0.0266	0.0260	0.0254	0.0248	0.0235	0.0223	0.0202
0.05	0.1769	0.1713	0.1660	0.1611	0.1564	0.1520	0.1478	0.1439	0.1402	0.1366	0.1333	0.1301	0.1270	0.1241	0.1174	0.1113	0.1009
0.1	0.3541	0.3428	0.3322	0.3223	0.3130	0.3042	0.2958	0.2880	0.2805	0.2734	0.2666	0.2602	0.2541	0.2483	0.2348	0.2227	0.2020
0.5	1.7838	1.7256	1.6713	1.6203	1.5725	1.5275	1.4850	1.4449	1.4069	1.3709	1.3367	1.3043	1.2733	1.2439	1.1759	1.1150	1.0106
1.0	3.6026	3.4810	3.3681	3.2627	3.1642	3.0717	2.9846	2.9026	2.8252	2.7518	2.6823	2.6163	2.5536	2.4939	2.3564	2.2335	2.0231
2.0	7.3532	7.0871	6.8428	6.6170	6.4074	6.2120	6.0291	5.8576	5.6962	5.5441	5.4003	5.2642	5.1351	5.0125	4.7312	4.4808	4.0541
3.0	11.272	10.832	10.434	10.069	9.7344	9.4244	9.1360	8.8667	8.6146	8.3778	8.1547	7.9441	7.7449	7.5562	7.1245	6.7420	6.0930
4.0	15.386	14.734	14.153	13.628	13.151	12.713	12.308	11.932	11.582	11.254	10.946	10.657	10.384	10.125	9.5366	9.0172	8.1398
5.0	19.725	18.813	18.014	17.304	16.664	16.082	15.549	15.057	14.600	14.174	13.776	13.403	13.051	12.720	11.968	11.306	10.194
6.0	24.328	23.093	22.034	21.106	20.282	19.539	18.862	18.243	17.670	17.140	16.646	16.183	15.749	15.341	14.418	13.610	12.257
7.0	29.241	27.603	26.231	25.049	24.012	23.087	22.253	21.493	20.796	20.152	19.555	18.998	18.477	17.989	16.887	15.927	14.327
8.0	34.524	32.378	30.626	29.146	27.864	26.734	25.724	24.811	23.979	23.213	22.506	21.849	21.237	20.664	19.376	18.258	16.405
9.0	40.264	37.462	35.246	33.412	31.849	30.488	29.283	28.201	27.221	26.325	25.500	24.737	24.028	23.366	21.884	20.604	18.491
10	46.581	42.909	40.119	37.867	35.980	34.356	32.933	31.666	30.525	29.488	28.539	27.663	26.851	26.096	24.412	22.964	20.585
11	53.651	48.795	45.284	42.531	40.267	38.346	36.067	35.210	33.895	32.706	31.623	30.628	29.708	28.855	26.961	25.338	22.686
12	61.755	55.224	50.785	47.429	44.729	42.470	40.532	38.838	37.333	35.980	34.754	33.634	32.599	31.643	29.529	27.727	24.794
13	71.352	62.340	56.683	52.590	49.378	46.736	44.496	42.553	40.841	39.313	37.933	36.677	35.524	34.460	32.118	30.130	26.911
14	83.354	70.358	63.060	58.048	54.236	51.154	48.577	46.363	44.427	42.708	41.164	39.765	38.485	37.308	34.729	32.549	29.035
15	612.59	79.605	70.018	63.853	59.323	55.741	52.782	50.269	48.088	46.164	44.446	42.895	41.482	40.186	37.358	34.981	31.166
16	618.20	90.613	77.694	70.053	64.666	60.507	57.123	54.280	51.832	49.687	47.783	46.070	44.518	43.096	40.010	37.429	33.306
17	623.36	104.34	86.298	76.722	70.297	65.469	61.607	58.398	55.660	53.278	51.173	49.290	47.589	46.039	42.684	39.891	35.452
18	628.14	123.39	96.108	83.944	76.250	70.645	66.245	62.632	59.578	56.939	54.621	52.558	50.700	49.013	45.379	42.368	37.607

当温度为下列数值（℃）时，水（粗横线下侧）和水蒸气的密度（kg/m³）

绝对压力(MPa)	340	360	380	400	420	440	460	480	500	520	540	560	580	600	650	700	800
19	632.59	533.22	107.55	91.832	82.570	76.057	71.047	66.988	63.589	60.674	58.128	55.873	53.851	52.021	48.095	44.860	39.768
20	636.78	547.38	121.27	100.53	89.306	81.725	76.025	71.472	67.698	64.485	61.696	59.237	57.042	55.062	50.834	47.368	41.937
21	640.74	558.41	138.74	110.24	96.523	87.678	81.193	76.093	71.909	68.375	65.327	62.652	60.275	58.138	53.595	49.890	44.114
22	644.50	567.57	163.65	121.20	104.29	93.944	86.564	80.856	76.226	72.347	69.022	66.119	63.549	61.248	56.379	52.427	46.298
23	648.05	575.51	210.66	133.76	112.71	100.56	92.154	85.772	80.654	76.403	72.782	69.639	66.867	64.393	59.185	54.980	48.489
24	651.47	582.55	371.51	148.39	121.88	107.56	97.982	90.848	85.198	80.547	76.611	73.212	70.228	67.574	62.015	57.548	50.687
25	654.75	588.89	446.37	166.28	131.94	115.00	104.06	96.094	89.863	84.781	80.509	76.841	73.634	70.792	66.023	60.131	52.892
26	657.89	594.71	476.94	189.35	143.03	122.91	110.43	101.52	94.656	89.108	84.480	80.526	77.085	74.047	67.742	62.729	55.105
27	660.94	600.06	496.67	220.32	155.35	131.36	117.08	107.14	99.579	93.532	88.524	84.268	80.581	77.338	70.641	65.343	57.325
28	663.83	605.03	511.51	261.65	169.13	140.42	124.06	112.95	104.64	98.057	92.642	88.068	84.124	80.667	73.563	67.972	59.551
29	666.67	609.68	523.53	309.06	184.75	150.13	131.40	118.98	109.84	102.68	96.837	91.929	87.715	84.034	76.508	70.616	61.786
30	669.39	614.06	533.70	353.28	203.77	160.59	139.10	125.24	115.20	107.41	101.05	95.830	91.352	87.440	79.477	73.276	64.026
31	672.04	618.24	542.56	389.76	224.35	171.86	147.21	131.73	120.70	112.25	105.47	99.830	95.038	90.884	82.470	75.951	66.274
32	674.58	622.16	550.42	418.36	248.09	184.03	155.74	138.74	126.37	117.21	109.90	103.87	98.772	94.366	85.486	78.642	68.528
33	677.09	625.94	557.54	440.80	273.55	197.17	164.73	145.47	132.21	122.27	114.42	107.98	102.55	97.889	88.526	81.347	70.789
34	679.53	629.52	564.02	458.82	299.43	211.36	174.19	152.73	138.22	127.46	119.02	112.15	106.39	101.45	91.590	84.068	73.058
35	681.85	632.95	570.00	473.75	324.50	227.06	184.15	160.28	144.40	132.76	123.71	116.38	110.27	105.05	94.677	86.803	75.332
36	684.18	636.25	575.54	486.43	347.96	243.59	194.62	168.12	150.76	138.19	128.49	120.68	114.20	108.69	97.787	89.54	77.613
37	686.39	639.43	580.75	497.44	369.44	260.76	205.62	176.24	157.31	143.74	133.35	125.05	118.18	112.37	100.92	92.319	79.901
38	688.61	642.51	585.62	507.18	388.85	278.20	217.15	184.66	164.05	149.42	138.31	129.48	122.21	116.08	104.08	95.100	82.195
39	690.75	645.45	590.25	515.89	406.24	295.55	229.19	193.37	170.97	155.22	143.35	133.97	126.29	119.84	107.27	97.894	84.495
40	692.81	648.30	594.60	523.81	421.78	312.53	241.75	202.37	178.08	161.15	148.49	138.53	130.42	123.63	110.46	100.70	86.802

注　本表依据《具有册参数的水和水蒸气性质参数手册》计算。

附录三　半导体分立器件和集成电路型号命名方法

一些半导体分立器件的型号由一～五个部分组成,其符号及意义见附表 3-1。另一些半导体分立器件的型号仅由三～五部分组成,其符号及意义见附表 3-2。

附表 3-1　半导体分立器件型号(五部分组成)各部分的代号及意义

第一部分	第二部分	第三部分		第四部分	第五部分
用阿拉伯数字表示器件的电极数目	用汉语拼音字母表示器件的材料和极性	用汉语拼音字母表示器件的类别		用阿拉伯数字表示序号	用汉语拼音字母表示规格号
2—二极管 3—三极管	二极管 A—N型,锗材料 B—P型,锗材料 C—N型,硅材料 D—P型,硅材料 三极管 A—PNP型,锗材料 B—NPN型,锗材料 C—PNP型,硅材料 D—NPN型,硅材料 E—化合物材料	P—小信号管 V—混频检波管 W—电压调整管和电压基准管 C—变容器 Z—整流管 L—整流堆 S—隧道管 K—开关管 X—低频小功率晶体管 ($f_a<3\mathrm{MHz}$, $P_c<1\mathrm{W}$)	G—高频小功率晶体管 ($f_a\geqslant3\mathrm{MHz}$, $P_c<1\mathrm{W}$) D—低频大功率晶体管 ($f_a<3\mathrm{MHz}$, $P_c\geqslant1\mathrm{W}$) A—高频大功率晶体管 ($f_a\geqslant3\mathrm{MHz}$, $P_c\geqslant1\mathrm{W}$) T—闸流管 Y—体效应管 B—雪崩管 J—阶跃恢复管		

注　本表摘自 GB249—89《半导体分立器件型号命名方法》。

附表 3-2　半导体分立器件型号(三部分组成)各部分的代号及意义

第三部分		第四部分	第五部分
用汉语拼音字母表示器件的类别		用阿拉伯数字表示序号	用汉语拼音字母表示规格号
CS—场效应晶体管(4CS表示双绝缘栅场效应晶体管) BT—特殊晶体管 FH—复合管 PIN—PIN管 ZL—整流管阵列 QL—硅桥式整流器 SX—双向三极管 DH—电流调整管 SY—瞬态抑制二极管	GS—光电子显示器 GF—发光二极管 GR—红外发射二极管 GJ—激光二极管 GD—光敏二极管 GT—光敏晶体管 GH—光耦合器 GK—光开关管 GL—摄像线阵器件 GM—摄像面阵器件		

注　本表摘自 GB249—89《半导体分立器件型号命名方法》。

半导体集成电路的型号由五个部分组成，其代号及意义见附表 3-3。

附表 3-3   半导体集成电路型号各部分的代号及意义

第 0 部分		第一部分		第二部分	第三部分		第四部分	
用字母表示器件符合国家标准		用字母表示器件的类型		用阿拉伯数字表示器件的系列和品种代号	用字母表示器件的工作温度范围		用字母表示器件的封装	
符号	意义	符号	意义		符号	意义	符号	意义
C	符合国家标准	T	TTL 电路		C	0~70℃	F	多层陶瓷扁平
		H	HTL 电路		G	−25~70℃	B	塑料扁平
		E	ECL 电路		L	−25~85℃	H	黑瓷扁平
		C	CMOS 电路		E	−40~85℃	D	多层陶瓷双列直插
		M	存储器		R	−55~85℃	J	黑瓷双列直插
		μ	微型机电路		M	−55~125℃	P	塑料双列直插
		F	线性放大器				S	塑料单列直插
		W	稳压器				K	金属菱形
		B	非线性电路				T	金属圆形
		J	接口电路				C	陶瓷芯片载体
		AD	A/D 转换器				E	塑料芯片载体
		DA	D/A 转换器				G	网格阵列
		D	音响、电视电路					
		SC	通信专用电路					
		SS	敏感电路					
		SW	钟表电路					

注   本表摘自 GB3430—89《半导体集成电路型号命名方法》。

附录四　常用机械加工数据

1. 螺纹和螺母

　　　　公称直径 1～100mm 普通螺纹的直径与螺距系列　　　　（mm）

公称直径，D，d			螺　距　P												
第一系列	第二系列	第三系列	粗牙	细　牙											
				6	4	3	2	1.5	1.25	1	0.75	0.5	0.35	0.25	0.2
1			0.25												0.2
	1.1		0.25												0.2
1.2			0.25												0.2
	1.4		0.3												0.2
1.6			0.35												0.2
	1.8		0.35												0.2
2			0.4											0.25	
	2.2		0.45											0.25	
2.5			0.45										0.35		
3			0.5										0.35		
	3.5		(0.6)										0.35		
4			0.7									0.5			
	4.5		(0.75)									0.5			
5			0.8									0.5			
		5.5										0.5			
6			1								0.75	0.5			
	7		1								0.75	0.5			
8			1.25							1	0.75	0.5			
		9	(1.25)							1	0.75	0.5			
10			1.5						1.25	1	0.75	0.5			
		11	(1.5)							1	0.75	0.5			
12			1.75					1.5	1.25	1	0.75	0.5			
	14		2					1.5	1.25	1	0.75	0.5			
		15						1.5		(1)					
16			2					1.5		1	0.75	0.5			
		17						1.5		(1)					
	18		2.5				2	1.5		1	0.75	0.5			
20			2.5				2	1.5		1	0.75	0.5			
	22		2.5				2	1.5		1	0.75	0.5			
24			3				2	1.5		1	0.75				

公称直径，D，d			螺距 P												
第一系列	第二系列	第三系列	粗牙	细牙											
				6	4	3	2	1.5	1.25	1	0.75	0.5	0.35	0.25	0.2
		25					2	1.5		(1)					
		26						1.5							
	27		3				2	1.5		1	0.75				
		28					2	1.5		1					
30			3.5			(3)	2	1.5		1	0.75				
		32					2	1.5							
	33		3.5			(3)	2	1.5		1	0.75				
		35						1.5							
36			4			3	2	1.5		1					
		38						1.5							
	39		4			3	2	1.5		1					
		40				(3)	(2)	1.5							
42			4.5		(4)	3	2	1.5		1					
	45		4.5		(4)	3	2	1.5		1					
48			5		(4)	(3)	2	1.5		1					
		50				(3)	(2)	1.5							
	52		5		(4)	3	2	1.5		1					
		55			(4)	(3)	2	1.5							
56			5.5		4	3	2	1.5		1					
		58			(4)	(3)	2	1.5							
	60		(5.5)		4	3	2	1.5		1					
		62			(4)	(3)	2	1.5							
64			6		4	3	2	1.5		1					
		65			(4)	(3)	2	1.5							
	68		6		4	3	2	1.5		1					
		70		(6)	(4)	(3)	2	1.5							
72				6	4	3	2	1.5		1					
		75			(4)	(3)	2	1.5							
	76			6	4	3	2	1.5		1					
		78					2								
80				6	4	3	2	1.5		1					
		82					2								

公称直径，D，d				螺 距 P											
第一系列	第二系列	第三系列	粗 牙					细		牙					
				6	4	3	2	1.5	1.25	1	0.75	0.5	0.35	0.25	0.2
	85			6	4	3	2	1.5							
90				6	4	3	2	1.5							
	95			6	4	3	2	1.5							
100				6	4	3	2	1.5							

注　1. 螺纹直径应优先选用第一系列，其次是第二系列，第三系列尽可能不用。表中粗黑线右下方的螺距和括号内的螺距应尽可能不用。

2. 螺纹代号表示方法：粗牙普通螺纹用字母"M"及"公称直径"表示；细牙普通螺纹用字母"M"及"公称直径×螺距"表示；当螺纹为左旋时，在螺纹代号之后加"左"字。

3. 本表选录自 GB193—81《普通螺纹的直径与螺距系列》。

附表 4-2　　　　　　　普通螺纹基本尺寸的计算公式　　　　　　　　　　（mm）

计 算 公 式	牙 型 示 图
$H = \dfrac{\sqrt{3}}{2}P = 0.866025404P$ $D_1 = D - 2 \times \dfrac{5}{8}H$ $= D - 1.082531755P$ $d_1 = d - 2 \times \dfrac{5}{8}H$ $= d - 1.082531755P$ $D_2 = D - 2 \times \dfrac{3}{8}H$ $= D - 0.649519052P$ $d_2 = d - 2 \times \dfrac{3}{8}P$ $= d - 0.649519052P$	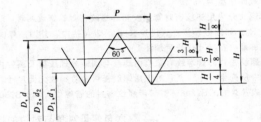 D— 内螺纹大径(底径)；d— 外螺纹大径(顶径)； D_1— 内螺纹小径(顶径)；d_1— 外螺纹小径(底径)； D_2— 内螺纹中径；d_2— 外螺纹中径；P— 螺距；H— 原始三角形高度

注　1. 螺纹大径的基本尺寸即公称直径，代表螺纹的基本尺寸。

2. 表中 D、d、P 尺寸可从附表 4-1 查得。

3. 表中公式的计算结果，圆整到小数点后第三位。

4. 本表选录自 GB192—81《普通螺纹基本牙型》。

附表 4-3　　　　　　　管螺纹基本尺寸

尺寸代号	每 25.4mm 内的牙数 n	螺 距 (mm)	大 径 (mm)	中 径 (mm)	小 径 (mm)
1/16	28	0.907	7.723	7.142	6.561
1/8	28	0.907	9.728	9.147	8.566
1/4	19	1.337	13.157	12.301	11.445
3/8	19	1.337	16.662	15.806	14.950

尺寸代号	每25.4mm 内的牙数 n	螺 距 (mm)	大 径 (mm)	中 径 (mm)	小 径 (mm)
1/2	14	1.814	20.955	19.793	18.631
5/8*	14	1.814	22.911	21.749	20.587
3/4	14	1.814	26.441	25.279	24.117
7/8*	14	1.814	30.201	29.039	27.877
1	11	2.309	33.249	31.770	30.291
1⅛*	11	2.309	37.897	36.418	34.939
1¼	11	2.309	41.910	40.431	38.952
1½	11	2.309	47.803	46.324	44.845
1¾*	11	2.309	53.746	52.267	50.788
2	11	2.309	59.614	58.135	56.656
2¼*	11	2.309	65.710	64.231	62.752
2½	11	2.309	75.184	73.705	72.226
2¾*	11	2.309	81.534	80.055	78.576
3	11	2.309	87.884	86.405	84.926
3½	11	2.309	100.330	98.851	97.372
4	11	2.309	113.030	111.551	110.072
4½*	11	2.309	125.730	124.251	122.772
5	11	2.309	138.430	136.951	135.472
5½*	11	2.309	151.130	149.651	148.172
6	11	2.309	163.830	162.351	160.872

注　1. 管螺纹牙型为55°。

2. 管螺纹分为用螺纹密封管螺纹和非螺纹密封管螺纹两种。前者包括圆锥内螺纹（代号 R_c）、圆柱内螺纹（代号 R_p）和圆锥外螺纹（代号 R）；后者包括内、外圆柱螺纹（代号 G）。

3. 左旋螺纹在尺寸代号后加注 L_H。

4. 用螺纹密封的管螺纹有圆锥内螺纹与圆锥外螺纹以及圆柱内螺纹与圆锥外螺纹两种连接形式。

5. 表中所列带"*"者，对于用螺纹密封的管螺纹无此尺寸。

6. 本表选录自 GB7306—87《用螺纹密封的管螺纹》和 GB7307—87《非螺纹密封的管螺纹》。

附表 4-4　　　　　　　　　六角螺母对角与对边的换算　　　　　　　　　（mm）

D（对角）$\approx 1.155S$（对边）

D	S	D	S	D	S	D	S	D	S
(1.2)	1	13.8	12	(26.6)	23	(39.3)	34	(52)	45
(2.3)	2	(15)	13	27.7	24	(40.4)	35	53.1	46
(3.5)	3	16.2	14	(28.9)	25	41.6	36	(54.3)	47
4.6	4	(17.3)	15	(30)	26	(42.7)	37	(55.4)	48
5.8	5	(18.5)	16	31.2	27	(43.9)	38	(56.6)	49
6.3	5.5	19.6	17	(32.3)	28	(45)	39	57.7	50
6.9	6								
8.1	7	(20.7)	18	(33.5)	29	(46.2)	40	63.5	55
9.2	8	21.9	19	34.6	30	47.3	41	69.3	60
10.4	9	(23.1)	20	(35.8)	31	(48.5)	42	75.0	65
11.5	10	(24.3)	21	(36.9)	32	(49.7)	43	80.8	70
12.7	11	25.4	22	(38.1)	33	(50.8)	44	86.5	75

注　括号内尺寸尽可能不用。

2. 加工件表面粗糙度符号❶

附表 4-5　　　　　　　　　　**图样上表示零件表面粗糙度的符号**

符　号	意　义　及　说　明
∨	基本符号，表示表面可用任何方法获得。当不加注粗糙度参数值或有关说明（例如：表面处理、局部热处理状况等）时，仅适用于简化代号标注
∇	基本符号加一短划，表示表面是用去除材料的方法获得。例如：车、铣、钻、磨、剪切、抛光、腐蚀、电火花加工、气割等
∨○	基本符号加一小圆，表示表面是用不去除材料的方法获得。例如：铸、锻、冲压变形、热轧、冷轧、粉末冶金等。或者是用于保持原供应状况的表面（包括保持上道工序的状况）
✓̄　∇̄　∨○̄	在上述三个符号的长边上均可加一横线，用于标注有关参数和说明
⦶✓　⦶∇　⦶∨○	在上述三个符号上均可加一小圆，表示所有表面具有相同的表面粗糙度要求

附表 4-6　　　　　　　　　　**评定表面粗糙度的高度参数**

名　称	代号	定　义
轮廓算术平均偏差	R_a	在取样长度内，轮廓偏距绝对值的算术平均值
微观不平度十点高度	R_z	在取样长度内，五个最大的轮廓峰高的平均值与五个最大轮廓谷深的平均值之和
轮廓最大高度	R_y	在取样长度内，轮廓峰顶线和轮廓谷底线之间的距离

注　在高度特性参数常用的参数值范围内（R_a 为 $0.025 \sim 6.3\mu m$，R_z 为 $0.1 \sim 25\mu m$）推荐优先选用 R_a。

---

❶　依据 GB/T 131—93《机械制图　表面粗糙度符号、代号及其注法》、GB1031—1995《表面粗糙度参数及其数值》和 GB3505—83《表面粗糙度　术语　表面及其参数》编写。

附表 4-7 R_a **值 标 注 示 例**

代 号	意 义	代 号	意 义
3.2 ∨	用任何方法获得的表面粗糙度，R_a 的上限值为 3.2μm	3.2 max ∨	用任何方法获得的表面粗糙度，R_a 的最大值为 3.2μm
3.2 ▽	用去除材料方法获得的表面粗糙度，R_a 的上限值为 3.2μm	3.2 max ▽	用去除材料方法获得的表面粗糙度，R_a 的最大值为 3.2μm
3.2 ◁	用不去除材料方法获得的表面粗糙度，R_a 的上限值为 3.2μm	3.2 max ◁	用不去除材料方法获得的表面粗糙度，R_a 的最大值为 3.2μm
3.2 1.6 ▽	用去除材料方法获得的表面粗糙度，R_a 的上限值为 3.2μm，R_a 的下限值为 1.6μm	3.2 max 1.6 min ▽	用去除材料方法获得的表面粗糙度，R_a 的最大值为 3.2μm，R_a 的最小值为 1.6μm

注 数值前可不标注参数代号，数值单位为 μm。

附表 4-8 R_z、R_y **值 标 注 示 例**

代 号	意 义	代 号	意 义
R_y 3.2 ∨	用任何方法获得的表面粗糙度，R_y 的上限值为 3.2μm	R_y 3.2 max ∨	用任何方法获得的表面粗糙度，R_y 的最大值为 3.2μm
R_z 200 ◁	用不去除材料方法获得的表面粗糙度，R_z 的上限值为 200μm	R_z 200 max ◁	用不去除材料方法获得的表面粗糙度，R_z 的最大值为 200μm
R_z 3.2 R_z 1.6 ∨	用去除材料方法获得的表面粗糙度，R_z 的上限值为 3.2μm，下限值为 1.6μm	R_z 3.2 max R_z 1.6 min ▽	用去除材料方法获得的表面粗糙度，R_z 的最大值为 3.2μm，最小值为 1.6μm
3.2 R_y 12.5 ▽	用去除材料方法获得的表面粗糙度，R_a 的上限值为 3.2μm，R_y 的上限值为 12.5μm	3.2 max R_y 12.5 max ▽	用去除材料方法获得的表面粗糙度，R_a 的最大值为 3.2μm，R_y 的最大值为 12.5μm

注 参数前需标注出相应的参数代号，数值单位为 μm，R_a 标注见附表 4-7 "注"。

R_a	相当旧标准 GB▽	R_a	相当旧标准 GB▽	R_a	相当旧标准 GB▽	R_a	相当旧标准 GB▽	R_a	相当旧标准 GB▽
0.008		0.063		0.50		3.2*		20	▽3
0.010	▽14	0.080	▽11	0.63	▽8	4.0		25*	
0.012*		0.1*		0.8*		5.0	▽5	32	
0.016		0.125		1.00		6.3*		40	▽2
0.020	▽13	0.160	▽10	1.25	▽7	8.0		50*	
0.025*		0.2*		1.6*		10.0	▽4	63	
0.032		0.25		2.0		12.5*		80	▽1
0.040	▽12	0.32	▽9	2.5	▽6	16.0		100*	
0.05*		0.4*							

注　无"＊"的数值为补充系列值，当选用有"＊"符号的数值不能满足要求时可选取补充系列值。

R_z、R_y	相当旧标准 GB▽	R_z、R_y	相当旧标准 GB▽	R_z、R_y	相当旧标准 GB▽	R_z、R_y	相当旧标准 GB▽	R_z、R_y	相当旧标准 GB▽
0.025*		0.25		2.5		25*		250	
0.032		0.32		3.2*	▽8	32		320	▽1
0.040		0.4*	▽11	4.0		40	▽4	400*	
0.05*	▽14	0.50		5.0		50*		500	
0.063		0.63		6.3*	▽7	63		630	
0.080		0.8*	▽10	8.0		80	▽3	800*	
0.1*	▽13	1.00		10.0	▽6	100*		1000	
0.125*		1.25		12.5*		125		1250	
0.160		1.6*	▽9	16.0		160	▽2	1600*	
0.2*	▽12	2.0		20	▽5	200*			

注　无"＊"的数值为补充系列值，当选用有"＊"符号的数值不能满足要求时可选取补充系列值。

轮廓微观不平度的平均间距 S_m、轮廓的单峰平均间距 S （mm）							轮廓支承长度率 t_p （%）	
0.002	0.010	0.040	0.160	0.63	2.5	10.0	10	50
0.003	0.0125*	0.05*	0.2*	0.8*	3.2*	12.5*	15	60
0.004	0.016	0.063	0.25	1.00	4.0		20	70
0.005	0.020	0.080	0.32	1.25	5.0		25	80
0.006*	0.025*	0.1*	0.4*	1.6*	6.3*		30	90
0.008	0.032	0.125	0.5	2.0	8.0		40	

注　1. 根据表面功能的需要，除表面粗糙高度参数（R_a、R_z、R_y）外，可选用本表的附加评定参数。需标注附加评定参数时，应注在符号长边的横线下面，数值写在相应代号的后面。

2. 选用轮廓支承长度率参数时，必须同时给出轮廓水平截距 C 值，它可用 μm 或 R_y 的百分数表示。百分数系列如下：R_y 的 5%、10%、15%、20%、25%、30%、40%、50%、60%、70%、80%、90%。

3. 表中 S_m、S 无"＊"的数值为补充系列值，当选用有"＊"符号的数值不能满足要求时可选取补充系列值。

附表 4-12　　　　　　　　　　　　　与加工方法对应的表面粗糙度 R_a

加工方法		表面粗糙度值 R_a（μm）											
		50	25	12.5	6.3	3.2	1.6	0.8	0.4	0.2	0.1	0.05	0.025	0.012

机械加工	气炬切割	50 ～ 12.5
	锯	50 ～ 12.5
	刨	25 ～ 6.3
	钻	25 ～ 6.3
	电火花加工	25 ～ 3.2
	铣	25 ～ 1.6
	拉削	12.5 ～ 0.8
	铰	12.5 ～ 0.8
	镗车	25 ～ 0.4
	研磨	12.5 ～ 0.2
	搪	1.6 ～ 0.1
	磨	1.6 ～ 0.05
	抛光	0.8 ～ 0.05
	超精加工	0.2 ～ 0.012
无切削加工	砂铸	50 ～ 12.5
	热滚压	50 ～ 12.5
	锻	25 ～ 6.3
	硬模铸造	12.5 ～ 3.2
	挤压	6.3 ～ 1.6
	冷轧压延	6.3 ～ 1.6
	压铸	6.3 ～ 1.6

注　表中横线——为常用；——为不常用。

附录五　计　量　单　位

1. 法定计量单位

国务院于 1984 年 2 月 27 日发布了《关于在我国统一实行法定计量单位的命令》，规定我国的计量单位一律采用《中华人民共和国法定计量单位》。1993 年 12 月 27 日国家技术监督局发布 GB3100—93（代替 GB3100—86）《国际单位制及其应用》以及 GB3101～3102—93（代替 GB3101～3102—86）有关量和单位的一系列国家标准，规定一切属于国际单位制（SI）的单位都是我国的法定计量单位。国际单位制由 SI 单位及其倍数单位构成。SI 单位包括基本单位（见附表 5-1）和导出单位。导出单位有包括 SI 辅助单位在内的具有专门名称的 SI 导出单位（见附表 5-2 和附表 5-3），以及用 SI 基本单位和具有专门名称的 SI 导出单位或（和）SI 辅助单位以代数形式表示的组合形式的 SI 导出单位。SI 词头（见附表 5-4）用于构成倍数单位（十进倍数单位与分数单位）。可与国制单位制单位并用的我国法定计量单位见附表 5-5。

附表 5-1　　　　　　　　　　　　　SI 基 本 单 位

量的名称	单位名称	单位符号	量的名称	单位名称	单位符号
长度	米	m	热力学温度	开〔尔文〕	K
质量	千克（公斤）	kg	物质的量	摩〔尔〕	mol
时间	秒	s	发光强度	坎〔德拉〕	cd
电流	安〔培〕	A			

注　1. 圆括号中的名称，是它前面的名称的同义词。下同。

　　2. 无方括号的量的名称与单位名称均为全称。方括号中的字，在不致引起混淆、误解的情况下，可以省略。去掉方括号中的字即为其名称的简称。下同。

　　3. 本标准所称的符号，除特殊指明外，均指我国法定计量单位中所规定的符号以及国际符号。下同。

　　4. 人民生活和贸易中，质量习惯称为重量。

附表 5-2　　　　　包括 SI 辅助单位在内的具有专门名称的 SI 导出单位

量 的 名 称	SI 导 出 单 位		
	名　称	符　号	用 SI 基本单位和 SI 导出单位表示
〔平面〕角	弧度	rad	$1rad=1m/m=1$
立体角	球面度	sr	$1sr=1m^2/m^2=1$
频率	赫〔兹〕	Hz	$1Hz=1s^{-1}$
力	牛〔顿〕	N	$1N=1kg \cdot m/s^2$
压力，压强，应力	帕〔斯卡〕	Pa	$1Pa=1N/m^2$
能〔量〕，功，热量	焦〔耳〕	J	$1J=1N \cdot m$
功率，辐〔射能〕通量	瓦〔特〕	W	$1W=1J/s$
电荷〔量〕	库〔仑〕	C	$1C=1A \cdot s$

量 的 名 称	SI 导 出 单 位		
	名 称	符 号	用 SI 基本单位和 SI 导出单位表示
电压，电动势，电位，（电势）	伏［特］	V	1V＝1W/A
电容	法［拉］	F	1F＝1C/V
电阻	欧［姆］	Ω	1Ω＝1V/A
电导	西［门子］	S	1S＝1Ω⁻¹
磁通［量］	韦［伯］	Wb	1Wb＝1V·s
磁通［量］密度，磁感应强度	特［斯拉］	T	$1T＝1Wb/m^2$
电感	亨［利］	H	1H＝1Wb/A
摄氏温度	摄氏度	℃	1℃＝1K
光通量	流［明］	lm	1lm＝1cd·sr
［光］照度	勒［克斯］	lx	$1lx＝1lm/m^2$

注 弧度和球面度称为 SI 辅助单位，它们是具有专门名称和符号的量纲一的量的导出单位。

附表 5-3 由于人类健康安全防护上的需要而确定的具有专门名称的 SI 导出单位

量 的 名 称	SI 导 出 单 位		
	名 称	符 号	用 SI 基本单位和 SI 导出单位表示
［放射性］活度	贝可［勒尔］	Bq	1Bq＝1s⁻¹
吸收剂量 比授［予］能 比释动能	戈［瑞］	Gy	1Gy＝1J/kg
剂量当量	希［沃特］	Sv	1Sv＝1J/kg

附表 5-4 SI 词 头

因 数	词头名称		符 号
	英 文	中 文	
10^{24}	yotta	尧［它］	Y
10^{21}	zetta	泽［它］	Z
10^{18}	exa	艾［可萨］	E
10^{15}	peta	拍［它］	P
10^{12}	tera	太［拉］	T
10^{9}	giga	吉［咖］	G
10^{6}	mega	兆	M
10^{3}	kilo	千	k
10^{2}	hecto	百	h
10^{1}	deca	十	da

因 数	词头名称		符 号
	英 文	中 文	
10^{-1}	deci	分	d
10^{-2}	centi	厘	c
10^{-3}	milli	毫	m
10^{-6}	micro	微	μ
10^{-9}	nano	纳〔诺〕	n
10^{-12}	pico	皮〔可〕	p
10^{-15}	femto	飞〔母托〕	f
10^{-18}	atto	阿〔托〕	a
10^{-21}	zepto	仄〔普托〕	z
10^{-24}	yocto	幺〔科托〕	y

附表 5-5   可与国际单位制单位并用的我国法定计量单位

量 的 名 称	单 位 名 称	单 位 符 号	与 SI 单位的关系
时 间	分	min	$1min=60s$
	〔小〕时	h	$1h=60min=3\ 600s$
	日，（天）	d	$1d=24h=86\ 400s$
〔平面〕角	度	°	$1°=（\pi/180）\ rad$
	〔角〕分	′	$1'=（1/60）°=（\pi/10\ 800）\ rad$
	〔角〕秒	″	$1''=（1/60）'=（\pi/648\ 000）\ rad$
体 积	升	L，(l)	$1L=1\ dm^3=10^{-3}m^3$
质 量	吨	t	$1t=10^3kg$
	原子质量单位	u	$1u≈1.660\ 540×10^{-27}kg$
旋转速度	转每分	r/min	$1r/min=（1/60）\ s^{-1}$
长 度	海里	n mile	$1\ n\ mile=1\ 852m$ （只用于航行）
速 度	节	kn	$1kn=1n\ mile/h=（1\ 852/3\ 600）\ m/s$ （只用于航行）
能	电子伏	eV	$1eV≈1.602\ 177×10^{-19}J$
级 差	分贝	dB	
线密度	特〔克斯〕	tex	$1\ tex=10^{-6}kg/m$
面 积	公顷	hm^2	$1\ hm^2=10^4m^2$

注 1. 平面角单位度、分、秒的符号，在组合单位中应采用（°）、（′）、（″）的形式。

例如，不用°/s 而用（°）/s。

2. 升的符号中，小写字母 l 为备用符号。

3. 公顷的国际通用符号为 ha。

2. 常见物理量的法定计量单位

附表 5-6

常见物理量的法定计量单位

(1)空间、时间、周期和力学

量的名称	符号	备注	单位名称	符号	定义	换算因数和备注	非国家法定计量单位的换算因数
[平面]角	$\alpha,\beta,\gamma,$ θ,φ		弧度	rad	1rad=1m/m=1		
			度	°	$1°=\frac{\pi}{180}$rad	$1°=0.017\ 4533$rad	
			[角]分	′	$1'=(1/60)°$		
			[角]秒	″	$1''=(1/60)'$		
立体角	Ω		球面度	sr	1sr=1m²/m²=1		
长度	l,L		米	m	米是光在真空中(1/299 792 458)s时间间隔内所经路径的长度		英寸 1in=25.4mm(准确值)
宽度	b						1[市]里=500m
高度	h						1丈=10/3m=3.$\dot{3}$ m
厚度	d,δ						1尺=1/3m=0.$\dot{3}$ m
半径	r,R						1寸=1/30m=0.0$\dot{3}$3 m
直径	d,D						1[市]分=1/300m=0.00$\dot{3}$ m
程长	s		海里	n mile		1 n mile=1852m(准确值)(只用于航程)	
距离	d,r						
面积	$A,(S)$		平方米	m²			1亩=10000/15m²=666.$\dot{6}$ m²
			公顷	hm²		用于表示土地面积 1hm²=10⁴m²(准确值)	1[市]顷=1000/15m²=66.$\dot{6}$ m²
							1[市]厘=100/15m²=6.$\dot{6}$ m²
体积	V		立方米	m³		立方厘米的符号用cm³,不用cc	
			升	$L,(l)$	1L=1dm³	1L=10⁻³m³(准确值)	
时间、时间间隔、持续时间	t		秒	s	秒是铯-133原子基态的两个超精细能级之间跃迁所对应的辐射的9192631770个周期的持续时间		
			分	min	1min=60s		
			[小]时	h	1h=60min	其他单位,例如星期、月和年(a)是通常使用的单位	
			日、(天)	d	1d=24h		

量			单 位			非国家法定计量单位的换算因数
量的名称	符号	备注	单位名称	符号	定义	换算因数和备注
速度	u, c u, v, w	c 用作波的传播速度，当不用矢量标志时，建议用 u, v, w 作速度 c 的分量	米每秒 千米每 [小] 时 节	m/s km/h kn		$1\text{km/h}=\dfrac{1}{3.6}\text{m/s}$（准确值） $=0.277\ 778\text{m/s}$ $1\text{kn}=1\text{n mile/h}=0.5144\text{m/s}$ （只用于航行）
加速度 自由落体加速度 重力加速度	a g	标准自由落体加速度： $g_n=9.80665\text{m/s}^2$ （准确值）	米每二次方秒	m/s²		
周期	T	一个循环的时间	秒	s		
时间常数	τ		秒	s		
频率 旋转频率	$f, (\nu)$ n	$f=\dfrac{1}{T}$ 又称"转速"	赫 [兹] 每秒 负一次方秒	Hz s⁻¹	$1\text{Hz}=1\text{s}^{-1}$	1Hz 是周期为 1s 的周期现象的频率。"转每分"（r/min）和"转每秒"（r/s）广泛用作旋转机械转速的单位。 $1\text{r/min}=\dfrac{\pi}{30}\text{rad/s}$ $1\text{r/s}=2\pi\text{rad/s}$
波长	λ		米	m		埃（Å），$1\text{Å}=10^{-10}\text{m}$（准确值）
质量	m		千克 （公斤） 吨	kg t	千克为质量单位，它等于国际千克原器的质量 $1\text{t}=1000\text{kg}$	$1\text{g}=10^{-3}\text{kg}$ 英语中也称米制吨
体积质量 [质量] 密度	ρ	质量除以体积	千克每立方米 吨每立方米 千克每升	kg/m³ t/m³ kg/L		$1\text{t/m}^3=10^3\text{kg/m}^3=1\text{g/cm}^3$ $1\text{kg/L}=10^3\text{kg/m}^3=1\text{g/cm}^3$

量的名称	符号	备注	单位名称	符号	定义	换算因数和备注	非国家法定计量单位的换算因数
相对体积质量 相对[质量]密度	d		一	1		任何量纲一的量的一贯单位都是数字一(1)。在表示这种量的值时,单位1一般并不明确写出。下同	
质量体积 比体积	v	体积除以质量	立方米每千克	m^3/kg			
力 重量	F $W,(P,G)$	"重量"一词按照习惯仍可用于表示质量,但是,不鼓励这种习惯	牛[顿]	N	$1N=1kg \cdot m/s$	加在质量为1kg的物体上使之产生1m/s²加速度的力为1N	千克力 $1kgf=9.806\ 65N$ (准确值)
力矩 力偶矩 转矩	M M M,T	在弹性力学中,M用于表示弯矩,T用于表示扭矩或转矩	牛[顿]米	$N \cdot m$			千克力米 $1kgf \cdot m=9.80665N$ $\cdot m$ (准确值)
压力,压强 正应力 切应力	p σ τ	$\tau_{xz}=\eta \dfrac{dv}{dz}$	帕[斯卡]	Pa	$1Pa=1N/m^2$	该单位的符号书写时不应与毫牛顿的符号 mN 相混淆	巴(bar), $1bar=100kPa$(准确值), 标准大气压 $1atm=101\ 325Pa$ (准确值) $1kgf/cm^2=98\ 066.5Pa$ (准确值) $1mmH_2O=9.806\ 65Pa$(准确值) $1mmHg=133.322\ 4Pa$(准确值)
[动力]粘度	$\eta,(\mu)$		帕[斯卡]秒	$Pa \cdot s$			
运动粘度	ν	$\nu=\eta/\rho$ 式中ρ为密度	二次方米每秒	m^2/s			
能[量] 功 势能,位能 动能	E $W,(A)$ $E_p,(V)$ $E_k,(T)$	所有各种形式的能 $W=\int F \cdot dr$ $E_p=-\int F \cdot dr$ 式中F为保守力 $E_k=\dfrac{1}{2}mv^2$	焦[耳]	J	$1J=1N \cdot m=1W \cdot s$	1J是1N的力沿着力的方向上移过1m距离所做的功	$1kgf \cdot m=9.806\ 65J$ (准确值)

量			单位			换算因数和备注	非国家法定计量单位的换算因数
量的名称	符号	备注	单位名称	符号	定义		
功率	P	$P=W/t$	瓦[特]	W	$1W=1J/s$		1米制马力=735.498 75W（准确值）
效率	η	输出功率与输入功率之比	—	1			
质量流量	q_m	质量穿过一个面的速率	千克每秒	kg/s			
体积流量	q_v	体积穿过一个面的速率	立方米每秒	m³/s			

（2）热学

量			单位			换算因数和备注	非国家法定计量单位的换算因数
量的名称	符号	备注	单位名称	符号	定义		
热力学温度	T，（Θ）	$t=T-T_0$ 式中 T_0 定义为等于273.15k 热力学温度 T_0 准确地比水的三相点热力学温度低0.01k	开[尔文]	K	热力学温度单位 开尔文是水的三相点热力学温度的1/273.16		
摄氏温度	t，θ		摄氏度	℃	摄氏度是开尔文 用于表示摄氏温度值的一个专门名称	热力学温度和摄氏温度的间隔或温差是相同的	华氏度 $\dfrac{t_F}{°F}=\dfrac{9}{5}\cdot\dfrac{t}{℃}+32$

量的名称	量		单位			换算因数和备注	非国家法定计量单位的换算因数
	符号	备注	单位名称	符号	定义		
线[膨]胀系数	α_l	$\alpha_l = \dfrac{1}{l}\dfrac{dl}{dT}$	每开	K^{-1}			ε
体[膨]胀系数	α_v (α, γ)	$\alpha_v = \dfrac{1}{V}\dfrac{dV}{dT}$	负一次方开 [东文]				
[相对]压力系数	α_p	$\alpha_p = \dfrac{1}{p}\dfrac{dp}{dT}$	[东文]				
压力系数	β	$\beta = \dfrac{dp}{dT}$	帕[斯卡] 每开 [东文]	Pa/K			
热[量]	Q		焦[耳]	J			国际蒸汽表卡 $1\text{cal}_{IT}=4.1868J$ 热化学卡 $1\text{cal}_{th}=4.184J$
热流量	Φ	单位时间通过一个面的热量	瓦[特]	W			
面积热流量 热流[量]密度	q, φ	热流量除以面积	瓦[特] 每平方米	W/m^2			
热导率, (导热系数)	λ, (κ)	面积热流量除以温度梯度	瓦[特]每米 开 [东文]	W/(m·k)			
传热系数 表面传热系数	K, (k) h, (a)	面积热流量除以温度差	瓦[特]每平方米 开 [东文]	W/(m^2·k)			
热导	G		瓦[特] 每开 [东文]	W/k			
热容	C		焦耳每开 [东文]	J/K			

(3) 电学、磁学

量的名称	符号	量 备注	单位名称 和	单位 符号	单位 定义	换算因数和备注	非国家法定计量 单位的换算因数
电流	I	交流电中，i 表示电流瞬时值，I 表示有效值（均为方根值）	安[培]	A	在真空中截面积可忽略的两根相距 1m 的无限长平行圆直导线内通以等量恒定电流时，若导线间相互作用力在每米长度上为 2×10^{-7}N，则每根导线中的电流为 1A		
电位、（电势）电位差、（电势差）、电压 电动势	V、φ U、(V)、E	在交流电技术中，用 u 表示瞬时值，U 表示有效值（均为方根值）	伏[特]	V	$1V=1W/A$		
电容	C	$C=Q/U$	法[拉]	F	$1F=1C/V$		
磁通[量]	Φ		韦[伯]	Wb	$1Wb=1V\cdot s$		
自感 互感	L, M, L_{12}	$L=\Phi/I$ $M=\Phi_1/I_2$ 式中 Φ_1 为回路 1 的磁通量，I_2 为回路 2 的电流	亨[利]	H	$1H=1Wb/A$	$1H=1V\cdot s/A$	
[直流]电阻	R	$R=U/I$ （导体中无电动势）	欧[姆]	Ω	$1\Omega=1V/A$		
[直流]电导	G	$G=1/R$	西[门子]	S	$1S=1\Omega^{-1}$		
[直流]功率	P	$P=UI$	瓦[特]	W	$1W=1V\cdot A$		
电阻率	ρ	$\rho=RA/l$ 式中 A 为面积，l 为长度	欧[姆]米	Ω·m			
电导率	γ, σ	$\gamma=1/\rho$	西[门子]每米	S/m			
磁阻	R_m	$R_m=U_m/\Phi$	每亨一次方亨[利]	H⁻¹	$1H^{-1}=1A/Wb$		

续表

量的名称	符号	备注	单位名称	符号	定义	换算因数和备注	非国家法定计量单位的换算因数
磁导	A, (P)	$A=1/R_m$	亨[利]	H	1H=1Wb/A		
绕组的匝数	N		一	1			
相数	m						
频率	f, ν		赫[兹]	Hz	1Hz=1s^{-1}		
旋转频率	n	转数被时同除	每秒负一次方秒	s^{-1}			
相[位]差，相[位]移	φ		弧度	rad			
阻抗，(复[数]阻抗)	Z	复数电压被复数电流除	欧[姆]	Ω			
阻抗模，(阻抗)	$\lvert Z\rvert$						
电抗	X	阻抗的虚部					
[交流]电阻	R	阻抗的实部					
导纳，(复[数]导纳)	Y	$Y=1/Z$	西[门子]	S	1S=1A/V		
导纳模，(导纳)	$\lvert Y\rvert$						
电纳	B	导纳的虚部					
电导	G	导纳的实部					
[有功]功率	P	$P=\mu i$ 是瞬时功率	瓦[特]	W			
视在功率（表现功率）	S, P_s	$S=UI$	伏安	V·A		IEC采用乏（var），国际计量大会并未通过var作为SI单位	
无功功率	Q, P_Q	$Q=\sqrt{S^2-P^2}$					
功率因数	λ	$\lambda=P/S$	一	1			
[有功]电能[量]	W		瓦[特][小]时	W·h		1kW·h=3.6MJ	

注 1. 量的符号栏中，在括号中的符号为"备用符号"。

2. 单位符号栏中，一般只给出SI单位。可与SI单位并用的和属于国家法定计量单位的非属于SI的单位列于SI单位之下，并用虚线与相应的SI单位隔开。专门领域中使用的非国家法定计量单位的换算因数列于"换算因数和备注"栏。

3. 非国家法定计量单位的换算因数栏为参考件，不是标准的组成部分。

560

附录六　热工自动化常用英文缩写词

在火电厂设计和施工中使用了大量的专用缩写词，为便于安装人员更好地阅读、理解有关的技术资料和图纸，现将热工自动化常用缩写词的英文和中文对照列于附表6。

附表 6　　　　　　　火电厂热工自动化常用缩写词的英文和中文对照

缩写词	英　　文	中　　文
ABC	automatic boiler control	锅炉自动控制
AC	alternating current	交流〔电〕
ACC	automatic combustion control	燃烧自动控制
ACP	auxiliary control panel	辅助控制盘
ACS	automatic control system	自动控制系统
ACT	actuator	执行机构
A/D	analog/digital (conversion)	模/数（转换）
ADP	annunciation display panel	报警显示板
ADS	automatic dispatch system	自动调度系统
AEH	analog electro-hydraulic control	模拟式电液调节
AFC	air flow control	送风控制
AGC	automatic generation control	自动发电量控制
AI	analog input	模拟量输入
A/M	automatic/manual	自动/手动
AO	analog output	模拟量输出
APC	automatic plant control	电厂自动控制
ASS	automatic synchronized system	自动同期系统
ARP	auxiliary relay panel	辅助继电器盘
ATC	automatic turbine startup or shutdown control system	汽轮机自启停控制系统
BCS	burner control system	燃烧器控制系统*
BF	boiler follow	锅炉跟踪
BFC	boiler fuel control	锅炉燃料控制
BPS	by-pass control system	旁路控制系统
BTG	boiler turbine generator (panel)	锅炉、汽轮机、发电机（控制盘）
CCR	central control room	单元（中央）控制室
CHS	coal handling system	输煤控制系统

缩写词	英　　文	中　　文
CJC	cold junction compensator	冷端补偿器
CPU	central processing unit	中央处理器
CRT	cathode-ray tube	阴极射线管屏幕显示器
D/A	digital /analog (conversion)	数/模（转换）
DAS	data acquisition system	计算机监视系统或数据采集系统＊＊
DC	direct current	直流［电］
DCE	data circuit-terminating equipment	数据电路终端设备
DCS	distributed control system	分散控制系统
DDC	direct digital control	直接数字控制
DDP	distributed data processing	分散数据处理
DEH	digital electro-hydraulic control system	数字式电液控制系统
DI	digital input	数字量输入
DMP	damper	挡板、风门
DO	digital output	数字量输出
DSB	distributed switch-board	配电盘
DTE	data terminal equipment	数据终端设备
EEPROM	electrically-erasable programmable read only memory	电可擦写只读存储器
E/P	electro/pneumatic (converter)	电/气（转换器）
EPROM	electrically programmable read only memory	电可编程只读存储器
ES	expert system	专家系统
ETS	emergency trip system	紧急停机系统
EWS	engineer work station	工程师工作站
FA	full arc	全周进汽
FB	field bus	现场总线
FCB	fast cut back	（机组）快速甩负荷
FDC	furnace draft control	炉膛压力控制
FSS	furnace safety system	炉膛安全系统＊
FSSS	furnace safeguard supervisory system	锅炉炉膛安全监控系统＊
GV	governor valve	调节阀门
HBP	high-pressure by-pass valve	高压旁路
I&C	instrumentation &. control	仪表与控制
INT	interlock	连锁
I/O	input/output	输入/输出
IDP	integrated data processing	集中数据处理
KB	keyboard	键盘
LBP	low-pressure by-pass valve	低压旁路
LCD	liquid-crystal display	液晶显示器
LED	light emitting diode	发光二极管
LS	limit switch	限位开关

缩写词	英　文	中　文
LS	level switch	液位开关
M/A	manual /automatic	手动/自动
MAX	maximum	最大值
MCC	motor control center	电动机控制中心
MCR	maximum continuous rating	最大连续运行负荷
MCS	modulating control system	模拟量控制系统＊＊＊
MEH	(BFPT) micro-electro-hydraulic contol system	（锅炉给水泵汽轮机）电液控制系统
MFT	master fuel trip	总燃料跳闸
MHC	mechanical hydraulic control	机械液压式控制
MIN	minimum	最小值
MIS	management information system	管理信息系统
MMI	man-machine interface	人-机接口
MTBF	mean time between failures	平均无故障工作时间
MTTF	mean time to failure	失效（故障）前平均工作时间
MTTR	mean time to repair	平均故障修复时间
NC	normally closed	常闭
NO	normally open	常开
OCS	on-off control system	开关量控制系统
OEI	optic electric interface	光电接口
OFT	oil fuel trip	燃油跳闸
OPC	overspeed protection control	超速保护控制
OS	operator station	操作员站
PA	partial arc	部分进汽
PC	programmable controller	可编程序控制器
PCS	pulverizer control system	磨煤机控制系统
PI	purse input	脉冲量输入
PID	proportional integral derivative	比例-积分-微分
PLC	programmable logic controller	可编程序逻辑控制器
PO	pulse output	脉冲量输出
RAM	random access memory	随机存取存储器
RB	run back	（辅机故障）快速减负荷
ROM	read only memory	只读存储器
RTC	reheat steam temperature control	再热汽温控制
SBC	soot blower control system	吹灰控制系统
SCM	single chip microcomputer	单片机
SCS	sequence control systern	顺序控制系统
SER	sequence events recorder	事件顺序记录仪
SOE	sequence of events	事件顺序记录

缩写词	英 文	中 文
ST	smart transmitter	智能变送器
STC	superheated steam temperature control	过热汽温控制
TAS	turbine automatic system	汽轮机自动控制系统
TBP	turbine by-pass system	汽轮机旁路系统
TCS	turbine control system	汽轮机控制系统
TF	turbine follow	汽轮机跟踪
TSI	turbine supervisory instrument	汽轮机监视仪表
UCC	unit coordinated control	机组协调控制
ULD	unit load demand （command）	机组负荷指令
UPS	uninterrupted power system	不间断电源
WTS	water treatment contrd system	水处理控制系统

* 锅炉炉膛安全监控系统（FSSS）包括燃烧器控制系统（BCS）和炉膛安全系统（FSS）。

** "DAS"用于独立计算机监视系统时称计算机监视系统，简称 CMS（computer monitoring system）；用于分散控制系统时称数据采集系统（data acquistion system）。

*** 国外某些公司亦称闭环控制系统，简称 CCS（closed-loop control system）。